13.27 平面设计系列之时尚杂志封面

286页/实例描述：将普通的人物素材通过调色、手绘细节，合成新元素等，打造成一个全新的时尚形象。

13.15 平面设计系列之牛奶公司网页

262页/实例描述：在通道中制作塑料包装效果，载入选区后应用到图层中，制作出牛奶质感的文字。

82页/实战：创建图层蒙版

49页/实战：用调整边缘命令抠像

71页/实战：有机玻璃字

13.3 特效系列之炫酷水汽车

242页/实例描述：在汽车上制作水花飞溅特效，除为车身添加一层纹理效果外，水花部分主要使用素材进行图像合成。

173页/质感系列之冰手雕像

67页/实战：调整混合模式

172页/质感系列之金属雕像

13.20 动漫系列之美少女角色设计

272 页 / 实例描述：通过画笔工具、钢笔工具绘制人物。将路径转换为选区，对路径进行描边、填充等操作。

78 页 / 实战：创建矢量蒙版

93 页 / 实战：渐变艺术字

176 页 / 创意系列之球面全景

13.2 动漫系列之西游记角色设计

241 页 / 实例描述：使用 3D 命令将平面的二维图像制作成立体效果。

52 页 / 实战：使用钢笔工具和通道抠婚纱

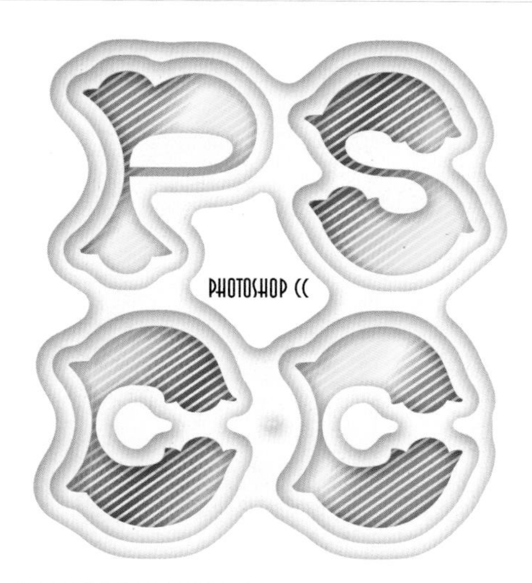

244 页 / 特效系列之纸雕艺术字

246 页 / 特效系列之果酱字

269 页 /UI 设计系列之头像图标

13.16 平面设计系列之运动鞋广告

264 页 / 实例描述：通过变换图像、调整颜色、添加蒙版等方法将人物、风景与城市图像合成在一个画面中。

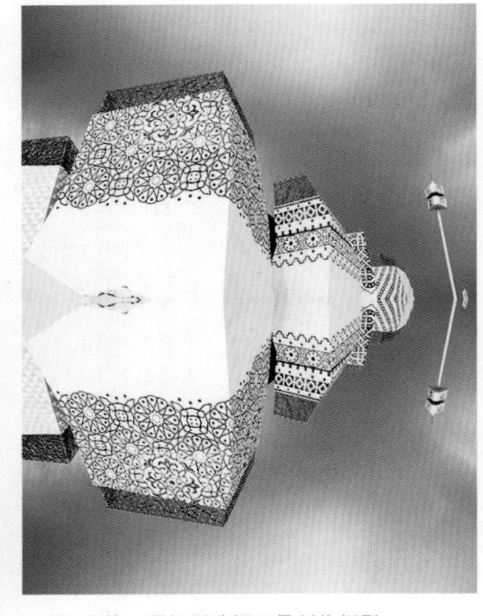

40 页 / 实战：用矩形选框工具制作倒影

48 页 / 实战：用色彩范围命令抠像

32 页 / 实战：旋转与缩放

105 页 / 实战：使用历史记录画笔工具

31 页 / 实战：移动图像

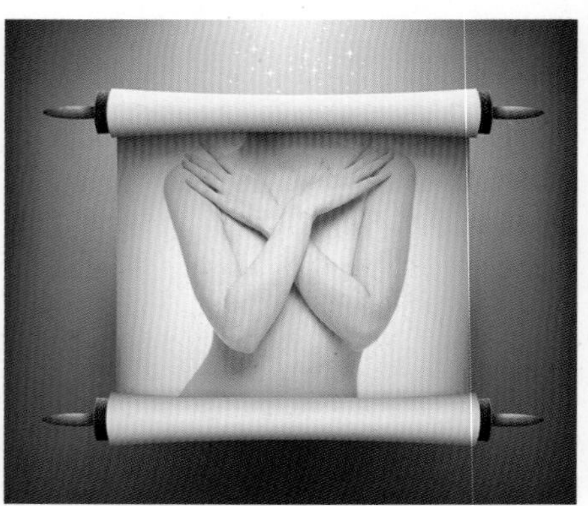

28 页 / 实战：保存和关闭文件

209 页 / 实战：从文字中创建 3D 对象

7.8 创意系列之变形金刚

177 页 / 实例描述：使用滤镜、图层蒙版和变形功能，制作擎天柱从纸面跃出特效。

114 页 / 实战：用海绵工具修改色彩饱和度

159 页 /“色调均化”命令：制作电影画面质感

149 页 /“通道混合器”命令：模拟红外摄影

167 页 / 特效系列之爱心云朵

171 页 / 特效系列之透明气泡

142 页 /“曝光度”命令：校正曝光不足的照片

212 页 / 实战：复制 3D 对象

13.14 平面设计系列之旅游主题平面广告

260页/实例描述：使用“渐变映射”、“渐隐”命令调整图像的颜色，用“查找边缘”滤镜制作轮廓效果。

104页/实战：使用颜色替换工具

109页/实战：修改画布大小

101页/实战：使用画笔工具

98页/实战：用定义图案命令制作足球海报

225页/实战：制作GIF动画

247页/特效系列之饮料杯特效字

97页/实战：用描边命令制作线描插画

255页/特效系列之海浪被子

13.23 创意系列之纸牌女王

278 页 / 实例描述：使用绘图工具绘制各种形状，应用图层样式制作出具有浮雕感的纸牌形像。

13.17 平面设计系列之制作街舞海报

266 页 / 实例描述：用剪贴蒙版限制图像的显示范围，再通过移动图像位置，调整角度、对图像进行局部放大，从而实现对图像的二次拼接。

251 页 / 特效系列之文字面孔

250 页 / 特效系列之图案面孔

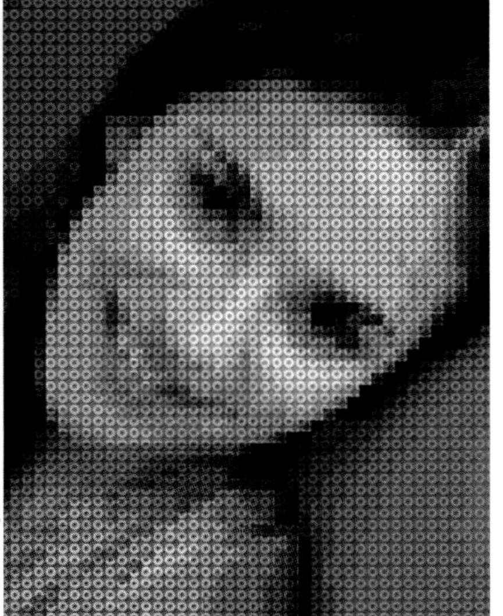

248 页 / 特效系列之圆环面孔

13.12 特效系列之海底水立方

256 页 / 实例描述：将海底世界、鱼、珊瑚、沙子等素材合成到立方体中，制作出一个时间凝固的海。

33 页 / 实战：扭曲与变形

215 页 / 实战：在 3D 模型上绘画

197 页 / 实战：创建路径文字

214 页 / 实战：调整材质的位置

213 页 / 实战：使用 3D 材质吸管工具

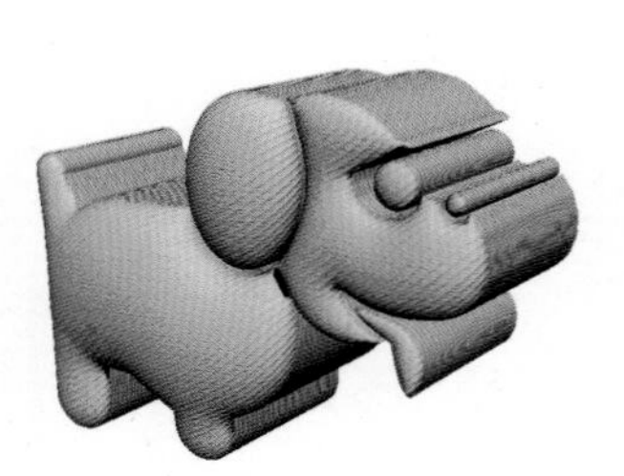

214 页 / 实战：使用 3D 材质拖放工具

209 页 / 实战：从选区中创建 3D 对象

210 页 / 实战：从路径中创建 3D 对象

106 页 / 实战：使用橡皮擦工具

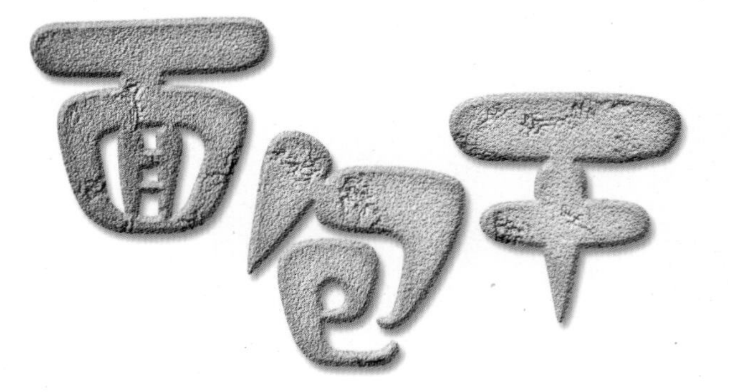

182 页 / 特效字系列之面包片字

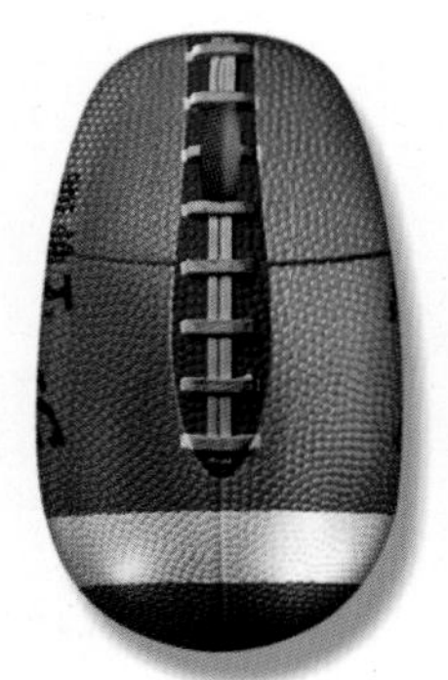

28 页 / 实战：置入文件

94 页 / 实战：用透明渐变制作 UI 图标

13.26 特效系列之梦幻光效

284 页 / 实例描述：制作矢量图形并添加图层样式，产生光感特效。

275 页 / 动漫系列之漫画网点的制作方法

152 页 /“阈值”命令：模拟版画

80 页 / 实战：创建剪贴蒙版

96 页 / 实战：填充命令

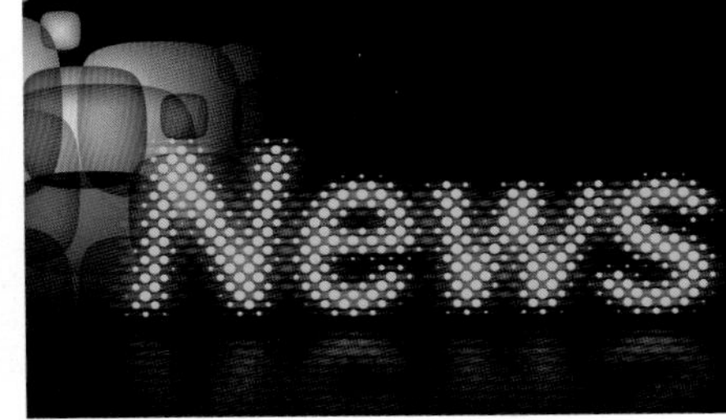

180 页 / 特效字系列之圆点字

198 页 / 实战：创建变形文字

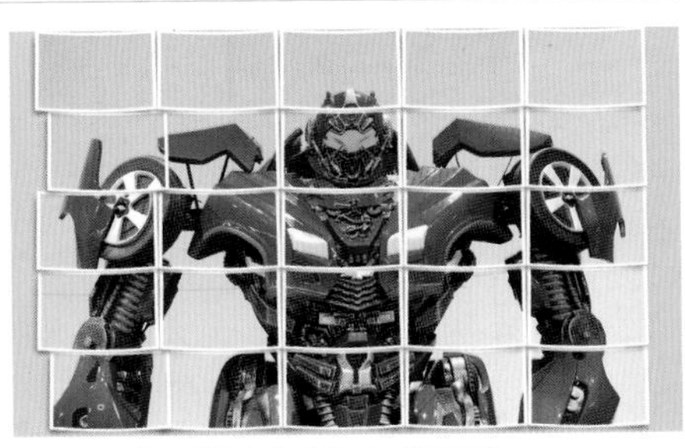

228 页 / 实战：用载入的动作制作拼贴照片

72 页 / 实战：显示、隐藏与修改效果

56 页 / 实战：羽化

13.22 创意系列之瓶子里的风景

276 页 / 实例描述：先用"曲线"调整瓶子的色调，然后将雪景合成到瓶子中。

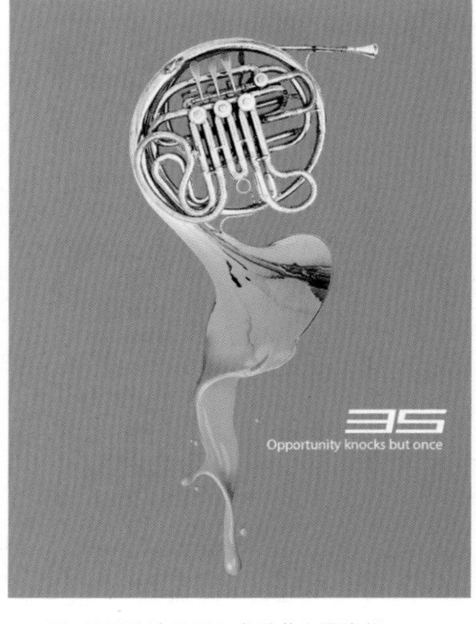

259 页 / 平面设计系列之音乐节主题海报

95 页 / 实战：油漆桶工具

102 页 / 实战：使用铅笔工具

41 页 / 实战：用套索工具制作手撕字

43 页 / 实战：用多边形套索工具合成图像

147 页 /"黑白"命令：制作公益海报

148 页 /"照片滤镜"命令：制作清新文艺风格插图

144页/“色相/饱和度”命令：制作宝丽来照片

13.25 特效系列之炫彩激光字

282页/实例描述：使用自定义的图案给智能对象添加图层样式，通过不同的图案叠加出绚烂的效果。

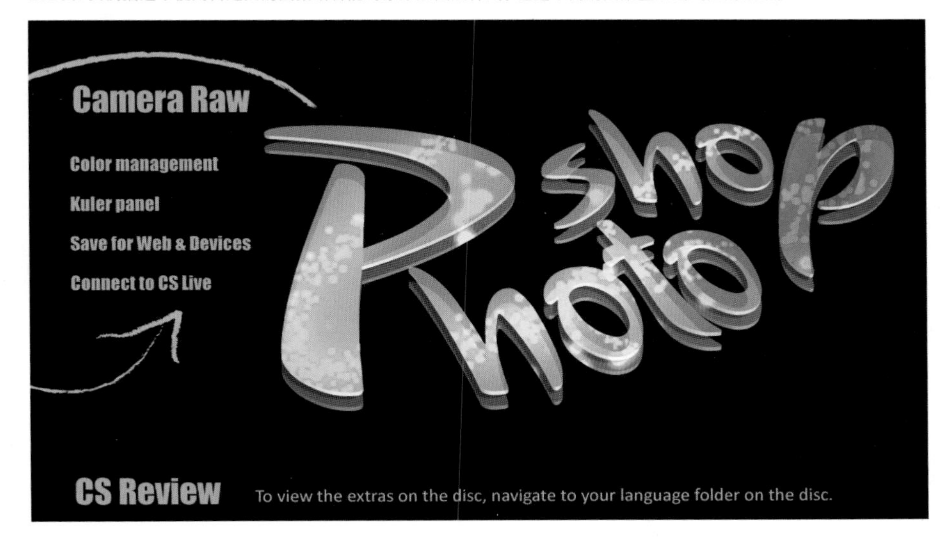

268页/UI设计系列之制作网页图标

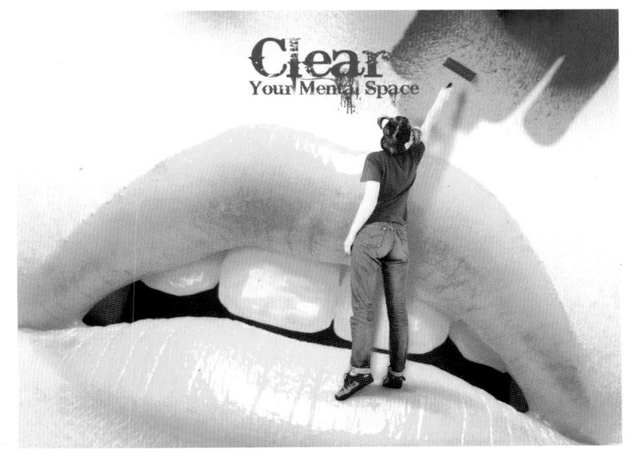

146页/“色彩平衡”命令：照片变平面广告

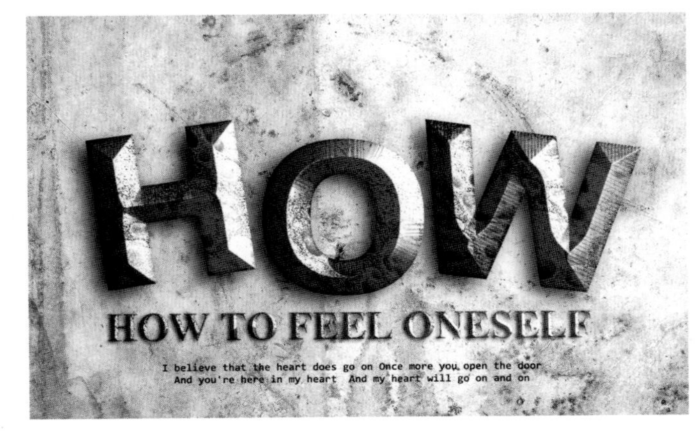

179页/特效字系列之金属字

252页/特效系列之漫威英雄

131 页 / 实战：调整色温和饱和度

281 页 / 创意系列之戏剧化妆容

240 页 / 创意系列之瑜伽大咖

115 页 / 实战：用涂抹工具制作液态特效

150 页 / "颜色查找"命令：制作婚纱写真

51 页 / 实战：使用快速蒙版抠像

128 页 / 实战：用镜头模糊滤镜制作景深效果

116 页 / 实战：用仿制图章工具克隆小狗

光盘附赠

500个超酷渐变

一击即现的真实质感和特效

可媲美影楼效果的照片处理动作库

“渐变库”文件夹中提供了500个超酷渐变颜色。

使用“样式库”文件夹中的各种样式，只需轻点鼠标，就可以为对象添加金属、水晶、纹理、浮雕等特效。

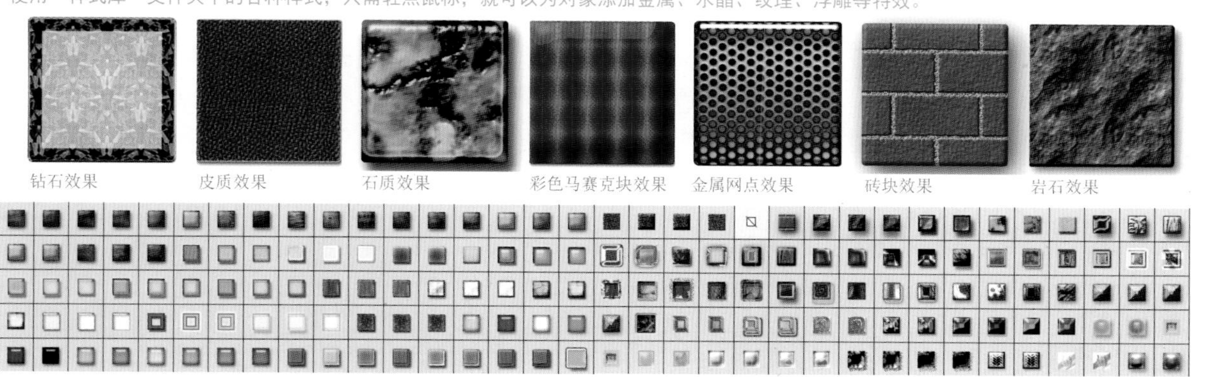

钻石效果　皮质效果　石质效果　彩色马赛克块效果　金属网点效果　砖块效果　岩石效果

“照片处理动作库”文件夹中提供了Lomo风格、宝丽来风格、反冲效果等动作，可以自动将照片处理为影楼后期实现的各种效果。

Lomo 效果

宝丽来照片效果

反转负冲效果

特殊色彩效果

柔光照效果

灰色淡彩效果

非主流效果

光盘附赠

《外挂滤镜使用手册》、《Photoshop内置滤镜使用手册》

色谱表电子书

矢量形状库、高清画笔库

“外挂滤镜使用手册”电子书包含KPT7、Eye Candy 4000、Xenofex等经典外挂滤镜。

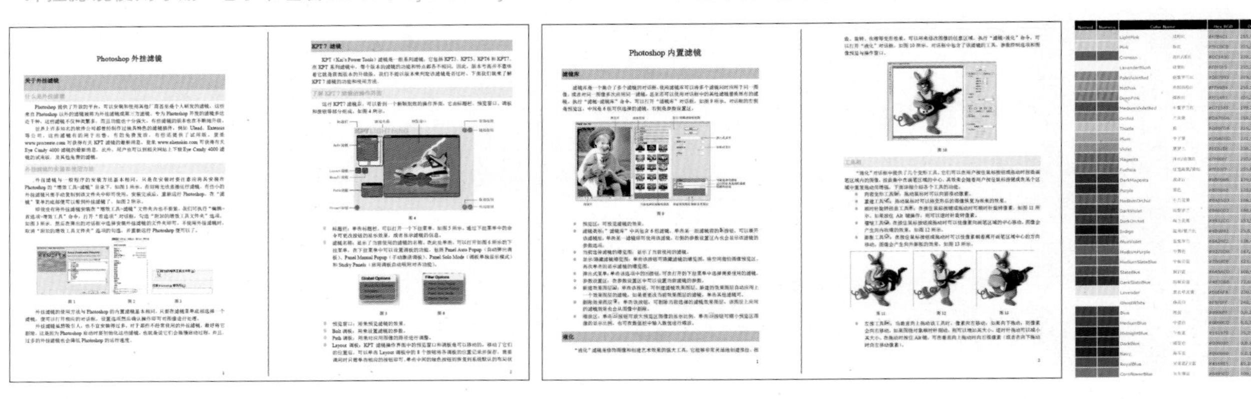

以上电子书为pdf格式，需要使用Adobe Reader观看。登陆 http://get.adobe.com/cn/reader/ 可以下载免费的Adobe Reader。

“形状库”文件夹中提供了几百种样式的矢量图形。

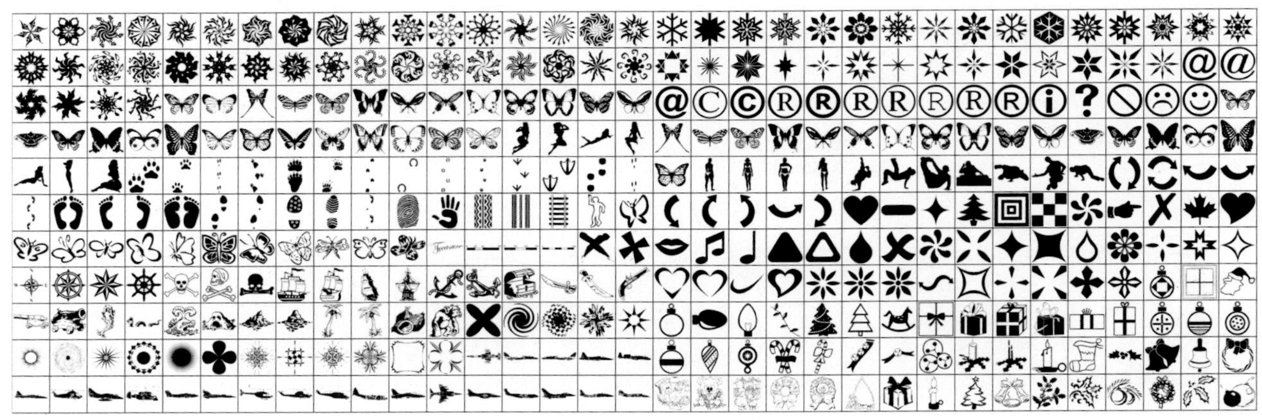

“画笔库”文件夹中提供了几百种样式的高清画笔。

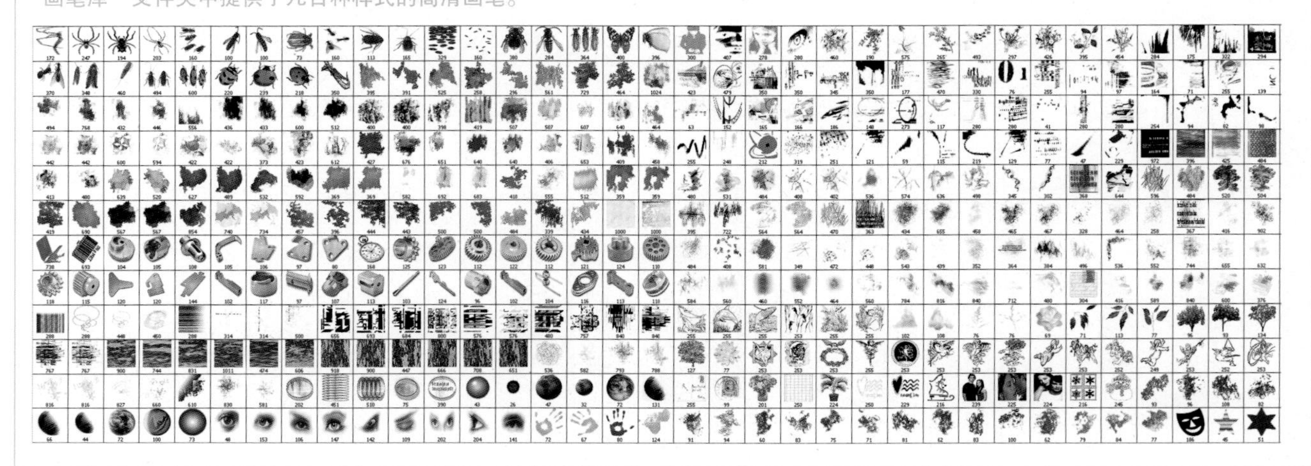

Photoshop CC 高手成长之路

李金蓉 / 编著

清华大学出版社
北 京

内容简介

本书是一本以实践为主的Photoshop自学教程，书中涵盖了Photoshop CC全部工具、面板、重要功能及应用。书中包含280个实例，从最基础的工具、面板、命令和文档操作，到选区、图层、蒙版、绘画、照片修饰、Camera Raw、调色、滤镜、路径、文字、3D、视频、Web、动画和动作功能，再到数码照片处理、平面设计、UI设计、网店装修、特效制作等实际工作中的应用，样样俱全，并全部通过实例贯穿始终，每一个实例都配有视频讲解，为零基础的读者扫清了学习障碍。同时，完备的索引还可以帮助读者快速、精准地找到工具、面板和命令所在的章节。

随书光盘中包含所有实例的素材、最终效果文件和视频录像，并附赠海量设计资源和学习资料，包括近千种画笔库、形状库、动作库、渐变库、样式库，以及《Photoshop内置滤镜使用手册》、《Photoshop外挂滤镜使用手册》和《色谱表》等电子书。

本书适合广大Photoshop爱好者，以及从事广告设计、平面创意、网店装修、UI设计、包装设计、插画设计、网页设计和动画设计的人员学习参考，亦可作为相关院校的培训教材。

图书在版编目（CIP）数据

Photoshop CC 高手成长之路/李金蓉 编著. —北京：清华大学出版社，2017
ISBN 978-7-302-46489-1

Ⅰ.①P… Ⅱ.①李… Ⅲ.①图像处理软件 Ⅳ.①TP391.413

中国版本图书馆CIP数据核字（2017）第025470号

责任编辑：陈绿春
封面设计：潘国文
责任校对：徐俊伟
责任印制：杨　艳

出版发行：清华大学出版社
网　　址：http://www.tup.com.cn，http://www.wqbook.com
地　　址：北京清华大学学研大厦A座　　**邮　　编：**100084
社 总 机：010-62770175　　**邮　　购：**010-62786544
投稿与读者服务：010-62776969，c-service@tup.tsinghua.edu.cn
质 量 反 馈：010-62772015，zhiliang@tup.tsinghua.edu.cn
印 装 者：北京亿浓世纪彩色印刷有限公司
经　　销：全国新华书店
开　　本：203mm×260mm（附DVD1张）　**印　张：**19　**插　页：**8　**字　数：**766千字
版　　次：2017年7月第1版　**印　次：**2017年7月第1次印刷
印　　数：1～3000
定　　价：99.00元

产品编号：057349-01

PREFACE
前言

在计算机领域，有一个很著名的复杂度守恒定律。该定律指出，每个应用程序都具有其内在的、无法简化的复杂度。这一固有的复杂度无法依照我们的意愿去除，只能设法调整、平衡。

复杂度守恒定律说明，任何一个应用程序都很复杂，而复杂度又无法绕开。那么我们就来简要分析一下Photoshop的复杂度，它主要体现在以下3个方面。

一是Photoshop中需要学习和掌握的工具、命令和面板多，它们组成了Photoshop庞大的功能体系。

二是操作方法多。以抠图为例，抠呈现透明效果的对象，如玻璃杯，可使用的工具就有“调整边缘”命令、“色彩范围”命令、图层蒙版、快速蒙版、通道等好几种。其他任务所涉及到的方法更是不胜枚举。

第三个方面，也是最关键的，Photoshop各个功能之间的关联性强，每一个功能都像一个点，它们互相连接，并最终指向几个核心功能——图层、蒙版和通道。以照片调色为例，假设我们用“色相／饱和度”调整图层来操作，看似一个简单命令就能解决的问题，却与所有核心功能都密切相关，包括调色命令以调整图层为依托、图层蒙板控制调整范围和强度、颜色通道的明度改变进而影响色彩。听起来很复杂吧？不过，如果展开来分析与这些核心功能相关联的工具，恐怕更会让人云里雾里了。我要说的是，只掌握Photoshop各个功能的使用方法，而不懂功能之间如何关联，是无法运用自如的，成为Photoshop高手更是无从谈起。这也是很多想要进阶的人始终不得要领、找不到突破点的根本原因。本书开篇（1.3 初学者从这里开始）即对Photoshop最主要的功能及它们的连接点进行了梳理，旨在帮助读者在头脑中搭建一个Photoshop整体框架，并初步了解它是如何有效运作的。在之后的相关章节中，对核心功能及它们的关联性也有详细的解读。

通过上面的分析，可能会让很多人感到Photoshop高深莫测。其实不然。在我们的印象中，无论是编程类，还是办公类软件程序，都有其规范、方法和学习逻辑，这为初学者设置了较高的门槛。而Photoshop有点特别，它有两个不同之处，一是“感性”，二是容易上手。

说Photoshop“感性”，是因为它是一个创意型的软件，因而不受任何规则和框架的限定，学习方法自然也灵活多样。可以毫不夸张地说，Photoshop为使用者提供了近乎无限的创作空间，只要你想得到，它就能做得到。

此外，Photoshop的学习门槛很低，也特别容易上手，我们只要掌握基本的操作方法，如会打开和保存文件、会用工具、面板和命令，就可以参照书中的实战制作一些简单的实例。学习一个阶段以后，例如1~2个月，技术上有了一定的积累，稍微复杂一些的实例也就能操作了。Photoshop的学习诀窍就是动手实践。我们要多做书中的实战练习，在实际操作中遇到疑问，再通过索引到书中查找相关功能，看看是怎样讲的，以加深理解。这种学习方法，对初学者是最有好处的。Photoshop的软件功能，仅靠讲解是很抽象的，而通过实际操作，就容易理解和掌握了。

有句话说得好——“兴趣是最好的老师”。其实学习任何东西都一样，你对它感兴趣，学起来才能体会到快乐，任何困难也就不在话下了。Photoshop有一个非常大的优点，就是它能够不断地给人惊喜，自然会激发大家的学习兴趣，所以我们尽可以抱着玩的态度，开开心心地学习Photoshop！

本书由李金蓉主笔，此外，参与编写工作的还有李金明、王熹、王鑫、贾一、姜成繁、白雪峰、贾劲松、包娜、徐培育、李哲、陈景峰、李萍、李保安、王淑英、王晓琳、张亚东、宋茂才、宋桂华、尹玉兰、马波、季春建、于文波、王淑贤、周亚威、杨秀英、刑云龙、王庆喜、赵常林、杨山林等。由于作者水平有限，书中难免有疏漏之处，还请大家给予批评指正，我们的Email：ai_book@126.com。

李金蓉

2017年5月

学习指南

学习建议

本书是一本全面讲解Photoshop的学习手册，基本涵盖了所有工具、面板和重要功能及应用，章节的安排是循序渐进的，这有利于零基础的读者入门。但您既可以按部就班地依照本书的章节顺序学习；也可以跳跃式学习，即先学主要功能，而舍弃次要功能，以提高效率。这样可以减少学习量，又不耽误使用Photoshop。

如果您有这样的学习需求，我的建议是将色彩管理与系统预设、打印与输出、Web图形、动作等项目暂时放下，把时间放在最主要功能上，像选区、图层、蒙版、通道、图层样式，它们的基本操作方法及操作技巧一定要掌握，否则没法做大型实例。像画笔、矢量工具、文字、滤镜会基本操作就行，技巧以后慢慢积累。像调色命令和照片修饰工具，要看具体情况，基本操作是一定要会的，深入学习的紧迫性要自己掌握，如果学Photoshop是为了修照片或网店装修，那么这些功能的重要程度要超过文字和滤镜。对于Camera Raw，如果不是专门研究照片后期处理，也可以往后放放，Photoshop的调色命令，像色阶、曲线、色相/饱和度，对于非专业摄影人员也是基本够用的。

学习项目

●实战：通过实际动手操作来学习软件功能，掌握各种工具、面板和命令的使用方法。

●技术看板：汇集了大量技术性提示和相关功能的解释，有利于读者对Photoshop进行更加深入的研究。

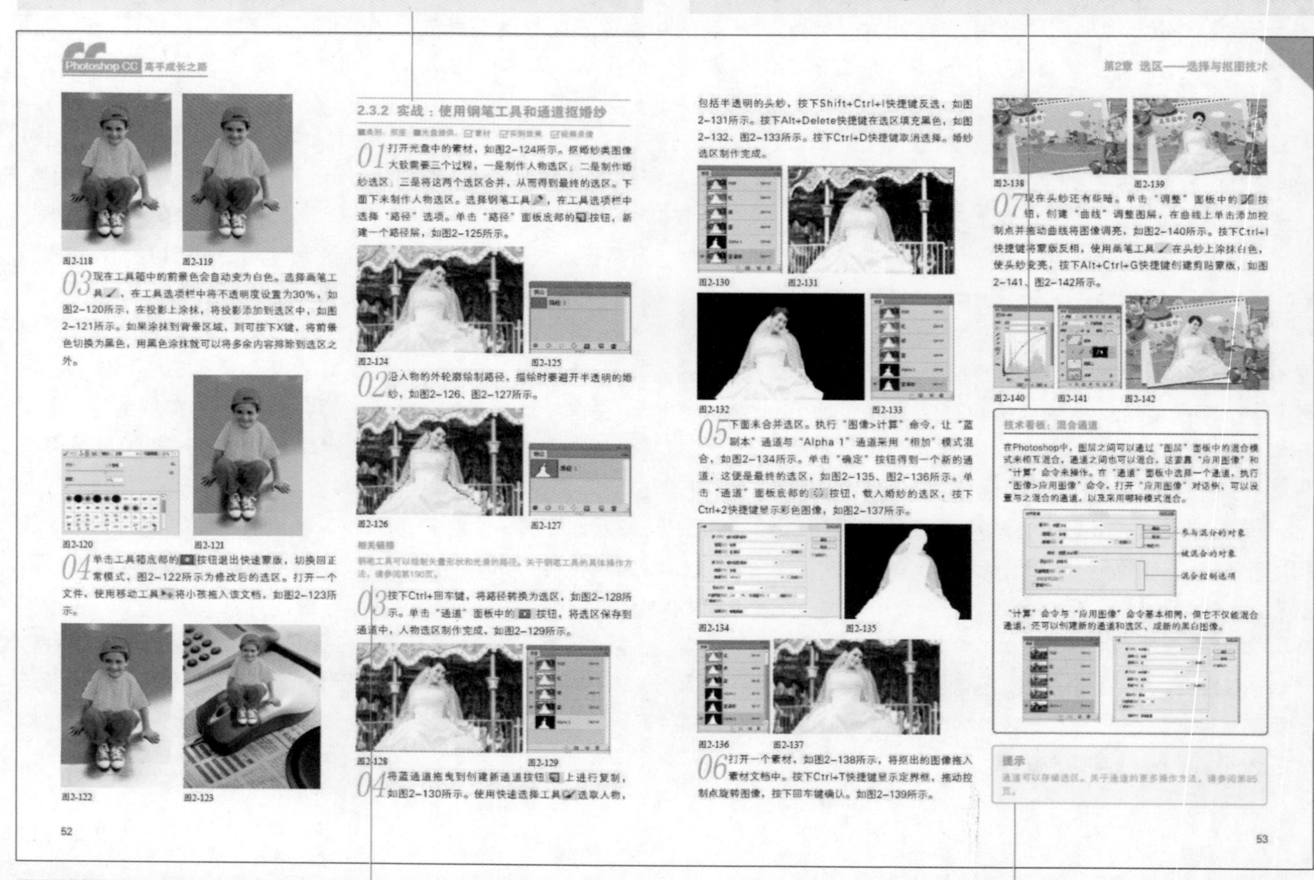
Photoshop CC 高手成长之路

图2-118 图2-119

03 现在工具箱中的前景色会自动变为白色。选择画笔工具，在工具选项栏中将不透明度设置为30%，如图2-120所示，在投影上涂抹，将投影添加到选区中，如图2-121所示。如果涂抹到背景区域，则可按下X键，将前景色切换为黑色，用黑色涂抹就可以将多余内容排除到选区之外。

图2-120 图2-121

04 单击工具箱底部的按钮退出快速蒙版，切换回正常模式，图2-122所示为修改后的选区。打开一个文件，使用移动工具将小孩拖入该文档，如图2-123所示。

图2-122 图2-123

52

2.3.2 实战：使用钢笔工具和通道抠婚纱

01 打开光盘中的素材，如图2-124所示。抠婚纱类图像大致需要三个过程，一是制作人物选区；二是制作婚纱选区；三是将这两个选区合并，从而得到最终的选区。下面下来制作人物选区。选择钢笔工具，在工具选项栏中选择“路径”选项。单击“路径”面板底部的按钮，新建一个路径层，如图2-125所示。

图2-124 图2-125

02 沿人物的外轮廓绘制路径，描绘时要避开半透明的婚纱，如图2-126、图2-127所示。

图2-126 图2-127

相关链接

钢笔工具可以绘制矢量形状和光滑的路径。关于钢笔工具的具体操作方法，请参阅第190页。

03 按下Ctrl+回车键，将路径转换为选区，如图2-128所示。单击“通道”面板中的按钮，将选区保存到通道中，人物选区制作完成，如图2-129所示。

图2-128 图2-129

04 将蓝通道拖曳到创建新通道按钮上进行复制，如图2-130所示。使用快速选择工具选取人物，包括半透明的头纱，按下Shift+Ctrl+I快捷键反选，如图2-131所示。按下Alt+Delete快捷键在选区填充黑色，如图2-132、图2-133所示。按下Ctrl+D快捷键取消选择。婚纱选区制作完成。

图2-130 图2-131

图2-132 图2-133

05 下面来合并选区。执行“图像>计算”命令，让“蓝副本”通道与“Alpha 1”通道采用“相加”模式混合，如图2-134所示。单击“确定”按钮得到一个新的通道，这便是最终的选区，如图2-135、图2-136所示。单击“通道”面板底部的按钮，载入婚纱的选区，按下Ctrl+2快捷键显示彩色图像，如图2-137所示。

图2-134 图2-135

图2-136 图2-137

06 打开一个素材，如图2-138所示，将抠出的图像拖入素材文档中。按下Ctrl+T快捷键显示定界框，拖动控制点旋转图像，按下回车键确认。如图2-139所示。

第2章 选区——选择与抠图技术

图2-138 图2-139

07 现在头纱还有些暗。单击“调整”面板中的按钮，创建“曲线”调整图层，在曲线上单击添加控制点并拖动曲线将图像调亮，如图2-140所示。按下Ctrl+I快捷键将蒙版反相，使用画笔工具在头纱上涂抹白色，使头纱变亮，按下Alt+Ctrl+G快捷键创建剪贴蒙版，如图2-141、图2-142所示。

图2-140 图2-141 图2-142

技术看板：混合通道

在Photoshop中，图层之间可以通过“图层”面板中的混合模式来相互混合，通道之间也可以混合，这要靠“应用图像”和“计算”命令来操作。在“通道”面板中选择一个通道，执行“图像>应用图像”命令，打开“应用图像”对话框，可以设置与之混合的通道，以及采用哪种模式混合。

“计算”命令与“应用图像”命令基本相同，但它不仅能混合通道，还可以创建新的通道和选区、或新的黑白图像。

提示

通道可以存储选区。关于通道的更多操作方法，请参阅第85页。

53

●相关链接：Photoshop体系庞大，许多功能之间都有着密切的联系。“相关链接”标出了与当前介绍功能相关的其他知识所在的页码。

●提示：包含了软件的使用技巧和操作过程中的注意事项。

怎样使用索引

索引是为方便本书使用者查询Photoshop功能而设置的，它包括面板索引（第2页）、工具索引（第4页）和命令索引（第290页）。您在学习和使用Photoshop 时如果遇到问题，可以通过索引快速找到所需信息。此外，索引中还包含Photoshop 快捷键，掌握常用的快捷键可以使图像编辑工作更加高效、轻松。

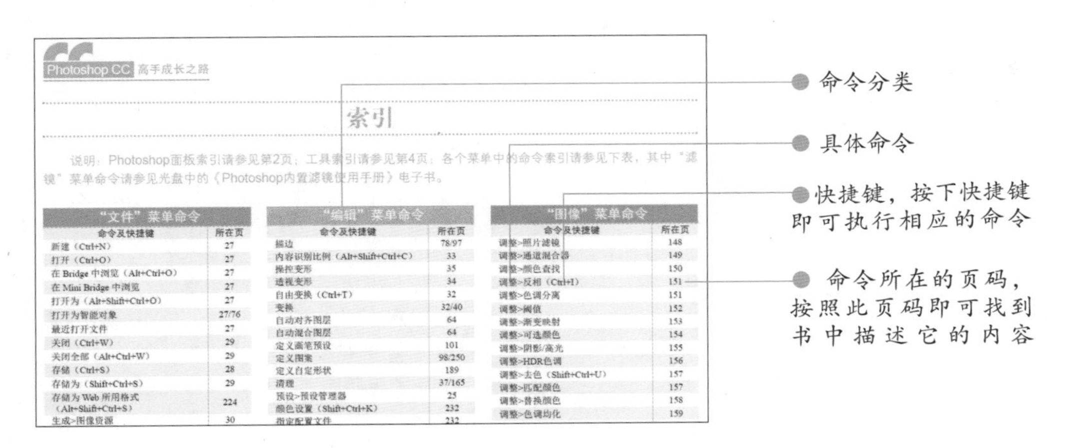
Photoshop CC 高手成长之路

索引

说明：Photoshop面板索引请参见第2页；工具索引请参见第4页；各个菜单中的命令索引请参见下表，其中"滤镜"菜单命令请参见光盘中的《Photoshop内置滤镜使用手册》电子书。

"文件"菜单命令

命令及快捷键	所在页
新建（Ctrl+N）	27
打开（Ctrl+O）	27
在 Bridge 中浏览（Alt+Ctrl+O）	27
在 Mini Bridge 中浏览	27
打开为（Alt+Shift+Ctrl+O）	27
打开为智能对象	27/76
最近打开文件	27
关闭（Ctrl+W）	29
关闭全部（Alt+Ctrl+W）	29
存储（Ctrl+S）	28
存储为（Shift+Ctrl+S）	29
存储为 Web 所用格式（Alt+Shift+Ctrl+S）	224
生成>图像资源	30

"编辑"菜单命令

命令及快捷键	所在页
描边	78/97
内容识别比例（Alt+Shift+Ctrl+C）	33
操控变形	35
透视变形	34
自由变换（Ctrl+T）	32
变换	32/40
自动对齐图层	64
自动混合图层	64
定义画笔预设	101
定义图案	98/250
定义自定形状	189
清理	37/165
预设>预设管理器	25
颜色设置（Shift+Ctrl+K）	232
指定配置文件	232

"图像"菜单命令

命令及快捷键	所在页
调整>照片滤镜	148
调整>通道混合器	149
调整>颜色查找	150
调整>反相（Ctrl+I）	151
调整>色调分离	151
调整>阈值	152
调整>渐变映射	153
调整>可选颜色	154
调整>阴影/高光	155
调整>HDR色调	156
调整>去色（Shift+Ctrl+U）	157
调整>匹配颜色	157
调整>替换颜色	158
调整>色调均化	159

视频说明

本书的280个实例均配备视频录像，由李老师全程演示实例制作方法，为您自学Photoshop扫清障碍。

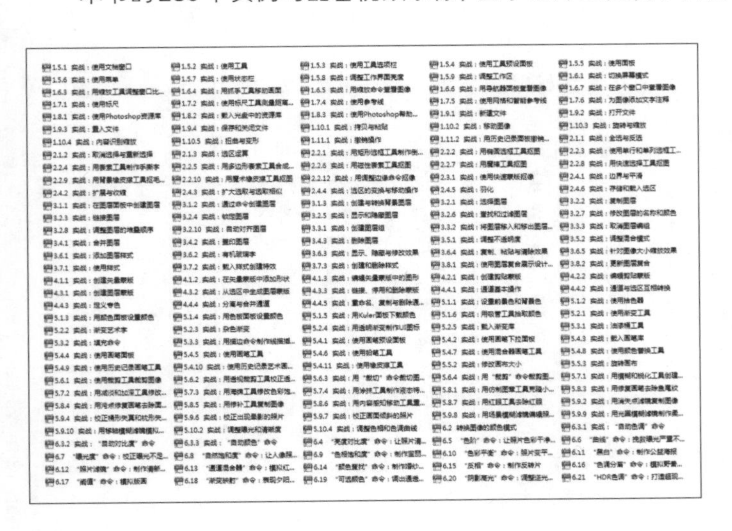

学习支持与互动

扫描右侧的二维码，关注李老师的微博、微信。在这里，您不仅可以与李老师互动，还能免费分享更多的Photoshop、Illustrator 实例和操作技巧，以及其他资源。此外，也可以将您的学习疑问发送至邮箱ai_book@126.com，李老师会为您做出解答。

微博

微信

目录 CONTENTS

为重点知识　为重点实例

目录 CONTENTS

为重点知识 为重点实例

为重点知识 为重点实例

目录 CONTENTS

目录 CONTENTS

为重点知识 为重点实例

光盘附加章节2——Photoshop外挂滤镜使用手册

第1章

步入PS世界 基本操作

1987年秋，美国密歇根大学博士研究生托马斯·洛尔（Thomes Knoll）编写了一个叫做Display的程序，用来在黑白位图显示器上显示灰阶图像。托马斯的哥哥约翰·洛尔（John Knoll）让弟弟编写一个处理数字图像的程序，于是托马斯重新修改了Display的代码，并改名为Photoshop。后来Adobe公司买下了Photoshop的发行权，并于1990年2月正式推出Photoshop 1.0。Adobe公司是由乔恩·沃诺克和查理斯·格什克于1982年创建的。其产品除了大名鼎鼎的Photoshop外，还有矢量软件Illustrator、动画软件Flash、专业排版软件InDesign、影视编辑及特效制作软件Premiere和After Effects等。

扫描二维码，关注李老师的微博、微信。

1.1 Photoshop面板一览表

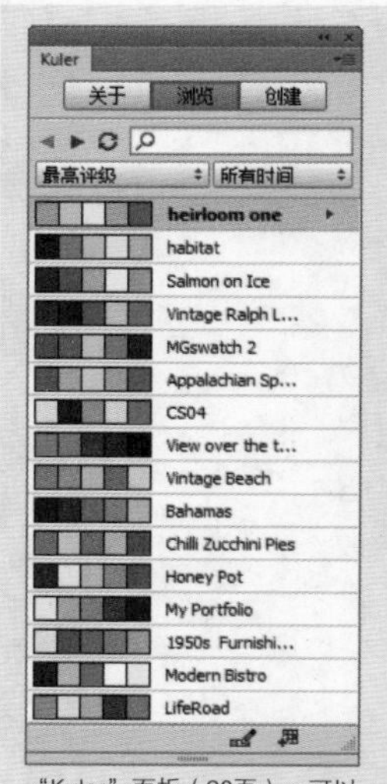

"Kuler"面板（90页）：可以从网上下载由在线设计人员社区创建的数千个颜色组

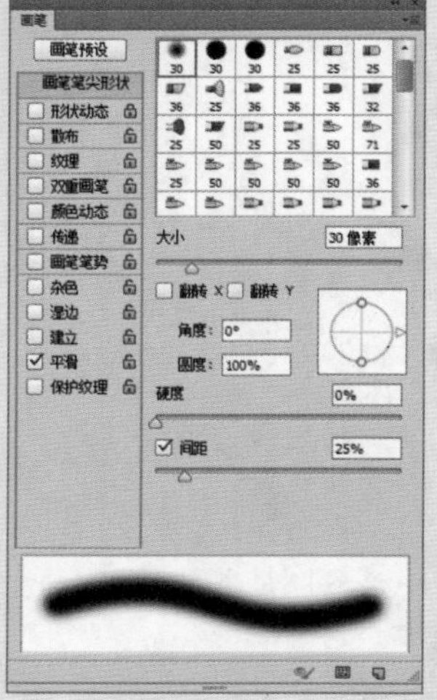

"画笔"面板（100页）：可以为绘画工具（画笔、铅笔等），以及修饰工具（涂抹、加深、减淡等）提供各种笔尖

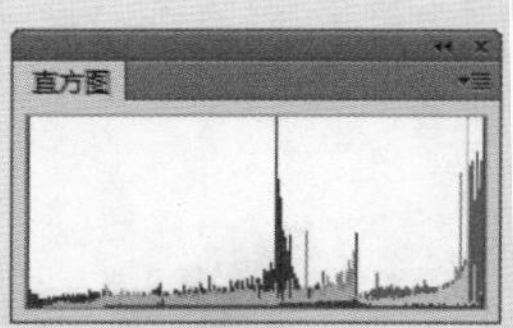

"直方图"面板（161页）：用图形表示了图像每个亮度级别的像素数量，展现了像素的分布情况

"调整"面板（134页）：可以创建调整图层

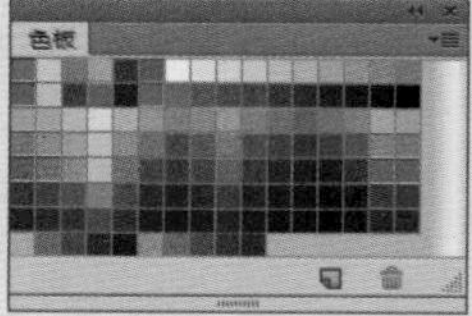

"色板"面板（90页）：显示了Photoshop预设的122种颜色，可设置前景色和背景色

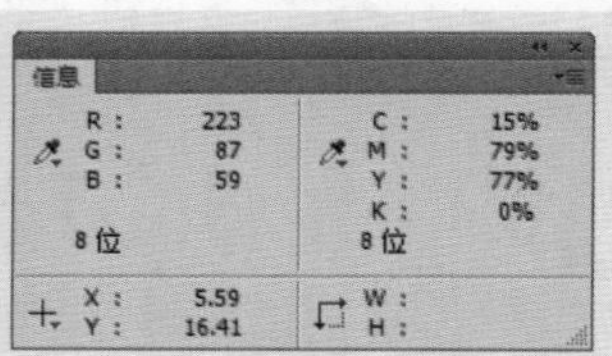

"信息"面板（160页）：可以显示颜色值、文档的状态、当前工具的使用提示等有用信息

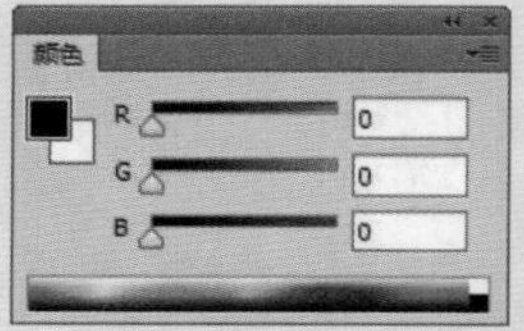

"颜色"面板（90页）：可设置前景色和背景色。移动滑块可混合颜色，输入数值可精确定义颜色

"注释"面板（24页）：可保存图像中添加的文字注释

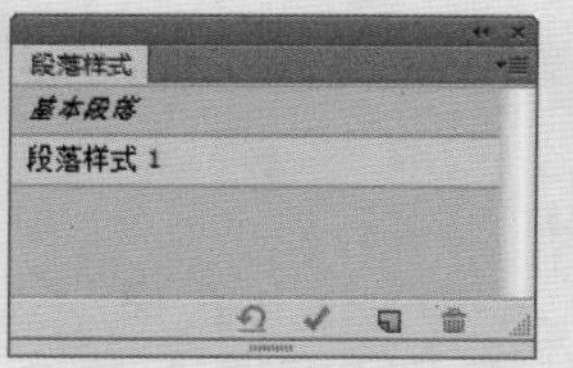

"段落样式"面板（202页）：可保存段落格式属性，并应用于其他段落

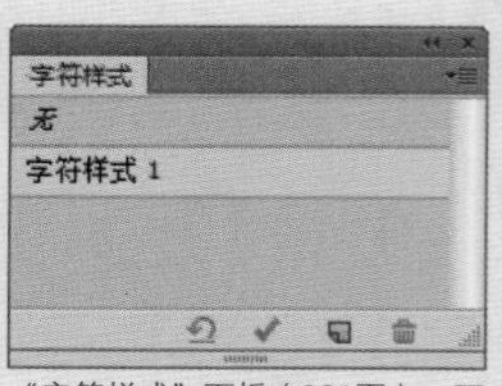

"字符样式"面板（201页）：可保存文字样式，如字体、颜色等

"图层"面板（6/59页）：可创建、编辑和管理图层，为图层添加样式

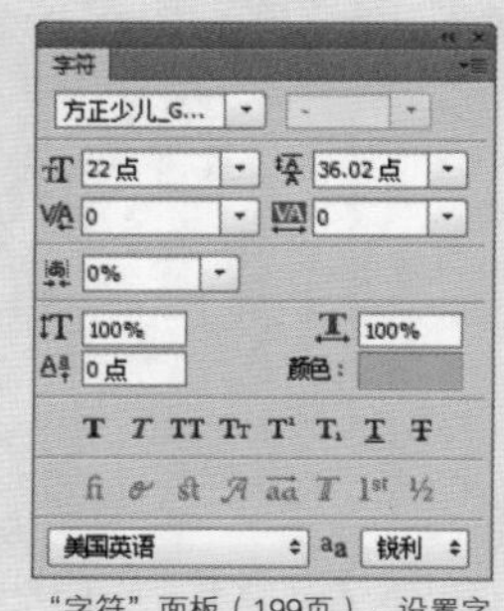

"字符"面板（199页）：设置字符的各种属性，如字体、大小等

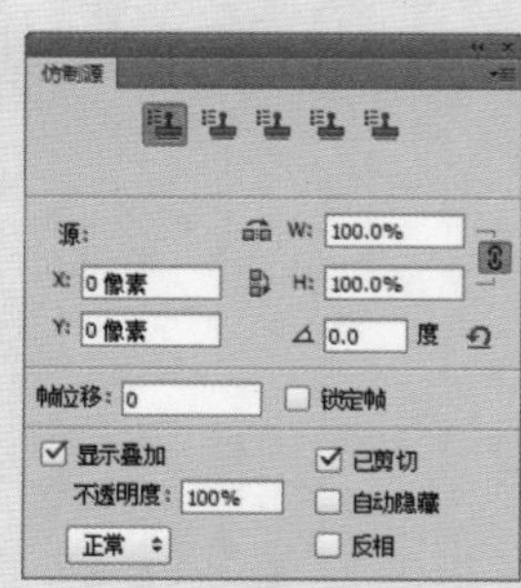

"仿制源"面板（117页）：仿制图章工具和修复画笔工具的专用面板

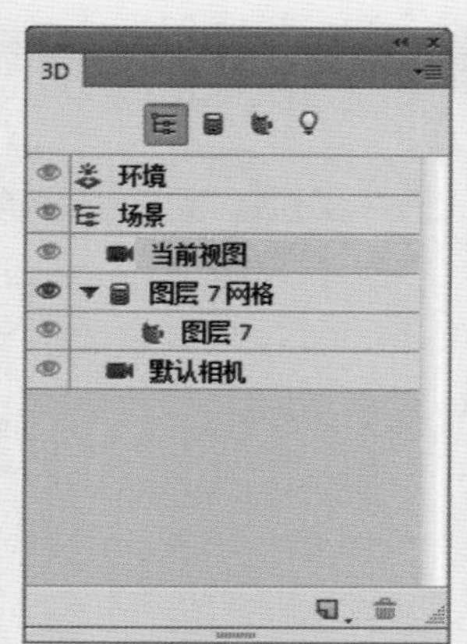

"3D"面板（207页）：显示了3D场景、网格、材质和光源

"属性"面板（134/208页）：与调整图层、图层蒙版、矢量蒙版、形状图层和3D功能有关

"导航器"面板（20页）：可快速调整文档窗口的缩放比例、画面中心的显示位置

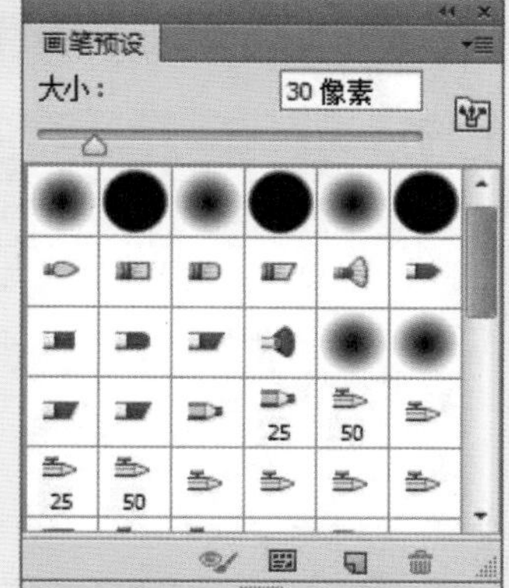

"画笔预设"面板（99页）：提供了预设的笔尖和简单的调整选项

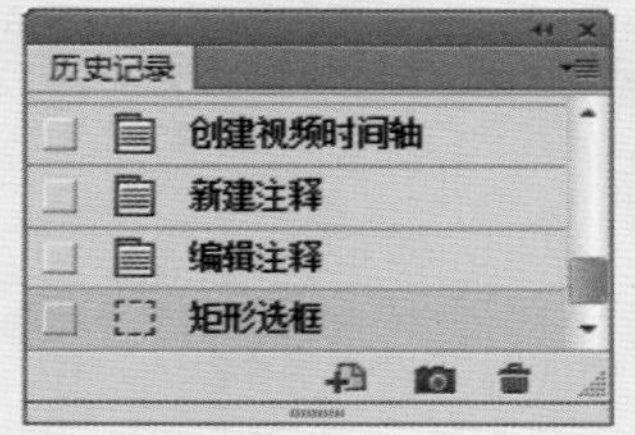

"历史记录"面板（36页）：可保存操作记录，以便恢复图像

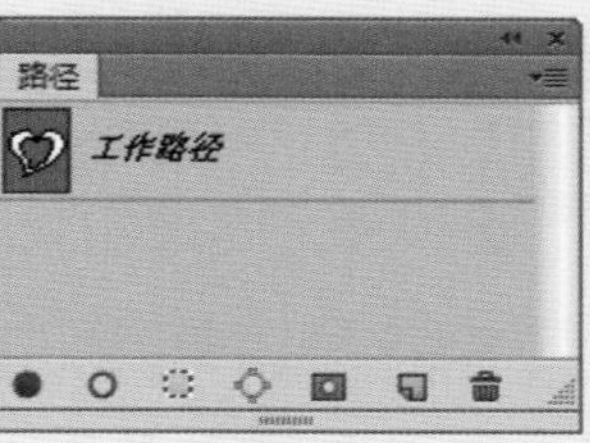

"路径"面板（184/186页）：用来保存和管理路径，显示当前路径和矢量蒙版

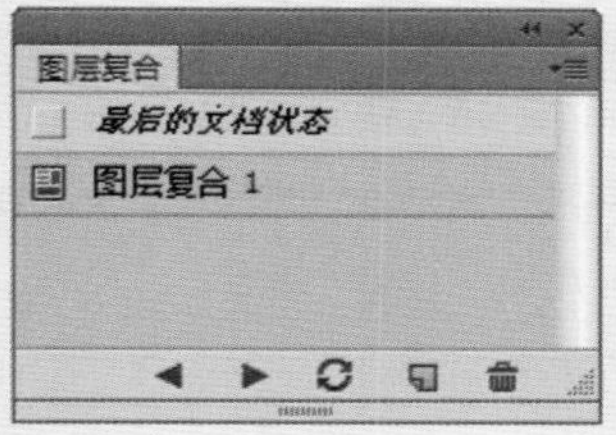

"图层复合"面板（76页）：可以保存图层面板中的图层状态

"动作"面板（226页）：用于创建、播放、修改和删除动作

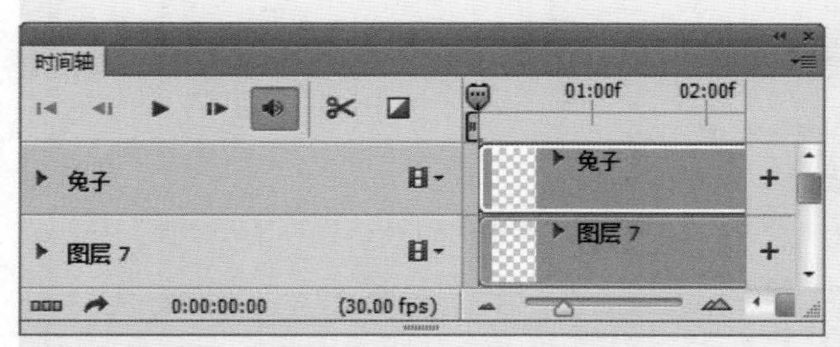

"时间轴"面板（218页）：可以编辑视频，制作基于图层的GIF动画

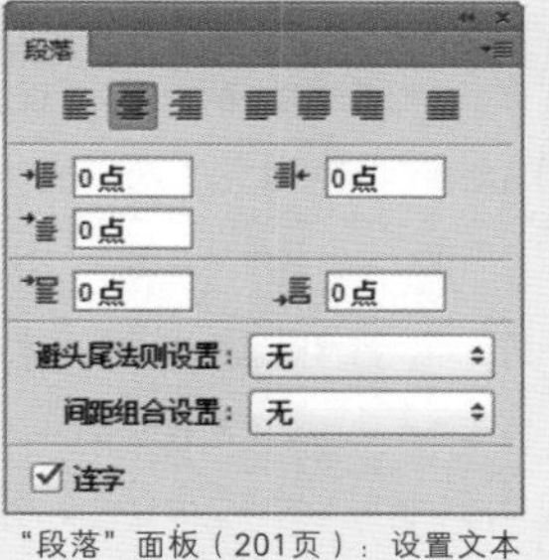

"段落"面板（201页）：设置文本的段落属性，如对齐、缩进和行距

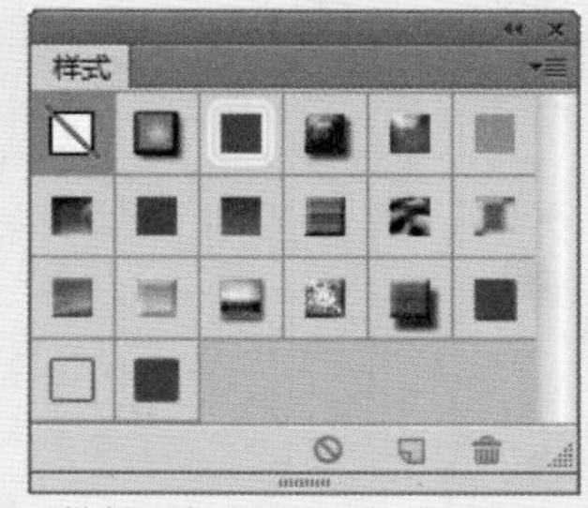

"样式"面板（74页）：可以添加投影、发光、浮雕、描边等效果

测量记录

记录测量

	标签	日期和...	文档	源	比例
0001	测量 1	2013/5/...	24 麦兜...	选区	1 像素 = 1.0...

"测量记录"面板（22页）：可保存测量记录，计算高度、宽度、面积和周长

"通道"面板（85页）：用来保存图像内容、色彩信息和选区

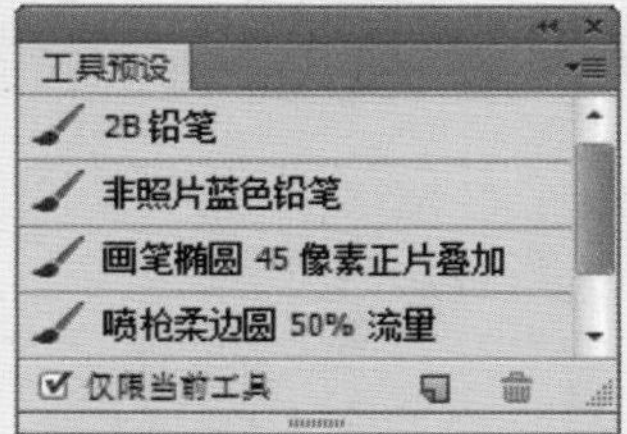

"工具预设"面板（13页）：可存储工具的各项设置预设、编辑和创建工具预设库

1.2 Photoshop工具一览表

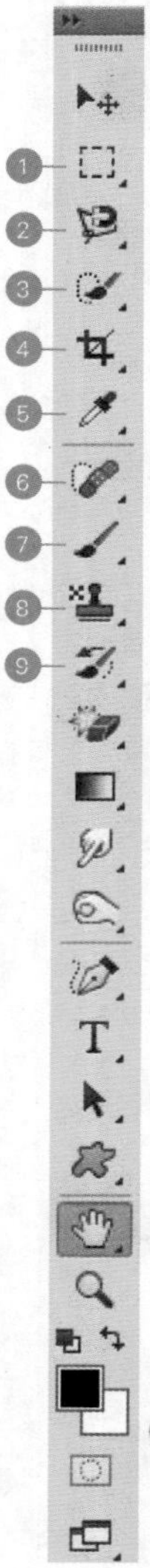

工具名称	工具用途	工具种类	快捷键
移动	可移动图层、选中的图像和参考线，按住Alt键拖动图像还可以进行复制（31页）	选择类	V
矩形选框	可创建矩形选区，按住Shift键操作可创建正方形选区（40页）	选择类	M
椭圆选框	可创建椭圆选区，按住Shift键操作可创建圆形选区（41页）	选择类	M
单行选框	可创建高度为1像素的矩形选区（41页）	选择类	
单列选框	可创建宽度为1像素的矩形选区（41页）	选择类	
套索	可徒手绘制选区（41页）	选择类	L
多边形套索	可创建边界为多边形（直边）的选区（43页）	选择类	L
磁性套索	可自动识别对象的边界，并围绕边界创建选区（43页）	选择类	L
快速选择	使用可调整的圆形画笔笔尖快速"绘制"选区（45页）	选择类	W
魔棒	在图像中单击，可选择与单击点颜色和色调相近的区域（45页）	选择类	W
裁剪	可裁剪图像（110页）	裁剪和切片类	C
透视裁剪	可在裁剪图像时应用透视扭曲，校正出现透视畸变的照片（111页）	裁剪和切片类	C
切片	可创建切片，以便对Web页面布局、对图像进行压缩（222页）	裁剪和切片类	C
切片选择	可选择切片，调整切片的大小（223页）	裁剪和切片类	C
吸管	在图像上单击，可拾取颜色，并设置为前景色；按住Alt键操作，可拾取为背景色（91页）	测量类	I
3D材质吸管	可在3D模型上对材质进行取样（213页）	3D类	I
颜色取样器	可在图像上放置取样点，"信息"面板中会显示取样点的精确颜色值（160页）	测量类	I
标尺	可测量距离、位置和角度（22页）	测量类	I
注释	可为图像添加文字注释（24页）	测量类	I
计数	可统计图像中对象的个数（22页）	测量类	I
污点修复画笔	可除去照片中的污点、划痕，或图像中多余的内容（119页）	修饰类	J
修复画笔	可利用样本或图案修复图像中不理想的部分，修复效果真实、自然（118页）	修饰类	J
修补	可利用样本或图案修复所选图像中不理想的部分，这需要用选区限定修补范围（119页）	修饰类	J
内容感知移动	将图像移动或扩展到其他区域时，可以重组和混合对象，产生出色的视觉效果（120页）	修饰类	J
红眼	可修复由闪光灯导致的红色反光，即人像照片中的红眼现象（121页）	修饰类	J
画笔	可绘制线条，还可以更换笔尖，用于绘画和修改蒙版（101页）	绘画类	B
铅笔	可绘制硬边线条，类似于传统的铅笔（102页）	绘画类	B
颜色替换	可以将选定颜色替换为新颜色（104页）	绘画类	B
混合器画笔	可模拟真实的绘画技术，例如混合画布颜色和使用不同的绘画湿度（103页）	绘画类	B
仿制图章	可以从图像中拷贝信息，并利用图像的样本来绘画（116页）	修饰类	S
图案图章	可以使用Photoshop提供的图案，或者图像的一部分作为图案来绘画（117页）	修饰类	S
历史记录画笔	可将选定状态或快照的副本绘制到当前图像窗口中，需要配合"历史记录"面板使用（105页）	绘画类	Y
历史记录艺术画笔	可使用选定状态或快照，采用模拟不同绘画风格的风格化描边进行绘画（106页）	绘画类	Y

	工具名称	工具用途	工具种类	快捷键
10	橡皮擦	可擦除像素（106页）	修饰类	E
	背景橡皮擦	可自动采集画笔中心的色样，删除在画笔范围内出现的这种颜色（46页）		
	魔术橡皮擦	只需单击一次，即可将纯色区域擦抹为透明区域（47页）		
11	渐变	可创建直线形、放射形、斜角形、反射形和菱形的颜色混合效果（92页）	绘画类	G
	油漆桶	可以使用前景色或图案填充颜色相近的区域（95页）		
	3D材质拖放	可以将材质应用到3D模型上（214页）	3D类	
12	模糊	可对图像中的硬边缘进行模糊处理，减少图像细节，效果类似于“模糊”滤镜（113页）	修饰类	
	锐化	可锐化图像中的柔边，增强相邻像素的对比度，使图像看上去更加清晰（113页）		
	涂抹	可涂抹图像中的像素，创建类似于手指拖过湿油漆时的效果（115页）		
13	减淡	可以使涂抹的区域变亮，常用于处理照片的曝光（113页）		O
	加深	可以使涂抹的区域变暗，常用于处理照片的曝光（113页）		
	海绵	可修改涂抹区域的颜色的饱和度，增加或降低饱和度取决于工具的“模式”选项（114页）		
14	钢笔	可绘制边缘平滑的路径，常用于描摹对象轮廓，再将路径转换为选区，从而选中对象（190页）	绘图和文字类	P
	自由钢笔	可徒手绘制路径，使用方法与套索工具相似（191页）		
	添加锚点	可在路径上添加锚点（193页）		
	删除锚点	可删除路径上的锚点（193页）		
	转换点	在平滑点上单击鼠标，可将其转换为角点；在角点上单击并拖动鼠标，可将其转换为平滑点（193页）		
15	横排文字	可创建横排点文字、路径文字和区域文字（195页）		T
	直排文字	可创建直排点文字、路径文字和区域文字（195页）		
	横排文字蒙版	可沿横排方向创建文字形状的选区（195页）		
	直排文字蒙版	可沿直排方向创建文字形状的选区（195页）		
16	路径选择	可选择和移动路径（192页）		A
	直接选择	可选择锚点和路径段，移动锚点和方向线，修改路径的形状（192页）		
17	矩形	可在正常图层（像素）或形状图层中创建矩形（矢量），按住Shift键操作可创建正方形（187页）		U
	圆角矩形	可在正常图层（像素）或形状图层中创建圆角矩形（矢量）（187页）		
	椭圆	可在正常图层（像素）或形状图层中创建椭圆（矢量），按住Shift键操作可创建圆形（187页）		
	多边形	可在正常图层（像素）或形状图层中创建多边形和星形（矢量）（187页）		
	直线	可在正常图层（像素）或形状图层中创建直线（矢量），以及带有箭头的直线（188页）		
	自定形状	可创建从自定形状列表中选择的自定形状，也可以使用外部的形状库（188页）		
18	抓手	可在文档窗口内移动画面，按住Ctrl键/Alt键单击还可以放大/缩小窗口（19页）	导航类	H
	旋转视图	可在不破坏原图像的情况下旋转画布，就像是在纸上绘画一样方便（18页）		R
	缩放	单击可放大窗口的显示比例，按住Alt操作可缩小显示比例（18页）		Z
	默认前景色和背景色	单击它可恢复为默认的前景色（黑色）和背景色（白色）（88页）		D
	切换前景色和背景色	单击它可切换前景色和背景色的颜色（88页）		X
	设置前景色	单击它可打开“拾色器”设置前景色（88页）		
	设置背景色	单击它可打开“拾色器”设置背景色（88页）		
	以快速蒙版模式编辑	可切换到快速蒙版模式下编辑选区（51页）		Q
	屏幕模式	可切换屏幕模式，隐藏菜单、工具箱和面板（17页）		F

1.3 初学者从这里开始

Photoshop是一个大型的软件程序，它包含近百个工具和面板，以及几百个命令，要学会这些工具和命令的使用方法其实是很耗费时间的。然而单个工具和命令还无法完成工作，即便是最简单的任务，如保存文件，也会涉及到文件格式、Alpha通道、专色和图层等相关功能。由此可见，制作复杂的效果，更需要调动大量的工具。要让各个工具为我所用，在Photoshop中实现“纵横捭阖”绝非易事，你需要具备融会贯通的能力才有可能，其关键在于熟知各个工具的特点，并能有效地在它们之间搭建连接点，而这也是Photoshop的复杂之所在。下面笔者将化繁为简，大致梳理一下Photoshop中最主要的功能和它们的连接点，帮助您搭建一个Photoshop的整体框架，并初步了解它是如何有效运作的。

1.3.1 皮之不存，毛将焉附

Photoshop是图像编辑应用程序，图像存在于图层中，因此，图层是Photoshop最为核心的功能。不仅如此，蒙版、填充图层、调整图层、图层样式、智能对象、3D模型、视频文件等功能，都依托于它。所谓“皮之不存，毛将焉附”，如果没有图层，这些功能统统不能存在。

图层就像是一座大楼的各个楼层，每一个楼层上住着一户人家，分别是图像、蒙版、填充图层、调整图层……住户越多，这座楼就越高，如图1-1所示。图层很重要，但其操作方法一点也不难学，我们可以把学习重点放在图层的“住户”上。

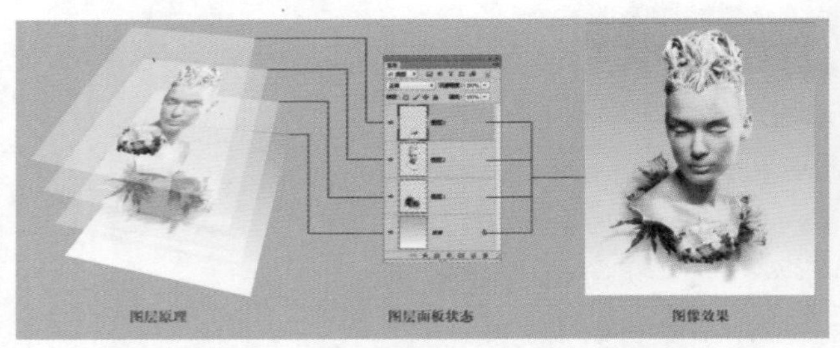

图层的结构就像一座高楼，上面住着图像、蒙版、图层样式等

图1-1

图层的最大贡献在于有效地分离对象。为什么要分离对象？请往下看。

1.3.2 跑马圈地，泾渭分明

编辑图像时，如果只想处理局部内容，该怎样跟Photoshop沟通，告诉它想要处理的是图像的哪处区域？这需要一个叫作选区的工具来帮忙。

选区用来划分编辑的有效区域和分离图像。若不划分出有效区域，Photoshop便会一视同仁地处理所有图像，而不管哪些是需要处理的、哪些是需要保留的，如图1-2所示；若不分离图像，则每一次处理某些细节，都要选取一次，过程烦琐，且还要不断地重复操作。

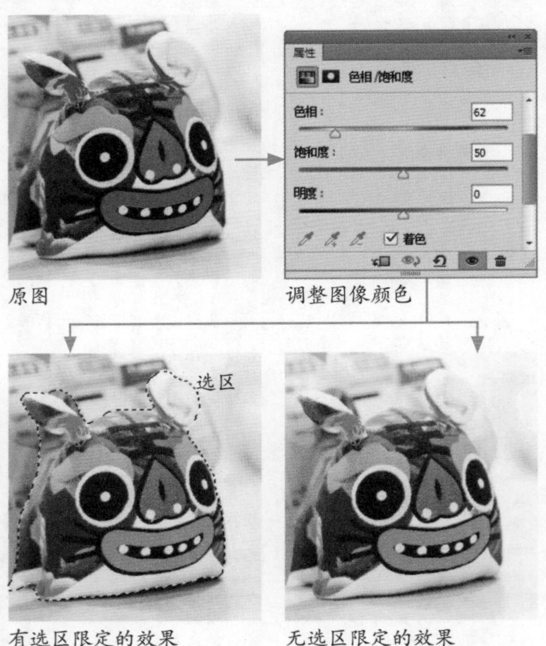

图1-2

在Photoshop中，选区有两种存在形式，一种是显性的，即我们看到的闪烁的、像行军蚂蚁一样的选区边界线；另一种是隐性的，它隐藏在图层、通道、蒙版、路径中，我们可以在需要时调用。

隐性的选区存在于不同的对象中，这说明什么？说明这些对象，以及与它们相关的工具都可以编辑选区。你可以设想一下，制作和编辑选区该有多少种方法、该有多么的复杂。

图层上的很多“住户”是自然分离的，如蒙版、填充图层、调整图层、图层样式等，而图像则需要我们手动分离。在Photoshop中，手动分离图像的过程称为“抠图”，如图1-3所示。

图1-3

抠图包含两层意思，一是采用正确的方法制作选区，将需要编辑的图像选中；其次是通过选区将图像从其所在的图层中分离，放在一个单独图层上。

抠图的难度体现在其方法的多样性上，将与选区相关的工具和命令组合之后，可以演变出几十种不同的抠图方法。高级抠图技术需要钢笔、通道和蒙版等功能配合，是Photoshop中比较高难的技术。

1.3.3 移花接木，以假乱真

下面说一说蒙版。蒙版是什么？先来看一个作品，如图1-4所示。

图1-4

真相在这里，如图1-5所示。可以看到，这幅作品用到了很多图片素材，它们是通过一个叫作蒙版的工具合成到一起的。

图1-5

再来看几个惊掉我们下巴的广告创意，它们也都离不开蒙版，如图1-6~图1-8所示。

图1-6

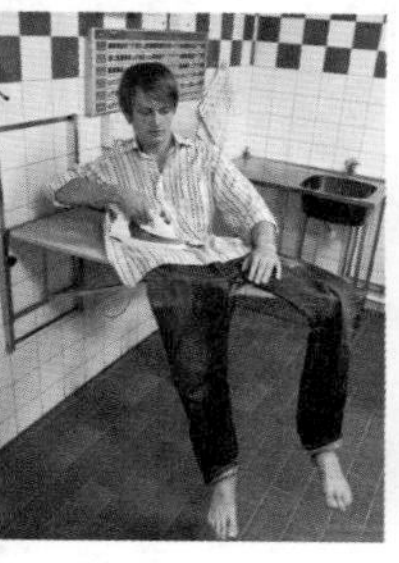

图1-7

图1-8

蒙版是蒙在图层上面，用于遮盖图层的工具，如图1-9所示。它的用途很广泛，在图像合成方面，可以隐藏图像或使其呈现透明效果；在照片处理方面，可以控制编辑范围；在调色方面，可以控制调整范围和强度。

蒙版（黑色遮挡图像，使其透明）

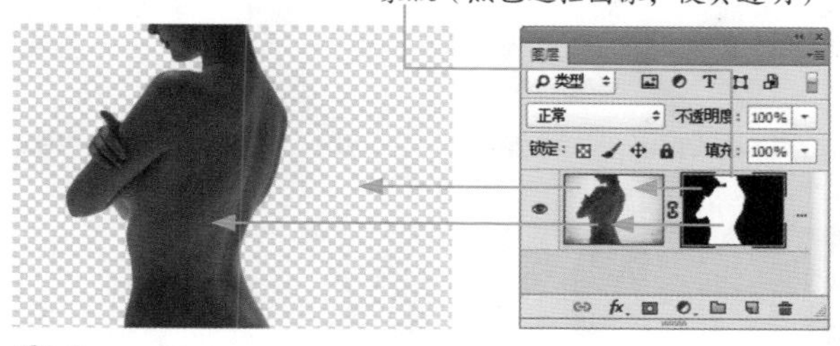

图1-9

蒙版需要使用渐变工具和画笔工具等来编辑。渐变工具可以快速创建平滑的融合效果，画笔工具灵活度高，可以控制任意点位的透明度，是最常用的蒙版编辑工具。

1.3.4 为什么叫PS？

Photoshop简称PS。PS是什么？它是世界上最棒的“美容师”。现在的女孩哪个不是先把照片P一下才敢往微信、微博上发。P照片无非修图和调色。修图方面，

Photoshop有专门的工具用来去斑、去皱、去红眼、瘦脸、瘦腰、收腹、丰胸，也有工具可以把照片中不相关的人和景物瞬间P没了，如图1-10所示。调色方面，相信没有比Photoshop更强大的软件了，更何况Photoshop还整合了Camera Raw。

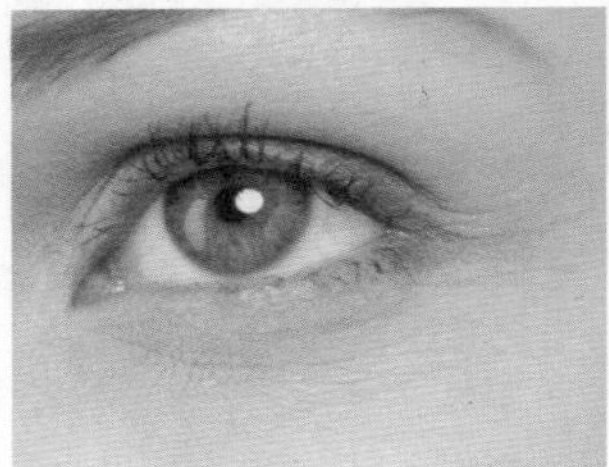

原图　　用修复画笔工具去除鱼尾纹

原图

用“液化”滤镜瘦脸

原图

用蒙版挽救闭眼照

原图

用通道和滤镜磨皮

图1-10

修图需要的是耐心和细致，而调色则考验的是经验和技巧。色彩学家约翰内斯·伊顿曾经说过“光是色之母，色是光之子”。在Photoshop中也是如此。随着学习的深入，当你对Photoshop的色彩有了深刻的理解后就会发现，在通道中，是光的改变促成了色彩的变化，如图1-11、图1-12所示。

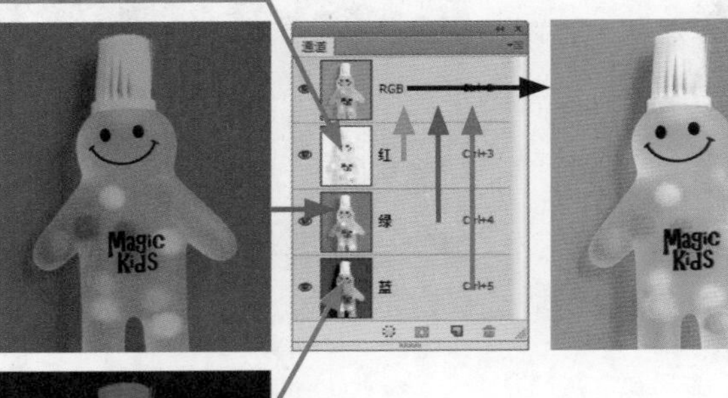

相机记录的图像　　通道中记录的光线　　彩色照片

图1-11

绿通道被调亮后，绿色得到增强，其补色洋红色被削弱

绿通道被调暗后，绿色被削弱，其补色洋红色得到增强

图1-12

无论什么样的光，都被Photoshop以不同的数值准确描述出来，光的数字化，使色彩成为可以操纵的对象。

色彩的三要素包括色相、明度和纯度（饱和度）。在Photoshop中，我们不仅可以随心所欲地编辑其中的任何一个要素，而且方法也非常多。

Photoshop调色分为直接调色和间接调色两种。直接调色是指使用“图像>调整”菜单中的命令调色；间接调色则是通过通道来调色，即使用“色阶”“曲线”“通道混合器”“应用图像”“计算”等命令调整通道，再通过通道来影响色彩。间接调色涉及到色彩与通道的关系、色彩的转换关系、颜色模式等具有一定难度的知识，可以放在进阶阶段学习。

1.3.5 谁是幕后导演?

“外行看热闹，内行看门道”。修图也好、调色也好，图像发生的任何改变，都会在通道中留下痕迹，如图1-13所示。如果能认识到这点，那么恭喜你，你的思维已经开始向PS高手靠齐了。

原图及制作雪景后通道发生的改变

图1-13

既然图像内容和色彩都与通道有关联，我们可不可以运用逆向思维，即让通道发生改变，进而影响图像和色彩呢？答案是肯定的。图像是前台演员，通道才是幕后导演，演员怎么演，全凭导演的安排。只不过，这个导演不太容易当。

通道的难度体现在与它相关的功能也个个都不简单，如选区、混合模式、“曲线”、“通道混合器”；不仅如此，通道的原理也晦涩难懂。这些使得通道成为Photoshop中最难理解和驾驭的功能。但在抠图、调色和特效方面，通道有着独到之处。想要成为PS高手，必须攻克它！

1.3.6 谁是魔法师?

Photoshop中有两个魔法师，一个是图层样式，一个是滤镜。它们都能制作出千变万化的特效，是最能让初学者着迷的两种功能。

图层样式可以直接出特效，例如，添加一个简单的投影效果，就能让图像跃然于纸面。图1-14所示为用图层样式制作的可爱大叔，质感和立体效果完全是用图层样式表现出来的，如假包换。

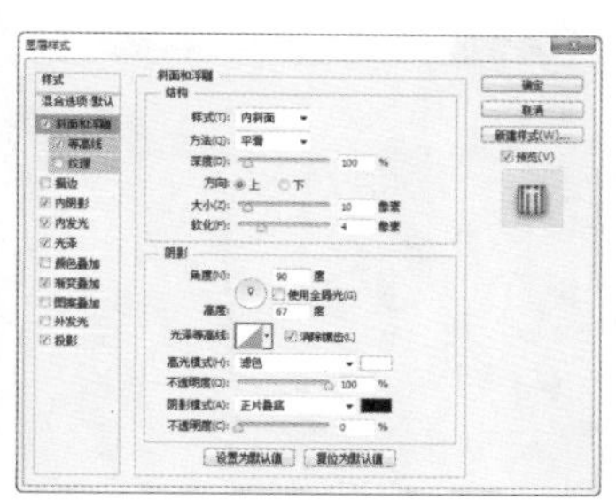

图1-14

滤镜可以生成特效，如图1-15所示，也能用于编辑蒙版和通道。但由于它不像图层样式那样每一种特效对应一个项目，如“投影”样式可以直接创建投影、“外发光”样式可以直接生成发光效果等，而是往往需要很多滤镜与图层样式配合使用，才能创建特效，因此，操作起来更难一些。

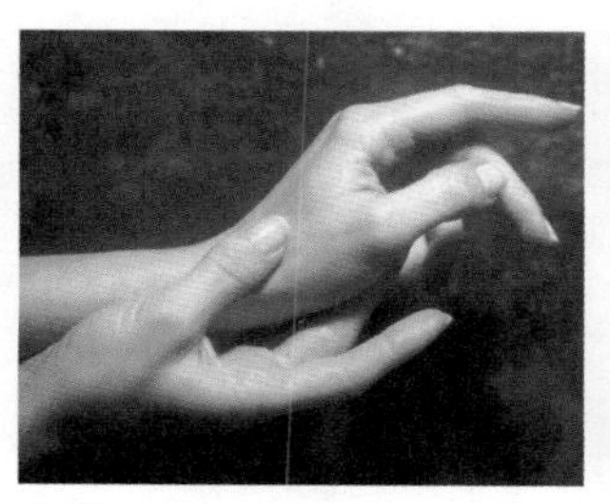

原图

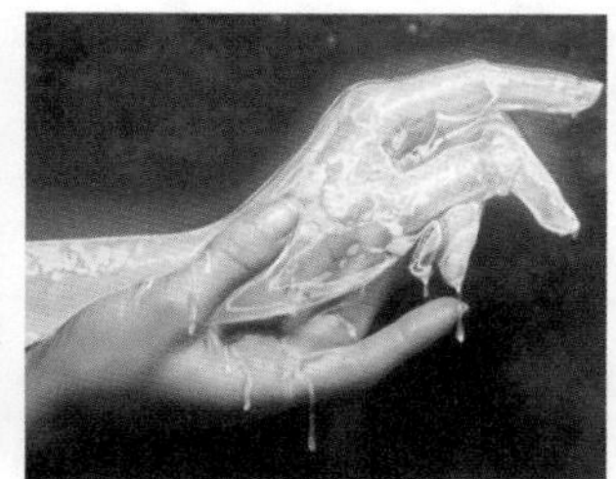

用滤镜制作的冰手特效

图1-15

1.3.7 先方法，后技巧，边玩边学

在学习的过程中你会一点点发现，似乎很多任务都可以通过多种方法来完成。确实是这样，这是Photoshop强大的一个体现，它提供了很多方法，供不同层级的用户选择。例如，就拿最简单的工具选取任务来说，可以通过3种方法来完成，在工具箱中选取工具、

通过快捷键选取工具、使用“工具预设”面板选取包含了预设参数的工具，如图1-16所示。前一种是基本方法，后两种就涉及到了技巧。我们可以先学基本方法，等操作熟练了后再学技巧。这是因为，要记住所有的方法显然会耗费大量时间，学习进度也会变慢。

Photoshop是一个创意型的软件程序，它不像办公软件那样刻板、乏味，你有任何天马行空的想象，都可以用Photoshop来实现。学习Photoshop是非常有趣的事情，在这个过程里，我们会不断地发现新奇，收获惊喜，因此，你尽可以抱着玩的态度，开开心心地学Photoshop。不多说了，就让我们玩起来吧！

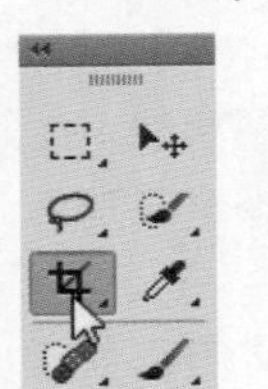

单击工具箱中的裁剪工具

按下C键选取裁剪工具

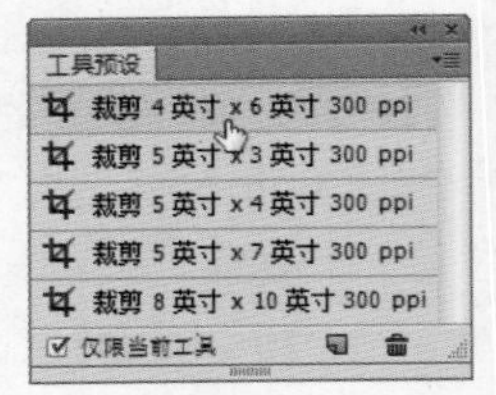

在“工具预设”面板中选取

图1-16

1.4 Photoshop CC安装与卸载方法

安装或卸载Photoshop CC前应关闭系统中当前正在运行的所有应用程序，包括其他 Adobe 应用程序、Microsoft Office 和Web浏览器窗口等，然后根据提示信息操作。需要特别提醒的是，由于Photoshop CC需要一些最新图形硬件接口支持，而Windows XP系统不具备这些条件，因此，Photoshop CC不再兼容Windows XP系统。

1.4.1 系统需求

由于Windows操作系统和Mac OS（苹果机）操作系统之间存在差异，Photoshop CC的安装要求也不同，以下是Adobe推荐的最低系统要求。

Windows	■Intel Pentium 4 或AMD Athlon 64 处理器（2GHz 或更快） ■Windows 7（装有Service Pack 1）、Windows 8或Windows 8.1 ■1GB内存 ■2.5GB的可用硬盘空间以进行安装；安装期间需要额外可用空间（无法安装在可移动储存设备上） ■1024X768 显示器（建议使用1280X800），OpenGL 2.0、16 位色和512MB 的显存（建议使用 1GB） ■必须连接网络并完成注册，才能启用软件、验证会员并获得线上服务
Mac Os	■Intel多核 处理器，支持64 位 ■Mac OS X V10.7 或 V10.8版、 ■1GB内存 ■3.2GB的可用硬盘空间以进行安装；安装期间需要额外可用空间 （无法安装在使用区分大小写的档案系统的磁盘区或可抽换储存装置上） ■1024X768 显示器（建议使用1280X800），OpenGL 2.0、16 位色和512MB 的显存（建议使用 1GB） ■必须连接网络并完成注册，才能启用软件、验证会员并获得线上服务

1.4.2 安装Photoshop CC

用户购买Photoshop CC软件后，将安装盘放入光驱，在光盘根目录Adobe CC文件夹中双击Setup.exe文件，运行安装程序，开始初始化，如图1-17所示。初始化完成后，窗口中会显示“欢迎”内容，如图1-18所示。

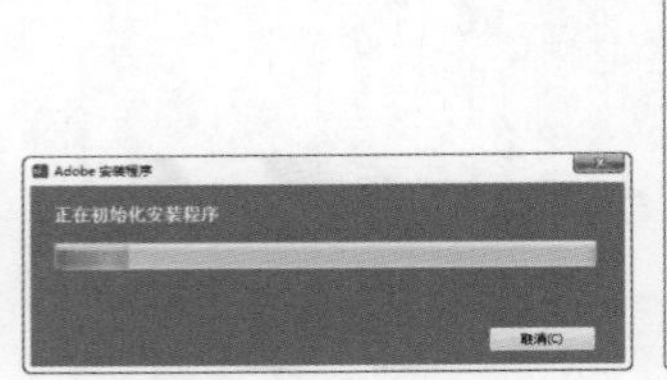

图1-17

图1-18

单击“安装”按钮，显示“登录”窗口，如图1-19所示，单击“登录”按钮，然后输入Adobe ID和密码。Adobe ID 是一个用户账户，使用它可以访问所有 Adobe 自有的服务和 Web 域，例如 adobe.com、Photoshop.com、Adobe TV、Adobe 在线社区和 Adobe Online Store 等。 如果没有Adobe ID，可以单击“创建Adobe ID”按钮，如图1-20所示，在线注册一个。

图1-19

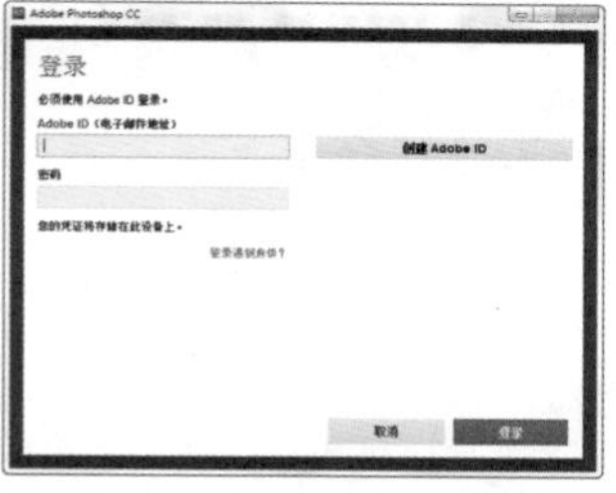

图1-20

单击“登录”按钮，窗口中会显示“许可协议”，如图1-21所示。单击“接受”按钮，切换到下一个窗口，如图1-22所示，输入安装序列号。

图1-21

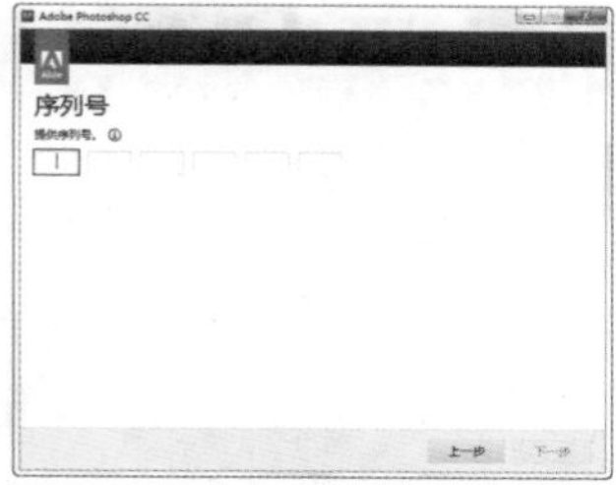

图1-22

单击“下一步”按钮，然后选择简体中文版，如图1-23所示。单击“安装”按钮，开始安装软件。在默认情况下，Photoshop CC安装在C盘，如果要修改安装位置，可单击文件夹状图标，在打开的对话框中为软件指定其他安装位置。安装完成后，会出现一个对话框显示安装成功的组件，单击“退出”按钮关闭该对话框。最后双击桌面上的快捷图标，即可运行Photoshop CC。

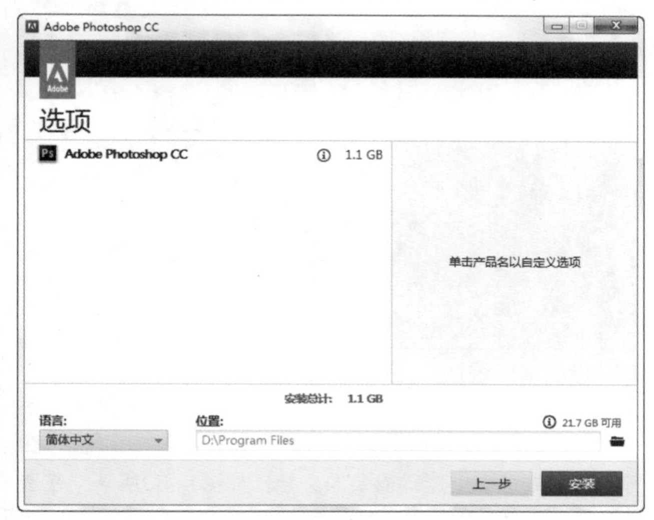

图1-23

1.4.3 卸载Photoshop CC

卸载Photoshop CC需要使用Windows的卸载程序。

单击 Windows开始图标，打开控制面板，如图1-24所示。单击“卸载程序”命令，如图1-25所示，在打开的对话框中选择Adobe Photoshop CC，如图1-26所示。单击“卸载”命令，如图1-27所示，弹出“卸载选项”对话框，如图1-28所示，单击“卸载”按钮即可卸载软件，窗口中会显示卸载速度。如果要取消卸载，可单击“取消”按钮。

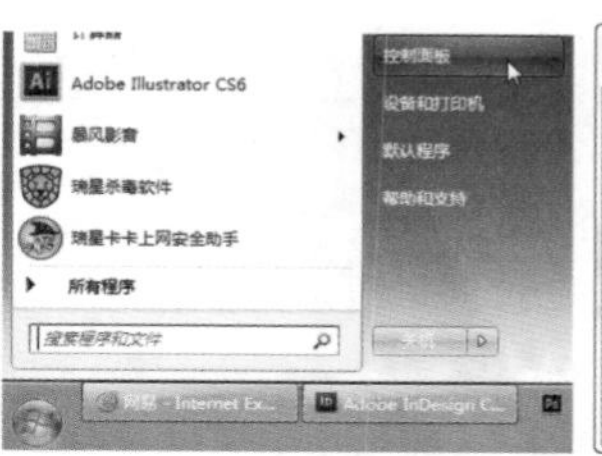

图1-24

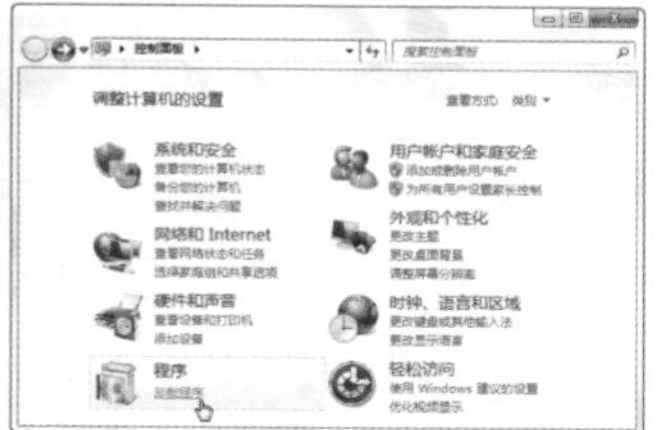

图1-25

图1-26

图1-27

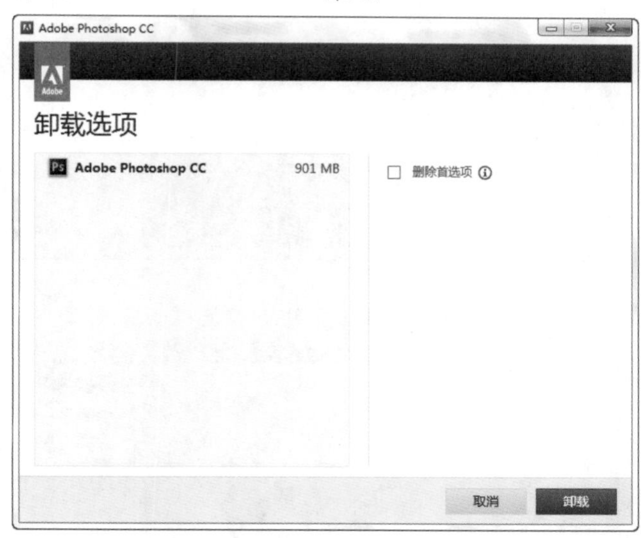

图1-28

提示

苹果用户不要使用将应用程序拖放到废纸篓的方式来卸载Photoshop 。应双击“应用程序>实用程序>Adobe Installers”中的产品安装程序，选择“删除首选项”命令，然后以管理员身份进行验证，并按照屏幕上的说明进行操作。

1.5 Photoshop CC工作界面

Photoshop CC的工作界面包含菜单栏、标题栏、文档窗口、工具箱、工具选项栏、选项卡、状态栏和面板等组件。工具的选取、面板的访问等都十分方便。此外，用户还可以根据需要自由调节工作界面的亮度，以便凸显图像。

1.5.1 实战：使用文档窗口

■类别：软件功能 ■光盘提供：☑视频录像

文档窗口是显示和编辑图像的区域。

01 按下Ctrl+O快捷键，弹出“打开”对话框，选择光盘中的任意几个素材（按住Ctrl键单击它们），按下回车键打开，这些图像会停放到选项卡中，如图1-29所示。单击一个文档的名称，即可将其设置为当前操作的窗口，如图1-30所示。按下Ctrl+Tab快捷键，可切换窗口。

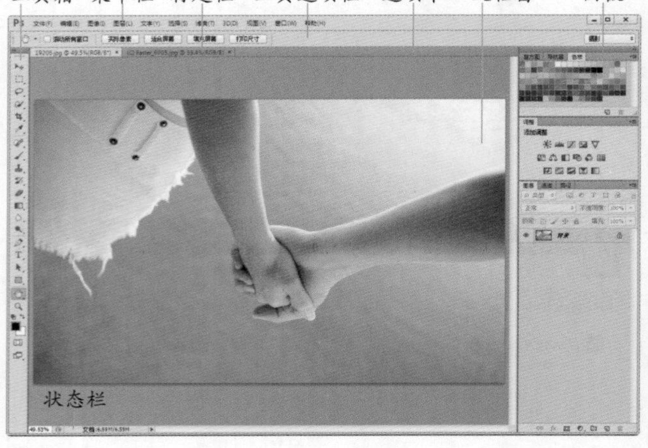

图1-29

图1-30

02 在一个窗口的标题栏中单击并将其从选项卡中拖出，它便成为可以任意移动位置的浮动窗口（拖曳标题栏可进行移动），如图1-31所示。拖曳浮动窗口的一角，可以调整窗口的大小，如图1-32所示。将一个浮动窗口的标题栏拖回选项卡，当出现蓝色横线时放开鼠标，可以将窗口重新停放到选项卡中。

图1-31

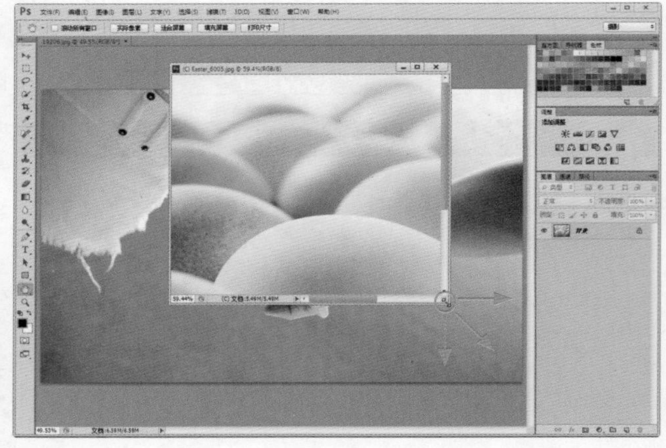

图1-32

03 当打开的图像数量较多，选项卡中不能显示所有文档的名称时，可单击选项卡右侧的双箭头按钮 >>，在打开的下拉菜单中选择需要的文档，如图1-33所示。在选项卡中，沿水平方向拖曳各个文档，可以调整它们的排列顺序，如图1-34所示。

04 单击一个窗口右上角的 X 按钮，如图1-35所示，可以关闭该窗口。如果要关闭所有窗口，可以在一个文档的标题栏上单击鼠标右键，打开下拉菜单，如图1-36

所示，选择“关闭全部”命令。

图1-33

图1-34

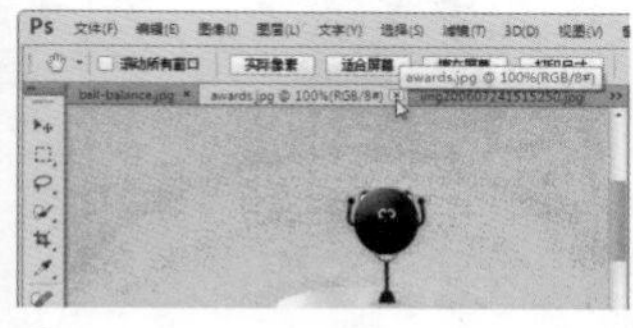
图1-35

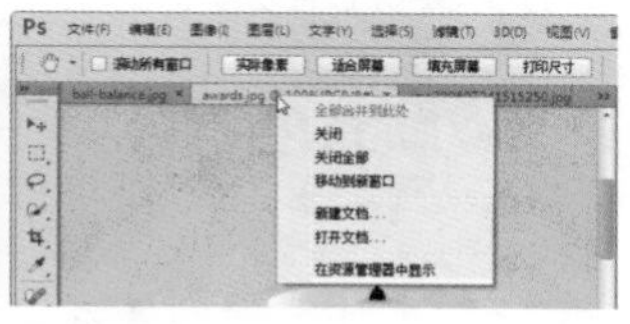

图1-36

1.5.2 实战：使用工具

■类别：软件功能 ■光盘提供：☑视频录像

Photoshop CC的工具箱中包含了用于创建和编辑图像、图稿、页面元素的工具和按钮。

01 单击工具箱中的一个工具即可选择该工具，如图1-37所示。

02 如果工具右下角有三角形图标，则表示这是一个工具组，在这样的工具上按住鼠标按键，可以显示隐藏的工具，如图1-38所示；将光标移动到隐藏的工具上然后放开鼠标，即可选择该工具，如图1-39所示。

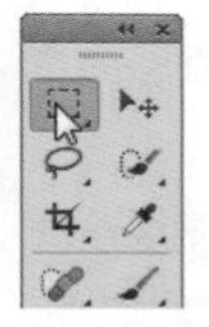
图1-37

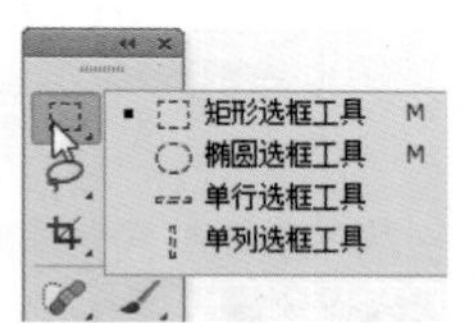

图1-38

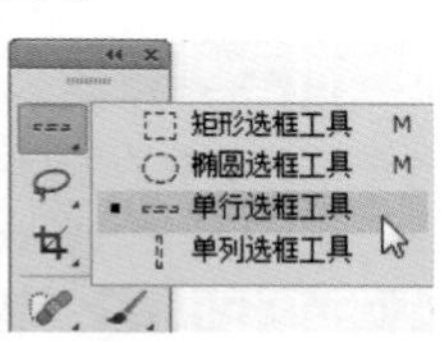

图1-39

03 单击工具箱顶部的▸▸图标，可以将工具箱切换为单排（或双排）显示。单排工具箱可以为文档窗口让出更多的空间。将光标放在工具箱顶部双箭头▸▸右侧，单击并向右侧拖动鼠标，可以将工具箱从停放区域中拖出。

> **技术看板：通过快捷键选择工具**
>
> 常用的工具可通过快捷键来选择。例如，按下V键可以选择移动工具。如果要查看快捷键，可将光标放在一个工具上，停留片刻就会显示工具名称和快捷键信息。此外，按下Shift+工具快捷键，可以在一组隐藏的工具中循环选择各个工具。

1.5.3 实战：使用工具选项栏

■类别：软件功能 ■光盘提供：☑视频录像

工具选项栏用来设置工具的选项，它会随着当前所选工具的不同而自动改变选项内容。

01 选择画笔工具。它的选项栏如图1-40所示。单击菜单箭头按钮，可以打开一个下拉菜单，如图1-41所示。

02 在文本框中单击，然后输入新数值，并按下回车键可调整数值。如果文本框旁边有▾状按钮，则单击该按钮，可以显示一个弹出滑块，拖曳滑块也可以调整数值，如图1-42所示。

03 在包含文本框的选项中，将光标放在选项名称上，会出现小滑块，如图1-43所示，此时单击并向左右两侧拖曳鼠标，可以调整数值。

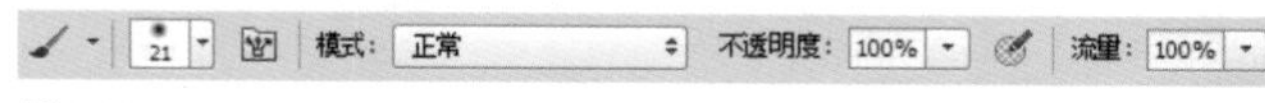

图1-40

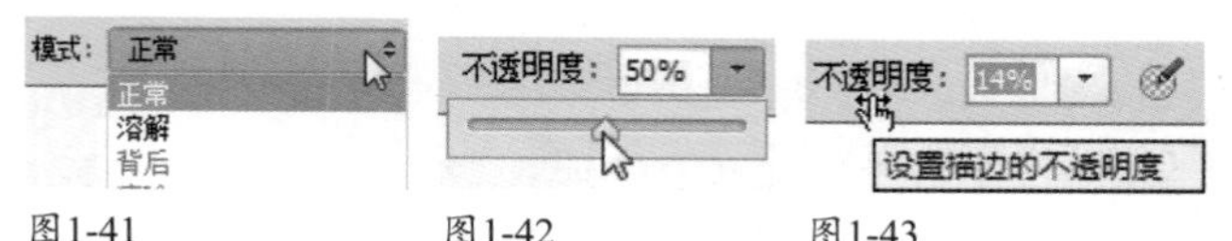

图1-41 图1-42 图1-43

04 在工具选项栏最左侧，单击工具图标右侧的▾按钮，可以打开一个下拉面板，面板中包含了各种工具预设。例如，使用裁剪工具时，选择图1-44所示的工具预设，可以将图像裁剪为4英寸×6英寸、300ppi的大小。

05 单击并拖曳工具选项栏最左侧的图标，可以将它从停放区域中拖出，成为浮动的工具选项栏，如图1-45所示。将其拖回菜单栏下面，当出现蓝色条时放开鼠标，可以重新停放到原处。执行“窗口>选项”命令，可以隐藏或显示工具选项栏。

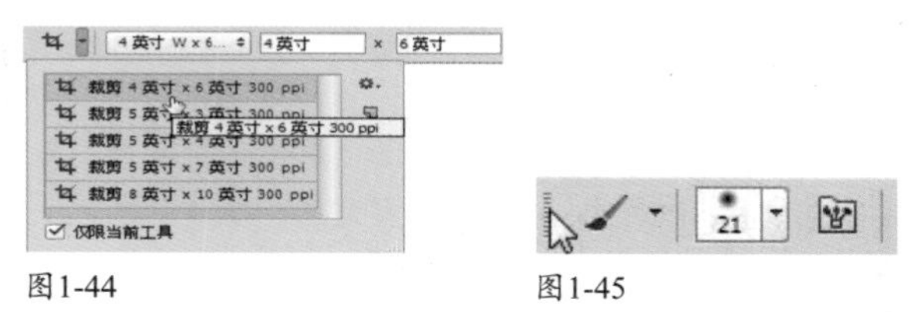

图1-44 图1-45

1.5.4 实战：使用工具预设面板

■类别：软件功能 ■光盘提供：☑视频录像

调整好工具的参数和选项后，可以通过“工具预设”面板存储各项设置，以后使用时，就免去了重复设置的麻烦。

01 执行“窗口>工具预设”命令，打开“工具预设”面板。单击面板中的一个预设工具，即可选择并使用该预设，如图1-46所示。选择“仅限当前工具”选项，只显示当前所选工具的各种预设；取消选择时，会显示所有工具的预设。

02 单击面板中的创建新的工具预设按钮，可以将当前工具的设置状态保存为一个预设。选择一个预设后，单击删除工具预设按钮，可将其删除。

03 当选择一个工具预设后，以后每次选择该工具时，都会应用这一预设。如果要清除预设，可单击面板右上角的 按钮，打开面板菜单，选择“复位工具”命令，如图1-47所示。

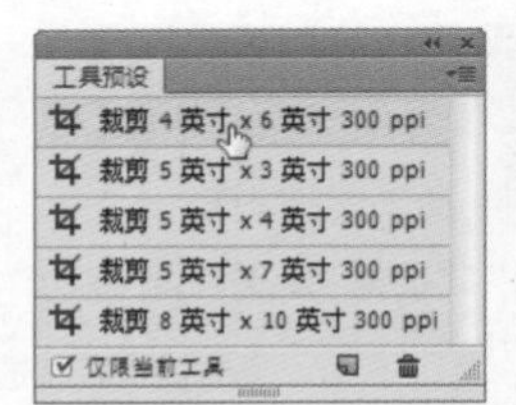

图1-46

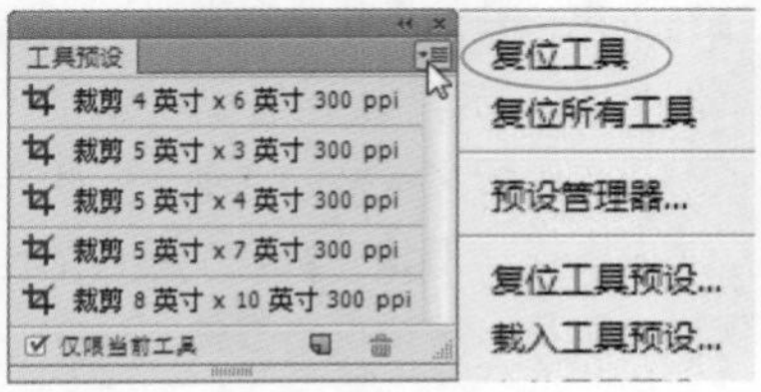

图1-47

1.5.5 实战：使用面板

■类别：软件功能 ■光盘提供：☑视频录像

面板用来设置颜色、工具参数、执行各种编辑命令。在“窗口”菜单中可以选择需要的面板，将其打开。

01 在默认情况下，面板以选项卡的形式成组出现并停靠在窗口右侧。单击一个面板的名称，即可显示面板中的选项，如图1-48、图1-49所示。

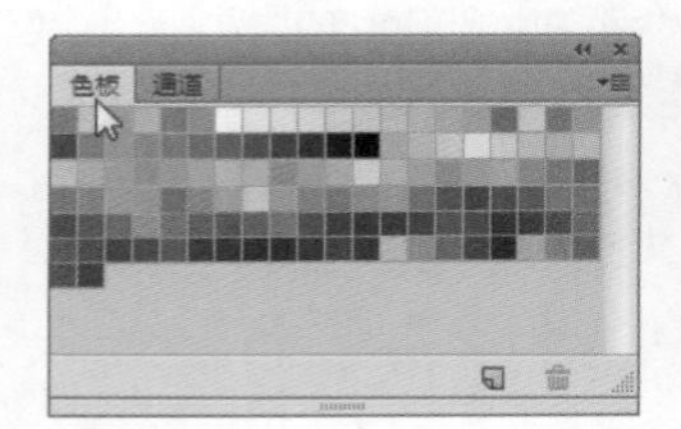

图1-48

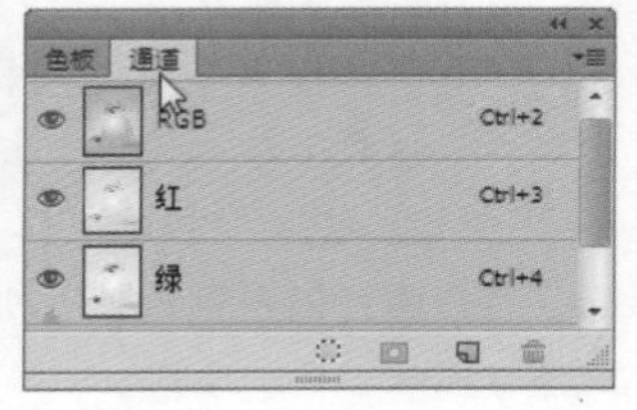

图1-49

02 单击面板组右上角的三角按钮 ，可以将所有面板折叠为图标状，如图1-50所示。单击一个图标可以展开相应的面板，如图1-51所示。展开后，单击面板右上角的 按钮，可重新将其折叠为图标状。拖曳面板左边界，可以调整面板组的宽度，让面板的名称显示出来，如图1-52所示。

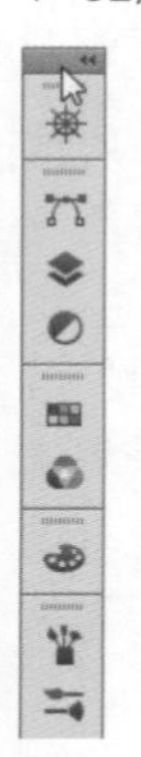

图1-50

图1-51

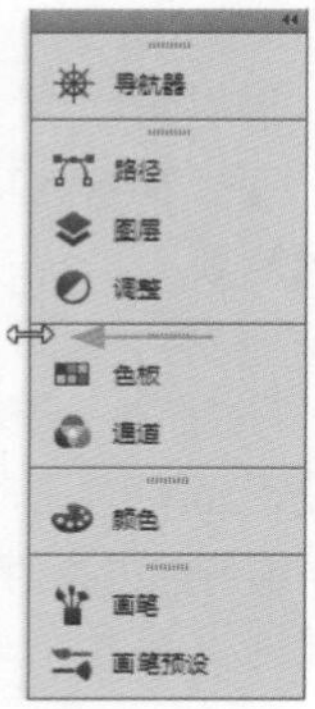

图1-52

03 将光标放在面板的名称上，单击并向外拖曳到窗口的空白处，如图1-53所示，即可将其从面板组或链接的面板组中分离出来，使之成为浮动面板，如图1-54所示。

图1-53

图1-54

04 拖曳面板右侧边框，可以调整面板的宽度，如图1-55所示；拖曳面板下方边框，可以调整面板的高度，如图1-56所示；拖曳面板右下角，可同时调整面板的宽度和高度，如图1-57所示。

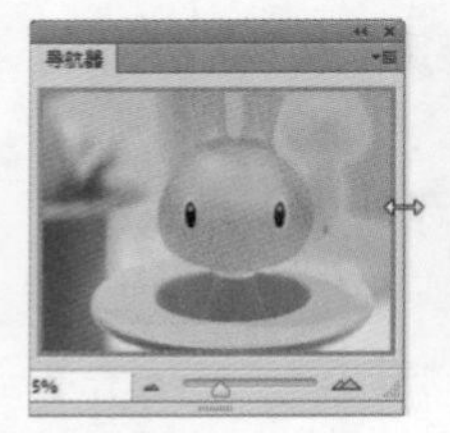

图1-55

图1-56

图1-57

05 将光标放在面板的标题栏上，单击并将其拖至另一个面板下方，出现蓝色框时放开鼠标，可以将这两个面板链接在一起，如图1-58～图1-60所示。链接的面板可同时移动或折叠为图标状。

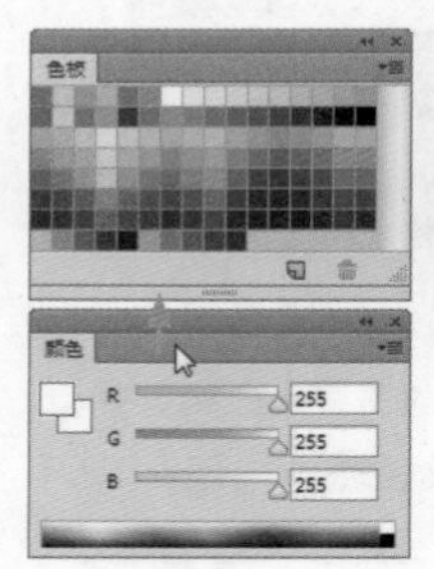

图1-58

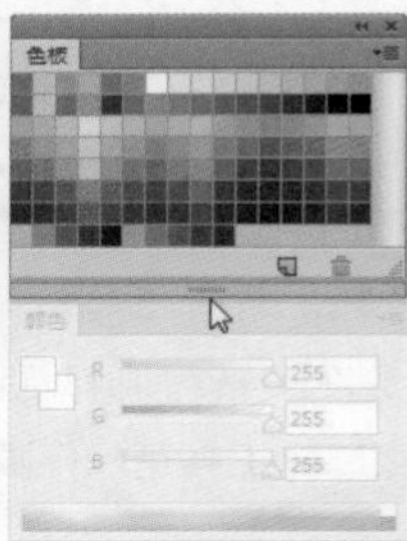

图1-59

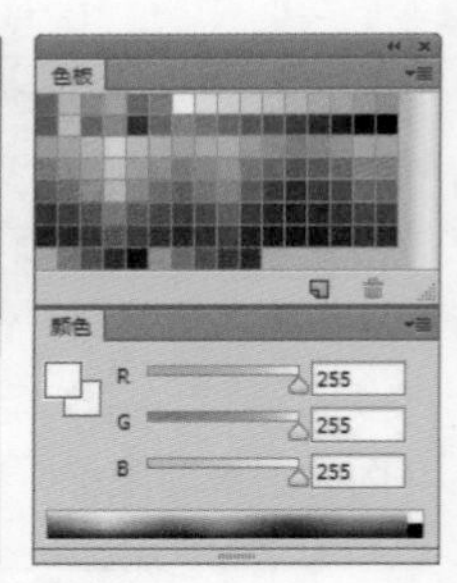

图1-60

06 将光标放在一个面板的标题栏上，单击并将其拖曳到另一个面板的标题栏上，出现蓝色框时放开鼠标，可以将其与目标面板组合，如图1-61、图1-62所示。

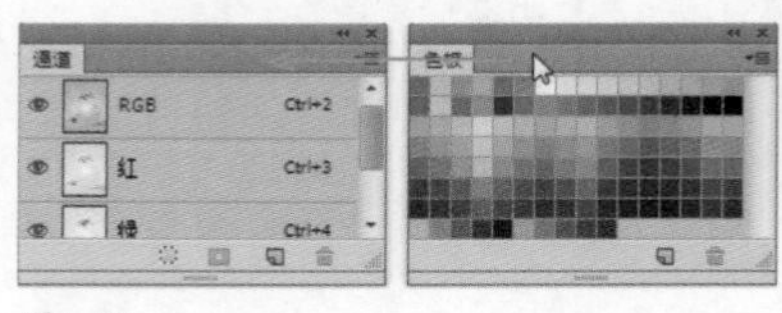

图1-61

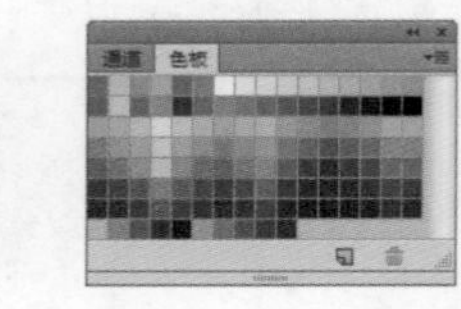

图1-62

07 单击面板右上角的 按钮，可以打开面板菜单，如图1-63所示。

08 在面板的标题栏上单击鼠标右键，可以显示快捷菜单，如图1-64所示。选择“关闭”命令，可以关闭该面板；选择“关闭选项卡组”命令，可以关闭该面板组。对于浮动面板，可以单击它右上角的 ✖ 按钮将其关闭。

图1-63

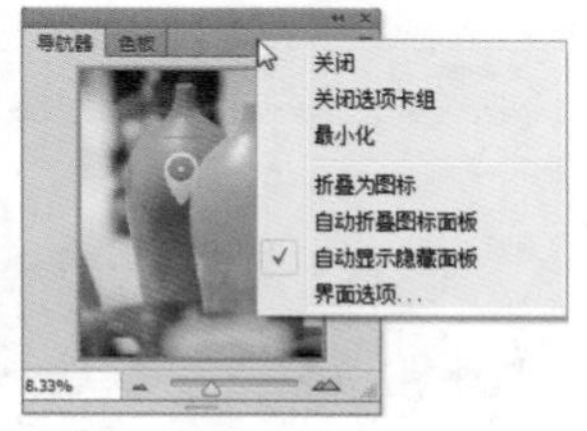

图1-64

1.5.6 实战：使用菜单

■类别：软件功能 ■光盘提供：☑视频录像

01 Photoshop CC 有11个主菜单，单击一个菜单即可打开该菜单。在菜单中，不同功能的命令之间采用分隔线隔开。带有黑色三角标记的命令表示还包含有子菜单，如图1-65所示。

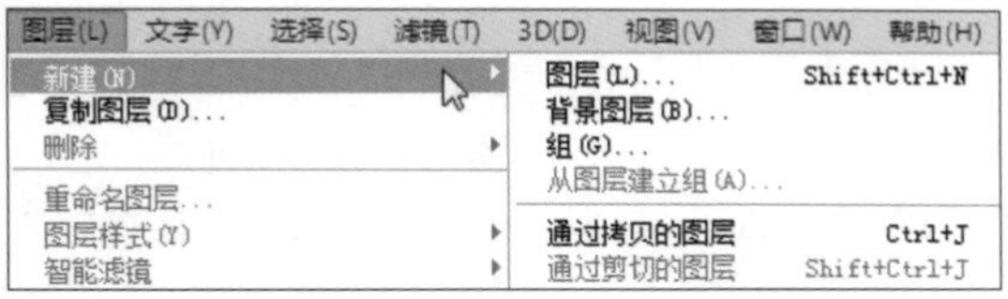

图1-65

02 选择菜单中的一个命令即可执行该命令。如果命令后面有快捷键，如图1-66所示，则按下快捷键可快速执行该命令。例如，按下Ctrl+A快捷键可以执行“选择>全部”命令。有些命令只提供了字母，要想通过快捷方式执行这样的命令，可以按下Alt键+主菜单的字母，打开主菜单；再按下命令后面的字母，执行该命令。例如，按下Alt+L+D快捷键可以执行“图层>复制图层”命令，如图1-67所示。

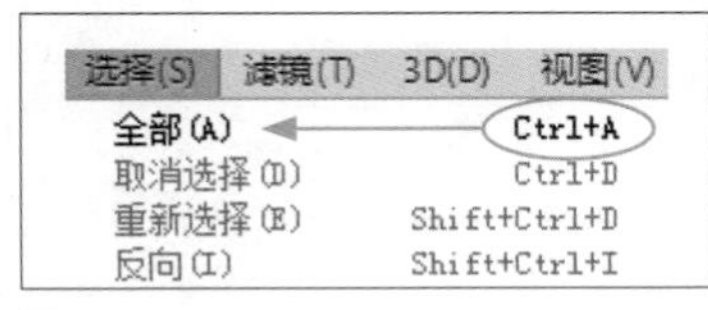

图1-66

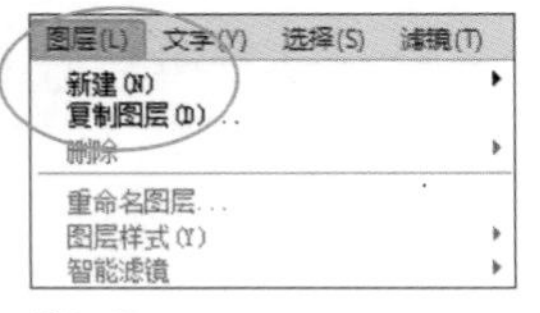

图1-67

提示

如果菜单中有命令显示为灰色，则表示在当前状态下不能使用该命令。例如，在没有创建选区的情况下，“选择”菜单中的多数命令都不能使用。此外，如果一个命令的名称右侧有“…”状符号，则表示执行该命令时会弹出一个对话框。

03 在文档窗口的空白处、在一个对象上或在面板上单击鼠标右键，可以显示快捷菜单，如图1-68、图1-69所示。

图1-68

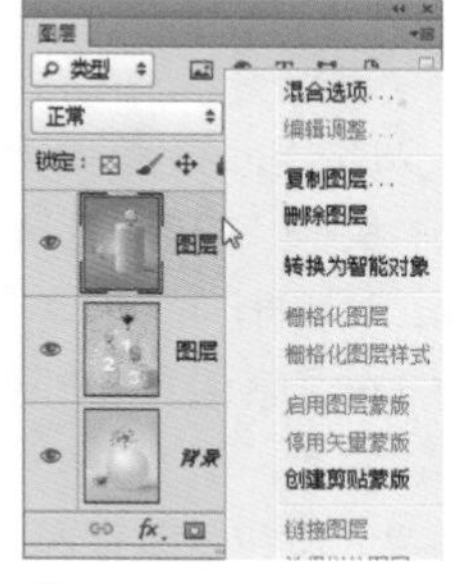
图1-69

1.5.7 实战：使用状态栏

■类别：软件功能 ■光盘提供：☑视频录像

状态栏位于文档窗口底部，它可以显示文档窗口的缩放比例、文档大小和当前使用的工具等信息。

01 单击状态栏中的 ▶ 按钮，可在打开的菜单中选择状态栏的具体显示内容，如图1-70所示。

02 选择“文档尺寸”选项，可以显示图像的具体尺寸。选择“文档大小”选项，状态栏中会出现两组数字，如图1-71所示，左边的数字显示了拼合图层并存储文件后的大小，右边的数字显示了包含图层和通道的近似大小。

03 选择“暂存盘大小”选项，状态栏中会出现两组数字，如图1-72所示，左边的数字表示程序用来显示所有打开的图像的内存量，右边的数字表示可用于处理图像的总内存量。如果左边的数字大于右边的数字，则Photoshop将启用暂存盘作为虚拟内存来使用。

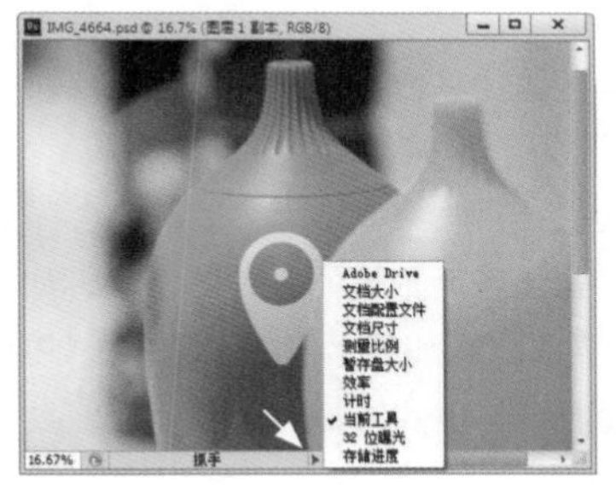
图1-70

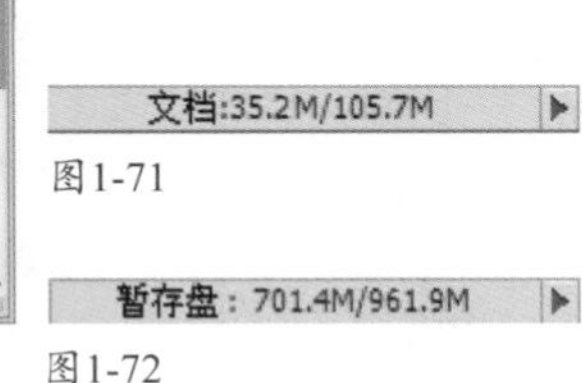

图1-71

图1-72

相关链接

关于“暂存盘”的具体设置方法，详见第236页。

04 选择“效率”选项，可以显示执行操作实际花费时间的百分比。当效率为100%时，表示当前处理的图像在内存中生成；如果低于该值，则表示Photoshop 正在使用暂存盘，操作速度会因此而变慢。选择“计时”选项，可以显示完成上一次操作所用的时间。选择“当前工具”选项，可以显示当前使用的工具的名称。

1.5.8 实战：调整工作界面亮度

■类别：软件功能 ■光盘提供：☑视频录像

调整界面亮度可以让用户工作时更加专注于图像。

01 执行“编辑>首选项>界面”命令，打开“首选项”对话框。

02 在“颜色方案”选项中包含从黑色到深灰色4种颜色方案，单击其中的一个，如图1-73所示，然后单击“确定”按钮，即可调整工作界面亮度，如图1-74所示。图1-75所示为使用灰色方案的界面效果。

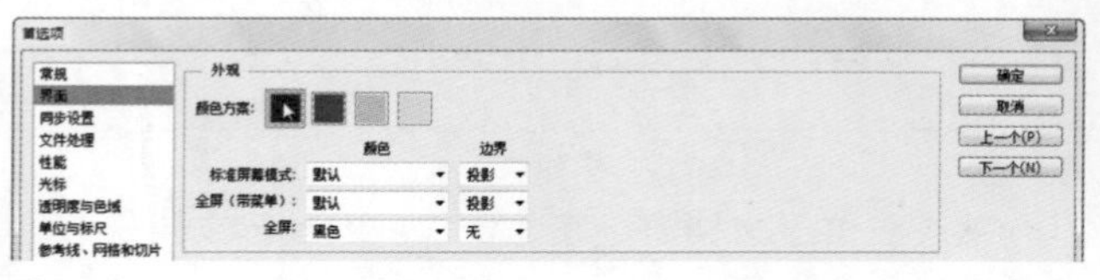

图1-73

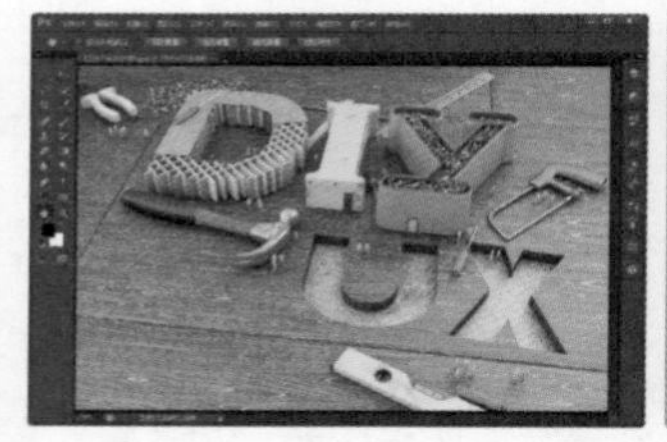

图1-74

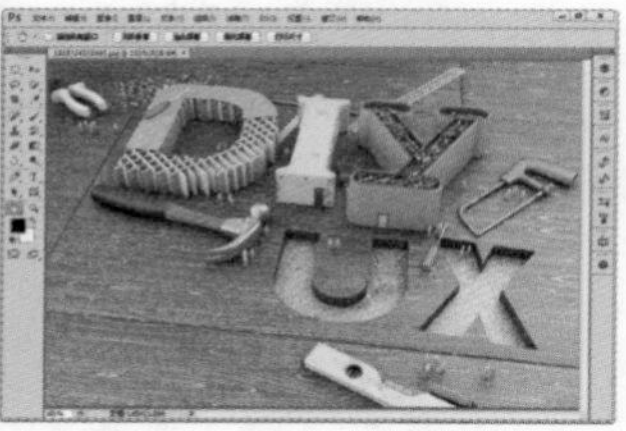

图1-75

相关链接

关于“首选项”的更多设置方法，详见第234页。

1.5.9 实战：调整工作区

■类别：软件功能 ■光盘提供：☑视频录像

在Photoshop的工作界面中，文档窗口、工具箱、菜单栏和面板的排列方式称为工作区。

01 打开“窗口>工作区”下拉菜单，菜单中包含了Photoshop为简化某些任务而预设的各种工作区，如图1-76所示。例如，如果要编辑数码照片，可以使用“摄影”工作区，此时界面中会显示与照片修饰有关的面板，如图1-77所示。

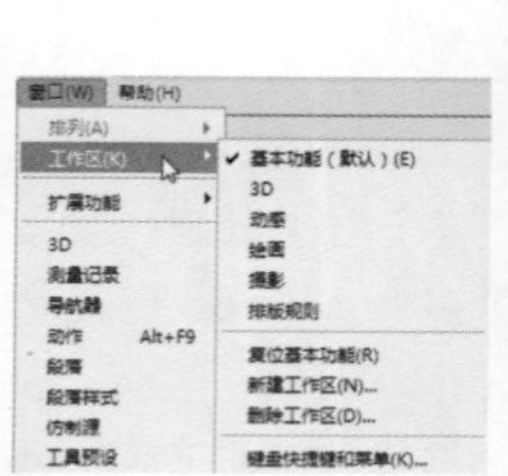

图1-76

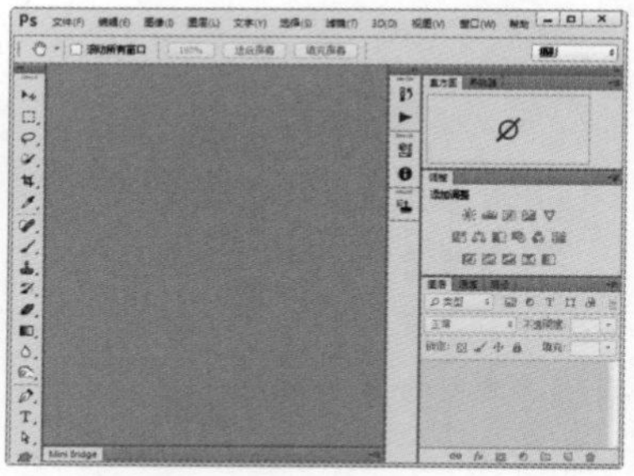

图1-77

02 在Photoshop中，用户也可以根据自己的使用习惯创建自定义的工作区。操作方法是先将需要的面板打开，将不需要的面板关闭，再将打开的面板分类组合，如图1-78所示。

图1-78

03 执行“窗口>工作区>新建工作区”命令，在打开的对话框中输入工作区的名称，如图1-79所示。默认情况下只存储面板的位置，但键盘快捷键和菜单的当前状态也可以保存到自定义的工作区中。单击“存储”按钮关闭对话框。

04 打开“窗口>工作区”下拉菜单，如图1-80所示，可以看到自定义的工作区就在菜单中，选择它即可切换为该工作区。如果要删除一个工作区，可以执行该下拉菜单中的“删除工作区”命令。

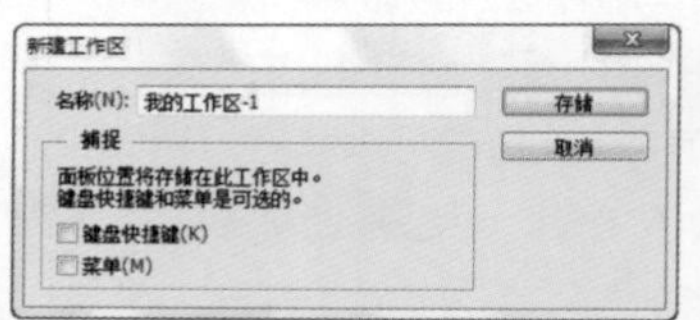

图1-79

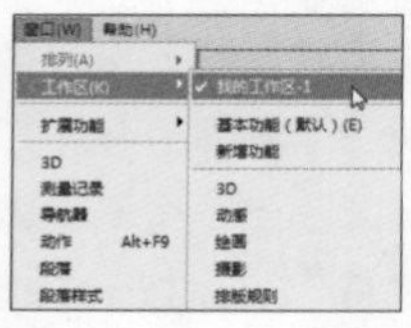

图1-80

提示

修改了工作区以后（如移动了面板的位置），可以打开“窗口>工作区”下拉菜单，执行“复位（某工作区）”命令，复位当前所选的预设的工作区。执行“基本功能（默认）”命令，则可恢复为Photoshop默认的工作区。

1.5.10 实战：自定义快捷键

■类别：软件功能 ■光盘提供：☑视频录像

01 执行“编辑>键盘快捷键”命令，或在“窗口>工作区”菜单中选择“键盘快捷键和菜单”命令，打开“键盘快捷键和菜单”对话框。在“快捷键用于”下拉列表中选择“工具”选项，如图1-81所示。如果要修改菜单命令的快捷键，可以选择“应用程序菜单”命令。

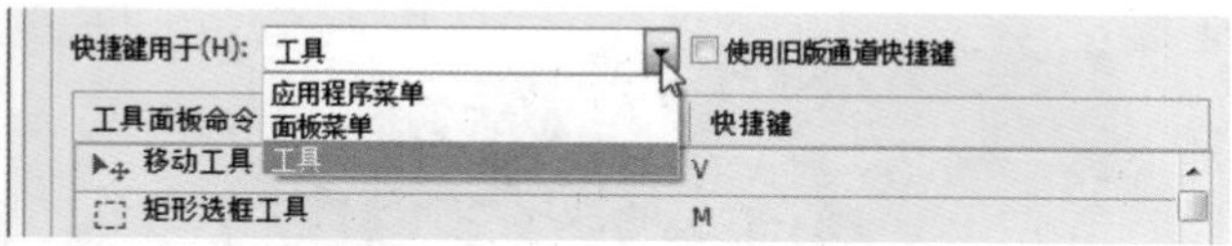

图1-81

02 在“工具面板命令”列表中选择抓手工具，可以看到，它的快捷键是“H”，如图1-82所示；单击右侧的“删除快捷键”按钮，将该工具的快捷键删除。

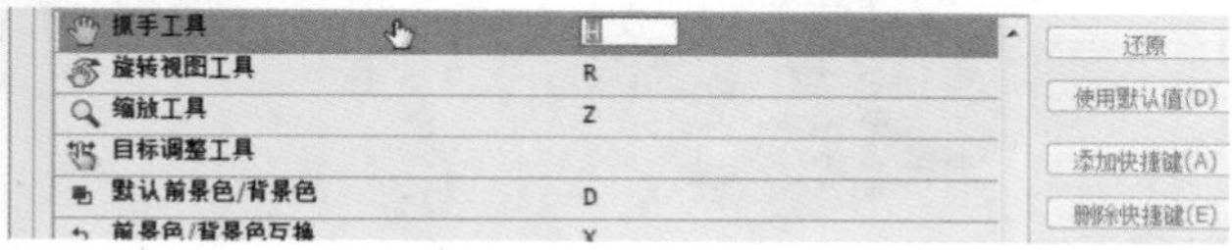

图1-82

03 转换点工具没有快捷键，下面将抓手工具的快捷键指定给它。选择转换点工具，在显示的文本框中输入“H”，如图1-83所示。单击“确定”按钮关闭对话框。在工具箱中可以看到，快捷键“H”已经分配给了转换点工具，如图1-84所示。

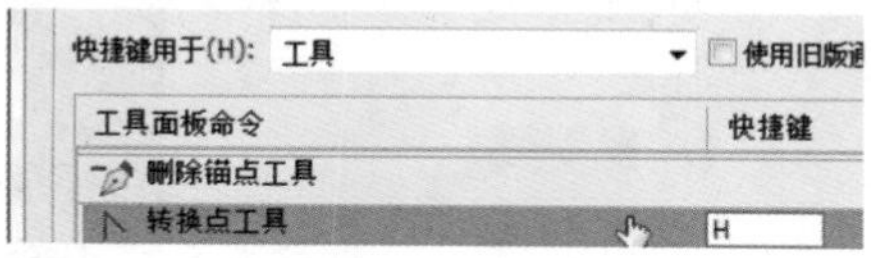

图1-83

图1-84

04 如果要将快捷键恢复为Photoshop默认值，可以在“键盘快捷键和菜单”对话框的“组”下拉列表中选择“Photoshop默认值”命令。

1.6 查看图像

编辑图像时，需要经常放大或缩小窗口的显示比例、移动画面，以便更好地观察和处理图像。Photoshop提供了许多相关的工具和命令，如切换屏幕模式、缩放工具、抓手工具和“导航器”面板等，我们可以根据需要灵活使用。

1.6.1 实战：切换屏幕模式

■类别：软件功能 ■光盘提供：☑素材 ☑视频录像

01 按下Ctrl+O快捷键，打开光盘中的素材。单击工具箱底部的屏幕模式按钮，并按住鼠标按键不放，可以打开一个下拉菜单，单击其中的标准屏幕模式按钮，可以显示菜单栏、标题栏、滚动条和其他屏幕元素，如图1-85所示。这是Photoshop默认的屏幕模式。

图1-85

> **提示**
> 按下F键可以在各个屏幕模式之间切换；按下Tab快捷键可以隐藏/显示工具箱、面板和工具选项栏；按下Shift+Tab快捷键可以隐藏/显示面板。

02 单击带有菜单栏的全屏模式按钮，可以显示有菜单栏和50%灰色背景，无标题栏和滚动条的全屏窗口，如图1-86所示。

图1-86

03 单击全屏模式按钮，可以显示只有黑色背景，无标题栏、菜单栏和滚动条的全屏窗口，如图1-87所示。

图1-87

1.6.2 实战：用旋转视图工具旋转画布

■类别：软件功能 ■光盘提供：☑素材 ☑视频录像

01 按下Ctrl+O快捷键，打开光盘中的素材。选择旋转视图工具，在窗口中单击，图像上会出现一个罗盘，红色的指针指向北方，如图1-88所示。

图1-88

02 按住鼠标按键拖曳即可旋转画布，如图1-89所示。如果要精确旋转画布，可以在工具选项栏的“旋转角度”文本框中输入角度值。如果打开了多个图像，勾选“旋转所有窗口”选项，可同时旋转这些窗口。如果要将画布恢复到原始角度，可以单击“复位视图”按钮或按下Esc键。

图1-89

相关链接

关于画布的定义及更多编辑方法，详见第109/110页。

1.6.3 实战：用缩放工具调整窗口比例

■类别：软件功能 ■光盘提供：☑素材 ☑视频录像

01 按下Ctrl+O快捷键，打开光盘中的素材文件，如图1-90所示。

图1-90

02 选择缩放工具，将光标放在画面中（光标会变为状），单击可以放大窗口的显示比例，如图1-91所示。按住Alt键（光标会变为状）单击，则缩小窗口的显示比例，如图1-92所示。

03 图1-93所示为该工具的选项栏。选择“细微缩放”选项，然后单击并向右侧拖曳鼠标，此时会以平滑的方式快速放大窗口；向左侧拖曳鼠标，则会快速缩小窗口的显示比例。

图1-91

图1-92

图1-93

缩放工具选项栏/含义	
放大 / 缩小	单击按钮后，单击鼠标可放大窗口；单击按钮后，单击鼠标可缩小窗口
调整窗口大小以满屏显示	在缩放窗口的同时自动调整窗口的大小，以便让图像满屏显示
缩放所有窗口	当打开多个文档时，同时缩放所有打开的文档窗口
细微缩放	勾选该项后，在画面中单击并向左侧或右侧拖动鼠标，能够以平滑的方式快速缩小或放大窗口；取消勾选时，在画面中单击并拖动鼠标，可以拖出一个矩形选框，放开鼠标后，矩形框内的图像会放大至整个窗口。按住Alt键操作，可以缩小矩形选框内的图像
100%	单击该按钮，图像以实际像素，即100%的比例显示。也可以双击缩放工具来进行同样的操作
适合屏幕	单击该按钮，可以在窗口中最大化显示完整的图像。也可以双击抓手工具来进行同样的操作
填充屏幕	单击该按钮，可在整个屏幕范围内最大化显示完整的图像

1.6.4 实战：用抓手工具移动画面

■类别：软件功能 ■光盘提供：☑素材 ☑视频录像

01 打开光盘中的素材，如图1-94所示。选择抓手工具，将光标放在窗口中，按住Alt键单击可以缩小窗口，如图1-95所示；按住Ctrl键单击可以放大窗口，如图1-96所示。

02 放大窗口后，放开快捷键，单击并拖动鼠标可以移动画面，如图1-97所示。

提示

使用绝大多数工具时，按住键盘中的空格键都可以切换为抓手工具。使用除缩放、抓手以外的其他工具时，按住Alt键并滚动鼠标中间的滚轮也可以缩放窗口。

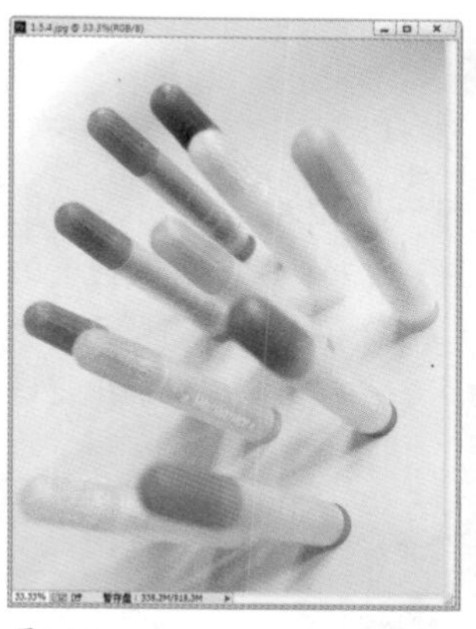
图1-94

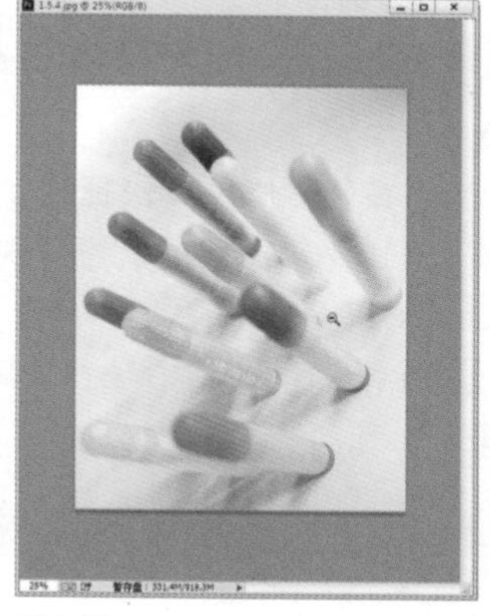
图1-95

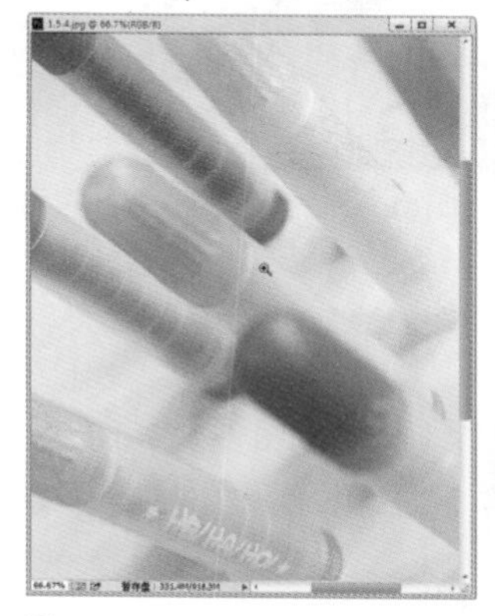
图1-96

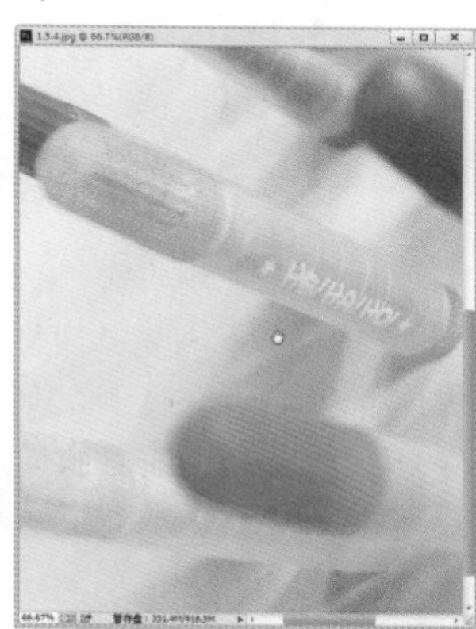
图1-97

03 放大窗口后，按住H键，然后单击鼠标，窗口中会显示全部图像并出现一个矩形框，将矩形框定位在需要查看的区域，如图1-98所示，然后放开鼠标按键和H键，可以放大窗口，并转到这一图像区域，如图1-99所示。

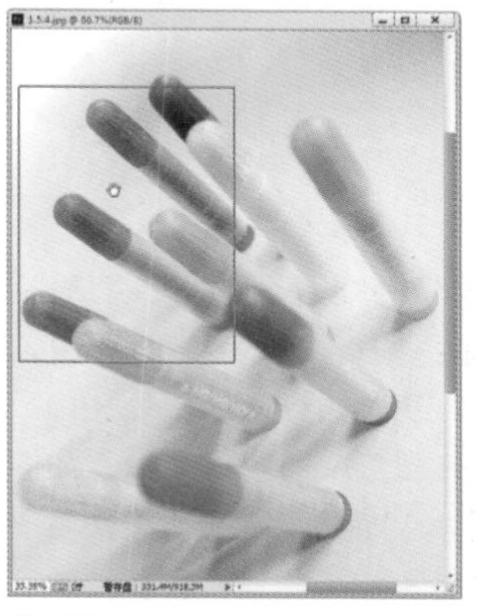
图1-98

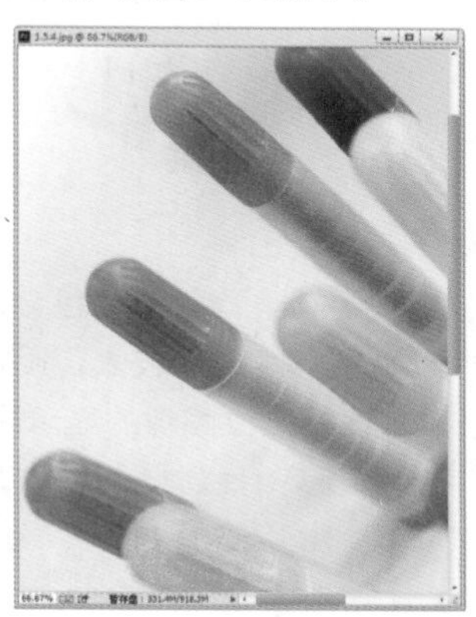
图1-99

04 按住Alt键（或Ctrl键）和鼠标按键不放，能够以平滑的、较慢的方式逐渐缩放窗口。此外，按住Alt键（或Ctrl键）及鼠标按键，向左（或右）侧拖动鼠标，能够以较快的方式平滑地缩放窗口。

1.6.5 实战：用缩放命令查看图像

■类别：软件功能 ■光盘提供：☑素材 ☑视频录像

01 按下Ctrl+O快捷键，打开光盘中的素材，如图1-100所示。执行"视图>放大"命令（快捷键为Ctrl++），可以放大窗口的显示比例，如图1-101所示。执行"视图>缩小"命令（快捷键为Ctrl+-），可以缩小窗口显示比例。

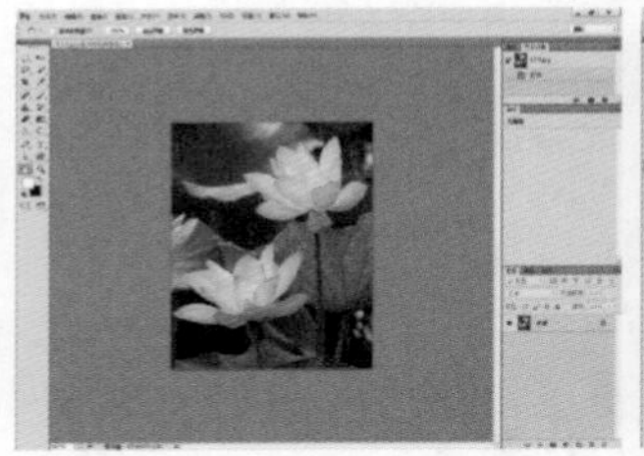
图1-100

图1-101

02 执行"视图>按屏幕大小缩放"命令（快捷键为Ctrl+0），可自动调整图像的比例，使之能够完整地在窗口中显示，如图1-102所示。执行"视图>打印尺寸"命令，图像会按照实际的打印尺寸显示，如图1-103所示。

图1-102

图1-103

03 执行"视图>100%/200%"命令，图像会以100%（快捷键为Ctrl+1）或200%的比例显示。

1.6.6 实战：用导航器面板查看图像

■类别：软件功能 ■光盘提供：☑素材 ☑视频录像

"导航器"面板中包含图像的缩览图和窗口缩放控件。如果文件尺寸较大，画面中不能显示完整的图像，通过该面板定位图像的显示区域更加方便。

01 按下Ctrl+O快捷键，打开光盘中的素材文件，如图1-104所示。打开"导航器"面板。如果想要按照一定的比例放大或缩小窗口，可单击放大按钮和缩小按钮。如果想要自由缩放窗口，可拖曳缩放滑块，如图1-105所示。

02 如果想要对窗口进行精确缩放，可以在缩放文本框中输入数值，并按下回车键，如图1-106所示。

03 当窗口中不能显示完整的图像时，将光标移动到代理预览区域，光标会变为状，此时单击并拖动鼠标可以移动画面，代理预览区域（红色方框）内的图像会位于文档窗口的中心，如图1-107所示。

图1-104

图1-105

图1-106

图1-107

1.6.7 实战：在多个窗口中查看图像

■类别：软件功能 ■光盘提供：☑素材 ☑视频录像

01 打开光盘中的素材。执行"图像>复制"命令，在弹出的对话框中单击"确定"按钮，基于当前图像复制出一个文档副本，如图1-108所示。

图1-108

02 打开"窗口>排列"菜单，选择一种文档排列方式，如图1-109所示。

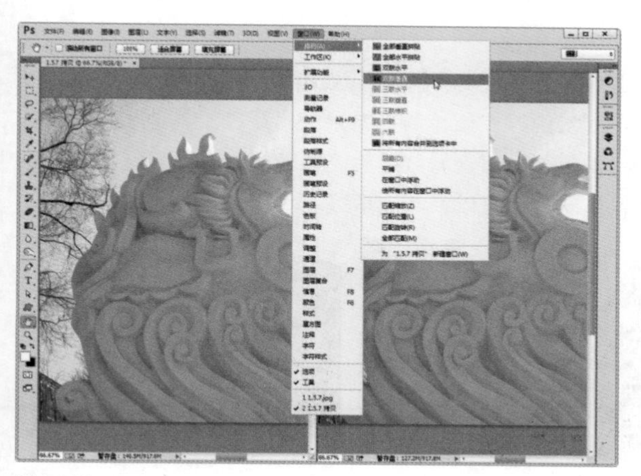

图1-109

03 按下Ctrl++快捷键放大当前窗口的显示比例，按住空格键单击并拖动鼠标移动图像，如图1-110所示。

图1-110

04 执行“窗口>排列>全部匹配”命令，可以让另一个窗口的缩放比例和图像显示位置等与当前窗口相匹配，如图1-111所示。

图1-111

“窗口>排列”菜单命令/含义	
层叠	从屏幕的左上角到右下角以堆叠和层叠的方式显示未停放的窗口
平铺	以边靠边的方式显示窗口。关闭一个图像时，其他窗口会自动调整大小，以填满可用的空间
在窗口中浮动	允许图像自由浮动（可拖曳标题栏移动窗口）
使所有内容在窗口中浮动	使所有文档窗口都浮动
将所有内容合并到选项卡中	如果想要恢复为默认的视图状态，即全屏显示一个图像、其他图像最小化到选项卡中，可以执行“窗口>排列>将所有内容合并到选项卡中”命令
匹配缩放	将所有窗口都匹配到与当前窗口相同的缩放比例。例如，当前窗口的缩放比例为100%，另外一个窗口的缩放比例为50%，执行该命令后，该窗口的显示比例会自动调整为100%
匹配位置	将所有窗口中图像的显示位置都匹配到与当前窗口相同
匹配旋转	将所有窗口中画布的旋转角度都匹配到与当前窗口相同
全部匹配	将所有窗口的缩放比例、图像显示位置、画布旋转角度与当前窗口匹配
为（文件名）新建窗口	为当前文档新建一个窗口。新窗口的名称会显示在“窗口”菜单的底部

1.7 使用辅助工具

标尺、参考线、网格和注释工具都属于辅助工具，它们不能用来编辑图像，却可以帮助用户更好地完成选择、定位或编辑图像的操作。

1.7.1 实战：使用标尺

■类别：软件功能 ■光盘提供：☑素材 ☑视频录像

标尺可以帮助用户确定图像或元素的位置。

01 按下Ctrl+O快捷键，打开光盘中的素材，如图1-112所示。执行“视图>标尺”命令，或按下Ctrl+R快捷键，窗口顶部和左侧会显示标尺，如图1-113所示。如果此时移动光标，标尺内的标记会显示光标的精确位置。

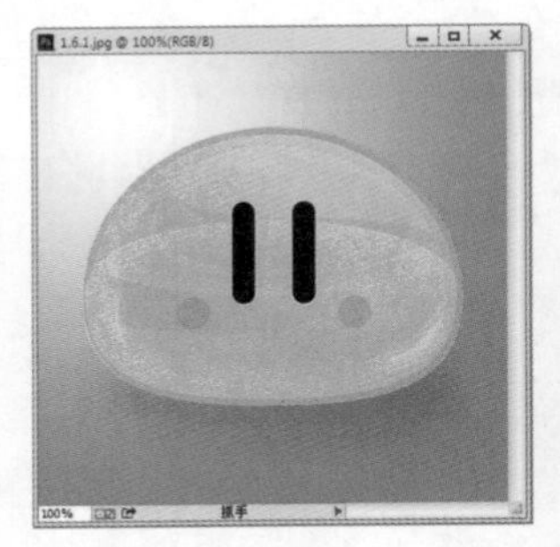
图1-112

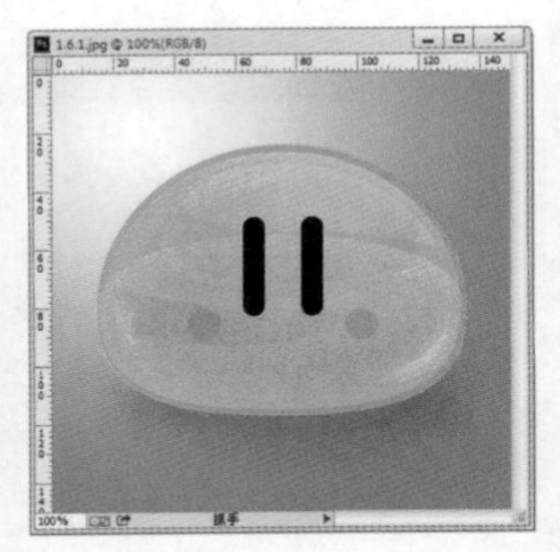
图1-113

02 默认情况下，标尺的原点位于窗口的左上角（0、0标记处），修改原点的位置，可以从图像上的特定点开始进行测量。将光标放在原点上，单击并向右下方拖动，画面中会出现十字线，如图1-114所示，将它拖放到需要的位置，该处便成为原点的新位置，如图1-115所示。在定位原点的过程中，按住Shift键操作，可以使标尺原点与标尺刻度记号对齐。

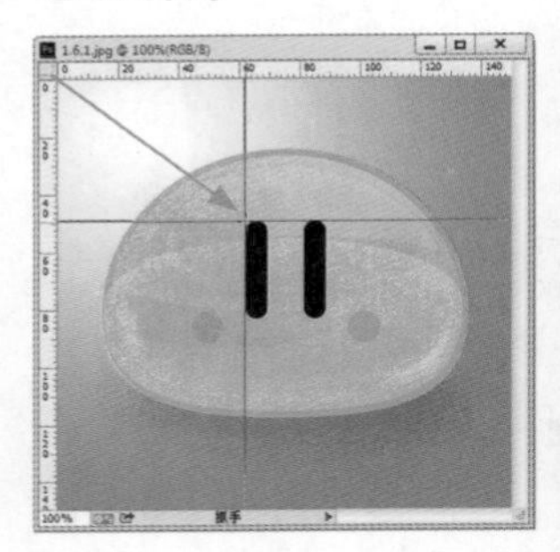
图1-114

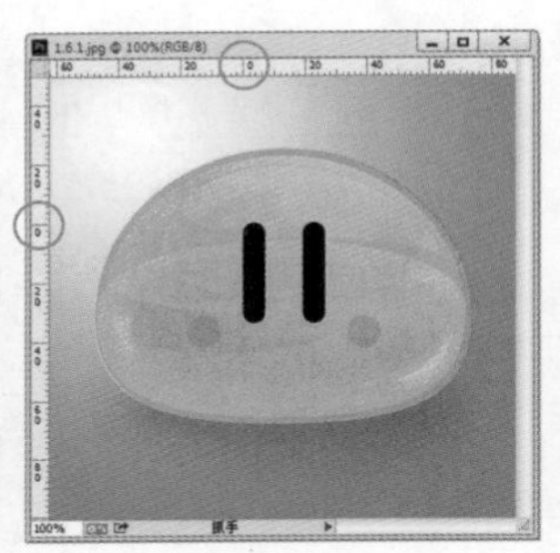
图1-115

03 如果要将原点恢复到默认位置，可以在窗口的左上角双击，如图1-116所示。如果要修改标尺的测量单位，可以双击标尺，在打开的“首选项”对话框中设定，如图1-117所示。如果要隐藏标尺，可以执行“视图>标尺”命令，或按下Ctrl+R快捷键。

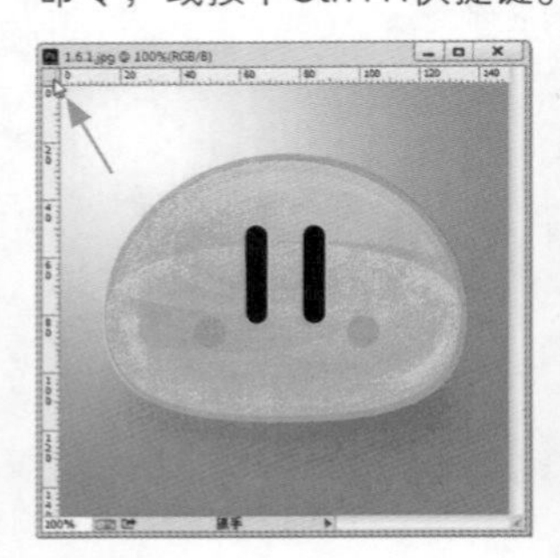
图1-116

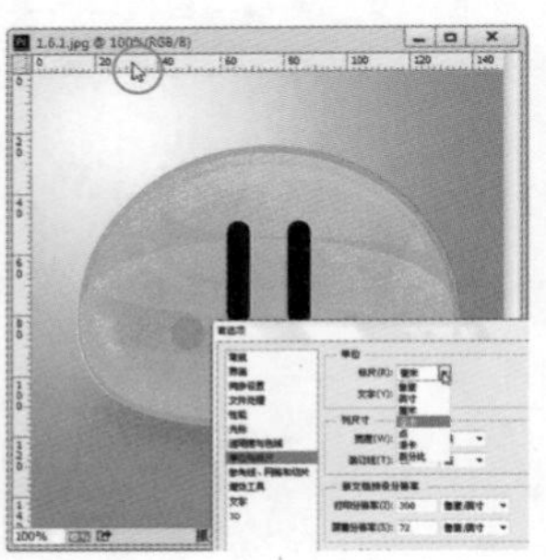
图1-117

1.7.2 实战：使用标尺工具测量距离和角度

■类别：软件功能 ■光盘提供：☑素材 ☑视频录像

01 标尺工具可以测量两点间的距离、角度和坐标。打开光盘中的素材，执行“图像>分析>标尺工具”命令，或在工具箱中选择标尺工具。将光标放在需要测量的起点处，光标会变为状，如图1-118所示；单击并拖动鼠标至测量的终点处，测量结果会出现在工具选项栏中，如图1-119所示。创建测量线后，将光标放在测量线的一个端点上，拖动鼠标可以移动测量线。

图1-118

图1-119

02 下面来测量角度。单击工具选项栏中的“清除”按钮，清除画面中的测量线。将光标放在角度的起点处，用鼠标单击并拖动到夹角处，放开鼠标，然后按住Alt键，光标会变为状，如图1-120所示；单击并拖动鼠标至测量的终点处，放开鼠标后，角度的测量结果会出现在工具选项栏中，如图1-121所示。

图1-120

图1-121

标尺工具选项栏中的测量数据/含义	
X/Y	起始位置（X和Y轴）
W/H	在X和Y轴上移动的水平（W）和垂直（H）距离
A	相对于轴测量的角度（A）
L1/L2	使用量角器时移动的两个长度（L1 和 L2）

1.7.3 实战：使用计数工具计算数目

■类别：软件功能 ■光盘提供：☑素材 ☑视频录像

使用计数工具可以对图像中的对象进行计数。

01 打开光盘中的素材，如图1-122所示。执行“图像>分析>计数工具”命令，或选择计数工具，在工具选项栏中调整“标记大小”和“标签大小”参数，如图1-123所示；在玩具摩天轮上单击，Photoshop会跟踪单击次数，并将计数数目显示在项目上和“计数工具”选项栏中，如图1-124所示。

02 执行“图像>分析>记录测量”命令，可以将计数数目记录到“测量记录”面板中，如图1-125所示。

图1-122

计数：0　计数组　清除　标记大小：10　标签大小：25

图1-123

图1-124

测量记录

记录测量

	标签	日...	文档	源	比例	比例...	比例因子	计数
0001	计数 1	2...	1...	计数工具	1 像素 = 1.0000 像素	像素	1.000000	9

图1-125

计数工具选项栏中的选项/含义	
计数	显示了总的计数数目
计数组	类似于图层组，可包含计数，每个计数组都可以有自己的名称、标记和标签大小及颜色。单击文件夹图标 可以创建计数组；单击眼睛图标 可以显示或隐藏计数组；单击删除图标 可以删除计数组
清除	单击该按钮，可将计数复位到 0
颜色	单击颜色块，可以打开“拾色器”设置计数组的颜色
标记大小	可输入1至10之间的值，定义计数标记的大小
标签大小	可输入8至72之间的值，定义计数标签的大小

技术看板：对选区计数

使用套索工具、魔棒工具等在图像中创建选区以后，执行“图像>分析>记录测量”命令，可以对选区进行计数。

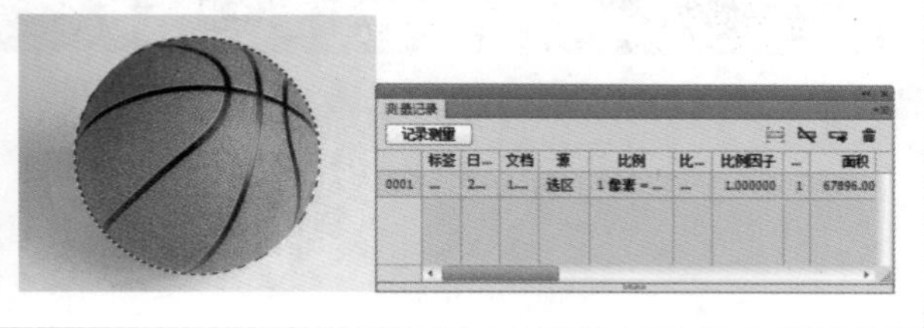

1.7.4 实战：使用参考线

■类别：软件功能　■光盘提供：☑素材　☑视频录像

01 打开光盘中的素材。按下Ctrl+R快捷键显示标尺。将光标放在水平标尺上，单击并向下拖动鼠标，可以拖出水平参考线，如图1-126所示。在垂直标尺上可以拖出垂直参考线，如图1-127所示。

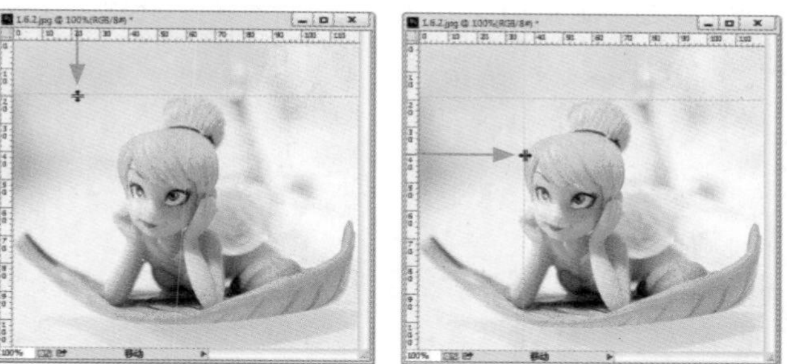

图1-126　图1-127

02 如果要移动参考线，可以选择移动工具，将光标放在参考线上，光标会变为✥状，单击并拖动鼠标即可将其移动，如图1-128所示。创建或移动参考线时，按住Shift 键，可以使参考线与标尺上的刻度对齐。

03 如果要禁止移动，可以执行“视图>锁定参考线”命令，锁定参考线的位置，取消对该命令的勾选，可以取消锁定。如果要删除一条参考线，可将其拖回标尺，如图1-129所示。如果要删除所有参考线，可以执行“视图>清除参考线”命令。

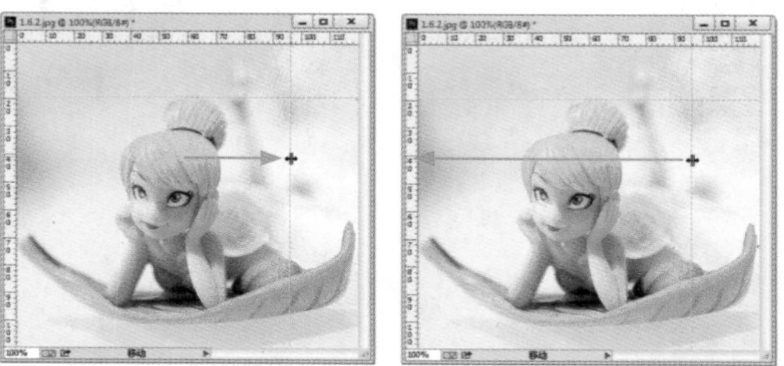

图1-128　图1-129

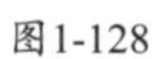

技术看板：在指定的位置创建参考线

执行“视图>新建参考线”命令，打开“新建参考线”对话框，在“取向”选项中选择创建水平或垂直参考线，在“位置”选项中输入参考线的精确位置，单击“确定”按钮，即可在指定位置创建参考线。

1.7.5 实战：使用网格和智能参考线

■类别：软件功能 ■光盘提供：☑素材 ☑视频录像

01 打开光盘中的素材，如图1–130所示。执行“视图>显示>网格”命令，显示网格，如图1–131所示。网格对于对称地布置对象非常有用。显示网格后，可以执行“视图>对齐到>网格”命令启用对齐功能，此后进行创建选区和移动图像等操作时，对象会自动对齐到网格上。

图1-130

图1-131

02 执行“视图>显示>智能参考线”命令，如图1–132所示，启用智能参考线。选择移动工具，单击并拖动鼠标移动图像，智能参考线会自动出现，帮助用户进行对齐，并显示相关信息，如图1–133所示。

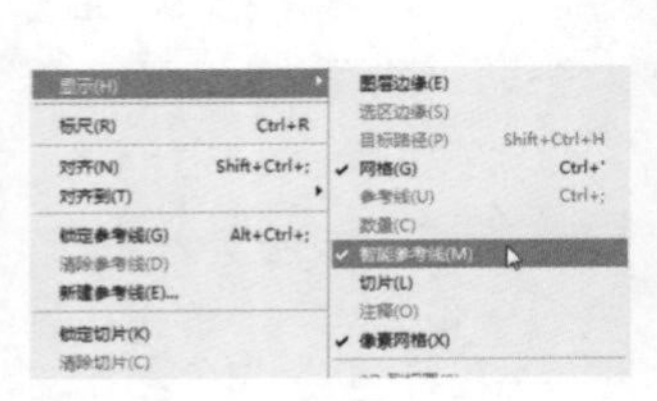

图1-132

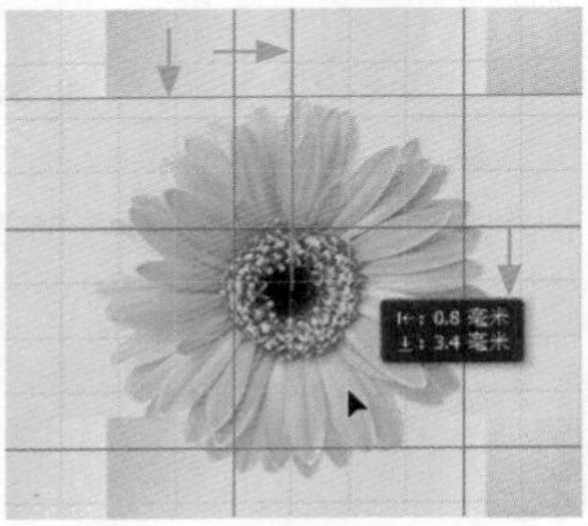

图1-133

提示

参考线、网格和智能参考线等都是不会打印出来的额外内容，要显示它们，需要首先执行“视图>显示额外内容”命令（使命令前出现一个“√”），然后在“视图>显示”下拉菜单中选择一个项目。再次选择某一命令，可以隐藏相应的项目。

提示

对齐功能有助于精确地放置选区、裁剪框、切片、形状和路径。执行“视图>对齐”命令（即勾选），然后在“视图>对齐到”下拉菜单中选择一个对齐项目，即可启用对齐功能。

1.7.6 实战：为图像添加文字注释

■类别：软件功能 ■光盘提供：☑素材 ☑视频录像

使用注释工具可以在图像的任何区域添加文字注释。用户可以用它来标记制作说明或其他有用信息。

01 按下Ctrl+O快捷键，打开光盘中的素材，如图1–134所示。选择注释工具，在工具选项栏中输入信息，将颜色设置为蓝色，如图1–135所示。

图1-134

图1-135

02 在画面中单击鼠标，弹出“注释”面板，输入注释内容。例如，可以输入图像的制作过程、某些特殊的操作方法等，如图1–136所示。创建注释后，鼠标单击处就会出现一个注释图标，如图1–137所示。拖曳该图标可以移动其位置。

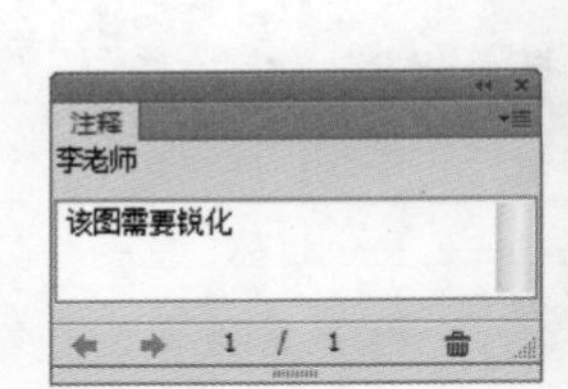

图1-136

图1-137

03 继续在画面中单击，可以添加新的注释。如果要查看一个注释，可以双击注释图标，弹出的“注释”面板中会显示注释内容。单击或按钮，可循环显示各个注释内容。在画面中，当前显示的注释为状，如图1–138所示。如果要删除注释，可在注释上单击鼠标右键，打开快捷菜单，如图1–139所示，选择“删除注释”命令即可。选择“删除所有注释”命令，或单击工具选项栏中的“清除全部”按钮，则可删除所有注释。

图1-138

图1-139

提示

Photoshop可以将PDF文件中包含的注释导入图像中。操作方法为，执行“文件>导入>注释”命令，打开“载入”对话框，选择 PDF文件，单击“载入”按钮即可。

1.8 使用Photoshop资源

用户使用Photoshop时，可以加载各种资源库，还可以通过“帮助”菜单中的命令，获得Adobe提供的各种帮助信息和技术支持。

1.8.1 实战：使用Photoshop资源库

■类别：软件功能 ■光盘提供：☑视频录像

Photoshop自带了大量预设资源，如各种形状库、画笔库、渐变库、样式库、图案库等，使用预设管理器可以载入和管理这些资源。

01 执行“编辑>预设>预设管理器”命令，打开“预设管理器”，如图1-140所示，在“预设类型”下拉列表中选择要使用的预设项目，如图1-141所示，单击对话框右上角的 按钮，打开下拉菜单，选择一个资源库，即可将其载入，如图1-142、图1-143所示。

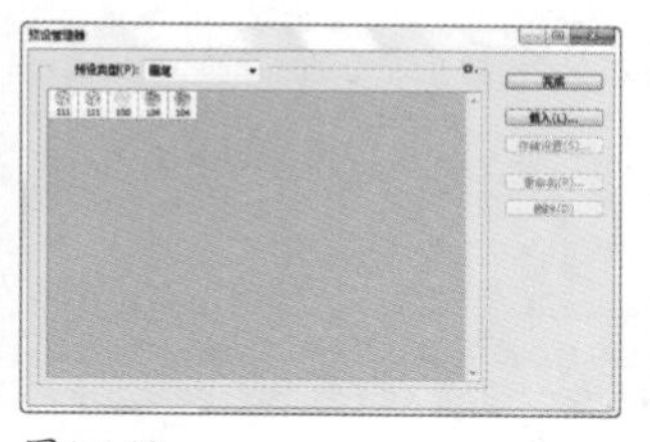

图1-140

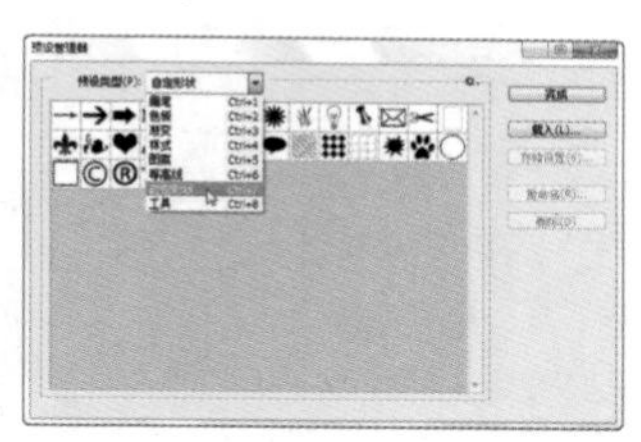

图1-141

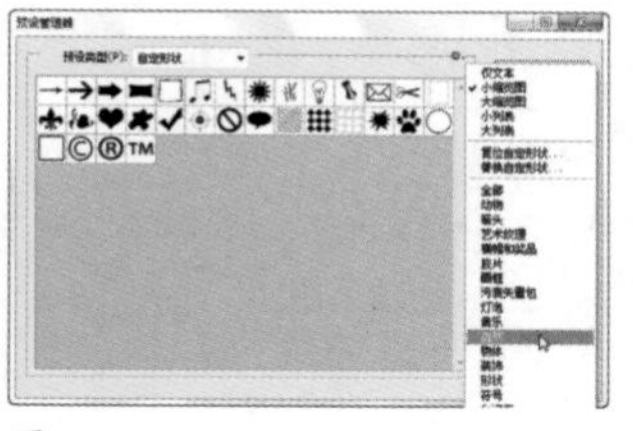

图1-142

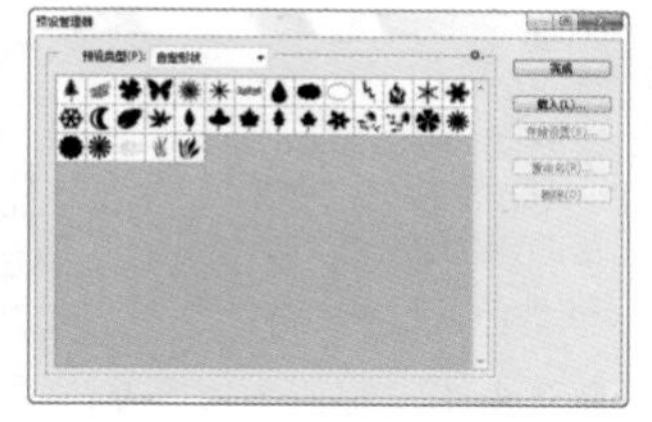

图1-143

02 如果要删除载入的项目，恢复为Photoshop默认的资源，可以单击“资源管理器”对话框中的 按钮，打开下拉菜单，选择“复位（具体项目名称）”命令。

1.8.2 实战：载入光盘中的资源库

■类别：软件功能 ■光盘提供：☑素材 ☑视频录像

01 执行“编辑>预设>预设管理器”命令，打开“预设管理器”，在“预设类型”下拉列表中选择要使用的预设项目，如图1-144所示，单击“载入”按钮，在打开的对话框中选择本书光盘中的资源库，将其载入Photoshop中，如图1-145、图1-146所示。

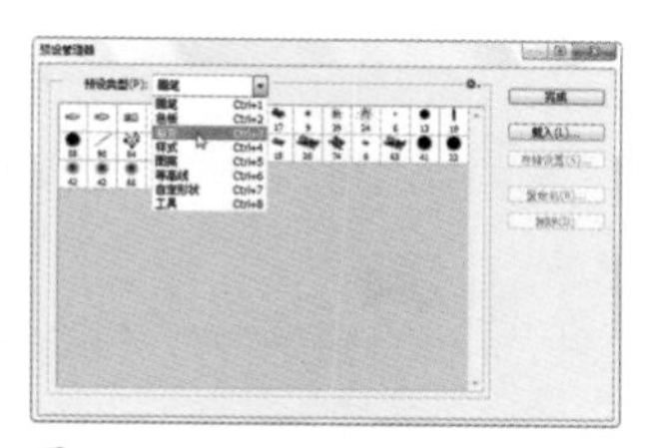

图1-144

图1-145

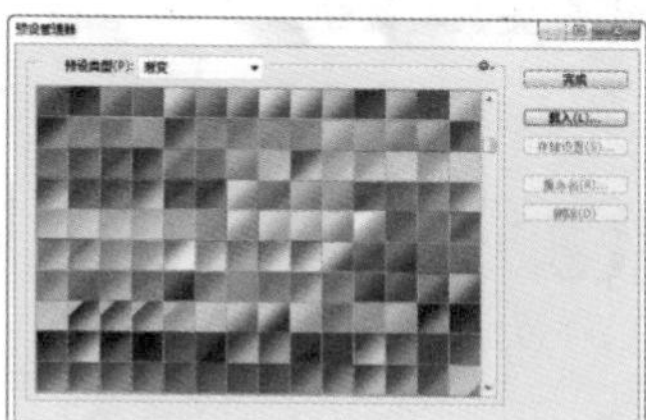

图1-146

02 载入资源库后，它会同时出现在相应的面板中。图1-147、图1-148所示为出现在渐变工具下拉面板和“渐变编辑器”中的渐变库。

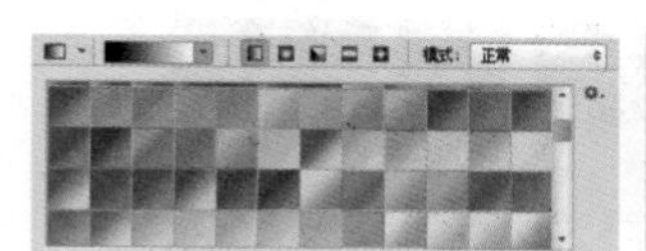

图1-147

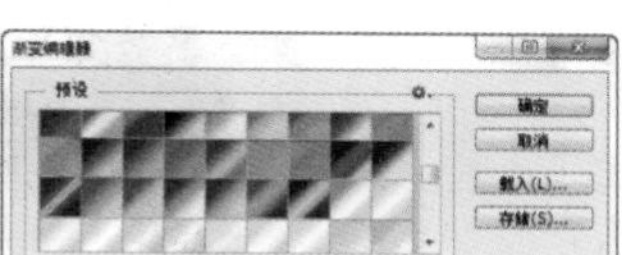

图1-148

提示

采用同样的方法可以载入本书光盘中提供的其他资源库，包括样式库、形状库、动作库和画笔库。载入的资源库也会出现在“样式”面板、形状下拉面板、“动作”面板和“画笔”面板等相应的面板中。

1.8.3 实战：使用Photoshop帮助文件

■类别：软件功能 ■光盘提供：☑视频录像

01 执行“帮助>Photoshop联机帮助”命令，可以链接到Adobe网站查看Photoshop软件功能的帮助文件，如图1-149所示。如果想要查询某类功能，可以单击相应的分类条目，然后在细节条目中进行选择。例如，想要查找数码照片调整方面的功能，可以单击“图像调整”项目，如图1-150所示，再单击相应的项目来显示具体内容，如图1-151、图1-152所示。

图1-149

图1-150　　图1-151

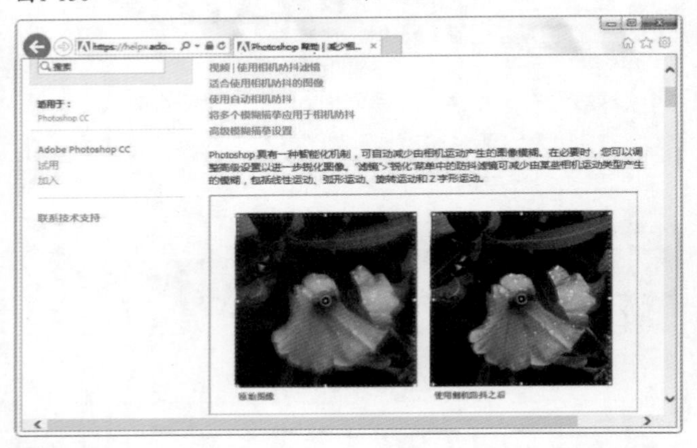

图1-152

02 如果想要快速、精准地查找某一具体功能，可以在窗口左上角的文字栏内输入想要查询的功能，再按下回车键进行查找，如图1-153、图1-154所示。

图1-153　　图1-154

03 Photoshop帮助文件中还包含教学课程资料库，单击链接地址，可在线观看由Adobe专家录制的各种Photoshop功能的演示视频，学习其中的技巧和特定的工作流程，如图1-155所示。此外，在Adobe网站还可以在线提问或参与Adobe的社区论坛。

图1-155

"帮助"菜单命令/含义	
帮助>Photoshop联机帮助/Photoshop支持中心	可以链接到Adobe网站的帮助社区查看帮助文件
帮助>关于Photoshop	弹出Photoshop启动时的画面，显示Photoshop研发小组的人员名单，以及其他与Photoshop有关的信息
帮助>关于增效工具	可以查看Photoshop中安装了哪些插件
帮助>法律声明	可以查看Photoshop的专利和法律声明
帮助>管理扩展	可以自动下载Adobe Extension Manager CC（需要网络连接）
帮助>系统信息	可以查看当前操作系统的各种信息，如CPU型号和显卡等，以及Photoshop占用的内存和安装序列号等
帮助>完成/更新Adobe配置文件	注册Adobe ID之后，执行这两个命令，可以链接到Adobe网站更新用户信息，如配置文件信息和通信首选项等
帮助>登录/更新	执行"帮助>登录"命令登录Adobe ID后，执行"帮助>更新"命令，可以运行Adobe Application Manager，自动下载Photoshop的更新文件
帮助>Photoshop联机	可以链接到Adobe公司网站
帮助>Photoshop联机资源	可以从Adobe网站获得完整的联机帮助和各种Photoshop资源
帮助>Adobe产品改进计划	可以参与Adobe产品改进计划

1.9 文件基本操作

在Photoshop中，用户可以创建全新的一个空白文件，也打开、置入或导入现有的文件，对其进行编辑。Photoshop支持绝大多数图形、图像格式，也可以将文件保存为不同的格式，以便于其他程序使用。

1.9.1 实战：新建文件

■类别：软件功能 ■光盘提供：☑视频录像

01 执行“文件>新建”命令，或按下Ctrl+N快捷键，弹出“新建”对话框，如图1-156所示，输入文件名，设置文件尺寸、分辨率、颜色模式和背景内容等选项，单击“确定”按钮，即可创建一个空白文件，如图1-157所示。

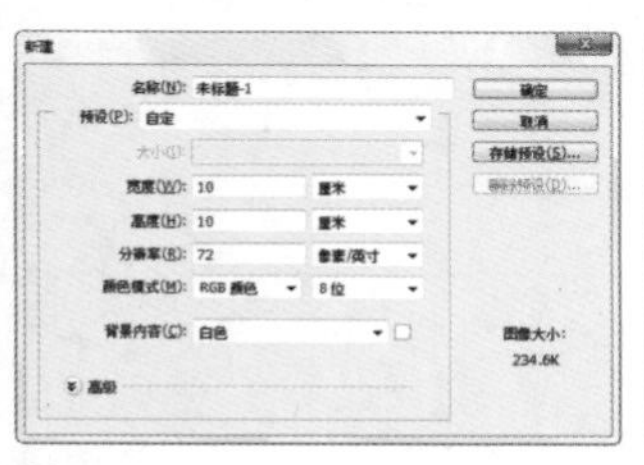

图1-156

图1-157

02 为方便用户操作，“新建”对话框中还包含了各种常用文件的预设选项，如照片、Web、A3、A4打印纸、胶片和视频等。例如，要创建一个A4大小的文件，可以先在“预设”下拉列表中选择“国际标准纸张”选项，如图1-158所示，然后在“大小”下拉列表中选择“A4”选项，如图1-159所示。

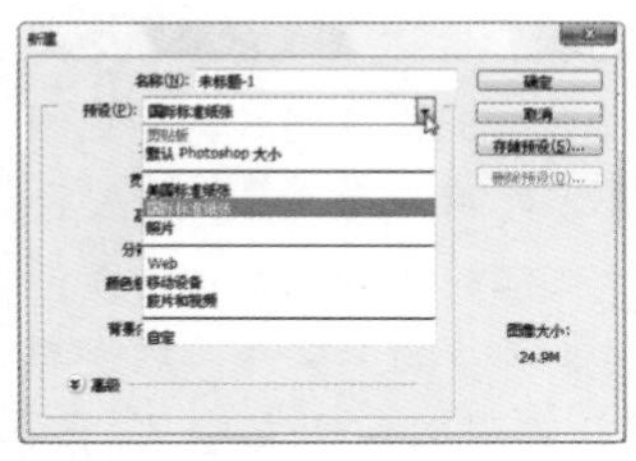

图1-158

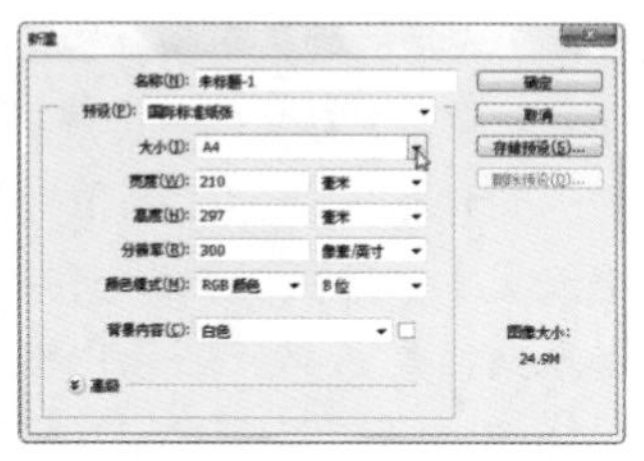

图1-159

相关链接

关于分辨率，请参阅第109页。

1.9.2 实战：打开文件

■类别：软件功能 ■光盘提供：☑视频录像

01 执行“文件>打开”命令，弹出“打开”对话框。在对话框左侧的列表中选择文件所在的文件夹。对话框右下角有个文件格式下拉列表，默认选项为“所有格式”，此时对话框中会显示所有的文件。如果文件数量较多，可以在下拉列表中选择一种文件格式，使对话框中只显示该类型的文件，以便于查找。

02 选择一个文件（如果要选择多个文件，可以按住Ctrl键单击它们），如图1-160所示，单击“打开”按钮，或双击文件即可将其打开，如图1-161所示。

图1-160

图1-161

技术看板：通过快捷方式打开文件

●按下Ctrl+O快捷键，或在灰色的Photoshop程序窗口中双击，可以弹出“打开”对话框。

●在没有运行Photoshop的情况下，将一个图像文件拖曳到桌面的Photoshop应用程序图标Ps上，可运行Photoshop并打开该文件。如果运行了Photoshop，则在Windows资源管理器中找到图像后，将其拖曳到Photoshop窗口中，可将其打开。

可以打开文件的其他命令/含义	
使用指定的格式打开文件	如果使用与文件的实际格式不匹配的扩展名存储文件（如用扩展名.gif存储PSD文件），或者文件没有扩展名，则Photoshop可能无法确定文件的正确格式，导致不能打开文件。遇到这种情况，可以执行“文件>打开为”命令，弹出“打开为”对话框，选择文件，并在“打开为”列表中为它指定正确的格式
打开最近使用的文件	“文件>最近打开文件”下拉菜单中保存了用户最近在Photoshop中打开的20个文件，选择其中的一个文件，即可直接将其打开
打开为智能对象	执行“文件>打开为智能对象”命令，弹出“打开”对话框，选择一个文件将其打开，它会自动转换为智能对象
用Bridge打开文件	执行“文件>在Bridge中浏览”命令，可以运行Adobe Bridge，选择一个文件，双击即可切换到Photoshop中并将其打开
用Mini Bridge打开文件	执行“文件>在Mini Bridge中浏览”命令，或执行“窗口>扩展功能>Mini Bridge”命令，打开“Mini Bridge”面板。在“导航”选项卡中选择要显示的图像所在的文件夹，双击文件，可以在Photoshop中将其打开

1.9.3 实战：置入文件

■类别：软件功能 ■光盘提供：☑素材 ☑实例效果 ☑视频录像

在Photoshop 中打开或新建一个文档后，可以将照片和图片等位图文件，以及EPS、PDF和AI等矢量文件作为智能对象置入或嵌入到当前文档中。

01 打开光盘中的素材文件，如图1-162所示。执行“文件>置入”命令，在打开的对话框中选择要置入的文件，如图1-163所示。

02 单击“置入”按钮，将其置入文档中，图像周围会出现定界框（将光标放在定界框的控制点上，按住Shift键拖动鼠标可等比缩放图像），如图1-164所示。

图1-162

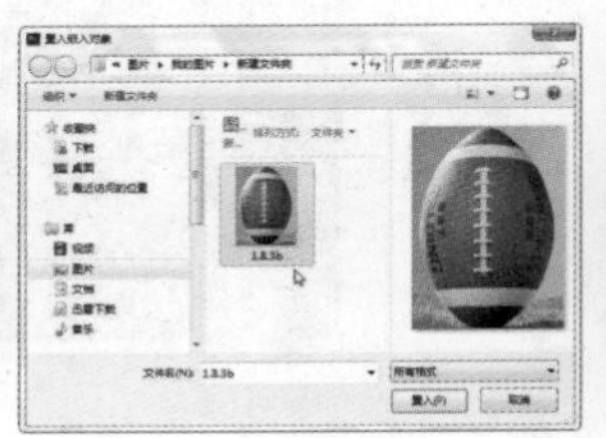

图1-163

图1-164

03 按下回车键确认。在“图层”面板中，置入的素材被转换为智能对象（图层缩览图右下角有一个▣状图标），如图1-165所示。按下Alt+Ctrl+G快捷键创建剪贴蒙版，用下面图层中的鼠标控制棒球的显示范围，如图1-166、图1-167所示。

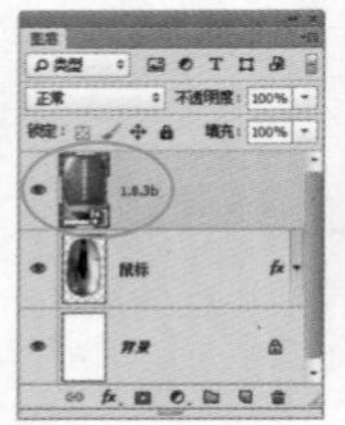

图1-165

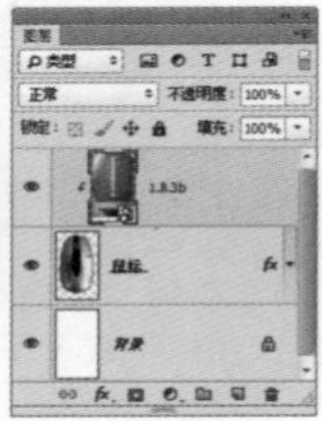

图1-166

图1-167

04 设置图层的混合模式为“强光”，如图1-168、图1-169所示。

图1-168

图1-169

05 单击“图层”面板底部的 ◘ 按钮，添加图层蒙版。选择画笔工具 ✓，在鼠标滚轮处单击并进行涂抹，使滚轮显示出来，如图1-170、图1-171所示。

图1-170

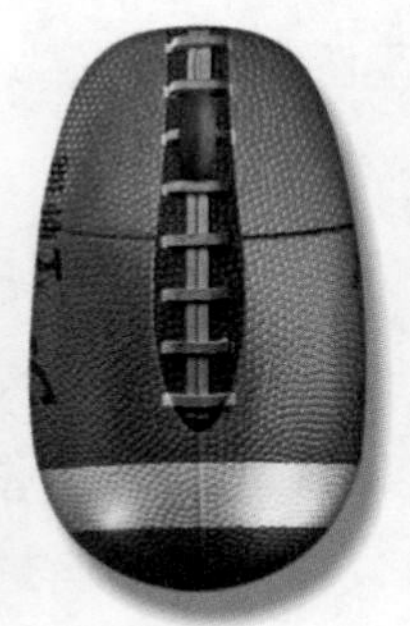

图1-171

相关链接

关于智能对象的更多内容，请参阅第76页。关于剪贴蒙版，请参阅第80页。关于图层蒙版，请参阅第82页。

> **提示**
>
> 使用“文件>置入链接的智能对象”命令可以置入链接的智能对象，当修改来源文件时，链接的智能对象会自动更新。例如，置入AI格式的矢量文件后，如果用Illustrator修改原矢量文件，则Photoshop中的矢量图形也会同步更新。

1.9.4 实战：保存和关闭文件

■类别：软件功能 ■光盘提供：☑素材 ☑实例效果 ☑视频录像

在图像编辑的初始阶段就应该保存文件。编辑过程中，还应适时地按下快捷键（Ctrl+S），将图像的最新效果存储起来。保存文件时，选择什么样的文件格式是最重要的。文件格式决定了图像数据的存储方式（作为像素还是矢量）、压缩方法、支持什么样的Photoshop功能，以及文件是否与一些应用程序兼容。如果文件以后还需要修改，最好选择PSD格式，它可以保留文档中的图层、蒙版和通道等所有内容，以后不论何时都可以修改文件。

01 打开光盘中的素材文件，如图1-172所示。单击“图层1”，将其选择，如图1-173所示。

02 设置图层的混合模式为“正片叠底”，如图1-174所示，人体会融入画轴当中，如图1-175所示。执行“文件>存储”命令（快捷键为Ctrl+S），保存所做的修改，图像会按照原有的格式存储。如果这是一个新建的文件，或者文档中创建了图层、通道和蒙版等，则执行该命令会打开“另存为”对话框。

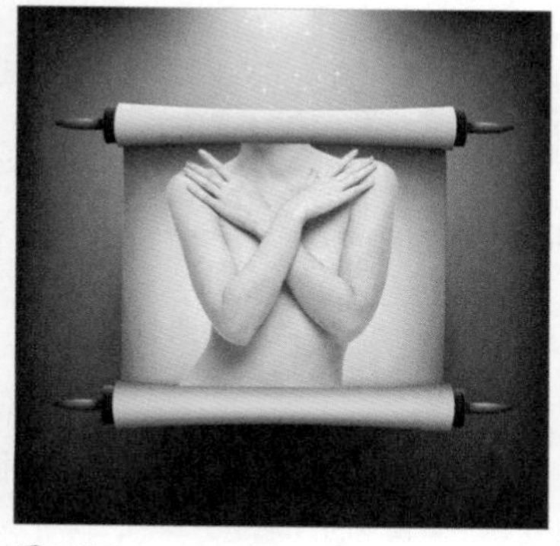
图1-172

图1-173

图1-174

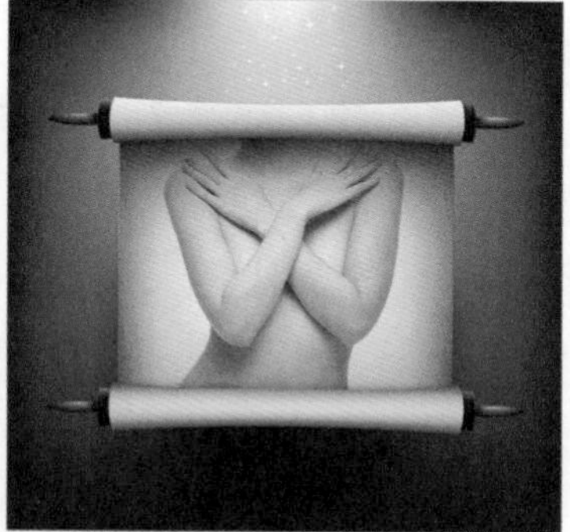
图1-175

03 如果要将文件保存为另外的名称和其他格式，或存储到其他位置，可以执行"文件>存储为"命令，在打开的"另存为"对话框中将文件另存，如图1-176所示。完成文件的编辑以后，执行"文件>关闭"命令或单击文档窗口右上角的 X 按钮，可以关闭当前文件。如果打开了多个文件，可以执行"文件>关闭全部"命令，关闭所有文件。如果要退出Photoshop，可以执行"文件>退出"命令，或单击程序窗口右上角的 X 按钮。

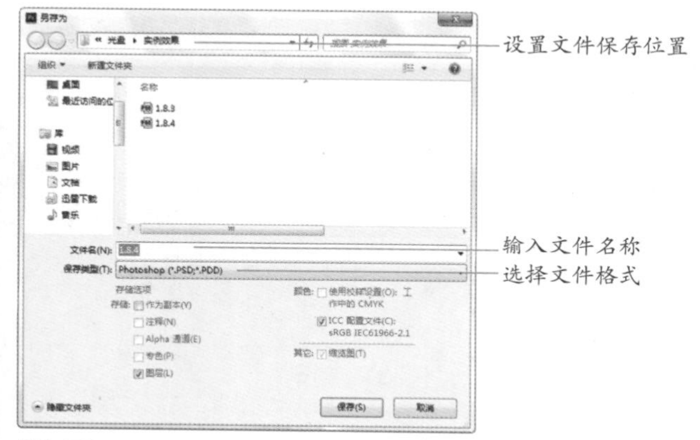

图1-176

文件格式/说明	
PSD格式	PSD是Photoshop默认的文件格式，它可以保留文档中包含的所有图层、蒙版、通道、路径、未栅格化的文字、图层样式等内容。通常情况下，我们都是将文件保存为PSD格式，以后可以随时修改。PSD是除大型文档格式（PSB）之外支持所有Photoshop 功能的格式，其他Adobe程序，如Illustrator、InDesign和Premiere等都可以直接置入PSD文件
PSB格式	PSB格式是Photoshop的大型文档格式，可支持最高达到300 000像素的超大图像文件。它支持Photoshop所有的功能，可以保持图像中的通道、图层样式和滤镜效果不变，但只能在Photoshop中打开。如果要创建一个2GB以上的PSD的文件，可以使用该格式
BMP格式	BMP是一种用于 Windows 操作系统的图像格式，主要用于保存位图文件。该格式可以处理24位颜色的图像，支持RGB、位图、灰度和索引模式，但不支持Alpha通道
GIF格式	GIF是基于在网络上传输图像而创建的文件格式，它支持透明背景和动画，被广泛地应用在网络文档中。GIF格式采用LZW无损压缩方式，压缩效果较好
Dicom格式	Dicom（医学数字成像和通信）格式通常用于传输和存储医学图像，如超声波和扫描图像。Dicom文件包含图像数据和标头，其中存储了有关病人和医学图像的信息
EPS格式	EPS是为PostScript打印机上输出图像而开发的文件格式，几乎所有的图形、图表和页面排版程序都支持该格式。EPS格式可以同时包含矢量图形和位图图像，支持RGB、CMYK、位图、双色调、灰度、索引和Lab模式，但不支持Alpha通道
IFF格式	IFF（交换文件格式）是一种便携格式，它具有支持静止图片、声音、音乐、视频和文本数据的多种扩展名
JPEG格式	JPEG是由联合图像专家组开发的文件格式。它采用有损压缩方式，即通过有选择地扔掉数据来压缩文件大小。JPEG 图像在打开时会自动解压缩。压缩级别越高，得到的图像品质越低；压缩级别越低，得到的图像品质越高。在大多数情况下，"最佳"品质选项产生的结果与原图像几乎无分别。JPEG格式支持RGB、CMYK和灰度模式，不支持Alpha通道
PCX格式	PCX格式采用RLE无损压缩方式，支持24位、256色的图像，适合保存索引和线稿模式的图像。该格式支持RGB、索引、灰度和位图模式，以及一个颜色通道
PDF格式	便携文档格式（PDF）是一种跨平台、跨应用程序的通用文件格式，它支持矢量数据和位图数据，具有电子文档搜索和导航功能，是 Adobe Illustrator 和 Adobe Acrobat 的主要格式。PDF格式支持RGB、CMYK、索引、灰度、位图和Lab模式，不支持Alpha通道

文件格式/说明	
Raw格式	Photoshop Raw（.raw）是一种灵活的文件格式，用于在应用程序与计算机平台之间传递图像。该格式支持具有Alpha通道的CMYK、RGB和灰度模式，以及无Alpha通道的多通道、Lab、索引和双色调模式。以 Photoshop Raw 格式存储的文档可以为任意像素大小，但不能包含图层
Pixar格式	Pixar是专为高端图形应用程序（如用于渲染三维图像和动画的应用程序）设计的文件格式。它支持具有单个 Alpha 通道的 RGB 和灰度图像
PNG格式	PNG是作为GIF的无专利替代产品而开发的，用于无损压缩和在Web上显示图像。与GIF不同，PNG支持244位图像，并产生无锯齿状的透明背景，但某些早期的浏览器不支持该格式
PBM格式	便携位图（PBM）文件格式支持单色位图（1 位/像素），可用于无损数据传输。许多应用程序都支持该格式，甚至可在简单的文本编辑器中编辑或创建此类文件
Scitex格式	Scitex（CT）格式用于Scitex计算机上的高端图像处理。它支持 CMYK、RGB 和灰度图像，不支持 Alpha 通道
TGA格式	TGA格式专用于使用 Truevision 视频板的系统，它支持一个单独Alpha通道的32位RGB文件，以及无Alpha通道的索引、灰度模式，16位和24位RGB文件
TIFF格式	TIFF是一种通用的文件格式，所有的绘画、图像编辑和排版程序都支持该格式。而且，几乎所有的桌面扫描仪都可以产生 TIFF 图像。该格式支持具有 Alpha 通道的CMYK、RGB、Lab、索引颜色和灰度图像，以及没有 Alpha 通道的位图模式图像。Photoshop 可以在 TIFF 文件中存储图层，但是，如果在另一个应用程序中打开该文件，则只有拼合图像是可见的
MPO格式	MPO是3D图片或3D照片使用的文件格式

1.9.5 实战：生成图像资源

■类别：软件功能 ■光盘提供：☑素材 ☑视频录像

Photoshop CC可以从PSD文件（即分层的文档）的每一个图层中生成一幅图像。有了这项功能，Web设计人员就可以从PSD文件中自动提取图像资源，免除了手动分离和转存工作的麻烦。

01 将光盘中的PSD素材文件复制到计算机中，然后在Photoshop中打开它，如图1-177、图1-178所示。

图1-177

图1-178

02 执行“文件>生成>图像资源”命令，使该命令处于勾选状态。在图层组的名称上双击，显示文本框，修改名称并添加文件格式扩展名.jpg，如图1-179所示。在图层名称上双击，将该图层重命名为“卡通2.gif”，如图1-180所示。

03 操作完成后，即可生成图像资源，Photoshop 会将它们与源 PSD 文件一起保存在子文件夹中，如图1-181所示。如果源 PSD 文件尚未保存，则生成的资源会保存在桌面上的新文件夹中。

图1-179

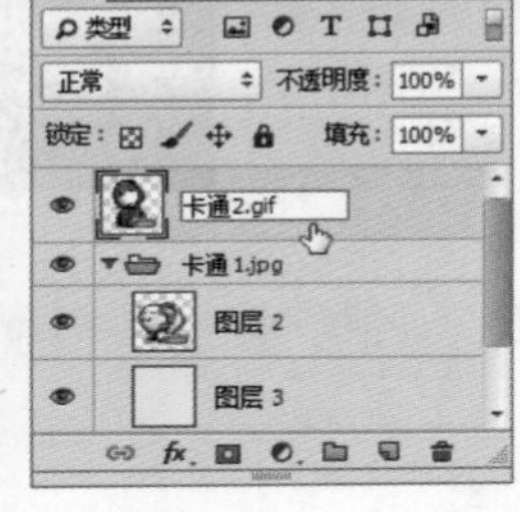

图1-180

图1-181

技术看板：在 Behance 上共享图像

Behance是一个居于行业领先地位的联机平台。在 Photoshop 中打开图像后，执行“文件>在 Behance 上共享”命令，可以将图像上传至Behance。

1.10 图像基本编辑

在Photoshop中，图像编辑的基本操作包括拷贝、剪切、粘贴、在选区内粘贴，以及变换操作。此外，Photoshop还可以对图像进行高级变形，如内容识别比例缩放和操控变形等。

1.10.1 实战：拷贝与粘贴

■类别：软件功能 ■光盘提供：☑素材 ☑实例效果 ☑视频录像

01 按下Ctrl+O快捷键，打开光盘中的两个素材，如图1-182、图1-183所示。

图1-182

图1-183

02 将帽子文档设置为当前操作的文档，按下Ctrl+A快捷键全选，如图1-184所示。执行“编辑>拷贝”命令或按下Ctrl+C快捷键，可以将选中的图像复制到剪贴板，此时，画面中的图像内容保持不变。

03 按下Ctrl+Tab快捷键切换到另一个文档中。执行“编辑>粘贴”命令，或按下Ctrl+V快捷键，可以将剪贴板中的图像粘贴到当前文档中。如果执行“编辑>选择性粘贴>原位粘贴”命令，则可将图像按照其原位粘贴到文档中，如图1-185所示。

图1-184

图1-185

技术看板：拷贝与粘贴技巧

●创建选区后，执行“编辑>剪切”命令，可以将选中的图像从画面中剪切掉，并复制到剪贴板中。如果执行“编辑>合并拷贝”命令，则可将所有可见图层中的图像都复制到剪贴板。

●复制图像后，执行“编辑>选择性粘贴>贴入”命令，可以将图像粘贴到选区内，并自动添加蒙版，将选区之外的图像隐藏。如果执行“编辑>选择性粘贴>外部粘贴”命令，则可粘贴图像，并自动创建蒙版，将选中的图像隐藏。

1.10.2 实战：移动图像

■类别：软件功能 ■光盘提供：☑素材 ☑实例效果 ☑视频录像

01 按下Ctrl+O快捷键，打开光盘中的两个素材，如图1-186、图1-187所示。

02 选择矩形选框工具，在蜘蛛人脸谱上单击并拖曳鼠标创建选区，如图1-188所示。

图1-186

图1-187

图1-188

03 选择移动工具，将光标放在选区内，单击并拖动鼠标至另一个文档的标题栏，如图1-189所示，停留片刻切换到该文档，如图1-190所示，移动到画面中放开鼠标，可以将图像拖入该文档。在画面中单击并拖曳鼠标移动图像，将其摆放在人物面部，如图1-191所示。采用同样的方法还可以制作出很多颇具创意的脸谱图像，如图1-192所示。

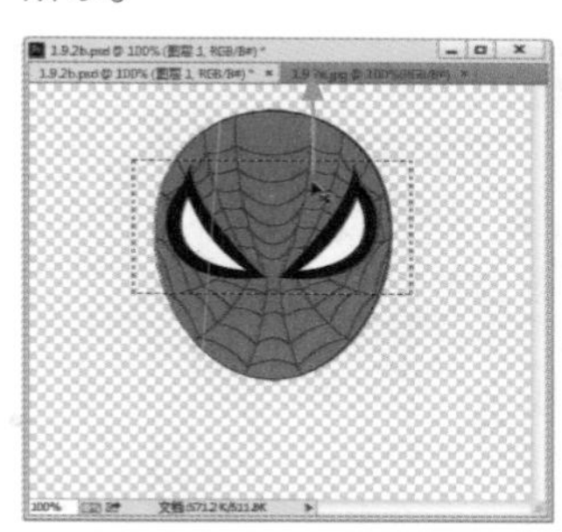

图1-189

图1-190

图1-191

图1-192

提示

使用移动工具时，每按一下→、←、↑、↓键，便可以将对象移动一个像素的距离；如果按住Shift键，再按方向键，则图像每次可以移动10个像素的距离。此外，如果移动图像的同时按住Alt键，则可以复制图像，同时生成一个新的图层。

移动工具选项栏/含义	
自动选择	如果文档中包含多个图层或组，可勾选该项并在下拉列表中选择要移动的内容。选择"图层"，使用移动工具在画面中单击时，可以自动选择工具下面包含像素的最顶层的图层；选择"组"，则在画面中单击时，可以自动选择工具下包含像素的最顶层的图层所在的图层组
显示变换控件	勾选该选项后，选择一个图层时，会在图层内容的周围显示定界框，此时拖曳控制点可以对图像进行变换操作
对齐图层	选择两个或多个图层后，可单击相应的按钮，让所选图层对齐。这些按钮包括顶对齐、垂直居中对齐、底对齐、左对齐、水平居中对齐和右对齐
分布图层	选择了3个或3个以上的图层，可单击相应的按钮，使所选图层按照一定的规则均匀分布。包括按顶分布、垂直居中分布、按底分布、按左分布、水平居中分布和按右分布、对齐图层
3D模式	提供了可以对3D模型进行移动、缩放等操作的工具，它们是旋转3D对象工具、滚动3D对象工具、拖动3D对象工具、滑动3D对象工具、缩放3D对象工具

1.10.3 实战：旋转与缩放

■类别：软件功能 ■光盘提供：☑素材 ☑实例效果 ☑视频录像

01 打开光盘中的素材，如图1–193所示。单击"图层1"，按下Ctrl+J快捷键复制，如图1–194所示。

图1-193

图1-194

02 执行"编辑>自由变换"命令，或按下Ctrl+T快捷键显示定界框，将中心点拖曳到定界框外，如图1–195所示。将光标放在定界框外靠近中间位置的控制点处，当光标变为状时，单击并拖动鼠标旋转图像，如图1–196所示。

03 将光标放在定界框四周的控制点上，当光标变为状时，按住Shift键，单击并拖动鼠标等比例缩放图像，如图1–197所示，按下回车键确认。如果对变换结果不满意，则可按下Esc键取消操作。

04 连续按下Alt+Shift+Ctrl+T快捷键（即"编辑>变换>再次"命令的快捷键）大概18次，每按一次会生成一个新的图像，效果如图1–198所示。

图1-195

图1-196

图1-197

图1-198

05 按住Shift键单击最下方的建筑图层，选择所有建筑图层，如图1–199所示，执行"图层>排列>反向"命令，反转图层的堆叠顺序，效果如图1–200所示。

图1-199

图1-200

技术看板：定界框、中心点和控制点

执行"编辑>自由变换"命令，或"编辑>变换"下拉菜单中的命令时，当前对象周围会出现一个定界框，定界框中央有一个中心点，四周有控制点。默认情况下，中心点位于对象的中心，它用于定义对象的变换中心，拖曳它可以移动其位置。拖曳控制点则可以进行变换操作。

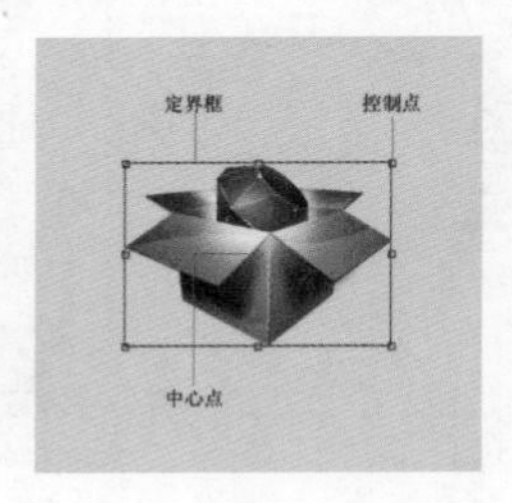

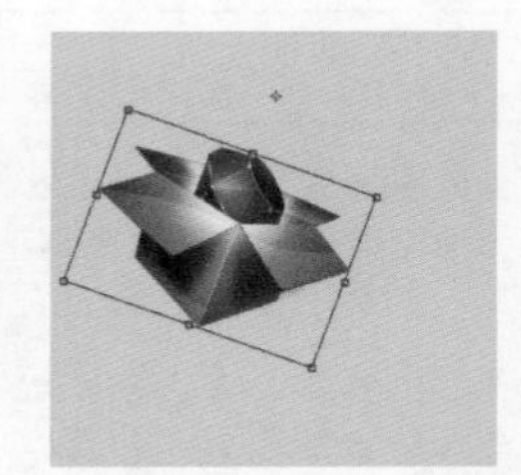

中心点在对象中心（左图）和外部（右图）时图像的旋转效果

1.10.4 实战：内容识别缩放

■类别：软件功能 ■光盘提供：☑素材 ☑视频录像

内容识别缩放是一个十分神奇的缩放功能。普通缩放在调整图像大小时会影响所有像素，而内容识别缩放则主要影响没有重要可视内容区域中的像素。例如，可以确保画面中的人物、建筑和动物等不会出现变形。内容识别缩放可以处理图层和选区，但不适合处理调整图层、图层蒙版、通道、智能对象、3D 图层、视频图层，以及图层组，也不能同时处理多个图层。

01 打开光盘中的素材，如图1-201所示。由于内容识别缩放不能处理“背景”图层，需要先将“背景”图层转换为普通图层，操作方法是按住Alt键双击“背景”图层，如图1-202、图1-203所示。

图1-201

图1-202

图1-203

02 先来看一下普通缩放会产生怎样的效果。按下Ctrl+T快捷键显示定界框，拖曳右侧的控制点，压缩画面，如图1-204所示。可以看到建筑产生了严重的变形。

03 按下Esc键撤销变形。执行“编辑>内容识别比例”命令，显示定界框，向左侧拖曳控制点，对图像进行手动缩放（按住Shift键拖曳控制点可以进行等比例缩放），如图1-205所示。可以看到，此时画面虽然变窄了，但建筑比例和结构没有明显的变化。此外，在进行操作时，工具选项栏中会出现变换选项，如图1-206所示，此时可以输入缩放值。最后按下回车键确认操作。如果要取消变形，可以按下Esc键。

图1-204

图1-205

图1-206

内容识别缩放的工具选项栏/含义	
参考点定位符	单击参考点定位符上的方块，可以指定缩放图像时要围绕的参考点。默认情况下，参考点位于图像的中心
使用参考点相对定位	单击该按钮，可以指定相对于当前参考点位置的新参考点位置
参考点位置	可输入 X 轴和 Y 轴像素大小，将参考点放置于特定位置
缩放比例	输入宽度（W）和高度（H）的百分比，可以指定图像按原始大小的百分之多少进行缩放。单击保持长宽比按钮，可进行等比缩放
数量	用来指定内容识别缩放与常规缩放的比例。可在文本框中输入数值，或单击箭头和移动滑块来指定内容识别缩放的百分比
保护	可以选择一个 Alpha 通道。通道中白色对应的图像不会变形
保护肤色	单击该按钮，可以保护包含肤色的图像区域，使之避免变形

1.10.5 实战：扭曲与变形

■类别：软件功能 ■光盘提供：☑素材 ☑实例效果 ☑视频录像

01 打开光盘中的素材，如图1-207所示。单击文字所在的图层，如图1-208所示。

图1-207

图1-208

02 执行“编辑>变换>透视”命令，显示定界框，将光标放在控制点上，单击并拖曳鼠标进行透视扭曲，如图1-209所示。执行“编辑>变换>变形”命令，显示变形网格，拖动网格点，进行变形扭曲，如图1-210所示。操作完成后，按下回车键确认。

图1-209

图1-210

03 使用移动工具 调整文字位置，如图1-211所示。执行“3D>从所选图层新建3D模型”命令，切换到3D工作界面。在文字模型上单击并向上拖曳鼠标，调整文字的透视角度，如图1-212所示。

图1-211

图1-212

04 在“属性”面板中设置“凸出深度”为100，如图1-213所示。单击“3D”面板中的 按钮，在“属性”面板中设置灯光强度为60%，如图1-214所示。在工具选项栏中选择拖动3D对象工具 ，在文字上单击并拖曳鼠标调整文字位置，如图1-215所示。单击工具箱中的抓手工具 ，退出3D模式，文字效果如图1-216所示。

图1-213

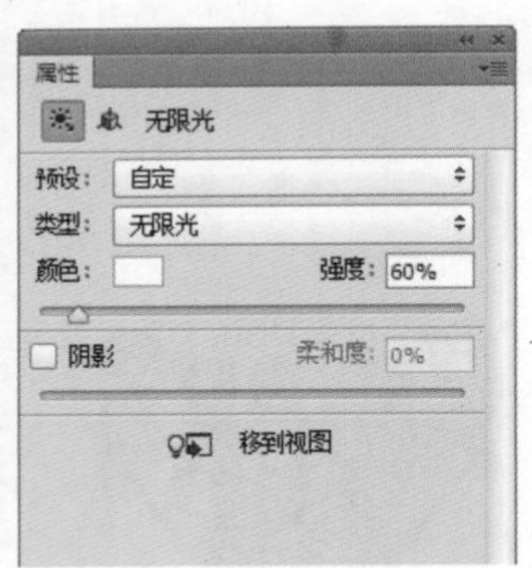

图1-214

图1-215

图1-216

1.10.6 实战：透视变形

■类别：软件功能 ■光盘提供：☑素材 ☑实例效果 ☑视频录像

“透视变形”功能可以调整透视关系，特别适合处理出现透视扭曲的建筑和房屋图像。

01 打开光盘中的照片素材，如图1-217所示。执行“编辑>透视变形”命令，图像上会出现提示，将其关闭。在画面中单击并拖动鼠标，沿图像结构的平面绘制四边形，如图1-218所示。

图1-217

图1-218

02 拖曳四边形各边上的控制点，使其与结构中的直线平行，如图1-219所示。在画面左侧的建筑立面上单击并拖动鼠标创建四边形，并调整结构线，如图1-220所示。

图1-219

图1-220

03 单击工具选项栏中的“变形”按钮，如图1-221所示，切换到变形模式。单击并拖曳画面底部的控制点，向画面中心移动，让倾斜的建筑立面恢复为水平状态，如图1-222所示。

图1-221

图1-222

04 使用裁剪工具 将空白图像裁掉。图1-223、图1-224所示分别为原图及调整透视后的效果。

图1-223

图1-224

1.10.7 实战：操控变形

■类别：软件功能 ■光盘提供：☑素材 ☑视频录像

“操控变形”是一种非常灵活的变形功能。使用该功能时，可以在图像的关键点放置图钉，然后通过拖曳图钉来对图像进行变形操作。通过这种方法可以轻松地让人的手臂弯曲、身体摆出不同的姿态。

01 打开光盘中的PSD分层素材，如图1-225所示。单击“长颈鹿”图层，如图1-226所示。

图1-225

图1-226

02 执行“编辑>操控变形”命令，长颈鹿图像上会显示变形网格，如图1-227所示。在工具选项栏中将“模式”设置为“正常”，“浓度”设置为“较少点”。在长颈鹿身体的关键点单击鼠标，添加几个图钉，如图1-228所示。如果要删除一个图钉，可单击它，然后按下Delete键。

图1-227

图1-228

03 在工具选项栏中取消对“显示网格”选项的勾选，以便能够清楚地观察图像的变化。单击图钉并拖动鼠标，即可改变长颈鹿的动作，如图1-229、图1-230所示。

04 单击一个图钉后，在工具选项栏中会显示其旋转角度，如图1-231所示。此时可以直接输入数值来进行调整，如图1-232所示。单击工具选项栏中的✔按钮，结束操作。

图1-229

图1-230

图钉深度： 旋转：固定 20 度

图1-231

图1-232

操控变形工具选项栏/含义	
模式	可设定网格的弹性。选择“刚性”选项，变形效果精确，但缺少柔和的过渡；选择“正常”选项，变形效果准确，过渡柔和；选择“扭曲”选项，可创建透视扭曲效果
浓度	用来设置网格点的间距。选择“较少点”选项，网格点较少，相应地只能放置少量图钉，并且图钉之间需要保持较大的间距；选择“正常”选项，网格数量适中；选择“较多点”选项，网格最细密，可以添加更多的图钉
扩展	用来设置变形效果的衰减范围。设置较大的像素值以后，变形网格的范围也会相应地向外扩展，变形之后，对象的边缘会更加平滑；反之，数值越小，则图像边缘变化效果越生硬
显示网格	勾选该选项，可以显示变形网格。取消选择时，只显示调整图钉，从而显示更清晰的变换预览
图钉深度	选择一个图钉，单击按钮/按钮，可以将它向上层/向下层移动一个堆叠顺序
旋转	选择“自动”选项，在拖曳图钉扭曲图像时，Photoshop会自动对图像内容进行旋转处理；如果要设定准确的旋转角度，可以选择“固定”选项，然后在其右侧的文本框中输入旋转角度值。此外，选择一个图钉以后，按住Alt键，会出现变换框，此时拖动鼠标即可旋转图钉
复位/撤销/应用	单击按钮，可删除所有图钉，将网格恢复到变形前的状态；单击按钮或按下Esc键，可放弃变形操作；单击✔按钮或按下回车键，可以确认变形操作

1.11 恢复与还原

使用Photoshop编辑图像时，如果操作出现了失误或对创建的效果不满意，可以通过下面介绍的方法撤销相应的操作，或者将图像恢复为最近保存过的状态。

1.11.1 实战：撤销操作

■类别：软件功能 ■光盘提供：☑素材 ☑视频录像

01 打开光盘中的素材，如图1-233所示。执行“滤镜>模糊>径向模糊”命令，打开“径向模糊”对话框，设置参数，如图1-234所示，效果如图1-235所示。

02 连续按5下Ctrl+F快捷键，重复应用“径向模糊”滤镜，效果如图1-236所示。

图1-233

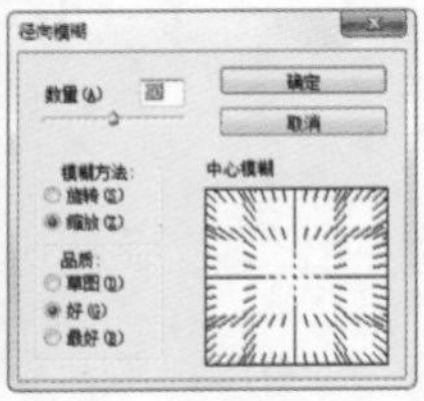

图1-234

图1-235

图1-236

03 如果想要撤销最后一步操作，可以执行“编辑>还原”命令，或按下Ctrl+Z快捷键。如果想要取消所做的还原操作，可以执行“编辑>前进一步”命令，或按下Shift+Ctrl+Z快捷键。

04 如果想要连续还原，可以连续执行“编辑>后退一步”命令，或者连续按下Alt+Ctrl+Z快捷键来逐步撤销操作，效果如图1-237所示。如果要将文件恢复到最后一次保存时的状态，可以执行“文件>恢复”命令，效果如图1-238所示。

图1-237

图1-238

1.11.2 实战：用“历史记录”面板撤销操作

■类别：软件功能 ■光盘提供：☑素材 ☑视频录像

在Photoshop中编辑图像时，每进行一步操作，都会被记录在“历史记录”面板中。通过该面板可以将图像恢复到操作过程中的某一步状态，也可以再次回到当前的状态，或者将处理结果创建为快照或是新的文档。

01 打开光盘中的素材，如图1-239所示。当前“历史记录”面板状态如图1-240所示。

图1-239

图1-240

02 执行“滤镜>其他>位移”命令，打开“位移”对话框，设置参数，如图1-241所示，图像效果如图1-242所示。单击“确定”按钮关闭对话框。

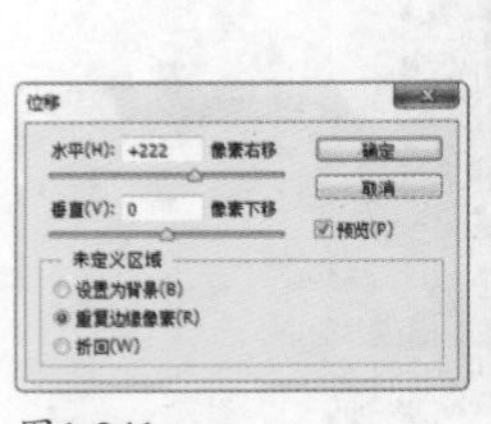

图1-241

图1-242

03 按下Ctrl+M快捷键，打开“曲线”对话框。在“预设”下拉列表中选择“反冲”选项，创建反转负冲效果，如图1-243、图1-244所示。执行“滤镜>杂色>添加杂色”命令，在图像中添加杂色，如图1-245、图1-246所示。

04 下面来撤销操作。当前“历史记录”面板状态如图1-247所示。在默认情况下，“历史记录”面板只能保存最近的20步操作，对于重要的效果，可以单击创建新快照按钮，将画面的当前状态保存为快照，如图1-248所示，以后不论进行了多少步操作，都可以通过单击快照来将图像恢复为其所记录的效果。

图1-243

图1-244

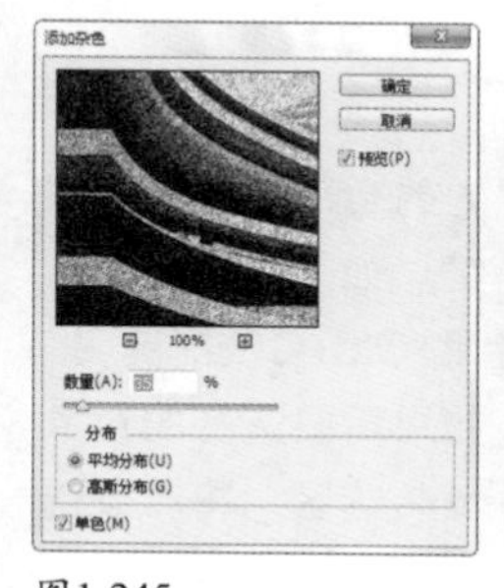

图1-245

图1-246

图1-247

图1-248

05 "历史记录"面板顶部的图像缩览图是打开文件时的图像初始状态，单击它可以撤销所有操作，如图1-249、图1-250所示。如果要恢复被撤销的操作，可以单击最后一步操作。

图1-249

图1-250

06 如果只想撤销部分操作，可以在"历史记录"面板中该操作步骤上单击，如图1-251、图1-252所示。

图1-251

图1-252

历史记录面板/含义	
设置历史记录画笔的源	使用历史记录画笔时，该图标所在的位置将作为历史画笔的源图像
快照缩览图	被记录为快照的图像状态
从当前状态创建新文档	基于当前操作步骤中图像的状态创建一个新的文件
创建新快照	基于当前的图像状态创建快照
删除当前状态	选择一个操作步骤，单击该按钮，可以将该步骤及后面的操作删除

技术看板：提高Photoshop性能

执行"编辑>首选项>性能"命令，打开"首选项"对话框。

●在"历史记录状态"选项中可以增加历史记录的保存数量。需要注意的是，历史步骤数量越多，占用的内存就越多。

●编辑图像时，如果内存不够，Photoshop就会使用硬盘来扩展内存，这是一种虚拟内存技术（也称为暂存盘）。默认情况下，Photoshop 会将安装了操作系统的硬盘驱动器用作主暂存盘。在"暂存盘"选项中可以将暂存盘修改到其他驱动器上。

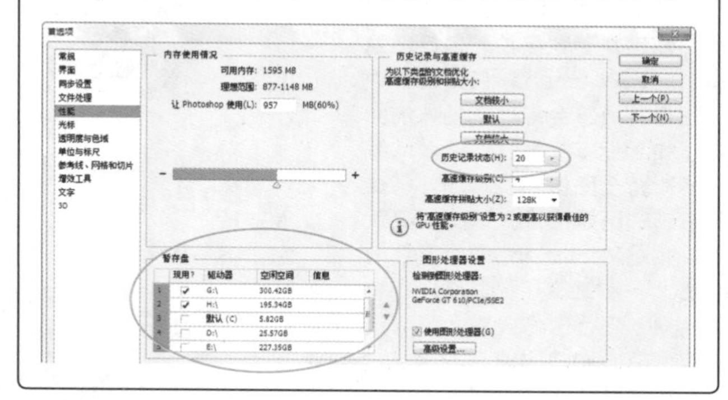

提示

编辑图像时，Photoshop需要保存大量的中间数据，从而造成计算机的运行速度变慢。执行"编辑>清理"下拉菜单中的命令，可以释放由"还原"命令、"历史记录"面板、剪贴板和视频占用的内存，加快计算机的处理速度。

第2章

选择与抠图技术 选区

选区是指使用选择工具和命令创建的可以限定操作范围的区域。创建选区后，选区边界内部的图像被选择，选区外部图像受到保护。进行图像编辑时，Photoshop只处理选中的图像，而不会影响选区外的图像。如果没有选区，则所做的编辑将对整个图像产生影响。创建和编辑选区是图像处理的首要工作，也是Photoshop最为重要的技法之一。无论是图像修复、色彩调整，还是影像合成，都与选择技术有着密切的关系。因此，只有掌握好选择工具，才能真正学好、用好Photoshop。

扫描二维码，关注李老师的微博、微信。

2.1 选区的基本操作

在学习使用选择工具和命令之前，需要先了解选区的基本操作方法，包括创建选区前需要设定的选项，以及创建选区后进行的简单操作。

2.1.1 实战：全选与反选

■类别：抠图 ■光盘提供：☑素材 ☑实例效果 ☑视频录像

全选（“选择>全部”命令）是指选择当前文档边界内的全部图像。如果需要复制整个图像，可以执行该命令，再按下Ctrl+C快捷键。如果文档中包含多个图层，想要合并拷贝所有图层中的图像，可以按下Shift+Ctrl+C快捷键。

反选（“选择>反选”命令）是指反转选区的范围。如果需要选择的对象的背景色比较简单，可以先选择背景，再用“反选”命令反转选区，将对象选中。下面就来通过这种方法抠图。

01 打开光盘中的素材，如图2-1所示。选择魔棒工具，在工具选项栏中设置容差值，如图2-2所示。在兵马俑图像的背景上单击鼠标，选择背景，如图2-3所示。

图2-1

图2-2

图2-3

02 按下Shift+Ctrl+I快捷键反选，选中兵马俑，如图2-4所示。按下Ctrl+J快捷键，将选中的图像复制到一个新的图层中。在“背景”图层前面的眼睛图标上单击，将该图层隐藏，图2-5所示。图2-6所示为抠出的图像。

图2-4

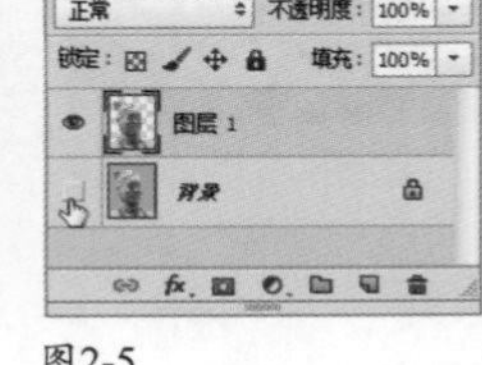

图2-5

图2-6

提示

创建选区后，执行“编辑>清除”命令，或按下Delete键，可以删除所选图像。

2.1.2 实战：取消选择与重新选择

■类别：抠图 ■光盘提供：☑素材 ☑视频录像

01 打开光盘中的素材，如图2-7所示。按下Ctrl+A快捷键全选，如图2-8所示。

图2-7

图2-8

02 创建选区后，执行“选择>取消选择”命令，或按下Ctrl+D快捷键，可以取消选择，如图2-9所示。如果要恢复被取消的选区，可以执行“选择>重新选择”命令，效果如图2-10所示。

图2-9

图2-10

2.1.3 实战：选区运算

■类别：抠图 ■光盘提供：☑素材 ☑视频录像

选区运算是指在画面中存在选区的情况下，使用选框工具、套索工具和魔棒工具等创建选区时，让它与现有选区之间进行运算，从而得到新的选区。

01 打开光盘中的素材，如图2-11所示。选择矩形选框工具，工具选项栏中有一组选区运算按钮，如图2-12所示。单击新选区按钮，单击并拖曳鼠标创建一个选区，如图2-13所示。单击该按钮后，如果图像中没有选区，可以创建一个选区；如果图像中有选区存在，则新创建的选区会替换原有的选区。

02 单击添加到选区按钮，再创建一个矩形选区，它会添加到原有的选区中，如图2-14所示。

03 单击从选区减去按钮，然后创建一个选区，如图2-15所示，此时可在原有选区中减去新创建的选区，如图2-16所示。

图2-11

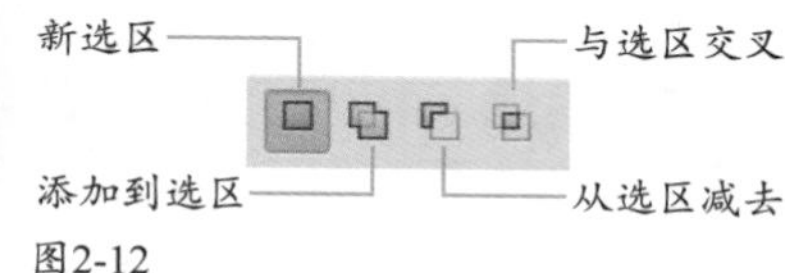

图2-12

图2-13

图2-14

图2-15

图2-16

04 单击与选区交叉按钮，创建一个选区，如图2-17所示，放开鼠标按键后，画面中只保留原有选区与新创建的选区相交的部分，如图2-18所示。

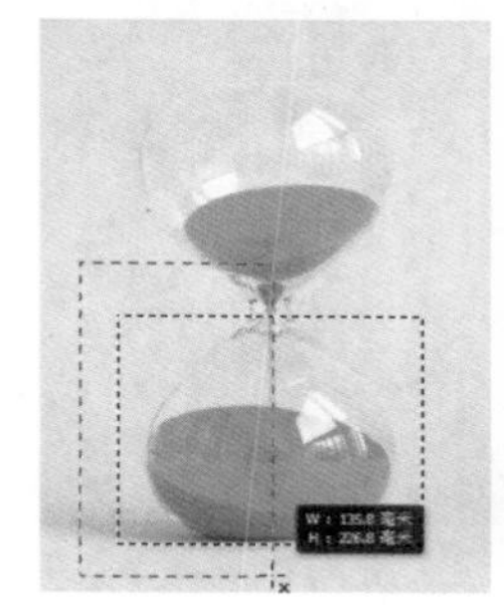

图2-17

图2-18

2.2 选择和抠图工具

Photoshop的选择工具分为选框、套索和魔棒3大类。选框类工具包括矩形选框工具、椭圆选框工具、单行选框工具和单列选框工具，它们可以创建规则的选区；套索类工具包括套索工具、多边形套索工具和磁性套索工具，它们可以创建不规则选区；魔棒类工具包括魔棒工具和快速选择工具，它们基于色调和颜色差异来构建选区，可以自动选择色彩变化不大且色调相近的区域。

2.2.1 实战：用矩形选框工具制作倒影

■类别：抠图/特效 ■光盘提供：☑素材 ☑实例效果 ☑视频录像

01 打开光盘中的素材，如图2-19所示。选择矩形选框工具，在图像上单击并向右下角拖曳鼠标，创建矩形选区，如图2-20所示。

图2-19

图2-20

02 按下Ctrl+J快捷键复制选中的图像。执行“编辑>变换>垂直翻转”命令，翻转图像，如图2-21所示。选择移动工具，单击并按住Shift键，沿垂直方向向下移动图像，如图2-22所示。

图2-21

图2-22

03 执行“图像>显示全部”命令，将画布以外的图像显示出来，如图2-23所示。单击“调整”面板中的按钮，创建一个“曲线”调整图层。在曲线上单击并拖曳鼠标，调整曲线形状，如图2-24所示，将图像调亮。设置曲线调整图层的混合模式为“叠加”，如图2-25、图2-26所示。

图2-23

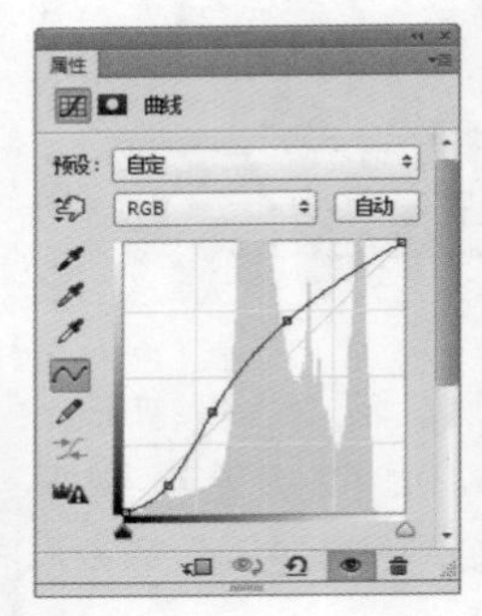

图2-24

图2-25

图2-26

提示

使用矩形选框工具时，按住Shift键拖曳鼠标，可以创建正方形选区；按住Alt键，会以单击点为中心向外创建选区；按住Alt+Shift键，会从中心向外创建正方形选区。

矩形选框工具选项栏/含义	
羽化：0像素 □消除锯齿 样式：正常 宽度： 高度： 调整边缘...	
羽化	用来设置选区的羽化范围
样式	用来设置选区的创建方法。选择"正常"选项，可通过拖动鼠标创建任意大小的选区；选择"固定比例"选项，可在右侧的"宽度"和"高度"文本框中输入数值，创建固定比例的选区。例如，如果要创建一个宽度是高度两倍的选区，可输入宽度2、高度1；选择"固定大小"选项，可在"宽度"和"高度"文本框中输入选区的宽度与高度值，使用矩形选框工具时，只需在画面中单击，便可以创建固定大小的选区。单击⇄按钮，可以切换"宽度"与"高度"值
调整边缘	单击该按钮，可以打开"调整边缘"对话框，对选区进行平滑、羽化等处理

2.2.2 实战：用椭圆选框工具抠图

■类别：抠图 ■光盘提供：☑素材 ☑实例效果 ☑视频录像

01 打开光盘中的素材，如图2-27所示。选择椭圆选框工具，在篮球上单击并向右下角拖曳鼠标，创建圆形选区，如图2-28所示。在按住鼠标按键时，按住空格键拖动鼠标可以移动选区，使选区与篮球的边界对齐。此外，创建选区时，按住Alt键，会以单击点为中心向外创建选区；按住Shift+Alt键，会以单击点为中心向外创建圆形选区。

图2-27

图2-28

02 按下Ctrl+J快捷键复制选中的图像。在"背景"图层前面的眼睛图标上单击，将该图层隐藏，如图2-29所示。图2-30所示为抠出的图像。

图2-29

图2-30

提示

椭圆选框工具的工具选项栏中包含"消除锯齿"选项。勾选该选项后，Photoshop会在选区边缘1个像素宽的范围内添加与周围图像相近的颜色，使选区看上去光滑。

2.2.3 实战：使用单行选框和单列选框工具

■类别：软件功能 ■光盘提供：☑实例效果 ☑视频录像

01 按下Ctrl+N快捷键，新建一个文档。选择单行选框工具，按住Shift键在画面中单击，创建几个高度为1像素的选区，如图2-31所示。操作时放开按键前拖动可以移动选区。

02 选择单列选框工具，按住Shift键在画面中单击，创建几个宽度为1像素的选区，如图2-32所示。按下Alt+Delete快捷键填充黑色，按下Ctrl+D快捷键取消选择，如图2-33所示。

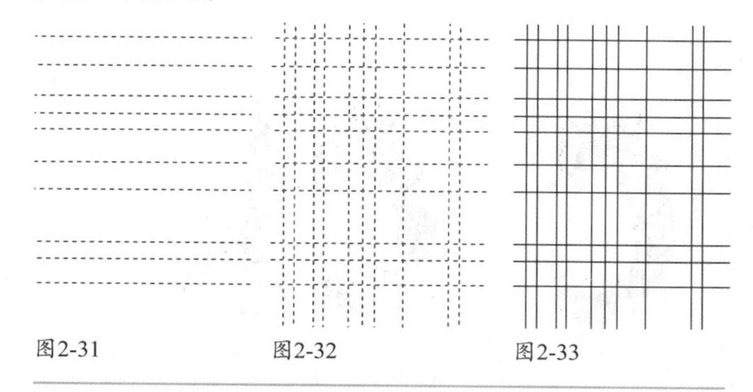
图2-31 图2-32 图2-33

2.2.4 实战：用套索工具制作手撕字

■类别：特效字 ■光盘提供：☑素材 ☑实例效果 ☑视频录像

使用套索工具可以徒手绘制不规则选区。该工具通过鼠标的运行轨迹形成选区，具有很强的随意性，无法制作出精确的选区。如果对需要选取的对象的边界没有严格要求，则使用套索工具可以快速选择对象。

01 打开光盘中的素材文件，如图2-34所示。单击"图层"面板底部的按钮，新建一个图层，如图2-35所示。

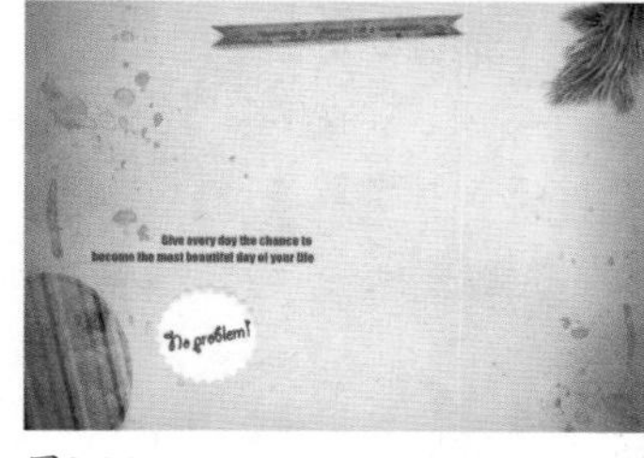
图2-34

图2-35

02 选择套索工具，在画面中单击并拖动鼠标绘制选区，将光标移至起点处，放开鼠标按键可以封闭选区，如图2-36、图2-37所示。如果在拖动鼠标的过程中放开鼠标，则会在该点与起点间创建一条直线来封闭选区。按下Alt+Delete快捷键，在选区内填充前景色，如图2-38所示。按下Ctrl+D快捷键取消选择。

03 采用同样的方法，在“c”字母右侧绘制字母“h”选区，并填色（按下Alt+Delete快捷键），如图2-39所示。按下Ctrl+D快捷键取消选择。

图2-36

图2-37

图2-38

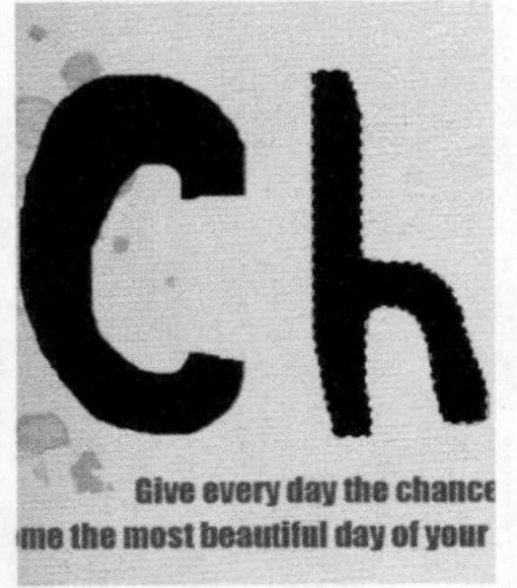

图2-39

提示

使用套索工具绘制选区的过程中，按住Alt键，然后放开鼠标左键（可切换为多边形套索工具），此时在画面单击可以绘制直线；放开Alt键可恢复为套索工具，此时拖动鼠标可继续徒手绘制选区。

04 下面通过选区运算制作字母“e”的选区。先创建图2-40所示的选区；然后按住Alt键，创建图2-41所示的选区；放开鼠标按键后，这两个选区即可进行运算，从而得到字母“e”的选区，如图2-42所示。按下Alt+Delete快捷键填充颜色，然后按下Ctrl+D快捷键取消选择，如图2-43所示。

图2-40

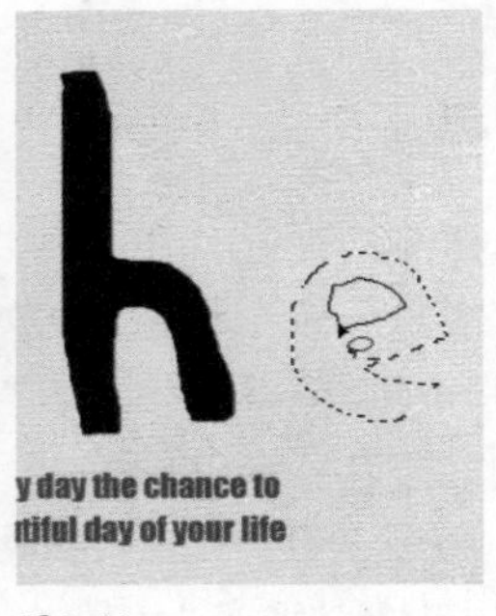

图2-41

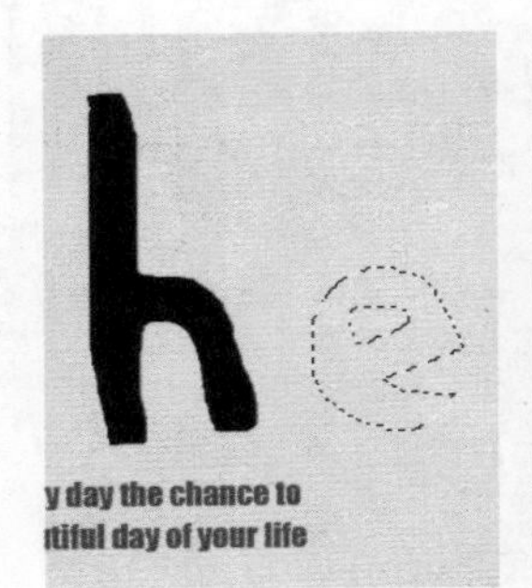

图2-42

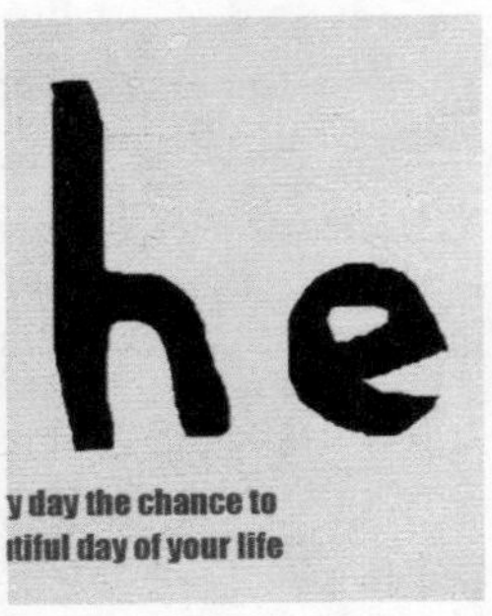

图2-43

05 使用套索工具，在字母“e”外侧创建选区，选中该文字，如图2-44所示。将光标放在选区内，按住Alt+Ctrl+Shift组合键单击鼠标并向右侧拖动，复制文字，如图2-45所示。

图2-44

图2-45

06 采用同样的方法，分别制作文字“r”“u”“p”和“！”的选区并填色，如图2-46所示。

图2-46

07 单击“树叶”图层，选择该图层；然后在其前方单击，让眼睛图标显示出来（即显示该图层），如图2-47所示；按下Alt+Ctrl+G快捷键，创建剪贴蒙版，如图2-48、图2-49所示。

图2-47

图2-48

图2-49

2.2.5 实战：用多边形套索工具合成图像

■类别：抠图/特效 ■光盘提供：☑素材 ☑实例效果 ☑视频录像

多边形套索工具可以创建由直线构成的选区，适合选择边缘为直线的对象。

01 打开光盘中的素材。选择多边形套索工具，在窗子的一个边角上单击鼠标，然后沿其边缘的转折处继续单击鼠标，定义选区范围；将光标移至起点处，光标会变为状，如图2-50所示，单击鼠标封闭选区，如图2-51所示。

图2-50

图2-51

02 按下Ctrl+C快捷键复制图像。打开光盘中的素材，如图2-52所示。按下Ctrl+V快捷键粘贴图像，如图2-53所示。

图2-52

图2-53

03 按下Ctrl+T快捷键显示定界框，将光标放在定界框外侧，单击并拖动鼠标旋转图像，如图2-54所示。按住Alt+Shift组合键拖动控制点，将图像等比例缩小，如图2-55所示。按下回车键确认。

图2-54

图2-55

04 按下Ctrl+Tab快捷键切换到另一个文档中。使用椭圆选框工具创建选区，选中窗子的弧顶，如图2-56所示。选择矩形选框工具，按住Shift键选中下半部窗子，放开鼠标后，矩形选区会与圆形选区相加，从而得到窗子的完整选区，如图2-57所示。

图2-56

图2-57

05 按下Ctrl+C快捷键复制图像。按下Ctrl+Tab快捷键切换窗口，按下Ctrl+V快捷键粘贴图像。按下Ctrl+T快捷键显示定界框，拖动控制点旋转图像，按下回车键确认，如图2-58所示。

图2-58

> **提示**
>
> 使用多边形套索工具时，按住Alt键单击并拖动鼠标，可以切换为套索工具，此时拖动鼠标可徒手绘制选区；放开Alt键可恢复为多边形套索工具。

2.2.6 实战：用磁性套索工具抠图

■类别：抠图 ■光盘提供：☑素材 ☑实例效果 ☑视频录像

磁性套索工具可以自动识别对象的边界。如果对象边缘较为清晰，并且与背景对比明显，可以使用该工具快速选择对象。

01 打开光盘中的素材。选择磁性套索工具，在工具选项栏中设置参数。将光标放在小熊猫的手臂边缘，单击鼠标设定选区的起点，然后紧贴文字、小熊猫边缘拖动鼠标，如图2-59所示。Photoshop会在光标经过处放置一定数量的锚点来连接选区，如果想要在某一位置放置一个锚点，可在该处单击；如果锚点的位置不准确，则可按下Delete键将其删除，连续按下Delete键，可依次删除前面的锚点；按下Esc键可以清除所有选区。

图2-59

02 下面来选择电话亭。按住Alt键单击一下，切换为多边形套索工具创建直线选区，如图2-60所示；放开Alt键拖动鼠标，切换为磁性套索工具，继续选择电话亭的弧顶，如图2-61所示。

图2-60

图2-61

03 采用同样的方法创建选区，即遇到直线边界，就按住Alt键（切换为多边形套索工具）单击，遇到曲线边界，则放开Alt键拖动鼠标。图2-62所示为创建的选区。

图2-62

04 按下工具选项栏中的从选区减去按钮，在小熊猫手臂与字母的空隙处创建选区，将此处排除到选区之外，如图2-63所示。按下Ctrl+J快捷键，将选区内的图像复制到新的图层中。图2-64所示为使用抠出的图像创建的合成效果。

图2-63

图2-64

磁性套索工具选项栏/含义	
羽化：0像素 ☑消除锯齿 宽度：10像素 对比度：10% 频率：57	
宽度	该值决定了以光标中心为基准，其周围有多少个像素能够被工具检测到，如果对象的边界清晰，可使用一个较大的宽度值；如果边界不是特别清晰，则需要使用一个较小的宽度值
对比度	用来设置工具感应图像边缘的灵敏度。较高的数值只检测与它们的环境对比鲜明的边缘；较低的数值则检测低对比度边缘。如果图像的边缘清晰，可将该值设置的高一些；如果边缘不是特别清晰，则设置的低一些
频率	使用磁性套索工具创建选区的过程中，会生成许多锚点，"频率"决定了锚点的数量。该值越高，生成的锚点越多，捕捉到的边界越准确，但是过多的锚点会造成选区的边缘不够光滑
钢笔压力	如果计算机配置有数位板和压感笔，可以单击该按钮，Photoshop会根据压感笔的压力自动调整工具的检测范围。例如，增大压力会导致边缘宽度减小

2.2.7 实战：用魔棒工具抠图

■类别：抠图 ■光盘提供：☑素材 ☑实例效果 ☑视频录像

魔棒工具的使用方法非常简单，只需在图像上单击，就会选择与单击点色调相似的像素。当背景颜色变化不大，需要选取的对象轮廓清楚、与背景色之间也有一定的差异时，使用该工具可以快速选择对象。

01 打开光盘中的素材。选择魔棒工具，在工具选项栏中将“容差”设置为32。

02 在白色背景上单击鼠标，创建选区，如图2-65所示。按住Shift键，在苹果底部的阴影上单击，将这部分图像也添加到选区中，如图2-66所示。

图2-65

图2-66

03 执行“选择>反向”命令反转选区，选中苹果，如图2-67所示。按下Ctrl+J快捷键复制选中的图像。在“背景”图层前面的眼睛图标上单击，将该图层隐藏。图2-68所示为抠出的图像。

图2-67

图2-68

魔棒工具选项栏/含义	
取样大小：取样点 容差：32 ☑消除锯齿 ☑连续 ☑对所有图层取样 调整边缘...	
取样大小	用来设置魔棒工具的取样范围。选择“取样点”选项，可对光标所在位置的像素进行取样；选择“3×3平均”选项，可对光标所在位置3个像素区域内的平均颜色进行取样，其他选项以此类推
容差	容差决定了什么样的像素能够与鼠标单击点的色调相似。当该值较低时，只选择与单击点像素非常相似的少数颜色；该值越高，对像素相似程度的要求就越低，因此，选择的颜色范围就越广
连续	勾选该项，只选择颜色连接的区域；取消勾选，可以选择与鼠标单击点颜色相近的所有区域，包括没有连接的区域
对所有图层取样	如果文档中包含多个图层，勾选该项时，可选择所有可见图层上颜色相近的区域；取消勾选，则仅选择当前图层上颜色相近的区域

2.2.8 实战：用快速选择工具抠图

■类别：抠图 ■光盘提供：☑素材 ☑实例效果 ☑视频录像

快速选择工具的图标是一只画笔+选区轮廓，这说明它的使用方法与画笔工具类似。该工具能够利用可调整的圆形画笔笔尖快速“绘制”选区，也就是说，可以像绘画一样涂抹出选区。在拖动鼠标时，选区还会向外扩展，并自动查找和跟随图像中定义的边缘。

01 打开光盘中的素材，如图2-69所示。选择快速选择工具，在工具选项栏中设置笔尖大小，如图2-70所示。

图2-69

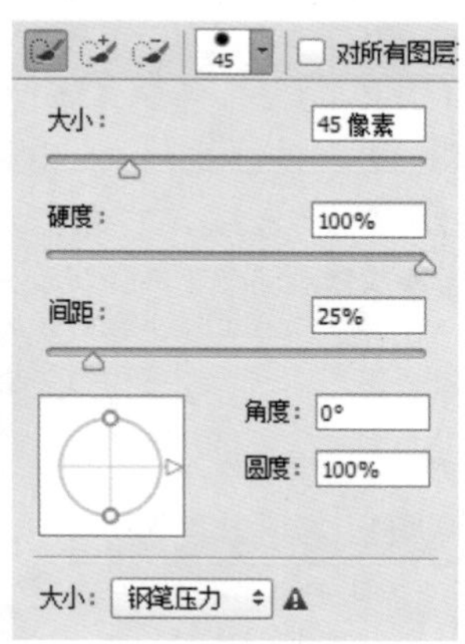

图2-70

02 将光标放在蜘蛛人的耳朵上，如图2-71所示，单击鼠标，然后按住鼠标按键在其身体内部拖动，即可快速地将其选中，如图2-72所示。

图2-71

图2-72

03 单击工具选项栏中的“调整边缘”按钮，打开“调整边缘”对话框，对选区进行平滑处理，并适当进行羽化，拖动“移动边缘”滑块，让选区边界向内收缩一些，以免选中不必要的背景图像，如图2-73、图2-74所示。

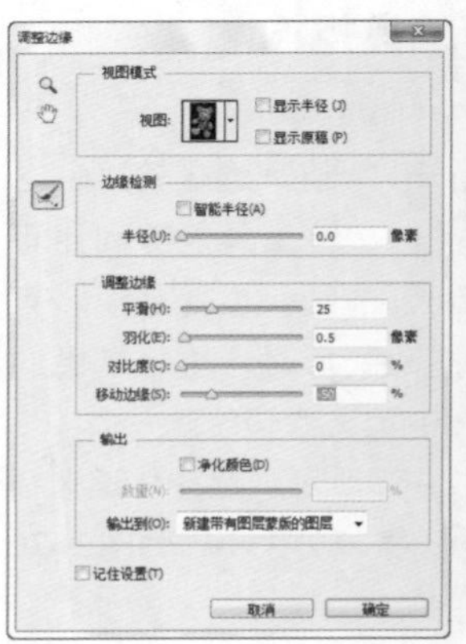

图2-73

图2-74

04 单击“确定”按钮，将小蜘蛛人从背景中抠出，如图2-75、图2-76所示。抠图后，可将其与不同的图像合成在一起。例如，图2-77所示为使用该图作为素材制作的淘宝网店Banner。

图2-75

图2-76

图2-77

快速选择工具选项栏/含义	
对所有图层取样 ☑ 自动增强 调整边缘...	
选区运算按钮	单击新选区按钮，可以创建一个新的选区；单击添加到选区按钮，可在原选区的基础上添加绘制的选区；单击从选区减去按钮，可在原选区上减去当前绘制的选区
笔尖下拉面板	单击按钮，可在打开的下拉面板中选择笔尖，设置大小、硬度和间距。在绘制选区的过程中，也可以按下] 键将笔尖调大；按下 [键，将笔尖调小
对所有图层取样	可基于所有图层（而不是仅基于当前选择的图层）创建选区
自动增强	可以减少选区边界的粗糙度和块效应。“自动增强”功能会自动将选区向图像边缘进一步流动，并应用一些边缘调整。在“调整边缘”对话框中也可以手动应用这些边缘调整

2.2.9 实战：用背景橡皮擦工具抠毛发

■类别：抠图 ■光盘提供：☑素材 ☑实例效果 ☑视频录像

背景橡皮擦工具是一种智能橡皮擦，它可以自动采集画笔中心的色样，同时删除在画笔内出现的这种颜色，使擦除区域成为透明区域。

01 打开光盘中的素材，如图2-78所示。选择背景橡皮擦工具，按下连续按钮，设置“容差”为30%，如图2-79所示。

图 2-78

图2-79

02 将光标放在背景图像上，如图2-80所示，单击并拖曳鼠标，将背景擦除，如图2-81所示。

图2-80

图2-81

提示

背景的灰色调呈现上深下浅的变化，擦除时，可以多次单击鼠标进行取样。需要注意的是，光标中心的十字线不能碰触狗狗的毛发，否则也会将其擦除。

03 按住Ctrl键，单击“图层”面板底部的按钮，在当前图层下方新建一个图层，按下Ctrl+Delete快捷键填充白色，如图2-82、图2-83所示。

图2-82

图2-83

04 在白色背景上很容易就能够发现狗狗的抠图效果并不完美。选择狗狗所在的图层，如图2-84所示，使用橡皮擦工具将多余的背景擦除，如图2-85。

图2-84

图2-85

背景橡皮擦工具选项栏/含义	
取样	用来设置取样方式。单击连续按钮，在拖动鼠标时可连续对颜色取样，凡是出现在光标中心十字线内的图像都会被擦除；单击一次按钮，只擦除包含第一次单击点颜色的图像；单击背景色板按钮，只擦除包含背景色的图像
限制	用来定义擦除时的限制模式。选择“不连续”选项，可擦除出现在光标下任何位置的样本颜色；选择“连续”选项，只擦除包含样本颜色且互相连接的区域；选择“查找边缘”选项，可擦除包含样本颜色的连接区域，同时更好地保留形状边缘的锐化程度
容差	用来设置颜色的容差范围。低容差仅限于擦除与样本颜色非常相似的区域，高容差可擦除范围更广的颜色
保护前景色	勾选该项，可防止擦除与前景色匹配的区域

2.2.10 实战：用魔术橡皮擦工具抠图

■类别：抠图 ■光盘提供：☑素材 ☑实例效果 ☑视频录像

魔术橡皮擦工具可以自动分析图像的边缘。如果在“背景”图层或是锁定了透明区域的图层中使用该工具，被擦除的区域会变为背景色；在其他图层中使用该工具，被擦除的区域会成为透明区域。

01 打开光盘中的素材，如图2-86所示。选择魔术橡皮擦工具，在工具选项栏中设置“容差”为32，勾选“连续”选项（防止擦掉海雕身体内部的图像），如图2-87所示。

图2-86

图2-87

02 在绿色背景图像上单击鼠标，擦除背景，如图2-88、图2-89所示。

图2-88

图2-89

魔术橡皮擦工具选项栏/含义	
容差：32 ☑消除锯齿 ☑连续 ☐对所有图层取样 不透明度：100%	
容差	用来设置可擦除的颜色范围。低容差会擦除颜色值范围内与单击点像素非常相似的像素，高容差可擦除范围更广的像素
消除锯齿	可以使擦除区域的边缘变得平滑
连续	只擦除与单击点像素邻近的像素；取消对该选项的勾选时，可擦除图像中所有相似的像素
对所有图层取样	从所有可见图层中采集取样数据
不透明度	用来设置擦除强度，100%的不透明度将完全擦除像素，较低的不透明度可擦除部分像素

2.2.11 实战：用色彩范围命令抠像

■类别：抠图 ■光盘提供：☑素材 ☑实例效果 ☑视频录像

“色彩范围”命令可根据图像的颜色范围创建选区，在这一点上它与魔棒工具有着很大的相似之处，但该命令提供了更多的控制选项，因此，选择精度更高。

01 打开光盘中的素材。执行“选择>色彩范围”命令，打开“色彩范围”对话框。在文档窗口中的人物背景上单击，进行颜色取样，如图2-90、图2-91所示。

02 单击添加到取样按钮，在右上角的背景区域内单击并向下移动鼠标，如图2-92所示，将该区域的背景全部添加到选区中，如图2-93所示。从“色彩范围”对话框的预览区域中可以看到，该处全部变成了白色。

图2-90

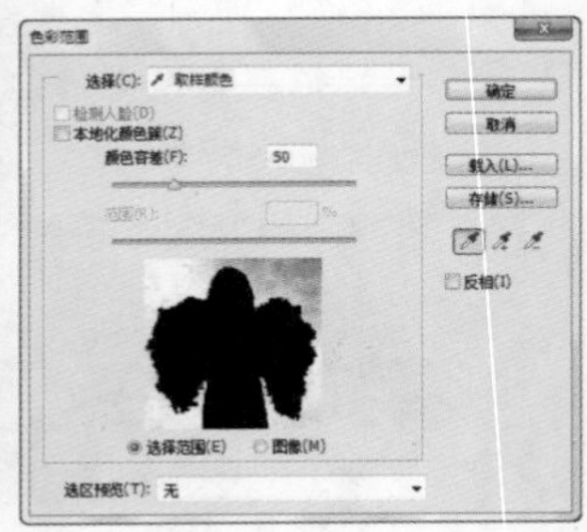

图2-91

图2-92

图2-93

03 向左侧拖曳“颜色容差”滑块，这样可以让羽毛翅膀的边缘保留一些半透明的像素，如图2-94所示。单击“确定”按钮关闭对话框，选中背景，如图2-95所示。

图2-94

图2-95

04 执行“选择>反向”命令即可选择小女孩。打开一个文件，如图2-96所示。使用移动工具将小女孩拖入该文档中，如图2-97所示。

图2-96

图2-97

05 执行“图层>图层样式>内发光”命令，打开“图层样式”对话框，为小女孩添加内发光效果，让发光颜色盖住图像边界的蓝色边线，如图2-98、图2-99所示。

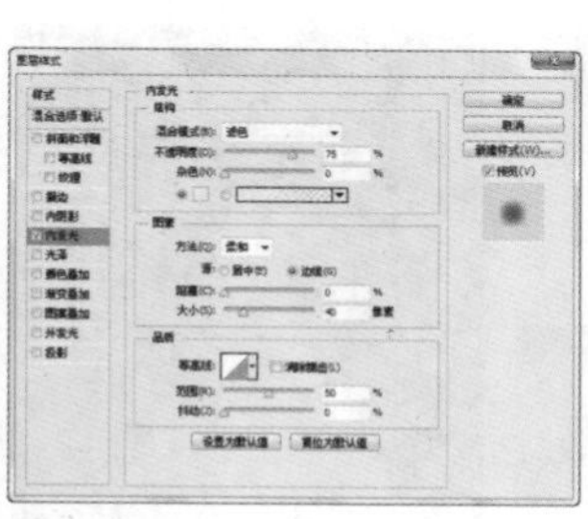
图2-98

图2-99

技术看板：“色彩范围”命令的特点

“色彩范围”命令、魔棒和快速选择工具的相同之处是，都基于色调差异创建选区。而“色彩范围”命令可以创建带有羽化的选区，也就是说，选出的图像会呈现透明效果。魔棒和快速选择工具则不能。

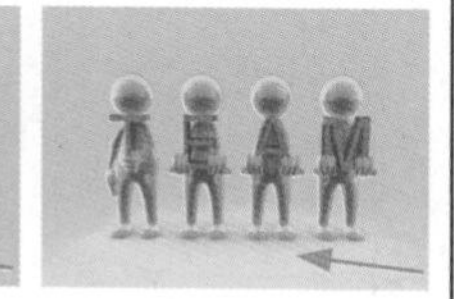

原图　魔棒工具抠图　“色彩范围”命令抠图

“色彩范围”命令选项/含义	
选择	用来设置选区的创建方式。选择“取样颜色”选项时，在（光标为状）文档窗口中的图像上，或“色彩范围”对话框中的预览图像上单击，可对颜色进行取样；如果要添加颜色，可单击添加到取样按钮，然后在预览区或图像上单击；如果要减去颜色，可单击从取样中减去按钮，然后在预览区或图像上单击。此外，选择下拉列表中的“红色”“黄色”和“绿色”等选项时，可选择图像中的特定颜色；选择“高光”“中间调”和“阴影”等选项时，可选择图像中的特定色调；选择“溢色”选项时，可选择图像中出现的溢色；选择“肤色”选项，可选择皮肤颜色
检测人脸	选择人像或人物皮肤时，可勾选该项，以便更加准确地选择肤色
本地化颜色簇/范围	勾选“本地化颜色簇”选项后，拖曳“范围”滑块，可以控制要包含在蒙版中的颜色与取样点的最大和最小距离
颜色容差	用来控制颜色的选择范围，该值越高，包含的颜色越广
选择范围/图像	勾选“选择范围”选项时，在“色彩范围”对话框内的图像中，白色代表了被选择的区域，黑色代表了未被选择的区域，灰色代表了被部分选择的区域（带有羽化效果的区域）；如果勾选“图像”选项，则会显示彩色图像
选区预览	用来设置文档窗口中选区的预览方式。选择“无”选项，表示不在窗口显示选区；选择“灰度”选项，可以按照选区在灰度通道中的外观来显示选区；选择“黑色杂边”选项，可在未选择的区域上覆盖一层黑色；选择“白色杂边”选项，可在未选择的区域上覆盖一层白色；选择“快速蒙版”选项，可显示选区在快速蒙版状态下的效果，此时，未选择的区域会覆盖一层宝石红色
存储/载入	单击“存储”按钮，可以将当前的设置状态保存为“选区预设”；单击“载入”按钮，可以载入存储的选区预设文件
反相	可以反转选区，这就相当于创建选区之后，执行“选择>反向”命令

2.2.12 实战：用“调整边缘”命令抠像

■类别：抠图/特效 ■光盘提供：☑素材 ☑实例效果 ☑视频录像

选择毛发等包含大量细节的图像时，可以先用魔棒、快速选择或“色彩范围”等工具创建一个大致的选区，再使用“调整边缘”命令对选区进行细化，从而将对象准确选取。“调整边缘”命令还可以消除选区边缘周围的背景色、改进蒙版，以及对选区进行扩展、收缩、羽化等处理。

01 打开光盘中的素材。用快速选择工具将模特选中，如图2-100所示。在操作时，按住Shift键拖动鼠标涂抹可以扩展选区范围；手臂与裙子之间的空隙，可按住Alt键涂抹，将其排除到选区之外。

图2-100

02 单击工具选项栏中的“调整边缘”按钮，打开“调整边缘”对话框。在“视图”下拉列表中选择黑底，在黑色背景上预览图像抠出效果，勾选“智能半径”复选项，设置“半径”为2.6像素，如图2-101所示。现在，头发区域有多余的背景图像，而裙子上有漏选的图像，如图2-102所示。

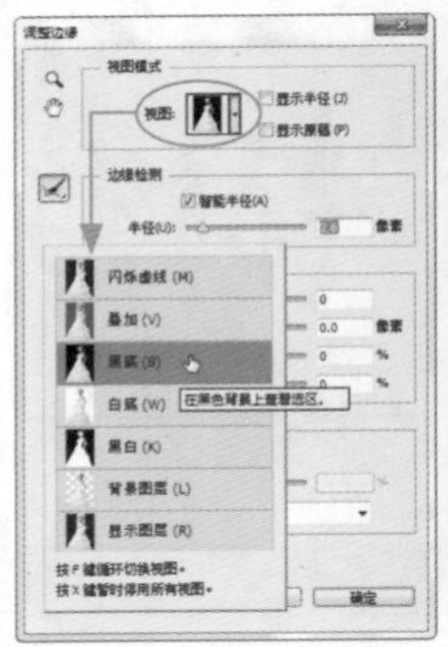
图2-101

图2-102

03 使用调整半径工具在头发区域多选的图像上涂抹，将其排除到选区之外，如图2-103所示。单击调整半径工具，在打开的下拉列表中选择抹除调整工具，在漏选的区域涂抹，将其添加到选区中，如图2-104所示。

图2-103

图2-104

04 在“输出到”下拉列表中选择“新建带有图层蒙版的图层”选项，然后单击“确定”按钮，将人像抠出来，如图2-105所示。打开一个文件，将人像拖入到该文档中，如图2-106所示。

图2-105

图2-106

05 选择“背景”图层，按下Ctrl+J快捷键复制，按下Ctrl+]快捷键移动到最顶层，设置混合模式为“颜色加深”，如图2-107所示。按住Ctrl键单击蒙版缩览图，载入人物选区，如图2-108、图2-109所示。

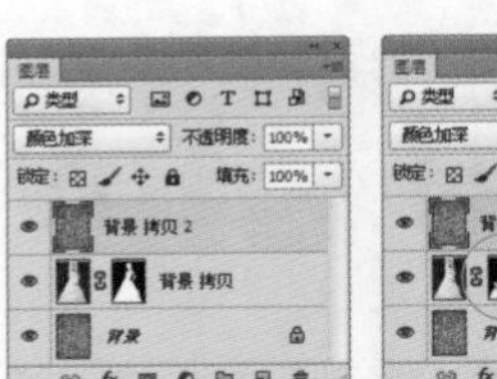
图2-107

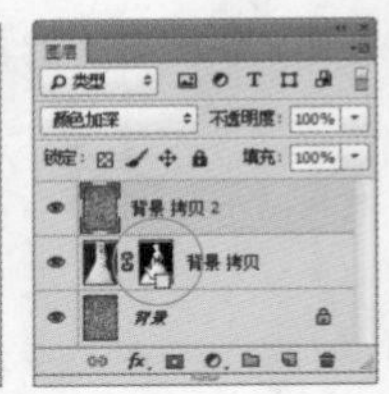
图2-108

图2-109

06 单击“图层”面板中的按钮，为图层添加蒙版，如图2-110、图2-111所示。

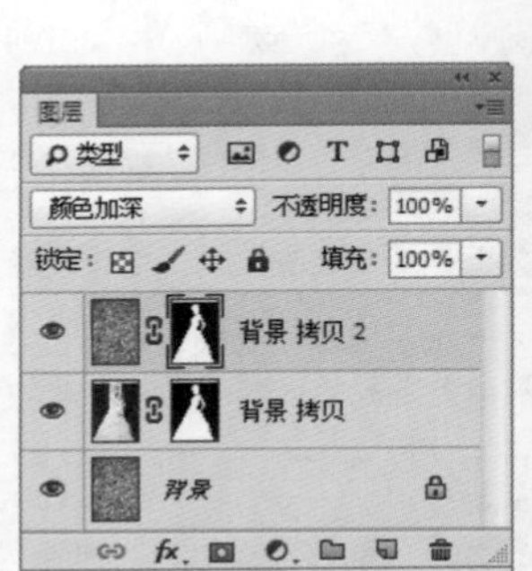

图2-110

图2-111

07 选择画笔工具，在人物身体上涂抹黑色，使其显现出来，如图2-112、图2-113所示。

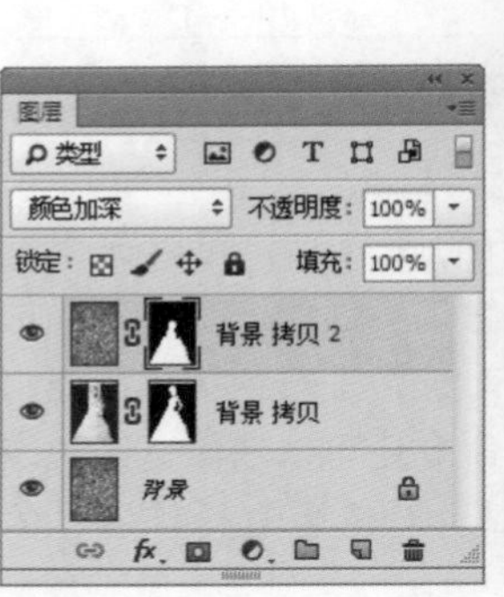

图2-112

图2-113

08 单击“调整”面板中的按钮，创建“曲线”调整图层。在“调整”面板的曲线上单击鼠标，添加控制点，拖动控制点调整曲线，单击面板底部的 按钮，创建剪贴蒙版，如图2-114、图2-115所示。

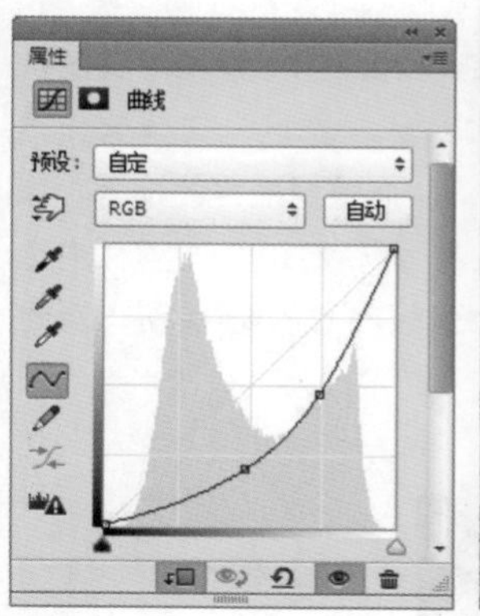

图2-114

图2-115

09 单击“调整”面板中的 按钮，创建“色相/饱和度”调整图层，调整“饱和度”值，如图2-116所示。单击面板底部的 按钮，创建剪贴蒙版，图像效果如图2-117所示。

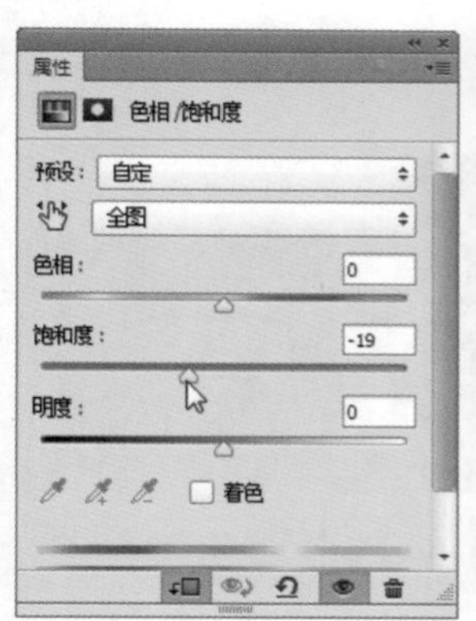

图2-116

图2-117

相关链接

关于画笔工具，请参阅第101页。关于调整图层，请参阅第134页。关于曲线，请参阅第140页。

“调整边缘”命令选项/含义	
视图	在该选项的下拉列表中可以选择一种视图模式，以便更好地观察选区的调整结果
显示半径	显示按半径定义的调整区域
显示原稿	可以查看原始选区
智能半径	使半径自动适合图像边缘
半径	控制调整区域的大小
平滑	可以减少选区边界中的不规则区域，创建更平滑的选区轮廓。对于矩形选区，可使其边角变得圆滑
羽化	可以为选区设置羽化（范围为0～250 像素），让选区边缘的图像呈现透明效果
对比度	可以锐化选区边缘，并去除模糊的不自然感。对于添加了羽化效果的选区，增加对比度可以减少或消除羽化
移动边缘	负值收缩选区边界；正值扩展选区边界
净化颜色/数量	勾选“净化颜色”选项后，拖曳“数量”滑块可以去除图像的彩色杂边。“数量”值越高，清除范围越广
输出到	在该选项的下拉列表中可以选择选区的输出方式
调整半径工具	可以扩展检测区域
抹除调整工具	可以恢复原始边缘

2.3 蒙版、钢笔与通道抠图

快速蒙版是一种选区转换工具，它能将选区转换成为一种临时的蒙版图像，这样就可以使用画笔、滤镜、钢笔等工具编辑蒙版，之后，再将蒙版图像转换为选区，从而实现编辑选区的目的。钢笔是基于矢量的抠图工具。通道是保存和编辑选区的工具。

2.3.1 实战：使用快速蒙版抠像

■类别：抠图 ■光盘提供：☑素材 ☑实例效果 ☑视频录像

01 打开光盘中的素材。先用快速选择工具 选择小孩，如图2-118所示。

02 下面再来选择投影。投影不能完全选中，即应该使其呈现透明效果，否则为图像添加新背景时，投影效果太过生硬、不真实。执行“选择>在快速蒙版模式下编辑”命令，或单击工具箱底部的 按钮，进入快速蒙版编辑状态，未选中的区域会覆盖一层半透明的颜色，被选择的区域还是显示为原状，如图2-119所示。在这种状态下，用白色涂抹图像时，被涂抹的区域会显示出图像，这样可以扩展选区；用黑色涂抹的区域会覆盖一层半透明的宝石红色，从而收缩选区；用灰色涂抹的区域可以得到羽化的选区。

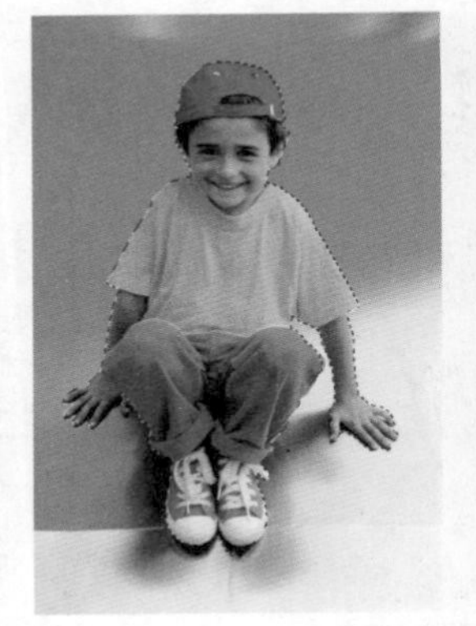

图2-118

图2-119

03 现在工具箱中的前景色会自动变为白色。选择画笔工具，在工具选项栏中将不透明度设置为30%，如图2-120所示，在投影上涂抹，将投影添加到选区中，如图2-121所示。如果涂抹到背景区域，则可按下X键，将前景色切换为黑色，用黑色涂抹就可以将多余内容排除到选区之外。

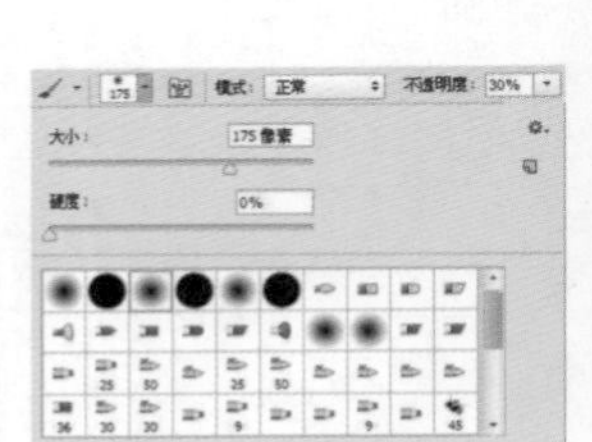

图2-120

图2-121

04 单击工具箱底部的按钮，退出快速蒙版，切换回正常模式，图2-122所示为修改后的选区。打开一个文件，使用移动工具将小孩拖入该文档，如图2-123所示。

图2-122

图2-123

2.3.2 实战：使用钢笔工具和通道抠婚纱

■类别：抠图 ■光盘提供：☑素材 ☑实例效果 ☑视频录像

01 打开光盘中的素材，如图2-124所示。抠婚纱类图像大致需要3个过程，一是制作人物选区；二是制作婚纱选区；三是将这两个选区合并，从而得到最终的选区。接下来制作人物选区。选择钢笔工具，在工具选项栏中选择"路径"选项。单击"路径"面板底部的按钮，新建一个路径层，如图2-125所示。

图2-124

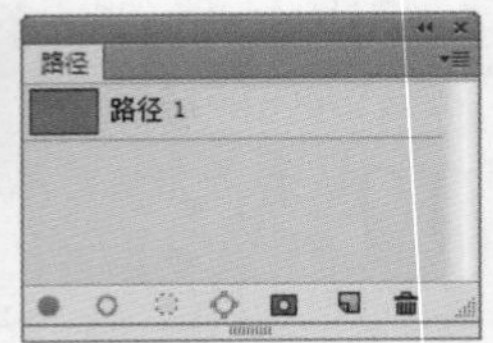

图2-125

02 沿人物的外轮廓绘制路径，描绘时要避开半透明的婚纱，如图2-126、图2-127所示。

图2-126

图2-127

相关链接

钢笔工具可以绘制矢量形状和光滑的路径。关于钢笔工具的具体操作方法，请参阅第190页。

03 按下Ctrl+回车键，将路径转换为选区，如图2-128所示。单击"通道"面板中的按钮，将选区保存到通道中，人物选区制作完成，如图2-129所示。

图2-128

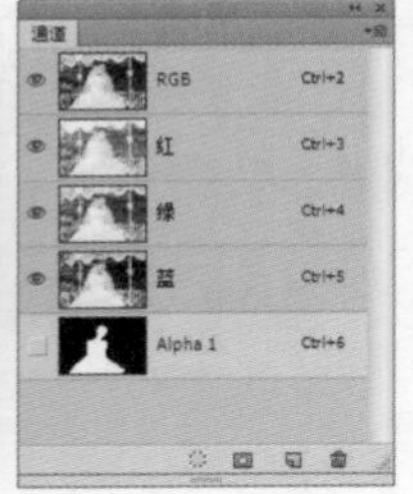

图2-129

04 将蓝通道拖曳到创建新通道按钮上进行复制，如图2-130所示。使用快速选择工具选取人物，包括半透明的头纱，按下Shift+Ctrl+I快捷键反选，如图2-131所示。按下Alt+Delete快捷键在选区内填充黑色，如图2-132、图2-133所示。按下Ctrl+D快捷键取消选择。婚纱选区制作完成。

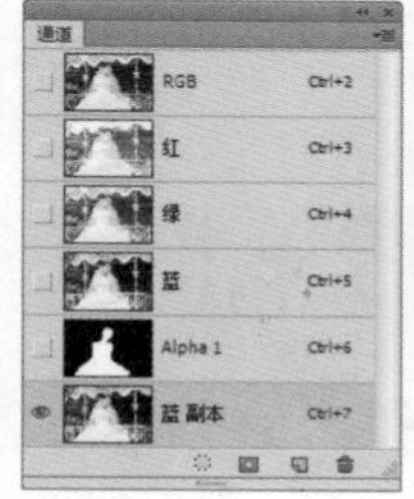
图2-130

图2-131

图2-132

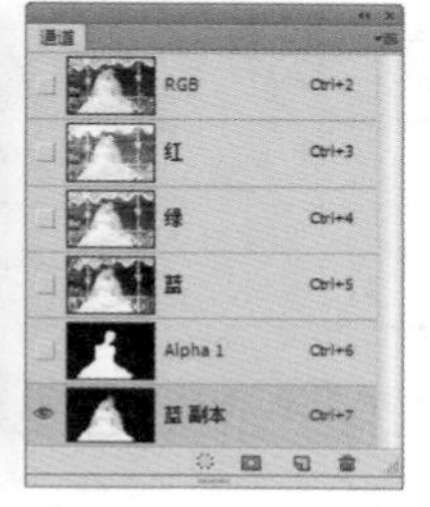
图2-133

05 下面来合并选区。执行“图像>计算”命令，让“蓝副本”通道与“Alpha 1”通道采用“相加”模式混合，如图2-134所示。单击“确定”按钮得到一个新的通道，这便是最终的选区，如图2-135、图2-136所示。单击“通道”面板底部的 按钮，载入婚纱的选区，按下Ctrl+2快捷键显示彩色图像，如图2-137所示。

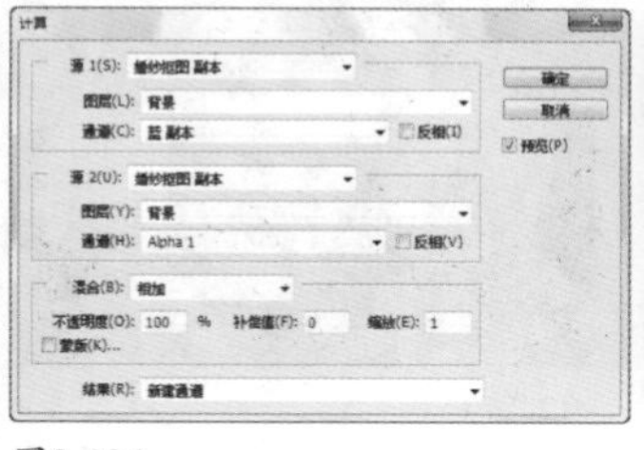
图2-134

图2-135

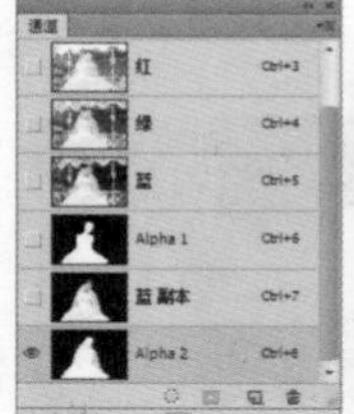
图2-136

图2-137

06 打开一个素材，如图2-138所示，将抠出的图像拖入素材文档中。按下Ctrl+T快捷键显示定界框，拖动控制点旋转图像，按下回车键确认，如图2-139所示。

图2-138

图2-139

07 现在头纱还有些暗。单击“调整”面板中的 按钮，创建“曲线”调整图层，在曲线上单击添加控制点，并拖动曲线将图像调亮，如图2-140所示。按下Ctrl+I快捷键将蒙版反相，使用画笔工具 在头纱上涂抹白色，使头纱变亮，按下Alt+Ctrl+G快捷键创建剪贴蒙版，如图2-141、图2-142所示。

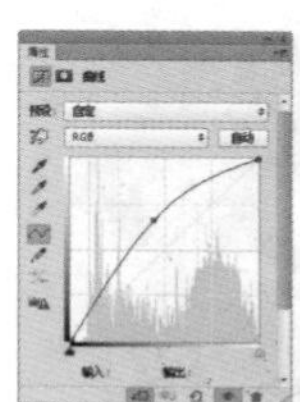
图2-140

图2-141

图2-142

技术看板：混合通道

在Photoshop中，图层之间可以通过“图层”面板中的混合模式来相互混合，通道之间也可以混合，这要靠“应用图像”和“计算”命令来操作。在“通道”面板中选择一个通道，执行“图像>应用图像”命令，打开“应用图像”对话框，可以设置与之混合的通道，以及采用哪种模式混合。

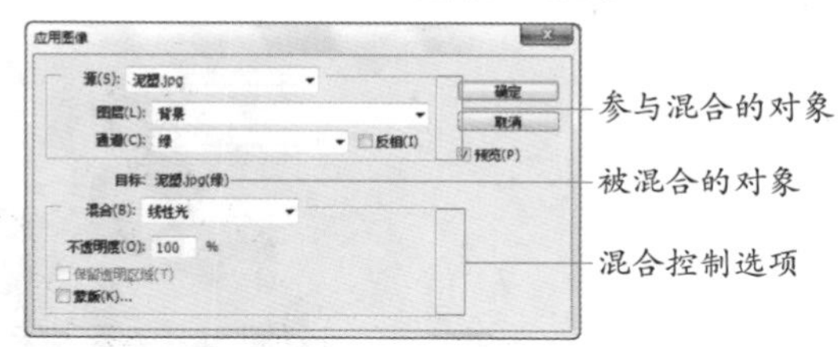

“计算”命令与“应用图像”命令基本相同，但它不仅能混合通道，还可以创建新的通道和选区，以及新的黑白图像。

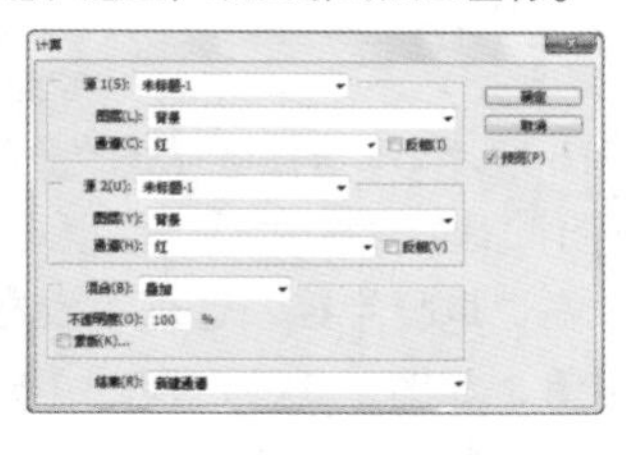

相关链接

通道可以存储选区，相关内容请参阅57页。关于通道的更多操作方法，请参阅第85页。关于混合模式，请参阅第67页。

2.4 选区的编辑操作

创建选区以后，往往要对其进行加工和编辑，才能使选区符合要求。“选择”菜单中包含用于编辑选区的各种命令，可以对选区进行羽化、扩展、收缩、平滑和存储等操作。

2.4.1 实战：边界与平滑

■类别：软件功能 ■光盘提供：☑素材 ☑视频录像

01 打开光盘中的素材。使用快速选择工具选择卡通人，如图2-143、图2-144所示。

图2-143

图2-144

02 执行“选择>修改>边界”命令，打开“边界选区”对话框，将“宽度”设置为20像素，如图2-145所示，原选区会分别向外和向内扩展10像素，扩展后的边界与原来的边界形成新的选区，如图2-146所示。

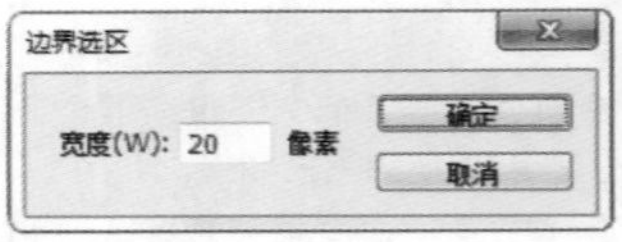

图2-145

图2-146

03 按下Ctrl+Z快捷键撤销操作，恢复为原有的选区。执行“选择>修改>平滑”命令，打开“平滑选区”对话框，在“取样半径”选项中设置数值，可以让选区变得更加平滑，如图2-147、图2-148所示。使用魔棒工具或“色彩范围”命令选择对象时，选区边缘往往较为生硬，可以使用“平滑”命令对选区边缘进行平滑处理。

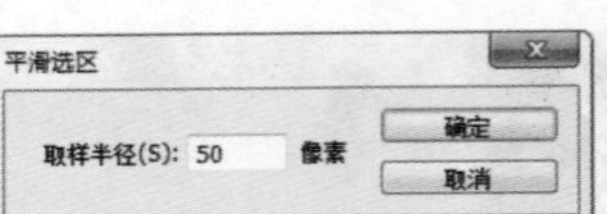

图2-147

图2-148

技术看板：隐藏和显示选区

创建选区以后，执行“视图>显示>选区边缘”命令，或按下Ctrl+H快捷键，可以隐藏选区。隐藏选区以后，选区虽然看不见了，但它仍然存在，并限定操作的有效区域。如果需要重新显示选区，可以按下Ctrl+H快捷键。

2.4.2 实战：扩展与收缩

■类别：软件功能 ■光盘提供：☑素材 ☑视频录像

01 打开光盘中的素材。使用矩形选框工具创建一个选区，如图2-149所示。执行“选择>修改>扩展”命令，打开“扩展选区”对话框，输入“扩展量”数值可以扩展选区范围，如图2-150、图2-151所示。

图2-149

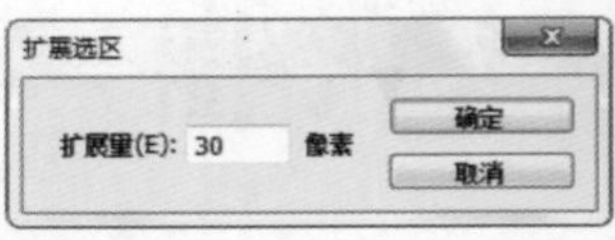
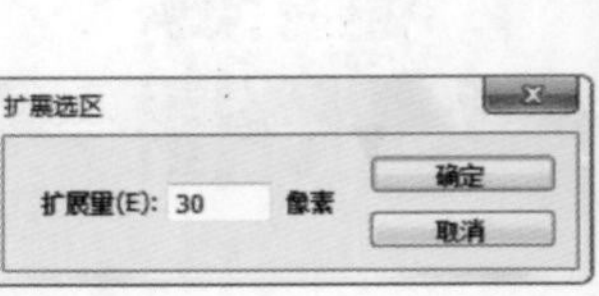

图2-150

图2-151

02 执行“选择>修改>收缩”命令，可以收缩选区范围，如图2-152、图2-153所示。

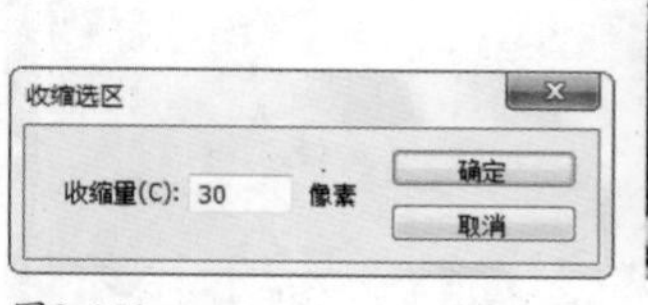

图2-152

图2-153

2.4.3 实战：扩大选取与选取相似

■类别：软件功能 ■光盘提供：☑素材 ☑视频录像

“扩大选取”与“选取相似”都是用来扩展现有选区的命令，执行这两个命令时，Photoshop会基于魔棒工具选项栏中的“容差”值来决定选区的扩展范围，“容差”值越高，选区扩展的范围就越大。

01 打开光盘中的素材。选择魔棒工具，在工具选项栏中设置“容差”为50，单击画面顶部的渐变颜色，创建选区，如图2-154所示。执行“选择>扩大选取”命令，Photoshop会查找并选择那些与当前选区中的像素色调相近的像素，从而扩大选择区域。但该命令只扩大到与原选区相连接的区域，如图2-155所示。

02 如果执行“选择>选取相似”命令，则可以在查找整个文档范围内查找并选择那些与当前选区中的像素色调相近的像素，包括与原选区没有相邻的像素，如图2-156所示。

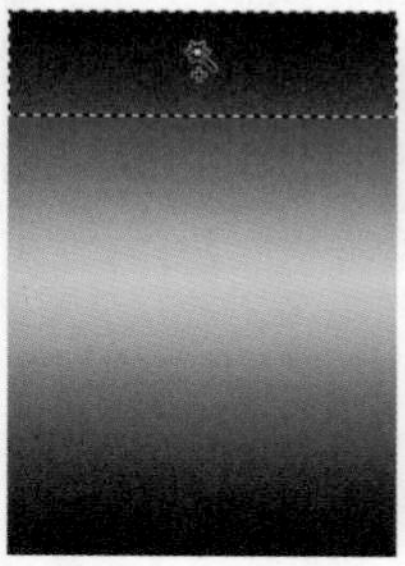

图2-154

图2-155

图2-156

2.4.4 实战：选区的变换与移动操作

■类别：软件功能 ■光盘提供：☑素材 ☑视频录像

01 打开光盘中的素材。使用矩形选框工具创建一个选区，如图2-157所示。

02 执行“选择>变换选区”命令，选区上会出现定界框，如图2-158所示，拖曳控制点可对选区进行旋转、缩放等变换操作，选区内的图像不会受到影响，如图2-159所示。操作完成后，按下回车键确认。如果使用“编辑”菜单中的“变换”命令操作，则会对选区及选中的图像同时应用变换，如图2-160所示。

图2-157

图2-158

图2-159

图2-160

03 使用矩形选框工具、椭圆选框工具创建选区时，在放开鼠标按键前，按住空格键拖动鼠标，可以移动选区。创建选区以后，如果工具选项栏中的新选区按钮为按下状态，则使用选框类、套索类和魔棒类工具时，只要将光标放在选区内，单击并拖动鼠标，即可移动选区，如图2-161、图2-162所示。如果要轻微移动选区，可以按下键盘中的→、←、↑、↓键。

图2-161

图2-162

04 打开光盘中的素材，如图2-163所示。确保当前使用的是使用矩形选框工具，将光标放在选区内，单击并拖动鼠标至另一个文档的标题栏，如图2-164所示，停留片刻，切换到该文档，将光标移动到画面中，如图2-165所示，放开鼠标按键，即可将选区移动到该文档中，如图2-166所示。

图2-163

图2-164

图2-165

图2-166

2.4.5 实战：羽化

■类别：软件功能/特效 ■光盘提供：☑素材 ☑实例效果 ☑视频录像

羽化是指通过建立选区和选区周围像素之间的转换边界来模糊边缘，这种模糊方式会丢失选区边缘的图像细节。普通选区具有明确的边界，使用它选出的图像边界清晰、准确，如图2-167所示。而使用羽化的选区选出的图像，其边界会呈现逐渐透明的效果，如图2-168所示。将对象与其他图像合成时，适当设置羽化可以使合成效果更加自然。

图2-167

图2-168

01 打开光盘中的素材，如图2-169、图2-170所示。使用移动工具将汽车拖入背景素材文档中，如图2-171所示。使用椭圆选框工具创建一个选区，如图2-172所示。

图2-169

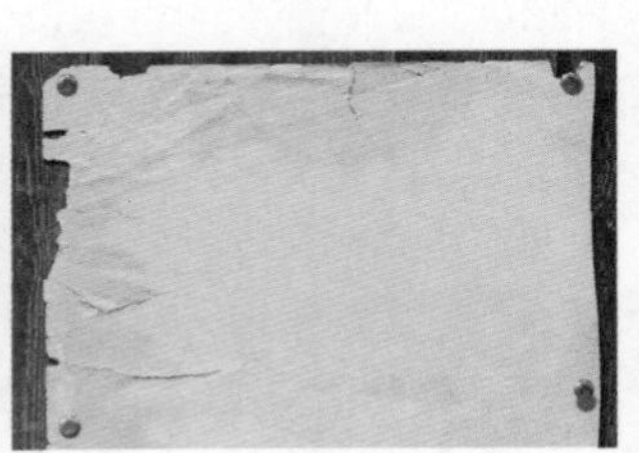

图2-170

图2-171

图2-172

02 执行“选择>修改>羽化”命令，打开“羽化”对话框，通过“羽化半径”控制羽化范围的大小，如图2-173、图2-174所示。单击“确定”按钮关闭对话框。

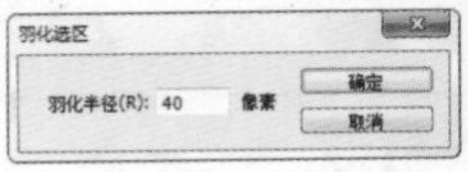

图2-173

图2-174

03 单击“图层”面板底部的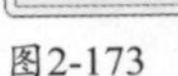按钮，添加图层蒙版，将选区之外的图像隐藏，如图2-175、图2-176所示。

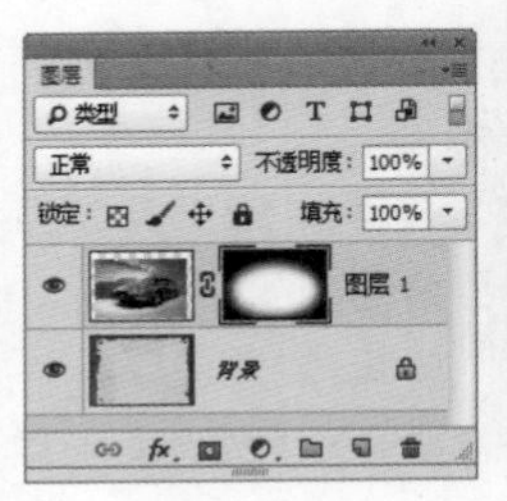

图2-175

图2-176

04 执行“图像>调整>曲线”命令，打开“曲线”对话框，在曲线上单击添加控制点，拖动控制点将蒙版的色调调暗，如图2-177、图2-178所示。

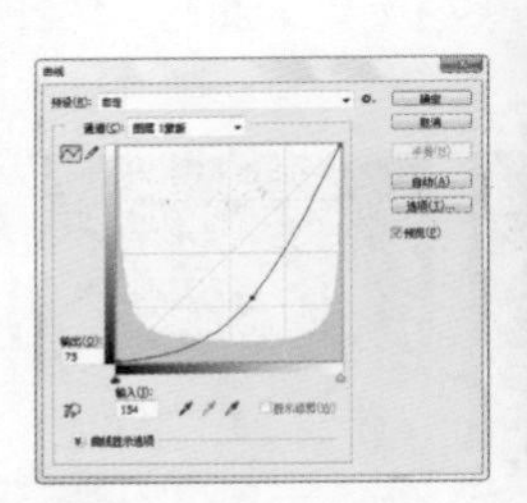

图2-177

图2-178

05 单击“确定”按钮关闭对话框。将汽车所在图层的混合模式设置为“明度”，如图2-179、图2-180所示。

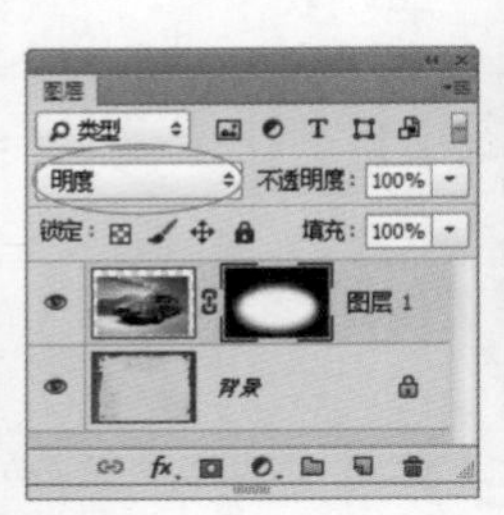

图2-179

图2-180

相关链接

图层蒙版可以隐藏图像，具体内容请参阅第82页。曲线可以调整图像的色调和色彩，具体内容请参阅第140页。混合模式可以使一个图层上的图像与其下方图层中的图像混合，具体内容请参阅第67页。

2.4.6 实战：存储和载入选区

■类别：软件功能 ■光盘提供：☑素材 ☑视频录像

抠一些复杂的图像需要花费大量的时间，为避免出现意外情况而造成劳动成果付诸东流，应及时保存选区，这也会为以后的使用和修改带来方便。

01 打开光盘中的素材。使用快速选择工具选择小白兔，如图2-181、图2-182所示。

图2-181

图2-182

02 执行“选择>存储选区”命令，打开“存储选区”对话框，输入选区的名称，如图2-183所示，单击“确定”按钮，可以将选区保存到Alpha通道中，如图2-184所示。此外，单击“通道”面板中的按钮，可直接将选区保存到Alpha通道中。

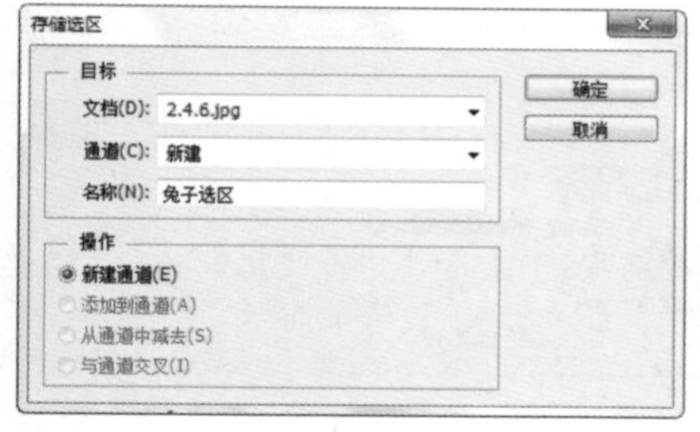

图2-183

图2-184

03 按住Ctrl键单击通道可以载入选区，如图2-185、图2-186所示。此外，执行“选择>载入选区”命令也可以载入选区。执行该命令时会打开“载入选区”对话框。

图2-185

图2-186

“存储选区”命令选项/含义	
文档	在下拉列表中可以选择保存选区的目标文件。在默认情况下，选区保存在当前文档中，也可以选择将其保存在一个新建的文档中
通道	可以选择将选区保存到一个新建的通道，或保存到其他Alpha通道中
名称	可以输入选区的名称
操作	如果保存选区的目标文件包含有选区，则可以选择如何在通道中合并选区。选择“新建通道”选项，可以将当前选区存储在新通道中；选择“添加到通道”选项，可以将选区添加到目标通道的现有选区中；选择“从通道中减去”选项，可以从目标通道内的现有选区中减去当前的选区；选择“与通道交叉”选项，可以将当前选区与目标通道中的选区相交的部分存储为一个选区

技术看板：选区的原理与形态

观察保存选区的通道图像可以发现，以选区边界为分界线，选中的区域对应的是白色，选区之外对应的是黑色。如果将该选区羽化，则记录选区的图像中还会出现灰色。这就是说，在Photoshop内部，有无选区只是黑、白、灰的区别而已。黑代表无；白代表有；灰是黑与白的中间地带，既不完全无、也不完全有，它代表的是羽化区域。

荷花选区

将选区保存在通道中

Photoshop内部的普通选区图像

羽化后的选区图像

●闪烁形态：使用选框类、套索类和魔棒类工具，在图像上创建选区时，选区是一圈闪烁的边界线。此时可以使用矩形选框工具、椭圆选框工具、套索工具、快速选择工具、魔棒工具、“选择”菜单中的命令等来编辑它。

●蒙版形态：创建选区后，按下Q键，可以将选区转换到快速蒙版中。单击“图层”面板中的按钮，则可将选区转换到图层蒙版中。

●通道形态：创建选区后，如果单击“通道”面板中的按钮，可以将选区保存到Alpha通道。在快速蒙版、图层蒙版和通道状态下，可以使用各种绘画工具（如画笔、加深、减淡等）、滤镜编辑选区。

●矢量蒙版形态：单击“路径”面板中的按钮，可以让选区变成矢量图形。在这种状态下可以使用钢笔工具编辑选区。

图层 探索图层的奥秘

图层是Photoshop的核心功能。其重要性体现在它承载了图像，而且许多功能，如图层样式、混合模式、不透明度、蒙版、滤镜、文字、3D和调色工具等都依托于图层而存在。图层的功能很庞大，不过操作方法还都比较简单，因而并不难学。图层最重要的贡献是可以将图像分配到不同的层上。如果没有图层，所有的图像都将处在同一个平面上，这将给Photoshop使用者带来极大的麻烦，因为每进行一步操作，都得将需要编辑的内容选中。

扫描二维码，关注李老师的微博、微信。

3.1 创建图层

在Photoshop中，图层的创建方法有很多种，包括在“图层”面板中创建、在编辑图像的过程中创建、使用命令创建等。

3.1.1 实战：在“图层”面板中创建图层

■类别：软件功能 ■光盘提供：☑视频录像

01 按下Ctrl+N快捷键，创建一个文档。单击“图层”面板中的创建新图层按钮 ，可以在当前图层上面新建一个图层，新建的图层会自动成为当前图层，如图3-1所示。

02 按住Ctrl键单击 按钮，可以在当前图层的下面新建图层，如图3-2所示。需要注意的是，“背景”图层下面不能创建图层。如果想要在创建图层时设置图层的名称、颜色和混合模式等，可以执行“图层>新建>图层”命令，或按住Alt键，单击创建新图层按钮 ，打开“新建图层”对话框进行设置，如图3-3所示。

图3-1

图3-2

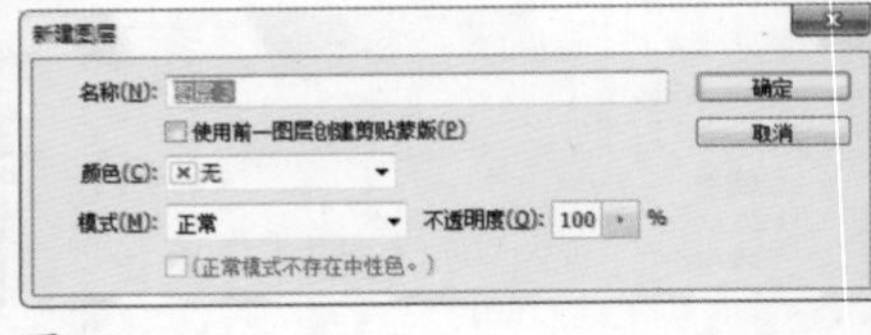

图3-3

相关链接

关于图层的名称和颜色，请参阅第62页。关于剪贴蒙版，请参阅第80页。关于混合模式，请参阅第67页。关于不透明度，请参阅第67页。

3.1.2 实战：通过命令创建图层

■类别：软件功能 ■光盘提供：☑素材 ☑视频录像

01 打开光盘中的素材，如图3-4、图3-5所示。

图3-4

图3-5

02 选择矩形选框工具 ，在图像中单击并拖曳鼠标，创建选区，如图3-6所示。执行“图层>新建>通过拷贝的图层”命令，将选中的图像复制到一个新的图层中，原图层内容保持不变，如图3-7所示。

03 如果执行“图层>新建>通过剪切的图层”命令，则可以将选区内的图像从原图层中剪切到一个新的图层中，如图3-8所示。

图3-6

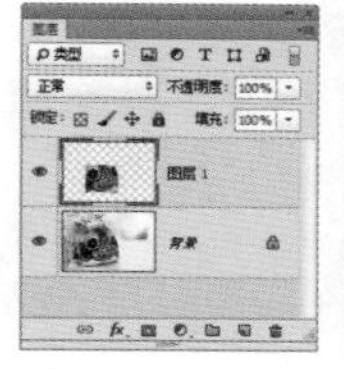

图3-7

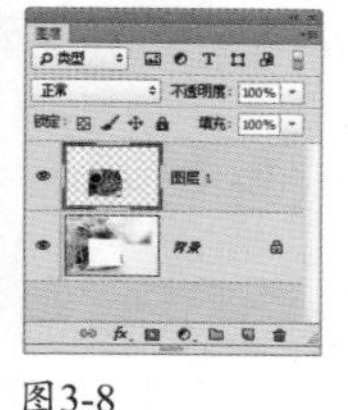

图3-8

3.1.3 实战：创建与转换背景图层

■类别：软件功能 ■光盘提供：☑视频录像

“背景”图层是比较特殊的图层，它的名称为斜体，并有一个锁状图标 🔒。该图层永远在“图层”面板的最底层，不能调整堆叠顺序，并且不能设置不透明度、混合模式，也不能添加效果。要进行这些操作，需要先将其转换为普通图层。

01 按下Ctrl+N快捷键，创建一个文档。按住Alt键，双击“背景”图层，如图3-9所示，可将其转换为普通图层，如图3-10所示。

02 当文档中没有“背景”图层时，单击一个图层，如图3-11所示，执行“图层>新建>图层背景”命令，可将其转换为“背景”图层，如图3-12所示。

图3-9

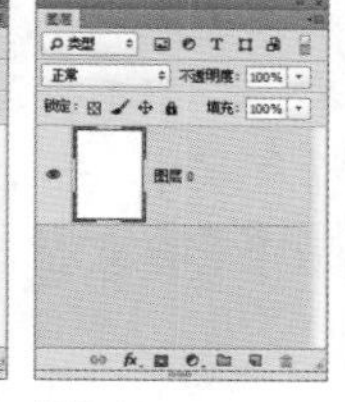

图3-10

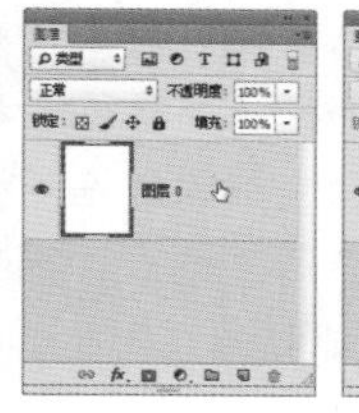

图3-11

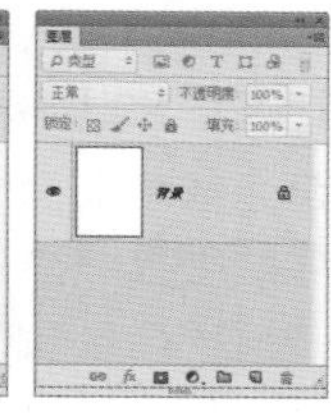

图3-12

技术看板：什么是图层

从管理图像的角度来看，图层就像是保管图像的“文件夹”；从图像合成的角度来看，则图层就如同堆叠在一起的透明纸，每一张纸（图层）上都保存着不同的图像，透过上面图层的透明区域可以看到下面图层中的图像。

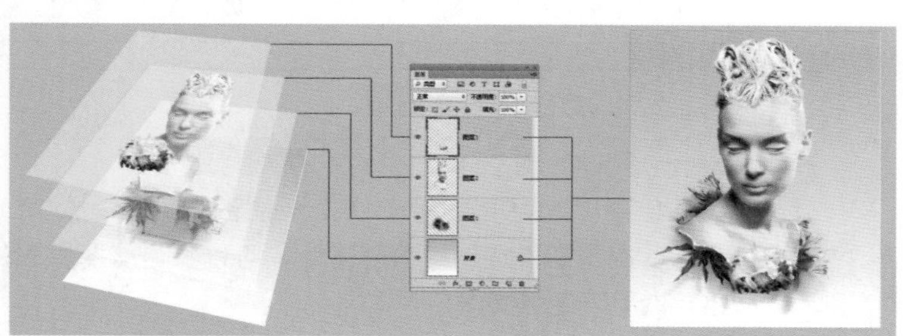

图层原理 “图层”面板状态 图像效果

图层名称左侧的图像是图层的缩览图，它显示的是图层中包含的图像内容，缩览图中的棋盘格代表了图像的透明区域。每一个图层中的对象都可以单独处理，而不会影响其他图层中的内容。图层可以移动，也可以调整堆叠顺序。通过眼睛图标 👁 还可以隐藏或显示图层中的内容。

单独修改一个图层

调整堆叠顺序

“图层”面板用来创建、编辑和管理图层，为图层添加样式、调整不透明度和混合模式。面板中列出了文档中包含的所有图层、图层组和图层效果。

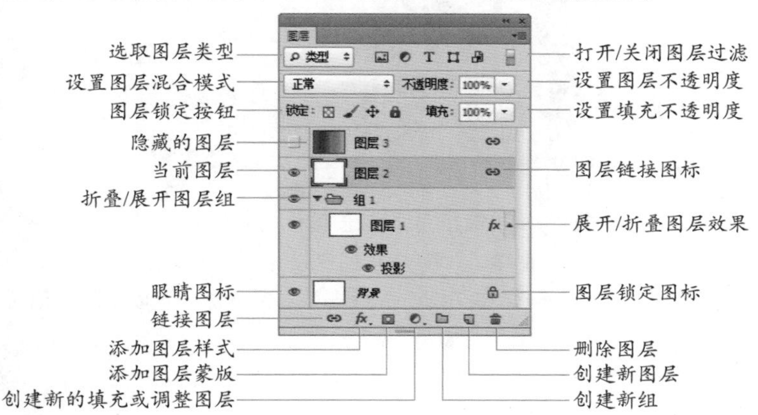

除“背景”图层外，其他图层都可以通过调整不透明度，让图像内容变得透明；还可以修改混合模式，让上下层之间的图像产生特殊的混合效果。不透明度和混合模式可以反复调节，也可以随时恢复，而不会损伤图像。

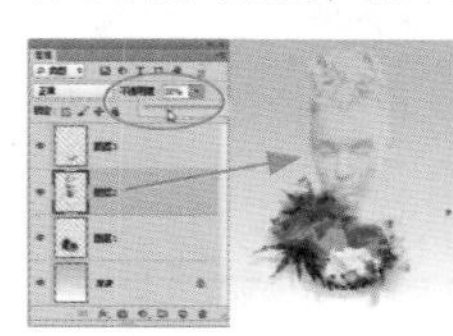

调整不透明度

调整混合模式

3.2 编辑图层

在Photoshop中，图像编辑的基本操作包括拷贝、剪切、粘贴、在选区内粘贴，以及变换操作。此外，Photoshop还可以对图像进行高级变形，如内容识别比例缩放和操控变形等。

3.2.1 实战：选择图层

■类别：软件功能 ■光盘提供：☑素材 ☑视频录像

在编辑图层前，首先应在“图层”面板中单击所需图层，将其选择，所选图层称为“当前图层”。绘画、颜色和色调调整都只能在一个图层中进行，而移动、对齐、变换或应用“样式”面板中的样式时，可以一次处理所选的多个图层。

01 打开光盘中的素材。单击“图层”面板中的一个图层即可选择该图层，同时它会成为当前图层，如图3-13所示。

02 如果要选择多个相邻的图层，可以单击第一个图层，然后按住 Shift 键单击最后一个图层，如图3-14 所示；如果要选择多个不相邻的图层，可以按住 Ctrl 键，分别单击这些图层，如图3-15所示。

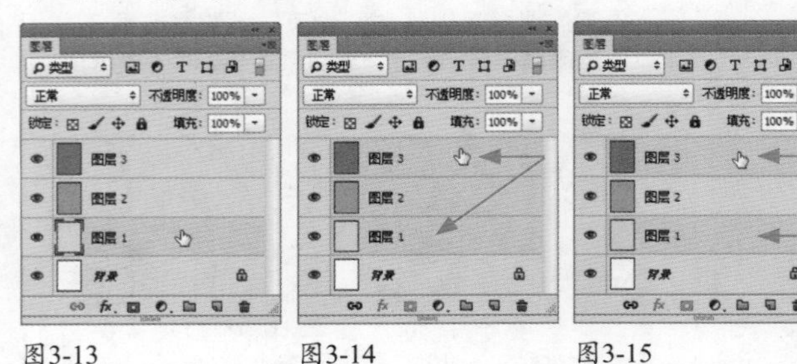

图3-13 图3-14 图3-15

03 执行“选择>所有图层”命令，可以选择所有图层。如果不想选择任何图层，可以在面板中最下面图层下方的空白处单击，或执行“选择>取消选择图层”命令。

> **技术看板：快速切换当前图层**
>
> 选择一个图层以后，按下Alt+] 快捷键，可以将当前图层切换为与之相邻的上一个图层；按下Alt+ [快捷键，则可将当前图层切换为与之相邻的下一个图层。

3.2.2 实战：复制图层

■类别：软件功能 ■光盘提供：☑素材 ☑视频录像

01 打开光盘中的素材。单击一个图层，如图3-16所示，执行“图层>复制图层”命令，或按下Ctrl+J快捷键，可以复制该图层，如图3-17所示。

02 将需要复制的图层拖曳到创建新图层按钮上，也可复制该图层，如图3-18所示。

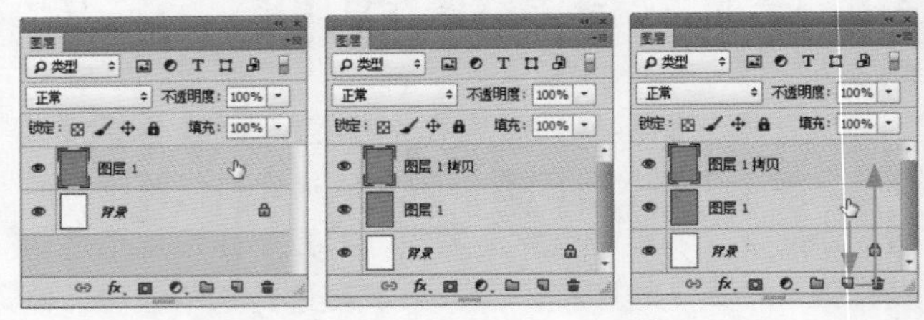

图3-16 图3-17 图3-18

> **提示**
>
> 执行“图层>复制 CSS”命令，可以从形状或文本图层生成级联样式表（CSS）属性。CSS是一种用来表现HTML（标准通用标记语言的一个应用）或XML（标准通用标记语言的一个子集）等文件样式的计算机语言。

3.2.3 实战：链接图层

■类别：软件功能 ■光盘提供：☑素材 ☑视频录像

如果要同时处理多个图层中的图像，例如，同时移动、应用变换或创建剪贴蒙版，可以将这些图层先链接，然后再进行操作。

01 打开光盘中的素材，如图3-19所示。按住Ctrl键，单击两个或多个图层，将它们选中，如图3-20所示。

图3-19

图3-20

02 单击链接图层按钮，或执行“图层>链接图层”命令，即可将它们链接，如图3-21所示。选择移动工具，在文档窗口单击并拖曳鼠标，可以同时移动所有链接的图像，如图3-22所示。

03 如果要取消链接，可以单击一个图层，然后单击按钮。

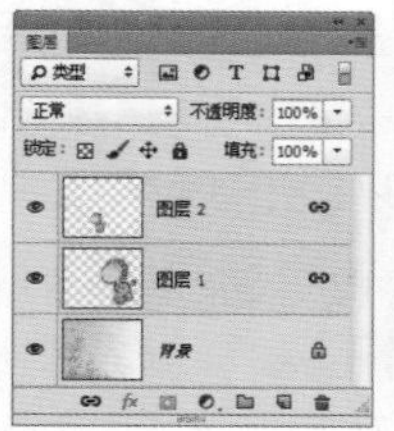

图3-21

图3-22

3.2.4 实战：锁定图层

■类别：软件功能 ■光盘提供：☑素材 ☑视频录像

“图层”面板中提供了用于保护图层透明区域、图像像素和位置等属性的锁定功能，我们可以根据需要完全锁定或部分锁定图层，以免因操作失误而修改图层的内容。

01 打开光盘中的素材，如图3-23所示。单击一个图层，如图3-24所示。

图3-23

图3-24

02 单击锁定透明像素按钮 ，如图3-25所示，此时可将编辑范围限定在图层的不透明区域，图层的透明区域会受到保护。例如，使用画笔工具 涂抹图像时，透明区域不会受到影响，如图3-26所示。

图3-25

图3-26

03 单击锁定图像像素按钮 后，只能对图层进行移动和变换操作，不能在图层上绘画、擦除或应用滤镜。单击锁定位置按钮 后，图层不能移动。对于设置了精确位置的图像，锁定位置后就不必担心被意外移动了。如果要同时锁定图层的所有属性，可以单击锁定全部按钮 。当图层只有部分属性被锁定时，锁状图标 是空心的；当所有属性都被锁定时，锁状图标 是实心的。

3.2.5 实战：显示和隐藏图层

■类别：软件功能 ■光盘提供：☑素材 ☑视频录像

01 打开光盘中的素材。单击一个图层前面的眼睛图标 ，可以隐藏该图层，如图3-27所示。

图3-27

02 如果要重新显示图层，可在原眼睛图标处单击，如图3-28所示。

图3-28

技术看板：快速隐藏图层

- 将光标放在一个图层的眼睛图标 上，单击并在眼睛图标列拖动鼠标，可以快速隐藏（或显示）多个相邻的图层。
- 按住Alt键单击一个图层的眼睛图标 ，可以隐藏除该图层外的其他所有图层；按住Alt键再次单击同一眼睛图标 ，可恢复其他图层的可见性。
- 执行“图层>隐藏图层”命令，可以隐藏当前选择的图层，如果选择了多个图层，则可以隐藏所有被选择的图层。

3.2.6 实战：查找和过滤图层

■类别：软件功能 ■光盘提供：☑素材 ☑视频录像

当图层数量较多时，可以通过查找图层或过滤图层的方法来快速找到所需图层。

01 打开光盘中的素材。执行“选择>查找图层”命令，“图层”面板顶部会出现一个文本框，如图3-29所示，输入一个图层的名称，面板中便只显示该图层，如图3-30所示。

02 如果想要过滤图层，可以单击面板顶部的 按钮，打开下拉列表进行选择。例如，选择“效果”选项并制定具体的效果后，面板中就只显示添加了该效果的图层，如图3-31所示。

03 选择“类型”选项，然后单击面板右侧的按钮，可以过滤调整图层、文字图层和形状图层等。例如，单击 T 按钮，面板中只显示文字类图层，如图3-32所示。如果想停止图层过滤，即让面板中显示所有图层，可以单击面板右上角的打开/关闭图层过滤按钮。

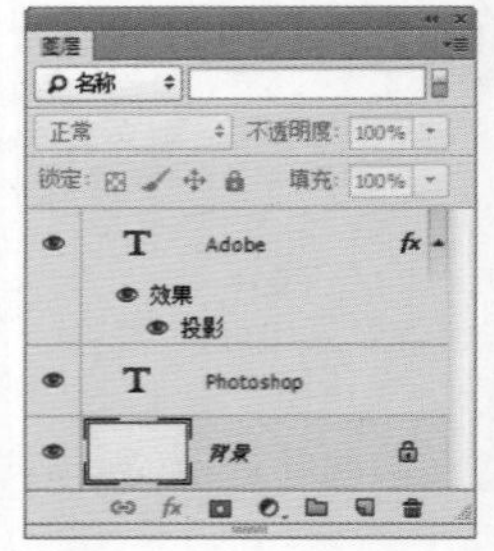
图3-29

图3-30

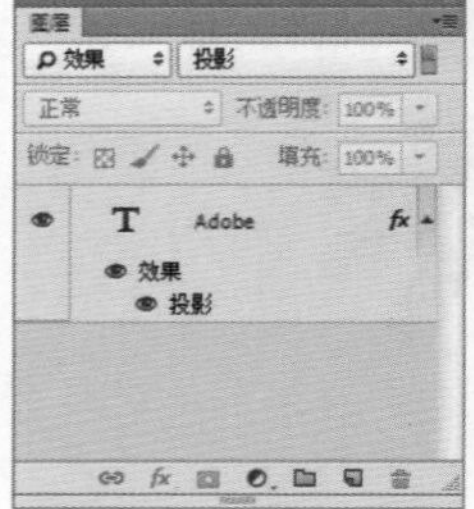
图3-31

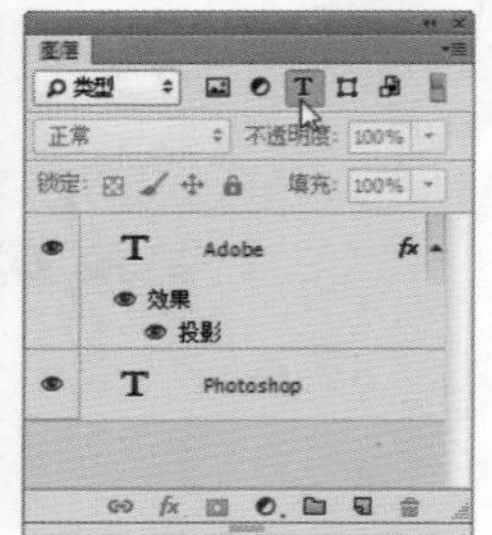
图3-32

3.2.7 实战：修改图层的名称和颜色

■类别：软件功能 ■光盘提供：☑素材 ☑视频录像

当图层数量较多时，可以为一些重要的图层设置容易识别的名称或能够区别于其他图层的颜色，以便在操作中可以快速找到它们。

01 打开光盘中的素材。单击一个图层，执行“图层>重命名图层”命令，或双击该图层的名称，如图3-33所示，在显示的文本框中输入新名称，并按下回车键，即可修改图层名称，如图3-34所示。

图3-33

图3-34

02 单击一个图层，然后单击鼠标右键，在打开的快捷菜单中可以为图层选择颜色，如图3-35所示。

03 图层名称左侧的图像是图层的缩览图，它显示了图层中包含的图像内容，缩览图中的棋盘格代表了图像的透明区域。在缩览图上单击鼠标右键，可以打开一个下拉菜单，选择其中的命令可以调整缩览图大小，如图3-36所示。

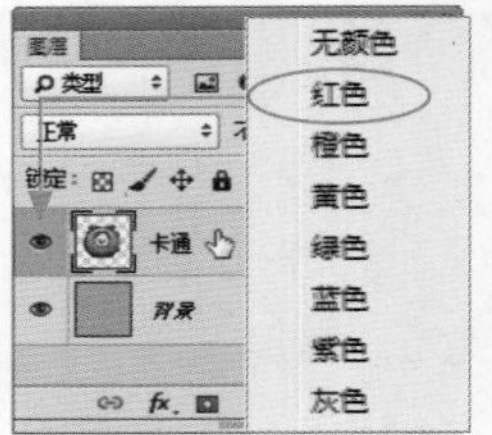

图3-35

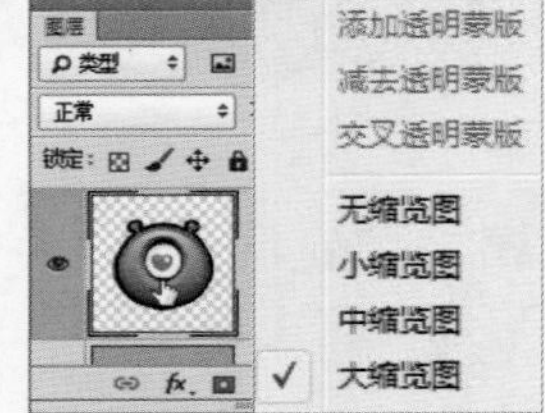

图3-36

技术看板：栅格化图层

如果要使用绘画工具和滤镜编辑文字图层、形状图层、矢量蒙版或智能对象等包含矢量数据的图层，需要先将其栅格化，让图层中的内容转化为光栅图像，然后才能进行相应的编辑。选择需要栅格化的图层，执行“图层>栅格化”子菜单中的命令，即可栅格化图层中的内容。

3.2.8 实战：调整图层的堆叠顺序

■类别：软件功能 ■光盘提供：☑素材 ☑视频录像

01 打开光盘中的素材，如图3-37所示。将一个图层拖曳到另外一个图层的上面（或下面），即可调整图层的堆叠顺序。改变图层顺序会影响图像的显示效果，如图3-38所示。

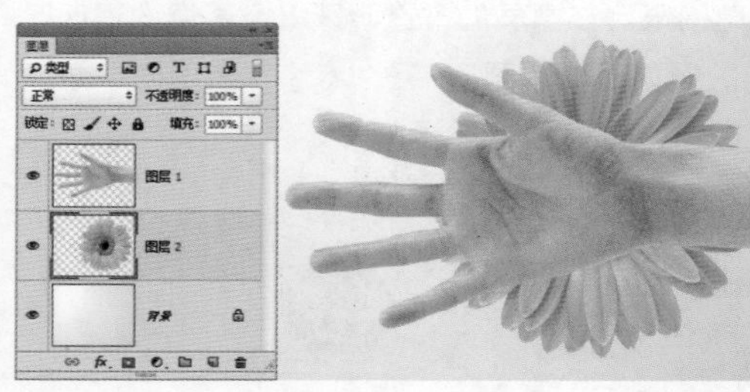
图3-37

图3-38

02 单击一个图层，打开“图层>排列”下拉菜单，如图3-39所示，选择其中的命令也可以调整图层的堆叠顺序。

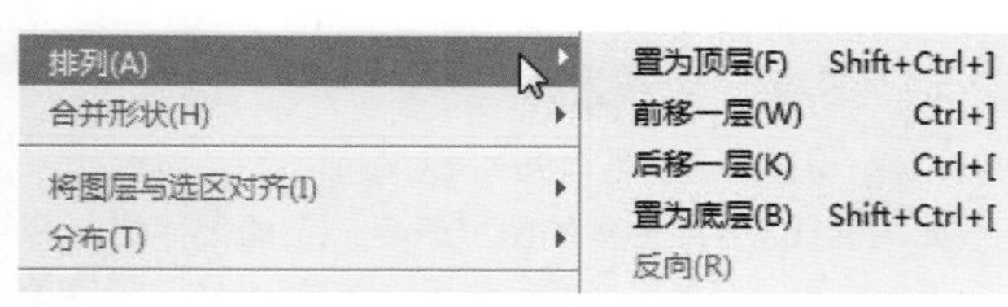

图3-39

3.2.9 实战：对齐图层

■类别：软件功能 ■光盘提供：☑素材 ☑视频录像

如果要将多个图层中的图像内容对齐，可以在“图层”面板中选择它们，然后在“图层>对齐”子菜单中选择一个对齐命令进行对齐操作。如果所选图层与其他图层链接，则可以对齐与之链接的所有图层。

01 打开光盘中的素材，如图3-40所示。按住Ctrl键，单击“图层1”“图层2”和“图层3”，将它们同时选择，如图3-41所示。

图3-40 图3-41

02 执行“图层>对齐>顶边”命令，如图3-42所示，可以将选定图层上的顶端像素与所有选定图层上最顶端的像素对齐，如图3-43所示。

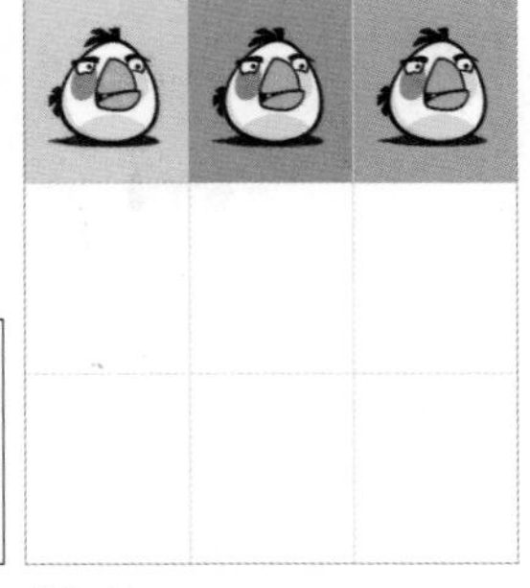

图3-42 图3-43

03 执行“垂直居中”命令，可以将每个选定图层上的垂直中心像素与所有选定图层的垂直中心像素对齐，如图3-44所示；执行“底边”命令，可以将选定图层上的底端像素与选定图层上最底端的像素对齐，如图3-45所示。

04 执行“左边”命令，可以将选定图层上左端像素与最左端图层的左端像素对齐；执行“水平居中”命令，可以将选定图层上的水平中心像素与所有选定图层的水平中心像素对齐；执行“右边”命令，可以将选定图层上的右端像素与所有选定图层上的最右端像素对齐。

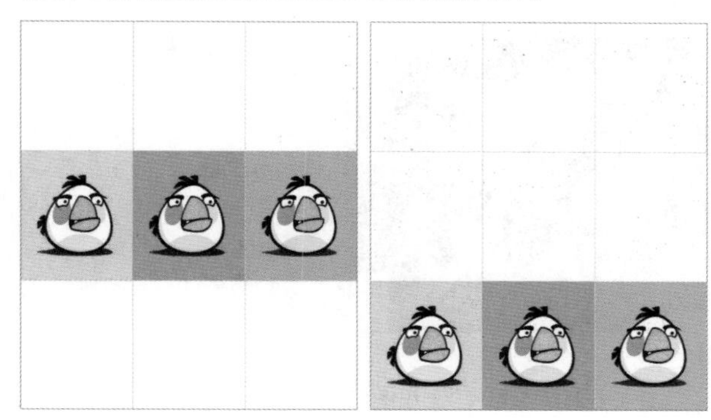

图3-44 图3-45

提示

如果当前使用的是移动工具，可以单击工具选项栏中的按钮来对齐图层。

技术看板：将图层与选区对齐

创建选区以后，单击一个图层，执行“图层>将图层与选区对齐”子菜单中的命令，可基于选区对齐所选图层。

素材

单击一个图层

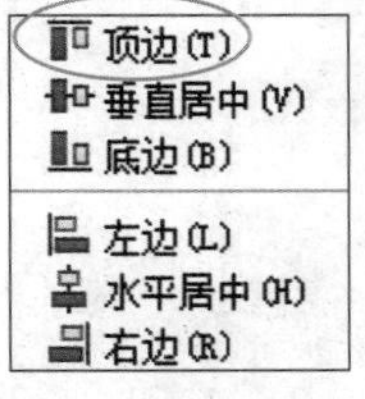

选择“顶边”命令 图层对齐到选区顶部

3.2.10 实战：自动对齐图层

■类别：软件功能 ■光盘提供：☑素材 ☑实例效果 ☑视频录像

如果要将多个图层中的图像内容对齐，可以在“图层”面板中选择它们，然后在“图层>对齐”子菜单中选择一个对齐命令，进行对齐操作。如果所选图层与其他图层链接，则可以对齐与之链接的所有图层。

01 打开光盘中的素材，如图3-46所示。按住Ctrl键，单击“图层”面板中的所有图层，将它们同时选中，如图3-47所示。

图3-46

图3-47

02 执行“编辑>自动对齐图层”命令，打开“自动对齐图层”对话框，选择“调整位置”选项，如图3-48所示，单击“确定”按钮，Photoshop会依据所选图层中的相似内容（如边和角）自动对齐图层，如图3-49、图3-50所示。

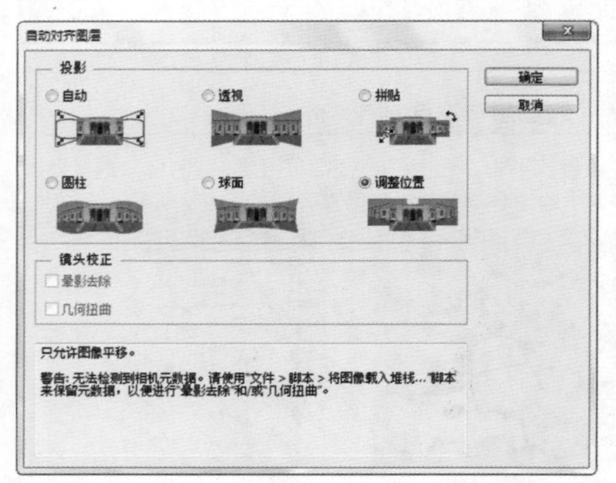

图3-48

图3-49

图3-50

提示

使用“自动对齐图层”命令时，如果各个图像的明度有差异，可能会导致最终结果中出现接缝或不一致的现象。如果遇到这种情况，可以使用“编辑>自动混合图层”命令处理，Photoshop会根据需要对图层应用图层蒙版，以遮盖明度有差异的区域或内容之间的差异，从而创建无缝拼贴效果。

3.2.11 实战：分布图层

■类别：软件功能 ■光盘提供：☑素材 ☑视频录像

如果要让3个或更多的图层采用一定的规律均匀分布，可以选择这些图层，然后使用“图层>分布”子菜单中的命令进行操作。

01 打开光盘中的素材，如图3-51所示。选择图层，如图3-52所示。

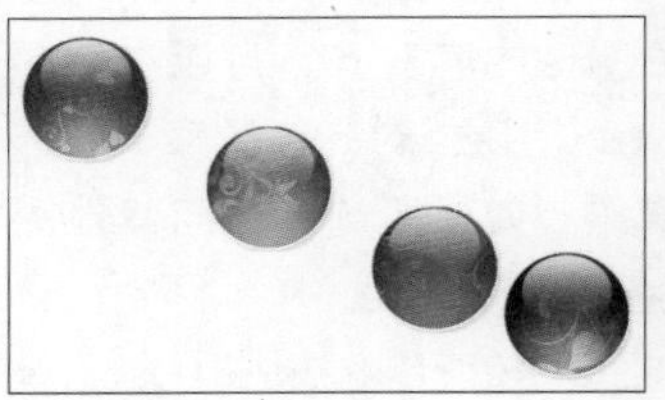
图3-51

图3-52

02 执行“图层>分布>顶边”命令，如图3-53所示，可以从每个图层的顶端像素开始，间隔均匀地分布图层，如图3-54所示。

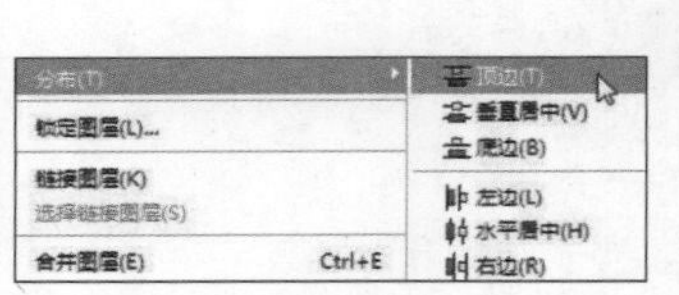

图3-53

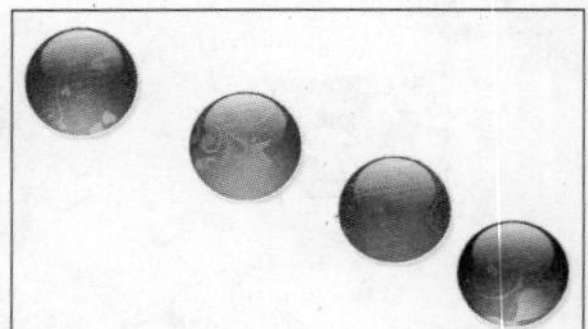
图3-54

03 执行“图层>分布>水平居中”命令，可以从每个图层的水平中心开始，间隔均匀地分布图层，如图3-55所示。执行“垂直居中”命令，可以从每个图层的垂直中心像素开始，间隔均匀地分布图层，如图3-56所示。

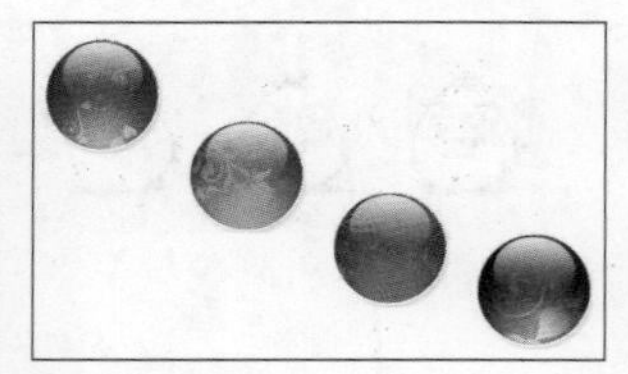
图3-55

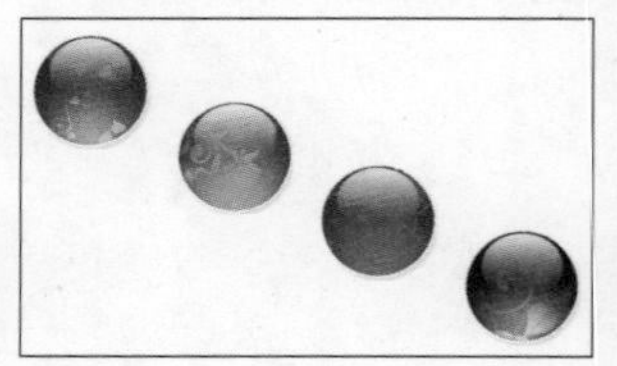
图3-56

04 执行“底边”命令，可以从每个图层的底端像素开始，间隔均匀地分布图层；执行“左边”命令，可以从每个图层的左端像素开始，间隔均匀地分布图层；执行“右边”命令，可以从每个图层的右端像素开始，间隔均匀地分布图层。

提示

如果当前选择的是移动工具，则可单击工具选项栏中的按钮来进行图层的分布操作。

3.3 用图层组管理图层

随着图像编辑的深入，图层的数量会越来越多，用图层组来组织和管理图层，可以使“图层”面板中的图层结构更加清晰，也便于查找图层。图层组就类似于文件夹，将图层按照类别放在不同的组中后，当关闭图层组时，在“图层”面板中就只显示图层组的名称。

3.3.1 实战：创建图层组

■类别：软件功能 ■光盘提供：☑素材 ☑视频录像

01 打开光盘中的素材。单击“图层”面板中的创建新组按钮，可以创建一个空的图层组，如图3-57所示。单击创建新图层按钮，可以在该组中新建图层，如图3-58所示。如果想要在创建图层组时设置组的名称、颜色、混合模式等属性，可以执行“图层>新建>组”命令，在打开的“新建组”对话框中进行设置。

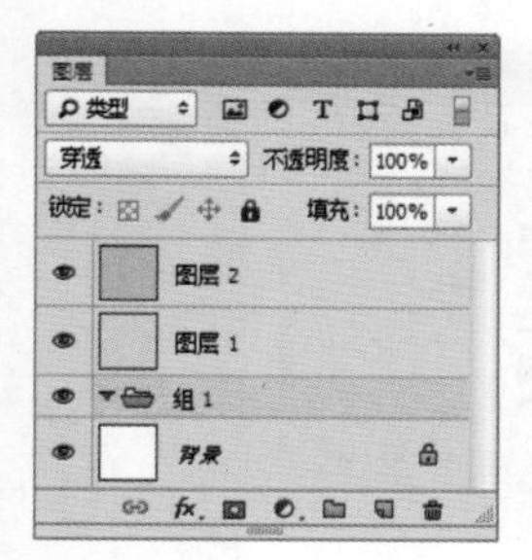

图3-57

图3-58

02 按住Ctrl键，单击图3-59所示的图层，执行“图层>图层编组”命令，或按下Ctrl+G快捷键，可以将所选图层编入一个图层组内，如图3-60所示。编组之后，可单击组前面的三角图标，关闭或重新展开图层组。执行“图层>新建>从图层建立组”命令，则可在编组时设置组的属性。

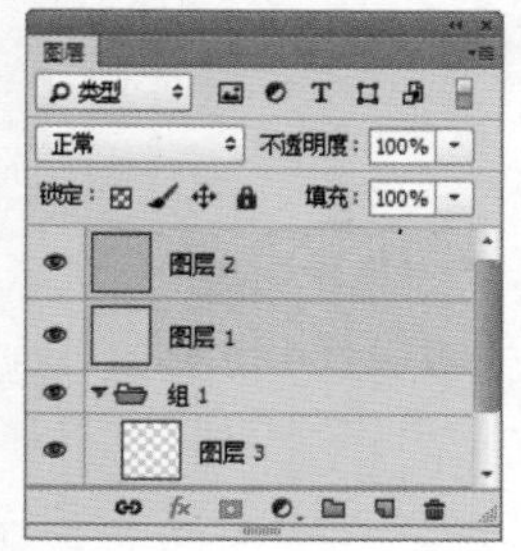

图3-59

图3-60

3.3.2 实战：将图层移入和移出图层组

■类别：软件功能 ■光盘提供：☑素材 ☑视频录像

01 打开光盘中的素材。将一个图层拖入图层组内，可以将其添加到图层组中，如图3-61、图3-62所示。

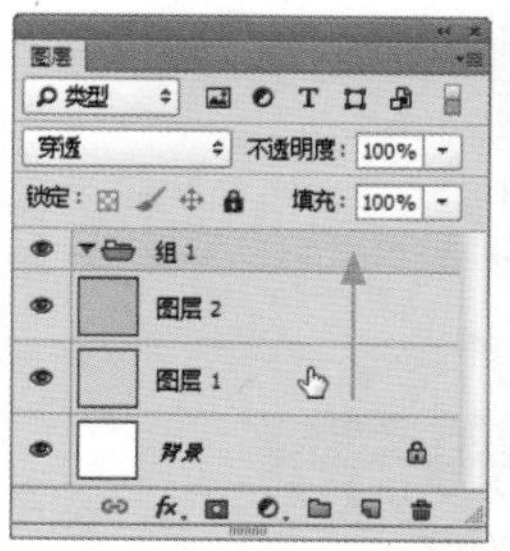

图3-61

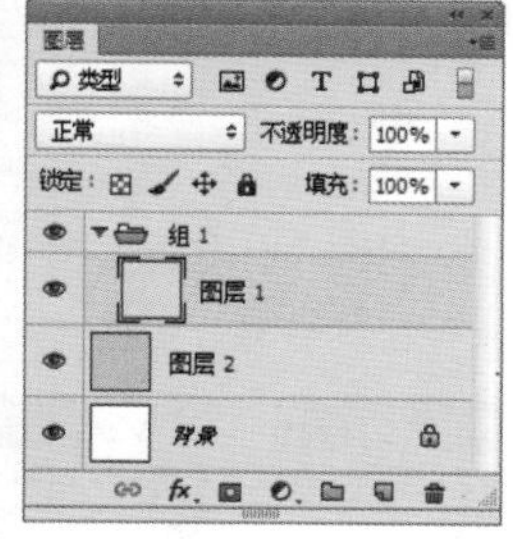

图3-62

02 将图层组中的图层拖到组外，可将其从图层组中移出，如图3-63、图3-64所示。

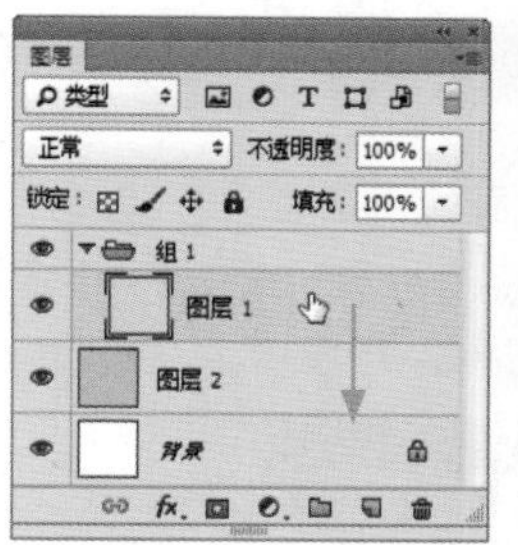

图3-63

图3-64

3.3.3 实战：取消图层编组

■类别：软件功能 ■光盘提供：☑素材 ☑视频录像

01 打开光盘中的素材。单击一个图层组，如图3-65所示，执行“图层>取消图层编组”命令，或按下Shift+Ctrl+G快捷键，可以取消图层编组，但保留图层，如图3-66所示。

图3-65

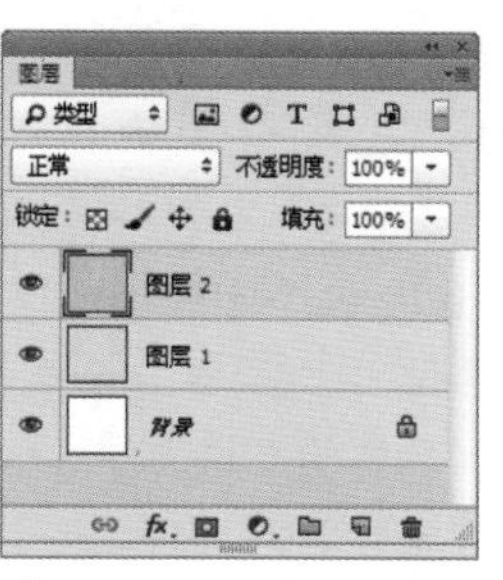

图3-66

02 如果要删除图层组及组中的图层，可以将图层组拖曳到“图层”面板中的删除图层按钮上。

3.4 合并与删除图层

图层、图层组和图层样式会占用计算机的内存，导致计算机的处理速度变慢。将相同属性的图层合并，或者将没有用处的图层删除，可以减小文件的大小，释放内存空间，也便于查找图层。

3.4.1 实战：合并图层

■类别：软件功能 ■光盘提供：☑素材 ☑视频录像

01 打开光盘中的素材。按住Ctrl键，单击两个或多个图层，将它们选中，如图3-67所示，执行“图层>合并图层”命令，可将其合并，如图3-68所示。

图3-67

图3-68

02 如果想要将一个图层与它下面的图层合并，可以单击该图层，如图3-69所示，然后执行“图层>向下合并”命令，或按下Ctrl+E快捷键，如图3-70所示。

图3-69

图3-70

03 如果要合并所有可见的图层，可以执行“图层>合并可见图层”命令。如果要将所有图层都拼合到“背景”图层中，可以执行“图层>拼合图像”命令。

3.4.2 实战：盖印图层

■类别：软件功能 ■光盘提供：☑素材 ☑视频录像

盖印可以将多个图层中的图像合并到一个新的图层中，同时保持原有图层完好无损。

01 打开光盘中的素材文件。单击一个图层，如图3-71所示，按下Ctrl+Alt+E快捷键，可以将该图层中的图像盖印到下面的图层中，原图层内容保持不变，如图3-72所示。

图3-71

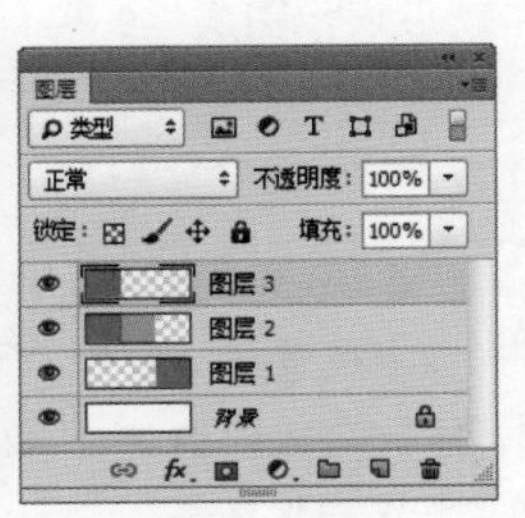

图3-72

02 选择多个图层，如图3-73所示，按下Ctrl+Alt+E快捷键，可以将它们盖印到一个新的图层中，原有图层的内容保持不变，如图3-74所示。

图3-73

图3-74

03 按下Shift+Ctrl+Alt+E快捷键，可以将所有可见图层中的图像盖印到一个新的图层中，原有图层内容保持不变。

3.4.3 实战：删除图层

■类别：软件功能 ■光盘提供：☑素材 ☑视频录像

01 打开光盘中的素材。单击一个或多个图层，将其选中，如图3-75所示。

02 按下Delete键，或单击删除图层按钮🗑，即可删除图层，如图3-76所示。此外，执行“图层>删除”下拉菜单中的命令，如图3-77所示，也可以删除当前图层，或“图层”面板中所有隐藏的图层。

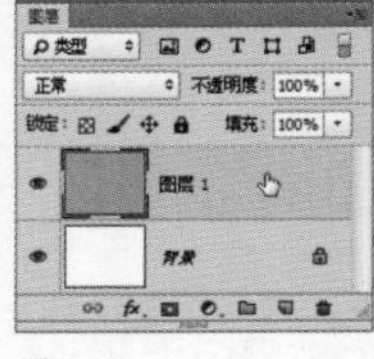

图3-75

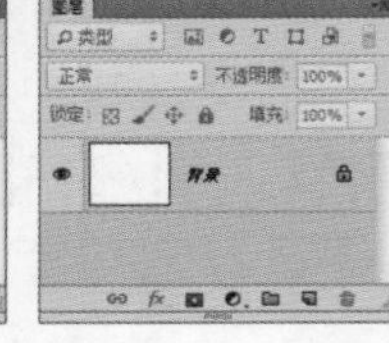

图3-76

图3-77

3.5 不透明度与混合模式

不透明度决定了图像的透明程度。混合模式决定了像素的混合方式，可用于合成图像、制作选区和特殊效果。它们都不会对图像造成任何实质性的破坏。

3.5.1 实战：调整不透明度

■类别：软件功能 ■光盘提供：☑素材 ☑视频录像

"图层"面板中有两个控制图层不透明度的选项："不透明度"和"填充"。"不透明度"可以控制所有类型的图层、图层组和图层样式的不透明度，"填充"则不会影响图层样式。

01 打开光盘中的素材，如图3-78所示。"图层0"添加了图层样式（"投影"效果），如图3-79所示。

图3-78

图3-79

02 "不透明度"选项用于控制图层、图层组中绘制的像素和形状，以及图层样式的不透明度。将该值设置为50%，如图3-80、图3-81所示。可以看到，狗狗图像和"投影"效果的不透明度都受到了影响。将该值恢复为100%。

图3-80

图3-81

03 "填充"选项只影响图层中绘制的像素和形状的不透明度，不会影响图层样式的不透明度。将该值设置为50%，如图3-82、图3-83所示。可以看到，只有狗狗图像变透明了，"投影"效果没有受到影响。

图3-82

图3-83

> **技术看板：快速修改图层的不透明度**
>
> 使用除画笔、图章、橡皮擦等绘画和修饰工具之外的其他工具时，按下键盘中的数字键，即可快速修改图层的不透明度。例如，按下"5"，不透明度会变为50%；按下"55"，不透明度会变为55%；按下"0"，不透明度会恢复为100%。

3.5.2 实战：调整混合模式

■类别：软件功能 ■光盘提供：☑素材 ☑实例效果 ☑视频录像

01 打开光盘中的素材，如图3-84所示。单击"荷花"图层，单击"图层"面板顶部的≑按钮，打开下拉列表选择"正片叠底"模式，如图3-85所示，让荷花与人像产生混合效果，如图3-86所示。

图3-84

图3-85

图3-86

02 双击“荷花”图层，打开“图层样式”对话框。按住Alt键分别拖动“本图层”和“下一图层”选项中的白色滑块，将白色滑块分开，并向左移动，如图3-87所示。该操作可将本图层的白色像素隐藏，让下一图层的白色像素显示出来，使彩绘效果更加真实。最后，将所有图层都显示出来，效果如图3-88所示。

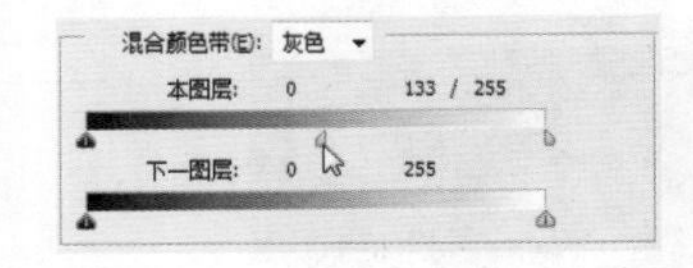

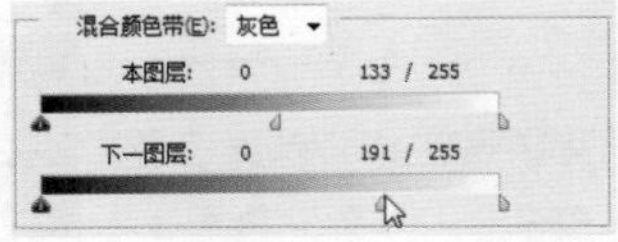

图3-87

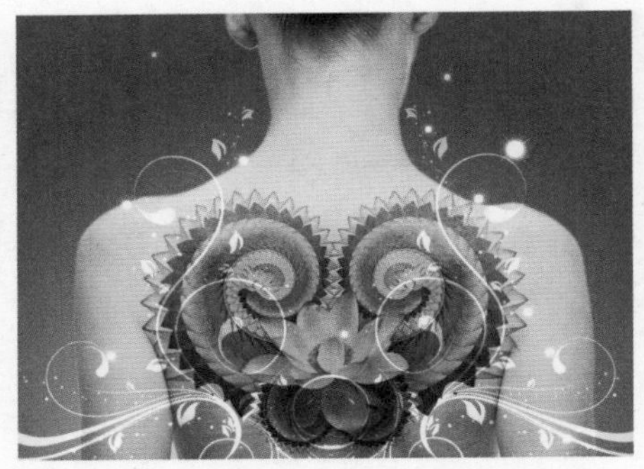

图3-88

混合模式/含义				
混合模式共有27种。下图为一个PSD格式的分层文件，接下来通过调整“图层1”的混合模式，演示它与下面图层中的像素（“背景”图层）如何混合 			 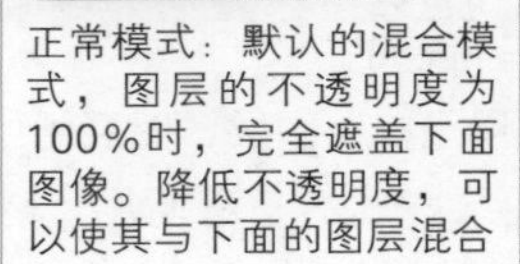 正常模式：默认的混合模式，图层的不透明度为100%时，完全遮盖下面图像。降低不透明度，可以使其与下面的图层混合	 溶解模式：设置为该模式，并降低图层的不透明度时，可以使半透明区域上的像素离散，产生点状颗粒
 变暗模式：比较两个图层，当前图层中较亮的像素会被底层较暗的像素替换，亮度值比底层像素低的像素保持不变	 正片叠底模式：当前图层中的像素与底层的白色混合时保持不变，与底层的黑色混合时则被其替换，混合结果会使图像变暗	 颜色加深模式：通过增加对比度来加强深色区域，底层图像的白色保持不变	 线性加深模式：通过减小亮度使像素变暗，它与“正片叠底”模式的效果相似，但可以保留下面图像更多的颜色信息	 深色模式：比较两个图层所有通道值的总和，并显示值较小的颜色，不会生成第3种颜色

混合模式/含义				

变亮模式：与“变暗”模式效果相反，当前图层中较亮的像素会替换底层较暗的像素，而较暗的像素则被底层较亮的像素替换	滤色模式：与“正片叠底”模式的效果相反，它可以使图像产生漂白的效果，类似于多个摄影幻灯片在彼此之上投影	颜色减淡模式：与“颜色加深”模式的效果相反，它通过减小对比度来加亮底层的图像，并使颜色变得更加饱和	线性减淡（添加）模式：与“线性加深”模式的效果相反。该模式通过增加亮度来减淡颜色，提亮效果强烈	浅色模式：比较两个图层的所有通道值的总和，并显示值较大的颜色，不会生成第3种颜色

叠加模式：可增强图像的颜色，并保持底层图像的高光和暗调	柔光模式：当前图层中的颜色决定了图像变亮或是变暗。如果当前图层中的像素比 50% 灰色亮，会使图像变亮；如果像素比 50% 灰色暗，则会使图像变暗。该模式产生的效果与发散的聚光灯照在图像上相似	强光模式：当前图层中比 50%灰色亮的像素会使图像变亮；比50%灰色暗的像素会使图像变暗。该模式产生的效果与耀眼的聚光灯照在图像上相似	亮光模式：如果当前图层中的像素比 50% 灰色亮，可以通过减小对比度的方式使图像变亮；如果当前图层中的像素比 50% 灰色暗，则通过增加对比度的方式使图像变暗。可以使混合后的颜色更加饱和	线性光模式：如果当前图层中的像素比 50% 灰色亮，可通过增加亮度使图像变亮；如果当前图层中的像素比 50% 灰色暗，则通过减小亮度使图像变暗。与“强光”模式相比，“线性光”可以使图像产生更高的对比度

点光模式：如果当前图层中的像素比 50% 灰色亮，会替换暗的像素；比 50% 灰色暗，则替换亮的像素	实色混合模式：如果当前图层中的像素比50%灰色亮，会使底层图像变亮；比50%灰色暗，会使底层图像变暗	差值模式：当前图层的白色区域会使底层图像产生反相效果，而黑色则不会对底层图像产生影响	排除模式：与“差值”模式的原理基本相似，但该模式可以创建对比度更低的混合效果	减去模式：可以从目标通道中相应的像素上减去源通道中的像素值
				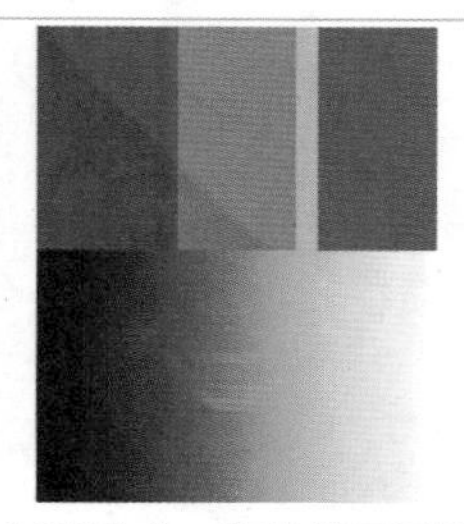
划分模式：查看每个通道中的颜色信息，从基色中划分混合色	色相模式：将当前图层的色相应用到底层图像的亮度和饱和度中，可以改变底层图像的色相	饱和度模式：将当前图层的饱和度应用到底层图像的亮度和色相中，可以改变底层图像的饱和度	颜色模式：将当前图层的色相与饱和度应用到底层图像中，但保持底层图像的亮度不变	明度模式：将当前图层的亮度应用于底层图像的颜色中，可改变底层图像的亮度

3.6 图层样式

图层样式也叫图层效果，它可以为图层中的对象添加诸如投影、发光、浮雕和描边等效果，创建具有真实质感的水晶、玻璃、金属和纹理特效。图层样式可以随时修改、隐藏和删除，具有非常强的灵活性。

3.6.1 实战：添加图层样式

■类别：软件功能 ■光盘提供：☑素材 ☑实例效果 ☑视频录像

01 打开光盘中的素材，如图3-89所示。单击一个图层，执行“图层>图层样式”下拉菜单中的命令，或单击“图层”面板底部的添加图层样式按钮 fx.，打开下拉菜单，选择一个效果，如图3-90所示，可以打开“图层样式”对话框，并进入到相应效果的设置面板。

图3-89

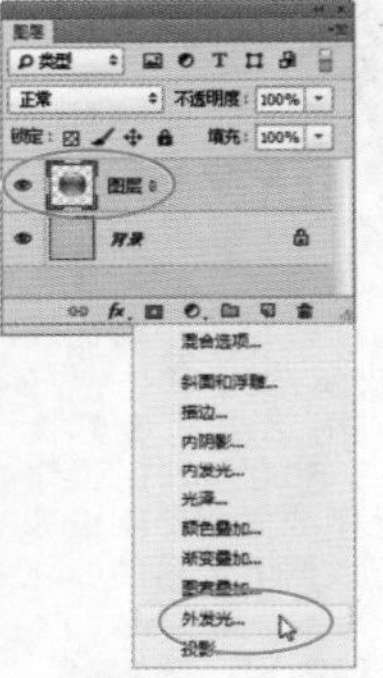

图3-90

02 调整参数，为按钮添加外发光，如图3-91、图3-92所示。

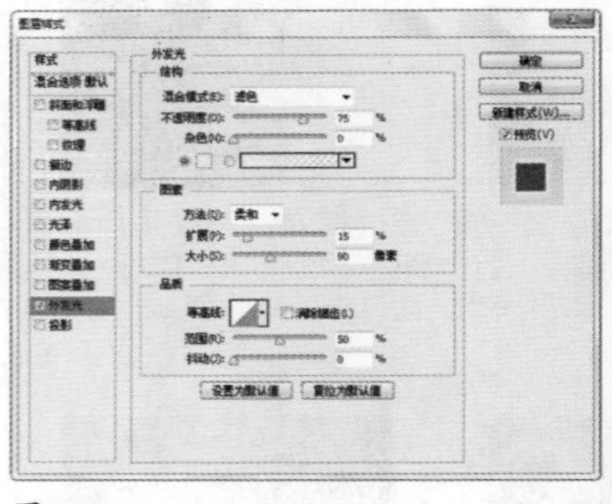

图3-91

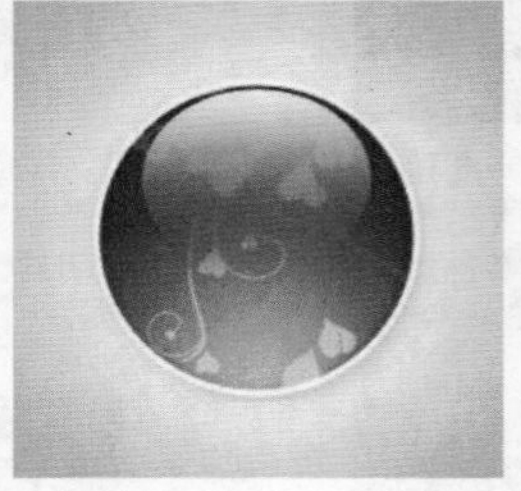

图3-92

提示

打开“图层>图层样式”下拉菜单，选择一个效果命令，或者直接双击需要添加效果的图层，都可以打开“图层样式”对话框。

03 “图层样式”对话框的左侧列出了10种效果，如图3-93所示。效果名称前面的复选框内有“√”标记的，表示在图层中添加了该效果。如果要添加新的效果，可单击一个效果的名称，对话框的右侧会显示与之对应的选项，此时可调整参数，如图3-94所示，效果如图3-95所示。如果单击效果名称前的复选框，则可以应用该效果，但不会显示效果选项。单击一个效果前面的“√”标记，可停用该效果，但保留效果参数。

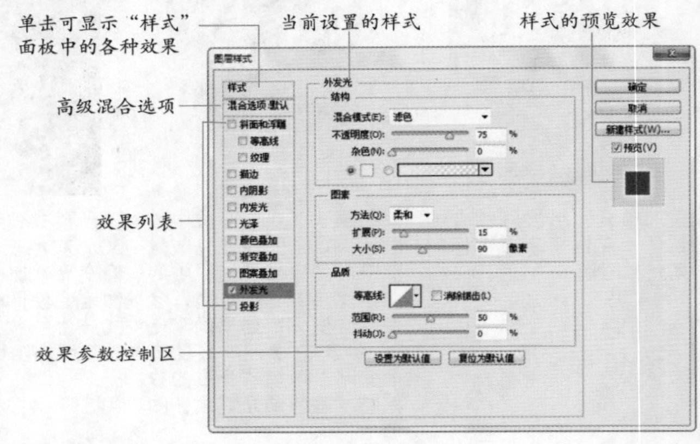

图3-93

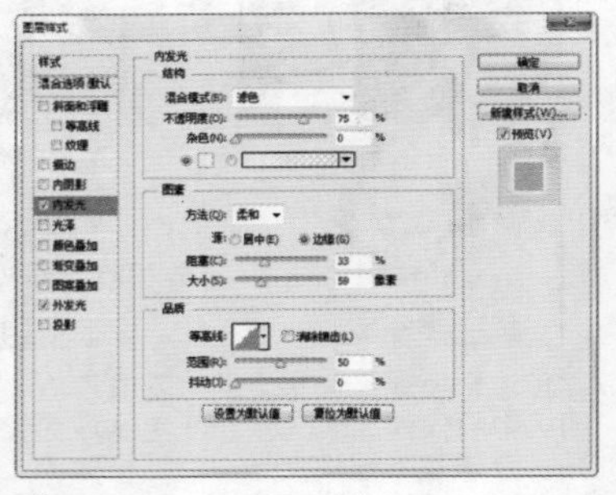

图3-94

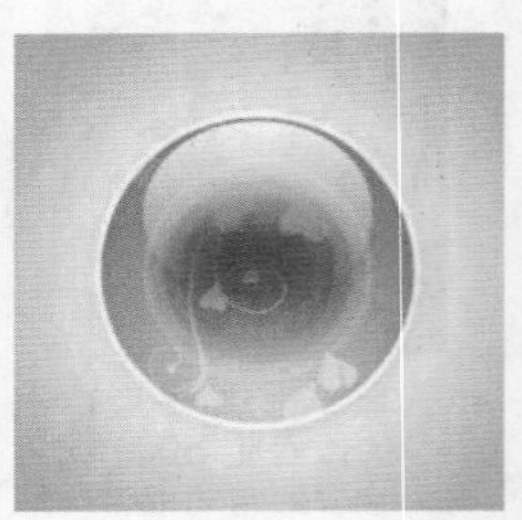

图3-95

04 在对话框中设置效果参数以后，单击“确定”按钮，即可为图层添加效果，该图层会显示出一个图层样式图标 fx.和一个效果列表，如图3-96所示。单击按钮，可折叠或展开效果列表，如图3-97所示。

图3-96

图3-97

3.6.2 实战：有机玻璃字

■类别：特效字 ■光盘提供：☑素材 ☑实例效果 ☑视频录像

01 按下Ctrl+O快捷键，打开光盘中的素材，如图3-98、图3-99所示。

图3-98

图3-99

02 下面来对文字进行透视变换。按下Ctrl+T快捷键显示定界框。按住Alt+Ctrl+Shift键向外拖曳右下角的控制点，进行透视扭曲，如图3-100所示。再向外拖曳右上角的控制点，如图3-101所示。

图3-100

图3-101

03 选择移动工具，按住Alt键，然后连续按下↓键（大概30次）复制图层，如图3-102、图3-103所示。

图3-102

图3-103

04 按住Shift键单击"100%副本"图层，将当前图层与该图层中间的所有图层同时选择，如图3-104所示，按下Ctrl+E快捷键合并，如图3-105所示。按下Ctrl+[快捷键，将该图层移动到"100%"层的下方，如图3-106所示。

图3-104

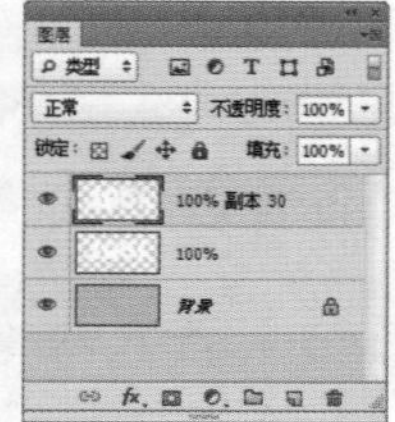

图3-105

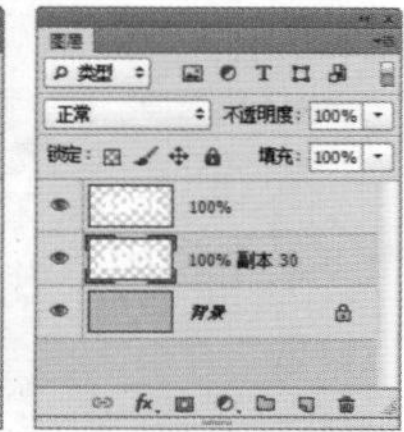

图3-106

05 双击该图层，打开"图层样式"对话框，为它添加"颜色叠加"效果，将颜色设置为黑色，如图3-107、图3-108所示。

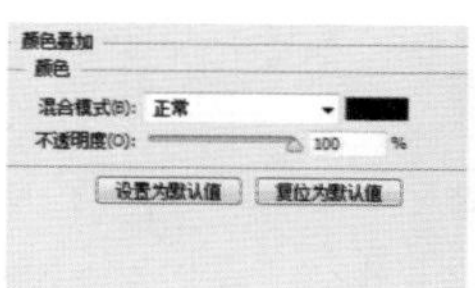

图3-107

图3-108

06 添加"内发光"效果，设置发光颜色为红色（R255、G0、B0），如图3-109、图3-110所示。按下回车键关闭对话框。

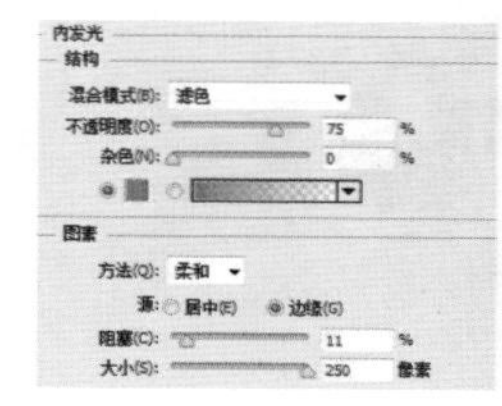

图3-109

图3-110

07 双击"100%"图层，打开"图层样式"对话框，添加"渐变叠加"效果，渐变颜色设置为"黑-灰色"，如图3-111、图3-112所示。在左侧列表选择"内发光"选项，设置发光颜色为红色，如图3-113、图3-114所示。按下回车键关闭对话框。

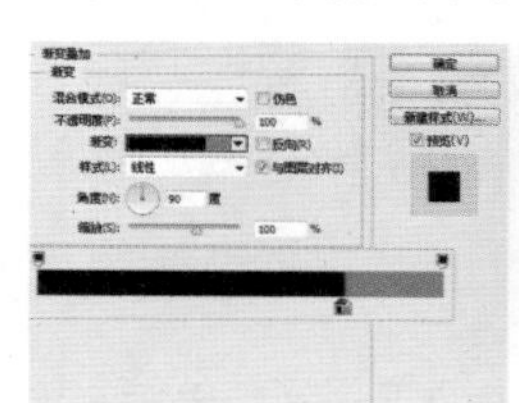

图3-111

图3-112

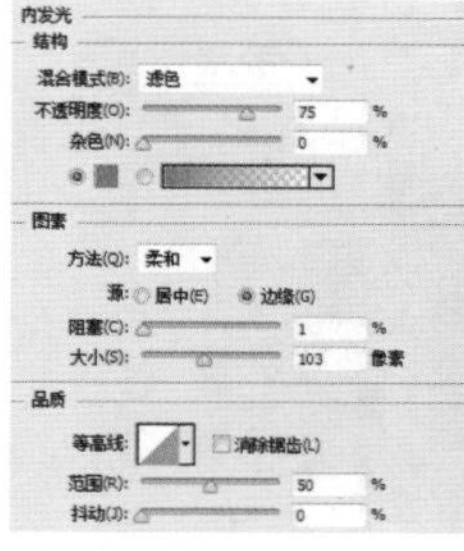

图3-113

图3-114

08 单击"背景"图层前面的眼睛图标，将该图层隐藏。按住Ctrl键，单击"100%副本30"图层，将其与当前图层一同选取，如图3-115所示，按下Alt+Ctrl+E快捷键进行盖印，将所选图层中的图像合并到一个新的图层中，如图3-116所示。

图3-115　　图3-116

09 执行“滤镜>模糊>高斯模糊”命令，设置模糊“半径”为27像素，如图3-117、图3-118所示。

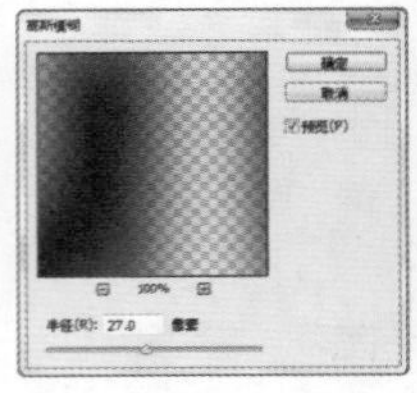

图3-117

图3-118

10 按下Ctrl+Shift+[快捷键，将该图层移动到最底层，设置不透明度为80%，如图3-119所示。使用移动工具将图像向右下方拖动，使它成为文字的投影，如图3-120所示。

图3-119

图3-120

11 打开光盘中的素材文件，将其拖入文字文档中作为背景，效果如图3-121所示。

图3-121

3.6.3 实战：显示、隐藏与修改效果

■类别：特效字 ■光盘提供：☑素材 ☑实例效果 ☑视频录像

01 打开光盘中的素材。在“图层”面板中，效果前面的眼睛图标用来控制效果的可见性。如果要隐藏一个效果，可以单击该效果名称前的眼睛图标，如图3-122、图3-123所示；如果要隐藏一个图层中的所有效果，可以单击该图层“效果”前的眼睛图标，如图3-124所、图3-125示；如果要隐藏文档中所有图层的效果，可以执行“图层>图层样式>隐藏所有效果”命令。

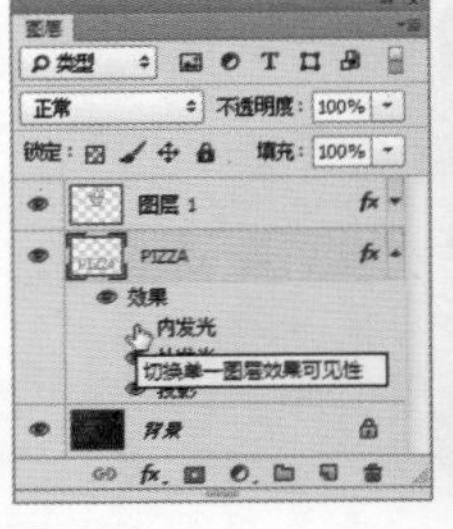

图3-122

图3-123

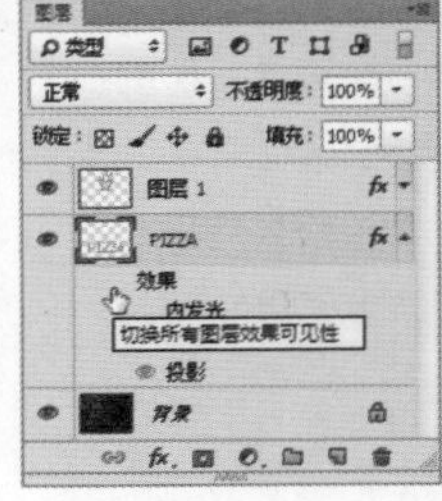

图3-124

图3-125

02 隐藏效果后，在原眼睛图标处单击，可以重新显示效果，如图3-126、图3-127所示。

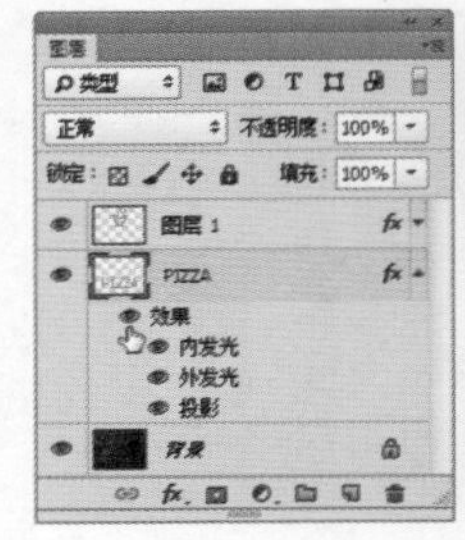

图3-126

图3-127

03 在“图层”面板中，双击一个效果的名称，如图3-128所示，可以打开“图层样式”对话框，并进入该效果的设置面板，此时可以修改效果参数，如图3-129所示。设置完成后，单击“确定”按钮，可以将修改后的效果应用于图像。

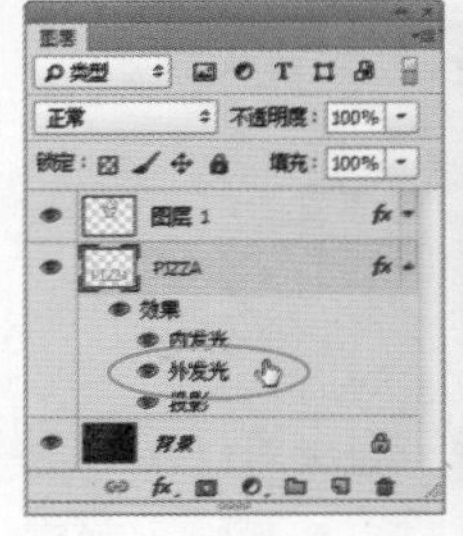

图3-128

图3-129

3.6.4 实战：复制、粘贴与清除效果

■类别：软件功能 ■光盘提供：☑素材 ☑视频录像

01 打开光盘中的素材，如图3-130所示。选择添加了效果的图层，如图3-131所示，执行“图层>图层样式>拷贝图层样式”命令，复制效果，单击另一个图层，执行“图层>图层样式>粘贴图层样式”命令，可以将效果粘贴到所选图层中，如图3-132、图3-133所示。

图3-130

图3-131

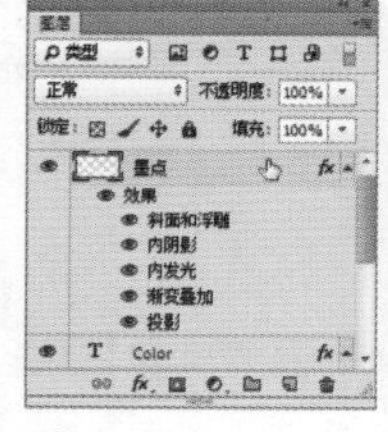

图3-132

图3-133

> **提示**
>
> 按住Alt键，将效果图标 fx 从一个图层拖曳到另一个图层，可以将该图层的所有效果都复制到目标图层；如果只需要复制一个效果，可按住Alt键，拖曳该效果的名称至目标图层；如果没有按住Alt键，则效果会转移到目标图层，原图层不再有效果。

02 如果要删除一种效果，可将其拖曳到“图层”面板底部的 🗑 按钮上，如图3-134、图3-135所示。如果要删除一个图层的所有效果，可以将效果图标 fx 拖曳到 🗑 按钮上，如图3-136、图3-137所示。也可以选择图层，然后执行“图层>图层样式>清除图层样式”命令来进行操作。

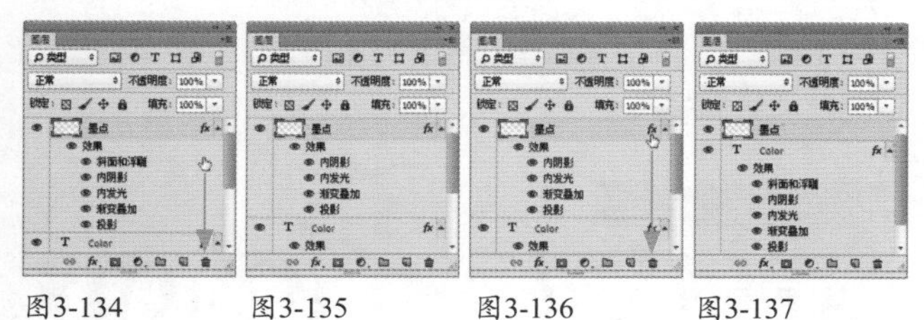

图3-134 图3-135 图3-136 图3-137

3.6.5 实战：针对图像大小缩放效果

■类别：软件功能 ■光盘提供：☑素材 ☑实例效果 ☑视频录像

对添加了效果的对象进行缩放时，效果仍然保持原来的比例，而不会随着对象大小的变化而改变。如果要获得与图像比例一致的效果，就需要单独对效果进行缩放。“缩放效果”命令可以缩放效果，而不会缩放添加了效果的图层。

01 打开光盘中的素材，如图3-138所示。单击添加了效果的图层，如图3-139所示。

图3-138

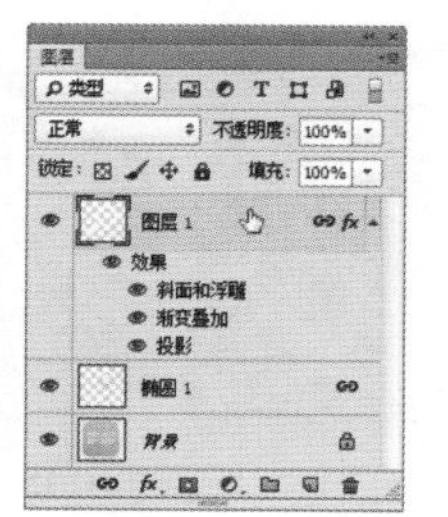

图3-139

02 按下Ctrl+T快捷键显示定界框，在工具选项栏中设置缩放比例为50%，将图像缩小，如图3-140所示。按下回车键确认。从缩放结果中可以看到，如图3-141所示，图像缩小了，但效果的比例没有改变，与图像的比例不协调。

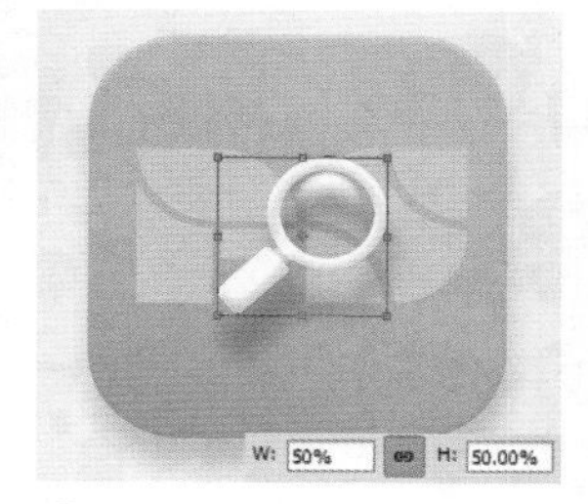

图3-140

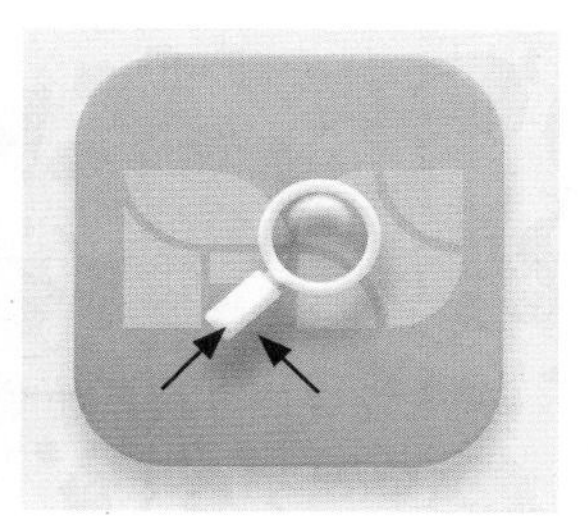

图3-141

03 下面来缩放效果。执行“图层>图层样式>缩放效果”命令，打开“缩放图层效果”对话框，将效果的缩放比例也设置为50%，如图3-142所示。这样效果就与对象相匹配了，如图3-143所示。

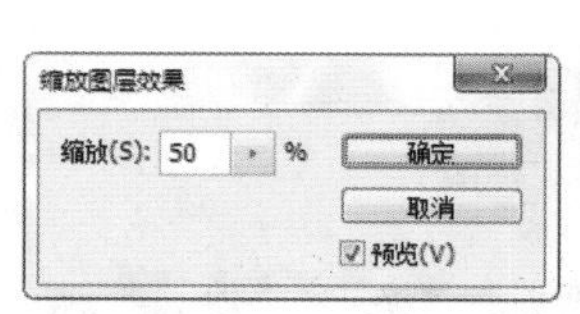

图3-142

图3-143

3.6.6 实战：将效果创建为图层

■类别：软件功能 ■光盘提供：☑素材 ☑实例效果 ☑视频录像

图层样式虽然丰富，但要想进一步对其进行编辑，如在效果内容上绘画或应用滤镜，则需要先将效果创建为图层。下面介绍具体的操作方法。

01 打开光盘中的素材，如图3-144所示。选择添加了效果的图层，如图3-145所示，执行“图层>图层样式>创建图层”命令，即可将效果剥离到新的图层中，如图3-146所示。

图3-144

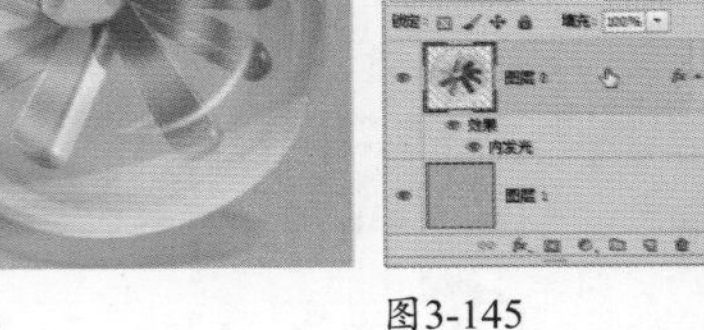

图3-145

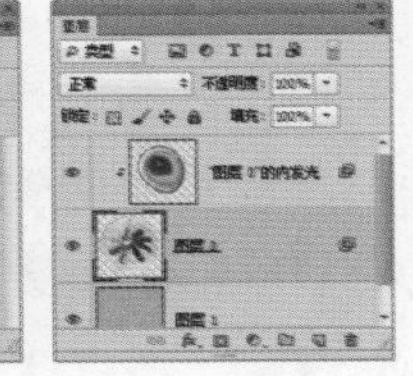

图3-146

02 选择剥离出来的图层，执行“滤镜>纹理>染色玻璃”命令，对图像进行处理，如图3-147、图3-148所示。

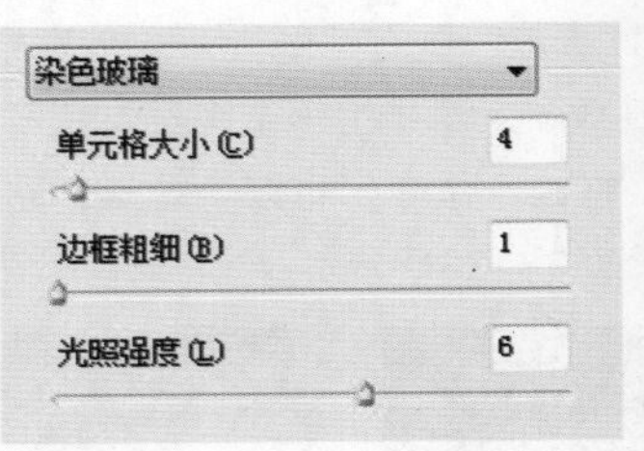

图3-147

图3-148

3.7 “样式”面板

“样式”面板用来保存、管理和应用图层样式。使用该面板时，只需轻点鼠标，即可为对象添加金属、浮雕、水晶、发光和阴影等特效。

3.7.1 实战：使用样式

■类别：软件功能 ■光盘提供：☑素材 ☑实例效果 ☑视频录像

01 打开光盘中的素材，如图3-149所示。单击“图层1”，如图3-150所示，单击“样式”面板中的一个样式，为它添加该样式，如图3-151、图3-152所示。

图3-149

图3-150

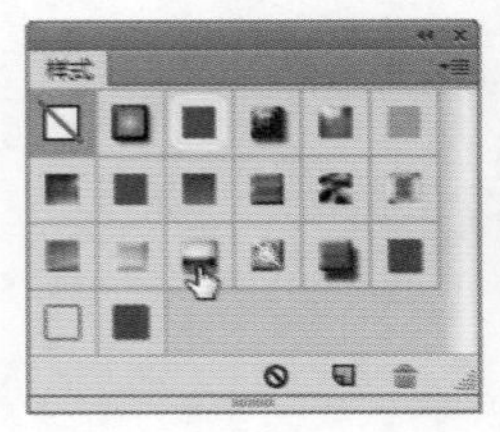

图3-151

图3-152

02 除了“样式”面板中的样式外，Photoshop还提供了其他样式，它们按照不同的类型放在不同的样式库中。打开“样式”面板菜单，选择一个样式库，如图3-153所示，弹出一个对话框，如图3-154所示，单击“确定”按钮，载入样式并替换面板中原有的样式。如果单击“追加”按钮，则可以将样式追加到面板中。

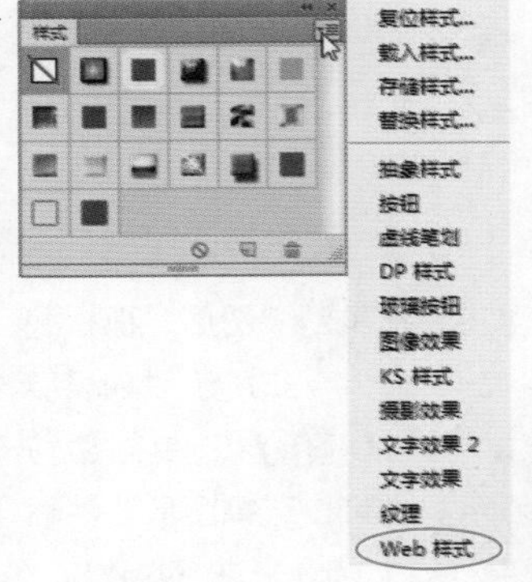

图3-153

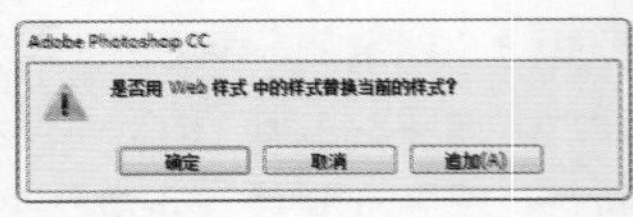

图3-154

03 单击图3-155所示的样式，为图像添加该效果，如图3-156所示。

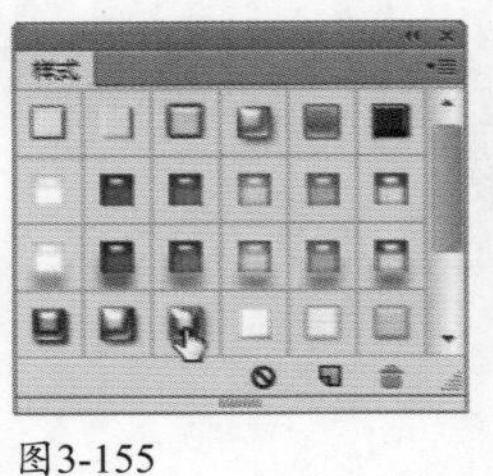

图3-155

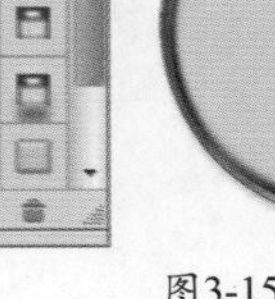

图3-156

3.7.2 实战：载入样式创建特效

■类别：特效字 ■光盘提供：☑素材 ☑实例效果 ☑视频录像

01 打开光盘中的素材，如图3-157所示。打开“样式”面板菜单，选择“载入样式”命令，打开“载入”对话框，选择光盘中的样式文件，如图3-158所示，将它载入到面板中。

图3-157

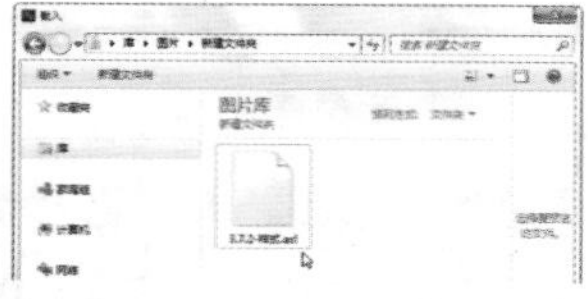

图3-158

02 选择“图层2”，如图3-159所示，单击“样式”面板中新载入的样式，为图层添加效果，如图3-160、图3-161所示。

图3-159

图3-160

图3-161

03 将光标放在图层样式图标 fx 上，按住Alt键，单击并向“图层1”拖曳，将效果复制到该图层，如图3-162、图3-163所示。

图3-162

图3-163

> **提示**
>
> 载入样式或删除“样式”面板中的样式后，如果想要让面板恢复为Photoshop默认的预设样式，可以执行“样式”面板菜单中的“复位样式”命令。

3.7.3 实战：创建和删除样式

■类别：软件功能 ■光盘提供：☑素材 ☑视频录像

01 打开光盘中的素材，如图3-164所示。单击添加了效果的图层，如图3-165所示。

图3-164

图3-165

02 单击“样式”面板中的创建新样式按钮，打开图3-166所示的对话框，设置选项，并单击“确定”按钮，即可将该图层添加的样式保存到“样式”面板中，如图3-167所示。

03 将“样式”面板中的一个样式拖曳到删除样式按钮上，如图3-168所示，可将其删除。此外，按住 Alt 键单击一个样式，则可直接将其删除。

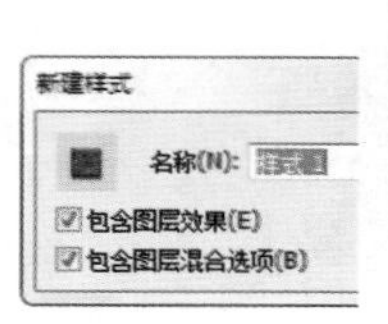

图3-166

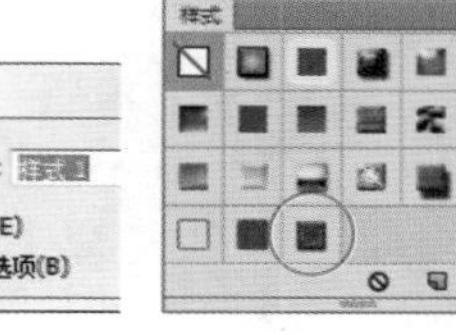

图3-167

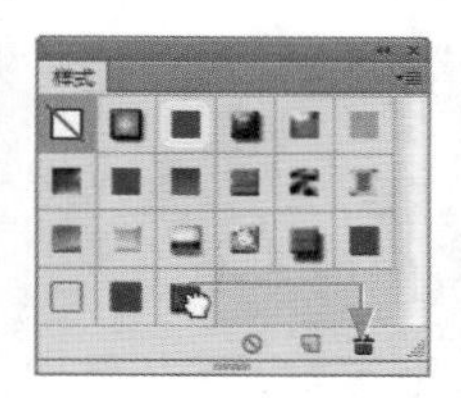

图3-168

3.8 图层复合

图层复合是“图层”面板状态的快照（类似于“历史记录”面板中的快照），它记录了当前文档中图层的可见性、位置和外观（包括图层的不透明度、混合模式及图层样式等）。通过图层复合可以快速地在文档中切换不同版面的显示状态，适合用来展示多种设计方案。

3.8.1 实战：使用图层复合展示设计方案

■类别：软件功能 ■光盘提供：☑素材 ☑实例效果 ☑视频录像

01 按下Ctrl+O快捷键，打开光盘中的素材文件，如图3-169所示。

02 打开“图层复合”面板。单击面板底部的按钮，打开“新建图层复合”对话框，设置名称为“方案1”，并选择“可见性”选项，如图3-170所示，单击“确定”按钮，创建一个图层复合，如图3-171所示。它记录了“图层”面板中图层的当前显示状态。

图3-169

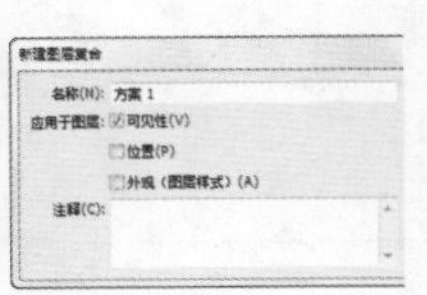

图3-170

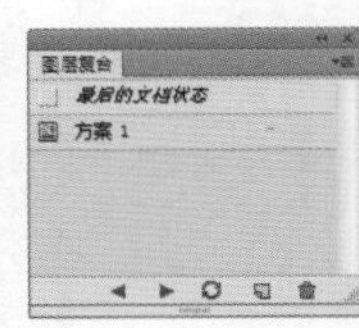

图3-171

03 单击“调整”面板中的 按钮，在“图层”面板中创建“色相/饱和度”调整图层。按下Alt+Ctrl+G快捷键，创建剪贴蒙版，如图3-172所示。打开“属性”面板，调整图像颜色，如图3-173、图3-174所示。

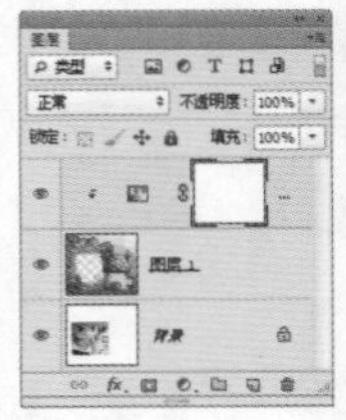

图3-172

图3-173

图3-174

04 单击“图层复合”面板底部的 按钮，再创建一个图层复合，设置它的名称为“方案2”。至此，我们就通过图层复合记录了两套设计方案。向客户展示方案时，可以在“方案1”和“方案2”的名称前单击，让应用图层复合图标显示出来，图像窗口中便会显示此图层复合记录的快照，如图3-175、图3-176所示。也可以单击 和 按钮来进行循环切换。

图3-175

图3-176

3.8.2 实战：更新图层复合

■类别：软件功能 ■光盘提供：☑素材 ☑视频录像

创建图层复合后，如果进行删除或合并图层等操作，“图层复合”面板中就会出现无法完全恢复图层复合警告图标，此时需要对图层复合进行更新。

01 打开光盘中的素材，如图3-177所示。单击“图层1”，如图3-178所示，按下Delete键删除，如图3-179、图3-180所示。

图3-177

图3-178

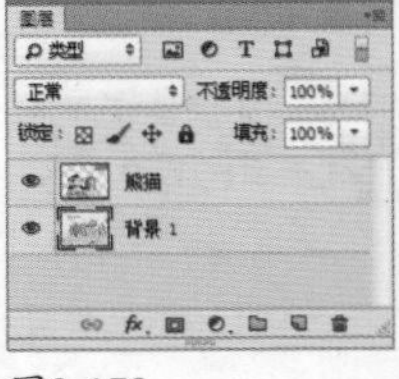

图3-179

图3-180

02 此时“图层复合”面板中会出现状警告图标，如图3-181所示。单击该图标，会弹出一个提示对话框，它说明图层复合无法正常恢复。单击该对话框中的“清除”按钮，清除警告，使其余的图层保持不变。也可以单击“图层复合”面板中的更新图层复合按钮，对图层复合进行更新，使图层复合保持最新状态。需要注意的是，这可能导致以前记录的参数丢失。

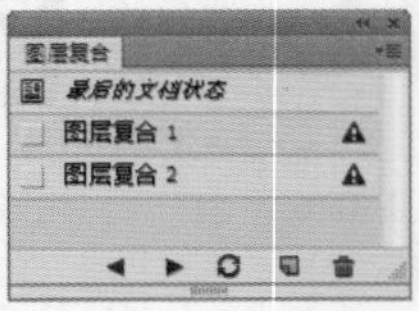

图3-181

3.9 智能对象

智能对象是一个嵌入到当前文档中的文件（图像或在Illustrator中创建的矢量图形）。它能够保留对象的源内容和所有的原始特征，例如，进行缩放、旋转、变形等时，不会丢失原始图像数据或降低图像的品质。智能对象可以生成多个副本，对原始内容进行编辑以后，所有与之链接的副本都会自动更新。这是一种非破坏性的编辑功能。

3.9.1 创建智能对象

智能对象可以通过以下方法来进行创建。

- 将图层创建为智能对象：在“图层”面板中选择一个或多个图层，执行“图层>智能对象>转换为智能对象”命令，可以将它们打包到一个智能对象中。
- 通过打开方式创建：执行“文件>打开为智能对象”命令，可以选择一个文件作为智能对象打开，如图3-182所示。在“图层”面板中，智能对象的缩览图右下角会显示▣状图标，如图3-183所示。

图3-182

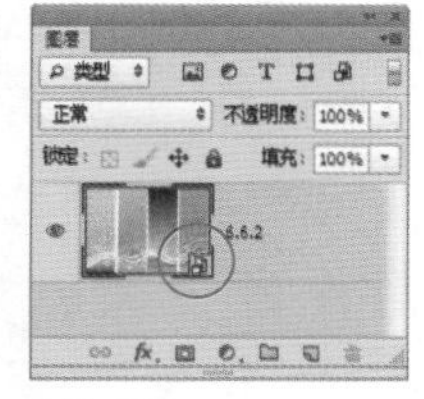
图3-183

- 通过置入方式创建：打开一个文件，执行“文件>置入嵌入的智能对象”命令，可以将文件作为智能对象嵌入当前文档中。执行“文件>置入链接的智能对象”命令，则可以创建从外部图像文件中引用其内容的链接的智能对象。当来源图像文件更改时，链接的智能对象的内容也会更新。

3.9.2 复制智能对象

选择智能对象所在的图层，执行“图层>新建>通过拷贝的图层”命令，可以复制出新的智能对象（它称为智能对象的实例），如图3-184、图3-185所示。实例与原智能对象保持链接关系，编辑其中的任意一个，与之链接的智能对象也会同时显示出所做的修改，图3-186、图3-187所示为修改智能对象颜色后的效果。

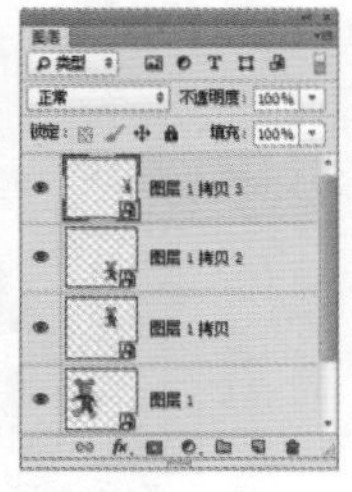
图3-184

图3-185

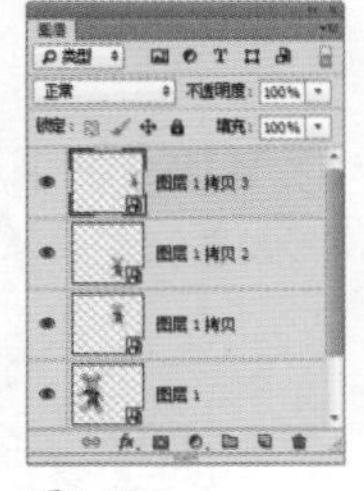
图3-186

图3-187

如果要复制出非链接的智能对象，可以选择智能对象图层，执行“图层>智能对象>通过拷贝新建智能对象”命令，新智能对象与原智能对象各自独立，编辑其中任何一个，都不会影响到另外一个。

3.9.3 编辑智能对象

双击一个智能对象的缩览图，如图3-188所示，或选择智能对象图层，执行“图层>智能对象>编辑内容”命令，此时会弹出一个提示对话框，如图3-189所示。

图3-188

图3-189

单击“确定”按钮，在一个新的窗口中打开智能对象的原始文件，如图3-190所示。此时即可对其进行编辑。例如，可以单击“调整”面板中的▣按钮，创建“黑白”调整图层，将图像调整为黑白效果，如图3-191所示。关闭该文件，在弹出的对话框中单击“是”按钮，确认所做的修改，智能对象会自动更新，如图3-192所示。

图3-190

图3-191

图3-192

技术看板：与智能对象有关的命令

- 选择一个智能对象，执行“图层>智能对象>替换内容”命令，打开“置入”对话框，选择一个文件，单击“置入”按钮，将其置入到文档中，替换原有的智能对象。
- 如果与智能对象链接的外部源文件发生改变或丢失，则在Photoshop中打开这样的文档时，智能对象的图标上会出现提示。此时可以执行“图层>智能对象>更新修改的内容”命令，更新智能对象。执行“图层>智能对象>更新所有修改的内容”命令，可以更新当前文档中所有链接的智能对象。
- 如果智能对象的源文件丢失，Photoshop会弹出提示窗口，要求用户重新指定源文件。如果源文件的名称发生改变，可以执行“图层>智能对象>解析断开的链接”命令，打开源文件所在的文件夹重新制定文件。
- 如果要查看源文件的位置，可以执行“图层>智能对象>在资源管理器中显示”命令。
- 选择智能对象所在的图层，执行“图层>智能对象>栅格化”命令，可以将智能对象转换为普通图层。
- 在“图层”面板中选择智能对象，执行“图层>智能对象>导出内容”命令，即可将它按照其原始的置入格式（JPEG、AI、TIF、PDF 或其他格式）导出。

第4章

突破核心功能 蒙版与通道

图层、蒙版和通道都是Photoshop的核心功能。这其中，通道是最难的，因为所有选区、修图、调色等操作，其原理和最终结果，都是通道发生了改变。学好通道对于了解Photoshop的工作原理是很有帮助的。初学者很少用到通道，对它的原理也缺乏了解，就会觉得这是一个很神秘的功能。其实，只要明白通道的3个主要用途：保存选区、色彩信息和图像信息，就可以轻松地理解它。在选区方面，通道可以抠图；在色彩方面，通道可以调色；在图像方面，通道可用于制作特效。经过上面的归纳，通道是不是变得"亲切"多了？

扫描二维码，关注李老师的微博、微信。

4.1 矢量蒙版

"蒙版"一词源自于摄影，是用于控制照片不同区域曝光的传统暗房技术。Photoshop中的蒙版与曝光无关，它借鉴了区域处理这一概念，主要用来遮盖局部图像。图层蒙版和剪贴蒙版都是基于像素的蒙版。矢量蒙版则是由钢笔、自定形状等矢量工具创建的蒙版，它与分辨率无关，无论怎样缩放都能保持光滑的轮廓，常用来制作Logo、按钮，或其他Web设计元素。

4.1.1 实战：创建矢量蒙版

■类别：图像合成　■光盘提供：☑素材　☑实例效果　☑视频录像

01 打开光盘中的素材，如图4-1所示。选择"树叶"图层，如图4-2所示。单击"路径"面板中的路径层，如图4-3所示。画面中会显示所选路径。

图4-1

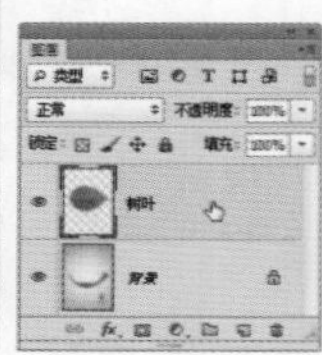

图4-2

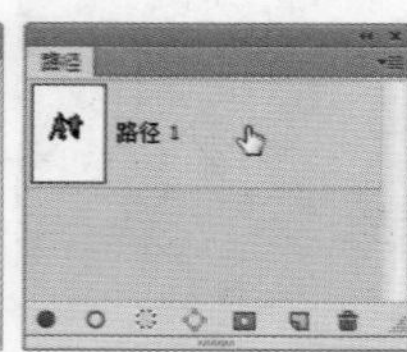

图4-3

提示

执行"图层>矢量蒙版>显示全部"命令，可以创建一个显示全部图像内容的矢量蒙版；执行"图层>矢量蒙版>隐藏全部"命令，可以创建隐藏全部图像的矢量蒙版。

02 执行"图层>矢量蒙版>当前路径"命令，或按住Ctrl键，单击"图层"面板中的按钮，基于当前路径创建矢量蒙版，路径区域外的图像会被蒙版遮盖，如图4-4、图4-5所示。

03 按住Ctrl键，单击"图层"面板中的按钮，在"树叶"层下方新建一个图层，如图4-6所示。按住Ctrl键单击蒙版，如图4-7所示，载入人物选区。

图4-4

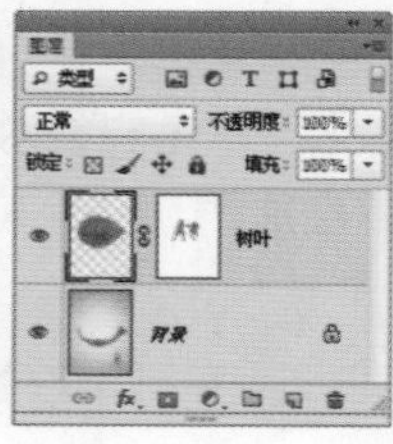

图4-5

图4-6

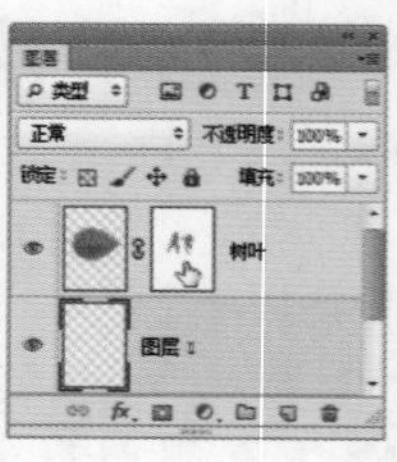

图4-7

04 执行"编辑>描边"命令，打开"描边"对话框，将描边颜色设置为深绿色，"宽度"设置为4像素，"位置"选择"内部"，如图4-8所示，单击

“确定”按钮，对选区进行描边。按下Ctrl+D快捷键取消选择。选择移动工具，按几次→键和↓键，将描边图像向右下方轻微移动，效果如图4-9所示。

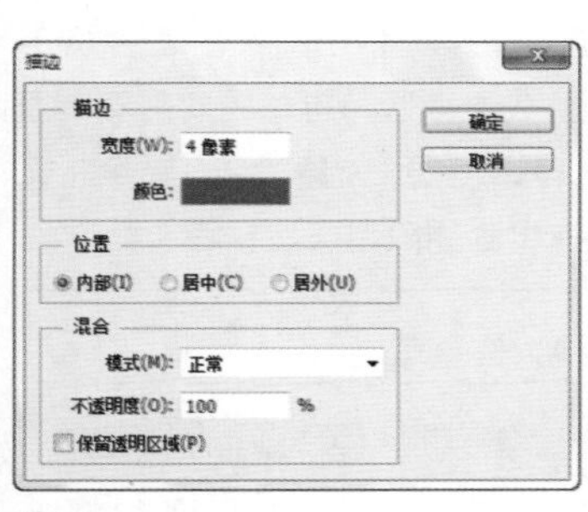

图4-8

图4-9

05 单击“图层”面板中的按钮，新建一个图层。选择柔角画笔工具，在运动员脚部绘制阴影，如图4-10、图4-11所示。

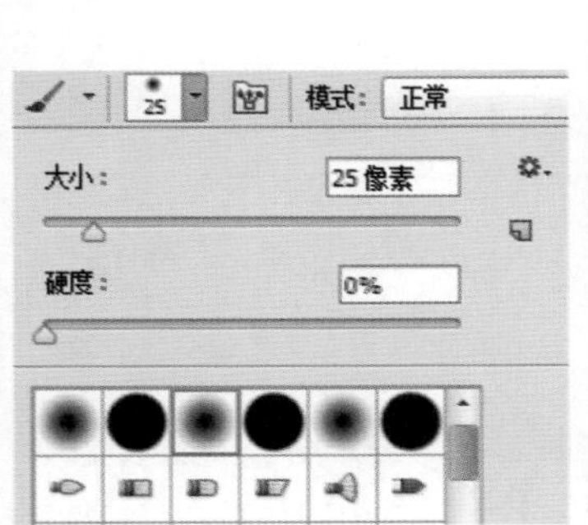

图4-10

图4-11

4.1.2 实战：在矢量蒙版中添加形状

■类别：图像合成 ■光盘提供：☑素材 ☑实例效果 ☑视频录像

01 打开光盘中的素材，如图4-12所示。单击矢量蒙版缩览图，进入蒙版编辑状态，如图4-13所示。此时缩览图外面会出现一个白色的外框，它表示当前编辑的是蒙版。此外，文档窗口中会显示矢量图形。

02 选择自定形状工具，在工具选项栏中选择合并形状选项和“路径”选项，打开形状下拉面板，执行面板菜单中的“全部”命令，载入Photoshop提供的所有形状，如图4-14所示。

图4-12

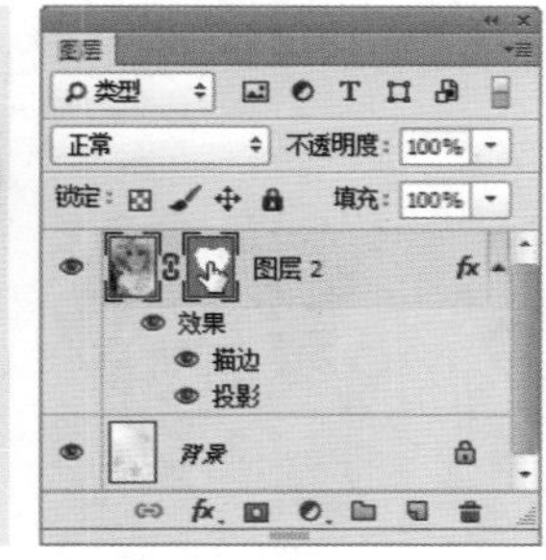

图4-13

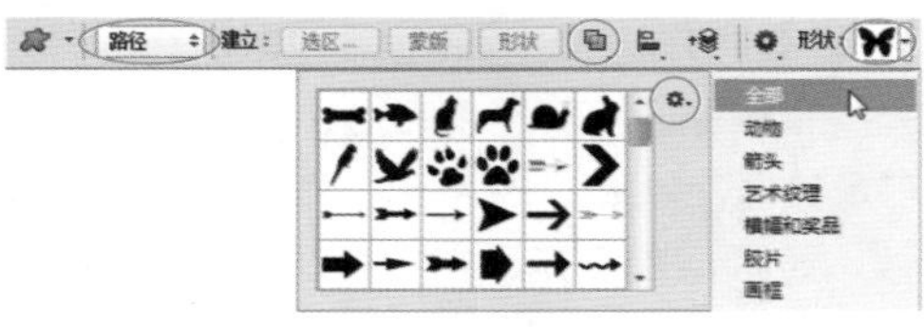

图4-14

03 选择音乐符号图形，绘制该图形，将它添加到矢量蒙版中，如图4-15、图4-16所示。在形状下拉面板中选择蜗牛、兔子和蝴蝶等图形，继续绘制，将它们也添加到矢量蒙版中，效果如图4-17所示。

图4-15

图4-16

图4-17

4.1.3 实战：编辑矢量蒙版中的图形

■类别：图像合成 ■光盘提供：☑素材 ☑视频录像

01 打开光盘中的素材，如图4-18所示。单击矢量蒙版所在的图层，如图4-19所示。

图4-18

图4-19

02 使用路径选择工具单击一个矢量图形，将其选择，如图4-20所示，单击并拖曳鼠标，即可将其移动，蒙版的遮盖区域会随之改变，如图4-21所示。按住Alt键拖曳鼠标，则可以复制图形，如图4-22所示。

图4-20

图4-21

图4-22

03 用路径选择工具选择一个图形后，按下Ctrl+T快捷键显示定界框，如图4-23所示，拖曳控制点可以对图形进行缩放，如图4-24所示；在定界框外单击并拖曳鼠标，可以旋转图形，如图4-25所示。按下回车键确认。矢量蒙版缩览图与图像缩览图之间有一个链接图标，它表示蒙版与图像处于链接状态，此时进行任何变换操作，蒙版都与图像一同变换。执行“图层>矢量蒙版>取消链接”命令，或单击该图标取消链接，就可以单独变换图像或蒙版。

图4-23

图4-24

图4-25

04 如果要删除一个矢量图形，可在选择它之后按下Delete键。如果要删除矢量蒙版，可单击“图层”面板中的矢量蒙版缩览图，执行“图层>矢量蒙版>删除”命令，也可以直接将矢量蒙版拖曳到删除图层按钮上。

技术看板：将矢量蒙版转换为图层蒙版

选择矢量蒙版所在的图层，执行“图层>栅格化>矢量蒙版”命令，可将其栅格化，使之转换为图层蒙版。

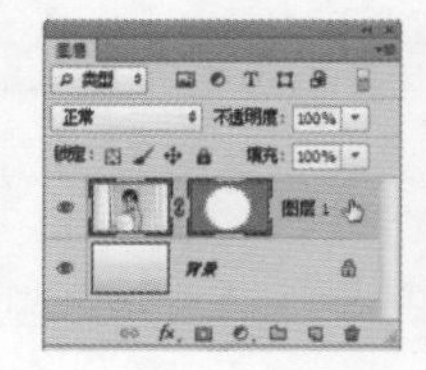

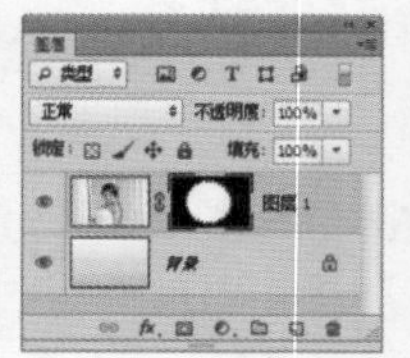

4.2 剪贴蒙版

剪贴蒙版可以用一个图层中包含像素的区域来限制它上层图像的显示范围。它的最大优点是可以通过一个图层来控制上方多个图层的可见内容，而图层蒙版和矢量蒙版都只能控制一个图层。

4.2.1 实战：创建剪贴蒙版

■类别：图像合成 ■光盘提供：☑素材 ☑实例效果 ☑视频录像

01 打开光盘中的素材，如图4-26所示。执行“文件>置入嵌入的智能对象”命令，在打开的对话框中选择光盘中的EPS格式素材，如图4-27所示，将它置入到当前文档中。

图4-26

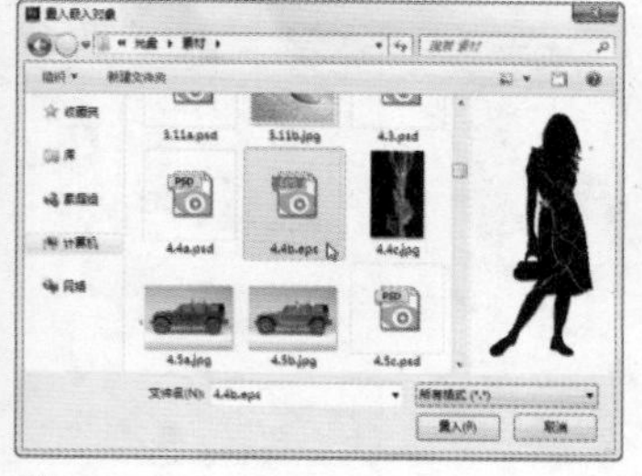

图4-27

02 按住Shift键拖动控制点，调整大小，如图4-28所示，按下回车键确认。打开光盘中的火焰素材，使用移动工具将其拖入人物文档，如图4-29所示。

图4-28

图4-29

03 执行“图层>创建剪贴蒙版”命令，或按下Alt+Ctrl+G快捷键，创建剪贴蒙版，如图4-30所示，将火焰的显示范围限定在下方的人像内。最后，显示“组1”，如图4-31所示。

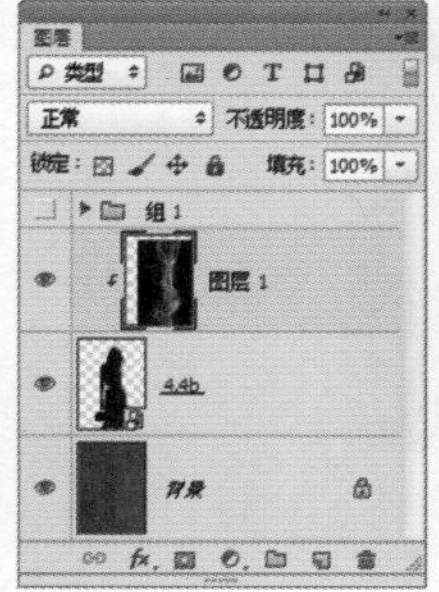
图4-30

图4-31

提示

在“图层”面板中，将光标放在分隔两个图层的线上，按住Alt键（光标为↓□状），单击鼠标可以创建剪贴蒙版；按住Alt键（光标为↘□状），再次单击鼠标则释放剪贴蒙版。剪贴蒙版可以应用于多个图层，但有一个前提，就是这些图层必须上下相邻。

4.2.2 实战：编辑剪贴蒙版

■类别：软件功能 ■光盘提供：☑素材 ☑视频录像

01 打开光盘中的素材文件，如图4-32、图4-33所示。在剪贴蒙版组中，最下面的图层叫作“基底图层”，它的名称带有下画线；位于它上面的图层叫作“内容图层”，内容图层的缩览图是缩进的，并带有↓状图标（它指向基底图层）。

图4-32

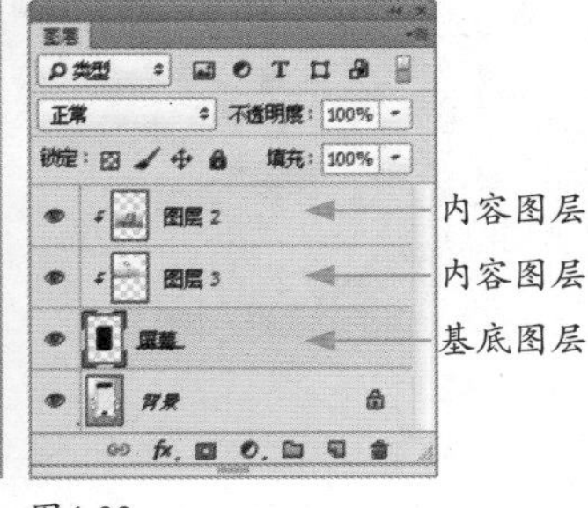

图4-33

02 基底图层中的透明区域充当了整个剪贴蒙版组的蒙版，也就是说，它的透明区域就像蒙版一样，可以将内容层中的图像隐藏起来。单击基底图层，使用移动工具▶移动它时，会改变内容图层的显示区域，如图4-34、图4-35所示。

03 将一个图层拖动到基底图层上方，可将其加入剪贴蒙版组中。将内容图层移出剪贴蒙版组，则可以释放内容图层，如图4-36~图4-38所示。

图4-34

图4-35

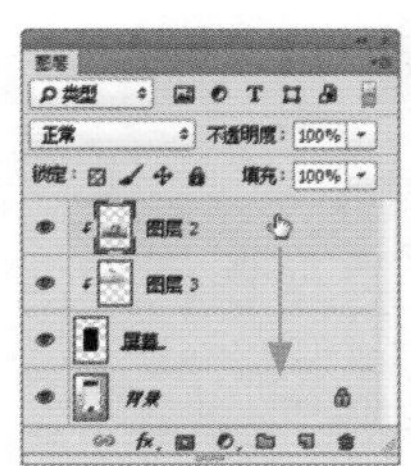
图4-36

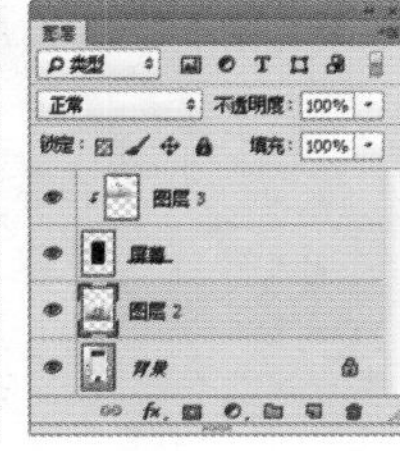
图4-37

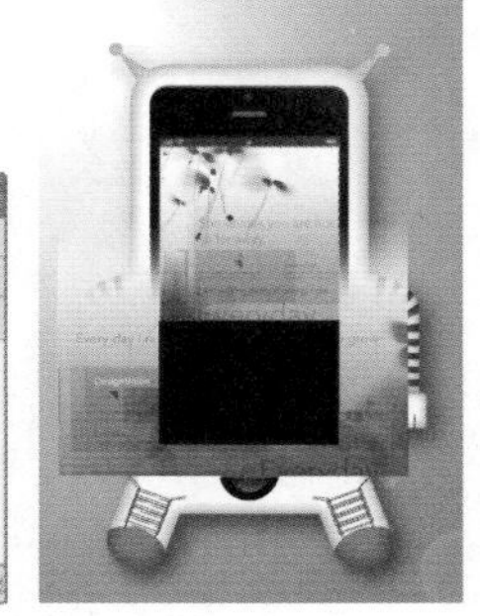
图4-38

技术看板：调整剪贴蒙版组的不透明度和混合模式

剪贴蒙版组使用基底图层的不透明度和混合模式属性，因此，调整基底图层的不透明度时，可以控制整个剪贴蒙版组的不透明度。而调整内容图层的不透明度时，不会影响到剪贴蒙版组中的其他图层。

调整基底图层的不透明度，左图为100%，右图为50%

调整左、右内容图层的不透明度为50%

当基底图层的混合模式为“正常”模式时，所有的图层都会按照各自的混合模式与下面的图层混合。调整基底图层的混合模式时，整个剪贴蒙版中的图层都会使用此模式与下面的图层混合。而调整内容图层时，仅对其自身产生作用，不会影响其他图层。

04 如果要释放整个剪贴蒙版组，可以选择基底图层正上方的内容图层，如图4-39所示，然后执行“图层>释放剪贴蒙版”命令，或者按下Alt+Ctrl+G快捷键，如图4-40所示。

图4-39

图4-40

4.3 图层蒙版

图层蒙版是一个256级色阶的灰度图像，它蒙在图层上面，起到遮盖图层的作用，然而其本身并不可见。图层蒙版主要用于合成图像。此外，创建调整图层、填充图层或应用智能滤镜时，Photoshop也会自动为其添加图层蒙版，因此，图层蒙版还可以控制颜色调整强度和滤镜的应用范围。

4.3.1 实战：创建图层蒙版

■类别：图像合成 ■光盘提供：☑素材 ☑实例效果 ☑视频录像

01 打开光盘中的两个素材，如图4-41、图4-42所示。使用移动工具将蝴蝶拖入婴儿文档中，如图4-43所示。

图4-41

图4-42

图4-43

02 单击“图层”面板中的按钮，为图层添加蒙版，白色蒙版不会遮盖图像。选择画笔工具，在工具选项栏的画笔下拉面板中选择柔角笔尖，如图4-44所示，在蝴蝶上涂抹黑色，用蒙版遮盖图像，如图4-45、图4-46所示。如果有多涂的区域，可以按下X键，将前景色切换为白色，然后再涂抹，这样就可以使隐藏的图像显示出来。

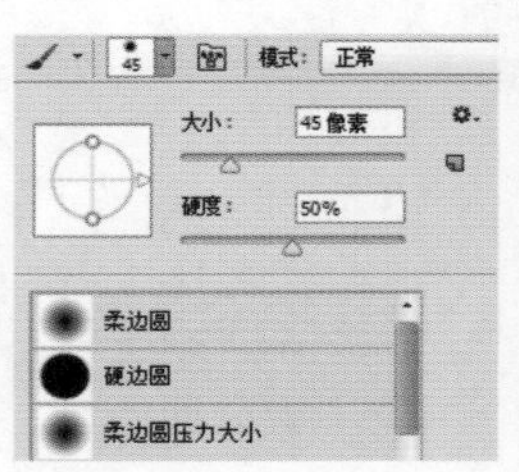
图4-44

图4-45

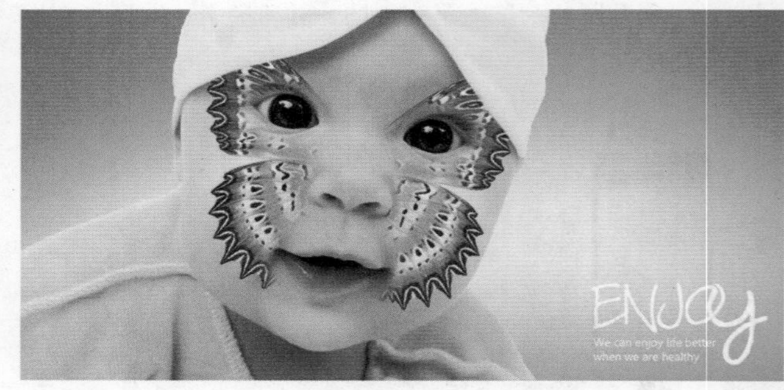
图4-46

03 双击蝴蝶所在的图层，如图4-47所示，打开“图层样式”对话框，将混合模式设置为“正片叠底”，如图4-48所示。

图4-47

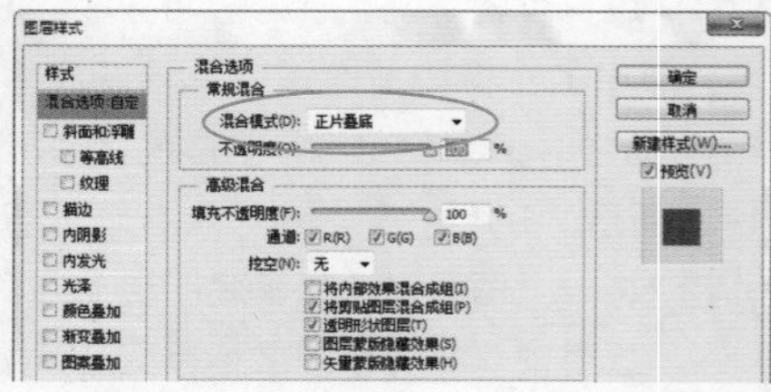
图4-48

04 按住Alt键，单击并向左侧拖曳“本图层”选项组中的白色滑块，如图4-49所示，隐藏蝴蝶图像中的高光区域。按住Alt键，单击并向左侧拖曳“下一图层”选项组中的白色滑块，如图4-50所示，让蝴蝶下方图层中的高光图像显示出来。单击“确定”按钮关闭对话框，图像效果如图4-51所示 。

05 在“图层1”的眼睛图标上单击，显示该图层，如图4-52所示，图像效果如图4-53所示。

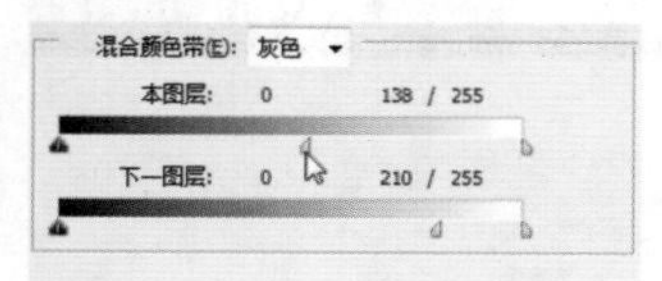

图4-49

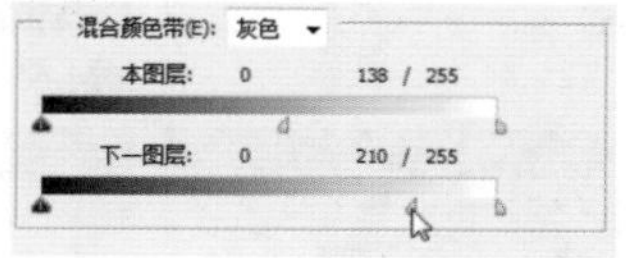

图4-50

图4-51

图4-52

图4-53

技术看板：蒙版编辑注意事项

添加图层蒙版后，蒙版缩览图外侧有一个白色的边框，它表示蒙版处于编辑状态，此时进行的所有操作将应用于蒙版。如果要编辑图像，应单击图像缩览图，将边框转移到图像上。

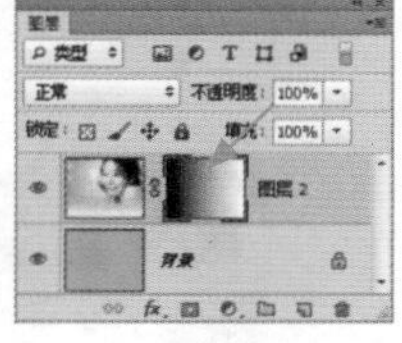
蒙版处于编辑状态

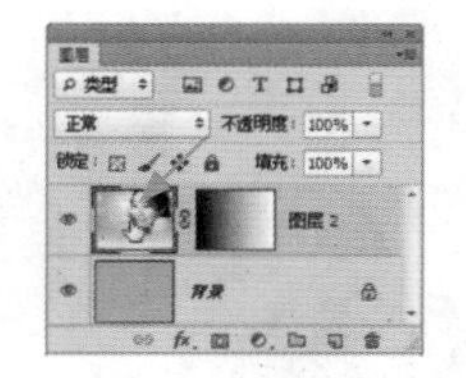
图像处于编辑状态

4.3.2 实战：从选区中生成图层蒙版

■类别：抠图 ■光盘提供：☑素材 ☑实例效果 ☑视频录像

01 打开光盘中的素材，如图4-54所示。选择快速选择工具，在工具选项栏中设置笔尖大小为40像素。在瓷人上单击，然后按住鼠标按键涂抹，创建选区，如图4-55所示。

图4-54

图4-55

02 瓷人的手臂有两处空隙，如图4-56所示，按住Alt键，在这两处区域创建选区，将它们排除到最终的选区之外，如图4-57所示。

图4-56

图4-57

03 单击“图层”面板中的按钮，或执行“图层>图层蒙版>显示选区”命令，基于选区生成图层蒙版，将选区之外的图像隐藏，如图4-58、图4-59所示。

图4-58

图4-59

提示

执行“图层>图层蒙版>显示全部”命令，可以创建一个显示图层内容的白色蒙版；执行“图层>图层蒙版>隐藏全部”命令，可以创建一个隐藏图层内容的黑色蒙版。如果图层中包含透明区域，则执行“图层>图层蒙版>从透明区域”命令可创建蒙版，并将透明区域隐藏。

4.3.3 实战：链接、停用和删除蒙版

■类别：软件功能 ■光盘提供：☑素材 ☑视频录像

01 打开光盘中的素材，如图4-60所示。蒙版缩览图和图像缩览图中间有一个链接图标，如图4-61所示，它表示蒙版与图像处于链接状态，此时进行变换操作，蒙版会与图像一同变换。执行“图层>图层蒙版>取消链接”命令，或单击该图标，可以取消链接，如图4-62所示。取消后可以单独变换图像，也可以单独变换蒙版。如果要重新建立链接，可以在原链接图标处单击。

02 按住Alt键，将一个图层的蒙版拖至另外的图层，可以将蒙版复制到目标图层，如图4-63所示。如果直接将蒙版拖至另外的图层，则可将该蒙版转移到目标图层，源图层将不再有蒙版。

图4-60

图4-61

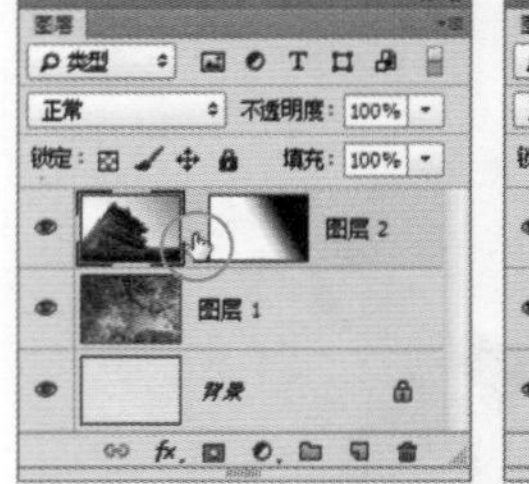

图4-62

图4-63

03 选择图层蒙版所在的图层，执行“图层>图层蒙版>停用”命令，或按住Shift键，单击蒙版缩览图，可暂时停用图层蒙版，图像会重新显示出来，如图4-64、图4-65所示。如果要重新启用图层蒙版，可以按住Shift键单击蒙版缩览图。

04 执行“图层>图层蒙版>应用”命令，可以将蒙版应用到图像中，并删除原先被蒙版遮盖的图像，如图4-66所示。如果执行“图层>图层蒙版>删除”命令，则可以删除图层蒙版，但保留图像，如图4-67所示。

图4-64

图4-65

图4-66

图4-67

技术看板：图层蒙版的原理

在图层蒙版中，纯白色对应的图像是可见的，纯黑色会遮盖图像，灰色区域会使图像呈现出一定程度的透明效果（灰色越深、图像越透明）。基于以上原理，当我们想要隐藏图像的某些区域时，为它添加一个蒙版，再将相应的区域涂黑即可；想让图像呈现出半透明效果，可以将蒙版涂灰。

图层蒙版是位图图像，几乎所有的绘画工具都可以用来编辑它。例如，用柔角画笔修改蒙版，可以使图像边缘产生逐渐淡出的过渡效果，用渐变编辑蒙版可以将当前图像逐渐融入到另一个图像中，图像之间的融合效果自然、平滑。

4.4 通道

通道是Photoshop的高级功能，它与图像内容、色彩和选区有关。Photoshop提供了3种类型的通道：颜色通道、Alpha通道和专色通道。颜色通道就像是摄影胶片，记录了图像内容和颜色信息，可用于调整图像颜色；Alpha通道可以将选区存储为灰度图像，这样就能够用画笔、加深、减淡等工具及各种滤镜编辑Alpha通道，从而修改选区；专色通道用来存储印刷用的专色（特殊的预混油墨），如金属金银色油墨、荧光油墨等，它们用于替代或补充普通的印刷色（CMYK）油墨。

4.4.1 实战：通道基本操作

■类别：软件功能 ■光盘提供：☑素材 ☑视频录像

01 打开光盘中的素材。打开“通道”面板，通道名称的左侧显示的是通道内容的缩览图，编辑通道时，缩览图会自动更新。单击一个通道即可选择该通道，如图4-68所示，文档窗口中会显示所选通道的灰度图像，如图4-69所示。按住 Shift 键单击其他通道，可以选择多个通道，如图4-70所示，此时窗口中会显示所选颜色通道的复合信息，如图4-71所示。

图4-68 图4-69

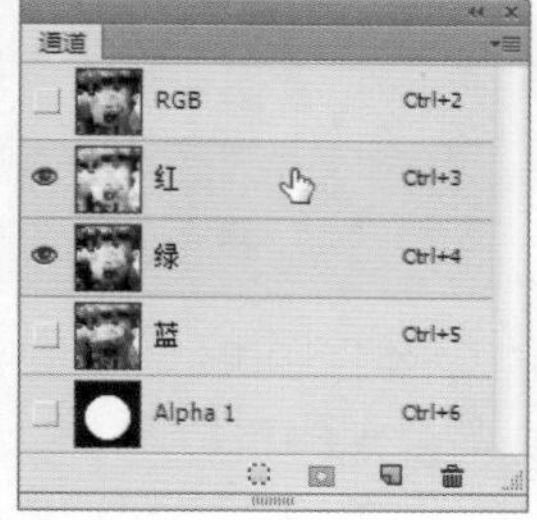

图4-70 图4-71

02 单击Alpha通道，文档窗口中只显示该通道中的图像，如图4-72、图4-73所示，这会使得某些操作，如描绘图像边缘时，会因看不到彩色图像而不够准确。遇到这种情况，可在复合通道前单击鼠标，显示眼睛图标👁，如图4-74所示，此时Photoshop会显示图像，并以一种颜色替代Alpha通道的灰度图像，这种效果就类似于在快速蒙版状态下编辑选区一样，如图4-75所示。

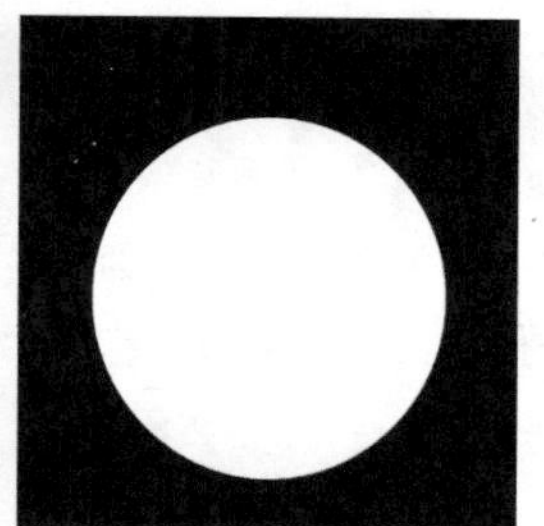

图4-72 图4-73

图4-74 图4-75

03 单击RGB复合通道，可以重新显示其他颜色通道，如图4-76、图4-77所示，此时可以同时预览和编辑所有的颜色通道。

图4-76 图4-77

相关链接

关于如何使用通道抠图，请参阅第52页。关于如何使用通道调色，请参阅第163页。

技术看板："通道"面板

"通道"面板可以创建、保存和管理通道。打开一个图像时，Photoshop会自动创建该图像的颜色信息通道。

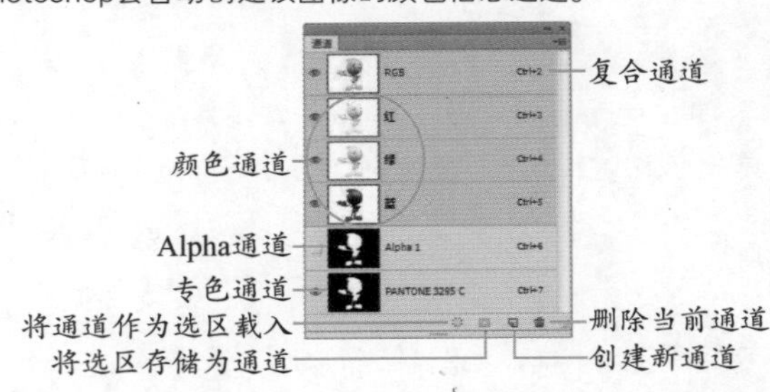

复合通道：面板中最先列出的通道是复合通道，在复合通道下，可以同时预览和编辑所有的颜色通道。

颜色通道：用于记录图像颜色信息的通道。

专色通道：用来保存专色油墨的通道。

Alpha 通道：用来保存选区的通道。

将通道作为选区载入：单击该按钮，可以载入所选通道内的选区。

将选区存储为通道：单击该按钮，可以将图像中的选区保存在通道内。

创建新通道：单击该按钮，可创建Alpha通道。

删除当前通道：单击该按钮，可删除当前选择的通道，但复合通道不能删除。

4.4.2 实战：通道与选区互相转换

■类别：软件功能 ■光盘提供：☑素材 ☑视频录像

01 打开光盘中的素材。使用矩形选框工具创建选区，如图4-78所示。单击"通道"面板中的按钮，可以将选区保存到Alpha通道中，如图4-79所示。

图4-78

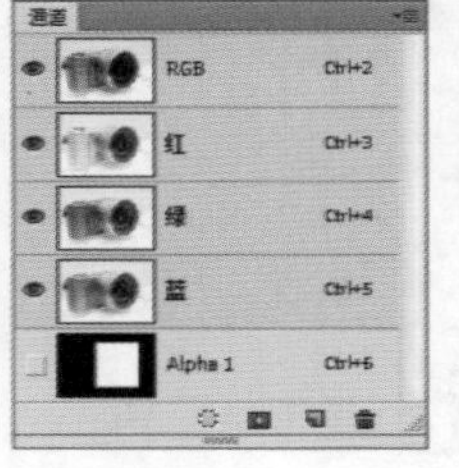
图4-79

02 在"通道"面板中选择要载入选区的通道，单击将通道作为选区载入按钮，即可载入该通道中的选区。此外，按住Ctrl键并单击通道，也可以载入选区，如图4-80、图4-81所示。这样操作的好处是不必来回切换通道。

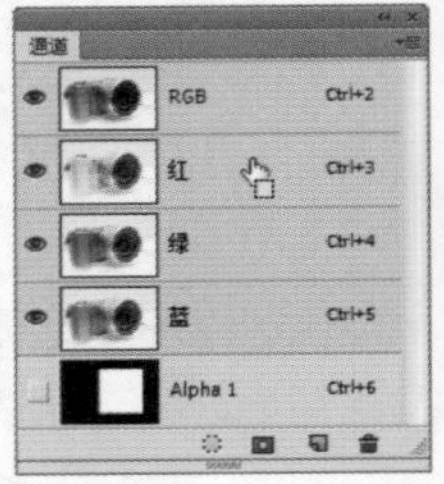
图4-80

图4-81

提示

如果当前图像中包含选区，按住Ctrl键（光标变为状）单击可以将它作为一个新选区载入，按住Ctrl+Shift键（光标变为状）单击可将它添加到现有选区中，按住Ctrl+Alt键（光标变为状）单击可以从当前的选区中减去载入的选区，按住Ctrl+Shift+Alt键（光标变为状）单击可以进行与当前选区相交的操作。

4.4.3 实战：定义专色

■类别：软件功能 ■光盘提供：☑素材 ☑实例效果 ☑视频录像

专色印刷是指采用黄、品红、青、黑4色墨以外的其他色油墨来复制原稿颜色的印刷工艺。如果要将带有专色的图像印刷，需要用专色通道来存储专色。

01 打开光盘中的素材。选择魔棒工具，设置"容差"为32，勾选"连续"选项，在白色背景上单击，选择背景，如图4-82所示。打开"通道"面板菜单，选择"新建专色通道"命令，如图4-83所示。

图4-82

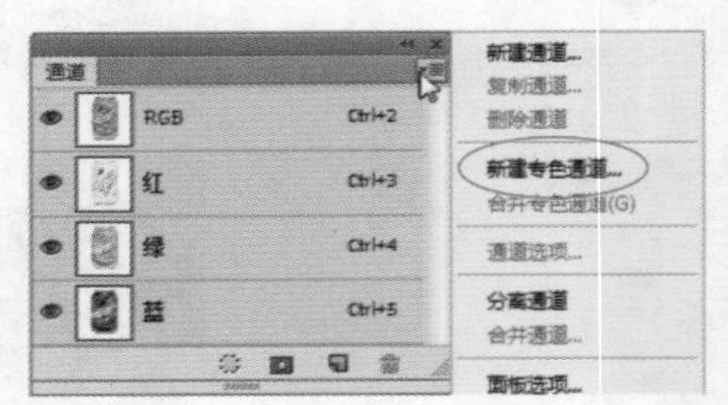
图4-83

02 在弹出的对话框中将"密度"设置为100%，单击"颜色"选项右侧的颜色块，如图4-84所示，打开"拾色器"，再单击"颜色库"按钮，切换到"颜色库"中，选择一种专色，如图4-85所示。

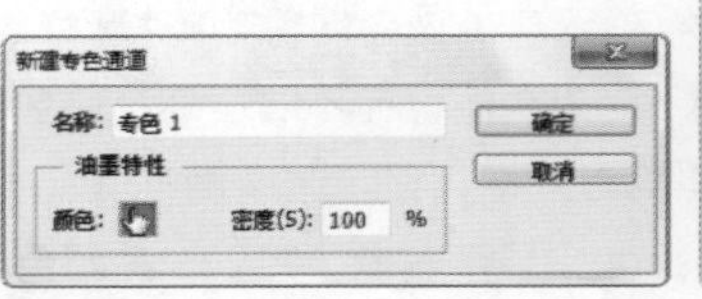

图4-84

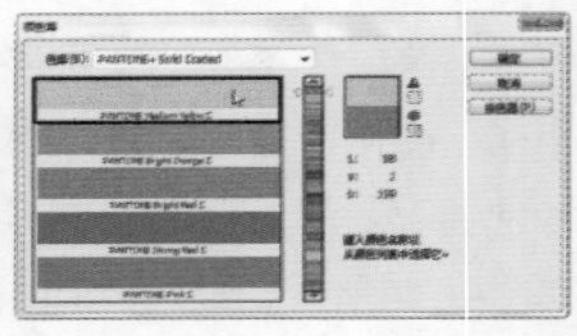
图4-85

03 单击"确定"按钮返回到"新建专色通道"对话框，不要修改"名称"，否则可能无法打印此文件；单击

"确定"按钮，创建专色通道，即可用专色填充选中的图像，如图4-86、图4-87所示。

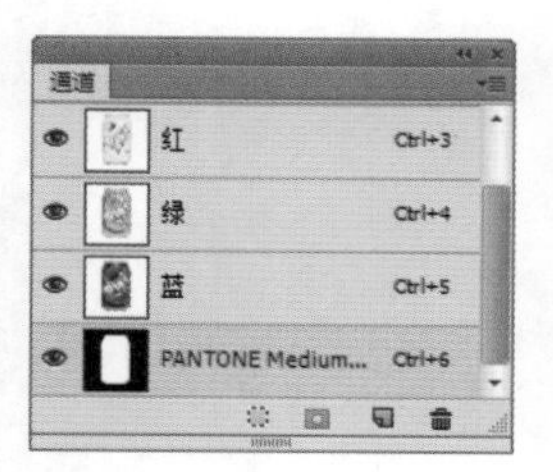

图4-86

图4-87

04 专色通道也可以进行编辑。单击专色通道，用绘画或编辑工具在图像中绘画，即可编辑专色。用黑色绘画可添加更多不透明度为 100% 的专色；用灰色绘画可添加不透明度较低的专色，如图4-88所示；用白色涂抹的区域无专色，如图4-89所示。绘画或编辑工具选项中的"不透明度"选项决定了用于打印输出的实际油墨浓度。此外，如果要修改专色，可以双击专色通道的缩览图，打开"专色通道选项"对话框进行设置。

图4-88

图4-89

4.4.4 实战：分离与合并通道

■类别：软件功能 ■光盘提供：☑素材 ☑视频录像

01 打开光盘中的素材文件，如图4-90所示。打开"通道"面板菜单，选择"分离通道"命令，可以将通道分离成为单独的灰度图像文件，如图4-91所示。原文件会被关闭。

图4-90

图4-91

02 在Photoshop中，几个灰度图像可以合并成为一个图像的通道，进而创建为彩色图像。应用图像必须是灰度模式，具有相同的像素尺寸，并且处于打开的状态。例如，用现在从通道中分离出来的图像操作。执行"通道"面板菜单中的"合并通道"命令，打开"合并通道"对话框。在"模式"下拉列表中选择"RGB颜色"，如图4-92所示；单击"确定"按钮，弹出"合并RGB通道"对话框，设置各个颜色通道对应的图像文件，如图4-93所示。

图4-92

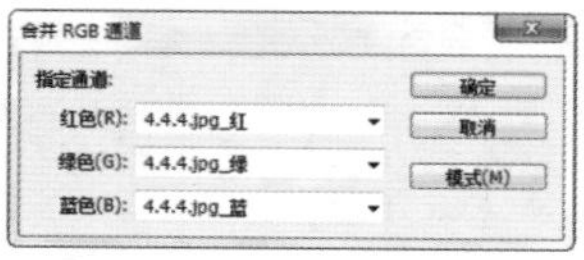

图4-93

03 单击"确定"按钮，将它们合并为一个彩色的RGB图像，如图4-94所示。如果在"合并RGB通道"对话框中改变通道所对应的图像，则合成后图像的颜色也不相同，如图4-95所示。

图4-94

图4-95

4.4.5 实战：重命名、复制与删除通道

■类别：软件功能 ■光盘提供：☑素材 ☑视频录像

01 打开光盘中的素材。双击一个通道的名称，如图4-96所示，在显示的文本输入框中可以为它输入新名称，如图4-97所示。复合通道和颜色通道不能重命名。

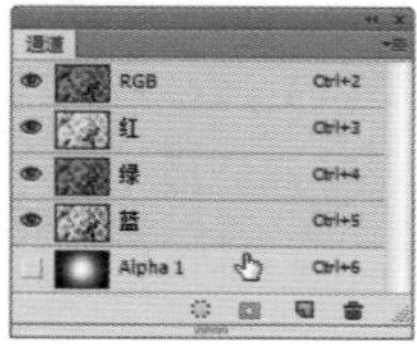

图4-96

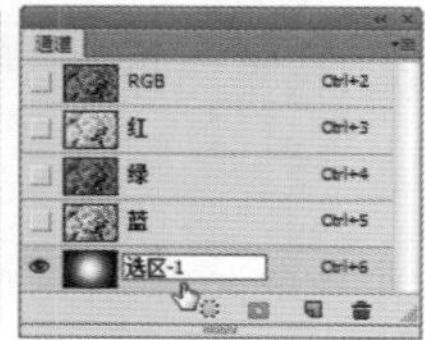

图4-97

02 将一个通道拖曳到"通道"面板底部的按钮上，可以复制该通道，如图4-98、图4-99所示。如果拖曳到删除当前通道按钮上，则可将其删除。复合通道不能复制，也不能删除。颜色通道可以复制也可以删除，但如果删除了，图像就会自动转换为多通道模式。图4-100所示为删除红通道后的效果。

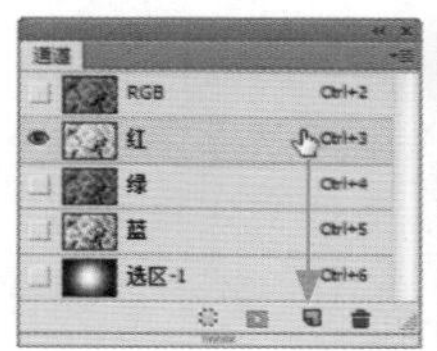

图4-98

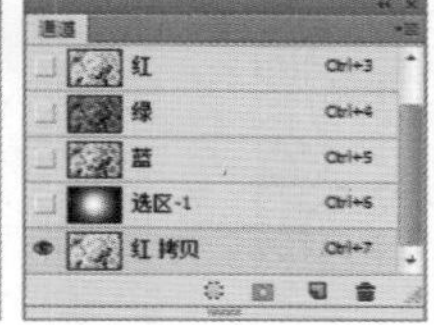

图4-99

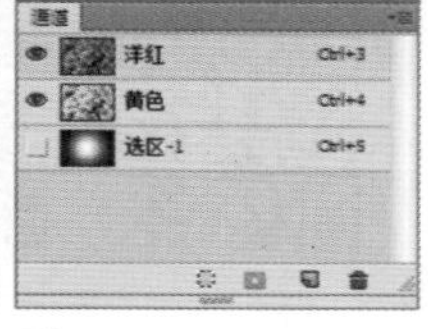

图4-100

第5章

影像达人秘技 绘画与照片修饰

本章内容由两部分组成，前半部分介绍色彩设置方法和绘画类工具；后半部分介绍照片修饰类工具，这其中还包含与照片处理相关的各种滤镜。在绘画类工具中，画笔工具最重要，它不仅可以绘制线条，还常用来编辑蒙版和通道。Photoshop的绘画类工具虽然不多，但每一个都可以更换不同样式的笔尖，因而表现效果非常丰富。本书的配套光盘中就附赠了大量画笔笔尖库。

扫描二维码，关注李老师的微博、微信。

5.1 设置颜色

使用画笔、渐变和文字等工具，以及进行填充、描边选区、修改蒙版和修饰图像等操作时，需要指定颜色。Photoshop提供了非常出色的颜色选择工具，可以帮助用户找到需要的任何色彩。

5.1.1 实战：设置前景色和背景色

■类别：软件功能 ■光盘提供：☑视频录像

Photoshop工具箱底部有一组前景色和背景色设置图标，如图5-1所示。前景色决定了使用绘画工具（画笔和铅笔）绘制线条，以及使用文字工具创建文字时的颜色；背景色决定了使用橡皮擦工具擦除图像时，被擦除区域所呈现的颜色。此外，增加画布大小时，新增的画布也以背景色填充。

01 默认情况下，前景色为黑色，背景色为白色。单击设置前景色或背景色图标，如图5-2、图5-3所示，可以打开“拾色器”修改它们的颜色。此外，也可以在“颜色”和“色板”面板中设置，或者使用吸管工具拾取图像中的颜色来作为前景色或背景色。

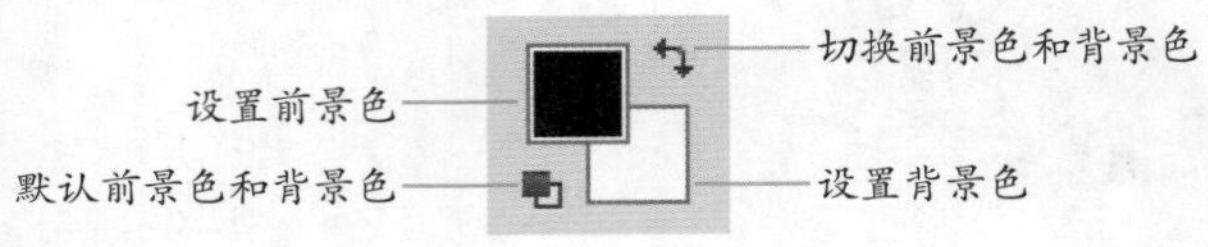

图5-1　图5-2　图5-3

02 单击切换前景色和背景色图标或按下X键，可以切换前景色和背景色的颜色，如图5-4所示。

03 修改了前景色和背景色以后，如图5-5所示，单击默认前景色和背景色图标，或按下D键，可以将它们恢复为系统默认的颜色，如图5-6所示。

图5-4　图5-5　图5-6

5.1.2 实战：使用拾色器

■类别：软件功能 ■光盘提供：☑视频录像

在“拾色器”中，可以基于HSB（色相、饱和度、亮度）、RGB（红色、绿色、蓝色）、Lab、CMYK（青色、洋红、黄色、黑色）等颜色模型来指定颜色，如图5-7所示。如果知道所需颜色的色值，则可以在颜色模型右侧的文本框中输入数值来精确定义颜色，例如，可以指定R（红）、G（绿）和B（蓝）的颜色值来确定显示颜色；也可以指定C（青）、M（品红）、Y（黄）和K（黑）的百分比来设置印刷色。

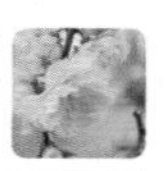

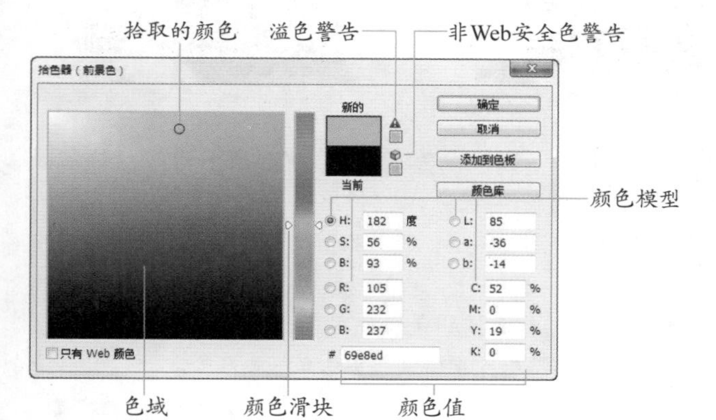

图5-7

01 单击工具箱中的前景色图标（如果要设置背景色，则单击背景色图标），打开“拾色器”。在竖直的渐变条上单击，可以定义颜色范围，如图5-8所示；在色域中单击可以调整颜色深浅，如图5-9所示。

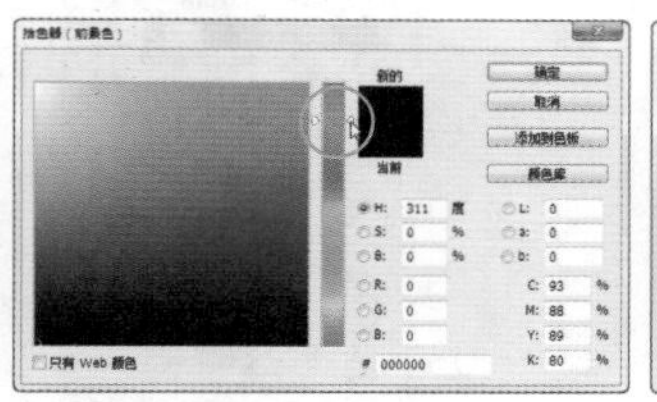

定义颜色范围

图5-8

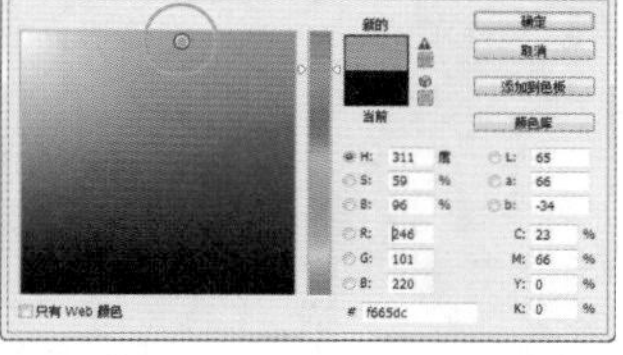

调整色相

图5-9

02 下面来调整饱和度。先选中S单选按钮，如图5-10所示，然后拖曳滑块即可调整饱和度，如图5-11所示。

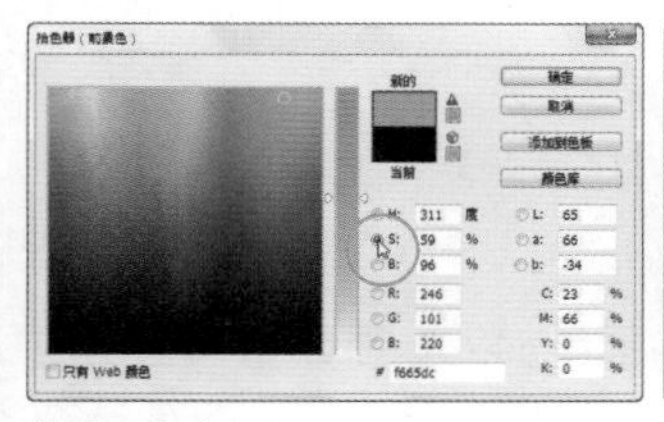

勾选S单选按钮

图5-10

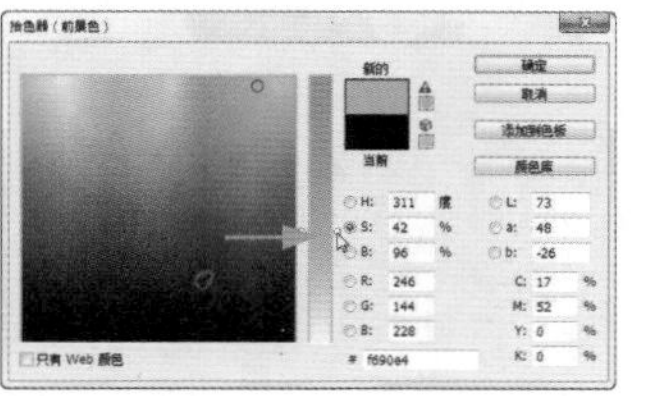

调整颜色的饱和度

图5-11

03 如果要调整颜色的亮度，可以选中B单选按钮，如图5-12所示，再拖曳滑块进行调整，如图5-13所示。调整完成后，单击“确定”按钮（或按下回车键）关闭对话框，即可将其设置为前景色。

04 “拾色器”中有一个“颜色库”按钮，单击该按钮可以切换到“颜色库”对话框中。在“色库”下拉列表中选择一个颜色系统，然后在光谱上选择颜色范围，如图5-14所示，最后在颜色列表中单击需要的颜色，可将其设置为当前颜色，如图5-15所示。如果要切换回“拾色器”，可单击“颜色库”对话框中的“拾色器”按钮。

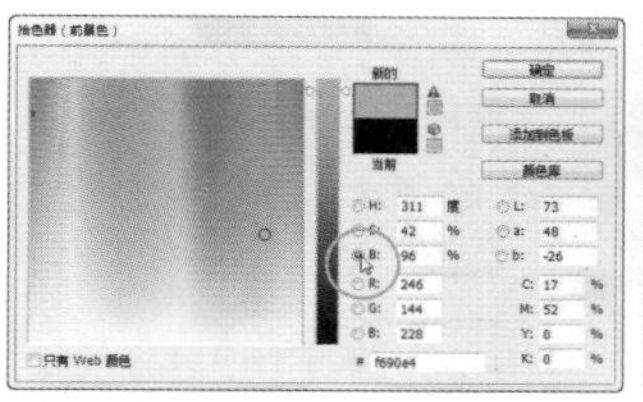

勾选B单选按钮

图5-12

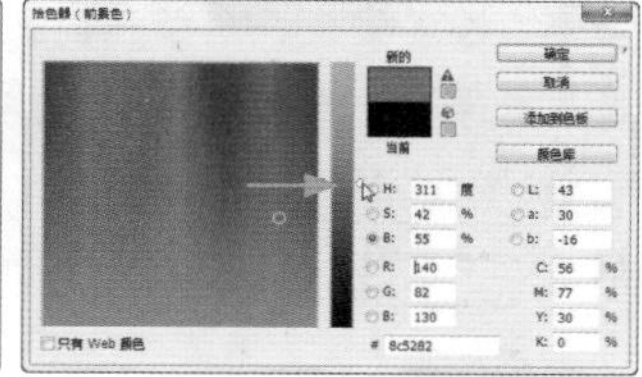

调整颜色的明度

图5-13

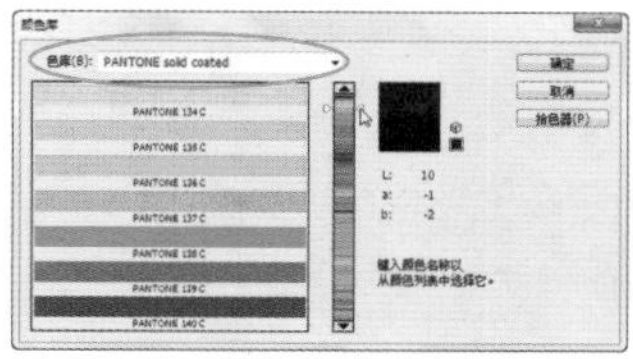

图5-14

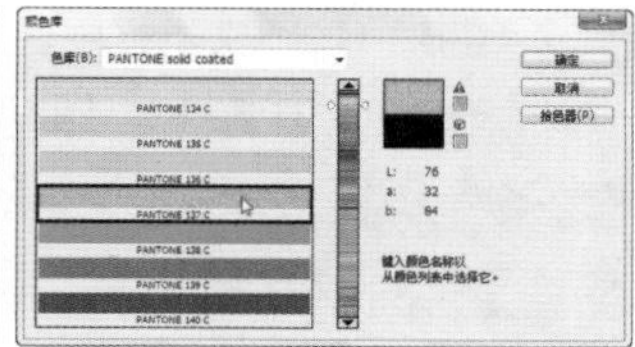

图5-15

“拾色器”选项/含义	
色域/拾取的颜色	在“色域”中拖动鼠标可以改变当前拾取的颜色
新的/当前	“新的”颜色块中显示的是当前设置的颜色，“当前”颜色块中显示的是上一次使用的颜色
颜色滑块	拖曳颜色滑块可以调整颜色范围
颜色值	显示了当前设置的颜色的颜色值。输入颜色值可以精确定义颜色。在“CMYK”颜色模型内，可以用青色、洋红、黄色和黑色的百分比来指定每个分量的值；在“RGB”颜色模型内，可以指定 0 到 255 之间的分量值（0 是黑色，255 是白色）；在“HSB”颜色模型内，可通过百分比来指定饱和度和亮度，以 0 度到 360 度的角度（对应于色轮上的位置）指定色相；在“Lab”模型内，可以输入 0 到 100 之间的亮度值 (L) 以及 −128 到 +127 之间的 A 值（绿色到洋红色）和 B 值（蓝色到黄色）；在“#”文本框中，可以输入一个十六进制值，例如，000000 是黑色，ffffff 是白色，ff0000 是红色，该选项主要用于指定网页色彩
溢色警告	由于 RGB、HSB 和 Lab 颜色模型中的一些颜色（如霓虹色）在 CMYK 模型中没有等同的颜色，因此无法准确打印出来，这些颜色就是通常所说的“溢色”。出现该警告以后，可单击它下面的小方块，将颜色替换为CMYK 色域（打印机颜色）中与其最为接近的颜色
非Web安全色警告	表示当前设置的颜色不能在网上准确显示，单击警告下面的小方块，可以将颜色替换为与其最为接近的 Web 安全颜色
只有Web颜色	勾选该项后，只在色域中显示Web安全色
添加到色板	单击该按钮，可以将当前设置的颜色添加到“色板”面板
颜色库	单击该按钮，可以切换到“颜色库”中

5.1.3 实战：用“颜色”面板设置颜色

■类别：软件功能 ■光盘提供：☑视频录像

01 执行“窗口>颜色”命令，打开“颜色”面板。“颜色”面板采用类似于美术调色的方式来混合颜色，如果要编辑前景色，可单击前景色块，如图5-16所示；如果要编辑背景色，则单击背景色块，如图5-17所示。

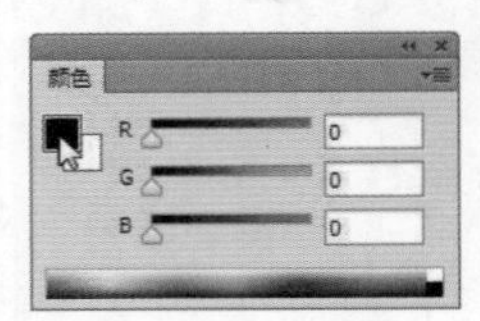
图5-16

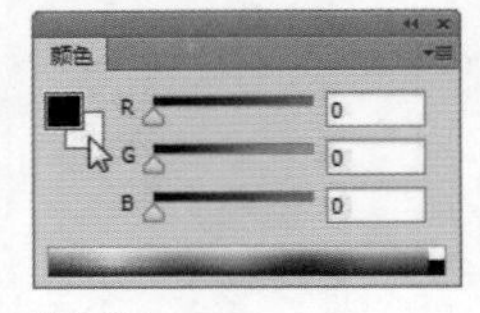
图5-17

02 在R、G、B文本框中输入数值，或拖曳滑块可以调整颜色，如图5-18、图5-19所示。

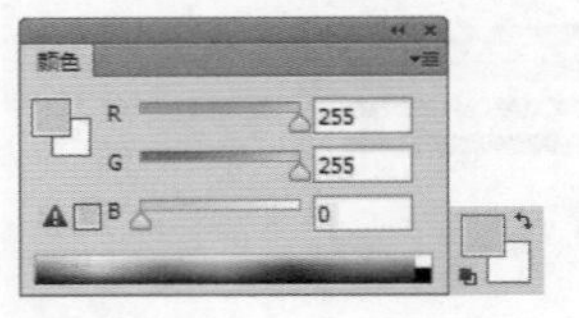
图5-18

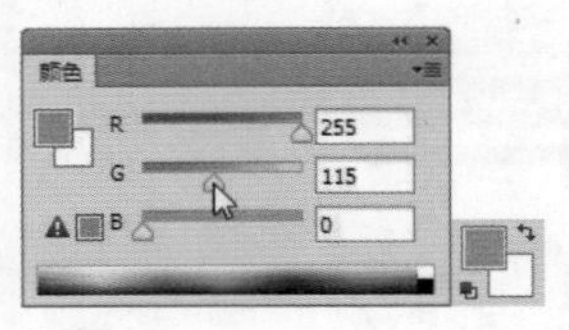
图5-19

03 将光标放在面板下面的四色曲线图上，光标会变为吸管状，单击鼠标可以采集色样，如图5-20、图5-21所示。打开面板菜单，选择不同的命令可以修改四色曲线图的模式，如图5-22所示。

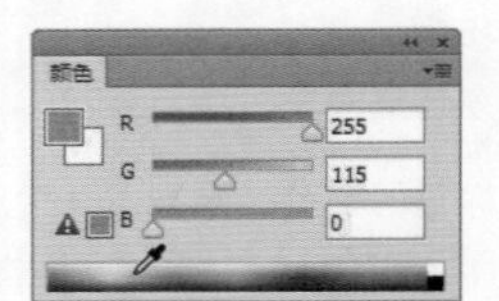
图5-20

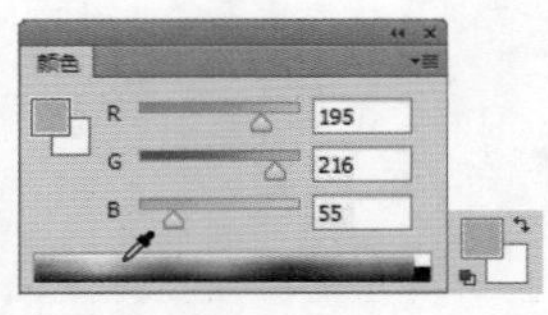
图5-21

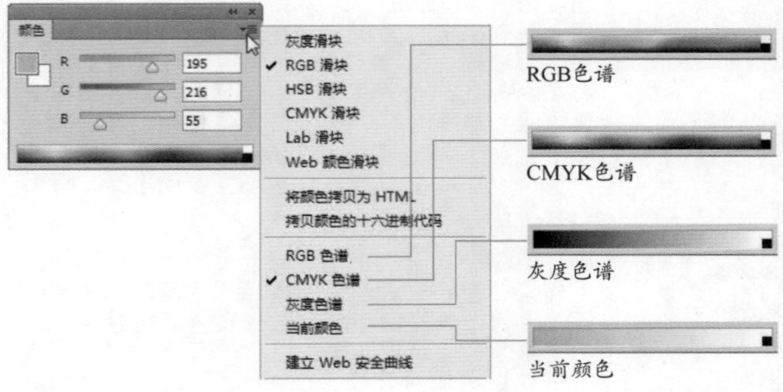

图5-22

5.1.4 实战：用“色板”面板设置颜色

■类别：软件功能 ■光盘提供：☑视频录像

01 执行“窗口>色板”命令，打开“色板”面板。“色板”中的颜色都是预先设置好的，单击一个颜色样本，即可将其设置为前景色，如图5-23所示；按住Ctrl键单击，则可将其设置为背景色，如图5-24所示。

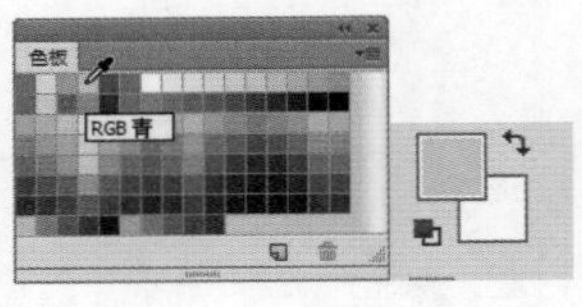
图5-23

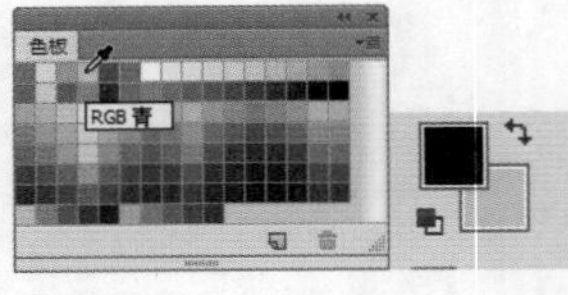
图5-24

02 “色板”面板菜单中提供了色板库，选择一个色板库，如图5-25所示，弹出提示信息，如图5-26所示，单击“确定”按钮，载入的色板库会替换面板中原有的颜色，如图5-27所示；单击“追加”按钮，则可在原有的颜色后面追加载入的颜色。如果要让面板恢复为默认的颜色，可以执行面板菜单中的“复位色板”命令。

图5-25

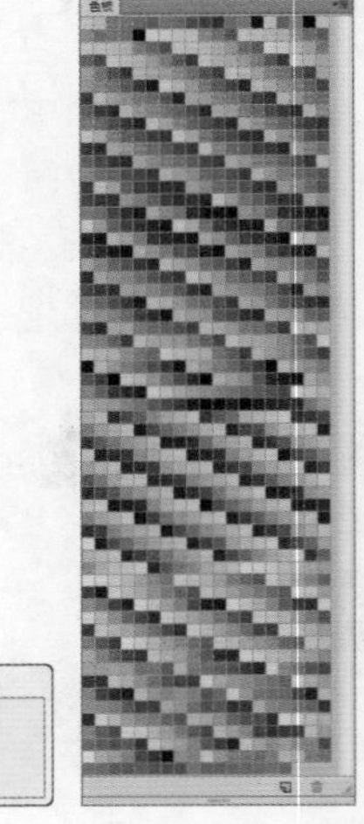
图5-26 图5-27

03 单击“色板”面板中的按钮，可以将当前设置的前景色保存到面板中。如果要删除一种颜色，可将其拖曳到按钮上。

5.1.5 实战：用Kuler面板下载颜色

■类别：软件功能 ■光盘提供：☑视频录像

将计算机连接到互联网后，可以通过Kuler面板访问由在线设计人员社区所创建的数千个颜色组，以便为配色提供参考。

01 执行“窗口>扩展功能>Kuler”命令，打开Kuler面板。单击“浏览”按钮，如图5-28所示；再单击按钮，打开下拉列表，选择“最受欢迎”选项，Photoshop会自动从Kuler社区下载最受欢迎的颜色主题，如图5-29所示。

02 选择一组颜色，如图5-30所示，单击按钮，可将其下载到“色板”面板中，如图5-31所示。

03 单击按钮，可将其添加到“创建”面板中，如图5-32所示。此时从“选择规则”菜单中选择一种颜色协调规则，可以从基色中自动生成与之匹配的颜色，如图5-33所示。例如，如果选择红色基色和“互补色”颜色协调规则，则可生成由基色（红色）及其补色（蓝色）组成的颜色组。

图5-28

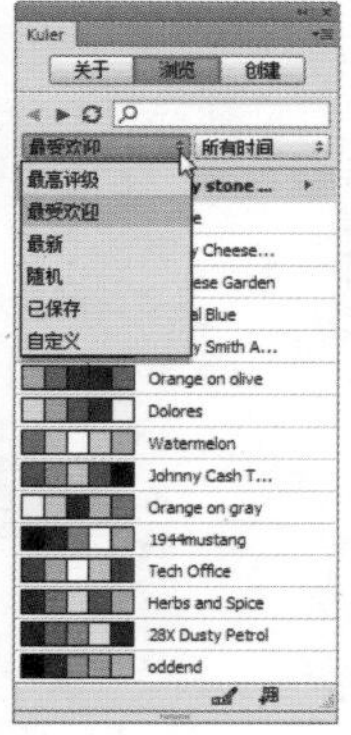
图5-29

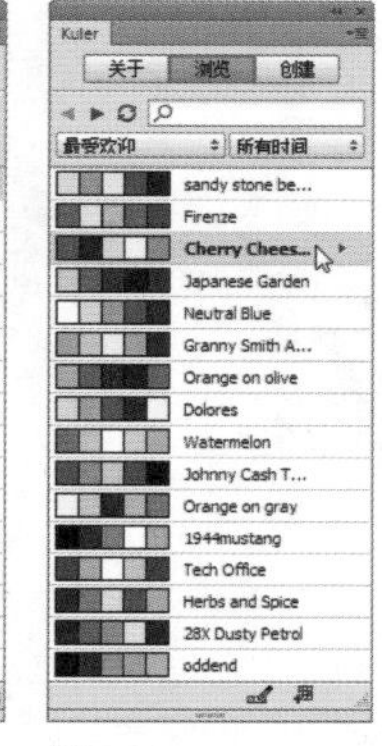
图5-30

图5-31

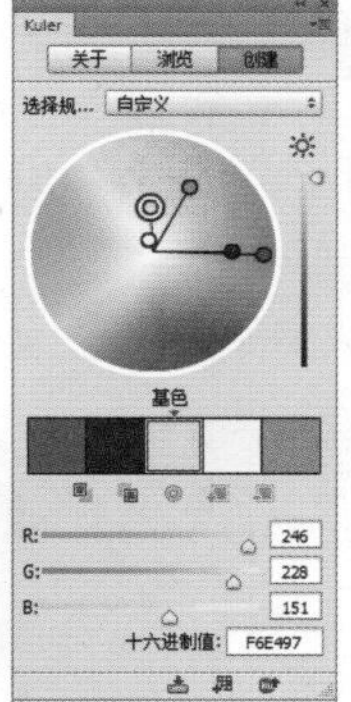
图5-32

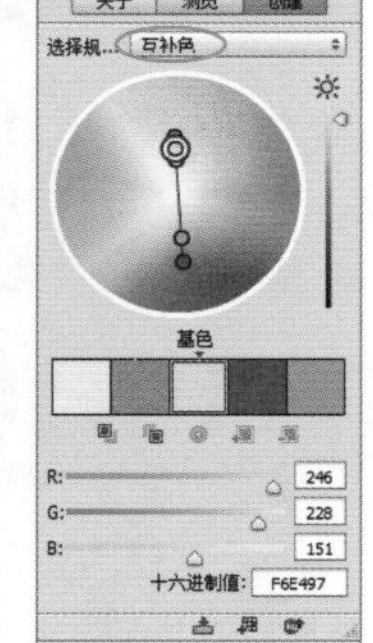
图5-33

04 拖曳R、G、B滑块，如图5-34所示，或移动色轮也可以调整基色，如图5-35所示，Photoshop会根据所选颜色协调规则生成新的颜色组。单击一个基色后，拖曳亮度滑块还可以调整其亮度，如图5-36所示。

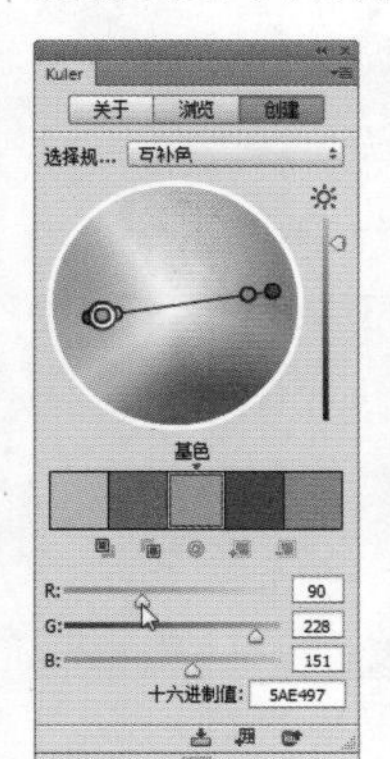
图5-34

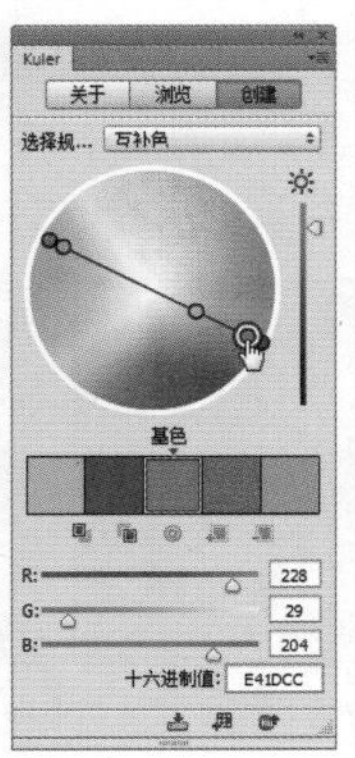
图5-35

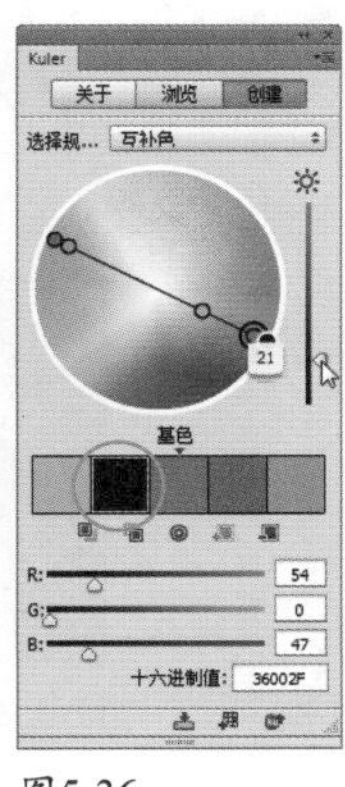
图5-36

5.1.6 实战：用吸管工具拾取颜色

■类别：软件功能 ■光盘提供：☑素材 ☑视频录像

01 按下Ctrl+O快捷键，打开光盘中的素材。选择吸管工具，将光标放在图像上，单击鼠标可以显示一个取样环，此时可拾取单击点的颜色并将其设置为前景色，如图5-37所示；按住鼠标左键移动，取样环中会出现两种颜色，下面的是前一次拾取的颜色，上面的则是当前拾取的颜色，如图5-38所示。

图5-37

图5-38

02 按住Alt键单击，可以拾取单击点的颜色，并将其设置为背景色，如图5-39所示。

03 如果将光标放在图像上，然后按住鼠标左键在屏幕上拖动，则可以拾取窗口、菜单栏和面板的颜色，如图5-40所示。

图5-39

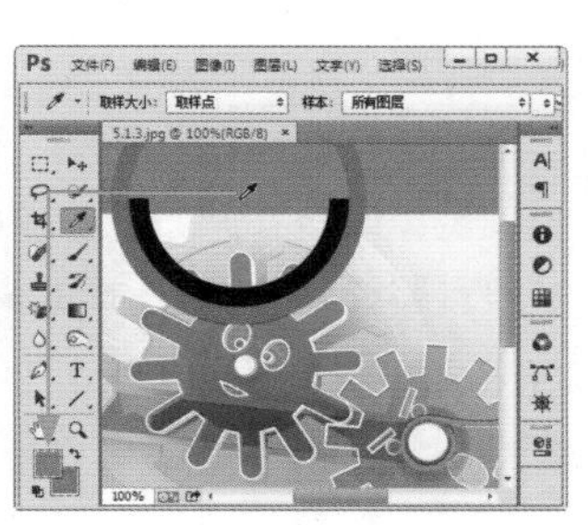
图5-40

吸管工具选项/含义	
取样大小：取样点 样本：所有图层 □显示取样环	
取样大小	用来设置吸管工具的取样范围。选择“取样点”选项，可拾取光标所在位置像素的精确颜色；选择“3×3平均”选项，可拾取光标所在位置3个像素区域内的平均颜色；选择“5×5平均”选项，可拾取光标所在位置5个像素区域内的平均颜色。其他选项以此类推
样本	选择“当前图层”选项表示只在当前图层上取样；选择“所有图层”选项表示在所有图层上取样
显示取样环	勾选该选项，拾取颜色时会显示取样环

5.2 渐变

渐变工具用来在整个文档或选区内填充渐变颜色。渐变在Photoshop中的应用非常广泛，可以填充图像、图层蒙版、快速蒙版和通道。此外，编辑调整图层和填充图层时也会用到渐变。

5.2.1 实战：使用渐变工具

■类别：软件功能 ■光盘提供：☑视频录像

01 选择渐变工具，单击渐变颜色条，如图5-41所示，打开“渐变编辑器”，如图5-42所示。

图5-41

图5-42

02 在“预设”选项中选择一个预设的渐变，它就会出现在下面的渐变条上，如图5-43所示。渐变条中最左侧的色标代表了渐变的起点颜色，最右侧的色标代表了渐变的终点颜色。渐变条下面的图标是色标，单击一个色标，可以将它选取，如图5-44所示。

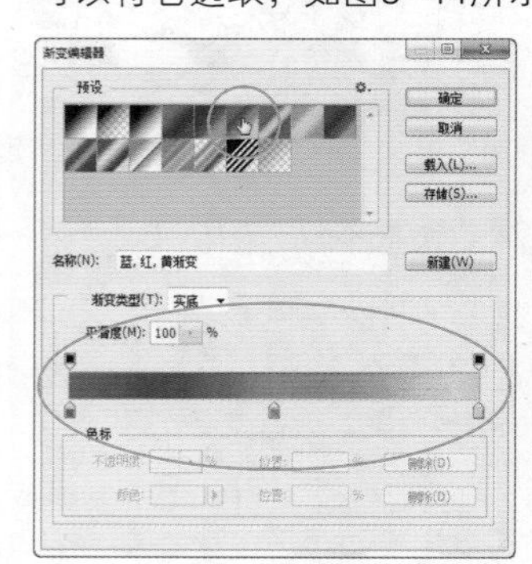

图5-43

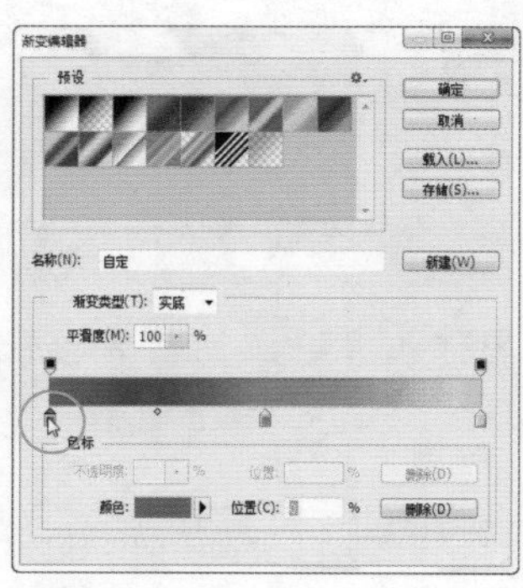

图5-44

03 单击“颜色”选项右侧的颜色块，或双击该色标都可以打开“拾色器”，在“拾色器”中调整该色标的颜色，即可修改渐变的颜色，如图5-45、图5-46所示。

04 选择一个色标并拖曳它，或在“位置”文本框输入数值，可以改变渐变色的混合位置，如图5-47所示。拖曳两个渐变色标之间的菱形图标（中点），可以调整该点两侧颜色的混合位置，如图5-48所示。

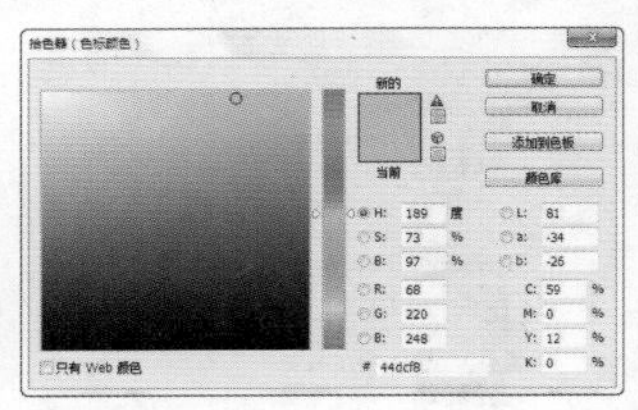

图5-45

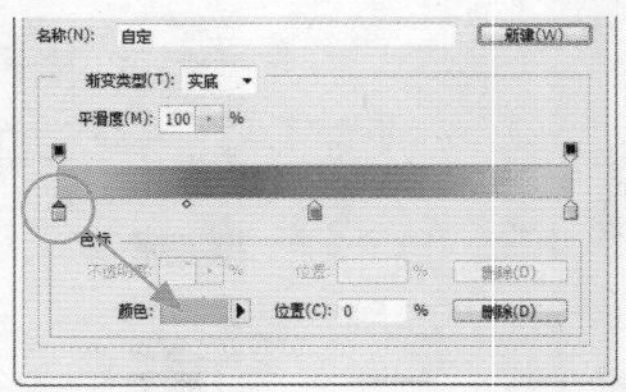

图5-46

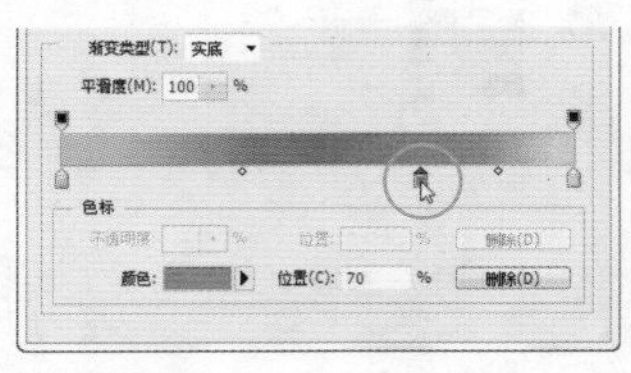

图5-47

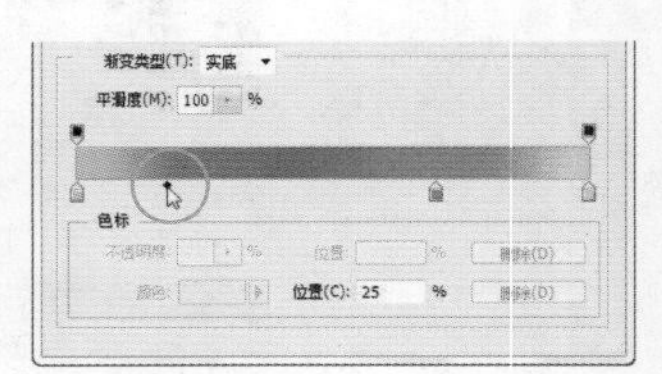

图5-48

05 在渐变条下方单击可以添加新色标，如图5-49所示。选择一个色标后，单击“删除”按钮，或直接将它拖到渐变颜色条外，可以删除该色标，如图5-50所示。

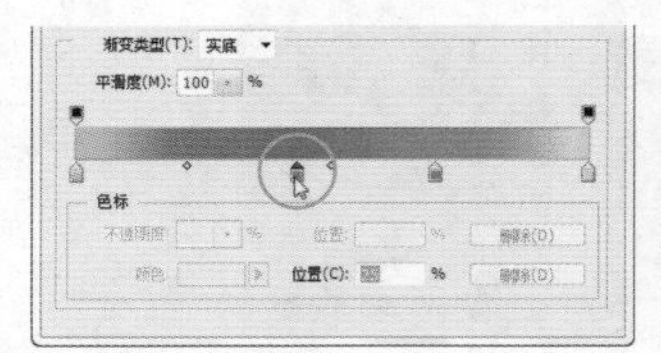

图5-49

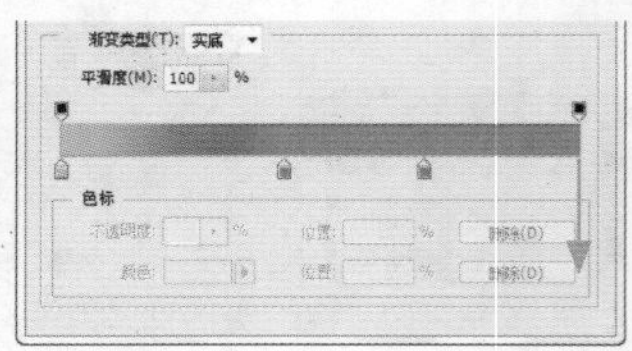

图5-50

06 设置好渐变颜色后，在工具选项栏中单击一个渐变类型按钮，如图5-51所示，然后在画面中单击并拖动鼠标拉出一条直线，放开鼠标后，即可填充渐变。图5-52~图5-56所示为单击不同渐变类型按钮后，创建的渐变效果。起点（按下鼠标处）和终点（松开鼠标处）的位置不同，渐变的外观也会随之变化。此外，按住Shift键拖动鼠标，可以创建水平、垂直或以45°角为增量的渐变。

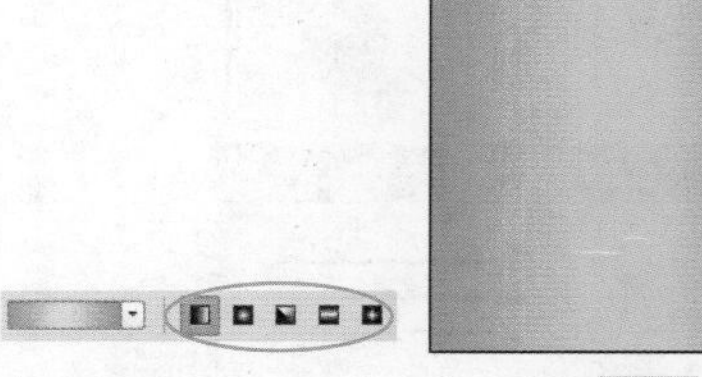

渐变类型按钮 图5-51

线性渐变 图5-52

径向渐变 图5-53

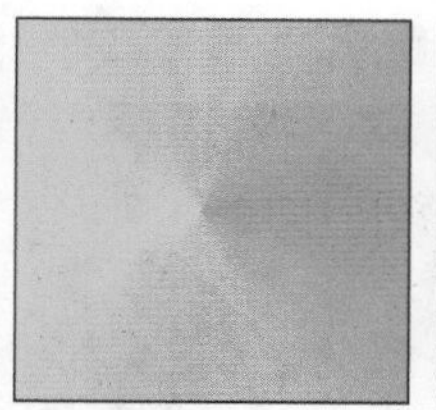

角度渐变
图5-54

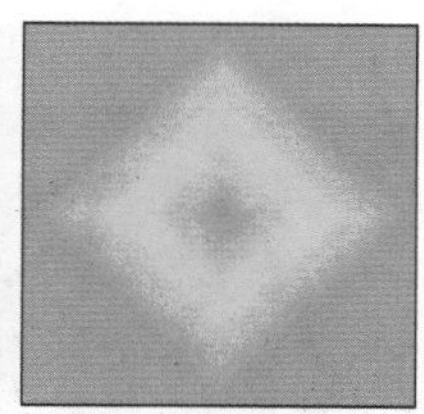

对称渐变
图5-55

菱形渐变
图5-56

渐变工具选项/含义	
渐变颜色条	渐变颜色条中显示了当前的渐变颜色，单击它右侧的按钮，可以在打开的下拉面板中选择一个预设的渐变。如果直接单击渐变颜色条，则会弹出“渐变编辑器”
渐变类型按钮	单击线性渐变按钮，可创建以直线从起点到终点的渐变；单击径向渐变按钮，可创建以圆形图案从起点到终点的渐变；单击角度渐变按钮，可创建围绕起点以逆时针扫描方式的渐变；单击对称渐变按钮，可创建使用均衡的线性渐变在起点的任意一侧渐变；单击菱形渐变按钮，则会以菱形方式从起点向外渐变，终点定义菱形的一个角
模式	用来设置应用渐变时的混合模式
不透明度	用来设置渐变效果的不透明度
反向	可转换渐变中的颜色顺序，得到反方向的渐变结果
仿色	勾选该项，可以使渐变效果更加平滑。主要用于防止打印时出现条带化现象，在屏幕上不能明显地体现出作用
透明区域	勾选该项，可以创建包含透明像素的渐变；取消勾选该项，则创建实色渐变

5.2.2 实战：渐变艺术字

■类别：特效字 ■光盘提供：☑素材 ☑实例效果 ☑视频录像

01 打开光盘中的素材。单击文字“S”所在的图层，将其选择，按住Ctrl键，单击该图层的缩览图，载入文字选区，如图5-57、图5-58所示。

图5-57

图5-58

02 选择渐变工具，单击工具选项栏中的线性渐变按钮，再单击渐变颜色条，打开“渐变编辑器”调整渐变颜色，如图5-59所示。在文字左上方单击鼠标并向右下方拖曳，在选区内填充渐变，如图5-60所示。

图5-59

图5-60

03 按下Ctrl+D快捷键取消选择。下面通过另一种方法在文字内部填充渐变。单击文字“O”所在的图层，将其选择，然后单击按钮锁定图层的透明区域，如图5-61所示，再为文字“O”填充渐变，如图5-62所示。此时虽然没有选区限定填充范围，但由于锁定了透明区域，因此文字以外的区域不会填充颜色。

图5-61

图5-62

04 重新调整渐变颜色。采用上面的任意一种方法为其他文字填色，如图5-63、图5-64所示。

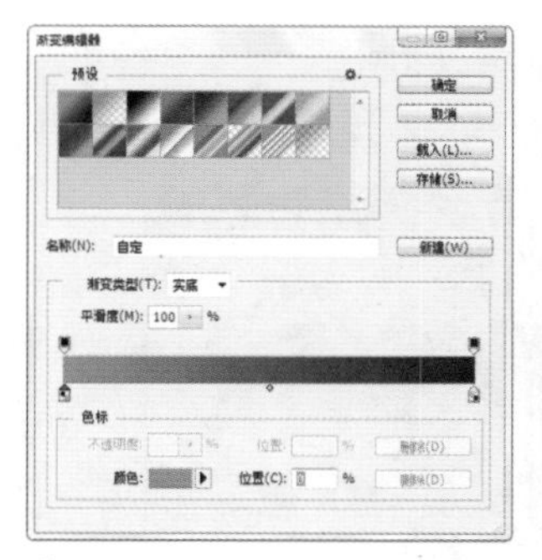

图5-63

图5-64

5.2.3 实战：杂色渐变

■类别：软件功能 ■光盘提供：☑素材 ☑实例效果 ☑视频录像

01 打开光盘中的素材，如图5-65所示。使用矩形选框工具创建一个选区，如图5-66所示。

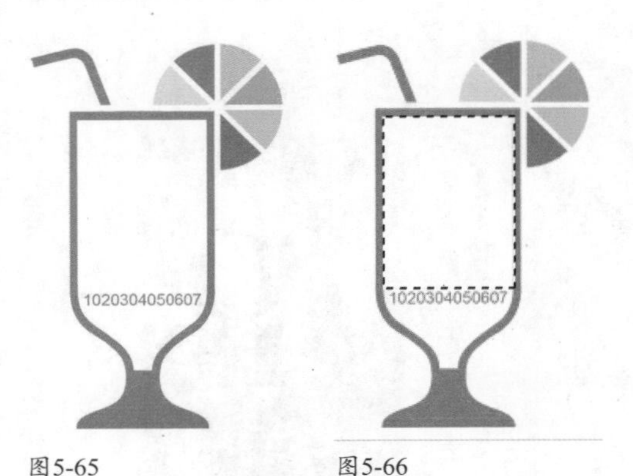

图5-65 图5-66

02 单击“图层”面板中的按钮，新建一个图层。选择渐变工具，打开“渐变编辑器”，在“渐变类型”下拉列表中选择“杂色”，对话框中会显示杂色渐变选项，将“粗糙度”设置为90%，如图5-67所示。该值越高，颜色的层次越丰富。按住Shift键单击并拖动鼠标填充渐变，按下Ctrl+D快捷键取消选择，效果如图5-68所示。

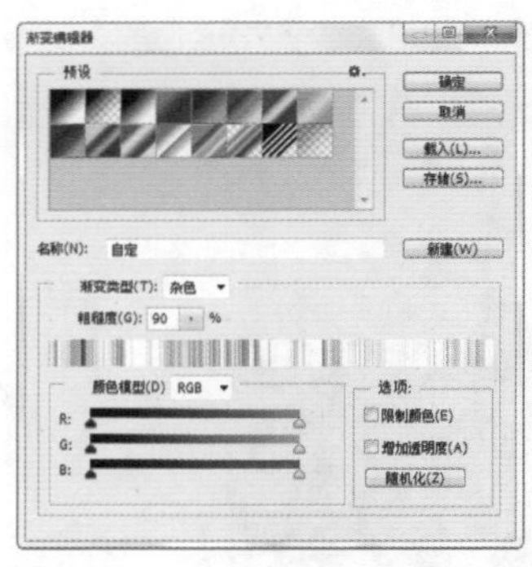

图5-67

图5-68

5.2.4 实战：用透明渐变制作UI图标

■类别：UI设计 ■光盘提供：☑素材 ☑实例效果 ☑视频录像

01 打开光盘中的素材，如图5-69所示。单击“图层”面板中的按钮，新建一个图层，如图5-70所示。

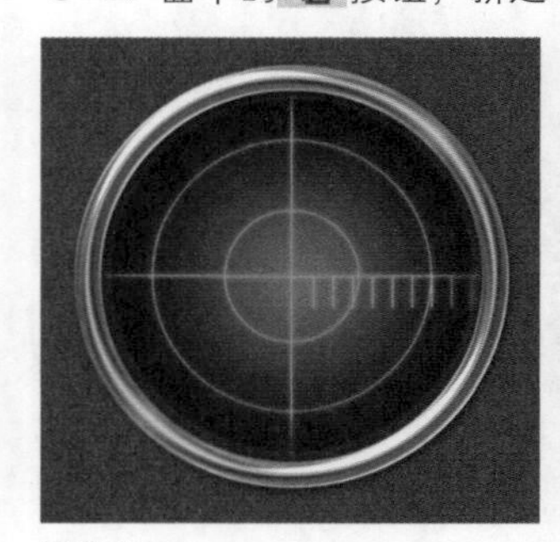

图5-69

图5-70

02 使用多边形套索工具创建选区，如图5-71所示。将前景色设置为白色，选择渐变工具，在工具选项栏中选择“前景-透明”渐变，在选区内填充线性渐变，如图5-72所示。按下Ctrl+D快捷键取消选择。

图5-71

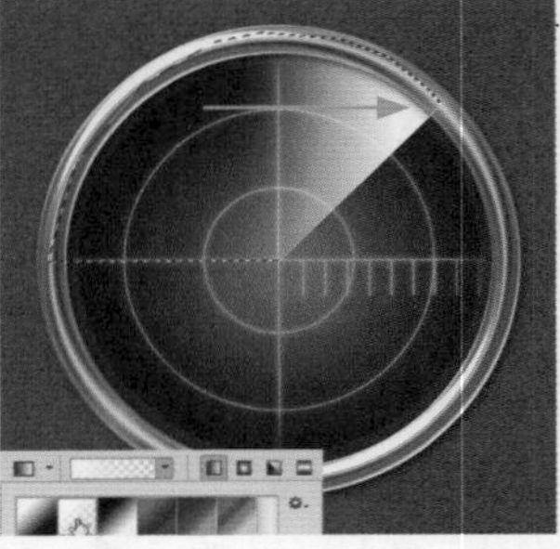

图5-72

03 新建一个图层，如图5-73所示。使用椭圆选框工具创建圆形选区，如图5-74所示；按住Alt键在雷达下半部创建一个椭圆选区，如图5-75所示；放开鼠标后进行选区运算，得到一个月牙形选区，如图5-76所示。

图5-73

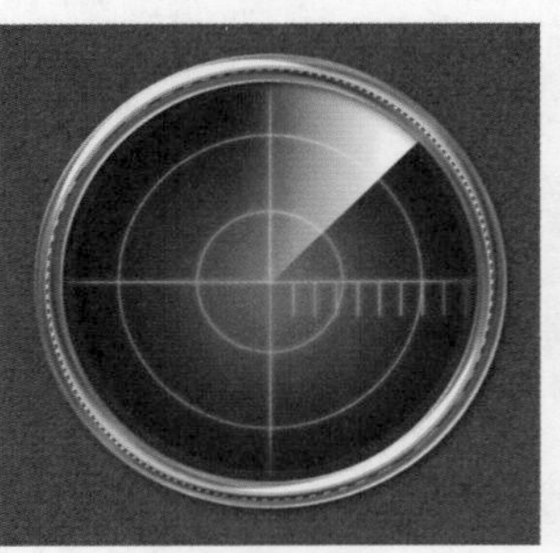

图5-74

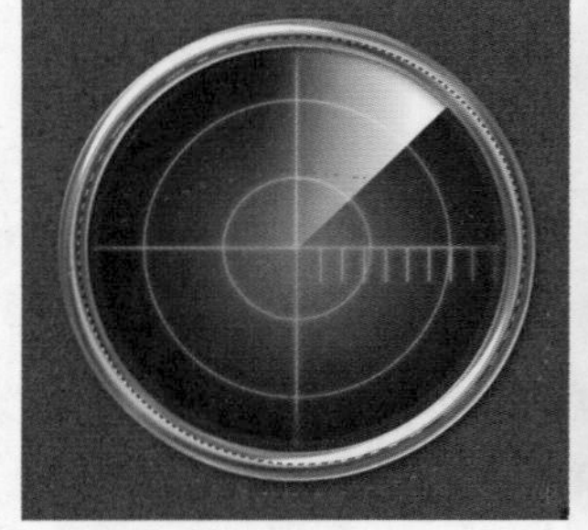

图5-75

图5-76

04 用渐变工具填充透明渐变，如图5-77所示。按下Ctrl+D快捷键取消选择。将该图层的不透明度设置为64%，效果如图5-78所示。

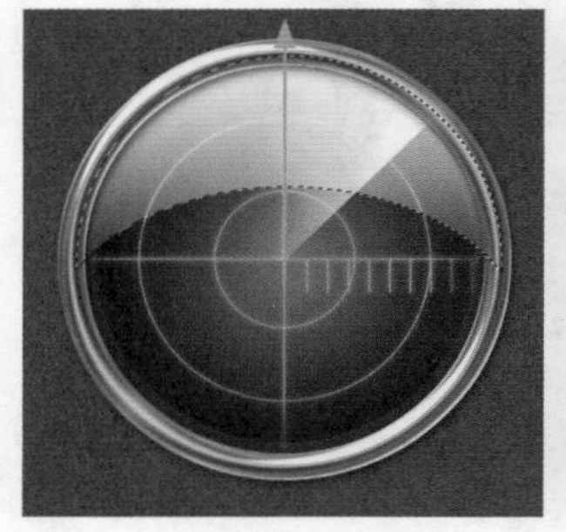

图5-77

图5-78

05 在“背景”图层上方新建一个图层，设置混合模式为“线性减淡（添加）”，如图5-79所示。将前景色设置为棕色，选择柔角画笔工具，如图5-80所示。

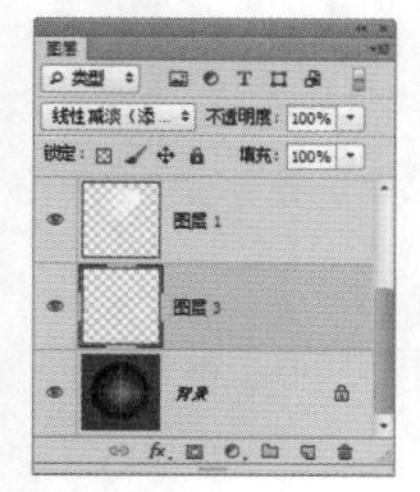

图5-79

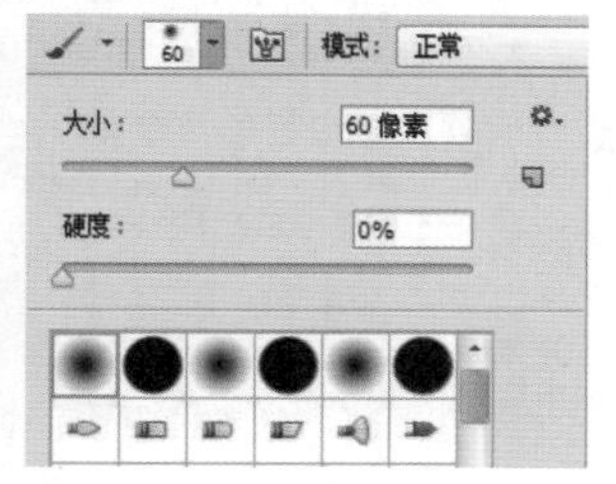

图5-80

06 在雷达图标上点几处亮点，如图5-81所示；将前景色设置为黄色，再点几处亮点；然后按下［键，将笔尖调小，在黄点中央点上小一些的白点，效果如图5-82所示。

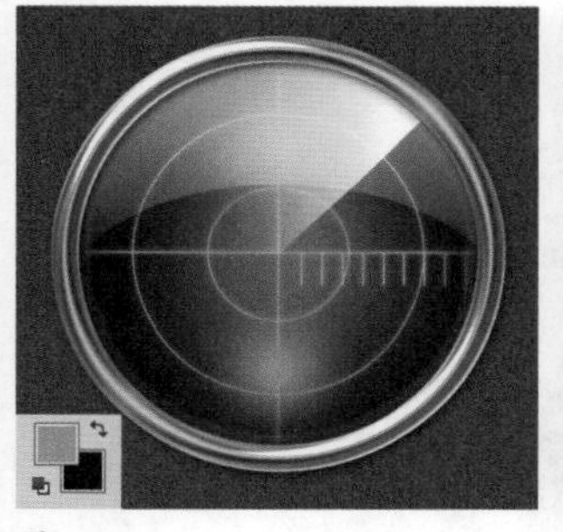

图5-81

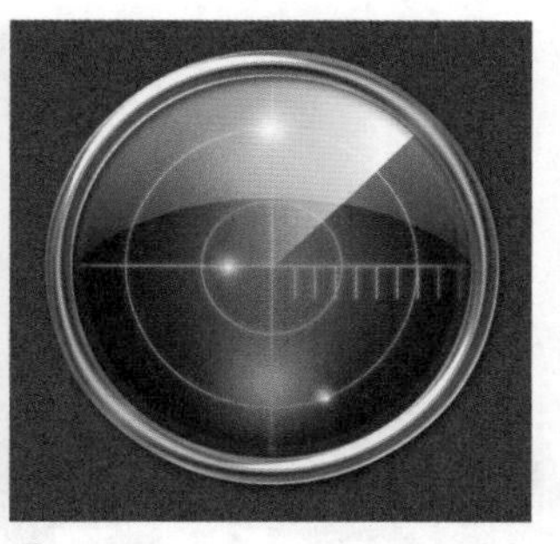

图5-82

5.2.5 实战：载入渐变库

■类别：软件功能 ■光盘提供：☑素材 ☑视频录像

01 按下Ctrl+N快捷键，新建一个文档。打开“渐变编辑器”，单击渐变列表右上角的按钮，可以打开一个下拉菜单，如图5-83所示，菜单底部包含了Photoshop提供的预设渐变库。选择一个渐变库，会弹出一个提示，单击“确定”按钮，可载入渐变并替换列表中原有的渐变，如图5-84所示；单击“追加”按钮，可以在原有渐变的基础上添加载入的渐变；单击“取消”按钮，则取消操作。

图5-83

图5-84

02 如果单击“渐变编辑器”对话框中的“载入”按钮，则打开“载入”对话框，选择光盘中的渐变库，如图5-85所示，单击“载入”按钮，可将其载入到Photoshop中使用，如图5-86所示。

图5-85

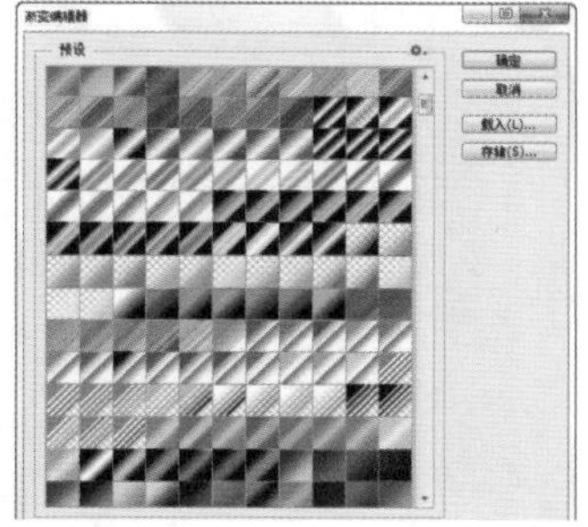

图5-86

03 载入渐变或删除渐变后，如果想要恢复为默认的渐变，可执行该对话框菜单中的“复位渐变”命令。

5.3 填充与描边

填充是指在图像或选区内填充颜色，描边则是指为选区描绘可见的边缘。进行填充和描边操作时，可以使用油漆桶工具、“填充”命令和“描边”命令。

5.3.1 实战：油漆桶工具

■类别：绘画 ■光盘提供：☑素材 ☑实例效果 ☑视频录像

油漆桶工具可以在图像中填充前景色或图案。如果创建了选区，填充的区域为所选区域；如果没有创建选区，则填充与鼠标单击点颜色相近的区域。

01 按下Ctrl+O快捷键，打开光盘中的素材文件，如图5-87所示。选择油漆桶工具，在工具选项栏中将“填充”设置为“前景”，“容差”设置为32，如图5-88所示。

02 在“颜色”面板中调整前景色，如图5-89所示。在卡通狗的眼睛、鼻子和衣服上单击鼠标，填充前景色，如图5-90所示。

图5-87 图5-88

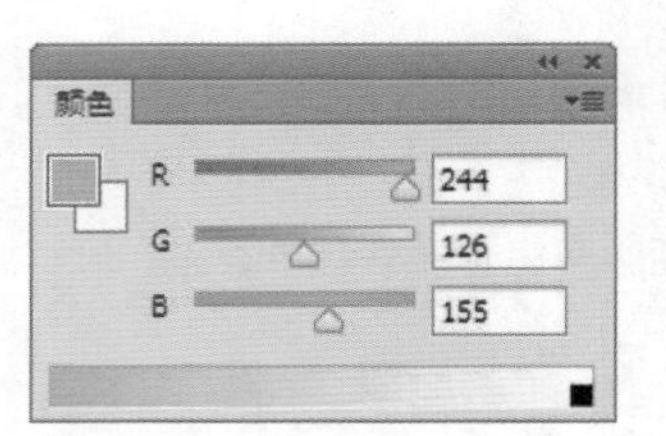

图5-89

图5-90

03 调整前景色，如图5-91所示，为裤子填色，如图5-92所示。采用同样的方法，调整前景色，然后为耳朵、衣服上的星星和背景填色，如图5-93~图5-95所示。

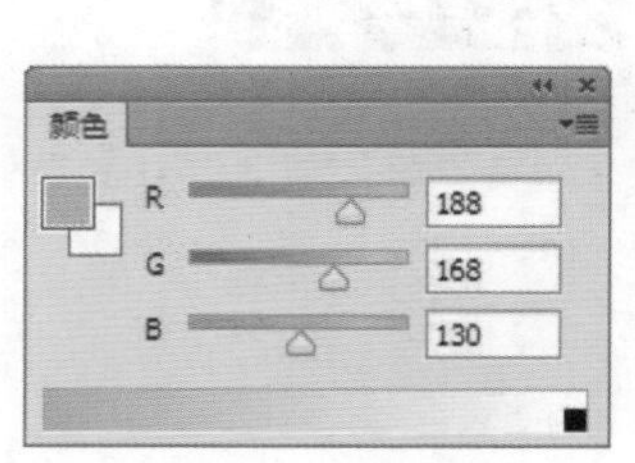

图5-91

图5-92

图5-93 图5-94 图5-95

油漆桶工具选项/含义	
填充内容	单击油漆桶图标右侧的 ⇕ 按钮，可以在下拉列表中选择填充内容，包括“前景”和“图案”
模式/不透明度	用来设置填充内容的混合模式和不透明度。如果将“模式”设置为“颜色”，则填充颜色时不会破坏图像中原有的阴影和细节
容差	用来定义必须填充的像素的颜色相似程度。低容差会填充颜色值范围内与单击点像素非常相似的像素，高容差则填充更大范围内的像素
消除锯齿	可以平滑填充选区的边缘
连续的	只填充与鼠标单击点相邻的像素，取消勾选时，可以填充图像中的所有相似像素
所有图层	选择该选项，表示基于所有可见图层中的合并颜色数据填充像素；取消勾选则仅填充当前图层

5.3.2 实战：“填充”命令

■类别：特效 ■光盘提供：☑素材 ☑实例效果 ☑视频录像

01 打开光盘中的素材文件，如图5-96所示。单击“图层”面板底部的 按钮，新建一个图层，如图5-97所示。

图5-96 图5-97

02 打开“路径”面板，按住Ctrl键单击路径层，载入汽车选区，如图5-98、图5-99所示。

图5-98 图5-99

03 执行“编辑>填充”命令，打开“填充”对话框，在“使用”下拉列表中选择“图案”选项，打开图案下拉面板，在面板菜单中选择“自然图案”命令，载入该图案库，选择草地图案，如图5-100所示；单击“确定”按钮，在选区内填充图案，按下Ctrl+D快捷键取消选择，如图5-101所示。

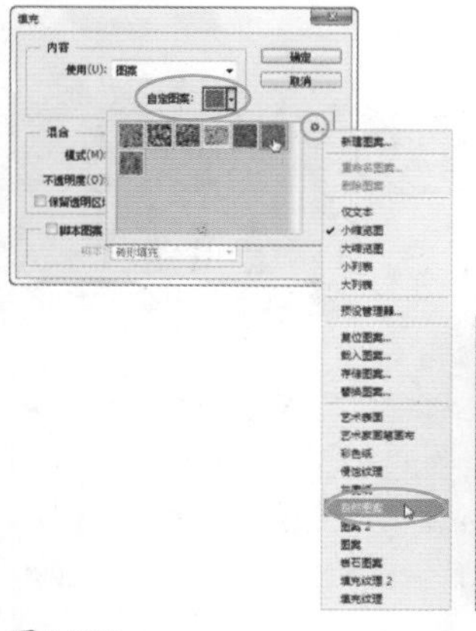

图5-100

图5-101

04 将该图层的混合模式设置为“线性加深”，如图5-102所示，效果如图5-103所示。

图5-102

图5-103

填充命令选项/含义	
内容	可以在“使用”下拉列表中选择“前景色”、“背景色”或“图案”等选项作为填充内容。如果在图像中创建了选区，并选择“内容识别”选项进行填充，则Photoshop会用选区附近的图像填充选区，并对光影、色调等进行融和，使填充区域的图像就像是原本就不存在一样
模式/不透明度	用来设置填充内容的混合模式和不透明度
保留透明区域	勾选该项后，只对图层中包含像素的区域进行填充，不会影响透明区域

提示

按下Alt+Delete快捷键可以快速填充前景色，按下Ctrl+Delete快捷键可以快速填充背景色。

5.3.3 实战：用“描边”命令制作线描插画

■类别：平面设计 ■光盘提供：☑素材 ☑实例效果 ☑视频录像

01 打开光盘中的素材文件，如图5-104所示。单击“图层”面板底部的 按钮，新建一个图层，如图5-105所示。

02 按住Ctrl键，单击“图层1”的缩览图，载入人物选区，如图5-106、图5-107所示。

图5-104

图5-105

图5-106

图5-107

03 执行“选择>修改>扩展”命令，打开“扩展”对话框，将选区向外扩展，如图5-108、图5-109所示。

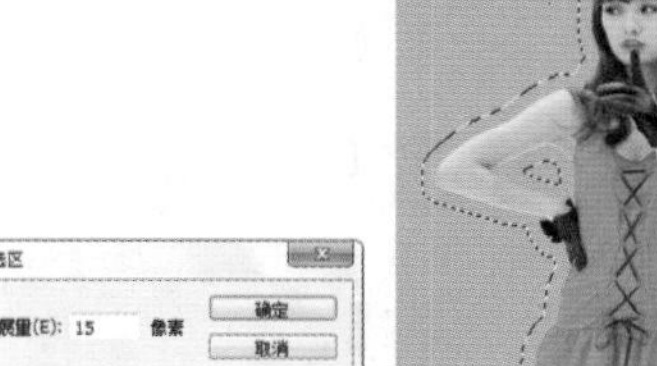

图5-108 图5-109

04 执行“编辑>描边”命令，打开“描边”对话框，单击“颜色”选项右侧的颜色块，打开“拾色器”，将描边颜色设置为白色，设置描边“宽度”为5像素，“位置”为“居中”，如图5-110所示，效果如图5-111所示。

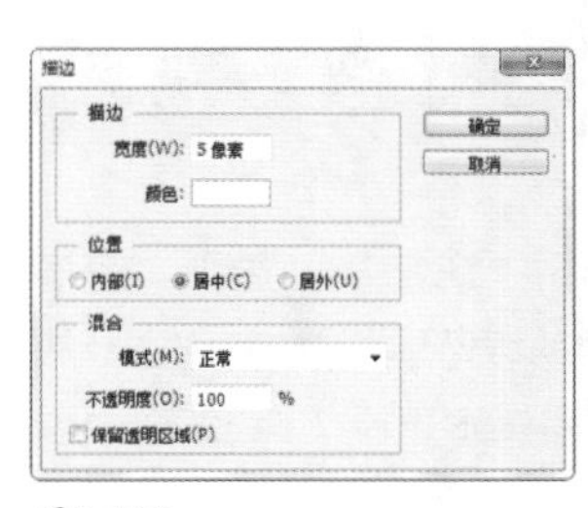

图5-110

图5-111

05 按下Ctrl+D快捷键取消选择。选择橡皮擦工具，在工具选项栏中选择一个笔尖，如图5-112所示，将光标放在画面底部的白色描边线上，单击鼠标，然后按住鼠标按键在另一侧单击，将边线擦除，如图5-113所示。

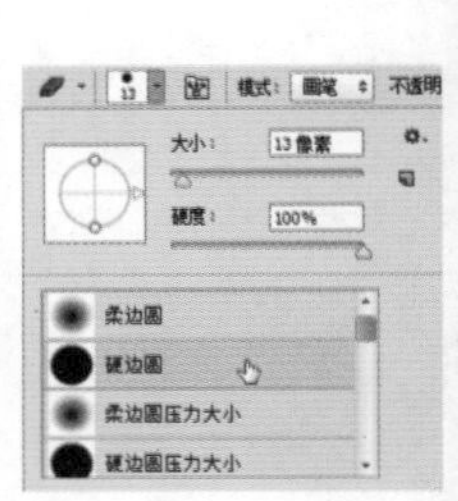

图5-112

图5-113

06 在“插画素材”图层的前方单击，将图层中的图像显示出来，如图5-114、图5-115所示。

图5-114

图5-115

描边命令选项/含义	
描边	在“宽度”选项中可以设置描边宽度；单击“颜色”选项右侧的颜色块，可以打开“拾色器”设置描边颜色
位置	设置描边相对于选区的位置，包括“内部”“居中”和“居外”
混合	可以设置描边颜色的混合模式和不透明度。勾选“保留透明区域”选项，表示只对包含像素的区域描边

5.3.4 实战：用“定义图案”命令制作足球海报

■类别：平面设计 ■光盘提供：☑素材 ☑实例效果 ☑视频录像

使用“定义图案”命令可以将图层或选区中的图像定义为图案。定义图案后，可以用“填充”命令将图案填充到整个图层区域或选区中。

01 打开光盘中的素材，如图5-116所示。选择“图层1”，在“背景”图层前面的眼睛图标上单击，隐藏该图层，如图5-117所示。使用矩形选框工具选中球星图案，如图5-118所示。

图5-116

图5-117

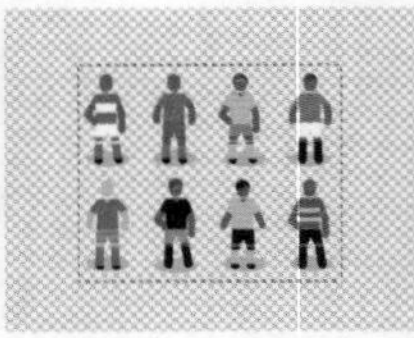

图5-118

02 执行“编辑>定义图案”命令，打开“图案名称”对话框，输入图案的名称，如图5-119所示，单击“确定”按钮，将选中的球星图案创建为自定义的图案。

03 按下Delete键删除图像，使“图层1”成为透明图层，如图5-120所示。按下Ctrl+D快捷键取消选择。在“背景”图层前面的原眼睛图标处单击，重新显示该图层，如图5-121所示。

图5-119

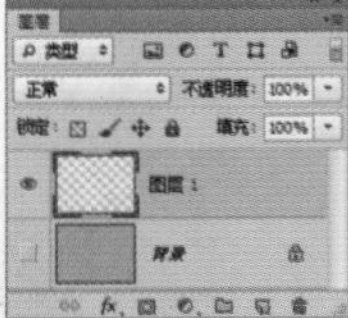

图5-120

图5-121

04 执行“编辑>填充”命令，打开“填充”对话框，在“使用”下拉列表中选择“图案”选项，在“自定图案”下拉列表中选择新建的图案，如图5-122所示，单击“确定”按钮填充图案，如图5-123所示。

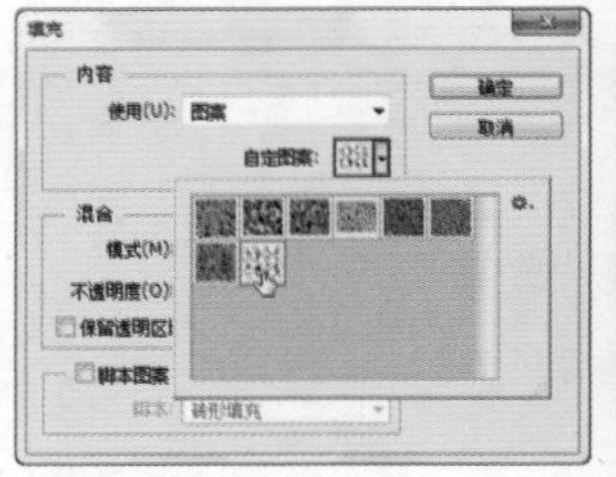

图5-122

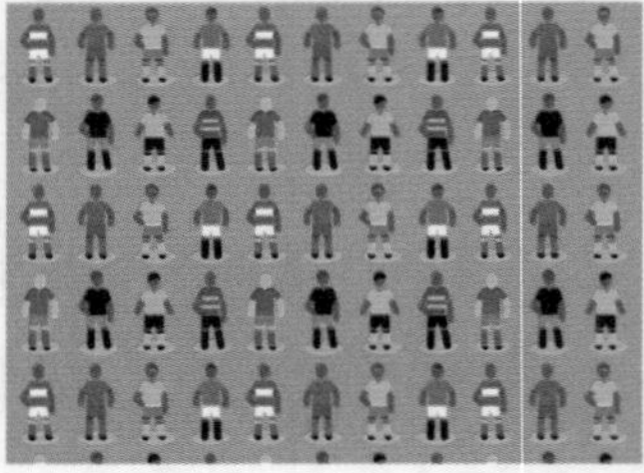

图5-123

05 打开一个文件，使用移动工具将足球和文字拖入图案文档，效果如图5-124所示。该图案还可以应用到其他地方，如可以作为外包装贴图，如图5-125所示。

图5-124

图5-125

5.4 绘画类工具

画笔、铅笔、颜色替换、混合器画笔和橡皮擦等工具是Photoshop中用于绘画的工具，它们可以绘制图画和修改像素。使用这些工具时，还可以通过“画笔”面板选择不同类型的笔尖。

5.4.1 实战：使用“画笔预设”面板

■类别：软件功能 ■光盘提供：☑视频录像

“画笔预设”面板中提供了各种预设的画笔。预设画笔带有诸如大小、形状和硬度等定义的特性。如果要选择一个预设的笔尖，并只需要调整画笔的大小，可通过该面板进行设置。

01 按下Ctrl+N快捷键，新建一个文档。选择画笔工具。执行“窗口>画笔预设”命令，打开“画笔预设”面板。单击面板中的一个笔尖将其选择，拖曳“大小”滑块可以调整笔尖大小，如图5-126、图5-127所示。

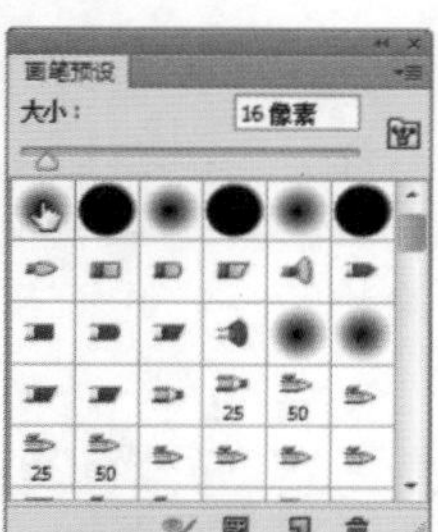

图5-126

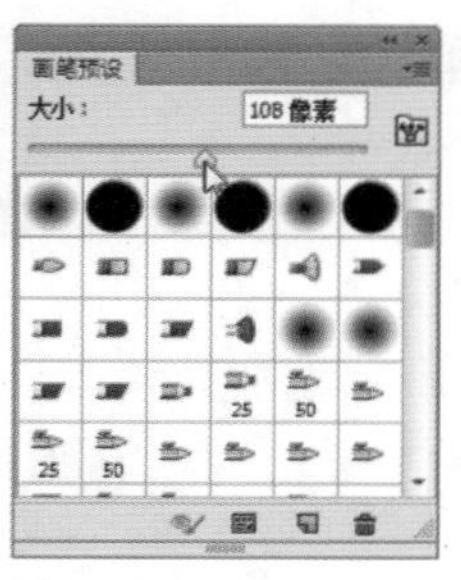

图5-127

02 如果选择的是毛刷笔尖，如图5-128所示，则可以创建逼真的、带有纹理的笔触效果，并且，单击面板中的按钮，画面中还会出现一个窗口，显示该画笔的具体样式，如图5-129所示；在它上面单击，可以改变画笔的显示角度，如图5-130所示；绘制时，该笔刷还可以显示笔尖运行方向，如图5-131所示。

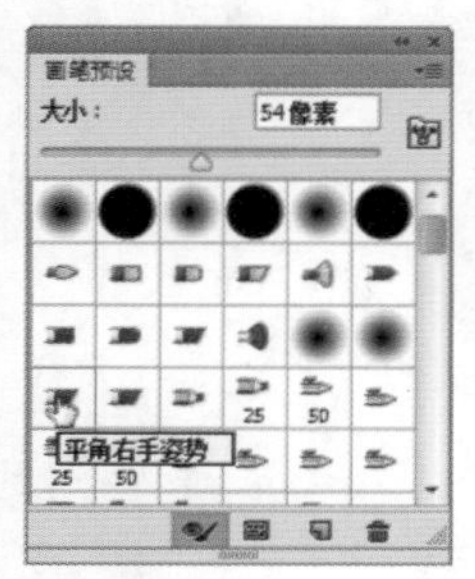

图5-128

图5-129

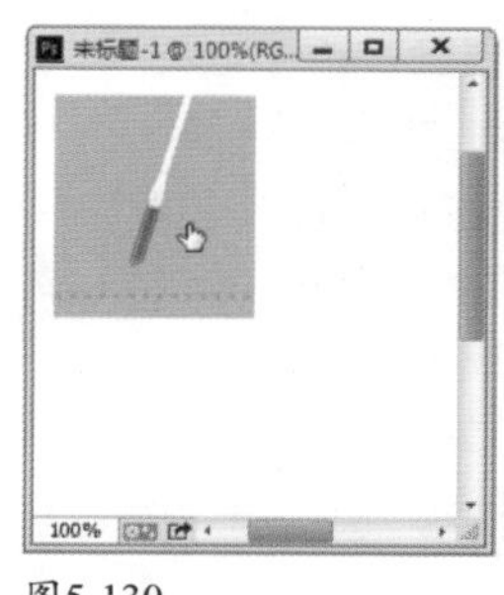

图5-130

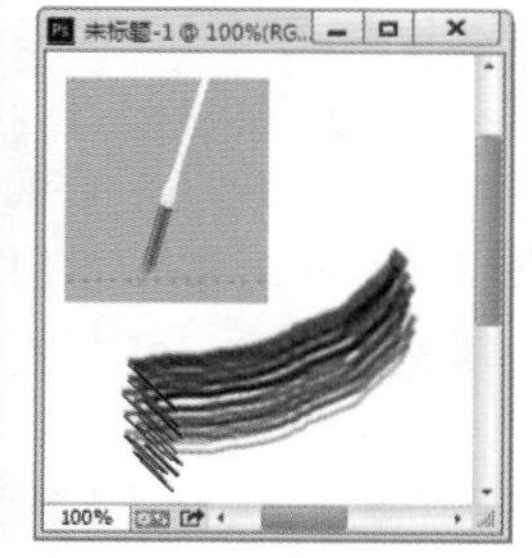

图5-131

技术看板：笔尖种类、尖角和柔角笔尖

Photoshop提供了3种类型的笔尖：圆形笔尖、非圆形的图像样本笔尖，以及毛刷笔尖。圆形笔尖包含尖角、柔角、实边和柔边几种样式。

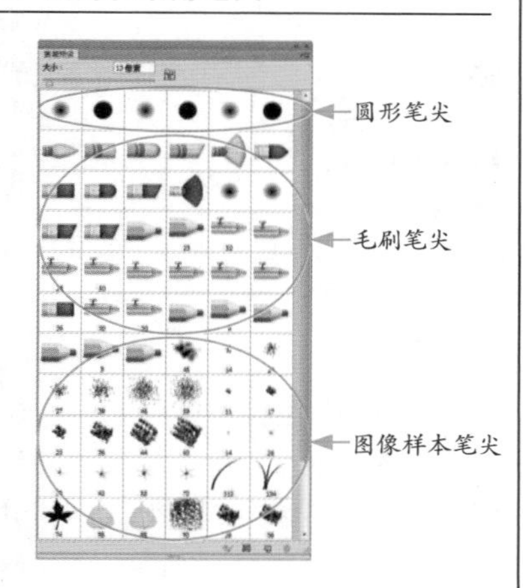

将笔尖硬度设置为100%，可以得到尖角笔尖，使用它和实边笔尖绘制的线条具有清晰的边缘；尖硬度低于100%时，可得到柔角笔尖，使用柔角和柔边笔尖绘制的线条的边缘柔和，呈现逐渐淡出的效果。

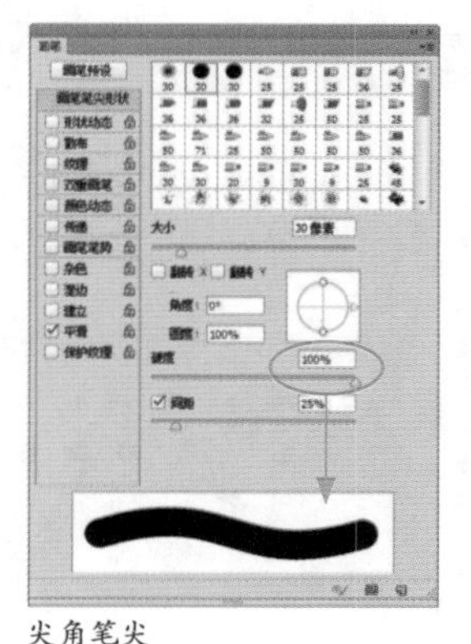

尖角笔尖

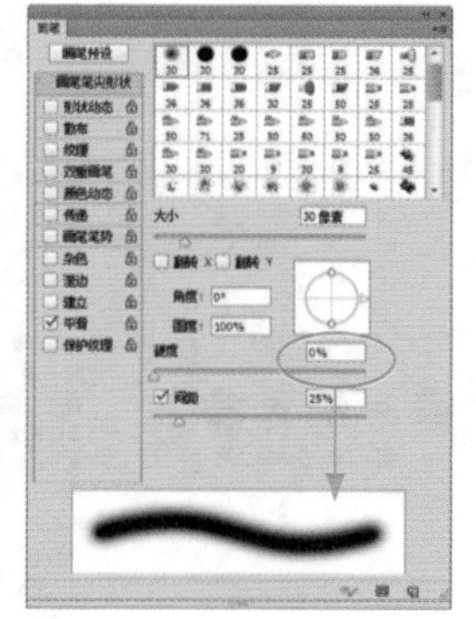

柔角笔尖

5.4.2 实战：使用画笔下拉面板

■类别：软件功能 ■光盘提供： ☑视频录像

如果要使用预设的笔尖，并只调整画笔大小和硬度，可以通过画笔下拉面板来快速设置。

01 选择画笔工具。单击工具选项栏中的按钮，打开画笔下拉面板。在面板中选择笔尖，拖曳"大小"滑块，或在文本框中输入数值，可以调整画笔的大小；通过"硬度"选项可以调整笔尖的硬度，如图5-132所示。

02 调整好画笔参数后，单击按钮，打开"画笔名称"对话框，输入画笔的名称后，单击"确定"按钮，可以将当前画笔保存为一个预设的画笔，如图5-133所示。

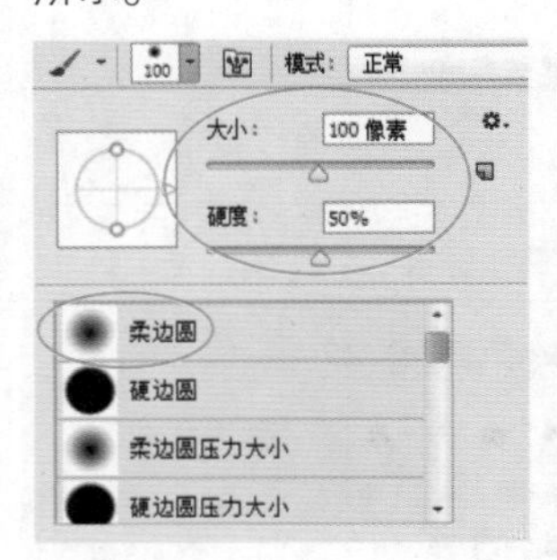

图5-132

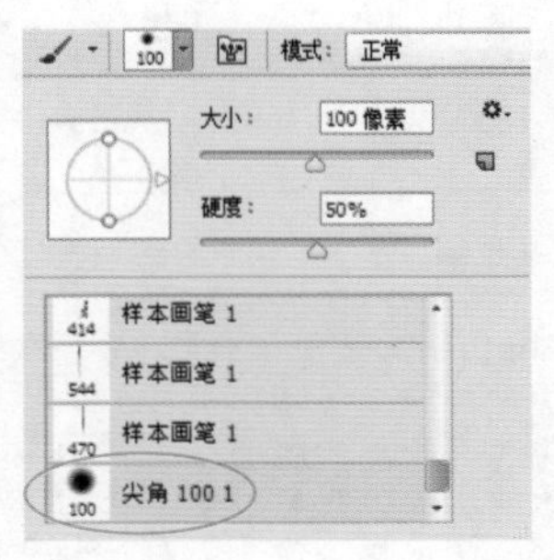

图5-133

5.4.3 实战：载入画笔库

■类别：软件功能 ■光盘提供：☑素材 ☑视频录像

01 单击画笔下拉面板右上角的按钮，或单击"画笔预设"面板右上角的按钮，可以打开完全相同的面板菜单。菜单底部是Photoshop提供的各种预设的画笔库。选择一个画笔库，如图5-134所示，可以弹出提示信息，单击"确定"按钮，可以载入画笔并替换面板中原有的画笔，如图5-135所示；单击"追加"按钮，可以将载入的画笔添加到原有的画笔后面；单击"取消"按钮，则取消载入操作。

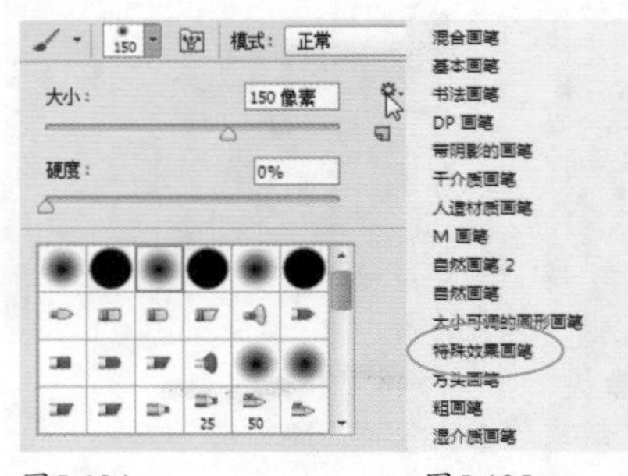

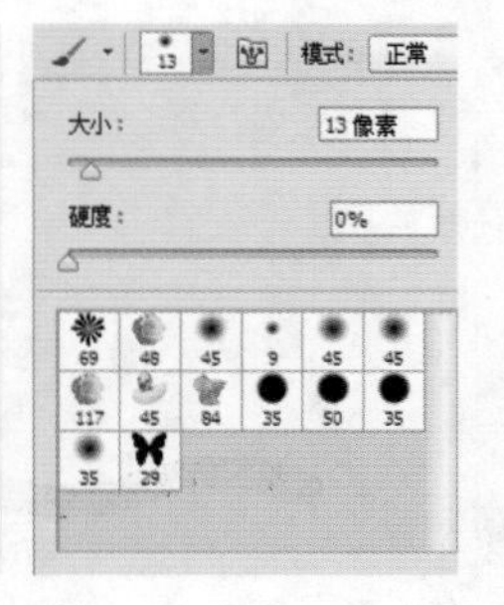

图5-134 图5-135

02 如果要载入外部画笔库，可以选择"载入"画笔命令，弹出"载入"对话框，选择光盘中提供的画笔库，将其载入，如图5-136、图5-137所示。

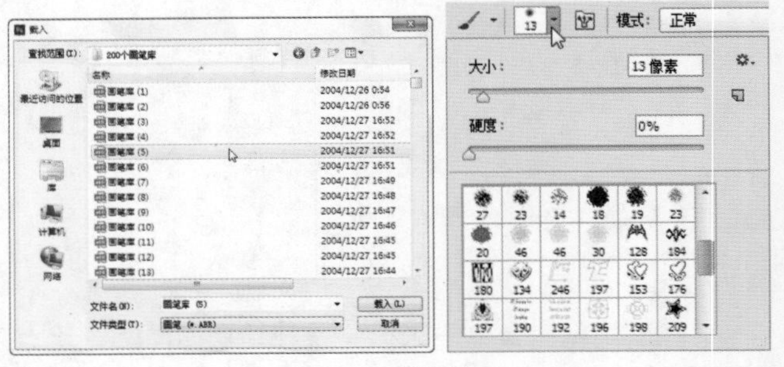

图5-136 图5-137

提示

当进行了添加或删除画笔的操作以后，如果想要让面板恢复为默认的画笔状态，可以执行菜单中的"复位画笔"命令。

5.4.4 实战：使用"画笔"面板

■类别：软件功能 ■光盘提供： ☑视频录像

"画笔"面板可以设置绘画类工具以及修饰类工具（涂抹、加深、减淡、模糊和锐化等）的笔尖种类。如果要选择一个笔尖，并调整大小、硬度和间距等更多参数，可以通过该面板来进行操作。

01 选择画笔工具。执行"窗口>画笔"命令，或单击工具选项栏中的按钮，可以打开"画笔"面板，如图5-138所示。

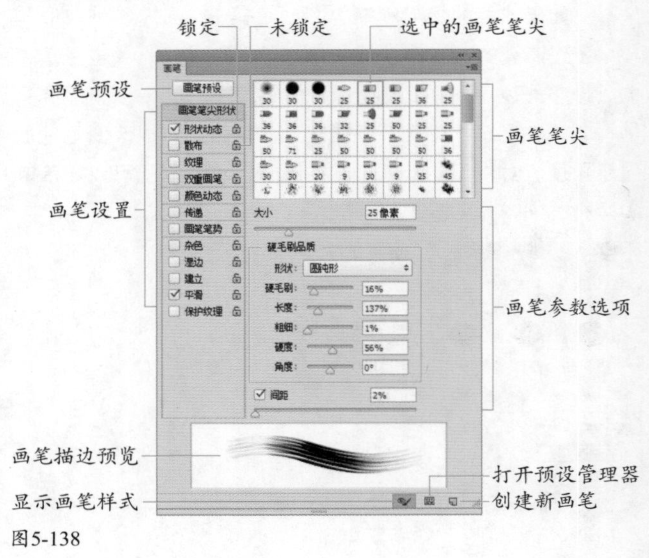

图5-138

02 选择一个笔尖后，可以调整它的参数。在“画笔描边预览”窗口中，还可以观察调整后的具体效果。在“角度”选项中可以设置椭圆笔尖和图像样本笔尖的旋转角度。可以在文本框中输入角度值，也可以拖曳箭头进行调整，如图5-139、图5-140所示。

图5-139

图5-140

03 在“圆度”选项中可以设置画笔长轴和短轴之间的比率。可以在文本框中输入数值，或拖曳控制点来调整。当该值为100% 时，笔尖为圆形，设置为其他值时，可以将画笔压扁，如图5-141、图5-142所示。

图5-141

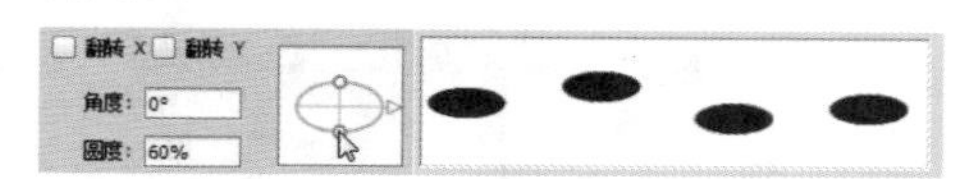

图5-142

04 如果要调整画笔的形状动态、纹理和画笔笔势等更多参数，可以单击面板左侧“画笔设置”区域中的相应选项，然后在显示的选项中进行设置。

“画笔”面板选项/含义	
画笔笔尖形状	如果要对预设的画笔进行一些修改，如调整画笔的大小、角度、圆度、硬度和间距等笔尖形状特性，可以单击“画笔”面板中的“画笔笔尖形状”选项，然后在显示的选项中进行设置
形状动态	决定了描边中画笔的笔迹如何变化，可以使画笔的大小、圆度等产生随机变化效果
散布	决定了描边中笔迹的数目和位置，使笔迹沿绘制的线条扩散
纹理	如果要使画笔绘制出的线条像是在带纹理的画布上绘制的一样，可以单击“画笔”面板左侧的“纹理”选项，选择一种图案，将其添加到描边中，以模拟画布效果
双重画笔	双重画笔是指让描绘的线条中呈现出两种画笔效果。要使用双重画笔，首先要在“画笔笔尖形状”选项设置主笔尖，再从“双重画笔”部分中选择另一个笔尖
颜色动态	如果要让绘制出的线条的颜色、饱和度和明度等产生变化，可以单击“画笔”面板左侧的“颜色动态”选项，通过设置选项，来改变描边路线中油彩颜色的变化方式
传递	用来确定油彩在描边路线中的改变方式
画笔笔势	用来调整毛刷画笔笔尖、侵蚀画笔笔尖的角度
杂色	可以为个别画笔笔尖增加额外的随机性。当应用于柔画笔笔尖（包含灰度值的画笔笔尖）时，该选项最有效
湿边	可以沿画笔描边的边缘增大油彩量，创建水彩效果
建立	将渐变色调应用于图像，同时模拟传统的喷枪技术。该选项与工具选项栏中的喷枪选项相对应，勾选该选项，或单击工具选项栏中的喷枪按钮，都能启用喷枪功能
平滑	在画笔描边中生成更平滑的曲线。当使用压感笔进行快速绘画时，该选项最有效，但在描边渲染中可能会导致轻微的滞后
保护纹理	将相同图案和缩放比例应用于具有纹理的所有画笔预设。选择该选项后，使用多个纹理画笔笔尖绘画时，可以模拟出一致的画布纹理

5.4.5 实战：使用画笔工具

■类别：平面设计 ■光盘提供：☑素材 ☑实例效果 ☑视频录像

画笔工具 类似于传统的毛笔，它使用前景色绘制线条。该工具可以绘制图画、修改蒙版和通道。

01 打开光盘中的素材，如图5-143所示。执行“编辑>定义画笔预设”命令，打开“画笔名称”对话框，默认情况下会以当前文档名称自动命名画笔，如图5-144所示，也可以重新输入画笔名称，按下回车键完成画笔的定义。

图5-143

图5-144

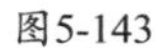

02 打开一个素材，如图5-145所示，单击“图层”面板底部的 按钮，新建一个图层。下面在该图层中为T恤绘制熊猫图案，操作时如有图案超出衣服的范围，可以按下Alt+Ctrl+G快捷键创建剪贴蒙版，使衣服以外的图案不会显示在画面中，如图5-146所示。

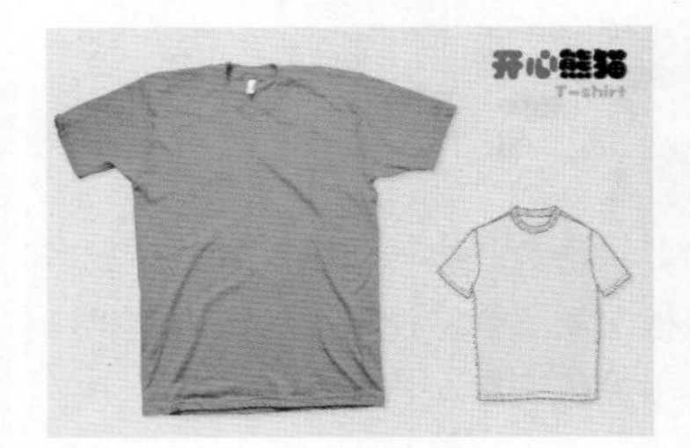

图5-145

图5-146

03 选择画笔工具，单击工具选项栏中的按钮，打开画笔下拉面板，选择新建的画笔，如图5-147所示。打开“画笔”面板，单击左侧的“画笔笔尖形状”选项，设置间距为186，如图5-148所示。

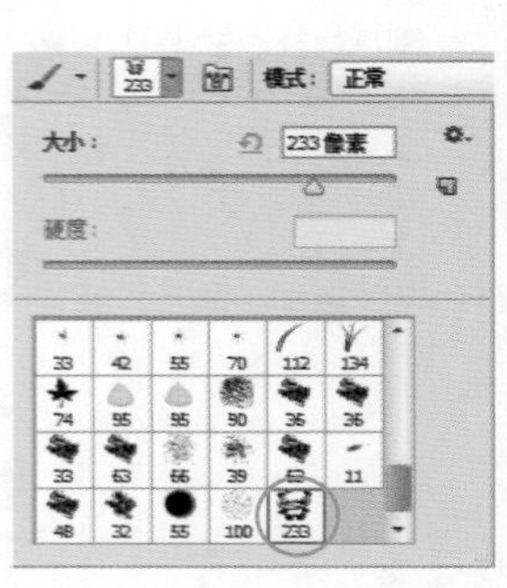

图5-147

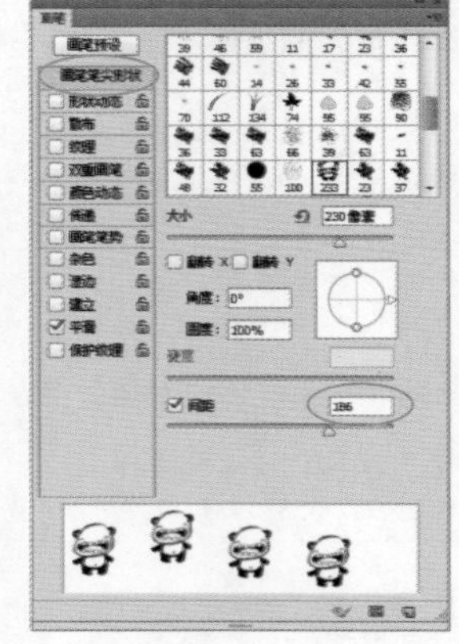

图5-148

04 选中“形状动态”选项，设置“大小抖动”为60%，“角度抖动”为40%，如图5-149所示；选中“颜色动态”选项，设置“亮度抖动”为100%，如图5-150所示。

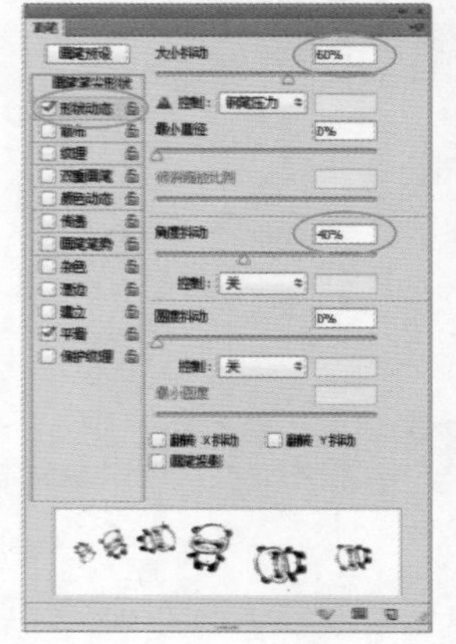

图5-149

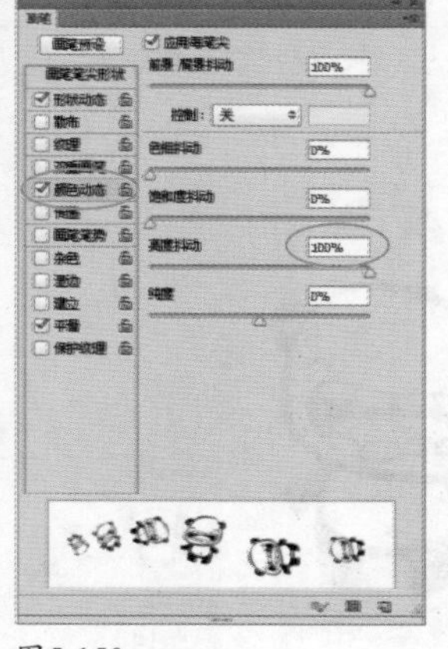

图5-150

05 按下D键，恢复为默认的前景色和背景色。在衣服上单击鼠标，并按住按键拖动，绘制出不同大小、角度和明度的熊猫图案，也可以采用单击的方法，逐一添加图案，可以更好地组织图案的位置，如图5-151所示。

图5-151

提示

在Photoshop中绘制的图形、整个图像或选区内的部分图像都可以创建为自定义的画笔。Photoshop只能将灰度图像定义为画笔，因此，即便选择的是彩色图像，但定义的画笔也是灰度图像。此外，如果图案不是100%黑色，而是以50%灰色填充，则画笔将具有一定的透明特性。

画笔工具选项栏/含义	
画笔下拉面板	单击“画笔”选项右侧的按钮，可以打开画笔下拉面板，在面板中可以选择笔尖，设置画笔的大小和硬度参数
模式	在下拉列表中可以选择画笔笔迹颜色与下面像素的混合模式
不透明度	用来设置画笔的不透明度，该值越低，线条的透明度越高
流量	用来设置当光标移动到某个区域上方时应用颜色的速率。涂抹时，如果一直按住鼠标左键，颜色将根据流动速率增加，直至达到不透明度设置
喷枪	单击按钮，可以启用喷枪功能，Photoshop会根据按住鼠标左键的时间长度确定画笔线条的填充数量。例如，未启用喷枪时，鼠标每单击一次便填充一次线条，启用喷枪后，按住鼠标左键不放，便可持续填充线条
绘图板压力按钮	单击这两个按钮后，用数位板绘画时，光笔压力可覆盖“画笔”面板中的不透明度和大小设置

5.4.6 实战：使用铅笔工具

■类别：创意设计 ■光盘提供：☑素材 ☑实例效果 ☑视频录像

铅笔工具也是使用前景色来绘制线条的，它与画笔工具的区别在于，画笔工具可以绘制带有柔边效果的线条，而铅笔工具只能绘制硬边线条。

01 打开一个素材，如图5-152所示。单击“图层”面板底部的 按钮，创建一个图层，如图5-153所示。

图5-152

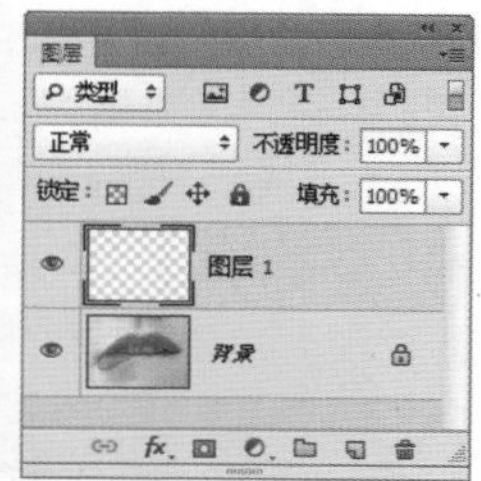

图5-153

02 选择铅笔工具 ，在工具选项栏的下拉面板中选择一个圆笔尖，设置大小为12像素，如图5-154所示。将前景色设置为黑色，基于底层图像中嘴的位置，画出人物的五官、帽子和用来装饰的蝴蝶结，如图5-155所示。

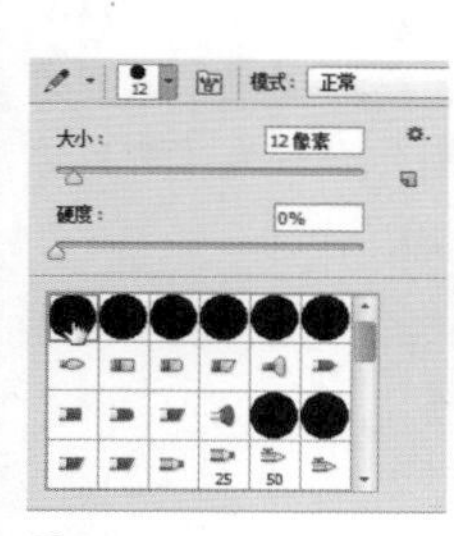

图5-154

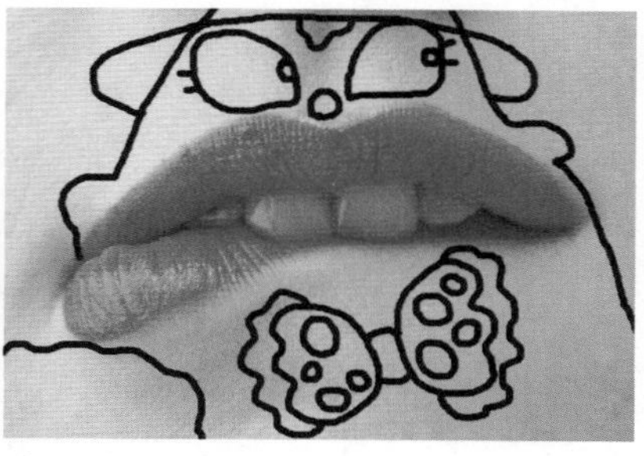

图5-155

03 按住Ctrl键，单击“图层”面板中的 按钮，在当前图层下方新建一个图层，如图5-156所示。将前景色设置为白色。按下] 键将笔尖调大，绘制出眼睛、蝴蝶结边缘的白色部分，如图5-157所示，绘制时不要超出轮廓线。

图5-156

图5-157

04 给帽子涂黄色，蝴蝶结涂粉红色，如图5-158所示。在鼻子和脸蛋上涂色，给蝴蝶结涂上彩色的圆点作为装饰，在左下角的台词框内涂紫色，如图5-159所示。

05 用铅笔工具 在台词框内书写文字，一幅生动、有趣的表情涂鸦就绘制完成了，如图5-160所示。

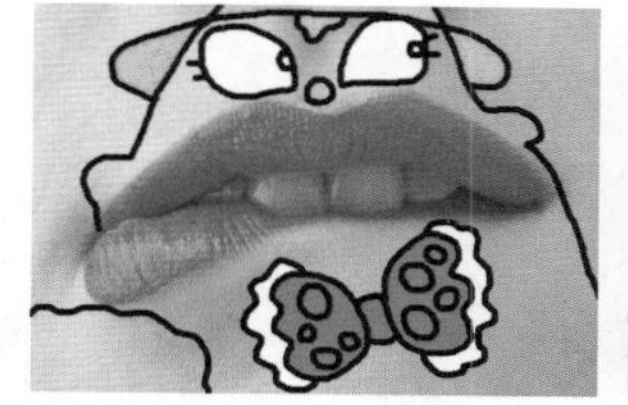

图5-158

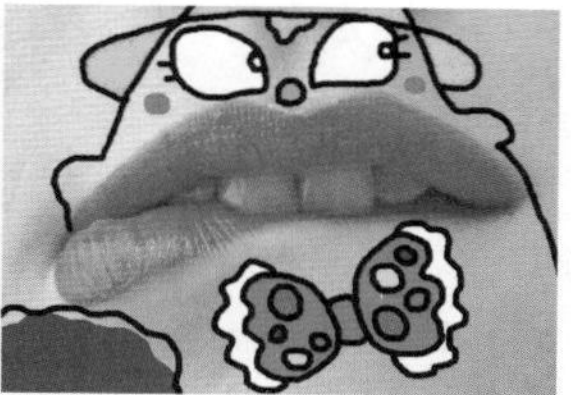

图5-159

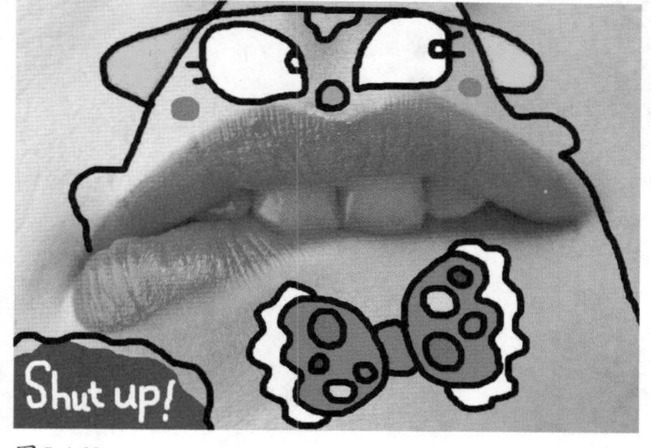

图5-160

技术看板：铅笔工具的自动抹除功能

在铅笔工具的工具选项栏中，除“自动抹除”功能外，其他选项均与画笔工具相同。选择“自动抹除”选项后，开始拖动鼠标时，如果光标的中心在包含前景色的区域上，可将该区域涂抹成背景色；如果光标的中心在不包含前景色的区域上，则可将该区域涂抹成前景色。

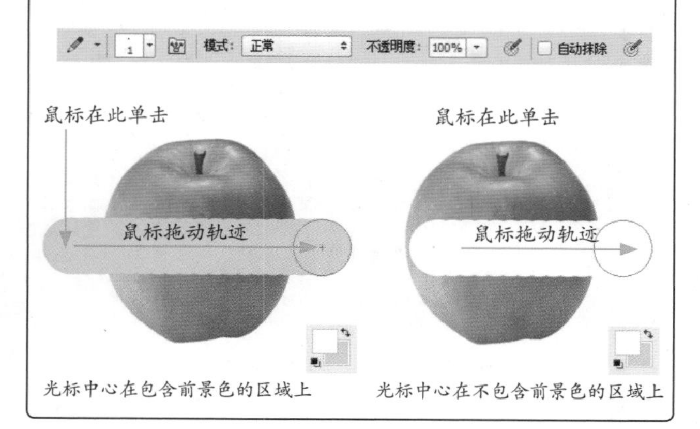

5.4.7 实战：使用混合器画笔工具

■类别：软件功能 ■光盘提供：☑素材 ☑实例效果 ☑视频录像

混合器画笔工具 可以混合像素，模拟真实的绘画技术，如混合画布上的颜色、组合画笔上的颜色，以及在描边时使用不同的绘画湿度。混合器画笔有两个绘画色管（一个储槽和一个拾取器）。储槽存储最终应用于画布的颜色，并且具有较多的油彩容量。拾取色管接收来自画布的油彩，其内容与画布颜色是连续混合的。

01 打开光盘中的素材，如图5-161所示。选择混合器画笔工具，在工具选项栏中选择一个笔尖，单击清理按钮，单击按钮打开下拉菜单，选择“非常潮湿，深混合”选项，如图5-162所示。

图5-161

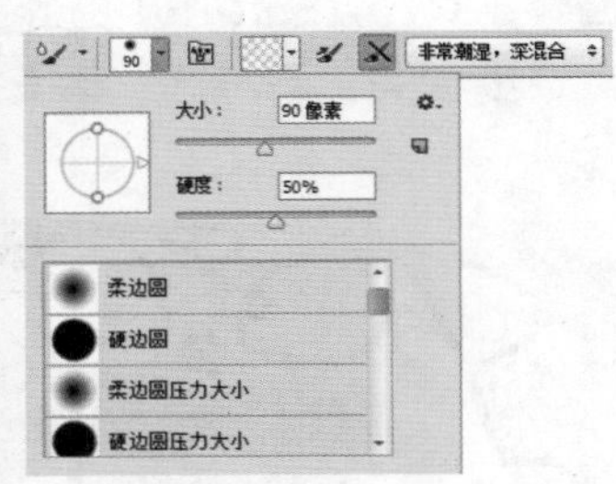

图5-162

02 在画面中单击并拖曳鼠标反复涂抹，即可混合颜色，如图5-163所示。单击并向左下方拖曳，可以创建较长的绘画条痕，如图5-164所示。

图5-163

图5-164

混合器画笔工具选项栏/含义	
当前画笔载入弹出式菜单	单击按钮，可以弹出一个下拉菜单。使用混合器画笔工具时，按住Alt键单击图像，可以将光标下方的颜色（油彩）载入储槽。选择“载入画笔”选项，可以拾取光标下方的图像，此时画笔笔尖可以反映出取样区域中的任何颜色变化；如果选择“只载入纯色”选项，则可拾取单色，此时画笔笔尖的颜色比较均匀。如果要清除画笔中的油彩，可以选择“清理画笔”选项
预设	提供了“干燥”“潮湿”等预设的画笔组合
自动载入 / 清理	单击按钮，可以使光标下的颜色与前景色混合；单击按钮，可以清理油彩。如果要在每次描边后执行这些任务，可以单击这两个按钮
潮湿	可以控制画笔从画布拾取的油彩量。较高的设置会产生较长的绘画条痕
载入	用来指定储槽中载入的油彩量。载入速率较低时，绘画描边干燥的速度会更快
混合	用来控制画布油彩量同储槽油彩量的比例。比例为100%时，所有油彩将从画布中拾取；比例为 0%时，所有油彩都来自储槽
流量	用来设置当将光标移动到某个区域上方时应用颜色的速率
对所有图层取样	拾取所有可见图层中的画布颜色

5.4.8 实战：使用颜色替换工具

■类别：照片处理 ■光盘提供：☑素材 ☑实例效果 ☑视频录像

颜色替换工具可以用前景色替换图像中的颜色。该工具不能用于位图、索引或多通道颜色模式的图像。

01 打开光盘中的素材，如图5-165所示。这是一个分层文件，部分素材位于“组1”文件夹中，暂时处于隐藏状态，如图5-166所示。

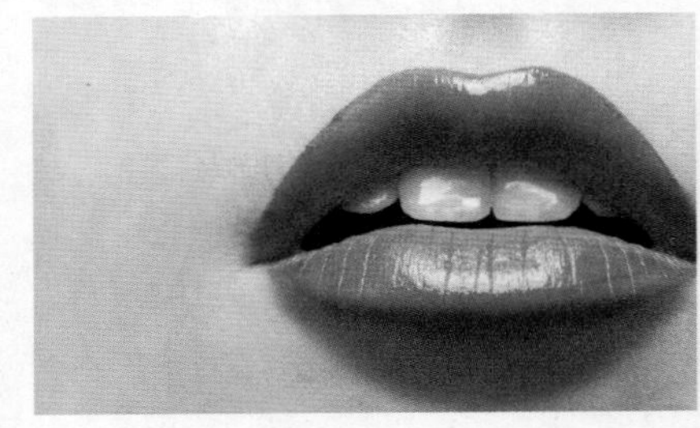

图5-165

图5-166

02 按下Ctrl+J快捷键复制“背景”图层，如图5-167所示。选择颜色替换工具，在工具选项栏中选择柔角笔尖，并单击连续按钮，将“限制”设置为“查找边缘”，“容差”设置为50%，如图5-168所示。

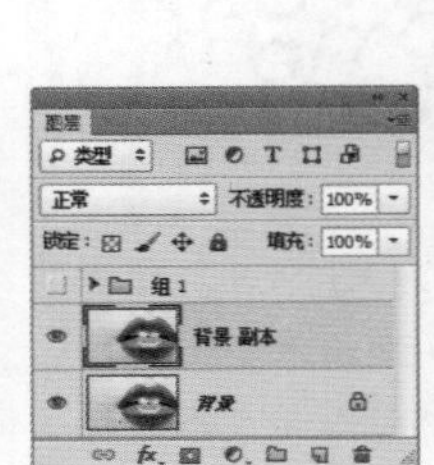

图5-167

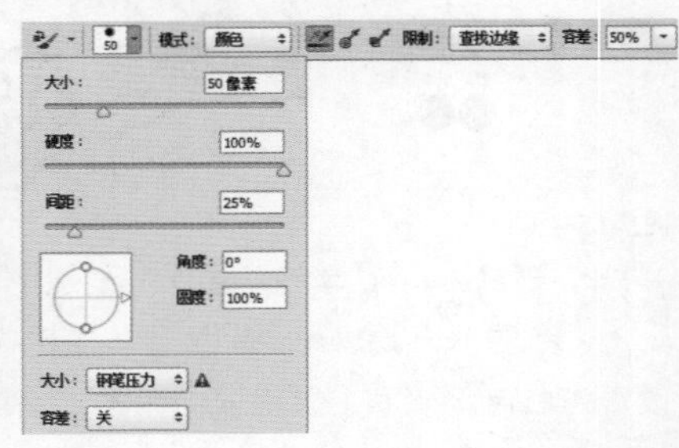

图5-168

03 在“色板”面板中拾取紫色作为前景色，如图5-169所示。在嘴唇边缘涂抹，替换原有的粉红色，如图5-170所示。在操作时应注意，光标中心的十字线不要碰到面部皮肤，否则，也会替换其颜色。

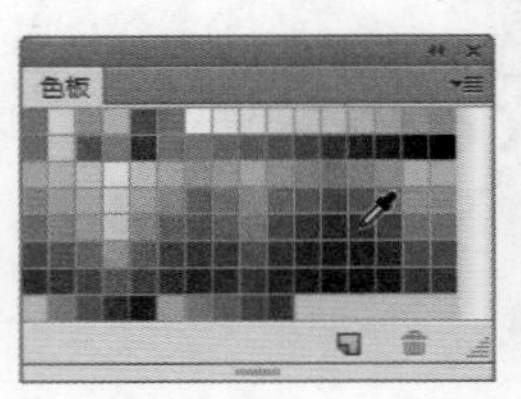

图5-169

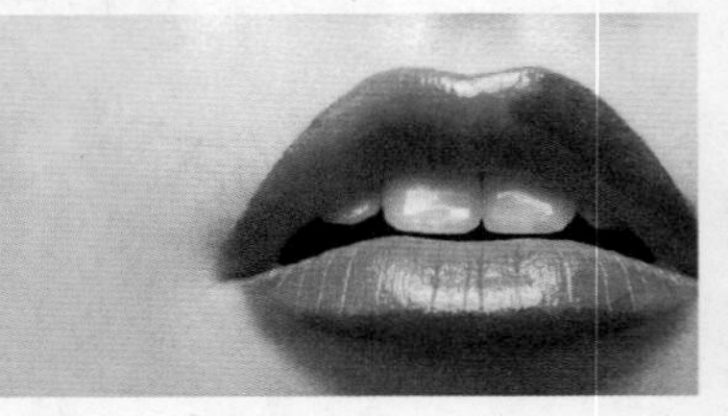

图5-170

04 拾取“色板”中的黄橙色作为前景色，给下嘴唇涂色，如图5-171所示。用浅青色涂抹上嘴唇，与紫色形成呼应，涂抹到嘴角时可以按下［键将笔尖调小，以便于绘制，也可以避免将颜色涂到皮肤上，如图5-172所示。

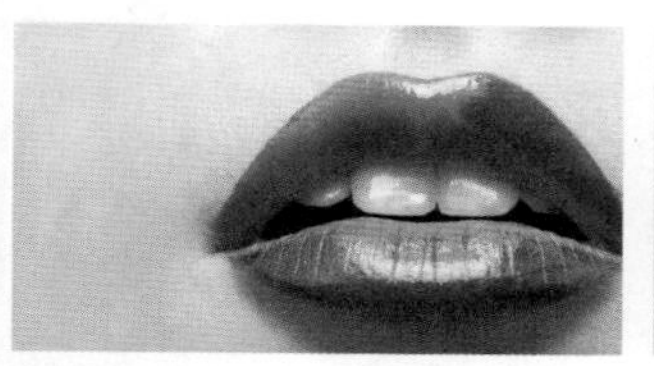

图5-171

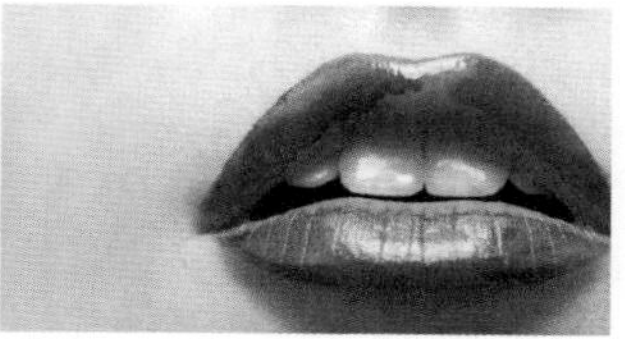

图5-172

05 最后，将笔尖调小，用洋红色修补一下各颜色的边缘区域，使笔触看起来更加自然，如图5-173、图5-174所示。

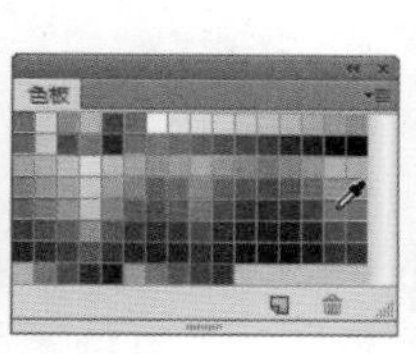

图5-173

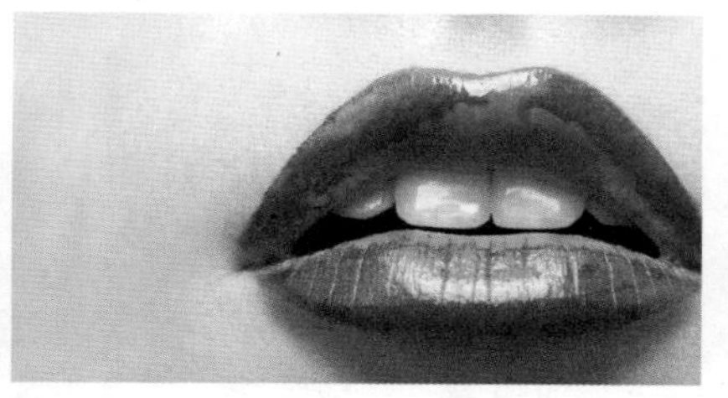

图5-174

06 在“组1”前面单击，显示该图层组，如图5-175、图5-176所示。

图5-175

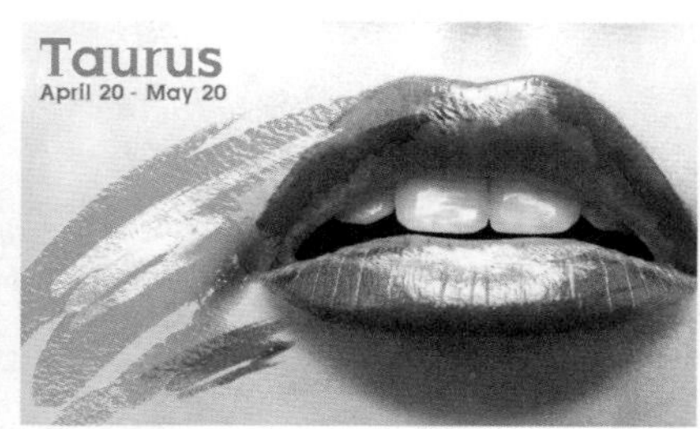

图5-176

颜色替换工具选项栏/含义

模式	用来设置可以替换的颜色属性，包括“色相”“饱和度”“颜色”和“明度”。默认为“颜色”，它表示可以同时替换色相、饱和度和明度
取样	用来设置颜色的取样方式。单击连续按钮，在拖动鼠标时可连续对颜色取样；单击一次按钮，只替换包含第一次单击的颜色区域中的目标颜色；单击背景色板按钮，只替换包含当前背景色的区域
限制	选择“不连续”选项，只替换出现在光标下的样本颜色；选择“连续”选项，可替换与光标指针（即圆形画笔中心的十字线）挨着的、且与光标指针下方颜色相近的其他颜色；选择“查找边缘”选项，可替换包含样本颜色的连接区域，同时保留形状边缘的锐化程度
容差	用来设置工具的容差。颜色替换工具只替换鼠标单击点颜色容差范围内的颜色，该值越高，对颜色相似性的要求程度就越低，可替换的颜色范围越广
消除锯齿	勾选该项，可以为校正的区域定义平滑的边缘，从而消除锯齿

5.4.9 实战：使用历史记录画笔工具

■类别：照片处理/特效 ■光盘提供：☑素材 ☑实例效果 ☑视频录像

历史记录画笔工具可以将图像恢复到编辑过程中的某一步骤状态，或者将部分图像恢复为原样。该工具需要配合“历史记录”面板一同使用。

01 打开光盘中的素材，如图5-177所示。单击“背景”图层，按下Ctrl+J快捷键复制，如图5-178所示。

图5-177

图5-178

02 按下Shift+Ctrl+U快捷键去色，如图5-179所示。打开“历史记录”面板，如图5-180所示。

图5-179

图5-180

03 编辑图像后，想要将部分内容恢复到哪一个操作阶段的效果（或者恢复为原始图像），就在“历史记录”面板中该操作步骤前面单击，所选步骤前面会显示历史记录画笔的源图标，如图5-181所示。

04 用历史记录画笔工具涂抹卡片内部的图像，即可将其恢复到彩色状态，如图5-182所示。

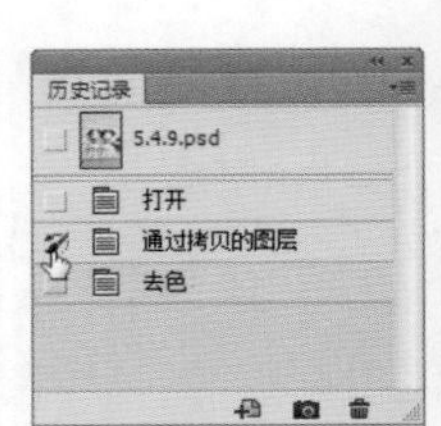

图5-181

图5-182

5.4.10 实战：使用历史记录艺术画笔工具

■类别：照片处理/绘画 ■光盘提供：☑素材 ☑实例效果 ☑视频录像

历史记录艺术画笔工具 与历史记录画笔的工作方式完全相同，但它在恢复图像的同时会进行艺术化处理，创建出独具特色的艺术效果。

01 打开光盘中的素材，如图5-183所示。选择历史记录艺术画笔工具 ，在工具选项栏中选择一个笔尖，如图5-184所示，将“样式”设置为“紧绷长”，如图5-185所示。

02 在图像上单击鼠标（避让开胡须），进行艺术化处理，可以生成绘画效果，如图5-186所示。

图5-183

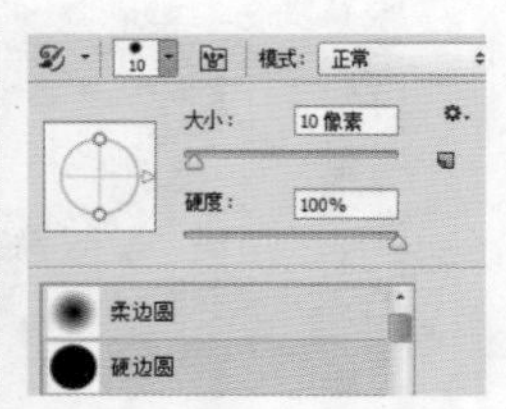

图5-184

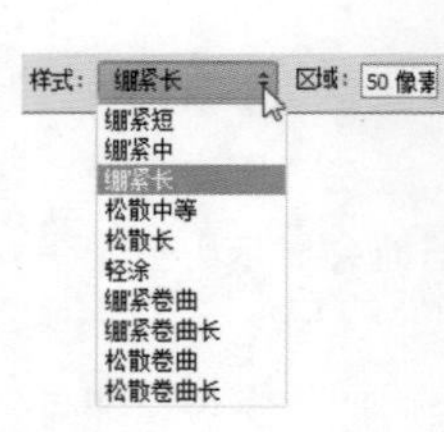

图5-185

图5-186

相关链接

使用画笔、历史记录艺术画笔等工具时，为便于操作，可以用旋转视图工具将画布适当旋转。操作方法请参阅第18页。

历史记录艺术画笔工具选项栏/含义

模式：正常 不透明度：100% 样式：绷紧短 区域：50 像素 容差：0%

选项	含义
样式	可以选择一个选项来控制绘画描边的形状，包括“绷紧短”“绷紧中”和“绷紧长”等
区域	用来设置绘画描边所覆盖的区域。该值越高，覆盖的区域越广，描边的数量也越多
容差	容差值用来限定可应用绘画描边的区域。低容差，可用于在图像中的任何地方绘制无数条描边，高容差会将绘画描边限定在与源状态或快照中的颜色明显不同的区域

5.4.11 实战：使用橡皮擦工具

■类别：图像合成 ■光盘提供：☑素材 ☑实例效果 ☑视频录像

橡皮擦工具 可以擦除图像。如果处理的是“背景”图层或锁定了透明区域（单击“图层”面板中的 按钮）的图层，涂抹区域会显示为背景色；处理其他图层时，则可擦除涂抹区域的像素。

01 打开光盘中的两个素材。使用移动工具 将牛奶素材拖入桔子文档中，如图5-187所示。

图5-187

02 选择橡皮擦工具 ，在工具选项栏中选择一个柔角笔尖，设置“硬度”为50%，如图5-188所示。将右侧的牛奶擦除，如图5-189所示。

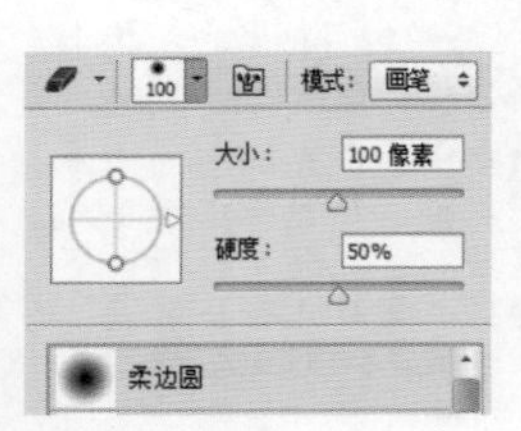

图5-188

图5-189

03 单击“调整”面板中的 按钮，创建通道混合器调整图层。单击“属性”面板底部的 按钮，创建剪贴蒙版，然后在“输出通道”下拉列表中分别选择红、绿和蓝通道，进行调整，如图5-190~图5-192所示。

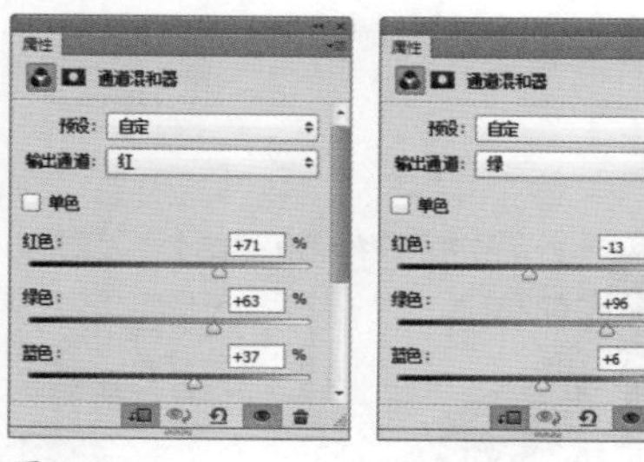

图5-190　　图5-191

图5-192

04 单击“调整”面板中的按钮，创建色相/饱和度调整图层，单击“属性”面板底部的按钮，创建剪贴蒙版。勾选“着色”选项并调整参数，如图5-193所示。设置该图层的混合模式为“颜色”，不透明度为62%，效果如图5-194所示。

图5-193

图5-194

橡皮擦工具选项栏/含义	
模式：画笔　不透明度：100%　流量：100%　抹到历史记录	
模式	可以选择橡皮擦的种类。选择“画笔”，可创建柔边擦除效果；选择“铅笔”，可创建硬边擦除效果；选择“块”，擦除的效果为块状
不透明度	用来设置工具的擦除强度，100% 的不透明度可以完全擦除像素，较低的不透明度将部分擦除像素。将“模式”设置为“块”时，不能使用该选项
流量	用来控制工具的涂抹速度
抹到历史记录	与历史记录画笔工具的作用相同。勾选该选项后，在“历史记录”面板选择一个状态或快照，在擦除时，可以将图像恢复为指定状态

5.5 修改像素尺寸和画布

数码照片或网络图像可以有不同的用途，例如，可以设置成为计算机桌面、制作为个性化的QQ头像、用作手机壁纸、传输到网络相册上、用于打印等。然而，图像的尺寸和分辨率有时不符合要求，这就需要对图像的大小和分辨率进行适当的调整。

5.5.1 实战：修改图像的尺寸

■类别：软件功能 ■光盘提供：☑素材 ☑视频录像

使用“图像大小”命令可以调整图像的像素大小、打印尺寸和分辨率。修改像素大小不仅会影响图像在屏幕上的视觉大小，还会影响图像的质量及其打印特性，同时也决定了其占用多大的存储空间。

01 打开光盘中的素材文件，如图5-195所示。

图5-195

02 执行“图像>图像大小”命令，打开“图像大小”对话框。在预览图像上单击并拖动鼠标，定位显示中心。此时预览图像底部会出现显示比例的百分比，如图5-196所示。按住Ctrl键单击预览图像可以增大显示比例；按住 Alt 键单击预览图像可以减小显示比例。

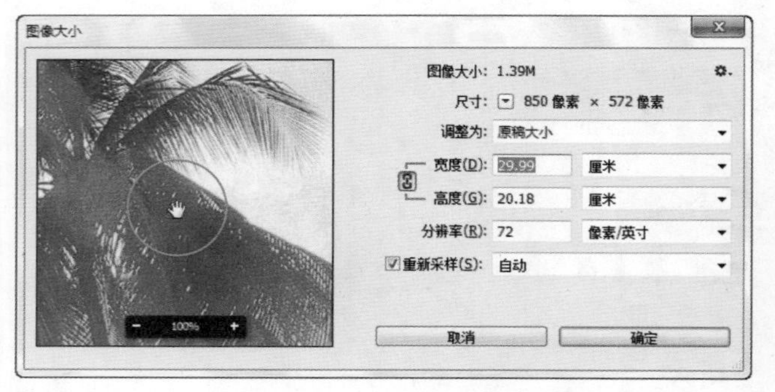

图5-196

03 "宽度""高度"和"分辨率"选项用来设置图像的打印尺寸，操作方法有两种。第一种方法是先选择"重新采样"选项，然后修改图像的宽度或高度。这会改变图像的像素数量。例如，减小图像的大小时（10厘米×6.73厘米），就会减少像素数量，此时图像虽然变小了，但画质不会改变，如图5-197所示；而增加图像的大小或提高分辨率时（60厘米×40.38厘米），会增加新的像素，这时图像尺寸虽然增大了，但画质会下降，如图5-198所示。

图5-197

图5-198

04 下面再来看第二种方法如何操作。先取消对"重新采样"选项的勾选，再来修改图像的宽度或高度。这时图像的像素总量不会变化，也就是说，减少宽度和高度时（10厘米×6.73厘米），会自动增加分辨率，如图5-199所示；而增加宽度和高度时（60厘米×40.38厘米），会自动减少分辨率，如图5-200所示。图像的视觉大小看起来不会有任何改变，画质也没有变化。

图5-199

图5-200

"图像大小"命令选项/含义	
图像大小/尺寸	显示了图像的大小和像素尺寸。单击"尺寸"选项右侧的 按钮，可以打开一个下拉菜单，在菜单中可以选择以其他度量单位（如百分比、厘米、点等）显示最终输出的尺寸
调整为	单击 按钮打开下拉菜单，菜单中包含了各种预设的图像尺寸。此外，选择"自动分辨率"命令，则可以弹出"自动分辨率"对话框，输入挂网的线数，Photoshop会根据输出设备的网频来建议使用的图像分辨率
缩放样式	单击对话框右上角的 按钮，可以打开一个菜单，菜单中包含"缩放样式"命令，并处于勾选状态。它表示如果文档中的图层添加了图层样式，则调整图像的大小时会自动缩放样式。如果要禁用缩放功能，可以取消对该命令的勾选
宽度/高度	可输入图像的宽度和高度值。如果要修改"宽度"和"高度"的度量单位，可单击选项右侧的 按钮，在打开的下拉列表中进行选择。"宽度"和"高度"选项中间有一个 按钮，并处于按下状态，它表示修改图像的宽度或高度时，可保持宽度和高度的比例不变。如果要分别缩放宽度和高度，可单击该按钮
分辨率	可以输入图像的分辨率
重新采样	如果要修改图像大小或分辨率，以及按比例调整像素总数，可选中该选项，并在右侧的菜单中选取插值方法，来确定添加或删除像素的方式。如果要修改图像大小或分辨率，而又不改变图像中的像素总数，则取消选择该选项

技术看板：像素与分辨率的关系

位图图像在技术上称为栅格图像，它是由像素（Pixel）组成的。在Photoshop中处理图像时，编辑的就是像素。每一个像素都有自己的位置，并记载着图像的颜色信息，一个图像包含的像素越多，颜色信息就越丰富，图像效果也会更好，不过文件也会随之增大。分辨率是指单位长度内包含像素点的数量，它的单位通常为像素/英寸（ppi），如72ppi表示每英寸包含72个像素点，300ppi表示每英寸包含300个像素点。分辨率决定了位图细节的精细程度，通常情况下，分辨率越高，包含的像素就越多，图像就越清晰。

像素和分辨率是两个密不可分的重要概念，它们的组合方式决定了图像的数据量。例如，同样是1英寸×1英寸的两个图像，分辨率为72 ppi的图像包含5184个像素（72像素×72像素＝5184像素），而分辨率为300ppi的图像则包含多达90000个像素（300像素×300像素＝90000像素）。在打印时，高分辨率的图像要比低分辨率的图像包含更多的像素，因此，像素点更小，像素的密度更高，所以可以重现更多细节和更细微的颜色过渡效果。

分辨率为72像素/英寸（模糊）

分辨率为100像素/英寸（效果一般）

分辨率为300像素/英寸（清晰）

虽然分辨率越高，图像的质量越好，但这也会增加其占用的存储空间，只有根据图像的用途设置合适的分辨率，才能取得最佳的使用效果。这里介绍一个比较通用的分辨率设定规范。如果图像用于屏幕显示或者网络，可以将分辨率设置为72像素/英寸（ppi），这样可以减小文件的大小，提高传输和下载速度；如果图像用于喷墨打印机打印，可以将分辨率设置为100～150像素/英寸（ppi）；如果用于印刷，则应设置为300像素/英寸（ppi）。

5.5.2 实战：修改画布大小

■类别：软件功能 ■光盘提供：☑素材 ☑实例效果 ☑视频录像

01 打开光盘中的素材。画布是指整个文档的工作区域，如图5-201所示。执行“图像>画布大小”命令，打开“画布大小”对话框，如图5-202所示。

图5-201

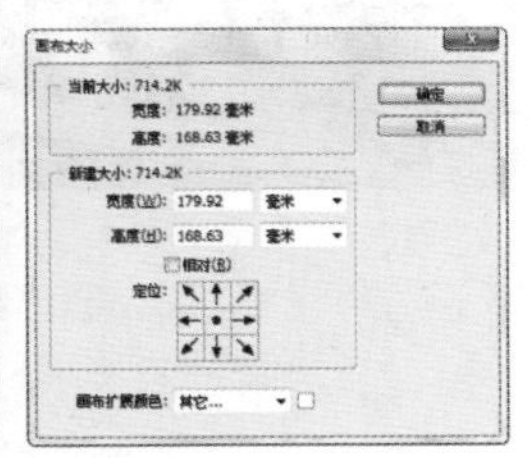

图5-202

02 “当前大小”选项中显示了当前的图像宽度和高度的实际尺寸和文档的实际大小。在“新建大小”选项组中的“宽度”和“高度”选项中可以输入画布的尺寸。输入的数值大于原来尺寸时会增大画布，反之则减小画布（减小画布会裁剪图像）。如果勾选“相对”选项，则“宽度”和“高度”选项中的数值将代表实际增加或者减少的区域的大小，而不再代表整个文档的大小。此时输入正值表示增大画布，输入负值则减小画布。输入画布尺寸，如图5-203所示。

03 单击“定位”选项中的方格，可以指示当前图像在新画布上的位置。例如，如果要在左侧增大画布，可单击右侧的方格，如图5-204所示；如果要在右上角增大画布，则单击左下角的方格。

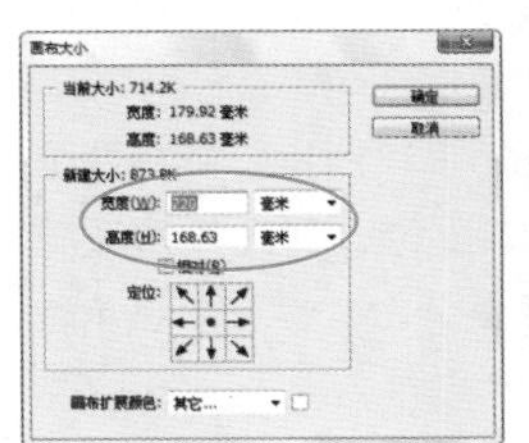

图5-203

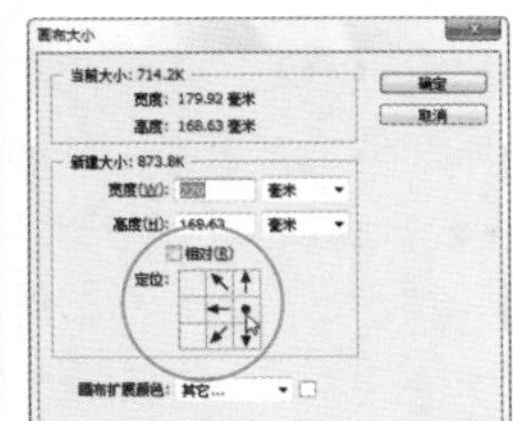

图5-204

04 在“画布扩展颜色”下拉列表中选择用于填充新画布的颜色，如图5-205所示。最后单击“确定”按钮，即可修改画布，如图5-206所示。

图5-205

图5-206

5.5.3 实战：旋转画布

■类别：软件功能 ■光盘提供：☑素材 ☑视频录像

使用“图像旋转”命令可以旋转整幅图像。如果要旋转单个图层中的图像，需要使用“编辑>变换”菜单中的命令；如果要旋转选区，则需要使用“选择>变换选区”命令。

01 打开光盘中的素材，如图5-207所示。执行“图像>图像旋转>任意角度”命令，打开“旋转画布”对话框，输入角度值，如图5-208所示，单击“确定”按钮，即可按照设定的角度和方向精确旋转画布，如图5-209所示。

02 “图像>图像旋转”下拉菜单中还包含其他命令，如图5-210所示，执行这些命令时，可以旋转或翻转整个图像。

图5-207

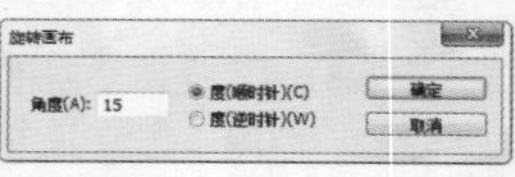

图5-208

图5-209

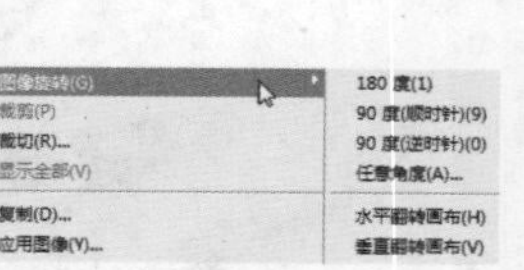

图5-210

提示

在文档中置入一个较大的图像文件，或使用移动工具将一个较大的图像拖入一个稍小文档时，图像中一些内容就会位于画布之外，不会显示出来。执行“图像>显示全部”命令，Photoshop会通过判断图像中像素的位置，自动扩大画布，显示全部图像。

5.6 裁剪图像

处理来自数码照片或扫描的图像时，经常需要裁剪图像，以便删除多余的内容，使画面的构图更加完美。使用裁剪工具、“裁剪”命令和“裁切”命令都可以裁剪图像。

5.6.1 实战：使用裁剪工具裁剪图像

■类别：照片处理 ■光盘提供：☑素材 ☑实例效果 ☑视频录像

裁剪工具 可以对图像进行裁剪，重新定义画布的大小。该工具还可以校正照片的角度。

01 打开光盘中的素材文件，如图5-211所示。选择裁剪工具 ，在画面中单击并拖动鼠标，创建矩形裁剪框，如图5-212所示。此外，在图像上单击，也可以显示裁剪框。

图5-211

图5-212

02 将光标放在裁剪框的边界上，单击并拖动鼠标可以调整裁剪框的大小，如图5-213所示；拖曳裁剪框上的控制点也可以缩放裁剪框，按住Shift键拖曳，可进行等比缩放，如图5-214所示；将光标放在裁剪框外，单击并拖动鼠标，可以旋转图像。

图5-213

图5-214

03 将光标放在裁剪框内，单击并拖动鼠标可以移动图像，如图5-215所示。单击工具选项栏中的✔按钮或按下回车键确认，即可裁剪图像，如图5-216所示。

图5-215

图5-216

裁剪工具选项栏/含义	
比例 ⇕ ⇄ 清除 拉直	
预设裁剪选项	单击⇕按钮，可以在打开的下拉菜单中选择预设的裁剪选项。例如，选择“原始比例”选项后，拖曳裁剪框时始终会保持图像原始的长宽比例；选择“比例”选项，选项栏中会出现两个文本框，在文本框中可以输入裁剪框的长宽比。如果要交换两个文本框中的数值，可以单击⇄按钮
清除	如果要清除文本框中的数值，可以单击该按钮
拉直	可以调整图像的角度。选择该工具后，在图像上单击鼠标并拖出一条直线，让它与地平线、建筑物墙面和其他关键元素对齐，即可将倾斜的画面校正过来
设置叠加选项	单击按钮，可以打开一个下拉菜单，在下拉菜单中可以选择一种裁剪参考线，以帮助用户进行合理构图，使画面更加艺术、美观。例如，选择“三等分”选项，能帮助用户以1/3增量放置组成元素；选择“网格”选项，可根据裁剪大小显示具有间距的固定参考线
设置其他选项	单击工具按钮，可以打开一个下拉面板。勾选“使用经典模式”选项，可以使用Photoshop 早期版本中的裁剪工具来操作。例如，将光标放在裁剪框外，单击并拖动鼠标进行旋转操作时，可以旋转裁剪框，Photoshop CC旋转的是图像内容，而非裁剪框。勾选“显示裁剪区域”选项，可以显示裁剪的区域，取消勾选该项则仅显示裁剪后的图像。勾选“自动居中预览”选项，裁剪框内的图像会自动位于画面中心。勾选“启用裁剪屏蔽”选项，裁剪框外的区域会被颜色屏蔽。默认的屏蔽颜色为画布外暂存区的颜色。如果要修改颜色，可以在“颜色”下拉列表中选择“自定义”选项，然后在弹出的“拾色器”中进行调整。在“不透明度”选项中可以调整屏蔽颜色的不透明度。勾选“自动调整不透明度”选项，则编辑裁剪边界时会降低不透明度

技术看板：校正倾斜的照片

选择裁剪工具后，在工具选项栏中单击拉直工具，在图像上单击并拖出一条直线，让它与地平线、建筑物墙面和其他关键元素对齐，即可将倾斜的画面校正过来。

5.6.2 实战：用透视裁剪工具校正透视畸变

■类别：照片处理 ■光盘提供：☑素材 ☑实例效果 ☑视频录像

拍摄高大的建筑时，由于视角较低，竖直的线条会向消失点集中，从而产生透视畸变。透视裁剪工具能够很好地解决这个问题。

01 打开光盘中的素材，如图5-217所示。可以看到，两侧的建筑向中间倾斜，这是透视畸变的明显特征。选择透视裁剪工具，在画面中单击并拖动鼠标，创建矩形裁剪框，如图5-218所示。

图5-217

图5-218

02 将光标放在裁剪框左上角的控制点上，按住Shift键（可以锁定水平方向）单击并向右侧拖曳；右上角的控制点向左侧拖曳，让顶部的两个边角与建筑的边缘保持平行，如图5-219所示。单击工具选项栏中的✔按钮或按下回车键裁剪图像，即可校正透视畸变，如图5-220所示。

图5-219

图5-220

03 按住Alt键双击“背景”图层，将其转换为普通图层，如图5-221所示。按下Ctrl+T快捷键显示定界框，向上拖动中间的控制点，如图5-222所示。按下回车键确认。图5-223、图5-224所示分别为原图及使用透视裁剪工具校正后的效果。

图5-221

图5-222

图5-223

图5-224

透视裁剪工具选项栏/含义	
W: ⇄ H: 分辨率: 像素/英寸 前面的图像 清除 ☑显示网格	
W/H	输入图像的宽度（W）和高度值（H），可以按照设定的尺寸裁剪图像。单击⇄按钮，可以对调这两个数值
分辨率	可以输入图像的分辨率，裁剪图像后，Photoshop会自动将图像的分辨率调整为设定的大小
前面的图像	单击该按钮，可在“W”“H”和“分辨率”文本框中显示当前文档的尺寸和分辨率。如果同时打开了两个文档，则会显示另外一个文档的尺寸和分辨率
清除	单击该按钮，可清空“W”“H”和“分辨率”文本框中的数值
显示网格	勾选该项，可以显示网格线

5.6.3 实战：用“裁切”命令裁切图像

■类别：照片处理 ■光盘提供：☑素材 ☑实例效果 ☑视频录像

01 打开光盘中的素材，如图5-225所示。下面来通过“裁切”命令将兵马俑周围多余的橙色背景裁掉。

图5-225

02 执行“图像>裁切”命令，打开“裁切”对话框，选择“左上角像素颜色”选项，并勾选“裁切”选项组内的全部选项，如图5-226所示，单击“确定”按钮，即可将图像两侧的橙色条裁掉，如图5-227所示。

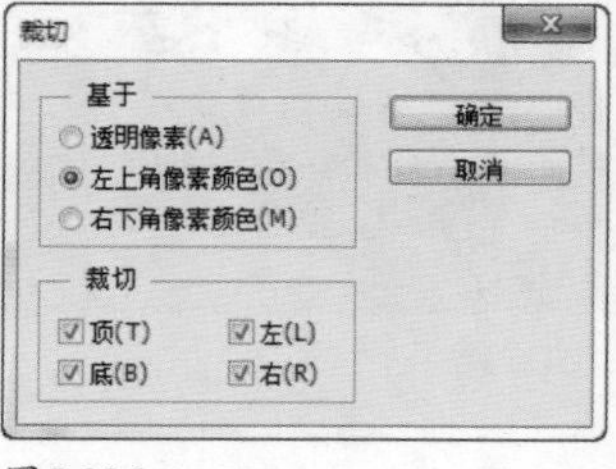

图5-226

图5-227

“裁切”命令选项/含义	
透明像素	可以删除图像边缘的透明区域，留下包含非透明像素的最小图像
左上角像素颜色	从图像中删除左上角像素颜色的区域
右下角像素颜色	从图像中删除右下角像素颜色的区域
裁切	用来设置要修整的图像区域

技术看板：自动裁剪并修齐扫描的照片

我们每个人家里都有一些老照片，要用Photoshop处理这些照片，需要先用扫描仪将它们扫描到计算机中。如果将多张照片扫描在一个文件中，可以用“文件>自动>裁剪并修齐照片”命令，自动将各个图像裁剪为单独的文件。

5.6.4 实战：用“裁剪”命令裁剪图像

■类别：照片处理 ■光盘提供：☑素材 ☑实例效果 ☑视频录像

使用裁剪工具时，如果裁剪框太靠近文档窗口的边缘，便会自动吸附到画布边界上，此时无法对裁剪框进行细微的调整。遇到这种情况，可以考虑使用“裁剪”命令来进行操作。

01 打开光盘中的素材文件，如图5-228所示。选择矩形选框工具，单击并拖动鼠标创建一个矩形选区，选中要保留的图像，如图5-229所示。

图5-228

图5-229

02 执行“图像>裁剪”命令，可以将选区以外的图像裁剪掉，只保留选区内的图像。按下Ctrl+D快捷键取消选择，图像效果如图5-230所示。

图5-230

5.7 照片润饰类工具

模糊、锐化、涂抹、减淡、加深和海绵等工具可以对照片进行润饰，改善图像的细节、色调、曝光，以及色彩的饱和度。这些工具适合处理小范围、局部图像。

5.7.1 实战：用模糊和锐化工具创建景深效果

■类别：照片处理 ■光盘提供：☑素材 ☑实例效果 ☑视频录像

模糊工具 可以柔化图像，减少图像的细节；锐化工具 可以增强相邻像素之间的对比，提高图像的清晰度。

01 打开光盘中的素材，如图5-231所示。按下Ctrl+J快捷键复制“背景”图层，如图5-232所示。

图5-231

图5-232

02 选择模糊工具 ，在工具选项栏中设置工具大小为300像素，“强度”为100%，如图5-233所示，在“所”字右半部以外的背景上单击并拖动鼠标反复涂抹，扩大景深范围，使背景变得模糊，画面的视觉焦点聚集在“所”字上，如图5-234所示。处理时，越靠近左侧的图像，涂抹的次数越多，这样可以使左侧图像的模糊效果更加明显，并注意体现出由左至右逐渐清晰的画面效果。

图5-233

图5-234

03 选择锐化工具 ，设置工具大小为150像素，“强度”为50%，如图5-235所示，在“所”字的右半部涂抹，使文字更加清晰，并突出细节，如图5-236所示。

图5-235

图5-236

模糊和锐化工具选项栏/含义	
 模式：正常 强度：50% 对所有图层取样 保护细节	
画笔	可以选择一个笔尖，模糊或锐化区域的大小取决于画笔的大小。单击 按钮，可以打开“画笔”面板
模式	用来设置涂抹效果的混合模式
强度	用来设置工具的修改强度
对所有图层取样	如果文档中包含多个图层，勾选该选项，表示使用所有可见图层中的数据进行处理；取消勾选，则只处理当前图层中的数据
保护细节	勾选该选项，可以增强细节，弱化不自然感。如果要产生更夸张的锐化效果，应取消选择此选项

5.7.2 实战：用减淡和加深工具修改曝光

■类别：照片处理 ■光盘提供：☑素材 ☑实例效果 ☑视频录像

减淡工具 和加深工具 可以用来处理照片的曝光。

01 按下Ctrl+O快捷键，打开光盘中的素材文件，如图5-237所示。这张照片的暗部区域特别暗，已经看不清楚细节，要通过减淡工具 对这部分区域进行处理。按下Ctrl+J快捷键复制“背景”图层，如图5-238所示。

图5-237

图5-238

02 选择减淡工具 ，设置工具大小为60像素，在“范围”下拉列表中选择“阴影”选项，设置“曝光度”为30%，勾选“保护色调”选项，在雕塑面部的阴影区域涂抹，进行减淡处理，如图5-239所示。注意不要涂抹次数太多，以免色调变得太淡，失去原本自然的感觉。

03 选择加深工具 ，在“范围”下拉列表中选择“中间调”选项，仔细观察人物眉眼处，在过浅的地方涂抹一下，加深色调。按下] 键，将笔尖调大，在画面下方人物身体上涂抹，使这部分色调变得稍暗一些，如图5-240所示。

图5-239

图5-240

04 单击“调整”面板中的 按钮，创建“曲线”调整图层，在曲线上添加控制点，适当增加图像的亮度，如图5-241、图5-242所示。

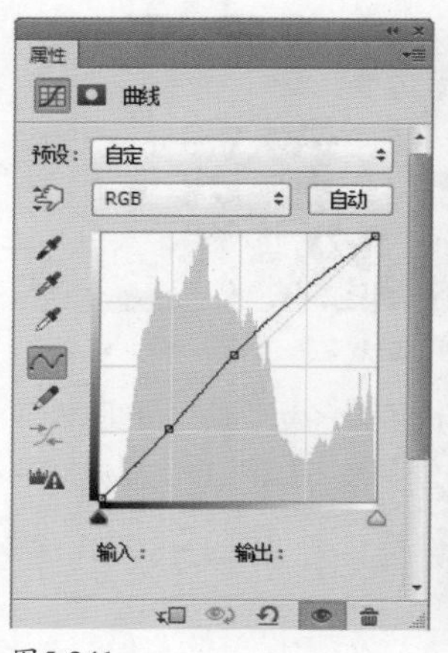
图5-241

图5-242

减淡和加深工具选项栏/含义	
范围	可以选择要修改的色调。选择“阴影”选项，可以处理图像中的暗色调；选择“中间调”选项，可以处理图像的中间调（灰色的中间范围色调）；选择“高光”选项，则处理图像的亮部色调
曝光度	可以为减淡工具或加深工具指定曝光。该值越高，效果越明显
喷枪	单击该按钮，可以为画笔开启喷枪功能
保护色调	可以减少对图像色调的影响，还能防止色偏

5.7.3 实战：用海绵工具修改色彩饱和度

■类别：照片处理 ■光盘提供：☑素材 ☑实例效果 ☑视频录像

01 打开光盘中的素材，如图5-243所示。按下Ctrl+J快捷键复制“背景”图层，如图5-244所示。

图5-243

图5-244

02 选择海绵工具 ，设置工具大小为50像素，在“模式”下拉列表中选择“降低饱和度”选项，勾选“自然饱和度”选项，在背景上涂抹，进行去色处理，如图5-245所示。

03 处理完背景后，在“模式”下拉列表中选择“饱和”选项，在人物身上涂抹，增加衣服色彩的饱和度，如图5-246所示。

图5-245

图5-246

04 单击“调整”面板中的 按钮，创建“曲线”调整图层，在曲线上添加控制点，适当增加图像中间调的亮度，如图5-247、图5-248所示。

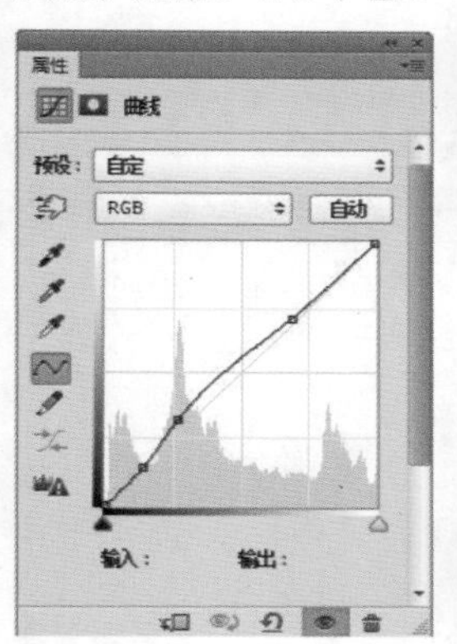

图5-247

图5-248

海绵工具选项栏/含义

模式：去色 流量：50% 自然饱和度

模式	如果要增加色彩的饱和度，可以选择“加色”选项；如果要降低饱和度，则选择“去色”选项
流量	该值越高，修改强度越大
自然饱和度	选择该项后，在进行增加饱和度的操作时，可以避免出现溢色（即颜色过于鲜艳而无法打印）

5.7.4 实战：用涂抹工具制作液态特效

■类别：照片处理/特效 ■光盘提供：☑素材 ☑实例效果 ☑视频录像

使用涂抹工具 涂抹图像时，可以拾取鼠标单击点的颜色，并沿拖移的方向展开这种颜色，模拟出类似于手指拖过湿油漆时的效果。

01 打开光盘中的素材，如图5-249所示。按下Ctrl+J快捷键复制“背景”图层，如图5-250所示。

图5-249

图5-250

02 选择画笔工具 ，在工具选项栏中设置工具大小为40像素，按下 I 键转换为吸管工具 ，在鞋附近单击，拾取该区域颜色作为前景色，如图5-251所示；按B键在鞋上涂抹，如图5-252所示。

图5-251

图5-252

03 再拾取裤子附近的颜色，在裤子上涂抹，将裤子覆盖，如图5-253所示。设置画笔工具的不透明度为20%，在过渡不均匀的颜色上涂抹，使这部分背景看起来更加自然，如图5-254所示。

图5-253

图5-254

04 选择涂抹工具 ，在工具选项栏中设置工具大小为5像素，“强度”为90%，在裤子的左侧阴影区域按下鼠标，然后按住Shift键拖动鼠标，涂抹出一条黑线，如图5-255所示；按下] 键将笔尖调大，沿裤子的右侧边缘向下拖动鼠标进行涂抹，如图5-256所示。

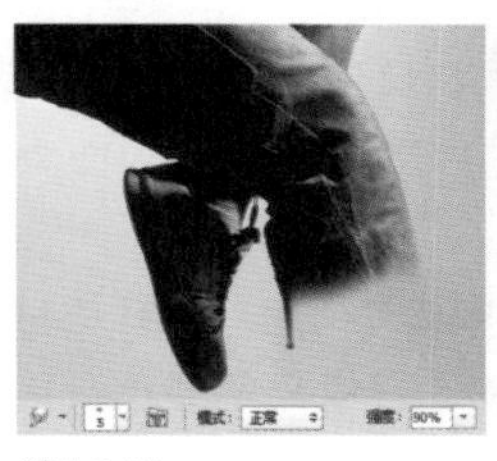

图5-255

图5-256

05 继续沿裤子边缘向下涂抹，制作出液体流淌效果。像用油彩画画一样，在笔触末端画一个圈，表现出水珠效果，如图5-257、图5-258所示。

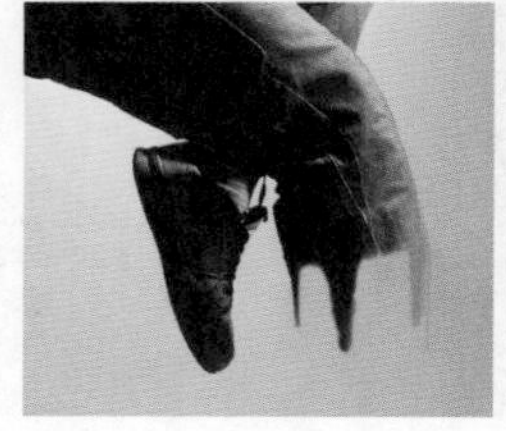
图5-257

图5-258

06 表现裤子的折边时，可以在裤子右侧的亮面按住鼠标，往左侧（暗面）拖动鼠标，将浅色像素拖到深色里，如图5-259所示。不仅要将裤子的像素向外涂抹，也可以由背景向裤子上推移，用这种方法可将多余的部分覆盖，如图5-260所示。图5-261为最终效果。

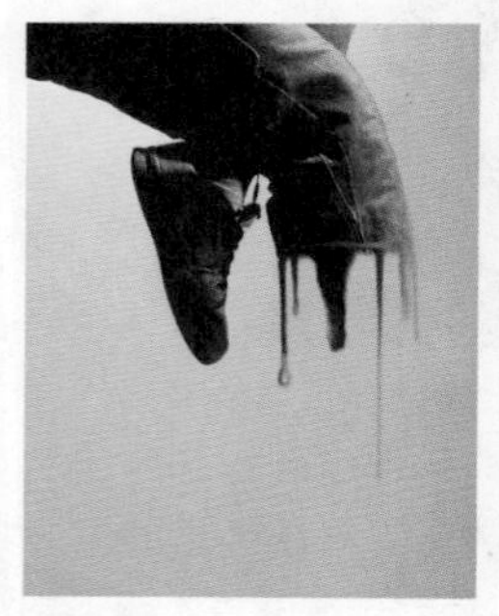
图5-259

图5-260

图5-261

涂抹工具选项栏/含义	
模式：正常　强度：50%　对所有图层取样　手指绘画	
手指绘画	勾选该选项后，可以在鼠标单击点添加前景色并展开涂抹；取消勾选，则从鼠标单击点处图像的颜色展开涂抹

5.8 照片修饰类工具

在传统的摄影中，处理照片总是离不开暗房这一环节，而使用计算机对数码照片或扫描的照片进行后期处理时，可以轻松地完成传统摄影需要花费大量人力和物力才能够实现的后期工作，使摄影从暗房中解放出来。Photoshop提供了大量专业的照片修复工具，包括仿制图章、污点修复画笔、修复画笔、修补和红眼等工具，可以快速修复照片中的污点和瑕疵。

5.8.1 实战：用仿制图章工具克隆小狗

■类别：照片处理/特效 ■光盘提供：☑素材 ☑实例效果 ☑视频录像

仿制图章工具可以从图像中拷贝信息，将其应用到其他区域或者其他图像中。该工具常用于复制图像内容或去除照片中的缺陷。

01 打开光盘中的照片素材，如图5-262所示。选择仿制图章工具，在工具选项栏中选择柔角笔尖，设置画笔大小为80像素，硬度为50%，如图5-263所示。

图5-262

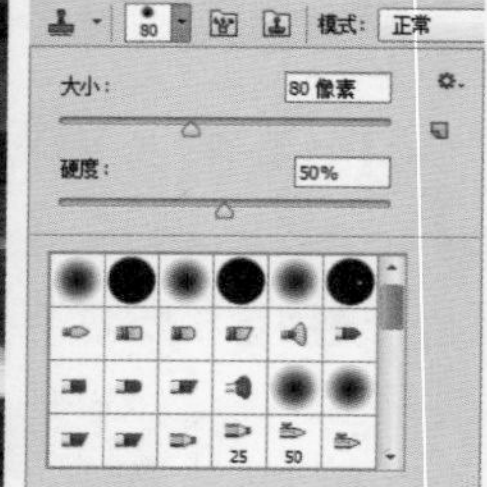

图5-263

02 将光标放在最左侧的狗狗面部，如图5-264所示，按住Alt键，单击鼠标进行取样；放开Alt键，将光标放在它旁边的狗狗的面部，如图5-265所示，单击并拖动鼠标进行复制，如图5-266所示。

图5-264

图5-265

图5-266

03 按下[键将笔尖调小，再降低画笔的硬度和不透明度，在狗狗的耳朵上涂抹，仔细处理耳朵，如图5-267所示。增加工具的硬度和不透明度，仔细处理狗狗的爪子和琴键，如图5-268所示。如果琴键的衔接不够完美，可以对琴键单独取样，再仔细调整。

图5-267

图5-268

04 采用同样的方法对最右侧的狗狗进行取样，然后将复制的内容应用到它身边的狗狗上，进而将其替换，图5-269所示为最终的复制结果。

图5-269

仿制图章工具选项栏/含义	
模式：正常　不透明度：100%　流量：100%　对齐　样本：当前图层	
对齐	勾选该项，可以连续对像素进行取样；取消选择，则每单击一次鼠标，都使用初始取样点中的样本像素，因此，每次单击都被视为是另一次复制
样本	用来选择从指定的图层中进行数据取样。如果要从当前图层及其下方的可见图层中取样，应选择“当前和下方图层”选项；如果仅从当前用图层中取样，可以选择“当前图层”选项；如果要从所有可见图层中取样，可以选择“所有图层”选项；如果要从调整图层以外的所有可见图层中取样，可以选择“所有图层”选项，然后单击选项右侧的忽略调整图层按钮
切换“仿制源”面板	单击该按钮，可以打开“仿制源”面板
切换“画笔”面板	单击该按钮，可以打开“画笔”面板

提示

使用仿制图章工具或修复画笔工具时，可以通过“仿制源”面板设置不同的样本源、显示样本源的叠加，以帮助我们在特定位置进行仿制。例如，单击该面板中的仿制源按钮后，使用仿制图章工具或修复画笔工具按住Alt键在画面中单击，可设置取样点；再单击下一个按钮，还可以继续取样，采用同样方法最多可以设置5个不同的取样源。此外，它还可以缩放或旋转样本源，以便我们更好地匹配目标的大小和方向。

5.8.2 实战：用图案图章工具绘制特效纹理

■类别：特效 ■光盘提供：☑素材 ☑实例效果 ☑视频录像

图案图章工具可以利用Photoshop提供的图案或用户自定义的图案进行绘画。下面就来用该工具为汽车车身描绘图案。

01 打开光盘中的素材，如图5-270所示。按下Ctrl+J快捷键复制“背景”图层，如图5-271所示。

图5-270

图5-271

02 打开“路径”面板，按住Ctrl键单击“路径1”，载入汽车车身选区，如图5-272、图5-273所示。

03 选择图案图章工具，在工具选项栏中设置模式为“线性加深”，打开图案下拉面板，单击按钮，打开面板菜单，选择“图案”命令，加载该图案库，然后选择“木质”图案，如图5-274所示。

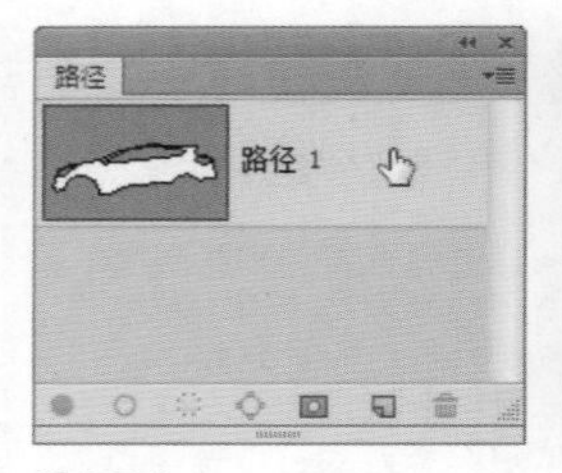

图5-272

图5-273

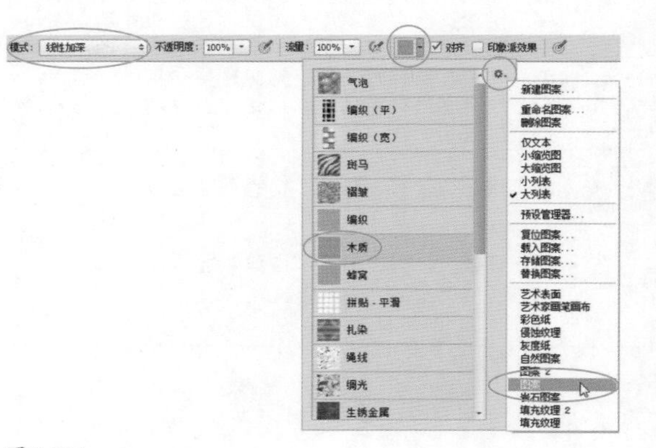

图5-274

04 在选区内单击并拖动鼠标涂抹，绘制图案，如图5-275所示。将工具的不透明度调整为50%，选择“生锈金属”图案，如图5-276所示，在汽车前部绘制该图案，按下Ctrl+D快捷键取消选择，效果如图5-277所示。

图5-275

图5-276

图5-277

图案图章工具选项栏/含义	
对齐	选择该选项以后，可以保持图案与原始起点的连续性，即使多次单击鼠标也不例外；取消选择时，则每次单击鼠标都重新应用图案
印象派效果	勾选该项后，可以模拟出印象派效果的图案

5.8.3 实战：用修复画笔工具去除鱼尾纹

■类别：照片处理 ■光盘提供：☑素材 ☑实例效果 ☑视频录像

修复画笔工具与仿制图章工具类似，它也利用图像或图案中的样本像素来绘画，但该工具可以从被修饰区域的周围取样，并将样本的纹理、光照、透明度和阴影等与所修复的像素匹配，从而去除照片中的污点和划痕，修复结果人工痕迹不明显。

01 按下Ctrl+O快捷键，打开光盘中的素材文件，如图5-278所示。

图5-278

02 选择修复画笔工具，在工具选项栏中选择一个柔角笔尖，在“模式”下拉列表中选择“替换”选项，将“源”设置为“取样”。将光标放在眼角附近没有皱纹的皮肤上，按住Alt键单击进行取样，如图5-279所示；放开Alt 键，在眼角的皱纹处单击并拖曳鼠标进行修复，如图5-280所示。

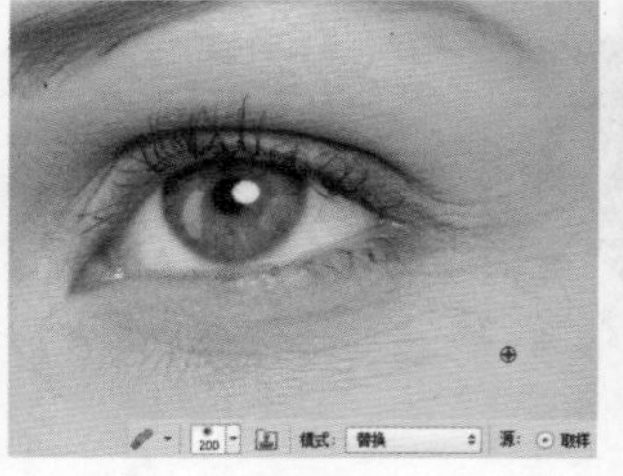

图5-279

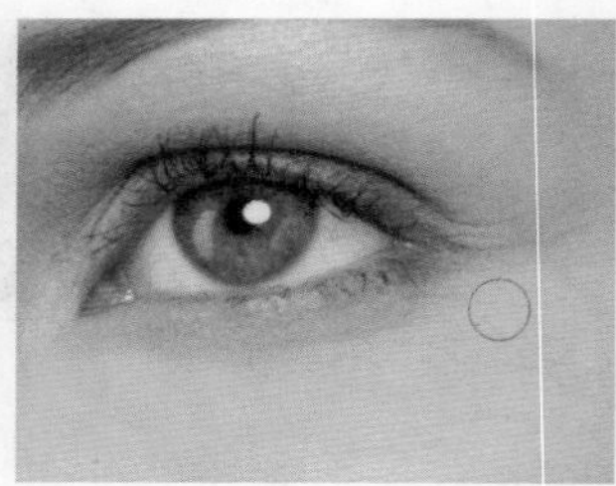

图5-280

03 继续按住Alt 键，在眼角周围没有皱纹的皮肤上单击取样，然后修复鱼尾纹，如图5-281所示。在修复的过程中可适当调整工具的大小。采用同样的方法在眼白上取样，修复眼中的血丝，如图5-282所示。

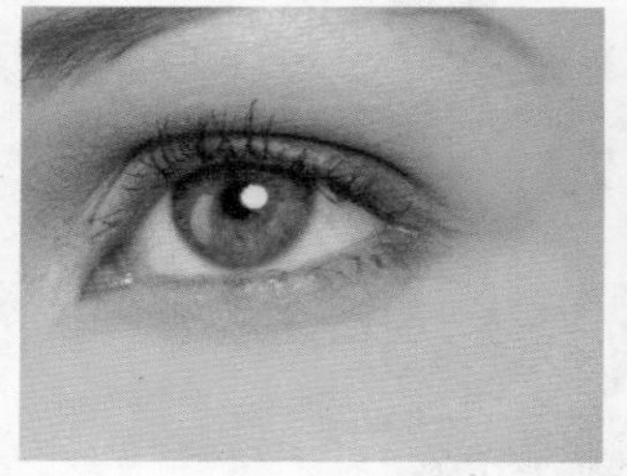

图5-281

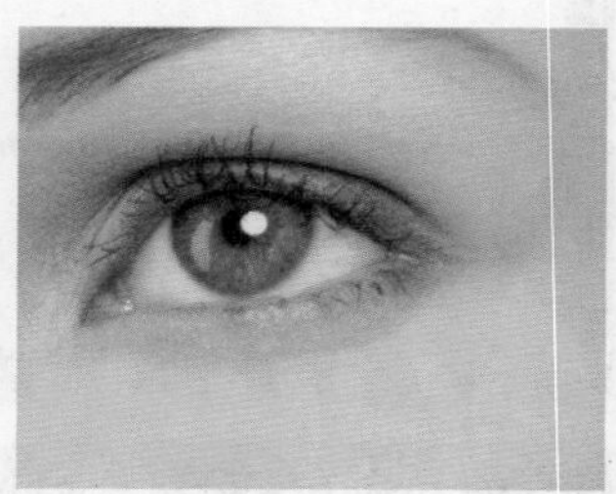

图5-282

修复画笔工具选项栏/含义

模式：替换　源：⊙取样　○图案：　□对齐　样本：当前图层

模式	在下拉列表中可以设置修复图像的混合模式。“替换”模式比较特殊，它可以保留画笔描边的边缘处的杂色、胶片颗粒和纹理，使修复效果更加真实
源	设置用于修复的像素的来源。选择“取样”选项，可以直接从图像上取样；选择“图案”选项，则可在图案下拉列表中选择一个图案作为取样来源，此效果类似于使用图案图章工具绘制图案
对齐	勾选该项，会对像素进行连续取样，在修复过程中，取样点随修复位置的移动而变化；取消勾选，则在修复过程中始终以一个取样点为起始点
样本	用来设置从指定的图层中进行数据取样。如果要从当前图层及其下方的可见图层中取样，可以选择“当前和下方图层”选项；如果仅从当前图层中取样，可以选择“当前图层”选项；如果要从所有可见图层中取样，可以选择“所有图层”选项；如果要从调整图层以外的所有可见图层中取样，可以选择“所有图层”选项，然后单击工具选项栏右侧按钮

5.8.4 实战：用污点修复画笔工具去除面部色斑

■类别：照片处理　■光盘提供：☑素材　☑实例效果　☑视频录像

污点修复画笔工具可以快速去除照片中的污点、划痕和其他不理想的部分。它与修复画笔的工作方式类似，也是使用图像或图案中的样本像素进行绘画，并将样本像素的纹理、光照、透明度和阴影与所修复的像素相匹配。但修复画笔要求指定样本，而污点修复画笔可以自动从所修饰区域的周围取样。

01 打开光盘中的素材，如图5-283所示。选择污点修复画笔工具，在工具选项栏中选择一个柔角笔尖，将“类型”设置为“内容识别”，如图5-284所示。

图5-283

图5-284

02 将光标放在鼻子上的斑点处，如图5-285所示，单击即可将斑点清除，如图5-286所示。采用相同的方法修复下巴和眼角的皱纹，如图5-287所示。

图5-285

图5-286

图5-287

污点修复画笔工具选项栏/含义

模式：正常　类型：○近似匹配　○创建纹理　⊙内容识别　□对所有图层取样

模式	用来设置修复图像时使用的混合模式。除“正常”、“正片叠底”等常用模式外，该工具还包含一个“替换”模式。选择该模式时，可以保留画笔描边的边缘处的杂色、胶片颗粒和纹理
类型	用来设置修复方法。选择“近似匹配”选项，可以使用选区边缘周围的像素来查找要用作选定区域修补的图像区域，如果该选项的修复效果不能令人满意，可还原修复并尝试“创建纹理”选项；选择“创建纹理”选项，可以使用选区中的所有像素创建一个用于修复该区域的纹理，如果纹理不起作用，可尝试再次拖过该区域；选择“内容识别”选项，会比较附近的图像内容，不留痕迹地填充选区，同时保留让图像栩栩如生的关键细节，如阴影和对象边缘
对所有图层取样	如果当前文档中包含多个图层，勾选该项后，可以从所有可见图层中对数据进行取样；取消勾选，则只从当前图层中取样

5.8.5 实战：用修补工具复制图像

■类别：照片处理　■光盘提供：☑素材　☑实例效果　☑视频录像

修补工具与修复画笔工具类似，它也可以用其他区域或图案中的像素来修复选中的区域，并将样本像素的纹理、光照和阴影与源像素进行匹配。该工具的特别之处是需要用选区来定位修补范围。

01 按下Ctrl+O快捷键，打开光盘中提供的素材文件，如图5-288所示。

02 选择修补工具，在工具选项栏中单击“目标”按钮，在画面中单击并拖动鼠标创建选区，将热气球选中，如图5-289所示。

图5-288

图5-289

03 将光标放在选区内，单击并向右侧拖动鼠标可以复制图像，如图5-290所示。按下Ctrl+Z快捷键，撤销复制图像的操作，如图5-291所示。下面来采用另一种方式复制图像。

图5-290

图5-291

04 单击工具选项栏中的“源”按钮。将光标放在选区内，单击并拖动选区至要修补的区域，放开鼠标后，会用当前光标下方的图像修补选中的图像，如图5-292所示。按下Ctrl+D快捷键取消选择，如图5-293所示。

图5-292

图5-293

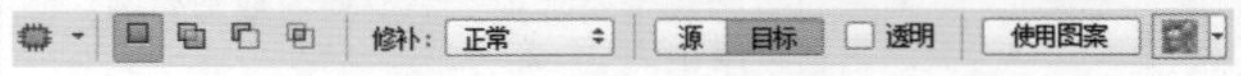

修补工具选项栏/含义	
修补：正常　源　目标　透明　使用图案	
选区创建方式	单击新选区按钮 ，可以创建一个新的选区，如果图像中包含选区，则新选区会替换原有选区；单击添加到选区按钮 ，可以在当前选区的基础上添加新的选区；单击从选区减去按钮 ，可以在原选区中减去当前绘制的选区；单击与选区交叉按钮 ，可得到原选区与当前创建选区相交的部分
源/目标	单击“源”按钮，将选区拖至要修补的区域后，会使用当前光标下方的图像修补选中的图像；单击“目标”按钮，则会将选中的图像复制到目标区域
透明	勾选该项后，可以使修补的图像与原图像产生透明的叠加效果
使用图案	在图案下拉面板中选择一个图案，单击该按钮，可以使用图案修补选区内的图像

5.8.6 实战：用内容感知移动工具重组图像

■类别：照片处理 ■光盘提供：☑素材 ☑实例效果 ☑视频录像

内容感知移动工具 是更加强大的修复工具，它可以选择和移动局部图像。当图像重新组合后，出现的空洞会自动填充相匹配的图像内容。我们不需要进行复杂的选择，即可产生出色的视觉效果。

01 按下Ctrl+O快捷键，打开光盘中的照片素材，如图5-294所示。按下Ctrl+J快捷键复制“背景”图层，如图5-295所示。

图5-294

图5-295

02 选择内容感知移动工具 ，在“模式”下拉列表中选择“移动”选项，如图5-296所示，在画面中单击并拖动鼠标创建选区，将长颈鹿选中，如图5-297所示。

图5-296

图5-297

03 将光标放在选区内，然后单击并向画面左侧拖动鼠标，如图5-298所示，放开鼠标后，Photoshop会将长颈鹿移动到新位置，并自动填充空缺的部分，如图5-299所示。

图5-298

图5-299

04 在工具选项栏中选择“扩展”选项，如图5-300所示，将光标放在选区内，单击并向画面右侧拖动鼠标，可以复制出一只长颈鹿，如图5-301、图5-302所示。

图5-300

图5-301

图5-302

内容感知移动工具选项栏/含义	
模式	用来选择图像移动方式，包括“移动”和“扩展”
适应	用来设置图像修复精度
对所有图层取样	如果文档中包含多个图层，勾选该项，可以对所有图层中的图像进行取样

5.8.7 实战：用红眼工具去除红眼

■类别：照片处理 ■光盘提供：☑素材 ☑实例效果 ☑视频录像

红眼工具可以去除用闪光灯拍摄的人物照片中的红眼，以及动物照片中的白色或绿色反光。

01 按下Ctrl+O快捷键，打开光盘中的素材文件，如图5-303所示。

02 选择红眼工具，将光标放在红眼区域上，如图5-304所示，单击鼠标即可校正红眼，如图5-305所示。另一只眼睛也采用同样的方法校正，如图5-306所示。如果对结果不满意，可执行“编辑>还原”命令还原，然后设置不同的“瞳孔大小”和“变暗量”参数，并再次尝试。

图5-303

图5-304

图5-305

图5-306

红眼工具选项栏/含义	
瞳孔大小	可以设置瞳孔（眼睛暗色的中心）的大小
变暗量	用来设置瞳孔的暗度

5.9 照片修饰类滤镜

Photoshop的“滤镜”菜单中与照片处理相关的滤镜有四大类，第一类是用于修饰照片的滤镜，包括“消失点”和“液化”滤镜；第二类是用于校正镜头缺陷的滤镜，包括“镜头校正”“自适应广角”和“防抖”滤镜；第三类是用于制作镜头特效的滤镜，包括“场景模糊”“光圈模糊”“移轴模糊”“路径模糊”“旋转模糊”和“镜头模糊”滤镜；第四类是Camera Raw滤镜。

5.9.1 实战：用“液化”滤镜修饰脸型

■类别：照片处理 ■光盘提供：☑素材 ☑实例效果 ☑视频录像

“液化”滤镜是修饰图像和创建艺术效果的强大工具，它能实现推拉、扭曲、旋转、收缩等变形效果，可以用来修改图像的任意区域。

01 打开光盘中的素材。执行“滤镜>液化”命令，打开“液化”对话框，选择向前变形工具，设置大小和压力，如图5-307所示。

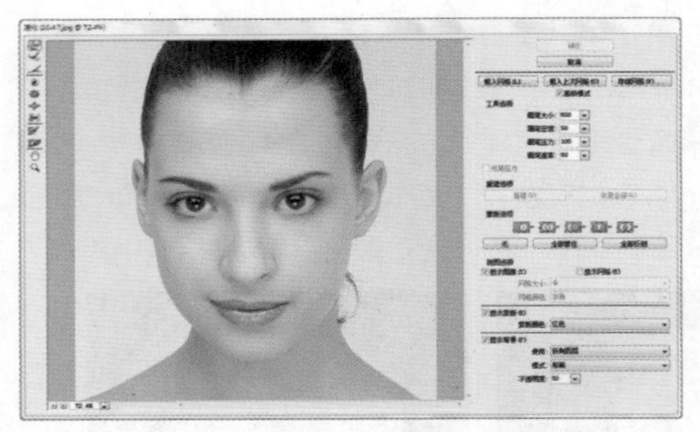
图5-307

02 将光标放在左侧脸部的边缘区域，如图5-308所示，单击并向里拖曳鼠标，使轮廓向内收缩，改变脸部弧线，如图5-309所示。采用同样方法处理右侧脸颊，如图5-310、图5-311所示。

图5-308

图5-309

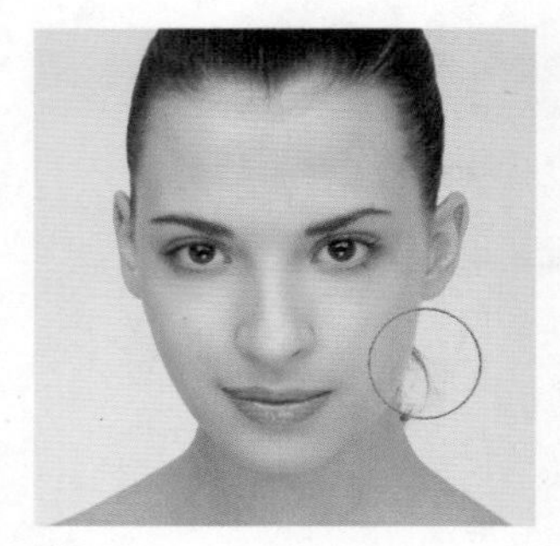
图5-310

图5-311

03 再处理右侧嘴角，向上提一下，如图5-312所示；脖子也需要向内收敛一些，如图5-313所示。图5-314所示为原图，图5-315所示为修饰后的最终效果。

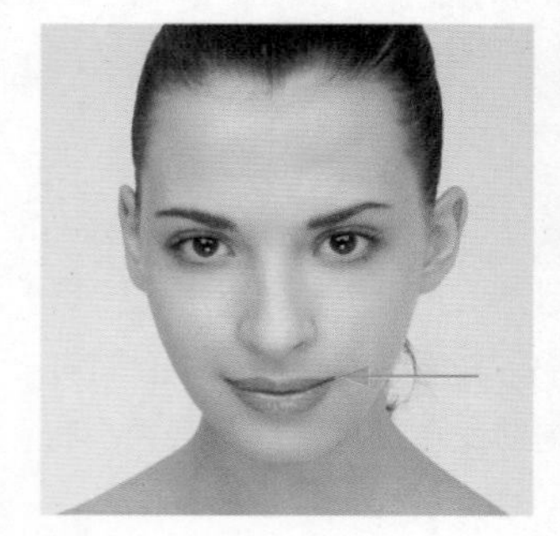
图5-312

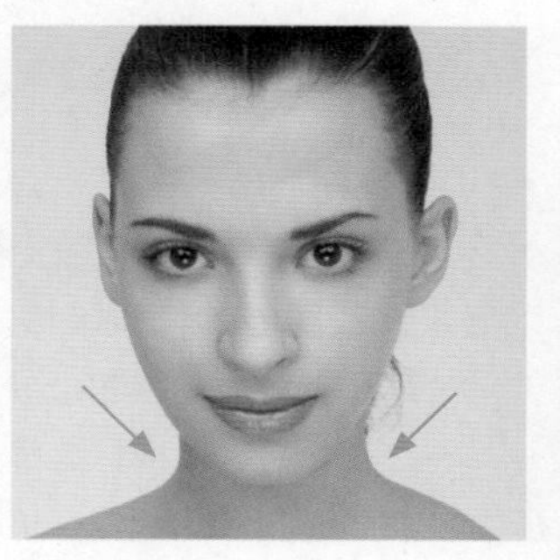
图5-313

原图
图5-314

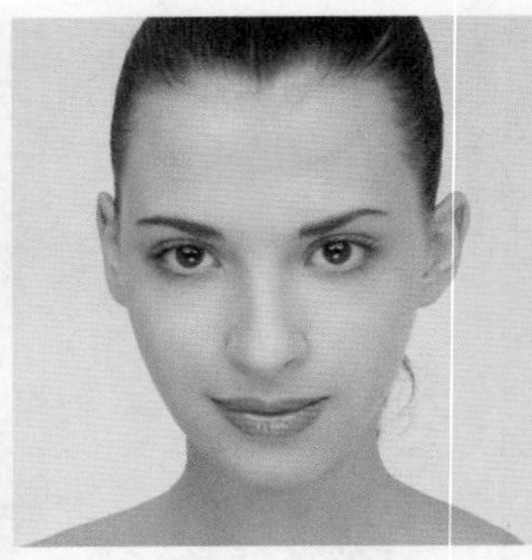
修饰后的效果
图5-315

5.9.2 实战：用“消失点”滤镜复制图像

■类别：照片处理 ■光盘提供：☑素材 ☑实例效果 ☑视频录像

“消失点”滤镜可以在包含透视平面（如建筑物侧面或任何矩形对象）的图像中进行透视校正。在应用诸如绘画、仿制、拷贝或粘贴，以及变换等编辑操作时，Photoshop可以正确确定这些编辑操作的方向，并将它们缩放到透视平面，使结果更加逼真。

01 打开光盘中的素材。执行“滤镜>消失点”命令，打开“消失点”对话框，如图5-316所示。

图5-316

02 使用创建平面工具在画面中单击，定义透视平面的4个角点，进而创建透视平面，如图5-317所示。按下Ctrl+－快捷键缩小窗口的显示比例，拖动右上角的控制点，将网格的透视调整正确，如图5-318所示。

图5-317

图5-318

提示
定义透视平面时，蓝色定界框为有效平面，红色定界框为无效平面，我们不能从红色平面中拉出垂直平面。黄色定界框也是无效平面，尽管可以拉出垂直平面或进行编辑，但无法获得正确的对齐结果。

03 按下Ctrl++快捷键放大窗口的显示比例。选择图章工具，将光标放在地板上，按住Alt键单击进行取样，如图5-319所示；在绳子上单击并拖动鼠标进行修复，Photoshop会自动匹配图像，使地板衔接自然、真实，如图5-320所示。在修复时，需要注意地板缝应尽量对齐。

图5-319

图5-320

04 采用同样的方法，在刷子附近取样，将刷子也覆盖住，如图5-321、图5-322所示。单击“确定”按钮关闭对话框。

图5-321

图5-322

5.9.3 实战：用“自适应广角”滤镜校正照片

■类别：照片处理 ■光盘提供：☑素材 ☑实例效果 ☑视频录像

“自适应广角”滤镜可以轻松拉直全景图像或使用鱼眼（或广角）镜头拍摄的照片中的弯曲对象。该滤镜可以检测相机和镜头型号，并使用镜头特性拉直图像。

01 打开光盘中的素材文件。执行“滤镜>自适应广角”命令，打开“自适应广角”对话框，如图5-323所示。对话框左下角会显示拍摄此照片所使用的相机和镜头型号，可以看到，这是用鱼眼镜头（EF8-15mm/F4L）拍摄的照片。

图5-323

02 Photoshop会自动对照片进行简单的校正，不过效果还不完美，需要手动调整。选择约束工具，将光标放在出现弯曲的展柜上，单击鼠标，然后向下方拖动，拖出一条绿色的约束线，如图5-324所示，放开鼠标后，即可将弯曲的图像拉直，如图5-325所示。

图5-324

图5-325

03 采用同样的方法，在几处弯曲比较明显的地方创建约束线，将图像完全校正过来，如图5-326所示。

图5-326

04 单击“确定”按钮关闭对话框。最后，用裁剪工具 将空白部分裁掉，如图5-327所示。

图5-327

5.9.4 实战：校正桶形失真和枕形失真

■类别：照片处理 ■光盘提供：☑素材 ☑视频录像

桶形失真是由镜头引起的成像画面呈桶形膨胀状的失真现象。使用广角镜头或变焦镜头的最广角时，容易出现这种情况。枕形失真与之相反，它会导致画面向中间收缩。使用长焦镜头或变焦镜头的长焦端时，容易出现枕形失真。

01 打开光盘中的照片素材，如图5-328所示。执行“滤镜>镜头校正”命令，打开“镜头校正”对话框，勾选“自动缩放图像”选项。

02 单击“自定”选项卡，显示相应的选项。拖曳“移去扭曲”滑块，可以使画面向外凸出或向内凹陷，如图5-329、图5-330所示。对于出现桶形失真和枕形失真的照片，通过这种变形可以拉直从图像中心向外弯曲或朝图像中心弯曲的水平和垂直线条，进而抵消桶形失真和枕形失真造成的扭曲。

图5-328

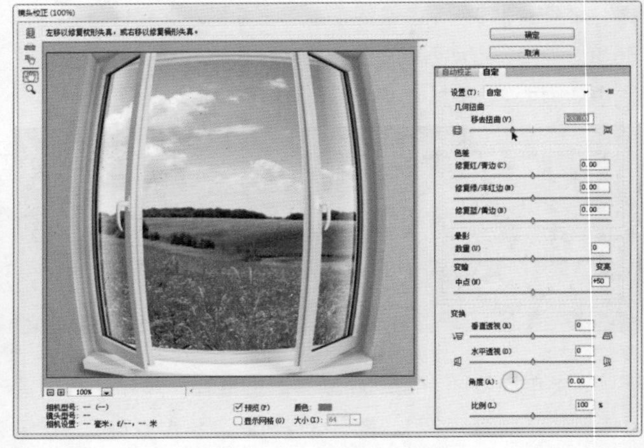

图5-329

图5-330

5.9.5 实战：校正出现色差的照片

■类别：照片处理 ■光盘提供：☑素材 ☑实例效果 ☑视频录像

拍摄照片时，如果背景的亮度高于前景，就容易出现色差。色差是由于镜头对不同平面中不同颜色的光进行对焦而产生的，具体表现为背景与前景对象相接的边缘会出现红、蓝或绿色的异常杂边。

01 打开光盘中的素材。执行“滤镜>镜头校正”命令，打开“镜头校正”对话框，单击“自定”选项卡。按下Ctrl++快捷键，将窗口放大为100%，以便准确观察效果，如图5-331所示。可以看到，花茎边缘色差非常明显。

图5-331

02 向左侧拖曳“修复红/青边”滑块，针对红/青色边进行补偿；再向右侧拖曳“修复绿/洋红边”滑块进行校正，即可消除花朵和花茎边缘的色差，如图5-332所示。单击“确定”按钮关闭对话框。

图5-332

5.9.6 实战：校正出现晕影的照片

■类别：照片处理 ■光盘提供：☑素材 ☑实例效果 ☑视频录像

晕影的特点表现为图像的边缘（尤其是角落）比图像中心暗。

01 打开光盘中的照片素材。执行“滤镜>镜头校正”命令，打开“镜头校正”对话框，单击“自定”选项卡，显示相应的选项，如图5-333所示。

02 向右拖曳“晕影”选项组的“数量”滑块，将边角调亮（向左拖曳则会调暗）。当边角过于明亮时，向右拖曳“中点”滑块，将亮度压下来，如图5-334所示。单击“确定”按钮关闭对话框。

图5-333

图5-334

5.9.7 实战：校正画面倾斜的照片

■类别：照片处理 ■光盘提供：☑素材 ☑实例效果 ☑视频录像

01 打开光盘中的照片素材，这张照片中的画面内容左高右低。执行“滤镜>镜头校正”命令，打开“镜头校正”对话框，选择拉直工具，在画面中单击并拖动鼠标，沿地平线拖出一条直线，如图5-335所示。

图5-335

02 放开鼠标后，图像会以该直线为基准进行角度校正，如图5-336所示。此外，也可以单击“自定”选项卡，显示相应的选项，然后在“角度”右侧的文本框中输入数值，进行更加细微的调整。

图5-336

5.9.8 实战：用“场景模糊”滤镜编辑照片

■类别：照片处理 ■光盘提供：☑素材 ☑实例效果 ☑视频录像

“场景模糊”滤镜通过一个或多个图钉定义模糊范围，从而可以对照片中不同的区域分别应用模糊。

01 打开光盘中的照片素材，如图5-337所示。执行“滤镜>模糊>场景模糊”命令，画面中会出现一个图钉，将它拖动到孔雀头部，然后在窗口右侧的面板中将“模糊”参数设置为“0像素”，如图5-338、图5-339所示。

02 在孔雀的颈部单击鼠标，添加两个图钉，设置“模糊”参数为“0像素”，如图5-340所示。

图5-337

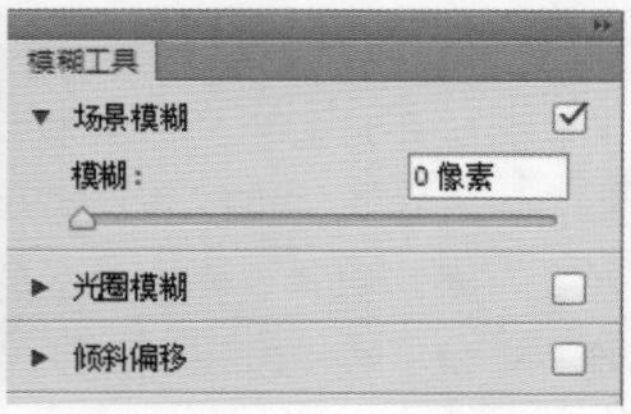

图5-338

图5-339

图5-340

03 在画面中添加几个图钉，分别单击它们并调整“模糊”参数，如图5-341所示。如果计算机的处理速度变慢，可以先取消工具选项栏中对“预览”选项的勾选，以便加快速度。

04 在对话框右侧的“效果”面板中调整参数，生成彩色的光斑，单击“确定”按钮应用滤镜效果，如图5-342、图5-343所示。

图5-341

图5-342

图5-343

5.9.9 实战：用“光圈模糊”滤镜制作柔光效果

■类别：照片处理 ■光盘提供：☑素材 ☑实例效果 ☑视频录像

“光圈模糊”滤镜可以对照片应用模糊，并创建一个椭圆形的焦点范围。它能够模拟柔焦镜头拍出的梦幻、朦胧的画面效果。

01 按下Ctrl+O快捷键，打开光盘中的照片素材，如图5-344所示。

02 执行“滤镜>模糊>光圈模糊”命令，显示相应的选项。在工具选项栏中取消对“预览”选项的勾选，这样可以加快操作速度。先来定位焦点，将光标放在图钉上，单击并将其拖曳到图5-345所示的位置。

图5-344

图5-345

03 拖曳外侧的光圈，调整羽化范围，如图5-346所示；拖曳内侧的光圈，调整清晰范围，如图5-347所示。

图5-346

图5-347

04 在工具选项栏中勾选“预览”选项。在“模糊工具”面板中调整“模糊”参数，如图5-348所示，单击“确定”按钮，效果如图5-349所示。

图5-348

图5-349

5.9.10 实战：用“移轴模糊”滤镜模拟移轴摄影

■类别：照片处理 ■光盘提供：☑素材 ☑实例效果 ☑视频录像

移轴摄影是一种利用移轴镜头拍摄的作品，照片效果就像是缩微模型一样，非常特别。使用“移轴模糊”滤镜可以模拟这种特效。

01 打开光盘中的照片素材，如图5-350所示。执行“滤镜>模糊>移轴模糊”命令，会显示相应的选项。单击并向上拖曳图钉，定位图像中最清晰的点，如图5-351所示。

图5-350

图5-351

02 直线范围内是清晰区域，直线到虚线间是由清晰到模糊的过渡区域，虚线外是模糊区域。拖曳直线和虚线，调整模糊范围，如图5-352所示。

03 调整模糊参数，如图5-353所示。按下回车键确认，图像效果如图5-354所示。

图5-352

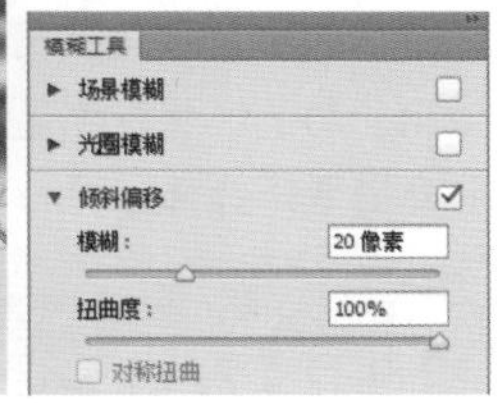

图5-353

图5-354

5.9.11 实战：用“镜头模糊”滤镜制作景深效果

■类别：照片处理 ■光盘提供：☑素材 ☑实例效果 ☑视频录像

“镜头模糊”滤镜可以为图像添加模糊效果，并用Alpha通道或图层蒙版的深度值来映射像素的位置，使图像中的一些对象在焦点内，另一些区域变模糊，生成景深效果。下面就来使用该滤镜处理普通照片，模拟出需要用专业的单反相机才能拍出的景深效果。

01 打开光盘中的照片素材，如图5-355所示。使用快速选择工具选中娃娃，如图5-356所示。

图5-355

图5-356

02 单击工具选项栏中的“调整边缘”按钮，打开“调整边缘”对话框，对选区进行羽化，如图5-357所示。单击“确定”按钮关闭对话框。单击“通道”面板中的按钮，将选区保存到通道中，如图5-358所示。按下Ctrl+D快捷键取消选择。

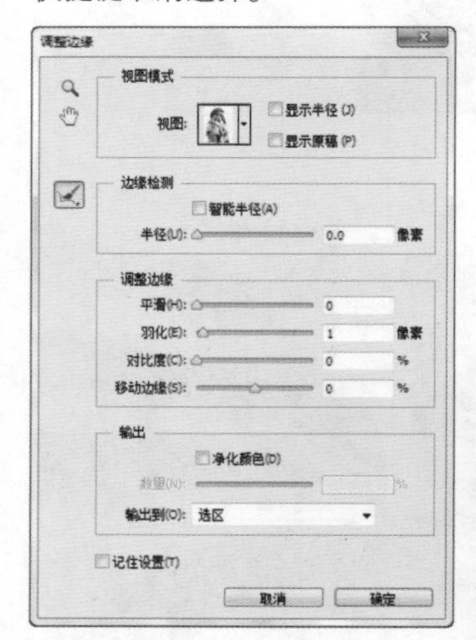

图5-357

图5-358

03 执行“滤镜>模糊>镜头模糊”命令，打开“镜头模糊”对话框。在“源”下拉列表中选择“Alpha1”通道，用通道限定模糊范围，使背景变得模糊；在“光圈”选项组的“形状”下拉列表中选择“八边形（8）”，然后调整“亮度”和“阈值”，生成漂亮的八边形光斑，如图5-359所示。

04 用仿制图章工具将右上角过于明亮的光斑涂抹掉，如图5-360所示。

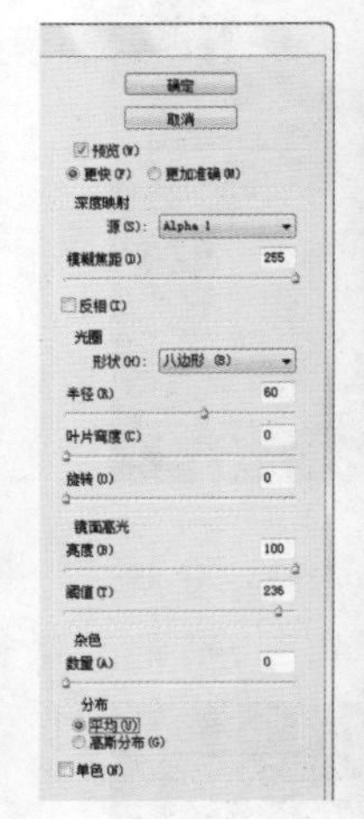

图5-359

图5-360

5.9.12 实战：用“防抖”滤镜锐化照片

■类别：照片处理 ■光盘提供：☑素材 ☑实例效果 ☑视频录像

“防抖”滤镜可以减少由某些相机运动类型产生的模糊，包括线性运动、弧形运动、旋转运动和Z字形运动，挽救因相机抖动而拍摄失败的照片，效果令人惊叹！

“防抖”滤镜最适合处理曝光适度且杂色较低的静态相机图像，包括使用长焦镜头拍摄的室内或室外图像、在不开闪光灯的情况下使用较慢的快门速度拍摄的室内静态场景图像。该滤镜还可以锐化图像中因为相机运动而产生的模糊文本。

01 打开照片素材，如图5-361所示。执行“滤镜>锐化>防抖”命令，打开“防抖”对话框。Photoshop会自动分析图像中最适合使用防抖功能的区域，确定模糊的性质，并推算出整个图像最适合的修正建议。经过修正的图像会在防抖对话框中显示，如图5-362所示。

图5-361

图5-362

02 拖曳评估区域边界的控制点，可调整其边界大小，如图5-363所示；拖曳中心的图钉，可以移动评估区域，如图5-364所示。

03 将“模糊描摹边界”值设置为50，单击“确定”按钮，关闭对话框。图5-365、图5-366分别为原图及锐化后的局部效果。

图5-363

图5-364

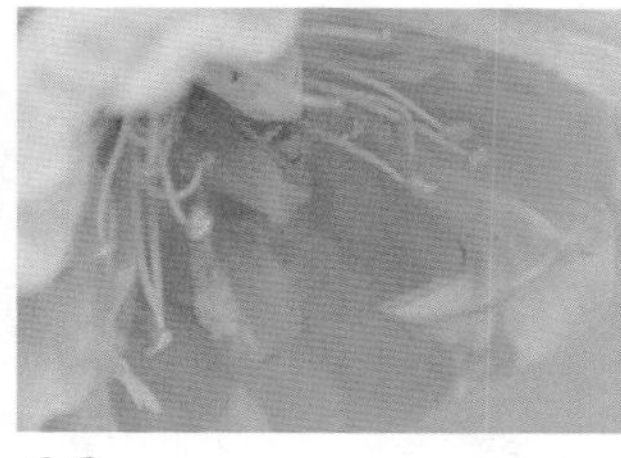

原图

图5-365

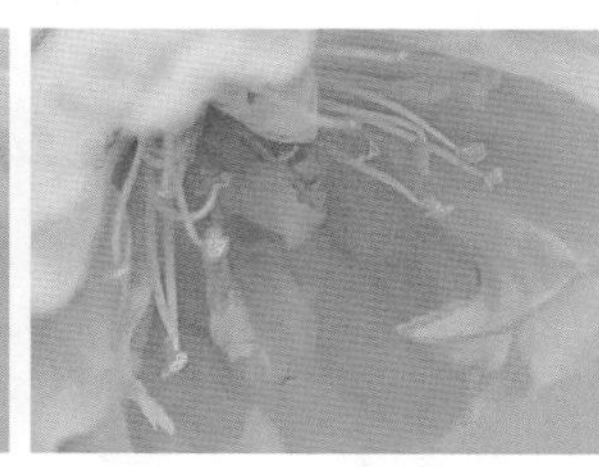

锐化效果

图5-366

5.10 Camera Raw

Camera Raw是Photoshop CC中专门用于编辑Raw格式、JPEG格式照片的滤镜。Raw格式是近些年非常流行的照片存储格式，该格式的照片中包含相机捕获的所有数据，如ISO设置、快门速度、光圈值、白平衡等。Raw是未经处理和压缩的格式，因此，被称为“数字底片”。Camera Raw可以解释相机原始数据文件，对白平衡、色调范围、对比度、颜色饱和度、锐化等进行调整。

5.10.1 Camera Raw 组件和工具

图5-367所示为“Camera Raw”对话框。

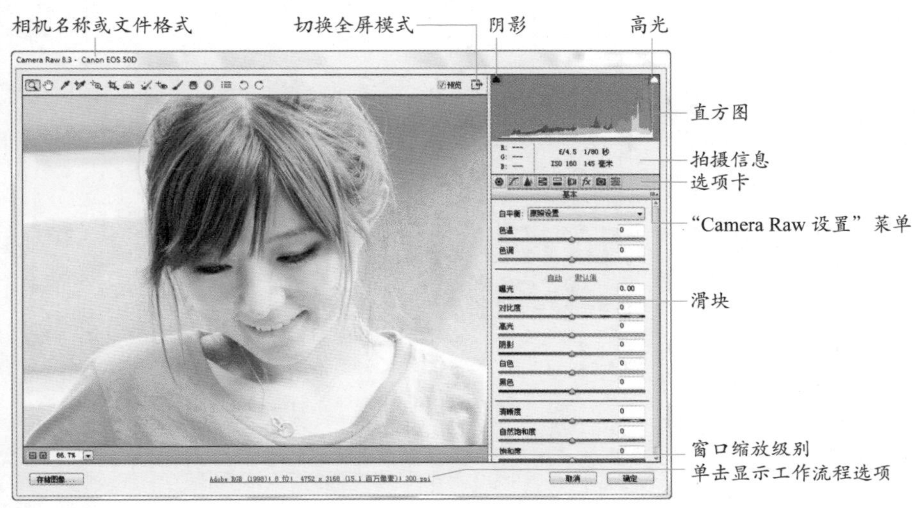

图5-367

组件/用途	
相机名称或文件格式	打开Raw文件时，窗口左上角显示相机的名称，打开其他格式的文件时，则显示图像的格式
预览	在窗口中实时显示照片的编辑结果。通过相机原始图像生成预览时，对话框中的缩览图和预览图像中会显示一个警告图标⚠。如果取消选择该选项，则会使用当前选项卡中的原始设置及其他选项卡中的设置来显示图像
切换全屏模式	单击该按钮，可以将对话框切换为全屏模式
拍摄信息	显示了光圈、快门速度、ISO感光度等原始拍摄信息

组件/用途	
阴影/高光	显示了阴影和高光修剪。剪切的阴影以蓝色显示，剪切的高光以红色显示
RGB	将光标放在图像上，会显示光标下面像素的（RGB）颜色值
直方图	显示了图像的直方图
“Camera Raw设置”菜单	单击按钮，可以打开“Camera Raw 设置” 菜单
窗口缩放级别	可以从菜单中选取一个放大设置，或单击按钮缩放窗口的视图比例
工作流程选项	单击可以打开“工作流程选项”对话框，为从 Camera Raw 输出的所有文件指定设置，包括色彩深度、色彩空间和像素尺寸等

工具/用途	
缩放工具	单击可以放大窗口中的图像显示比例，按住 Alt 键单击，则缩小图像的显示比例。双击该工具，可以让图像以100%的比例显示
抓手工具	放大窗口以后，可以使用该工具在预览窗口中移动图像。使用其他工具时，按住空格键可以切换为抓手工具。如果想要让照片在窗口中完整显示，可双击该工具
白平衡工具	使用该工具在白色或灰色的图像上单击，可以校正照片的白平衡。双击该工具，可以将白平衡恢复为照片初始状态
颜色取样器工具	用该工具在图像中单击，可以建立取样点（最多为9个），对话框顶部会显示取样像素的颜色值，以便于调整时观察颜色的变化情况
目标调整工具	单击该工具，在打开的下拉列表中选择一个选项，包括“参数曲线”“色相”“饱和度”和“明亮度”，在图像中单击并拖动鼠标，即可应用相应的调整
裁剪工具	单击并拖曳鼠标可以创建裁剪框，拖曳裁剪框或控制点可以移动、旋转和缩放裁剪区域。如果要按照一定的长宽比裁剪照片，可以在裁剪工具上按住鼠标按键，在打开的下拉菜单中选择一个选项，确定好裁剪区域后，可以按下回车键。如果要取消裁剪操作，可以按下Esc键
拉直工具	可以校正倾斜的照片。使用拉直工具在图像中单击并拖出一条水平基准线，放开鼠标后会显示裁剪框，拖曳控制点调整裁剪框大小或将它旋转，角度调整完成后，按下回车键确认
污点去除	可以使用图像修复选中的区域
红眼去除	可去除红眼。将光标放在红眼区域，单击并拖出一个选区，选中红眼，放开鼠标后，Camera Raw会使选区大小适合瞳孔，拖曳选框的边框，使其选中红眼，就可以校正红眼
调整画笔/渐变滤镜	可以处理局部图像的曝光度、亮度、对比度、饱和度和清晰度等
径向滤镜	可以调整照片中特定区域的色温、色调、清晰度、曝光度和饱和度，突出照片中想要展示的主体
打开首选项对话框	单击该按钮，可以打开“Camera Raw首选项”对话框
旋转工具	可以将照片逆时针或顺时针旋转90度

5.10.2 实战：调整曝光和清晰度

■类别：照片处理 ■光盘提供：☑素材 ☑实例效果 ☑视频录像

下面使用Camera Raw编辑Raw格式的照片。Raw文件是对记录原始数据的文件格式的通称，它并没有统一的标准，不同的相机设备制造商使用各自专有的格式，这些图片格式一般都称为Raw文件。如佳能相机的Raw文件后缀为CRW或CR2，尼康相机的Raw文件后缀为NEF，奥林巴斯的Raw文件后缀为ORF。

01 按下Ctrl+O快捷键，弹出“打开”对话框，选择光盘中的CR2格式照片素材，单击“打开”按钮，即可运行Camera Raw，如图5-368所示。这张照片色彩较灰暗，色调层次也不丰富，需要分别对影调和色彩进行调整。

图5-368

02 将“曝光”值设置为–0.85，降低曝光，画面中的很多细节会得以恢复。“曝光”值相当于相机的光圈大小。调整 +1.00 类似于将光圈打开 1，调整 –1.00 则类似于将光圈关闭 1；向右拖曳“白色”滑块，将高光区域调亮；

向左拖曳“黑色”滑块，将阴影区域调暗；将“高光”滑块拖曳到最左侧，让高光区域变暗，如图5-369所示。

图5-369

03 将“对比度”和“清晰度”都调到最高值，让色调清晰，细节丰富，如图5-370所示。

图5-370

04 现在整个照片的颜色还有些偏冷，调整“色温”和“色调”值，增加暖色；再提高“自然饱和度”值，让色彩更加鲜艳，如图5-371所示。最后单击对话框左下角的“存储图像”按钮，打开“存储选项”对话框，在“文件扩展名”下拉列表中选择“DNG”选项，“格式”下拉列表中选择“数字负片”选项，将照片存储为DNG格式。

图5-371

5.10.3 实战：调整色温和饱和度

■类别：照片处理 ■光盘提供：☑素材 ☑实例效果 ☑视频录像

下面使用Camera Raw编辑JPEG格式的照片。

01 在Photoshop中打开JPEG格式的照片素材。执行“滤镜>Camera Raw滤镜”命令，打开“Camera Raw”对话框，如图5-372所示。

图5-372

02 将“色温”调整为-63，让照片的整体颜色偏向蓝色；将“自然饱和度”调整为-100，降低饱和度，如图5-373所示。

图5-373

03 将“阴影”调整为54，“黑色”调整为32，让阴影区域变亮；设置“曝光”为0.6，将画面提亮一些；将“清晰度”调整为-66，让图像变得柔和，再适当提高“对比度”（设置为7），如图5-374所示。

图5-374

5.10.4 实战：调整色相和色调曲线

■类别：照片处理 ■光盘提供：☑素材 ☑实例效果 ☑视频录像

下面通过智能滤镜的方式使用Camera Raw。智能滤镜具有可以随时修改参数和删除的特点，以智能滤镜的方式应用Camera Raw，除具备上述优点外，就是还可以为其添加蒙版、调整图层，或者其他图像，进而为照片编辑带来更多的可能性。

01 打开光盘中的照片素材。执行“滤镜>转换为智能滤镜”命令，将照片转换为智能对象。执行“滤镜>Camera Raw滤镜”命令，打开“Camera Raw”对话框，如图5-375所示。

图5-375

02 将“白色”调整为33、“黑色”调整为-55，打破画面中的色调平衡，让高光更突出，阴影更暗；将“高光”调整为100，使高光区域的荷花更加明亮，显得通透、干净；“阴影”调整为-100，使荷叶暗下去，以突出荷花，如图5-376所示。

图5-376

03 调整“曝光”“对比度”和“清晰度”，如图5-377所示。

图5-377

04 接下来还希望阴影区域（荷叶）更暗，这样才能更加凸显荷花。这种单独调整某一色调的操作可以使用色调曲线来完成。单击色调曲线选项卡，显示色调曲线，然后将“阴影”滑块拖曳到最左侧，如图5-378所示。如果习惯使用Photoshop传统的曲线调整方式，可以单击“点”选项，然后在曲线上单击添加控制点，通过拖曳控制点来调整曲线。

图5-378

05 这张照片本身并没有明显的色偏，但我们需要表现更加唯美的效果，因此可以对色彩进行一些调整。调整“色调”和“自然饱和度”，如图5-379所示。

图5-379

06 单击“确定”按钮关闭对话框。在“图层”面板中可以看到，Camera Raw滤镜是以智能滤镜的方式添加的，如图5-380所示。如果要修改滤镜参数，只需双击“图层”面板中的滤镜名称，即可重新打开“Camera Raw”对话框；如果要删除滤镜，可以将其拖曳到“图层”面板中的删除图层按钮上。

07 单击“图层”面板底部的按钮，新建一个图层，设置混合模式为“颜色”，如图5-381所示。

08 选择渐变工具，打开渐变下拉面板中的面板菜单，选择“色谱”命令，加载该渐变库，选择一个渐变，如图5-382所示，在画面中填充线性渐变。由于混合模式的作用，渐变叠加到荷花图像上，使其像是打上了舞台灯光一样绚丽多彩，如图5-383所示。将文件保存为PSD格式，以方便将来修改。

图5-380

图5-381

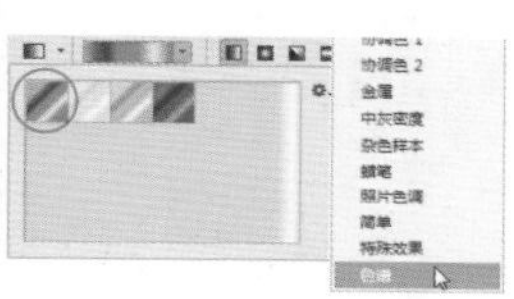
图5-382

图5-383

5.10.5 实战：锐化与降噪

■类别：照片处理 ■光盘提供：☑素材 ☑实例效果 ☑视频录像

Camera Raw的锐化只应用于图像的亮度，不会影响色彩。锐化可以提高图像的清晰度，但也会增加噪点，使图像的品质变差，这便需要降噪来进行补救。降噪应适度，否则会使图像的细节变得模糊不清。

01 打开光盘中的照片素材。打开“Camera Raw”对话框。将窗口的显示比例调整为100%，以便更好地观察图像细节。调整“清晰度”和“自然饱和度”，如图5-384所示。

图5-384

02 单击细节选项卡，调整“锐化”选项组中的参数，如图5-385所示。现在狗狗的毛发变得清晰了，但画面中也出现了大量噪点和彩色斑纹。

图5-385

03 调整“减少杂色”选项组中的参数，进行降噪处理，如图5-386所示。进行锐化和降噪操作时可以按下P键，在原图与处理结果之间切换，以便更好地观察图像细节的变化。

图5-386

第6章

色彩达人秘技 颜色调整

Photoshop是当之无愧的色彩处理大师，在它的“图像>调整”菜单中，提供了20多种工具，可以对色彩的组成要素——色相、饱和度、明度和色调进行精确调整。不仅如此，Photoshop还能对色彩进行创造性的改变。本章就来逐个解读这些极具创意的调色命令。在Photoshop中，大多数调色工具都能直接指向具体的调色任务，例如，“亮度/对比度”命令、“色相/饱和度”命令等，从名称上就能知道具体用来调什么；用处最大的是“色阶”和“曲线”；通道调色属于高级技术，具有一定的难度，因为这需要我们掌握色彩的变化原理，并能做出准确的预判。

扫描二维码，关注李老师的微博、微信。

6.1 Photoshop调整命令概览

在一张图像中，色彩不只是真实地记录下物体，还能够带给人们不同的心理感受，创造性地使用色彩，可以营造各种独特的氛围和意境，使图像更具表现力。Photoshop提供了大量色彩和色调调整工具，可用于处理图像和数码照片。

Photoshop的“图像”菜单中包含用于调整图像色调和颜色的各种命令，如图6-1所示。这其中，一部分常用的命令也通过“调整”面板提供给了用户，如图6-2所示。

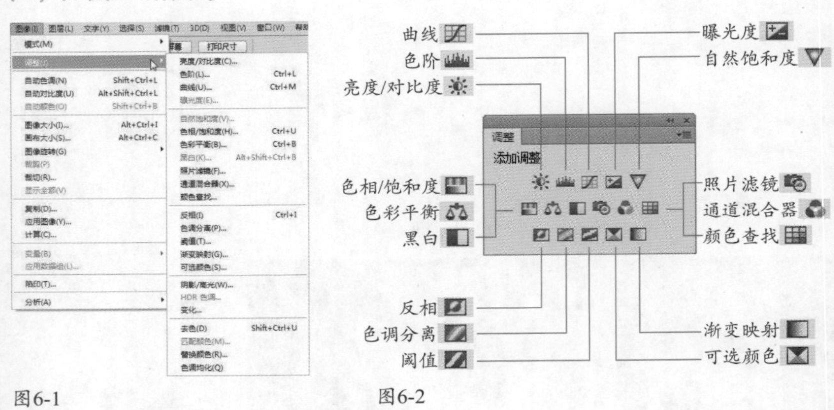

图6-1　图6-2

技术看板：调整命令的使用方法

Photoshop的调整命令可以通过两种方式来使用，第一种是直接用“图像”菜单中的命令来处理图像；第二种是使用调整图层来应用这些调整命令。这两种方式可以达到相同的调整结果。它们的不同之处在于：“图像”菜单中的命令会修改图像的像素数据，而调整图层不会修改像素，它是一种非破坏性的调整功能。

原图像

使用“色相/饱和度”命令

使用“色相/饱和度”调整图层

此外，使用“调整”命令调整图像后，不能再修改调整参数，而调整图层却可以随时修改参数，并且，只需隐藏或删除调整图层，便可以将图像恢复为原来的状态。要创建调整图层，只需单击“调整”面板中的相应的按钮即可。

在“属性”面板中可以修改调整图层的参数

隐藏调整图层便可将图像恢复为原状

6.2 转换图像的颜色模式

颜色模式决定了用来显示和打印所处理图像的颜色方法。打开一个文件，在"图像>模式"下拉菜单中选择一种模式，如图6-3所示，即可将其转换为该模式。这其中，RGB、CMYK、Lab等是常用和基本的颜色模式，索引颜色和双色调等则是用于特殊色彩输出的颜色模式。颜色模式基于颜色模型（一种描述颜色的数值方法），选择一种颜色模式，就等于选用了某种特定的颜色模型。

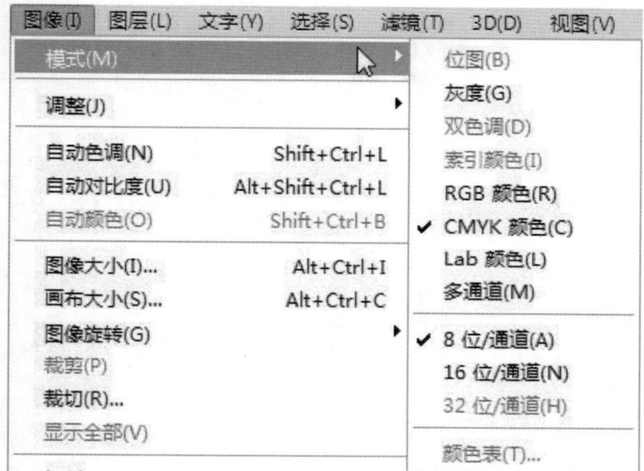

图6-3

01 打开一个RGB模式的彩色图像，如图6-4所示，执行"图像>模式>灰度"命令，先将它转换为灰度模式，如图6-5所示。

02 执行"图像>模式>位图"命令，打开"位图"对话框，在"输出"选项中设置图像的输出分辨率为72像素/英寸，在"方法"选项区中选择"半调网屏"选项，如图6-6所示，单击"确定"按钮，弹出"半调网屏"对话框，设置参数如图6-7所示。

图6-4

图6-5

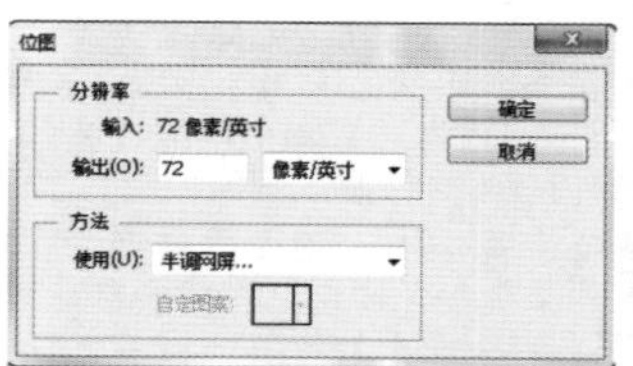

图6-6

图6-7

颜色模式/选项说明	
位图模式	位图模式只有纯黑和纯白两种颜色，适合制作艺术样式或用于创作单色图形。彩色图像转换为该模式后，色相和饱和度信息都会被删除，只保留亮度信息。只有灰度和双色调模式才能够转换为位图模式。该模式包含以下选项。 **50%阈值：** 将50%色调作为分界点，灰色值高于中间色阶128的像素转换为白色，灰色值低于色阶128的像素转换为黑色 **图案仿色：** 用黑白点图案模拟色调 **扩散仿色：** 通过使用从图像左上角开始的误差扩散过程来转换图像，由于转换过程的误差原因，会产生颗粒状的纹理 **半调网屏：** 模拟平面印刷中使用的半调网点外观 **自定图案：** 可以选择一种图案来模拟图像中的色调
灰度模式	灰度模式的图像不包含颜色，彩色图像转换为该模式后，色彩信息都会被删除。灰度图像中的每个像素都有一个0到255之间的亮度值，0代表黑色，255代表白色，其他值代表了黑、白中间过渡的灰色。在8位图像中，最多有256级灰度，在16位和32位图像中，图像中的级数比8位图像要大得多

颜色模式/选项说明	
双色调模式	双色调模式采用一组曲线来设置各种颜色的油墨，可以得到比单一通道更多的色调层次，能在打印中表现更多的细节。双色调模式还可以为3种或4种油墨颜色制版。只有灰度模式的图像才能转换为双色调模式。它包含以下选项。 **预设：** 可以选择一个预设的调整文件 **类型：** 在下拉列表中可以选择“单色调”“双色调”“三色调”或“四色调”。单色调是用非黑色的单一油墨打印的灰度图像；双色调、三色调和四色调分别是用两种、三种和四种油墨打印的灰度图像。选择之后，单击各个油墨颜色块，可以打开“颜色库”设置油墨颜色 **编辑油墨颜色：** 选择“单色调”时，只能编辑一种油墨，选择“四色调”，可编辑全部的4种油墨。单击“油墨”选项右侧的曲线图，打开“双色调曲线”对话框，调整曲线可以改变油墨的百分比。单击“油墨”选项右侧的颜色块，可以打开“颜色库”选择油墨 **压印颜色：** 压印颜色是指相互打印在对方之上的两种无网屏油墨。单击该按钮，可以在打开的“压印颜色”对话框中设置压印颜色在屏幕上的外观
索引颜色模式	使用256种或更少的颜色替代全彩图像中上百万种颜色的过程叫做索引。Photoshop会构建一个颜色查找表（CLUT），存放图像中的颜色。如果原图像中的某种颜色没有出现在该表中，则程序会选取最接近的一种，或使用仿色以现有颜色来模拟该颜色。索引模式是GIF文件默认的颜色模式，它包含以下选项。 **调板/颜色：** 可以选择转换为索引颜色后使用的调板类型，它决定了使用哪些颜色。如果选择“平均分布”“可感知”“可选择”或“随样性”，可通过输入“颜色”值指定要显示的实际颜色数量（多达256种） **强制：** 可以选择将某些颜色强制包括在颜色表中的选项。选择“黑色和白色”选项，可将纯黑色和纯白色添加到颜色表中；选择“原色”选项，可添加红色、绿色、蓝色、青色、洋红、黄色、黑色和白色；选择“Web”选项，可添加216种Web安全色；选择“自定”选项，则允许定义要添加的自定颜色 **杂边：** 指定用于填充与图像的透明区域相邻的消除锯齿边缘的背景色 **仿色：** 在下拉列表中可以选择是否使用仿色。如果要模拟颜色表中没有的颜色，可以采用仿色。仿色会混合现有颜色的像素，以模拟缺少的颜色。要使用仿色，可在该选项下拉列表中选择“仿色”选项，并输入仿色数量的百分比值。该值越高，所仿颜色越多，但可能会增加文件占用的存储空间
RGB模式	RGB是一种加色混合模式，它通过红、绿、蓝3种原色光混合的方式来显示颜色，计算机显示器、扫描仪、数码相机、电视、幻灯片、网络和多媒体等都采用这种模式。在24位图像中，每一种颜色都有256种亮度值，因此，RGB颜色模式可以重现1670多万种颜色（256×256×256）。编辑RGB模式的图像时，如果想要预览它的打印效果（CMYK预览效果时），可以执行“视图>校样颜色”命令，打开电子校样
CMYK模式	CMYK是一种减色混合模式，它是指本身不能发光，但能吸收一部分光，并将余下的光反射出去的色料混合，印刷用油墨、染料、绘画颜料等都属于减色混合。CMYK是常用于商业印刷的一种四色印刷模式，它的色域（颜色范围）要比RGB模式小，只有制作要用印刷色打印的图像时，才使用该模式。此外，在CMYK模式下，有许多滤镜都不能使用。CMYK颜色模式中，C代表了青、M代表了品红、Y代表了黄、K代表了黑色。在 CMYK 模式下，可以为每个像素的每种印刷油墨指定一个百分比值
Lab模式	Lab模式是Photoshop进行颜色模式转换时使用的中间模式。例如，将RGB图像转换为CMYK模式时，Photoshop会先将其转换为Lab模式，再由Lab转换为CMYK模式。因此，Lab的色域最宽，它涵盖了RGB和CMYK的色域。在Lab颜色模式中，L代表了亮度分量，它的范围为0～100；a代表了由绿色到红色的光谱变化；b代表了由蓝色到黄色的光谱变化。颜色分量a和b的取值范围均为+127～–128。Lab模式在照片调色中有着非常特别的优势，当处理明度通道时，可以在不影响色相和饱和度的情况下轻松修改图像的明暗信息；处理a和b通道时，则可以在不影响色调的情况下修改颜色
多通道模式	多通道是一种减色模式，将RGB图像转换为该模式后，可以得到青色、洋红和黄色通道。此外，如果删除RGB、CMYK、Lab模式的某个颜色通道，图像会自动转换为多通道模式。在多通道模式下，每个通道都使用 256 级灰度。进行特殊打印时，多通道图像十分有用
位深度	位深度也称为像素深度或色深度，即多少位/像素，它是显示器、数码相机、扫描仪等使用的术语。Photoshop使用位深度来存储文件中每个颜色通道的颜色信息。存储的位越多，图像中包含的颜色和色调差就越大 **8位/通道：** 位深度为8位，每个通道可支持256种颜色，图像可以有1600万个以上的颜色值 **16位/通道：** 位深度为16位，每个通道可以包含高达65000种颜色信息。无论是通过扫描得到的16位/通道文件，还是数码相机拍摄得到的16位/通道的Raw文件，都包含了比8位/通道文件更多的颜色信息，因此，色彩渐变更加平滑，色调也更加丰富 **32位/通道：** 32位/通道的图像也称为高动态范围（HDR）图像，文件的颜色和色调更胜于16位/通道文件。用户可以有选择性地对部分图像进行动态范围的扩展，而不至于丢失其他区域的可打印和可显示的色调。目前，HDR 图像主要用于影片、特殊效果、3D 作品及某些高端图片
颜色表	将图像的颜色模式转换为索引模式以后，“图像>模式”下拉菜单中的“颜色表”命令可以使用。执行该命令时，Photoshop会从图像中提取256种典型颜色，在“颜色表”下拉列表中可以选择一种预定义的颜色表，包括“自定”“黑体”“灰度”“色谱”“系统（Mac OS）”和“系统（Windows）”。此外，它还包含以下选项。 **自定：** 创建指定的调色板。自定颜色表对于颜色数量有限的索引颜色图像可以产生特殊效果 **黑体：** 显示基于不同颜色的面板，这些颜色是黑体辐射物被加热时发出的，从黑色到红色、橙色、黄色和白色 **灰度：** 显示基于从黑色到白色的256个灰阶的面板 **色谱：** 显示基于白光穿过棱镜所产生的颜色的调色板，从紫色、蓝色、绿色，到黄色、橙色和红色 **系统（Mac OS）：** 显示标准的 Mac OS 256 色系统面板 **系统（Windows）：** 显示标准的 Windows 256 色系统面板

6.3 快速调整图像

在“图像”下拉菜单中，“自动色调”“自动对比度”和“自动颜色”命令可以自动对图像的颜色和色调进行简单的调整，适合对于各种调色工具不太熟悉的初学者使用。

6.3.1 实战：“自动色调”命令

■类别：照片处理 ■光盘提供：☑素材 ☑实例效果 ☑视频录像

“自动色调”命令可以自动调整图像中的黑场和白场，将每个颜色通道中最亮和最暗的像素映射为纯白（色阶为 255）和纯黑（色阶为 0），中间像素值按比例重新分布，从而增强图像的对比度。

01 打开光盘中的照片素材，如图6-8所示，这张照片色调有些发灰。

图6-8

02 执行“图像>自动色调”命令，Photoshop会自动调整图像，使色调变得清晰，如图6-9所示。

图6-9

6.3.2 实战：“自动对比度”命令

■类别：照片处理 ■光盘提供：☑素材 ☑实例效果 ☑视频录像

“自动对比度”命令可以自动调整图像的对比度，使高光看上去更亮，阴影看上去更暗。

01 打开光盘中的照片素材，如图6-10所示，这张照片色调有些发白。

02 执行“图像>自动对比度”命令，使照片色调清新明快，如图6-11所示。

图6-10

图6-11

提示

“自动对比度”命令不会单独调整通道，它只调整色调，而不会改变色彩平衡，因此，也就不会产生色偏，但也不能用于消除色偏。该命令可以改进彩色图像的外观，但无法改善单色图像。

6.3.3 实战：“自动颜色”命令

■类别：照片处理 ■光盘提供：☑素材 ☑实例效果 ☑视频录像

“自动颜色”命令可以通过搜索图像来标识阴影、中间调和高光，从而调整图像的对比度和颜色。该命令可以用来校正出现色偏的照片。

01 打开光盘中的照片素材，如图6-12所示，这张照片是雾霾天拍摄的，色调偏红。

02 执行“图像>自动颜色”命令，即可校正颜色，如图6-13所示。

图6-12

图6-13

E-mail:ai_book@126.com

“亮度/对比度”命令可以调整图像的色调范围。它的使用方法非常简单，对于暂时还不能灵活使用“色阶”和“曲线”的用户，需要调整色调和饱和度时，可以通过该命令来操作。

6.4 “亮度/对比度”命令：让照片清晰明亮

素材：光盘>素材文件夹　视频位置：光盘>视频文件夹
实例门类：照片处理类　难度：★★★☆☆

01 打开光盘中的照片素材，如图6-14所示。执行“图像>调整>亮度/对比度”命令，打开“亮度/对比度”对话框，向右拖曳滑块，提高亮度和对比度，如图6-15、图6-16所示。

02 勾选“使用旧版”选项，可以得到与Photoshop CS3以前的版本相同的调整结果（即进行线性调整）。可以看到，旧版对比度更强，但图像细节也丢失得更多，如图6-17所示。

图6-14

亮度/对比度
亮度: 82
对比度: 37
确定
取消
自动(A)
使用旧版(L)
预览(P)

图6-15

图6-16

图6-17

提示

“亮度/对比度”命令的使用方法非常简单，对于暂时还不能灵活使用“色阶”和“曲线”的用户，需要调整色调和饱和度时，可以通过该命令来操作。但是，“亮度/对比度”命令没有“色阶”和“曲线”的可控性强，调整时有可能丢失图像细节。对于高端输出，最好使用“色阶”或“曲线”来调整。

E-mail:ai_book@126.com

“色阶”是Photoshop中最为重要的调整工具之一，它可以调整图像的阴影、中间调和高光的强度级别，校正色调范围和色彩平衡。也就是说，“色阶”功能不仅可以调整色调，还可以用来调整色彩。

6.5 “色阶”命令：让照片色彩干净明快

素材：光盘>素材文件夹　视频位置：光盘>视频文件夹
实例门类：照片处理类　难度：★★★☆☆

01 打开一张曝光不足的照片素材，如图6-18所示。这张照片的色调发灰，下面用“色阶”命令校正。

02 单击“调整”面板中的按钮，创建“色阶”调整图层，如图6-19所示。在对话框中可以看到，直方图呈⊥形，山脉的两端没有延伸到直方图的两个端点上，这说明图像中最暗的点不是黑色，最亮的点也不是白色，导致的结果是图像缺乏对比度，调子比较灰。向左侧拖曳高光滑块，将色调调亮，向右侧拖曳阴影滑块，将阴影调暗，如图6-20、图6-21所示。

图6-18

属性
色阶
预设: 默认值
RGB
自动
0　1.00　255
输出色阶: 0　255

图6-19

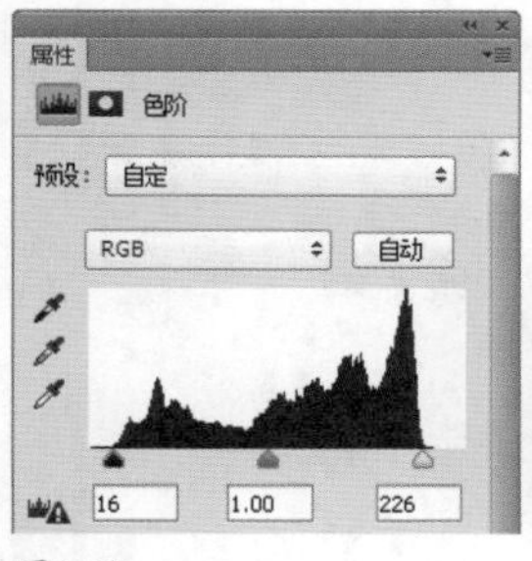

图6-20

图6-21

03 单击“调整”面板中的 ▼ 按钮，创建“自然饱和度”调整图层，提高色彩的饱和度，如图6-22、图6-23所示。

图6-22

图6-23

“色阶”命令选项	
预设	单击“预设”选项右侧的 按钮，在打开的下拉列表中选择“存储”命令，可以将当前的调整参数保存为一个预设文件。在使用相同的方式处理其他图像时，可以用该文件自动完成调整
通道	可以选择一个颜色通道来进行调整。调整通道会改变图像的颜色
输入色阶	用来调整图像的阴影（左侧滑块）、中间调（中间滑块）和高光区域（右侧滑块）。可拖曳滑块或者在滑块下面的文本框中输入数值来进行调整，向左拖曳滑块，与之对应的色调会变亮；向右拖曳，相应的色调会变暗
输出色阶	可以限制图像的亮度范围，降低对比度，使图像呈现褪色效果
设置黑场	使用该工具在图像中单击，可以将单击点的像素调整为黑色，原图中比该点暗的像素也变为黑色
设置灰点	使用该工具在图像中单击，可根据单击点像素的亮度来调整其他中间色调的平均亮度。该工具可以用来校正色偏
设置白场	使用该工具在图像中单击，可以将单击点的像素调整为白色，比该点亮度值高的像素也都会变为白色
自动	单击该按钮，可应用自动颜色校正，Photoshop会以0.5%的比例自动调整色阶，使图像的亮度分布更加均匀
选项	单击该按钮，可以打开“自动颜色校正选项”对话框，在对话框中可以设置黑色像素和白色像素的比例

技术看板：色阶的色调映射原理

在“输入色阶”选项组中，阴影滑块位于色阶0处，它所对应的像素是纯黑的。如果向右拖曳阴影滑块，Photoshop 就会将滑块当前位置的像素值映射为色阶“0”。也就是说，滑块所在位置左侧的所有像素都会变为黑色。高光滑块位于色阶255处，它所对应的像素是纯白的。如果向左拖曳高光滑块，滑块当前位置的像素值就会映射为色阶“255”，因此，滑块所在位置右侧的所有像素都会变为白色。中间调滑块位于色阶128处，它用于调整图像中的灰度系数，可以改变灰色调中间范围的强度值，但不会明显改变高光和阴影。“输出色阶”选项组中的两个滑块用来限定图像的亮度范围。向右拖曳暗部滑块时，它左侧的色调都会映射为滑块当前位置的灰色，图像中最暗的色调也就不再是黑色了，色调就会变灰；如果向左拖曳白色滑块，它右侧的色调都会映射为滑块当前位置的灰色，图像中最亮的色调就不再是白色了，色调就会变暗。

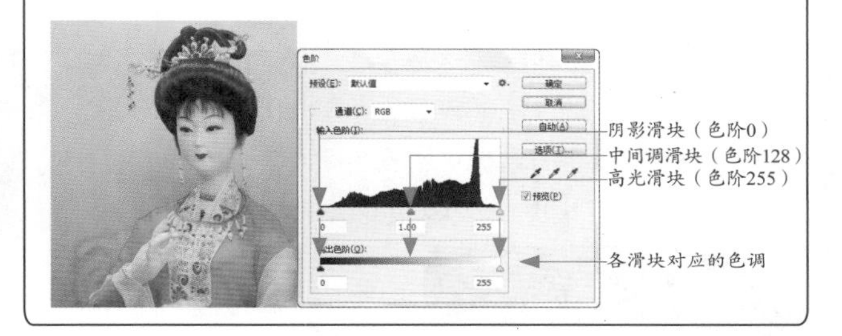

技术看板：色偏校正技巧

如果照片出现了色偏，可以使用设置灰点工具 在图像中单击进行校正。校正色偏时，浅色或中性图像区域比较容易确定色偏，例如，白色的衬衫、灰色的道路等都是查找色偏的理想位置，在这些区域单击鼠标，一般可以得到正确的校正结果。如果单击的区域不是灰色，则可能出现更严重或新的色偏。

在灰色的耳环上单击

色偏得到校正

为什么要选择在灰色、白色区域单击呢？因为在Photoshop中，等量的红、绿、蓝生成灰色。如果照片中原本应该是灰色区域的RGB数值不一样，说明它不是真正的灰色，它一定包含了其他的颜色。如果R值高于其他值，说明图像偏红色；如果G值高于其他值，说明图像偏绿色；如果B值高于其他两个颜色值，说明偏蓝色。可以使用颜色取样器工具 在图像上单击，建立取样点，弹出的“信息”面板中会显示取样的颜色值，便于我们分析和校正色偏。此外，即使是在灰色区域单击，单击点不同，校正结果也会有所差异。校正色偏是一个比较感性的工作，我们只要凭着对照片的直观感受，将其调整到最佳的视觉效果就可以了。况且，有些色偏还是有益的。例如，夕阳下的金黄色调、室内温馨的暖色调、摄影师使用镜头滤镜拍摄的特殊色调等可以增强图像的视觉效果，这样的色偏是不需要校正的。

E-mail:ai_book@126.com

"曲线"是Photoshop中最重要、最强大的调整工具，它整合了"色阶""阈值"和"亮度/对比度"等多个命令的功能。曲线上最多可以添加14个控制点，移动这些控制点，可以对色彩和色调进行非常精确的调整。

6.6 "曲线"命令：挽救曝光严重不足的照片

素材：光盘>素材文件夹　视频位置：光盘>视频文件夹

实例门类：照片处理类　难度：★★★☆☆

01 打开光盘中的照片素材，如图6-24所示。这是一张严重曝光不足的照片，可以看到画面很暗，导致阴影区域的细节非常少。

02 按下Ctrl+J快捷键复制"背景"图层，得到"图层1"，将它的混合模式改为"滤色"，提升图像的整体亮度，如图6-25、图6-26所示。

03 再按下Ctrl+J快捷键，复制这个"滤色"模式的图层，效果如图6-27所示。

图6-24

图6-25

图6-26

图6-27

04 单击"调整"面板中的按钮，创建"曲线"调整图层。在曲线偏下的位置单击，添加一个控制点，然后向上拖曳曲线，将暗部区域调亮，如图6-28、图6-29所示。

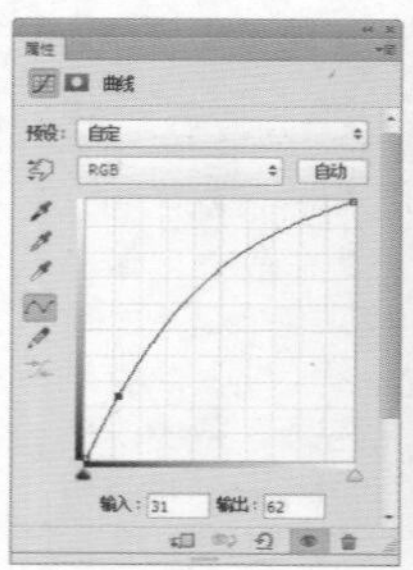

图6-28

图6-29

05 严重曝光不足的照片或多或少都有一些偏色，从现在的调整结果中可以看到，图像颜色有些偏红。下面来校正色偏。单击"调整"面板中的按钮，创建"色相/饱和度"调整图层，选择"红色"，拖曳"明度"滑块，将红色调亮，这样可以降低红色的饱和度，并将人物肤色调白，如图6-30、图6-31所示。

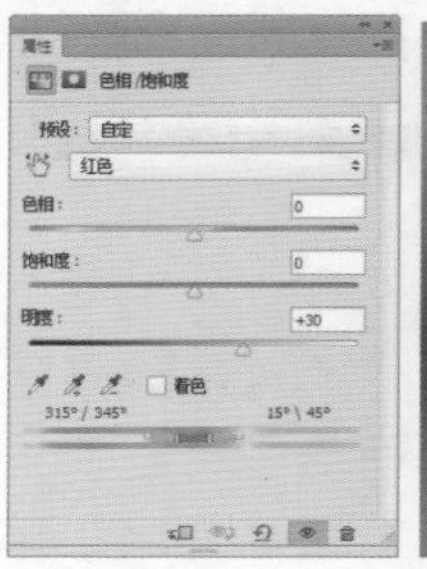

图6-30

图6-31

技术看板：调整曲线控制点

在曲线上单击可以添加控制点，拖曳控制点改变曲线的形状，便可以调整图像的色调和颜色。单击控制点，可将其选择，按住Shift键单击可以选择多个控制点。选择控制点后，按下Delete键可将其删除。

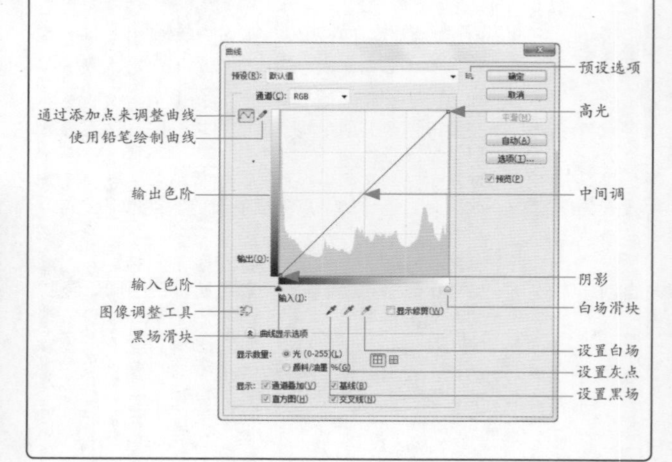

"曲线"命令选项	
预设	包含了Photoshop提供的各种预设调整文件，可用于调整图像。单击"预设"选项右侧的按钮打开下拉列表，选择"存储预设"命令，可以将当前的调整状态保存为预设文件，在对其他图像应用相同的调整时，可以选择"载入预设"命令，载入预设文件自动调整；选择"删除当前预设"命令，则删除所存储的预设文件
通道	在下拉列表中可以选择要调整的颜色通道。调整通道会改变图像颜色
通过添加点来调整曲线	打开"曲线"对话框时，该按钮为按下状态，此时在曲线中单击，可添加控制点，拖曳控制点改变曲线形状即可调整图像。图像为RGB模式时，曲线向上弯曲，可以将色调调亮；曲线向下弯曲，可以将色调调暗。如果图像为CMYK模式，则曲线向上弯曲可以将色调调暗；曲线向下弯曲可以将色调调亮
使用铅笔绘制曲线	单击该按钮后，可绘制手绘效果的自由曲线。绘制完成后，可单击按钮，在曲线上显示控制点
平滑	使用工具绘制曲线后，单击该按钮，可以对曲线进行平滑处理
图像调整工具	选择该工具后，将光标放在图像上，曲线上会出现一个空的圆形图形，它代表了光标处的色调在曲线上的位置，在画面中单击并拖动鼠标，可添加控制点并调整相应的色调
输入色阶/输出色阶	"输入色阶"显示了调整前的像素值，"输出色阶"显示了调整后的像素值
设置黑场/设置灰点/设置白场	这几个工具与"色阶"对话框中的相应工具完全一样
显示修剪	勾选该项后，可以检查图像中是否出现溢色
自动	单击该按钮，可对图像应用"自动颜色""自动对比度"或"自动色调"校正。具体的校正内容取决于"自动颜色校正选项"对话框中的设置
选项	单击该按钮，可以打开"自动颜色校正选项"对话框。它可以控制由"色阶"和"曲线"命令中的"自动颜色""自动色调""自动对比度"和"自动"选项所应用的色调和颜色校正。它允许指定阴影和高光剪切百分比，并为阴影、中间调和高光指定颜色值

"曲线"显示选项	
显示数量	可反转强度值和百分比的显示
简单网格/详细网格	单击简单网格按钮，会以 25% 的增量显示网格；单击详细网格按钮，则以 10% 的增量显示网格。在详细网格状态下，可以更加准确地将控制点对齐到直方图上。按住 Alt 键单击网格，也可以在这两种网格间切换
通道叠加	可在复合曲线上方叠加各个颜色通道的曲线
直方图	可在曲线上叠加直方图
基线	网格上显示以 45 度角绘制的基线
交叉线	调整曲线时，显示水平线和垂直线，以帮助用户在相对于直方图或网格进行拖曳时将点对齐

技术看板：曲线与色阶的异同之处

曲线上面有两个预设的控制点，其中，"阴影"可以调整照片中的阴影区域，它相当于"色阶"中的阴影滑块；"高光"可以调整照片的高光区域，它相当于"色阶"中的高光滑块。

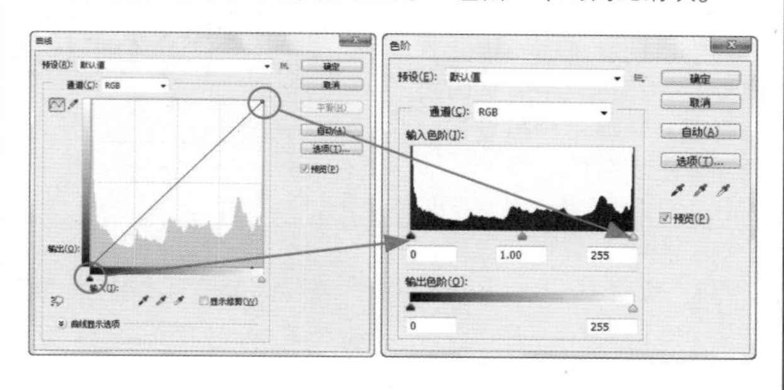

如果在曲线的中央（1/2处）单击，添加一个控制点，该点就可以调整照片的中间调，它就相当于"色阶"的中间调滑块。

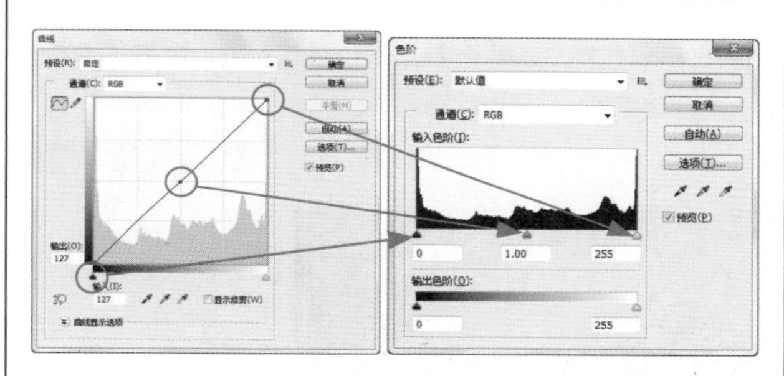

然而曲线上最多可以有16个控制点，也就是说，它能够把整个色调范围（0～255）分成15段来调整，而色阶只有3个滑块，它只能分3段（阴影、中间调、高光）调整色阶。因此，曲线可以对色调进行更加精确的控制，它可以调整一定色调区域内的像素，而不影响其他像素，色阶是无法做到这一点的，这便是曲线的强大之处。

技术看板：调整色调时避免出现色偏

使用"曲线"和"色阶"增加彩色图像的对比度时，通常还会增加色彩的饱和度，有可能导致出现偏色。

要避免色偏，可以通过"曲线"或"色阶"调整图层来应用调整，再将调整图层的混合模式设置为"明度"。

E-mail:ai_book@126.com

“曝光度”命令是专门用于调整32位的HDR图像曝光度的功能，可以在HDR图像中按比例表示和存储真实场景中的所有明亮度值，因此，调整HDR图像曝光度的方式与在真实环境中拍摄场景时调整曝光度的方式类似。

6.7 “曝光度”命令：校正曝光不足的照片

素材：光盘>素材文件夹　视频位置：光盘>视频文件夹
实例门类：照片处理类　难度：★★★☆☆

01 “曝光度”命令可以用于调整8位和16位的普通照片。打开一张曝光不足的照片素材，如图6-32所示。

02 单击“调整”面板中的按钮，创建“曝光度”调整图层，通过调整参数使画面变亮、色调层次变得更加清晰，如图6-33、图6-34所示。

03 使用快速选择工具，在天空上拖动鼠标，将天空全部选取，如图6-35所示。

图6-32

图6-33

图6-34

图6-35

04 打开光盘中的天空素材，如图6-36所示。按下Ctrl+A快捷键全选，按下Ctrl+C快捷键复制，按下Ctrl+F6快捷键，切换到“建筑物”文档，执行“编辑>选择性粘贴>贴入”命令，将图像粘贴到选区内，同时原来的选区会自动转换为蒙版，将选区之外的图像隐藏，如图6-37、图6-38所示。

05 使用移动工具，按住鼠标在画面中拖动，调整天空图像的位置，使更多的白云显示在画面中，如图6-39所示。

图6-36

图6-37

图6-38

图6-39

06 单击“调整”面板中的按钮，创建“自然饱和度”调整图层，提高画面中色彩的饱和度，如图6-40、图6-41所示。

图6-40

图6-41

“曝光度”命令选项	
曝光度	可以调整色调范围的高光端，对极限阴影的影响很轻微
位移	使阴影和中间调变暗，对高光的影响很轻微
灰度系数校正	使用简单的乘方函数调整图像灰度系数。负值会被视为它们的相应正值（这些值仍然保持为负，但仍然会被调整，就像它们是正值一样）
吸管工具	用设置黑场吸管工具在图像中单击，可以使单击点的像素变为黑色；设置白场吸管工具可以使单击点的像素变为白色；设置灰场吸管工具可以使单击点的像素变为中性灰色（R、G、B值均为128）

E-mail:ai_book@126.com

"自然饱和度"是用于调整色彩饱和度的命令，它的特别之处是可以在增加饱和度的同时防止颜色过于饱和而出现溢色，非常适合处理人像照片。

6.8 "自然饱和度"命令：让人像照片色彩鲜艳

素材：光盘>素材文件夹 视频位置：光盘>视频文件夹

实例门类：照片处理类 难度：★★★☆☆

01 打开光盘中的照片素材，如图6-42所示。这张照片问题在于模特的肤色有些苍白，衣服图案和环境色彩都不够鲜艳。

图6-42

02 执行"图像>调整>自然饱和度"命令，打开"自然饱和度"对话框。对话框中有两个滑块，向左侧拖曳可以降低颜色的饱和度，向右侧拖曳则增加饱和度。拖曳"自然饱和度"滑块增加饱和度时，不会生成过于饱和的颜色，并且即使是将饱和度调整到最高值，皮肤颜色变得红润以后，仍能保持自然、真实的效果，如图6-43所示。

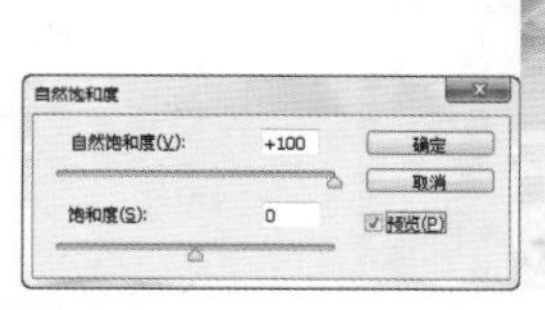

图6-43

03 拖曳"饱和度"滑块时，则增加（或减少）所有颜色的饱和度，如图6-44所示。应注意的是，不要使色彩过于鲜艳，人物皮肤的颜色显得不自然。

图6-44

技术看板：在"拾色器"中查看溢色

如果打开"拾色器"以后执行"视图>色域警告"命令，则对话框中的溢色会显示为灰色。上下拖曳颜色滑块，可以观察将RGB图像转换为CMYK后，哪个色系丢失的颜色最多。

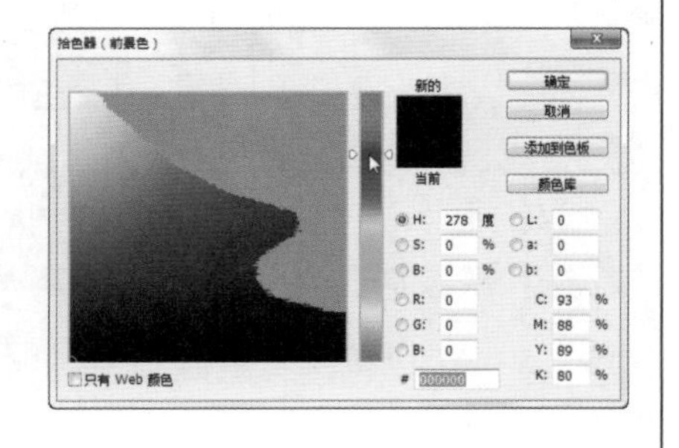

技术看板：什么是溢色

显示器的色域（RGB模式）要比打印机（CMYK模式）的色域广，因此，我们在显示器上看到或调出的颜色有可能打印不出来，那些不能被打印机准确输出的颜色称为"溢色"。执行"视图>色域警告"命令，如果画面中出现灰色，则灰色所在的区域便是溢色区域。

E-mail:ai_book@126.com

“色相/饱和度”命令是比较常用的调色工具，它不仅可以调整图像中所有颜色的色相、饱和度和明度，还可以单独调整红色、黄色、绿色和青色等颜色的色相、饱和度和明度。

6.9 “色相/饱和度”命令：制作宝丽来照片

素材：光盘>素材文件夹　视频位置：光盘>视频文件夹

实例门类：照片处理类　难度：★★★☆☆

01 打开光盘中的照片素材，如图6-45所示。下面用这张照片制作宝丽来效果。打开“通道”面板，选择蓝通道，如图6-46所示。

图6-45

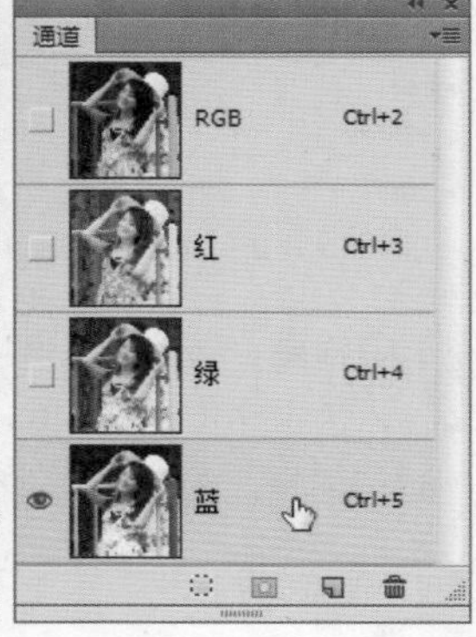

图6-46

02 将前景色设置为灰色（R123、G123、B123），按下Alt+Delete快捷键，将蓝通道填充为灰色，如图6-47所示，然后按下Ctrl+2快捷键，重新显示彩色图像，如图6-48所示。

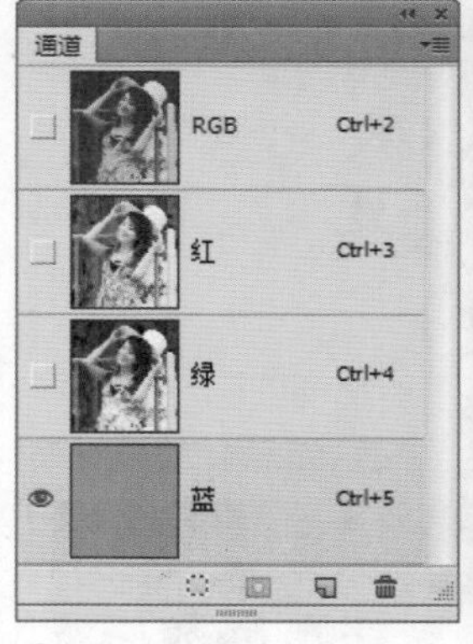

图6-47

图6-48

提示

宝丽来照片中的冷调微微发蓝，暖调有点泛红，色彩整体感觉柔和温暖，更贴近于回忆中的影像。

03 执行“滤镜>镜头校正”命令，拖曳“晕影”选项组中的“数量”滑块，在照片4个边角添加暗角效果，如图6-49所示。

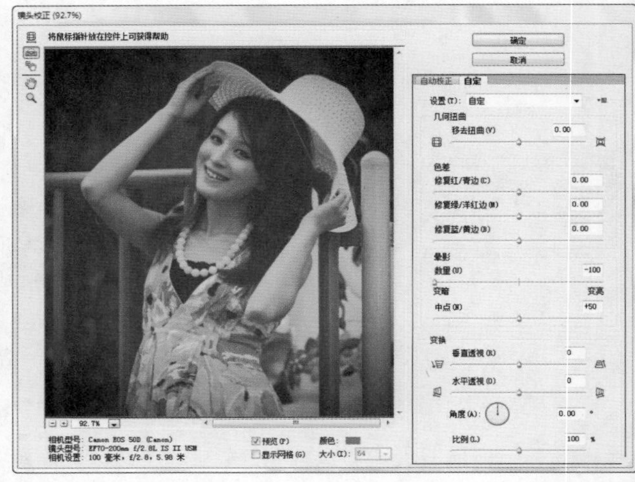

图6-49

04 单击“调整”面板中的按钮，创建“色相/饱和度”调整图层，拖曳滑块调整颜色，增加饱和度，如图6-50所示；再分别选择黄色和蓝色进行单独调整，如图6-51~图6-53所示。

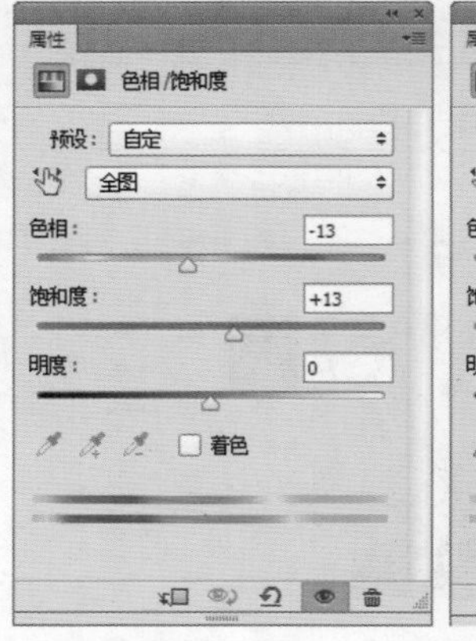

图6-50

图6-51

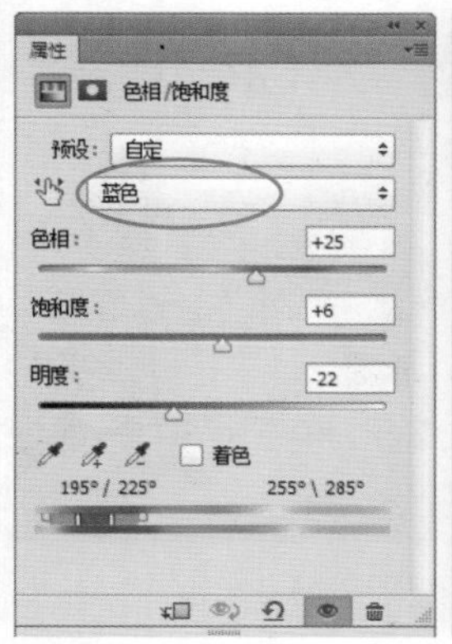

图6-52 图6-53

05 单击“调整”面板中的按钮，创建“色阶”调整图层，向右拖曳阴影滑块，增加色调的暗度，使照片更加清晰；向左侧拖曳高光滑块，将画面提亮，如图6-54、图6-55所示。按下Alt+Shift+Ctrl+E快捷键，将当前效果盖印到一个新的图层中。

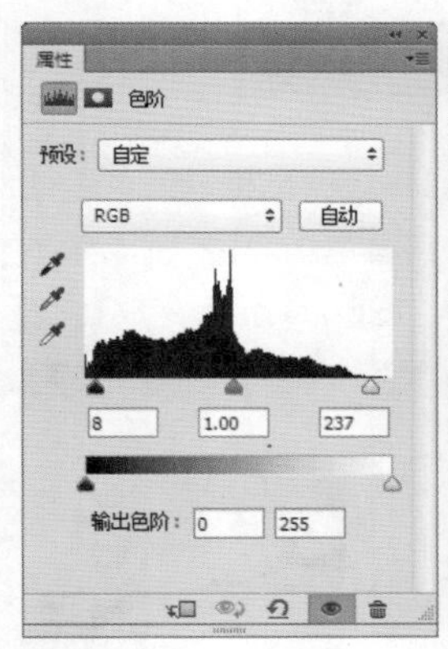

图6-54 图6-55

06 打开光盘中的素材，如图6-56所示。使用移动工具，将盖印后的图层拖入照片边框文档中，如图6-57所示。

图6-56 图6-57

“色相/饱和度”命令选项	
编辑	单击▾按钮，在下拉列表可以选择要调整的颜色。选择“全图”选项，然后拖曳下面的滑块，可以调整图像中所有颜色的色相、饱和度和明度；选择其他选项，则可单独调整红色、黄色、绿色和青色等颜色的色相、饱和度和明度
图像调整工具	选择该工具以后，将光标放在要调整的颜色上，单击并拖动鼠标，即可修改单击点颜色的饱和度。向左拖动鼠标可以降低饱和度；向右拖动鼠标则增加饱和度。如果按住Ctrl键拖动鼠标，则可以修改色相
着色	勾选该项以后，如果前景色是黑色或白色，图像会转换为红色；如果前景色不是黑色或白色，则图像会转换为当前前景色的色相。变为单色图像以后，可以拖曳“色相”滑块修改颜色，或者拖曳下面的两个滑块调整饱和度和明度
隔离颜色范围	“色相/饱和度”对话框底部有两个颜色条，上面的颜色条代表调整前的颜色，下面的代表调整后的颜色。如果在“编辑”选项中选择一种颜色，则两个颜色条之间便会出现几个小滑块，此时两个内部的垂直滑块定义了将要修改的颜色范围，调整所影响的区域会由此逐渐向两个外部的三角形滑块处衰减，三角形滑块以外的颜色则不会受到任何影响。拖曳垂直的隔离滑块，可以扩展或收缩所受影响的颜色范围；拖曳三角形衰减滑块，可以扩展或收缩颜色的衰减范围。颜色条上面的4组数字分别代表当前选择的颜色和其外围颜色的范围
用吸管隔离颜色	在“编辑”选项中选择一种颜色以后，对话框中的3个吸管工具便可以使用。用吸管工具在图像中单击，可以选择要调整的颜色范围；用添加到取样工具在图像中单击，可以扩展颜色范围；用从取样中减去工具在图像中单击，可以减少颜色。定义了颜色范围后，可以通过拖曳滑块来调整所选颜色的色相、饱和度和明度

技术看板：色彩名词

色相是指色彩的相貌，如光谱中的红、橙、黄、绿、蓝、紫为基本色相；明度是指色彩的明暗度；纯度是指色彩的鲜艳程度，也称饱和度；以明度和纯度共同表现的色彩的程度称为色调。

色相变化　明度变化

纯度变化　色调变化

提示

在Photoshop中，除非有特殊要求而使用特定的颜色模式，RGB都是首选。在这种模式下，可以使用所有Photoshop工具和命令，而其他模式则会受到限制。

E-mail:ai_book@126.com

在“色彩平衡”对话框中，相互对应的两个颜色为互补色。例如青色与红色。当提高某种颜色的比重时，位于另一侧的补色的颜色就会自动减少。

6.10 “色彩平衡”命令：照片变平面广告

素材：光盘>素材文件夹　视频位置：光盘>视频文件夹
实例门类：照片处理类　难度：★★★☆☆

01 按下Ctrl+O快捷键，打开光盘中的照片素材，如图6-58、图6-59所示。

图6-58

图6-59

02 单击“调整”面板中的 按钮，创建“色彩平衡”调整图层，分别调整中间调、阴影和高光的参数，使图像色调更加鲜亮，如图6-60~图6-63所示。单击“背景”图层，如图6-64所示。

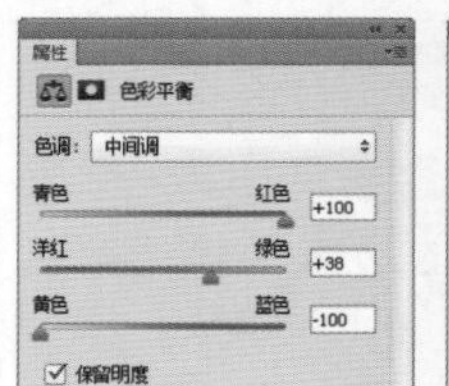
图6-60

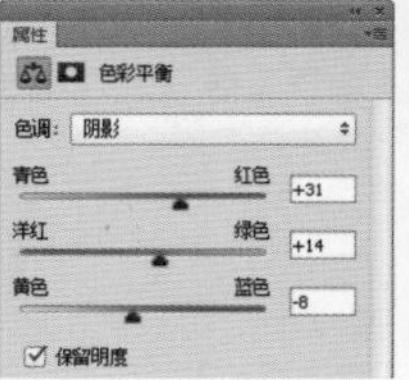
图6-61

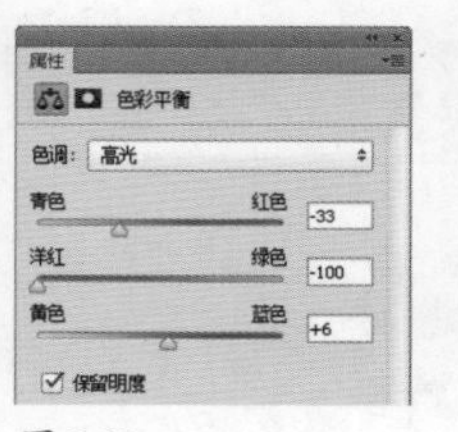
图6-62

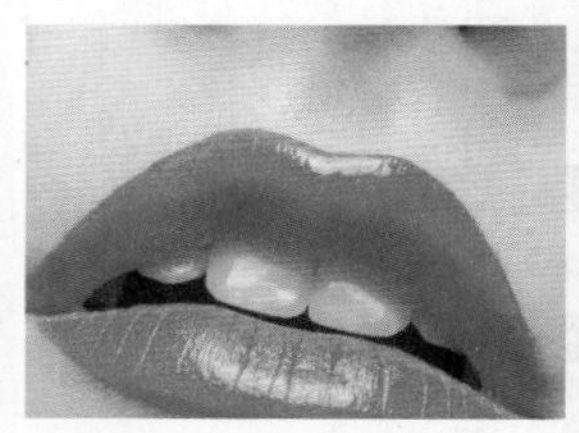
图6-63

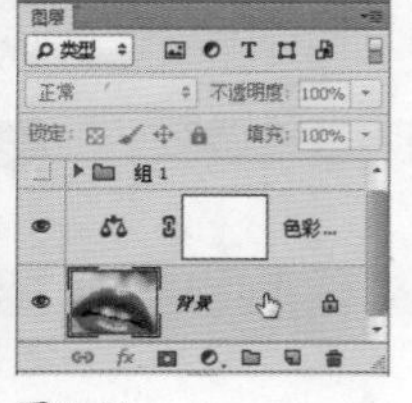
图6-64

03 单击“调整”面板中的 按钮，在“背景”图层上方创建“色相/饱和度”调整图层，改变图像颜色，如图6-65、图6-66所示。

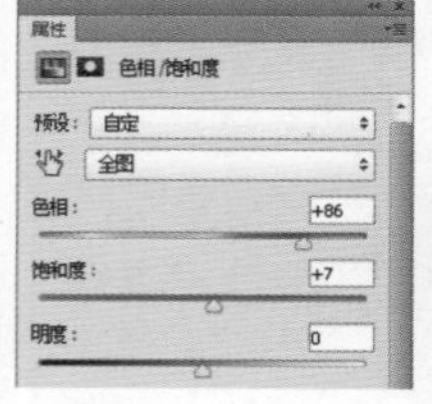
图6-65

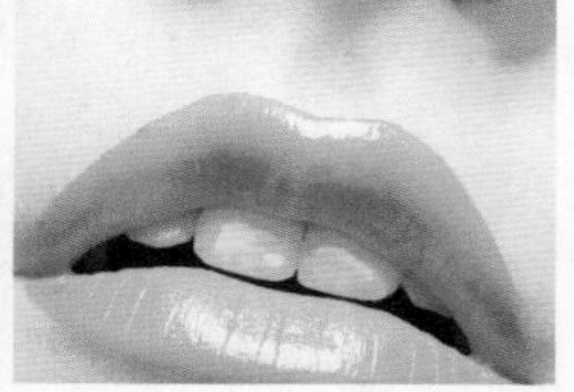
图6-66

04 选择“色彩平衡”调整图层，单击 按钮，在其上方再创建一个“色相/饱和度”调整图层，勾选“着色”选项，并将图像调为紫色，如图6-67、图6-68所示。

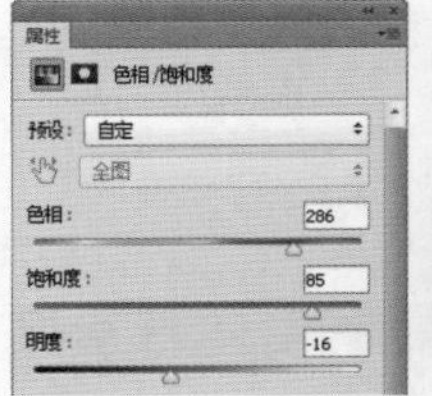
图6-67

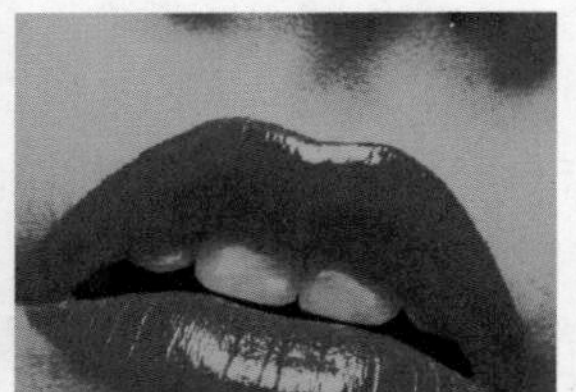
图6-68

05 单击蒙版缩览图，按下Ctrl+I快捷键反相，使蒙版成为黑色，如图6-69所示。使用画笔工具（柔角）在画面右上方涂抹白色，如图6-70、图6-71所示。

图6-69

图6-70

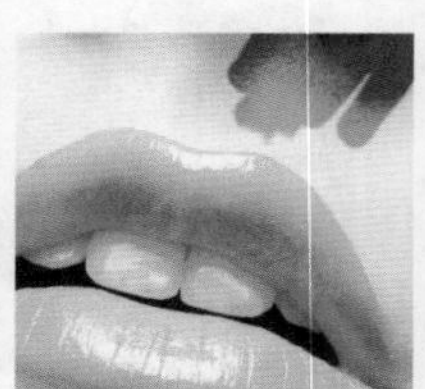
图6-71

06 在“组1”前面单击，显示组中的人物及文字，最终效果如图6-72所示。

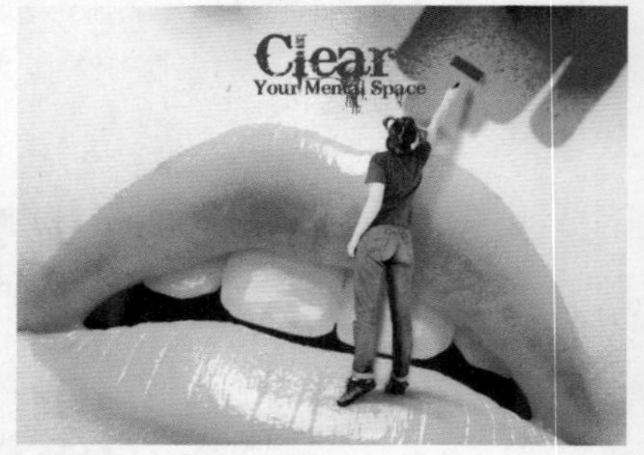

图6-72

“色彩平衡”命令选项	
色彩平衡	在“色阶”文本框中输入数值，或拖曳滑块可以向图像中增加或减少颜色。例如，如果将滑块移向“青色”，可在图像中增加青色，同时减少其补色红色；将滑块移向“红色”，则减少青色，增加红色
色调平衡	可以选择一个或多个色调来进行调整，包括“阴影”“中间调”和“高光”
保持明度	勾选“保持明度”选项，可以保持图像的色调不变，防止亮度值随颜色的更改而改变

E-mail:ai_book@126.com

"黑白"命令是专门用于制作黑白照片和黑白图像的工具，它可以对各颜色的转换方式完全控制。简单来说，就是我们可以控制每一种颜色的色调深浅。

6.11 "黑白"命令：制作公益海报

素材：光盘>素材文件夹　视频位置：光盘>视频文件夹
实例门类：照片处理类　难度：★★★☆☆

彩色照片转换为黑白图像时，红色和绿色的灰度非常相似，色调的层次感就被削弱了。"黑白"命令可以解决这个问题，它可以分别调整这两种颜色的灰度，将它们有效地区分开来，使色调的层次丰富、鲜明。

01 打开光盘中的素材文件，如图6-73、图6-74所示。这是一个分层文件，可以单独调整大象的颜色。

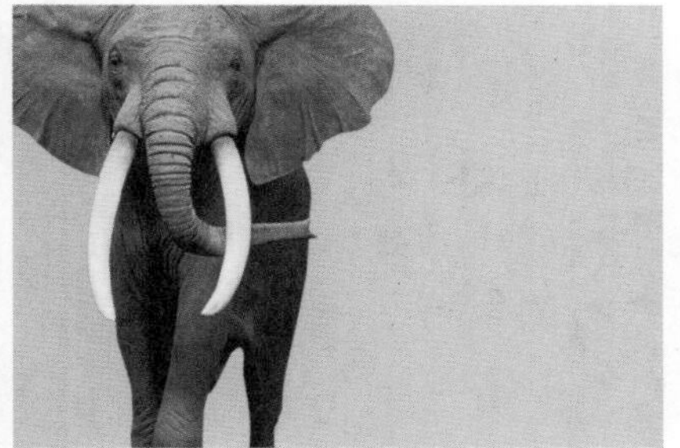

图6-73

图6-74

"黑白"命令选项	
手动调整特定颜色	如果要对某种颜色进行细致的调整，可以选择对话框中的工具，然后将光标定位在该颜色区域的上方，单击并拖动鼠标，可以使该颜色变暗或变亮。同时，"黑白"对话框中相应的颜色滑块也会自动移动位置
拖曳颜色滑块调整	拖曳各个原色的滑块，可调整图像中特定颜色的灰色调。例如，向左拖曳洋红色滑块时，可以使图像中由洋红色转换而来的灰色调变暗；向右拖曳滑块，则会使这样的灰色调变亮
使用预设文件调整	在"预设"下拉列表中可以选择一个预设的调整文件，对图像自动应用调整。如果要存储当前的调整设置结果，可单击选项右侧的按钮，在下拉菜单中选择"存储预设"命令
为灰度着色	如果要为灰度着色，创建单色调效果，可以勾选"色调"选项，再拖曳"色相"滑块和"饱和度"滑块进行调整。单击颜色块，可以打开"拾色器"对颜色进行调整
自动	单击该按钮，可设置基于图像的颜色值的灰度混合，并使灰度值的分布最大化。"自动"混合通常会产生极佳的效果，并可以用于使用颜色滑块调整灰度值的起点

02 单击"调整"面板中的按钮，创建"黑白"调整图层，单击"属性"面板中的"自动"按钮，制作黑白效果的图像，如图6-75、图6-76所示。

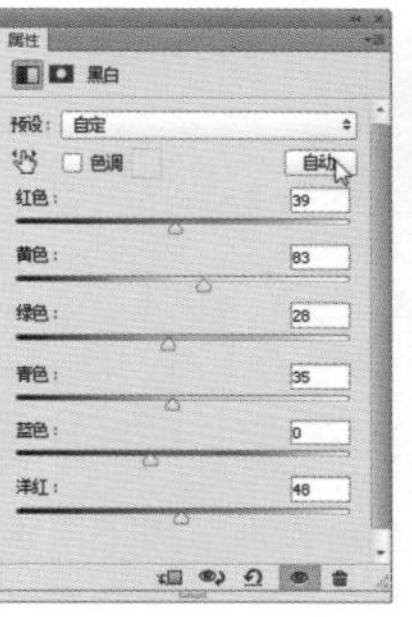

图6-75

图6-76

03 按下Alt+Ctrl+G快捷键，将调整图层与"图层1"创建为一个剪贴蒙版组，使调整图层仅影响"图层1"，如图6-77所示。选择横排文字工具 T，在画面中单击，输入文字。为了方便排版，每一行文字为一个文本，输入完成后单击工具选项栏中的✔按钮，再输入另一行。注意文字的大小和布局，要醒目并强调出海报的主题，如图6-78所示。

图6-77

图6-78

提示

按住 Alt 键单击某个色卡，可以将单个滑块复位到其初始设置。另外，按住 Alt 键时，对话框中的"取消"按钮将变为"复位"，单击"复位"按钮可复位所有的颜色滑块。

滤镜是相机的一种配件，既可以保护镜头，也能降低或消除水面和非金属表面的反光。有些彩色滤镜可以调整通过镜头传输的光的色彩平衡和色温，生成特殊的色彩效果。Photoshop的“照片滤镜”可以模拟这种彩色滤镜，对于调整数码照片特别有用。

6.12 “照片滤镜”命令：制作清新文艺风格插图

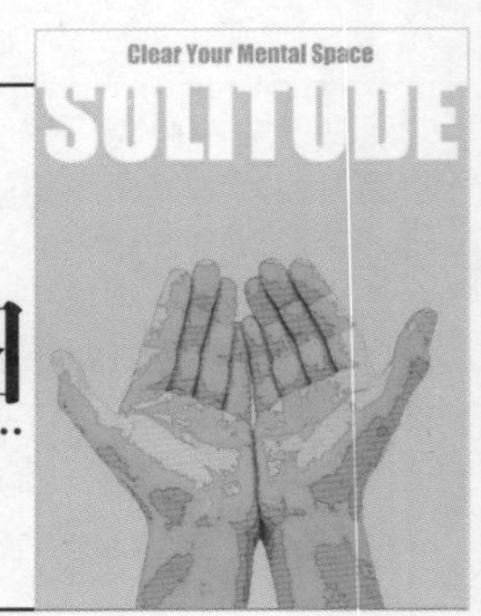

素材：光盘>素材文件夹　视频位置：光盘>视频文件夹
实例门类：照片处理类　难度：★★★☆☆

01 打开光盘中的素材，如图6-79所示。按下Ctrl+J快捷键，复制图层，如图6-80所示。

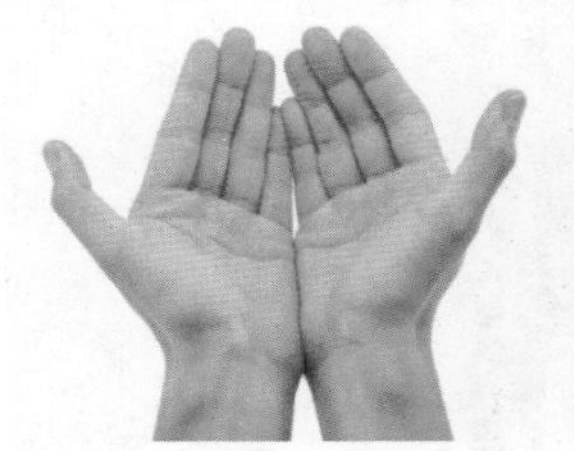
图6-79

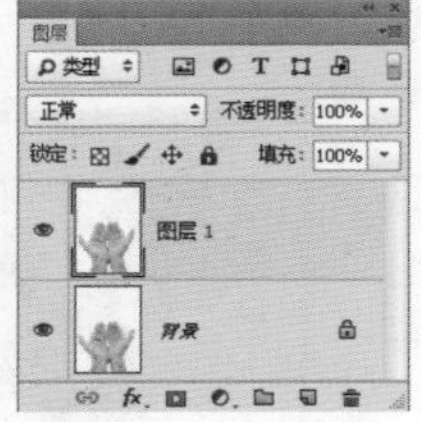
图6-80

02 执行“滤镜>滤镜库”命令，打开“滤镜库”对话框，在“艺术效果”滤镜组中找到“木刻”滤镜，设置参数，如图6-81所示。单击对话框底部的 按钮，新建一个滤镜层，选择“海报边缘”滤镜，在色块边缘形成黑色线条，如图6-82所示。

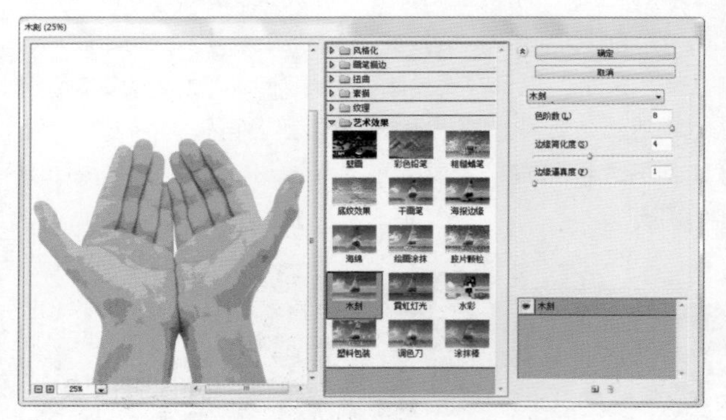
图6-81

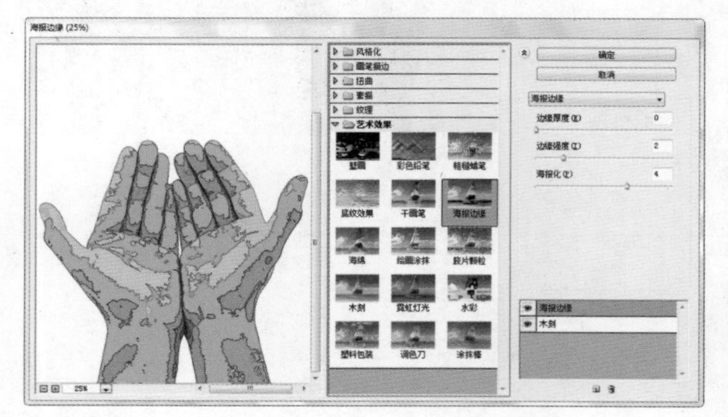
图6-82

03 设置该图层的不透明度为55%，如图6-83、图6-84所示。

图6-83

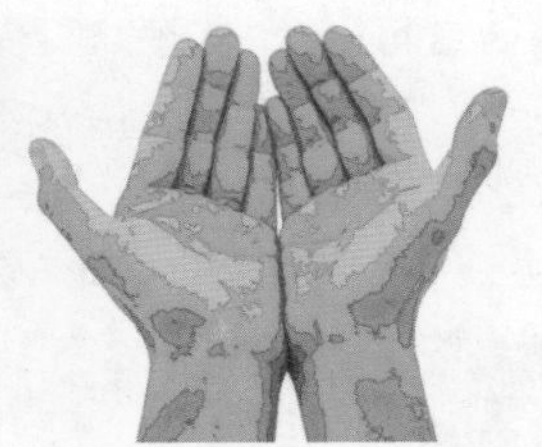
图6-84

04 单击“调整”面板中的 按钮，创建“照片滤镜”调整图层，在“滤镜”下拉列表中选择“深红”选项，设置“浓度”为65%，如图6-85、图6-86所示。

图6-85

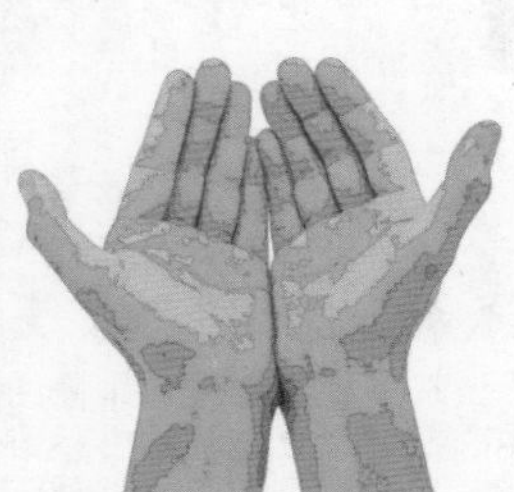
图6-86

05 单击“图层”面板底部的 按钮，新建一个图层，如图6-87所示。选择魔棒工具 ，按住Shift键并在背景的白色区域单击，将背景全部选取，如图6-88所示。

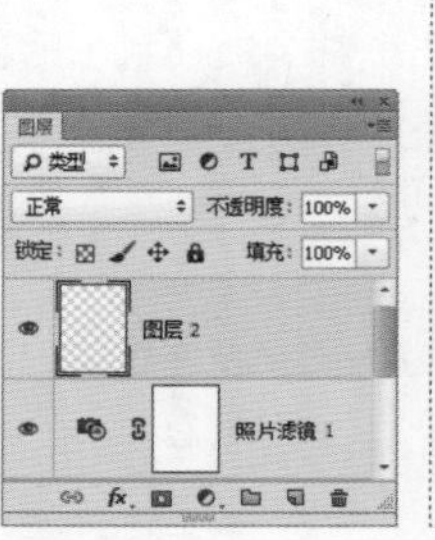
图6-87

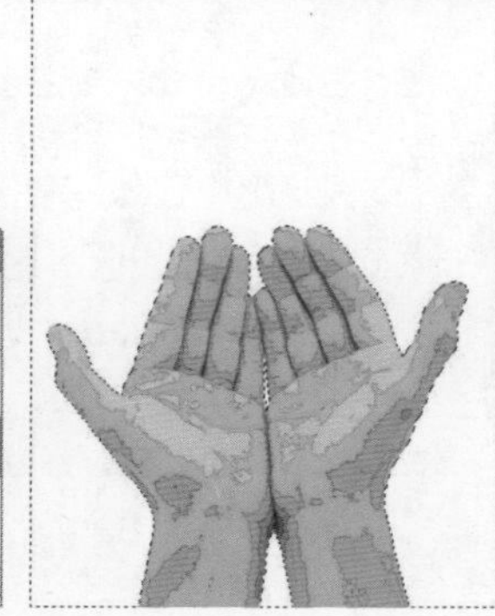
图6-88

06 将前景色设置为蓝色，按下Alt+Delete快捷键填充选区，按下Ctrl+D快捷键取消选择，如图6-89所示。最后，在画面上方输入文字，并绘制一块白色，将文字的上半部分遮挡，如图6-90所示。

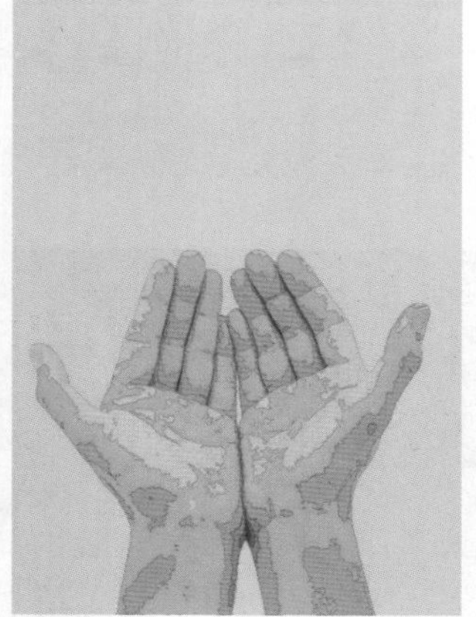
图6-89

图6-90

"照片滤镜"命令选项	
滤镜/颜色	在"滤镜"下拉列表中可以选择要使用的滤镜。如果要自定义滤镜的颜色，可以单击"颜色"选项右侧的颜色块，打开"拾色器"调整颜色
浓度	可以调整应用到图像中的颜色量，该值越高，颜色的应用强度就越大
保留明度	勾选该项时，可以保持图像的明度不变；取消勾选，则会因添加滤镜效果而使图像的色调变暗

技术看板：校正出现色偏的照片

"照片滤镜"可用于校正照片的颜色。例如，日落时拍摄的人脸会显得偏红。我们可以针对想减弱的颜色选用其补色的滤光镜——青色滤光镜（红色的补色是青色）来校正颜色，恢复正常的肤色。

出现色偏的照片

用"照片滤镜"校正

E-mail:ai_book@126.com

"通道混合器"是控制颜色通道中颜色含量的高级工具，它可以让两个通道采用"相加"或"减去"模式混合。"相加"模式可增加两个通道中的像素值，使通道变亮；"减去"模式则会从目标通道中相应的像素上减去源通道中的像素值，使通道变暗。

6.13 "通道混合器"命令：模拟红外摄影

素材：光盘>素材文件夹　视频位置：光盘>视频文件夹
实例门类：照片处理类　难度：★★★☆☆

01 按下Ctrl+O快捷键，打开光盘中的素材文件，如图6-91所示。

02 单击"调整"面板中的按钮，创建"通道混合器"调整图层，勾选"单色"选项，设置参数，如图6-92所示，将图像调整为黑白色，如图6-93所示。

图6-91

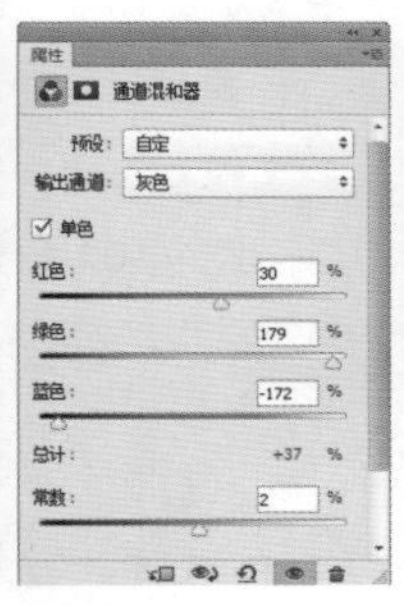

图6-92

图6-93

03 设置该调整图层的混合模式为"变亮"，如图6-94、图6-95所示。

图6-94

图6-95

提示

红外摄影是利用红外感光设备与红外滤镜配合进行的特殊摄影，可以使画面呈现出一种超乎现实的意境。

04 按下Ctrl+J快捷键，复制“通道混合器1”调整图层，如图6-96所示，在“调整”面板中修改参数，将树木和草地调亮，如图6-97、图6-98所示。

05 单击“调整”面板中的 按钮，创建“渐变映射”调整图层，单击渐变颜色条打开“渐变编辑器”，调整渐变颜色，如图6-99、图6-100所示，使画面笼罩在统一的蓝色调中，效果如图6-101所示。色彩的创造性运用，可以营造出独特的氛围和意境，使图像更具表现力。

“通道混合器”命令选项	
预设	该选项的下拉列表中包含了Photoshop提供的预设调整设置文件，使用这些预设文件可以创建各种黑白效果
输出通道	可以选择要调整的通道
源通道	用来设置输出通道中源通道所占的百分比。将一个源通道的滑块向左拖曳时，可减小该通道在输出通道中所占的百分比；向右拖曳则增加百分比，负值可以使源通道在被添加到输出通道之前反相
总计	显示了源通道的总计值。如果合并的通道值高于100%，会在总计旁边显示一个警告⚠。并且，该值超过100%，有可能会损失阴影和高光细节
常数	用来调整输出通道的灰度值。负值可以在通道中增加黑色；正值则在通道中增加白色。-200% 会使输出通道成为全黑，+200% 则会使输出通道成为全白。
单色	勾选该项，可以将彩色图像转换为黑白效果

图6-96

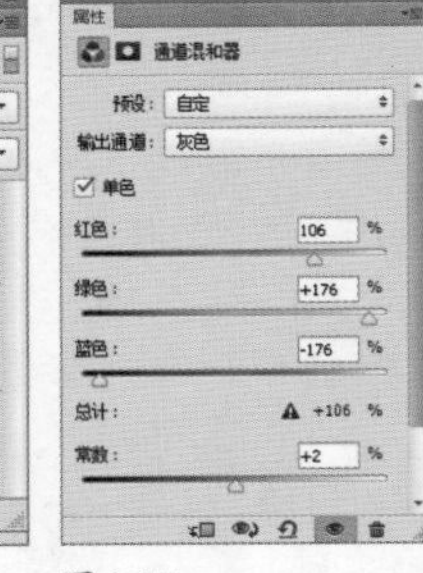

图6-97

图6-98

图6-99

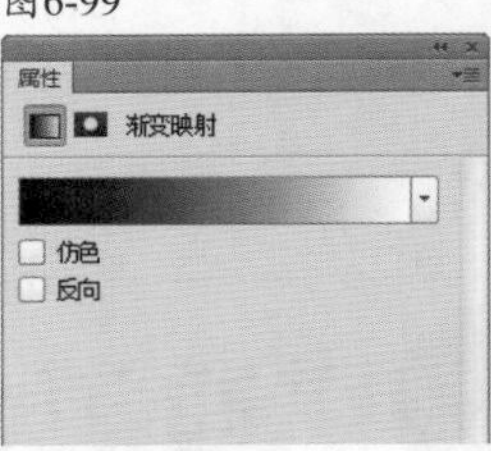

图6-100

图6-101

E-mail:ai_book@126.com

很多数字图像输入输出设备都有自己特定的色彩空间，这会导致色彩在这些设备间传递时出现不匹配的现象。“颜色查找”命令可以让颜色在不同的设备之间精确地传递和再现。

6.14 “颜色查找”命令：制作婚纱写真

素材：光盘>素材文件夹 视频位置：光盘>视频文件夹

实例门类：照片处理类 难度：★★★☆☆

01 按下Ctrl+O快捷键，打开光盘中的照片素材，如图6-102所示。

图6-102

02 单击“调整”面板中的 按钮，创建“颜色查找”调整图层，在“3DLUT文件”下拉列表中选择“2Strip.look”选项，以两种颜色表现画面的色彩关系，营造低调、浪漫的风格，如图6-103、图6-104所示。

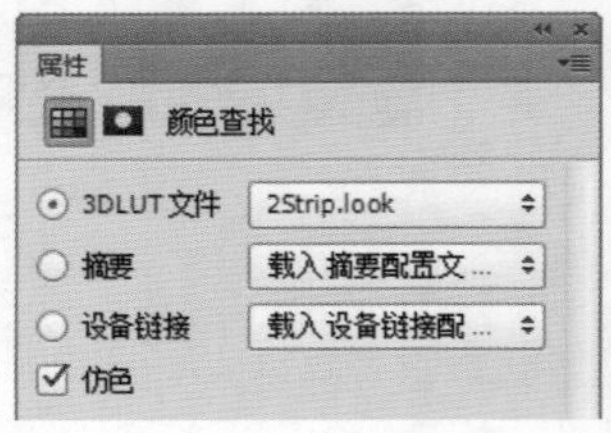

图6-103

图6-104

E-mail:ai_book@126.com

“反相”命令可以反转图像的颜色，创建彩色负片效果。执行该命令时，Photoshop会将通道中每个像素的亮度值都转换为256级颜色值刻度上相反的值。

6.15 “反相”命令：制作反转片

素材：光盘>素材文件夹　视频位置：光盘>视频文件夹
实例门类：照片处理类　难度：★★★☆☆

01 按下Ctrl+O快捷键，打开光盘中的照片素材，如图6-105所示。

02 执行“图像>调整>反相”命令，或按下Ctrl+I快捷键，效果如图6-106所示。再次执行该命令，可以将图像重新恢复为正常效果。将图像反相以后，执行“图像>调整>去色”命令，可以得到黑白负片效果。

图6-105

图6-106

E-mail:ai_book@126.com

“色调分离”命令可以按照指定的色阶数减少图像的颜色。该命令适合创建大的单调区域，或者在彩色图像中产生有趣的效果。如果使用“高斯模糊”或“去斑”滤镜对图像进行轻微的模糊，再进行色调分离，可以得到更少、更大的色块。

6.16 “色调分离”命令：模拟野兽派风格插画

素材：光盘>素材文件夹　视频位置：光盘>视频文件夹
实例门类：照片处理类　难度：★★★☆☆

01 打开光盘中的素材。连续按两次Ctrl+J快捷键，复制出两个图层，如图6-107所示。执行“滤镜>风格化>查找边缘”命令，如图6-108所示。

图6-107

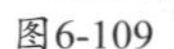

图6-108

02 设置该图层的混合模式为“正片叠底”，如图6-109所示。选择“图层1”，如图6-110所示。

03 执行“图像>调整>色调分离”命令，打开“色调分离”对话框。设置“色阶”参数为2，得到简化的图像，如图6-111、图6-112所示。如果要显示更多的细节，可以增加色阶值。

图6-109

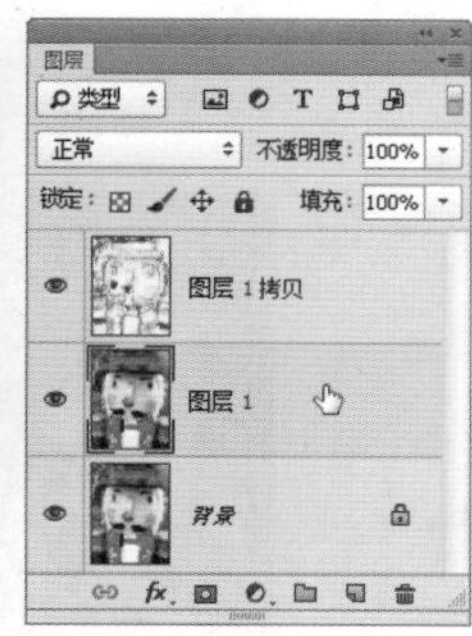

图6-110

图6-111

图6-112

E-mail:ai_book@126.com

“阈值”命令可以将彩色图像转换为只有黑白两色。它适合制作单色照片，或者模拟类似于手绘效果的线稿。

6.17 “阈值”命令：模拟版画

素材：光盘>素材文件夹　视频位置：光盘>视频文件夹
实例门类：照片处理类　难度：★★★☆☆

01 按下Ctrl+O快捷键，打开光盘中的素材文件，如图6-113、图6-114所示。

图6-113

图6-114

02 单击“调整”面板中的按钮，创建“阈值”调整图层。面板中的直方图显示了图像像素的分布情况。输入“阈值色阶”值或拖曳直方图下面的滑块，可以指定某个色阶作为阈值，所有比阈值亮的像素会转换为白色，所有比阈值暗的像素会转换为黑色。如图6-115、图6-116所示。通过“阈值”命令简化图像细节，制作出剪影效果。

图6-115

图6-116

03 按下Alt+Ctrl+2快捷键，将通道作为选区载入，如图6-117所示。将前景色设置为黄色（R243、G187、B32），单击“图层”面板底部的按钮，新建一个图层，按下Alt+Delete快捷键，在选区内填充黄色，按下Ctrl+D快捷键，取消选择，如图6-118所示。

图6-117

图6-118

04 设置混合模式为“溶解”，不透明度为88%。单击“阈值1”和“图层1”前面的图标，隐藏这两个图层，如图6-119、图6-120所示。

图6-119

图6-120

05 显示“组1”，如图6-121所示。为图像添加“渐变映射”“色相/饱和度”调整图层，还可以使底图变为彩色，如图6-122、图6-123所示。

图6-121

图6-122

图6-123

E-mail:ai_book@126.com

“渐变映射”命令可以将图像转换为灰度，再用设定的渐变色替换图像中的各级灰度。如果指定的是双色渐变，图像中的阴影就会映射到渐变填充的一个端点颜色，高光则映射到另一个端点颜色，中间调映射为两个端点颜色之间的渐变。

6.18 “渐变映射”命令：表现夕阳余晖

素材：光盘>素材文件夹　视频位置：光盘>视频文件夹
实例门类：照片处理类　难度：★★★☆☆

01 按下Ctrl+O快捷键，打开光盘中的照片素材，如图6-124所示。

图6-124

02 单击“调整”面板中的 按钮，创建“渐变映射”调整图层，单击渐变颜色条，打开“渐变编辑器”，调整渐变颜色，如图6-125所示，单击“确定”按钮，返回到“渐变映射”对话框，如图6-126所示。可以看到，图像中已经出现了夕阳余晖的效果，如图6-127所示。

图6-125

图6-126

“渐变映射”命令选项	
调整渐变	单击渐变颜色条右侧的三角形按钮，可以在打开的下拉面板中选择一个预设的渐变。如果要创建自定义的渐变，则可以单击渐变颜色条，打开“渐变编辑器”进行设置
仿色	可以添加随机的杂色来平滑渐变填充的外观，减少带宽效应，使渐变效果更加平滑
反向	可以反转渐变颜色的填充方向

图6-127

03 设置“渐变映射”调整图层的混合模式为“正片叠底”，不透明度为50%，如图6-128所示。

图6-128

技术看板：保持色调的对比度

渐变映射会改变图像色调的对比度。要避免出现这种情况，可以使用“渐变映射”调整图层，然后将调整图层的混合模式设置为“颜色”，使它只改变图像的颜色，不会影响亮度。

原图

混合模式为“正常”

混合模式为“颜色”

E-mail:ai_book@126.com

“可选颜色”命令是通过调整印刷油墨的含量来控制颜色的。印刷色由青、洋红、黄、黑4种油墨混合而成，使用“可选颜色”命令可以有选择性地修改主要颜色中印刷色的含量，但不会影响其他主要颜色。

6.19 “可选颜色”命令：调出通透阿宝色

素材：光盘>素材文件夹　视频位置：光盘>视频文件夹

实例门类：照片处理类　难度：★★★☆☆

01 打开光盘中的照片素材，如图6–129所示，这是我们通常拍摄的人物照片的色调，调整为阿宝色以后，会使人物的肤色变得更加粉嫩通透，背景更多倾向青色。

图6-129

02 执行“图像>模式>Lab颜色”命令，转换为Lab模式。单击“调整”面板中的按钮，创建“曲线”调整图层。调整“明度”通道，使图像变亮，如图6–130、图6–131所示。

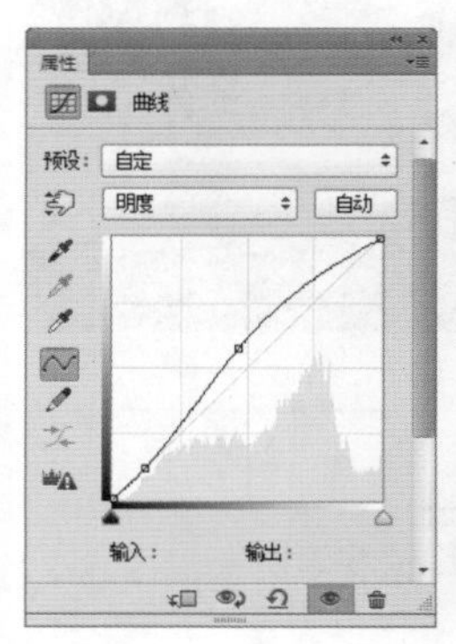

图6-130　图6-131

03 选择“a”通道。首先在曲线中央添加控制点，色彩的平衡关系就不会改变；a通道中包含的是绿色~洋红色光，将曲线调整为S形，增强这两种色彩的饱和度，即可使皮肤红润、粉嫩，树叶更加青翠，如图6–132、图6–133所示。

04 选择“b”通道，该通道中包含的是蓝色~黄色光。将曲线也调整为S形，但中央的控制点向下移动，在色彩成分中多增加蓝色，皮肤就会变白，如图6–134、图6–135所示。

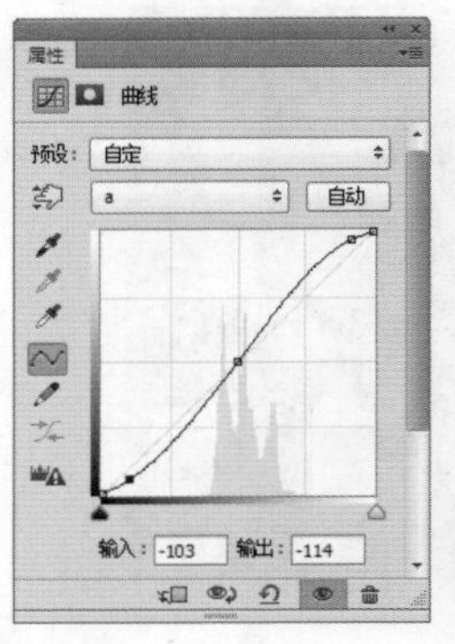

图6-132　图6-133

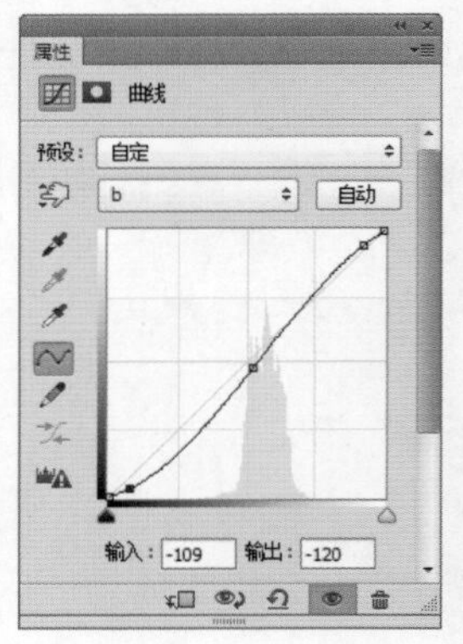

图6-134　图6-135

05 按下Ctrl+E快捷键向下合并图层，然后执行“图像>模式>RGB颜色”命令，将图像转换回RGB模式。执行“图像>调整>可选颜色”命令，调整画面中的白色，设置青色为–23、洋红为–12、黄色为–9，黑色为–11，降低高光中的颜色含量，使人物皮肤更加白皙，如图6–136、图6–137所示。

06 执行“滤镜>锐化>USM锐化”命令，设置数量为50、半径为1、阈值为1，锐化图像，使细节更加清晰，如图6–138、图6–139所示。

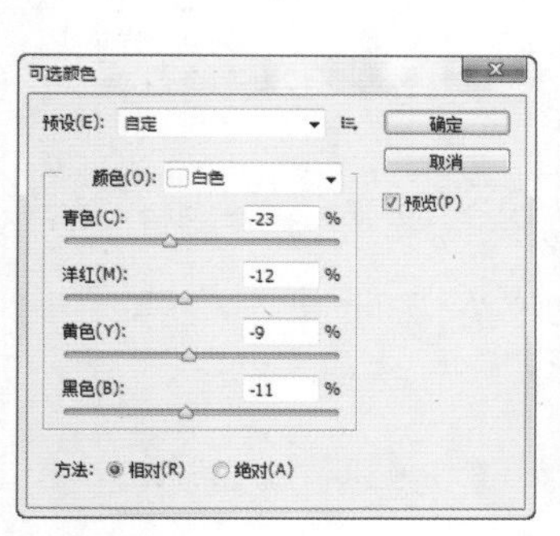
图6-136

图6-137

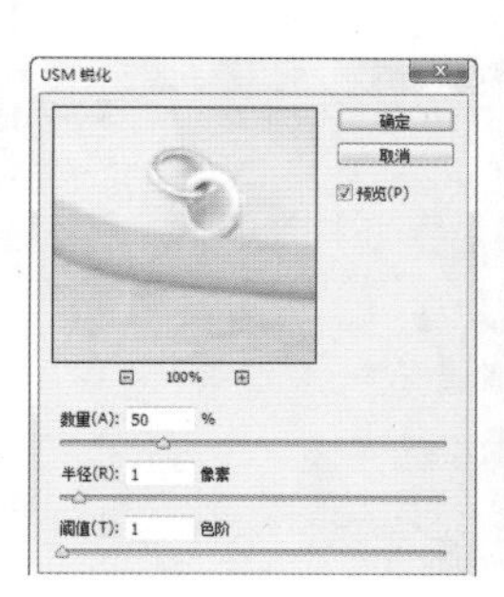
图6-138

图6-139

"可选颜色"命令选项	
颜色/滑块	在"颜色"下拉列表中选择要修改的颜色，拖曳下面的各个颜色滑块，可调整所选颜色中青色、洋红色、黄色和黑色的含量
方法	用来设置调整方式。选择"相对"选项，可按照总量的百分比修改现有的青色、洋红、黄色或黑色的含量。例如，如果从50% 的洋红像素开始添加 10%，结果为 55% 的洋红（50%＋50%×10%= 55%）；选择"绝对"选项，则采用绝对值调整颜色。例如，如果从 50% 的洋红像素开始添加 10%，则结果为60%洋红

E-mail:ai_book@126.com

"阴影/高光"命令能够基于阴影或高光中的局部相邻像素来校正每个像素。调整阴影区域时，对高光的影响很小，而调整高光区域时，对阴影的影响很小，因而非常适合校正由强逆光而形成剪影的照片，也可以校正由于太接近相机闪光灯而有些发白的焦点。

6.20 "阴影/高光"命令：调整逆光照片

素材：光盘>素材文件夹　视频位置：光盘>视频文件夹
实例门类：照片处理类　难度：★★★☆☆

01 打开光盘中的照片素材，如图6-140所示，照片是仰视拍摄的，由于逆光的原因，树叶部分略显黑暗。我们需要的是将阴影区域（树叶）调亮，但又不影响高光区域（建筑物和天空）的亮度，而这正是"阴影/高光"命令的强项。按下Ctrl+J快捷键，复制"背景"图层，如图6-141所示。

图6-140

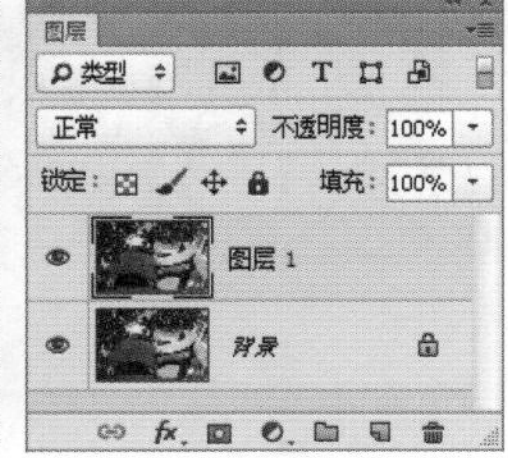
图6-141

02 执行"图像>调整>阴影/高光"命令，打开"阴影/高光"对话框，Photoshop会给出一个默认的参数来提高阴影区域的亮度，如图6-142、图6-143所示。

03 勾选"显示更多选项"选项，显示完整的选项设置，分别调整"阴影"和"高光"选项组的参数，调亮阴影部分，使树叶显示更多细节；适当降低高光的区域和范围，使建筑物的高光区域不会变白；设置"颜色校正"参数为100，使画面色彩鲜艳，如图6-144、图6-145所示。

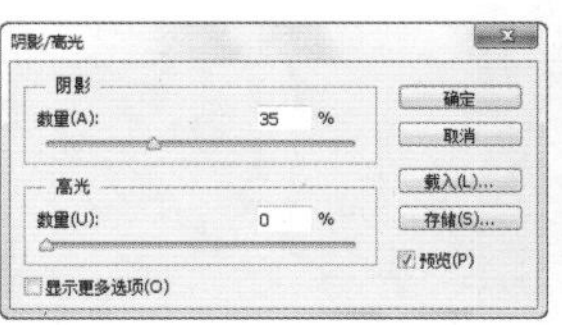
图6-142

图6-143

图6-144

图6-145

“阴影/高光”命令选项	
“阴影”选项组	可以将阴影区域调亮。拖曳“数量”滑块可以控制调整强度，该值越高，阴影区域越亮；“色调宽度”用来控制色调的修改范围，较小的值会限制只对较暗的区域进行校正，较大的值会影响更多的色调；“半径”可控制每个像素周围的局部相邻像素的大小，相邻像素决定了像素是在阴影中还是在高光中
“高光”选项组	可以将高光区域调暗。“数量”可以控制调整强度，该值越高，高光区域越暗；“色调宽度”可以控制色调的修改范围，较小的值只对较亮的区域进行校正，较大的值会影响更多的色调；“半径”可以控制每个像素周围局部相邻像素的大小
颜色校正	可以调整已更改区域的色彩。例如，增加“阴影”选项组中的“数量”值，使图像中较暗的颜色显示出来以后，再增加“颜色校正”值，就可以使这些颜色更加鲜艳
中间调对比度	用来调整中间调的对比度。向左侧拖曳滑块会降低对比度，向右侧拖曳滑块则增加对比度
修剪黑色/修剪白色	可以指定在图像中将多少阴影和高光剪切到新的极端阴影（色阶为 0，黑色）和高光（色阶为 255，白色）颜色。该值越高，色调的对比度越强
存储为默认值	单击该按钮，可以将当前的参数设置存储为“预设”，再次打开“暗部/高光”对话框时，会显示该参数。如果要恢复为默认的数值，可按住Shift键，该按钮就会变为“复位默认值”按钮，单击它便可以进行恢复
显示更多选项	勾选该选项，可以显示全部的选项

E-mail:ai_book@126.com

“HDR色调”命令可以将全范围的HDR对比度和曝光度设置应用于图像。

6.21 “HDR色调”命令：打造超现实色彩风格

素材：光盘>素材文件夹　视频位置：光盘>视频文件夹

实例门类：照片处理类　难度：★★★☆☆

01 打开光盘中的素材，如图6-146所示。

02 执行“图像>调整>HDR色调”命令，打开“HDR色调”对话框，设置参数如图6-147所示，效果如图6-148所示。

图6-146

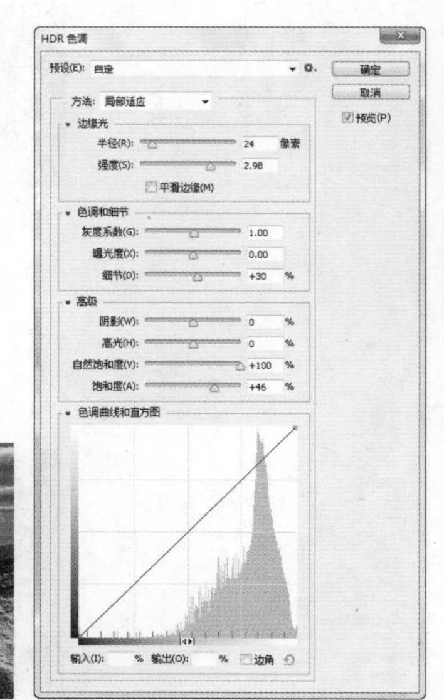

图6-147

图6-148

“HDR色调”命令选项	
边缘光	用来控制调整范围和调整的应用强度
色调和细节	用来调整照片的曝光度，以及阴影、高光中细节的显示程度。其中，“灰度系数”可使用简单的乘方函数调整图像的灰度系数
高级	用来增加或降低色彩的饱和度。其中，拖曳“自然饱和度”滑块增加饱和度时，不会出现溢色
色调曲线和直方图	显示了照片的直方图，并提供了曲线可用于调整图像的色调

E-mail:ai_book@126.com

在人像、风光和纪实摄影领域，黑白照片是具有特殊魅力的一种艺术表现形式。下面，我们就用“去色”命令将照片转换为黑白效果，再通过“高斯模糊”滤镜营造朦胧、柔美的意境。

6.22 “去色”命令：制作高调黑白照片

素材：光盘>素材文件夹 视频位置：光盘>视频文件夹
实例门类：照片处理类 难度：★★★☆☆

01 高调是由灰色级谱的上半部分构成的，主要包含白、极浅灰、浅灰、深浅灰和中灰，如图6-149所示。即表现得轻盈、明快、单纯、清秀、优美等艺术氛围的照片，称为高调照片。打开光盘中的照片素材，如图6-150所示。

图6-149

图6-150

图6-151

图6-152

02 执行“图像>调整>去色”命令，删除图像的颜色，将其转变为黑白效果，如图6-151所示。按下Ctrl+J快捷键复制“背景”图层，得到“图层1”，设置它的混合模式为“滤色”，提高图像的亮度，如图6-152所示。

03 执行“滤镜>模糊>高斯模糊”命令，对图像进行模糊处理，使色调变得柔美，如图6-153、图6-154所示。

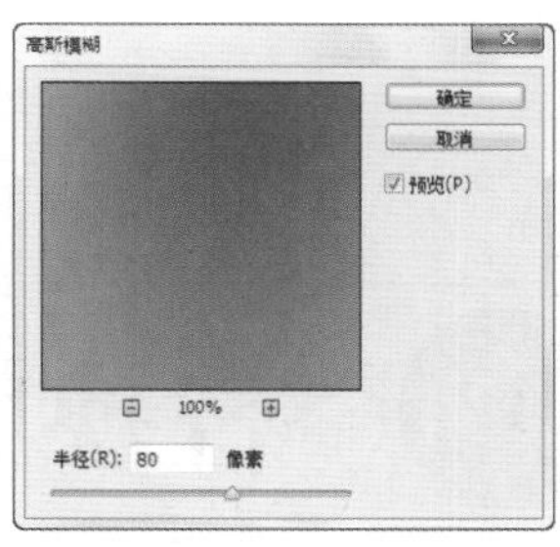

图6-153

图6-154

E-mail:ai_book@126.com

“匹配颜色”命令可以将一个图像的颜色与另一个图像的颜色相匹配，通过该命令，可以使多个图像或者照片的颜色保持一致。

6.23 “匹配颜色”命令：非主流色彩

素材：光盘>素材文件夹 视频位置：光盘>视频文件夹
实例门类：照片处理类 难度：★★★☆☆

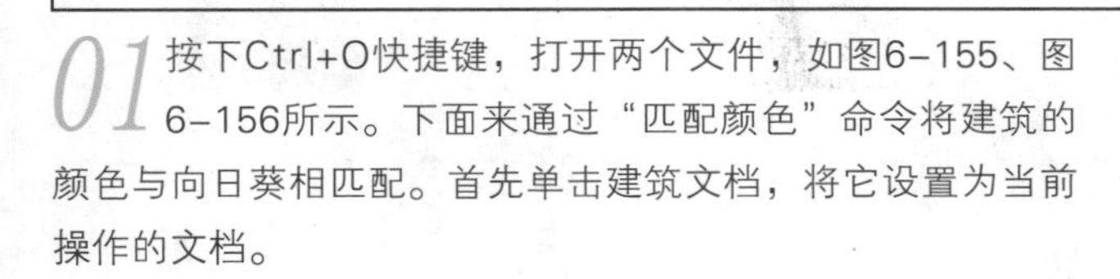

01 按下Ctrl+O快捷键，打开两个文件，如图6-155、图6-156所示。下面来通过“匹配颜色”命令将建筑的颜色与向日葵相匹配。首先单击建筑文档，将它设置为当前操作的文档。

图6-155

图6-156

02 执行“图像>调整>匹配颜色”命令，打开“匹配颜色”对话框。在“源”下拉列表中选择向日葵素材，然后调整“明亮度”“颜色强度”和“渐隐”值，如图6-157所示，单击“确定”按钮关闭对话框，即可使建筑图像与向日葵的色彩风格相匹配，让照片的色彩成分主要由橙色、黄色和绿色组成，如图6-158所示。

图6-157

图6-158

“匹配颜色”命令选项	
目标	显示了被修改的图像的名称和颜色模式
应用调整时忽略选区	如果当前图像中包含选区，勾选该项，可忽略选区，将调整应用于整个图像；取消勾选，则仅影响选中的图像
明亮度	可以改变图像的亮度
颜色强度	用来调整色彩的饱和度。该值为1时，可以生成灰度图像
渐隐	用来控制应用于图像的调整量，该值越高，调整强度越弱
使用源选区计算颜色	如果在源图像中创建了选区，勾选该项，可使用选区中的图像匹配当前图像的颜色；取消勾选，则会使用整幅图像进行匹配
中和	勾选该项，可以消除图像中出现的色偏
使用目标选区计算调整	如果在目标图像中创建了选区，勾选该项，可使用选区内的图像来计算调整；取消勾选，则使用整个图像中的颜色来计算调整
源	可选择要将颜色与目标图像中的颜色相匹配的源图像
图层	用来选择需要匹配颜色的图层。如果要将“匹配颜色”命令应用于目标图像中的特定图层，应确保在执行“匹配颜色”命令时，该图层处于当前选择状态
存储统计数据/载入统计数据	单击“存储统计数据”按钮，将当前的设置保存；单击“载入统计数据”按钮，可载入已存储的设置。使用载入的统计数据时，无需在Photoshop中打开源图像，就可以完成匹配当前目标图像的操作

E-mail:ai_book@126.com

“替换颜色”命令可以选中图像中的特定颜色，然后修改其色相、饱和度和明度。它包含了颜色选择和颜色调整两种选项，颜色选择方式与“色彩范围”命令基本相同，颜色调整方式则与“色相/饱和度”命令十分相似。

6.24 “替换颜色”命令：给自行车换颜色

素材：光盘>素材文件夹　视频位置：光盘>视频文件夹
实例门类：照片处理类　难度：★★★☆☆

01 打开光盘中的照片素材。执行“图像>调整>替换颜色”命令，打开“替换颜色”对话框，将光标放在自行车的蓝色车梁上，单击鼠标，对颜色进行取样，如图6-159所示。

02 选择添加到取样工具，在车梁的浅蓝色区域单击，添加这部分颜色到选区范围内，如图6-160所示。（预览框中白色的图像代表了选中的内容）。

03 从预览框中可以看到，车梁大部分被选取了，可以先调色了。调完颜色后，未被选中的部分会很明显，容易找到和选取。拖曳“色相”滑块，将原来的蓝色调整为品红色，如图6-161所示。再使用添加到取样工具单击蓝色区域，即可将它们添加到选区内，同时自动改变颜色，如图6-162所示。

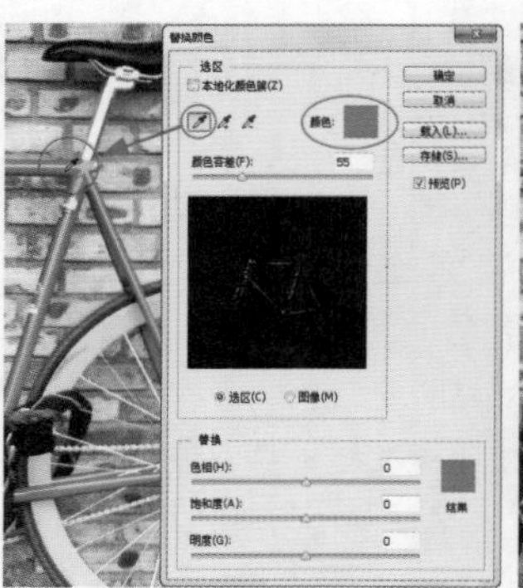

图6-159

图6-160

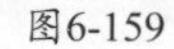

图6-161

图6-162

04 调整完成后，单击“确定”按钮，关闭对话框。然后，用同样的方法调整车圈的颜色，图6-163、图6-164所示为原图与调整后的效果对比。

图6-163

图6-164

“替换颜色”命令选项	
吸管工具	用吸管工具在图像上单击，可以选中光标下面的颜色（在“颜色容差”选项下面的缩览图中，白色代表了选中的颜色）；用添加到取样工具在图像中单击，则可以添加新的颜色；用从取样中减去工具在图像中单击，可以减少颜色
本地化颜色簇	如果在图像中选择相似且连续的颜色，可勾选该项，使选择范围更加精确
颜色容差	用来控制颜色的选择精度。该值越高，选中的颜色范围越广（白色代表了选中的颜色）
选区/图像	勾选“选区”选项，可在预览区中显示代表选区范围的蒙版（黑白图像），其中，黑色代表了未选择的区域，白色代表了选中的区域，灰色代表了被部分选择的区域；勾选“图像”选项，则会显示图像内容，不显示选区
替换	拖曳各个滑块，即可调整所选颜色的色相、饱和度和明度

E-mail:ai_book@126.com

“色调均化”命令可以重新分布像素的亮度值，将最亮的值调整为白色，最暗的值调整为黑色，中间的值分布在整个灰度范围中，使它们更均匀地呈现所有范围的亮度级别（0～255）。该命令可以增加那些颜色相近的像素间的对比度。

6.25 “色调均化”命令：制作电影画面质感

素材：光盘>素材文件夹　视频位置：光盘>视频文件夹

实例门类：照片处理类　难度：★★★☆☆

01 打开一个光盘中的素材，如图6-165所示，这是一幅超现实主义风格的图像合成作品。

02 执行“图像>调整>色调均化”命令，使图像的质感突出，色调更加凝重，如图6-166所示。

提示

如果在图像中创建了选区，则执行“色调均化”命令时会弹出一个对话框。选择“仅色调均化所选区域”选项，表示仅均匀分布选区内的像素；选择“基于所选区域色调均化整个图像”选项，则可根据选区内的像素均匀分布所有像素，包括选区外的像素。

图6-165

图6-166

6.26 色彩、色调高级识别工具

在Photoshop中，使用颜色取样器工具和“信息”面板，可以准确识别色彩信息；使用“直方图”面板，可以准确识别色调信息。前两个工具可用于印前检查图像，后一个工具对调整数码照片的曝光非常有用。

6.26.1 实战：颜色取样器工具

■类别：照片处理 ■光盘提供：☑素材 ☑实例效果 ☑视频录像

调整图像的颜色时，使用颜色取样器工具和“信息”面板可以准确了解颜色的变化情况。

01 打开光盘中的照片素材。使用颜色取样器工具在图像上需要观察的位置单击鼠标，建立取样点，如图6-167所示，此时会弹出“信息”面板显示取样点的颜色值，如图6-168所示。

图6-167

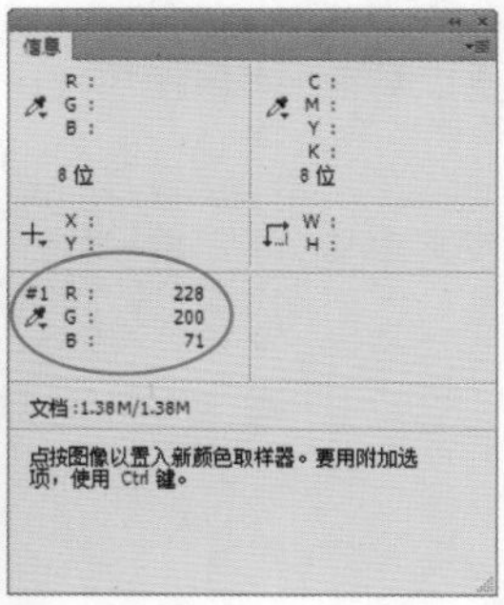

信息
R: G: B: 8位 C: M: Y: K: 8位
X: Y: W: H:
#1 R: 228 G: 200 B: 71
文档:1.38M/1.38M
点按图像以置入新颜色取样器。要用附加选项，使用 Ctrl 键。

图6-168

> **提示**
>
> 一个图像中最多可以放置4个取样点。单击并拖曳取样点，可以移动它的位置，“信息”面板中的颜色值也会随之改变；按住 Alt 键单击颜色取样点，可将其删除；如果要在调整对话框处于打开的状态下删除颜色取样点，可以按住 Alt+Shift键单击取样点；如果要删除所有颜色取样点，可以单击工具选项栏中的“清除”按钮。

02 执行“图像>调整>颜色查找”命令，打开“颜色查找”对话框，选择一个预设的选项，如图6-169所示，效果如图6-170所示。此时“信息”面板中会出现两组数字，斜杠前面的是调整前的颜色值，斜杠后面的是调整后的颜色值，如图6-171所示。

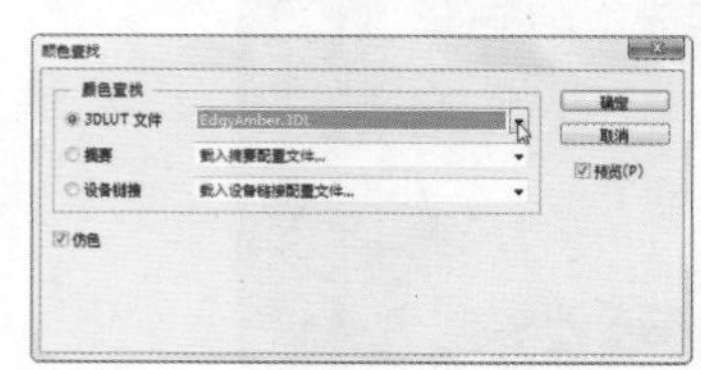

图6-169

图6-170

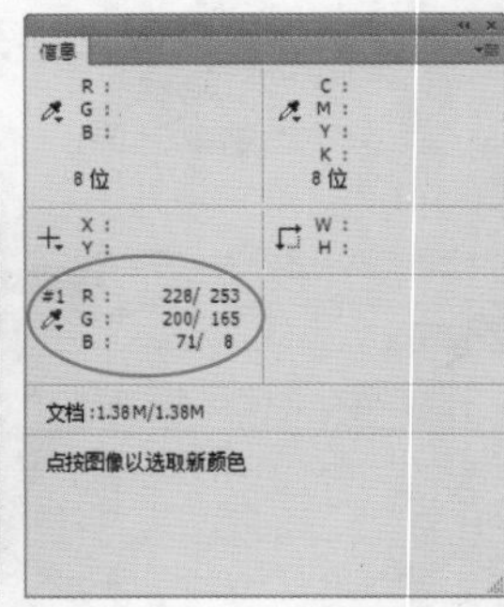

图6-171

6.26.2 “信息”面板

“信息”面板不仅可以显示颜色信息，它还是个多面手，在没有进行任何操作时，会显示光标下面的颜色值、文档的状态、当前工具的使用提示等信息，如果执行了操作，如进行变换操作或创建选区、调整颜色等，则面板中会显示与当前操作有关的各种信息。

- 显示颜色信息：将光标放在图像上，面板中会显示光标的精确坐标和光标下面的颜色值，如图6-172所示。如果颜色超出了CMYK色域，则CMYK值旁边会出现惊叹号。

图6-172

- 显示选区大小：使用选框工具（矩形选框、椭圆选框等）创建选区时，面板中会随着鼠标的拖动而实时显示选框的宽度（W）和高度（H），如图6-173所示。

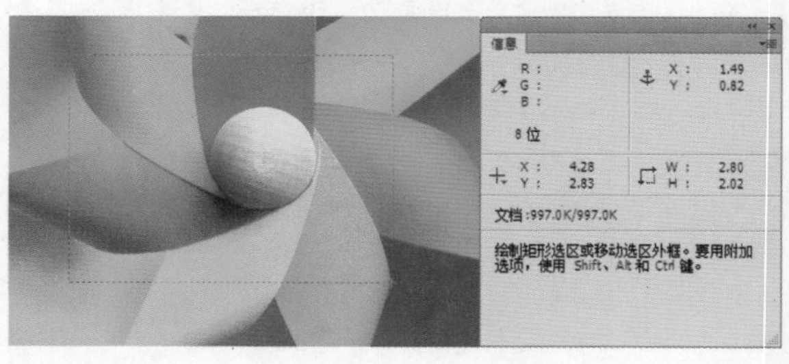

图6-173

- **显示定界框的大小**：使用裁剪工具和缩放工具时，会显示定界框的宽度（W）和高度（H），如图6-174所示。如果旋转裁剪框，还会显示旋转角度值。

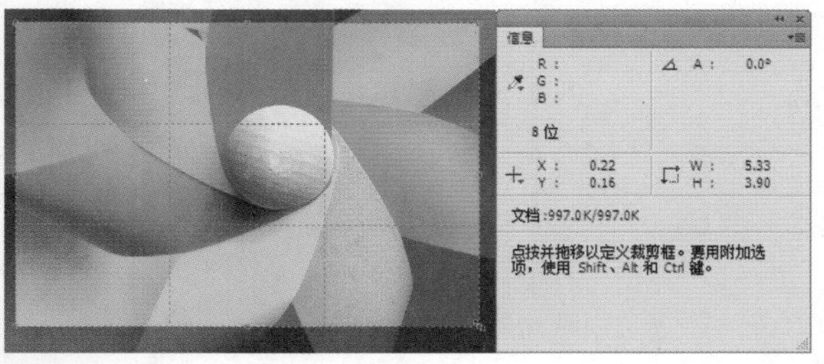

图6-174

- **显示开始位置、变化角度和距离**：当移动选区或使用直线工具、钢笔工具、渐变工具时，会随着鼠标的移动显示开始位置的 x 和 y 坐标，X 的变化（△X）、Y 的变化（△Y），以及角度（A）和距离（L）。图6-175所示为使用直线工具绘制直线路径时显示的信息。

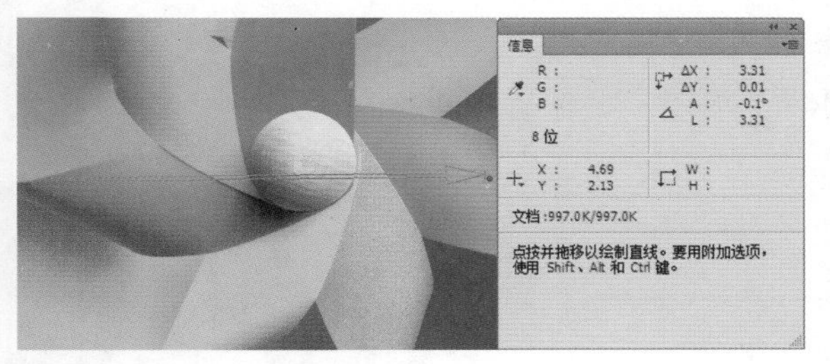

图6-175

- **显示变换参数**：执行二维变换命令（如“缩放”和“旋转”）时，会显示宽度（W）和高度（H）的百分比变化、旋转角度（A），以及水平切线（H）或垂直切线（V）的角度。图6-176所示为缩放选中的图像时显示的信息。

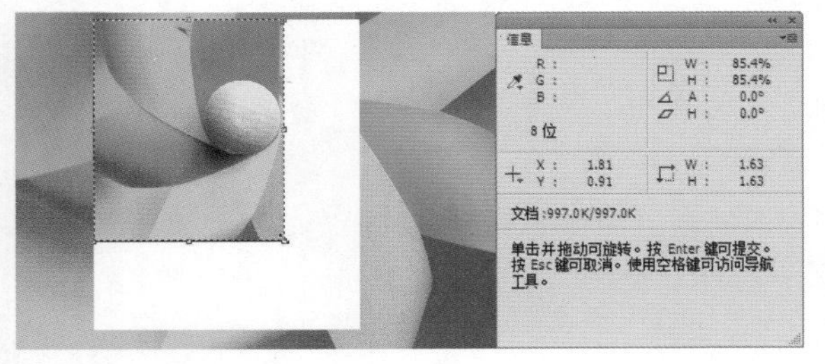

图6-176

- **显示状态信息**：显示文档大小、文档配置文件、文档尺寸、暂存盘大小、效率、计时及当前工具等信息。具体显示内容可以在“面板选项”对话框中进行设置。
- **显示工具提示**：如果启用了“显示工具提示”功能，可以显示与当前使用工具有关的提示信息。

6.26.3 实战："直方图"面板

■类别：照片处理 ■光盘提供：☑素材 ☑实例效果 ☑视频录像

直方图是一种统计图形，它表示了图像的每个亮度级别的像素数量，展现了像素在图像中的分布情况。通过观察直方图，可以判断出照片的阴影、中间调和高光中包含的细节是否足，以便对其做出正确的调整。

在直方图中，左侧区域代表了图像的阴影区域，中间代表了中间调，右侧代表了高光区域，从阴影（黑色，色阶0）到高光（白色，色阶255）共有256级色调，如图6-177所示。直方图中的“山脉”代表了图像的数据，“山势起伏”代表了数据的分布方式，较高的山峰表示所在区域包含的像素较多，较低的山峰表示所在区域包含的像素较少。

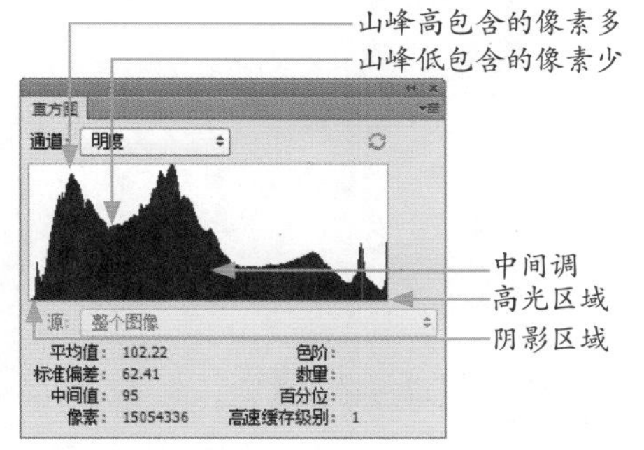

图6-177

“直方图”面板选项/含义	
通道	在下拉列表中选择一个通道（颜色通道、Alpha 通道和专色通道）以后，面板中会显示所选通道的直方图；选择“明度”选项，可以显示复合通道的亮度或强度值；选择“颜色”选项，可以显示颜色中单个颜色通道的复合直方图
平均值	显示了像素的平均亮度值（0至255之间的平均亮度）
标准偏差	显示了亮度值的变化范围，该值越高，说明图像的亮度变化越剧烈
中间值	显示了亮度值范围内的中间值。图像的色调越亮，中间值越高
像素	显示了用于计算直方图的像素总数
色阶/数量	“色阶”显示了光标下面区域的亮度级别；“数量”显示了相当于光标下面亮度级别的像素总数
百分位	显示了光标所指的级别或该级别以下的像素累计数。如果对全部色阶范围取样，该值为100；对部分色阶取样，显示的则是取样部分占总量的百分比
高速缓存级别	显示了当前用于创建直方图的图像高速缓存。当高速缓存级别大于1时，会更加快速地显示直方图

01 打开光盘中的照片素材，如图6-178所示。打开“直方图”面板，单击按钮，打开面板菜单，选择“扩展视图”命令，面板中会显示带有统计数据和控件的直方图，如图6-179所示。观察直方图可以看到，山脉的两个端点没有延伸到直方图的端点，这说明阴影和高光区域缺少必要的像素，图像中最暗的色调不是黑色，最亮的色调不是白色，该暗的地方没有暗下去，该亮的地方也没有亮起来，所以照片显得灰蒙蒙的。

图6-178

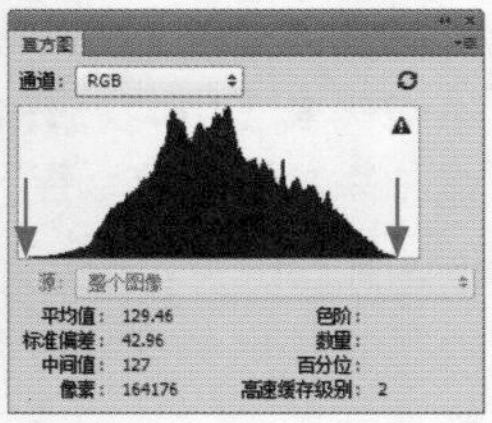

图6-179

提示

当从高速缓存（而非文档的当前状态）中读取直方图时，直方图右上角会出现⚠状图标，这表示当前直方图是Photoshop通过对图像中的像素进行典型性取样而生成的，此时的直方图显示速度较快，但并不是最准确的统计结果。单击⚠图标或不使用高速缓存的刷新 图标，可以刷新直方图，显示当前状态下的最新统计结果。

02 单击“调整”面板中的 按钮，创建“曲线”调整图层。在“属性”面板中也显示了图像的直方图。拖动阴影滑块和高光滑块，将它们对齐到直方图中山脉的端点，如图6-180所示。通过这种方法可以恢复色调范围（0~255）并提高对比度，色调会变得清晰明快。

03 在曲线左下角单击鼠标，添加一个控制点，用它定位暗部色调；在曲线中部单击鼠标，添加一个控制点并向上移动，将中间调和高光调亮；在曲线上部添加控制点并向下轻移，把高光区域的色调适当向下压一压，以免出现过曝，如图6-181所示。

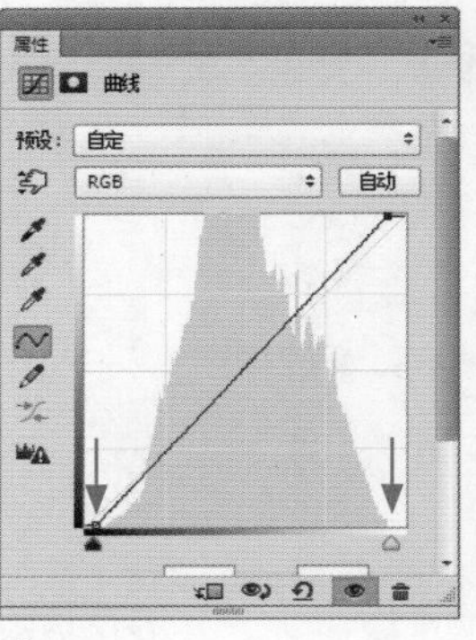

图6-180

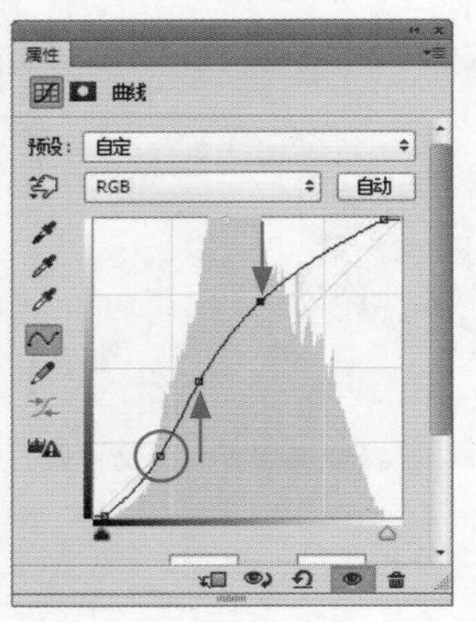

图6-181

04 单击“调整”面板中的 按钮，创建“色相/饱和度”调整图层。在“属性”面板中增加饱和度，如图6-182所示，调整后的照片效果如图6-183所示。

图6-182

图6-183

6.27 高级调色工具

RGB模式的图像包含一个RGB复合通道，及红、绿、蓝3个颜色通道。图像的颜色信息保存在颜色通道中，因此，使用任何一个调色命令调整颜色时，都是通过颜色通道来影响色彩的。反之，如果我们熟知颜色通道与色彩的关系，那么就可以使用通道来调色。

6.27.1 颜色通道与色彩的关系

颜色通道与色彩的关系其实并不复杂。在颜色通道中，灰色代表了一种颜色的含量，明亮的区域表示包含大量对应的颜色，暗的区域表示对应的颜色较少。如果要在图像中增加某种颜色，可以将相应的通道调亮；要减少某种颜色，将相应的通道调暗即可。

“色阶”和“曲线”对话框中都包含通道选项，因此，选择一个颜色通道并调整它的明度，就可以影响色彩。例如，选择红通道并将其调亮，可以增加红色；将红通道调暗，则减少红色，如图6-184~图6-186所示。其他通道也是如此。

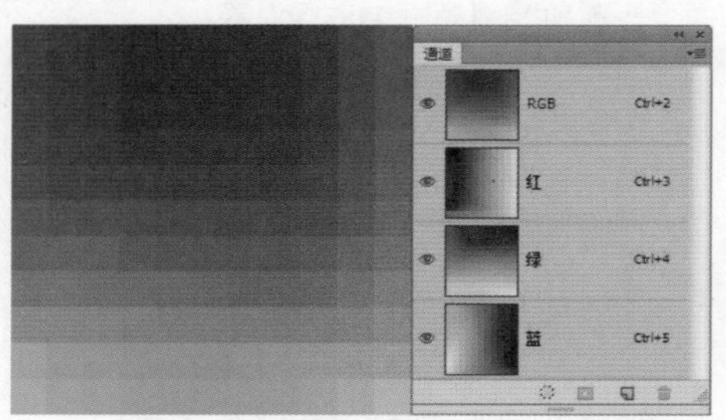

红、绿、蓝3个颜色通道保存了图像的色彩信息

图6-184

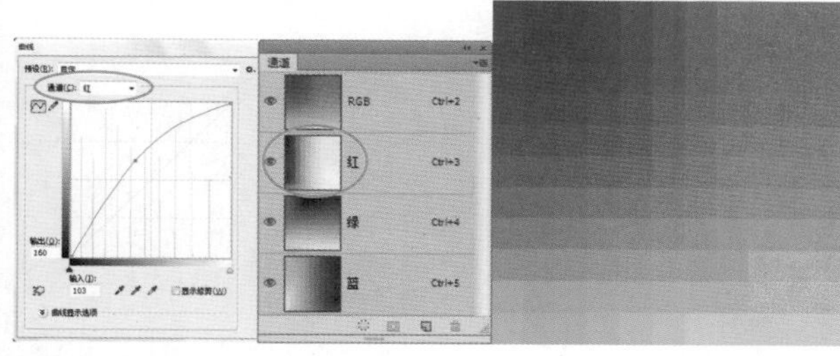

将红通道调亮，可以增加红色

图6-185

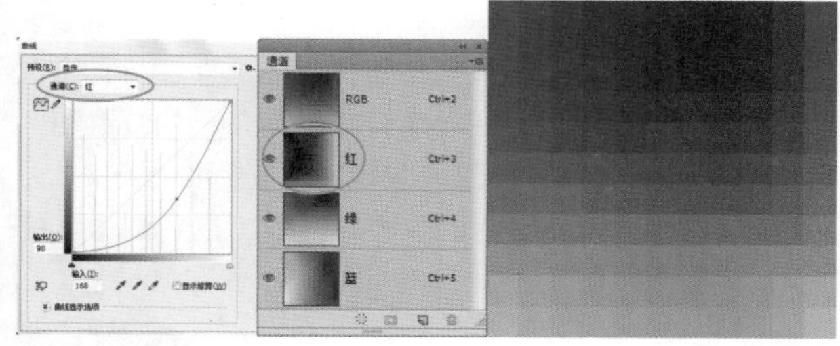

将红通道调暗，则减少红色

图6-186

相关链接

关于通道的更多内容，请参阅第85页；关于如何使用“曲线”调整图像，请参阅第140页。

6.27.2 通过色轮了解色彩的转换规律

使用颜色通道调色时，增加一种颜色含量，会同时减少它的补色；反之，减少一种颜色的含量，就会增加它的补色。例如，将红通道调亮，可以增加红色并减少它的补色青色；将红通道调暗，则减少红色同时增加青色。其他颜色通道也是如此。图6-187所示的色轮显示了颜色的互补关系，处于相对位置的颜色互为补色，如洋红与绿、黄与蓝、红与青。

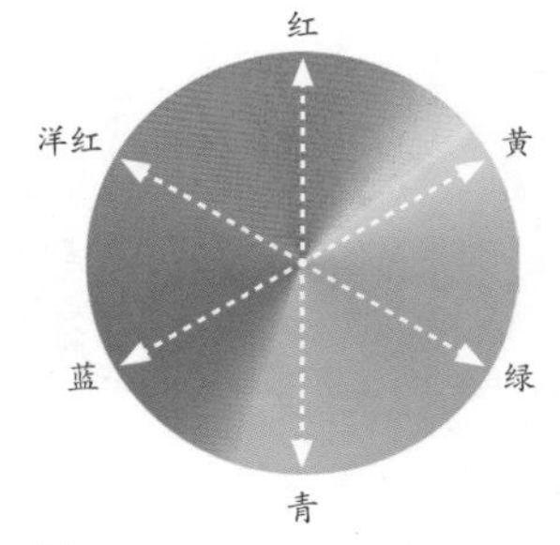

图6-187

6.27.3 实战：通道调色技术

■类别：照片处理 ■光盘提供：☑素材 ☑实例效果 ☑视频录像

01 打开光盘中的照片素材，如图6-188所示。这是一张严重偏色的雪景照片，下面来使用通道进行校正。

02 单击“调整”面板中的按钮，创建“曲线”调整图层。这张照片颜色偏黄绿，可以通过蓝通道进行校正。选择蓝通道，在曲线上单击鼠标，添加一个控制点，按下键盘中的↑键，向上轻移曲线，将该通道调亮，增加蓝色，如图6-189所示。（可以观察“输入”和“输出”色阶值，大概在113、129即可，曲线的调整幅度不要过大）在通道中增加蓝色后，黄色会相应地减少，照片效果如图6-190所示。

图6-188

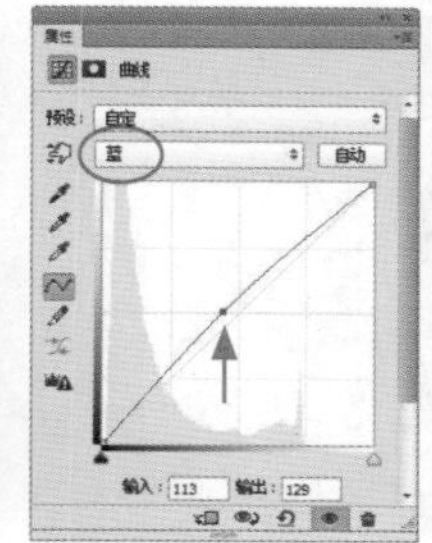

图6-189

图6-190

03 下面来增加曝光。选择RGB通道，首先将曲线右下角的滑块向左侧拖曳，使其对齐到直方图的端点；然后添加两个控制点，并向上拖曳曲线，将色调调亮，如图6-191、图6-192所示。

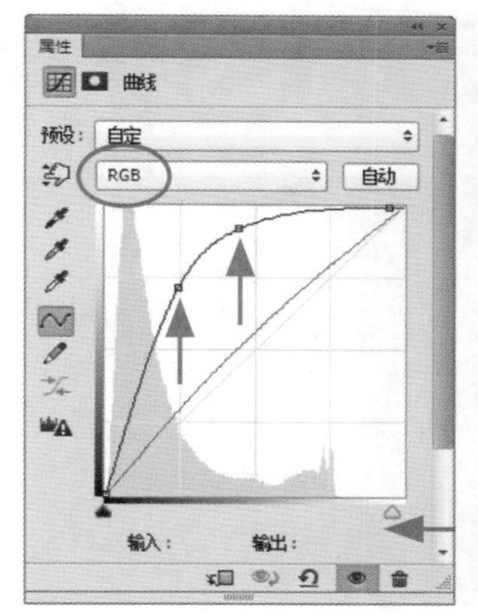

图6-191

图6-192

04 单击“调整”面板中的按钮，创建“色相/饱和度”调整图层，选择黄色，增加它的饱和度，如图6-193、图6-194所示。

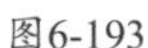

图6-193

图6-194

第7章 特效达人秘技 滤镜与插件

滤镜是Photoshop最具吸引力的功能之一，它就像是一个神奇的魔术师，随手一变，就能让普通的图像呈现出令人惊奇的视觉效果。滤镜不仅可以校正照片、制作特效，还能模拟各种绘画效果，也常用来编辑图层蒙版、快速蒙版和通道。例如，使用滤镜编辑蒙版，可以得到各种特殊的蒙版图像，从而创建特殊的图像合成效果；使用“镜头模糊”滤镜，可以通过图像的Alpha通道来映射像素的位置，使图像中的一些对象在焦点内，另一些区域变模糊，从而模拟出大光圈镜头所产生的具有景深感的模糊效果；使用“液化”滤镜，可以对人像照片进行美化，如瘦身、瘦脸、收腹、提臀等。

扫描二维码，关注李老师的微博、微信。

7.1 滤镜

滤镜原本是一种摄影器材，可以影响色彩或产生特殊的拍摄效果。Photoshop中的滤镜可以制作特效、校正照片、模拟各种绘画效果，也常用来编辑图层蒙版、快速蒙版和通道。

7.1.1 滤镜概述

Photoshop中的滤镜是一种插件模块，可以操纵图像中的像素。由于位图（如照片、图像素材等）是由像素构成的，而每一个像素都有自己的位置和颜色值，滤镜可以改变像素的位置和颜色，从而生成各种特效。例如，图7-1为原图像，图7-2是使用“染色玻璃”滤镜处理后的效果，从中可以看到像素的变化情况。

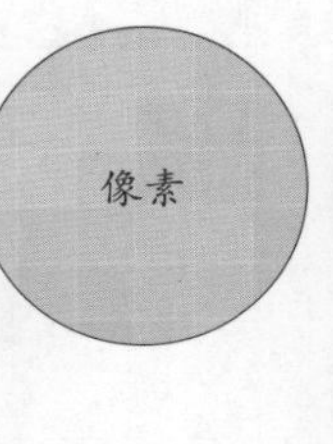

图7-1

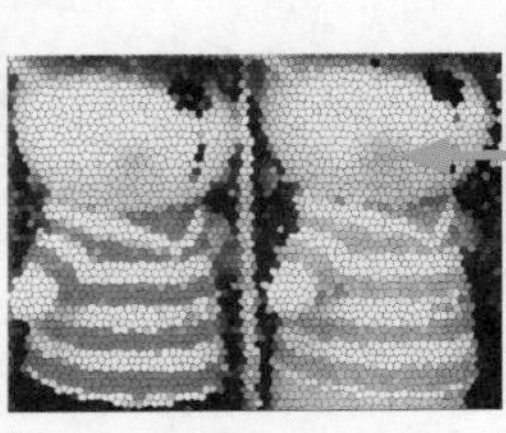

图7-2

Photoshop中的所有滤镜都在“滤镜”菜单中。其中“滤镜库”“镜头校正”“液化”和“消失点”等是特殊滤镜，被单独列出，其他滤镜都依据其主要功能放置在不同类别的滤镜组中。如果安装了外挂滤镜，则它们会出现在菜单底部。

提示

执行“编辑>首选项>增效工具”命令，打开“首选项”对话框，勾选“显示滤镜库的所有组和名称”选项，可以让缺少的滤镜重新出现在各个滤镜组中。

7.1.2 滤镜的使用规则和技巧

- 使用滤镜处理某一图层中的图像时，需要选择该图层，并且图层必须是可见的（图层的缩览图前面有眼睛图标 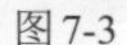）。
- 如果创建了选区，如图7-3所示，滤镜只处理选中的图像，如图7-4所示；如果没有创建选区，则会处理当前图层中的全部图像，如图7-5所示。

图7-3

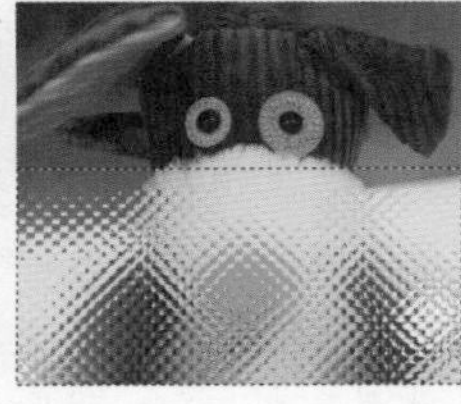

图7-4

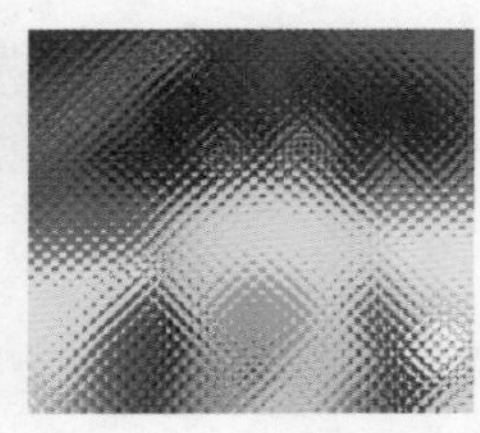

图7-5

- 滤镜的处理效果是以像素为单位进行计算的，因此，相同的参数处理不同分辨率的图像，其效果也会有所不同。
- 滤镜可以处理图层蒙版、快速蒙版和通道。
- 只有“云彩”滤镜可以应用在没有像素的区域，其他滤镜都必须应用在包含像素的区域，否则不能使用这些滤镜。但外挂滤镜除外。
- “滤镜”菜单中显示为灰色的命令是不可使用的命令，通常情况下，这是由于图像模式出现了问题。在Photoshop中，RGB模式的图像可以使用所有滤镜，其他模式则会受到限制。在处理非RGB模式的图像时，可以先执行“图像>模式>RGB颜色”命令，将图像转换为RGB模式，再应用滤镜。
- 在任意滤镜对话框中按住Alt键，“取消”按钮就会变成“复位”按钮，如图7-6所示，单击它可以将参数恢复到初始状态。
- 使用一个滤镜后，“滤镜”菜单的第一行便会出现该滤镜的名称，如图7-7所示，单击它或按下Ctrl+F快捷键可以快速应用这一滤镜。如果要修改滤镜参数，可以按下Alt+Ctrl+F快捷键，打开“滤镜”对话框重新设定。

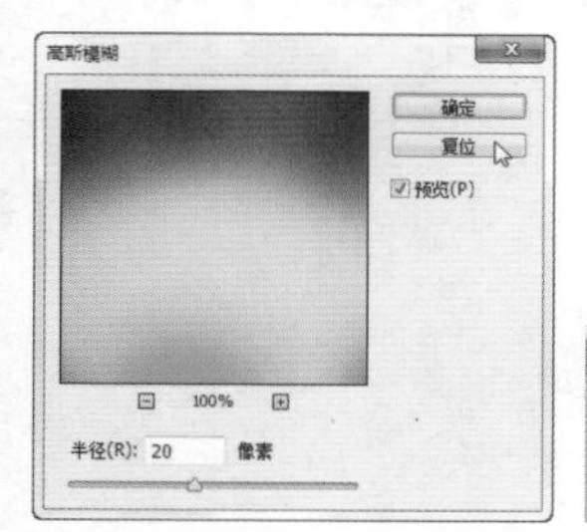

图7-6

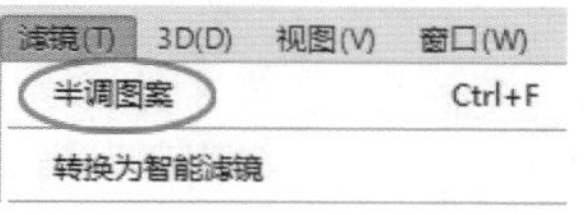

图7-7

- 应用滤镜的过程中如果要终止处理，可以按下Esc键。
- 使用“光照效果”“木刻”和“染色玻璃”等滤镜，以及编辑高分辨率的大图时，有可能造成Photoshop的运行速度变慢。使用滤镜之前，可以先执行“编辑>清理”命令释放内存，也可以退出其他应用程序，为Photoshop提供更多的可用内存。此外，当内存不够用时，Photoshop会自动将计算机中的空闲硬盘作为虚拟内存来使用（也称暂存盘），因此，如果计算机中的某些硬盘空间较大，可将其指定给Photoshop使用。具体设置方法是执行“编辑>首选项>性能”命令，打开“首选项”对话框，在“暂存盘”选项组中显示了计算机的硬盘驱动器盘符，只要将空闲空间较多的驱动器设置为暂存盘，如图7-8所示，然后重新启动Photoshop即可。

暂存盘

	现用？	驱动器	空闲空间	信息
1	✓	G:\	332.12GB	
2		C:\	24.71GB	
3		D:\	90.59GB	
4		E:\	352.04GB	
5		F:\	161.25GB	

图7-8

7.1.3 滤镜库

“滤镜库”是一个整合了“风格化”“画笔描边”“扭曲”和“素描”等多个滤镜组的对话框，当使用这些滤镜组中的任意一个滤镜时，都会打开“滤镜库”，如图7-9所示。

图7-9

在“滤镜库”中选择一个滤镜后，它就会出现在对话框右下角的已应用滤镜列表中。单击新建效果图层按钮，可以添加效果图层，此时可以选择其他滤镜，图像效果也会变得更加丰富。

7.1.4 滤镜、外挂滤镜（插件）使用手册

Photoshop提供了开放的平台，允许用户将第三方厂商开发的滤镜以插件的形式安装在Photoshop中，这些滤镜称为“外挂滤镜”。外挂滤镜侧重于直接表现效果，如水滴、火焰和金属等，特效的制作方法要比Photoshop简单得多，因而备受广大Photoshop爱好者的青睐。不过，需要注意的是，外挂滤镜虽好，也不宜安装得过多，因为它们会占用系统资源。

外挂滤镜与一般程序的安装方法基本相同，只是要注意应将其安装在Photoshop的Plug-in目录下，如图7-10所示，否则将无法直接运行滤镜。有些小的外挂滤镜手动复制到plug-in文件夹中便可使用。安装完成以后，重新运行Photoshop，在“滤镜”菜单的底部便可以看到它们，如图7-11所示。

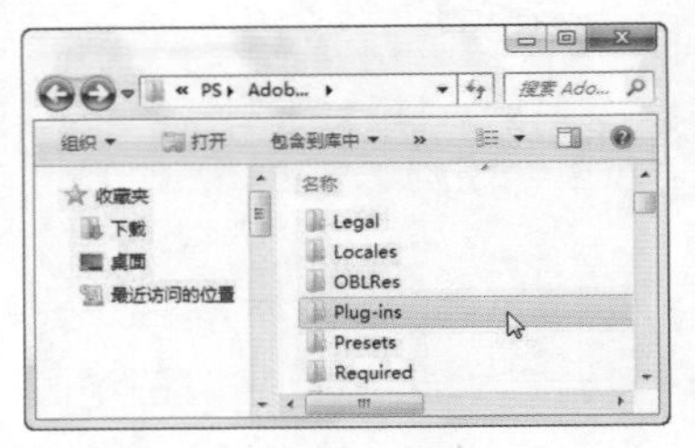

图7-10

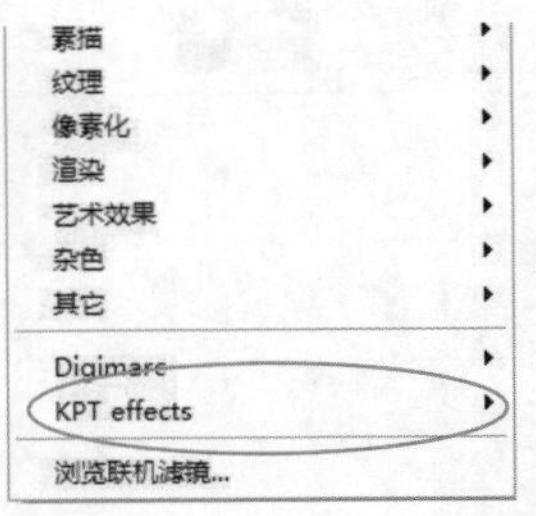

图7-11

本书的配套光盘中提供了《Photoshop内置滤镜使用手册》，如图7-12所示，以及《Photoshop外挂滤镜使用手册》。其中《Photoshop外挂滤镜使用手册》包含KPT7、Eye Candy 4000、Xenofex等经典外挂滤镜的参数设置方法和具体的效果展示，如图7-13所示。

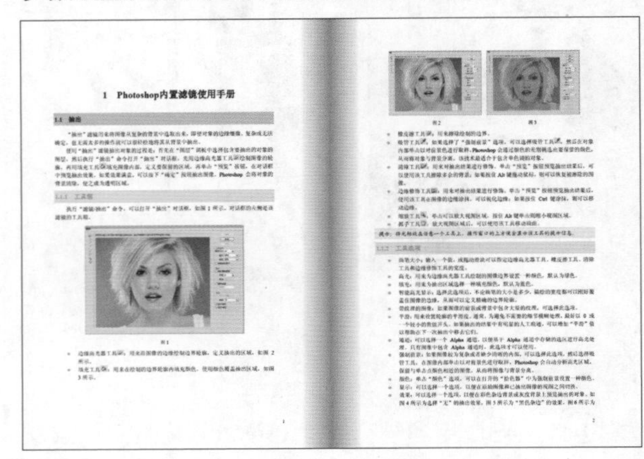

1 Photoshop内置滤镜使用手册

图7-12

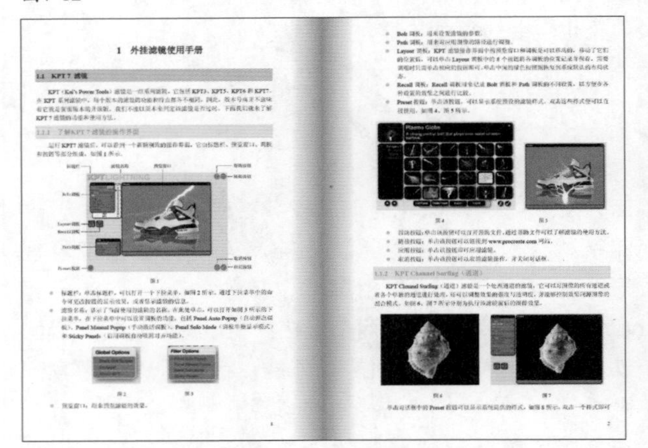

1 外挂滤镜使用手册

图7-13

7.1.5 智能滤镜

智能滤镜可以呈现与普通滤镜相同的效果，但不会真正改变像素，因为它是作为图层效果出现在“图层”面板中的，如图7-14、图7-15所示。智能滤镜是一种非破坏性的滤镜，可以随时修改参数或删除。

图7-14

图7-15

- 添加智能滤镜：在“图层”面板中选择要应用智能滤镜的图层，执行“滤镜 > 转换为智能滤镜”命令，弹出一个提示信息，单击“确定”按钮，将该图层转换为智能对象，之后再添加滤镜即为智能滤镜。
- 修改滤镜参数：双击“图层”面板中的的智能滤镜，如图7-16所示，可以重新打开“滤镜库”修改滤镜参数，如图7-17、图7-18所示。

图7-16

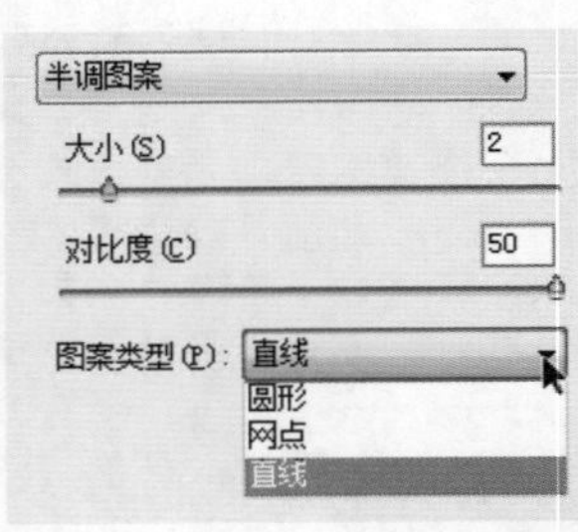

图7-17

图7-18

- 重新排列智能滤镜：对一个图层应用了多个智能滤镜以后，可以在智能滤镜列表中上下拖曳这些滤镜，重新排列它们的顺序，Photoshop会按照由下而上的顺序应用滤镜，因此，图像效果会发生改变。
- 隐藏/显示智能滤镜：如果要隐藏单个智能滤镜，可以单击该智能滤镜旁边的眼睛图标；如果要隐藏应用于智能对象图层的所有智能滤镜，则单击智能滤镜旁边的眼睛图标，或者执行“图层 > 智能滤镜 > 停用智能滤镜”命令。如果要重新显示智能滤镜，可在滤镜的眼睛图标处单击。
- 复制智能滤镜：在“图层”面板中，按住Alt键，将智能滤镜从一个智能对象拖曳到另一个智能对象上，或拖曳到智能滤镜列表中的新位置，可以复制智能滤镜。
- 设置滤镜的不透明度和混合模式：双击智能滤镜旁边的编辑混合选项图标，如图7-19所示，会弹出“混合选项”对话框，此时可设置滤镜的不透明度和混合模式，如图7-20、图7-21所示。

图7-19

图7-20

图7-21

- 遮盖智能滤镜：智能滤镜包含一个图层蒙版，单击蒙版缩览图，然后可以使用画笔或渐变等工具编辑蒙版，有选择性地遮盖智能滤镜，使滤镜只影响图像的一部分，如图7-22、图7-23所示。此外，执行“图层>智能滤镜>停用滤镜蒙版”命令，可以暂时停用智能滤镜的蒙版；执行“图层>智能滤镜>删除滤镜蒙版”命令，可以删除蒙版。

图7-22

图7-23

- 删除智能滤镜：如果要删除单个智能滤镜，可以将它拖曳到“图层”面板中的删除图层按钮上；如果要删除应用于智能对象的所有智能滤镜，可以选择该智能对象图层，然后执行“图层>智能滤镜>清除智能滤镜”命令。

7.2 特效系列之爱心云朵

01 按下Ctrl+N快捷键，打开“新建”对话框，在“预设”下拉列表中选择Web，在“大小”下拉列表中选择800×600，单击“确定”按钮，创建文档。执行“滤镜>渲染>云彩”命令，生成云彩图案，如图7-24所示。

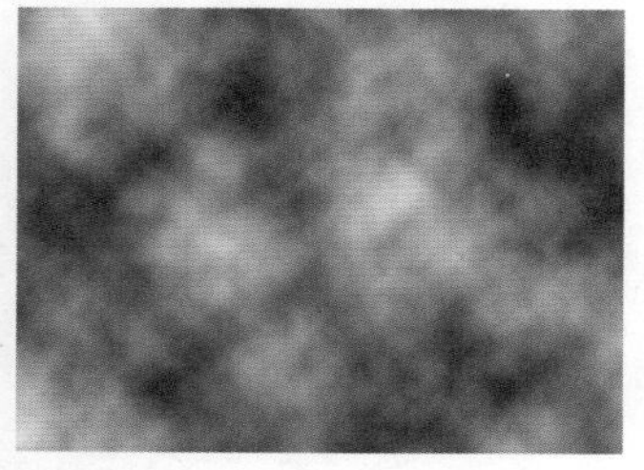

图7-24

02 按下Ctrl+J快捷键，复制“背景”图层，设置混合模式为“颜色加深”，如图7-25、图7-26所示。

图7-25

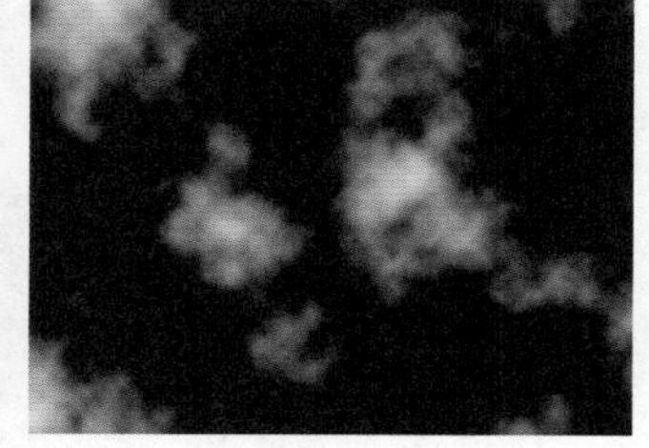

图7-26

03 执行“选择>色彩范围”命令，打开“色彩范围”对话框，将光标放在图像中的白色云彩区域，如图7-27所示，单击鼠标进行取样，然后将颜色容差设置为200，如图7-28所示，单击“确定”按钮，创建选区，如图7-29所示。

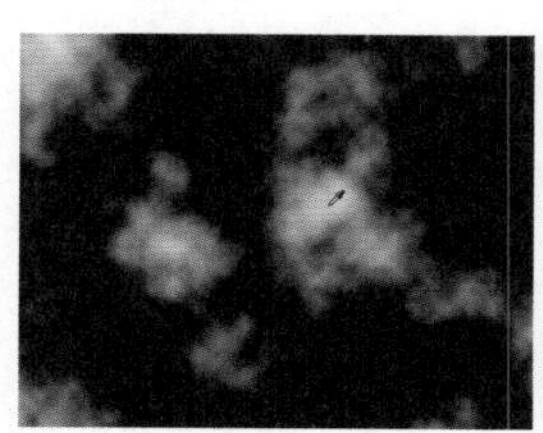

图7-27

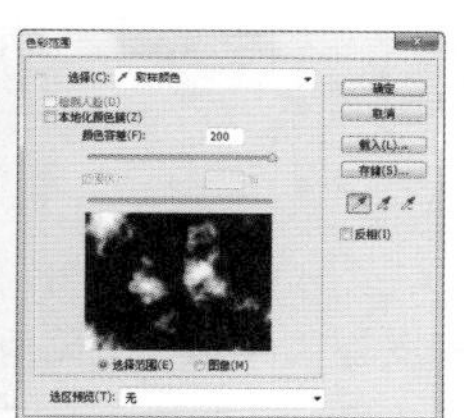

图7-28

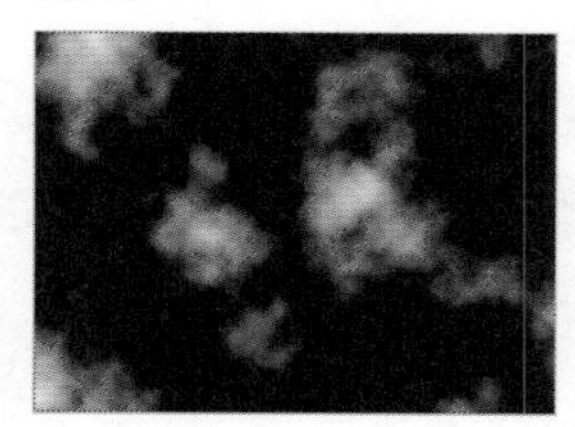

图7-29

04 新建一个图层，在选区内填充白色，如图7-30所示，按下Ctrl+D快捷键取消选择。按住Ctrl键单击“图层”面板底部的按钮，在当前图层下方新建一个图层，如图7–31所示。

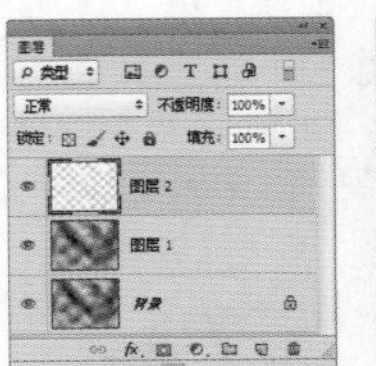

图7-30

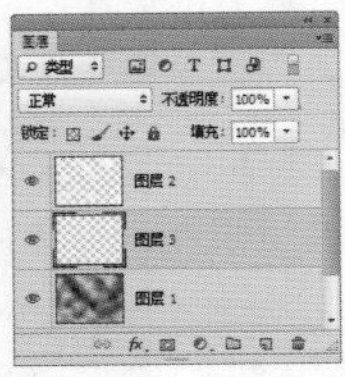

图7-31

05 设置前景色为浅蓝色（R109、G141、B198），背景色为深蓝色（R53、G84、B158）。选择渐变工具，由画面左上方向右下方拖动鼠标，填充渐变，制作出天空，如图7–32所示。

图7-32

06 云彩与天空制作完了，下面再来将画面中心位置的云彩制作成心形。在“图层”面板中选择云彩图像所在的“图层2”。使用套索工具选取图7–33所示的云彩。按住Ctrl键，将选区内的云彩向画面中间移动，如图7–34所示。

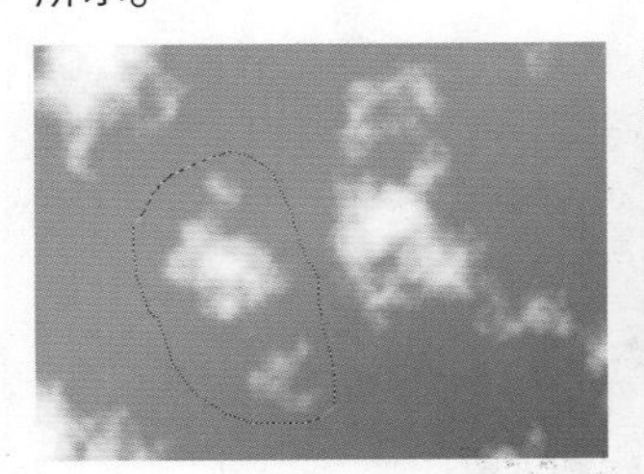

图7-33

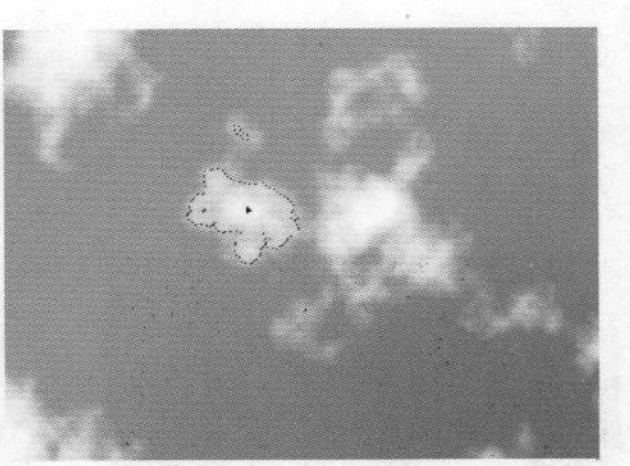

图7-34

07 使用橡皮擦工具（柔角）将多余的云彩擦除，使画面更干净。此时中心的云彩已经有了一个大致的形状，如图7–35所示。

图7-35

08 选择仿制图章工具，设置笔尖大小为柔角50像素，取消对“对齐”选项的勾选，如图7–36所示。按住Alt键在画面左上角的云彩上单击进行复制，放开Alt键在心形上拖动鼠标，将云彩复制到心形上，如图7–37、图7–38所示。

图7-36

图7-37

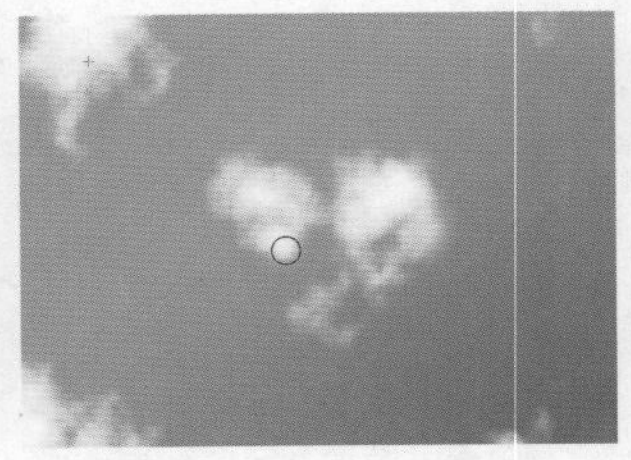

图7-38

09 在复制云彩时，鼠标的运行轨迹像在绘制心形一样，多余的部分可以使用橡皮擦工具擦除，如图7–39所示。

图7-39

10 选择横排文字工具，在工具选项栏中设置字体及大小，如图7–40所示。在画面中单击输入字母“I”和“U”，在字母之间按下空格键，增加字母间的距离，使字母中间可以容纳心形云彩。在画面下方输入一行小字，最终效果如图7–41所示。

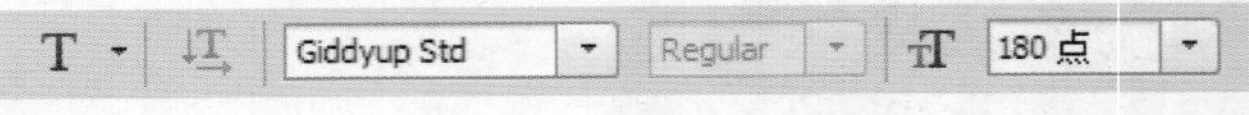

图7-40

图7-41

7.3 特效系列之浪漫雪景

01 按下Ctrl+O快捷键，打开光盘中的素材文件，如图7-42所示。

图7-42

02 单击“调整”面板中的按钮，创建“通道混合器”调整图层，勾选“单色”选项，使照片成为黑白效果。拖曳“绿色”滑块，使远处的草地也呈现白色，如图7-43、图7-44所示。

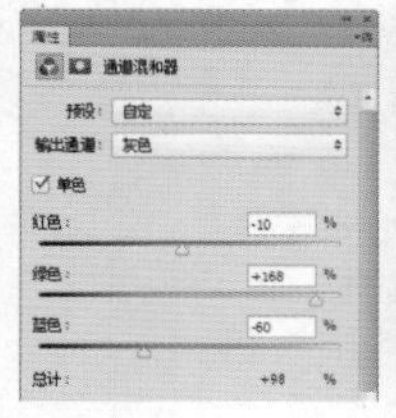

图7-43 图7-44

03 设置调整图层的混合模式为“变亮”，减弱对人物的影响，如图7-45、图7-46所示。

图7-45 图7-46

04 单击“调整”面板中的按钮，创建“可选颜色”调整图层，调整“红色”，设置黑色为-78，对人物的皮肤和小桥的颜色进行调修。调整“中性色”，使画面整体色调变亮，如图7-47~图7-49所示。

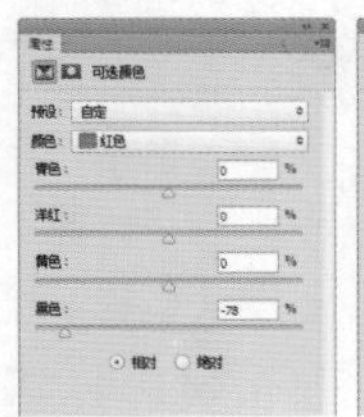

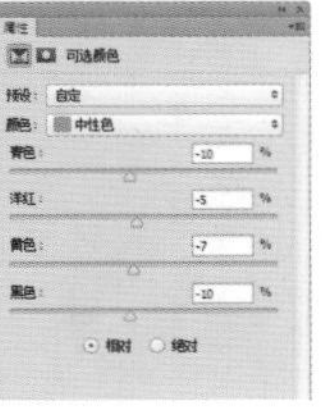

图7-47 图7-48

图7-49

05 选择套索工具，设置羽化参数为200像素，在人物四周创建一个选区，如图7-50所示。

图7-50

06 按下Shift+Ctrl+I快捷键反选，单击“调整”面板中的按钮，基于选区创建“色相/饱和度”调整图层。设置明度为91，将图像周围调亮，如图7-51、图7-52所示。

图7-51 图7-52

07 选择画笔工具，设置不透明度为30%，涂抹蒙版中的黑白交界线，使之形成柔和的过渡，从而营造出雪天白茫茫的效果。使用黑色涂抹时可使图像变清晰，使用白色涂抹则会使图像更加朦胧，如图7-53所示。

图7-53

08 创建“亮度/对比度”调整图层，将画面适当调亮，并增加对比度，如图7-54、图7-55所示。调亮画面后，婚纱的亮部失去了层次。使用画笔工具在亮部涂抹黑色，使调整图层不影响这部分区域。

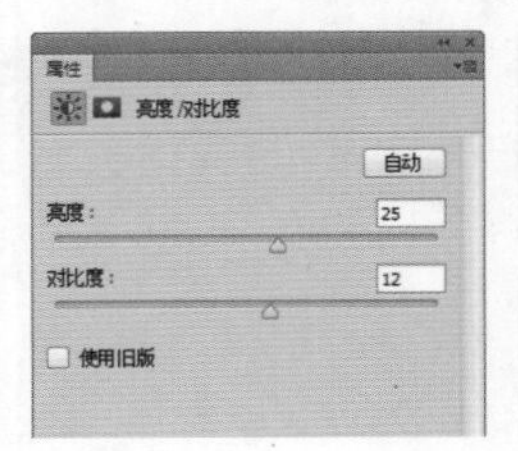

图7-54　图7-55

09 将“背景”图层拖曳到按钮上进行复制，将复制后的图层拖至顶层。设置前景色为黑色，背景色为白色。执行“滤镜>素描>影印”命令，使图像变成线描效果，如图7-56、图7-57所示。

图7-56　图7-57

10 设置图层的混合模式为“颜色加深”，在画面中保留线描，体现手绘风格。创建蒙版，使用画笔工具在人物手臂、婚纱边缘的黑色线条上涂抹黑色（蒙版中的黑色为透明区域），将多余的线条隐藏，如图7-58、图7-59所示。

图7-58　图7-59

11 打开“通道”面板，单击面板底部的按钮，新建一个Alpha通道。设置前景色为白色，背景色为黑色。执行“滤镜>像素化>点状化”命令，设置单元格大小为5，生成灰色杂点，如图7-60所示。关闭对话框后，执行“图像>调整>阈值”命令，设置阈值色阶为41，让杂点变得清晰，如图7-61、图7-62所示。

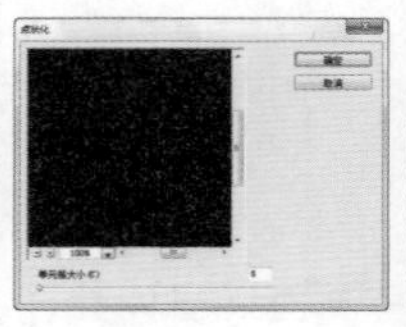

图7-60　图7-61

图7-62

12 单击“通道”面板底部的按钮，载入通道中的选区，如图7-63所示。按下Ctrl+2快捷键返回彩色图像编辑状态。新建一个图层。在选区内填充白色，按下Ctrl+D快捷键取消选择，如图7-64所示。

图7-63

图7-64

13 执行“滤镜>模糊>动感模糊”命令，对杂点进行模糊，制作出雪花飘落效果，如图7-65所示。单击按钮创建蒙版，用画笔工具将人物脸上和身上的雪花适当隐藏。可调整画笔的不透明度，在雪花上涂抹深灰色，使雪花变得透明。最后，在人物头上装饰花朵，如图7-66所示。

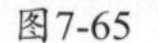

图7-65　图7-66

7.4 特效系列之透明气泡

01 按下Ctrl+N快捷键，打开“新建”对话框，新建一个大小为400像素×400像素、72像素/英寸的RGB模式文件。将“背景”图层填充为黑色。

02 执行“滤镜>渲染>镜头光晕”命令，设置参数如图7-67所示，效果如图7-68所示。

图7-67

图7-68

03 执行“滤镜>扭曲>极坐标”命令，打开“极坐标”对话框，选择“极坐标到平面坐标”选项，如图7-69所示，效果如图7-70所示。执行“图像>图像旋转>180度”命令，旋转图像，如图7-71所示。

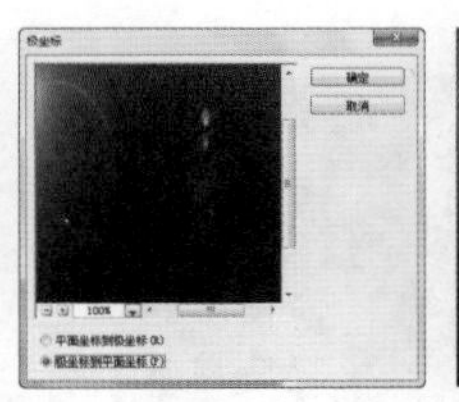
图7-69

图7-70

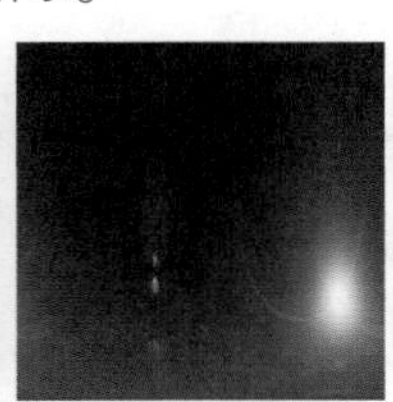
图7-71

04 按下Shift+Ctrl+F快捷键再次打开“极坐标”对话框，这次选择“平面坐标到极坐标”选项，即可生成一个气泡，如图7-72、图7-73所示。使用椭圆选框工具按住Shift键创建圆形选区，选择气泡，如图7-74所示。在创建选区时，可以同时按住空格键移动选区的位置，使选区与气泡中心对齐。

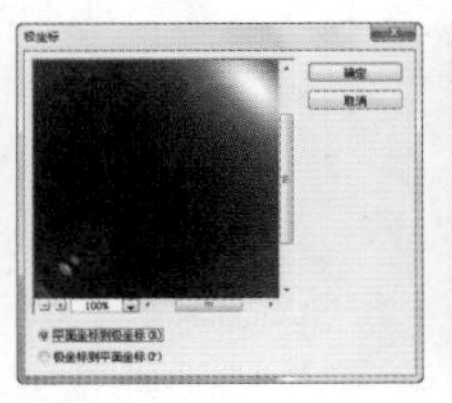
图7-72

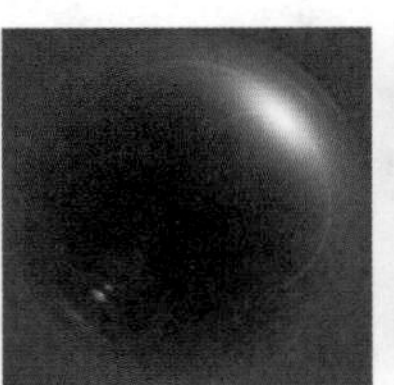
图7-73

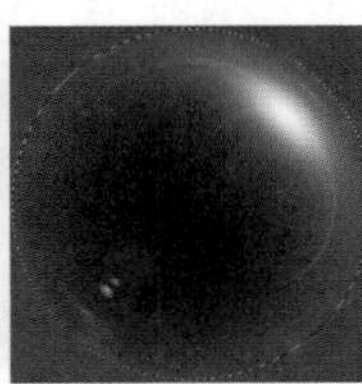
图7-74

05 打开光盘中的素材，如图7-75所示，使用移动工具将气泡移动到该文档中，并适当调整大小，设置气泡图层的混合模式为“滤色”，如图7-76、图7-77所示。

06 按下Ctrl+J快捷键复制气泡图层，使气泡更加清晰，如图7-78所示。按住Ctrl键单击气泡图层的缩览图，载入气泡的选区，如图7-79、图7-80所示。

图7-75

图7-76

图7-77

图7-78

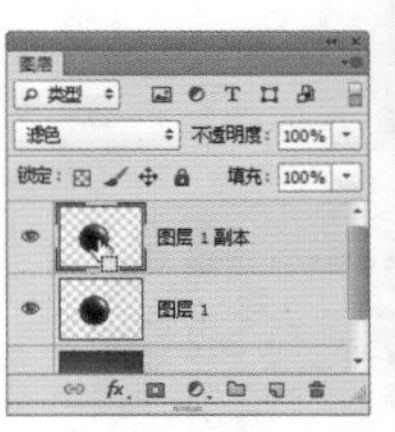

图7-79

图7-80

07 按下Shift+Ctrl+C快捷键合并拷贝图像，再按下Ctrl+V快捷键将图像粘贴到一个新的图层中，如图7-81所示。按下Ctrl+T快捷键显示定界框，移动图像位置并缩小，再复制一个气泡并缩小，放在画面右下角，如图7-82所示。

图7-81

图7-82

7.5 质感系列之金属雕像

01 打开光盘中的素材。使用快速选择工具 按住Shift键，在背景上单击并拖动鼠标，选取背景图像，如图7-83所示。按下Shift+Ctrl+I快捷键反选，如图7-84所示。

图7-83

图7-84

02 打开另一个素材，如图7-85所示。使用移动工具 将选区内的人物拖动到该文档中，如图7-86所示。

图7-85

图7-86

03 按下Shift+Ctrl+U快捷键去除颜色。按住Ctrl键单击"图层1"的缩览图，载入人像的选区，如图7-87、图7-88所示。

图7-87

图7-88

04 在"图层1"的眼睛图标 上单击，隐藏该图层。选择"背景"图层，按下Ctrl+J快捷键复制出一个人物轮廓图像，按下锁定透明像素按钮 ，锁定该图层的透明区域，如图7-89所示。执行"滤镜>模糊>高斯模糊"命令，对图像进行模糊处理，如图7-90、图7-91所示。由于锁定了该图层的透明区域，因此，高斯模糊只对图像起作用，透明区域没有任何模糊的痕迹，人物的轮廓依然保持清晰。

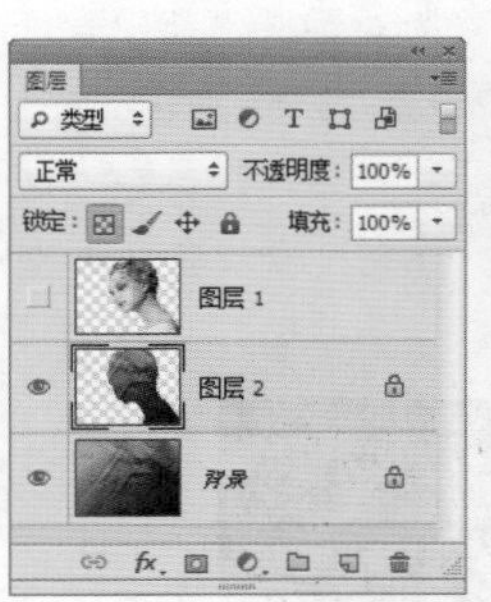

图7-89

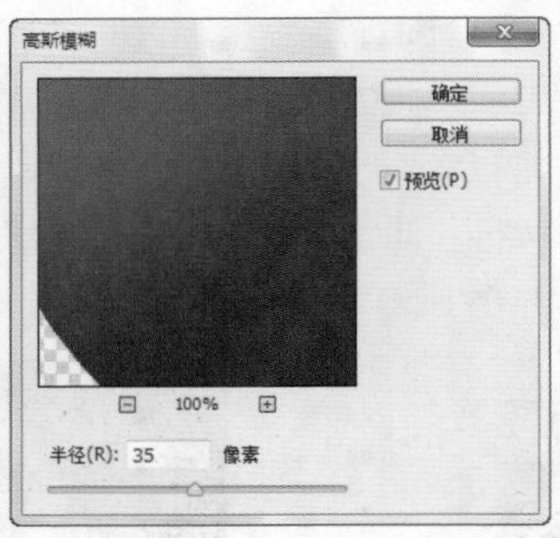

图7-90

图7-91

05 显示并选择"图层1"，设置混合模式为"亮光"，如图7-92、图7-93所示。

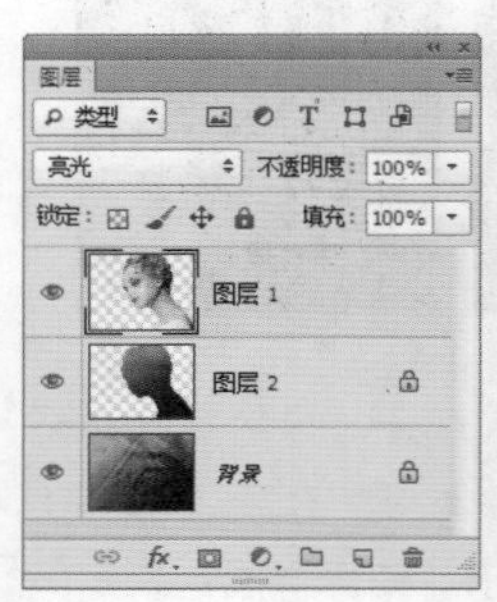

图7-92

图7-93

06 按下Ctrl+J快捷键复制"图层1"，将"图层1副本"的混合模式设置为"正常"，如图7-94所示。执行"滤镜>素描>铬黄"命令，使头像产生金属质感，如图7-95、图7-96所示。

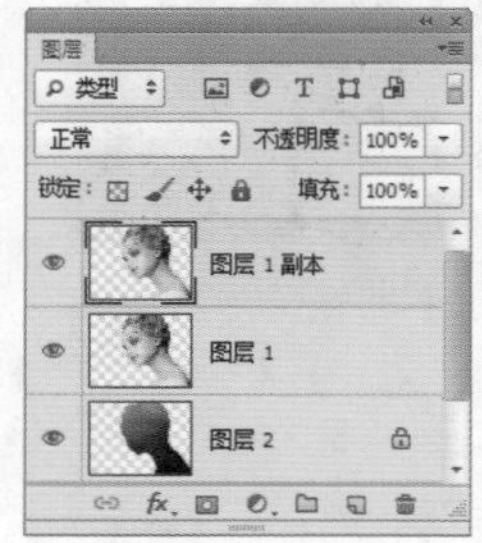

图7-94

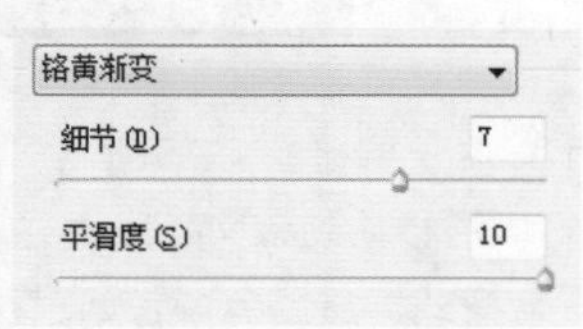

图7-95

图7-96

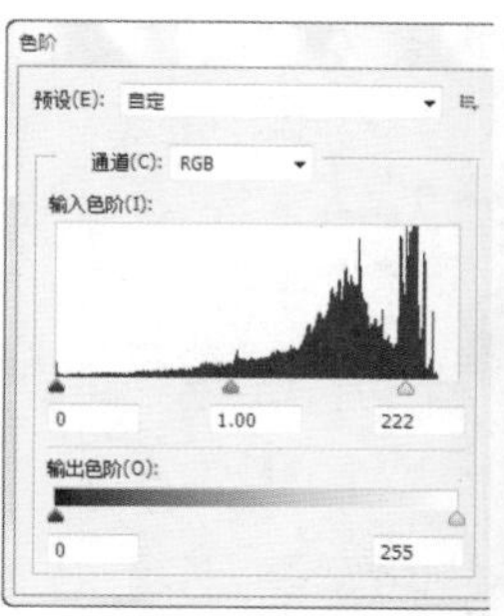

图7-97

图7-98

07 按下Ctrl+L快捷键打开“色阶”对话框，向左侧拖动高光滑块，将图像调亮，如图7–97、图7–98所示。

08 设置图层的混合模式为“叠加”。单击按钮创建图层蒙版。选择画笔工具，在工具选项栏中设置不透明度为45%，在图像上涂抹黑色，将部分纹理隐藏，如图7–99、图7–100所示。

图7-99

图7-100

7.6 质感系列之冰手雕像

01 打开光盘中的素材，如图7–101所示。选择快速选择工具，在工具选项栏中设置工具参数，如图7–102所示。将手选中，如图7–103所示。创建选区时，一次不能完全选中两只手，对于多选的部分，可以按住Alt键在其上拖动鼠标，将其排除到选区之外；对于漏选的区域，可以按住Shift键在其上拖动鼠标，将其添加到选区中。

图7-101

图7-102

图7-103

02 按4下Ctrl+J快捷键，将选中的手复制到4个图层中，如图7–104所示。分别在图层的名称上双击，为图层输入新的名称。 选择“质感”图层，在其他3个图层的眼睛图标上单击，将它们隐藏，如图7–105所示。

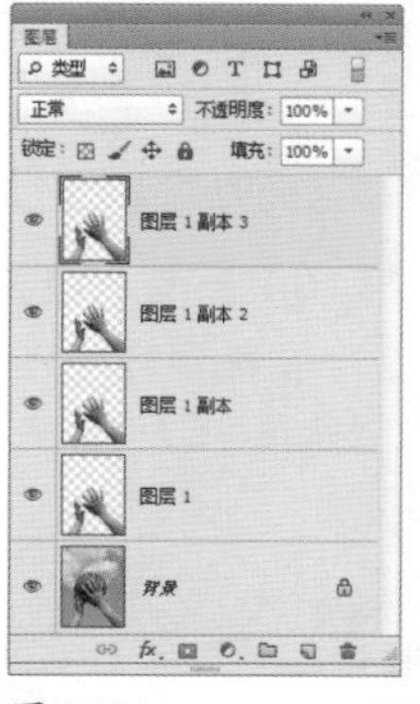
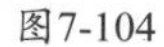

图7-104

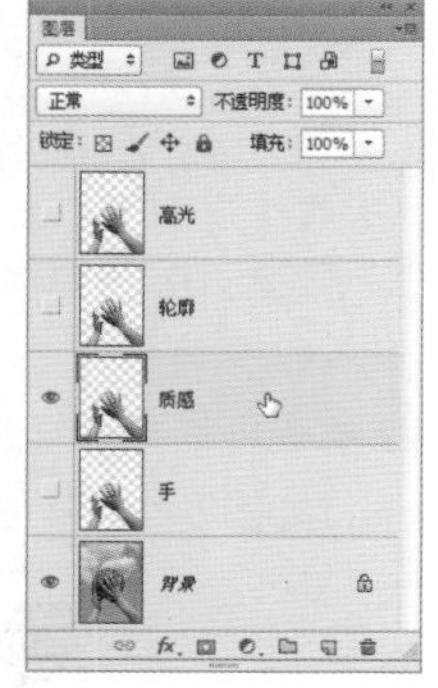

图7-105

03 执行“滤镜>艺术效果>水彩”命令，打开“滤镜库”，用“水彩”滤镜处理图像，如图7–106所示。

04 双击“质感”图层，打开“图层样式”对话框，按住Alt键向右侧拖动“本图层”选项组中的黑色滑块，将它分为两个部分，然后将右半部滑块定位在色阶237处，如图7–107所示。这样调整以后，可以将该图层中色阶值低于237的暗色调像素隐藏，只保留由滤镜所生成的淡淡的纹理，而将黑色边线隐藏，如图7–108所示。

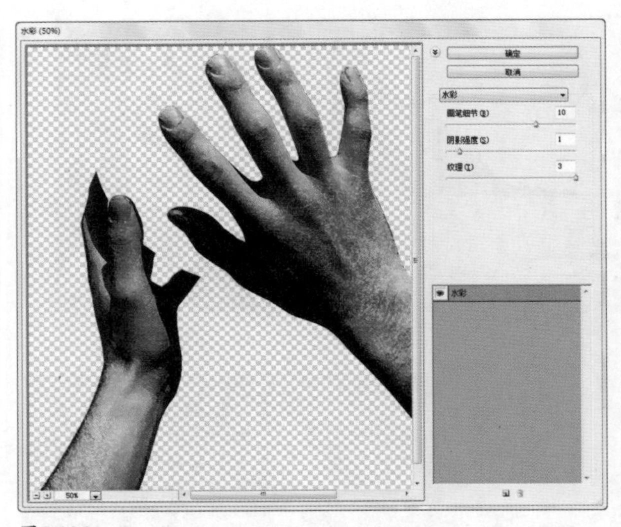

图7-106

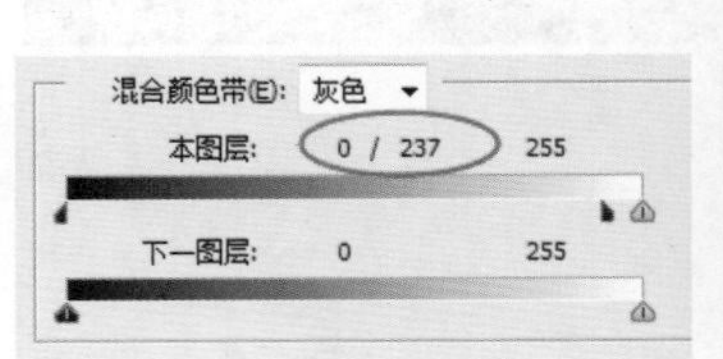

图7-107

图7-108

提示

按住Alt键拖动“本图层”中的滑块，可以将其分为两个部分。这样操作的好处在于，可以在隐藏的像素与显示的像素之间创建半透明的过渡区域，使隐藏效果的过渡更加柔和、自然。

05 选择并显示“轮廓”图层，如图7-109所示。执行“滤镜>风格化>照亮边缘”命令，设置参数如图7-110所示。将该图层的混合模式设置为“滤色”，生成类似于冰雪般的透明轮廓，如图7-111所示。

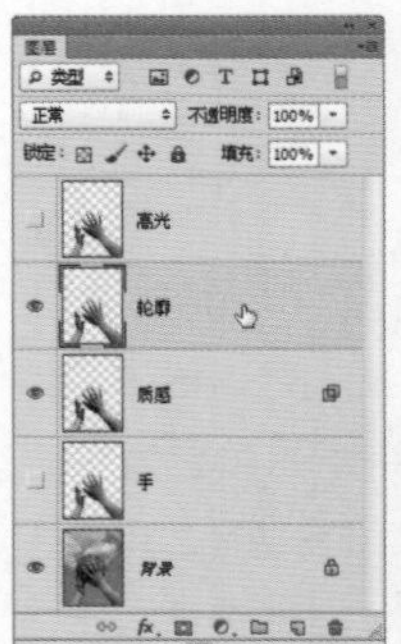

图7-109

图7-110

图7-111

06 按下Ctrl+T快捷键显示定界框，拖动两侧的控制点，将图像拉宽，使轮廓线略超出手的范围。按住Ctrl键，将右上角的控制点向左移动一点，如图7-112、图7-113所示。按下回车键确认。

图7-112

图7-113

07 选择并显示“高光”图层，执行“滤镜>素描>铬黄”命令，应用该滤镜，如图7-114所示。将该图层的混合模式设置为“滤色”，如图7-115、图7-116所示。

08 选择并显示“手”图层，单击“图层”面板顶部的 按钮，如图7-117所示，将该图层的透明区域锁定。按下D键，恢复默认的前景色和背景色，按下Ctrl+Delete快捷，填充背景色（白色），使手图像成为白色，如图7-118所示。由于锁定了图层的透明区域，因此，颜色不会填充到手外边。

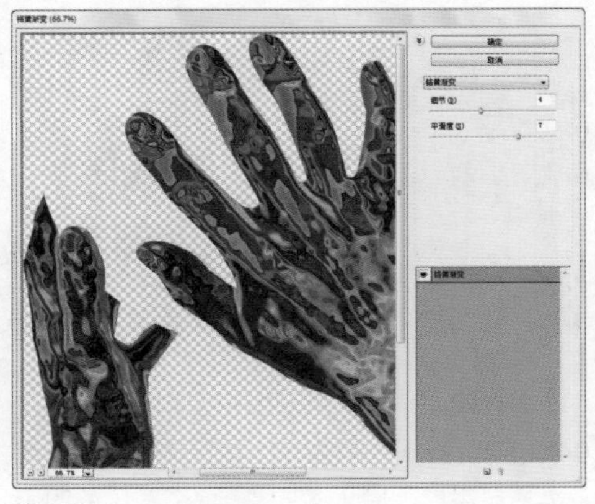

图7-114

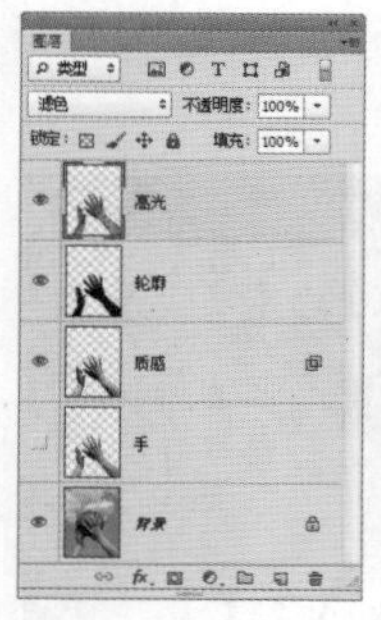
图7-115

图7-116

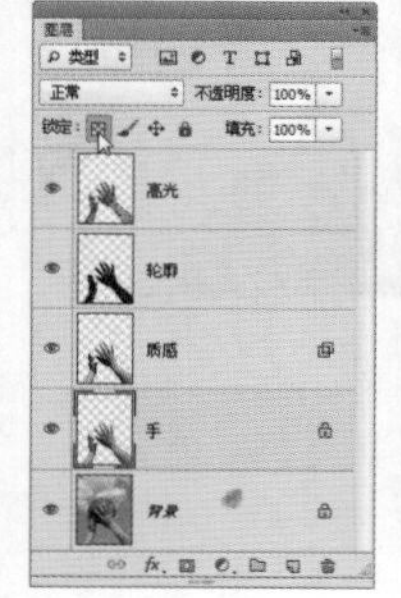
图7-117

图7-118

09 单击“图层”面板底部的 按钮，为图层添加蒙版。使用柔角画笔工具 在两只手内部涂抹灰色，颜色深浅应有一些变化，如图7-119、图7-120所示。

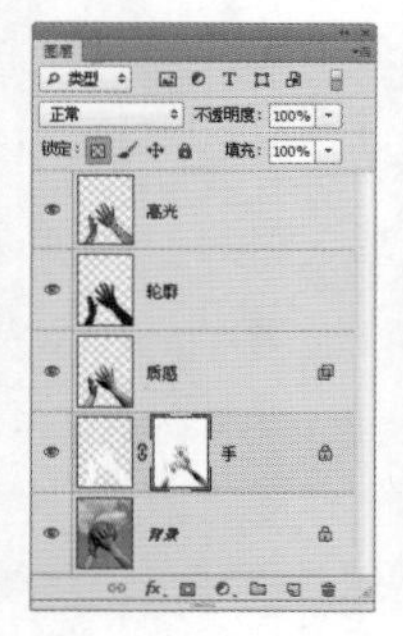
图7-119

图7-120

10 单击“高光”图层，按住Ctrl键单击该图层的缩览图，载入手的选区，如图7-121、图7-122所示。

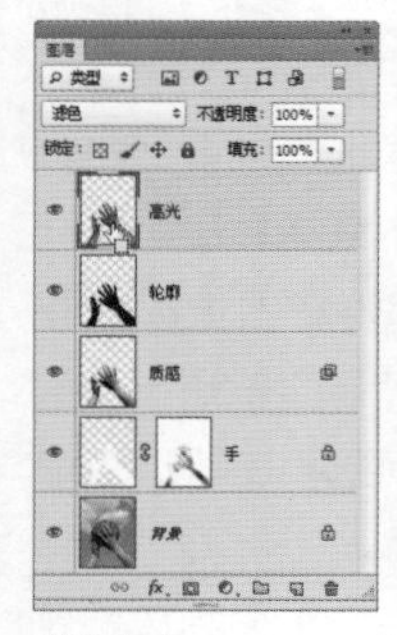
图7-121

图7-122

11 创建“色相/饱和度”调整图层，设置参数如图7-123所示，将手调整为冷色，如图7-124所示。选区会转化到调整图层的蒙版中限定调整范围。单击“图层”面板底部的 按钮，在调整图层上面创建一个图层。选择柔角画笔工具 ，按住Alt键（切换为吸管工具 ）在蓝天上单击一下，拾取蓝色作为前景色，然后放开Alt键，在手臂内部涂抹蓝色，让手臂看上去更加透明，如图7-125所示。

图7-123

图7-124

图7-125

12 使用椭圆选框工具 选中篮球。选择“背景”图层，按下Ctrl+J快捷键，将篮球复制到一个新的图层中，如图7-126所示。按下Shift+Ctrl+] 快捷键，将该图层调整到最顶层，如图7-127所示。

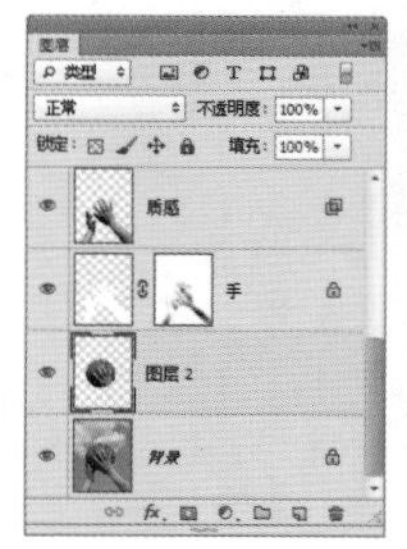
图7-126

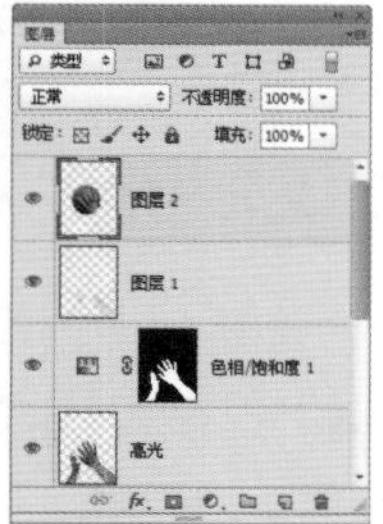
图7-127

13 按下Ctrl+T快捷键显示定界框。单击鼠标右键打开快捷菜单，选择“水平翻转”命令，翻转图像；将光标放在控制点外侧，拖动鼠标旋转图像，如图7-128所示，按下回车键确认。单击“图层”面板底部的 按钮，为图层添加蒙版。使用柔角画笔工具 在左上角的篮球上涂抹黑色，将其隐藏。按下数字键3，将画笔的不透明度设置为30%，在篮球右下角涂抹浅灰色，使手掌内的篮球呈现若隐若现的效果，如图7-129、图7-130所示。

图7-128

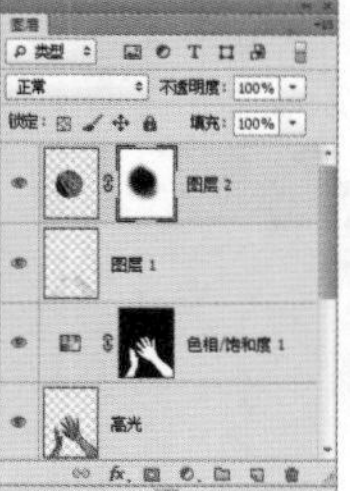
图7-129

图7-130

14 按住Ctrl键，单击“手”图层的缩览图，载入手的选区，如图7-131所示。选择椭圆选框工具 ，按住

Shift键单击并拖动鼠标将篮球选中，将其添加到选区中，如图7-132所示。

图7-131

图7-132

15 执行“编辑>合并拷贝”命令，复制选中的图像，按下Ctrl+V快捷键，将其粘贴到一个新的图层中（“图层3”），如图7-133所示。按住Ctrl键单击“轮廓”图层，将它与“图层3”同时选择，如图7-134所示。打开光盘中的素材文件，使用移动工具将选中的两个图层拖入该文档中，效果如图7-135所示。

图7-133

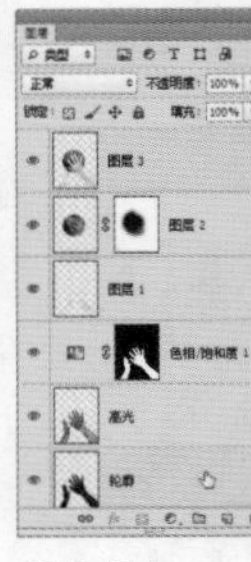
图7-134

图7-135

7.7 创意系列之球面全景

01 按下Ctrl+O快捷键，打开光盘中的素材文件，如图7-136所示。

图7-136

02 执行“图像>图像大小”命令，取消“约束比例”的链接，在“宽度”文本框中设置参数为60厘米（与高度相同），如图7-137、图7-138所示。

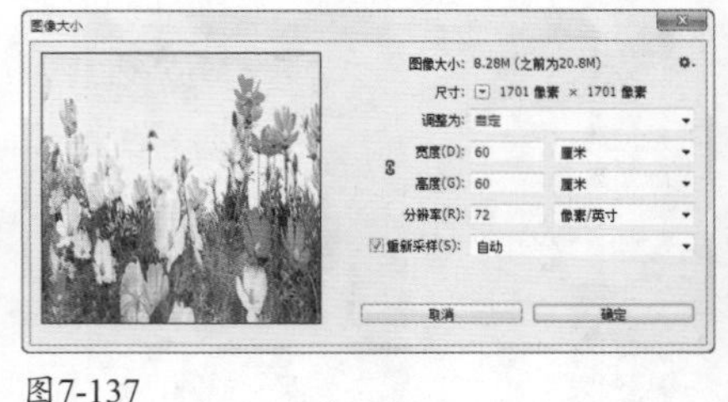

图7-137

图7-138

03 执行“图像>图像旋转>180度”命令，将图像旋转180度，如图7-139所示。执行“滤镜>扭曲>极坐标”命令，在打开的对话框中选择“平面坐标到极坐标”选项，如图7-140所示，效果如图7-141所示。

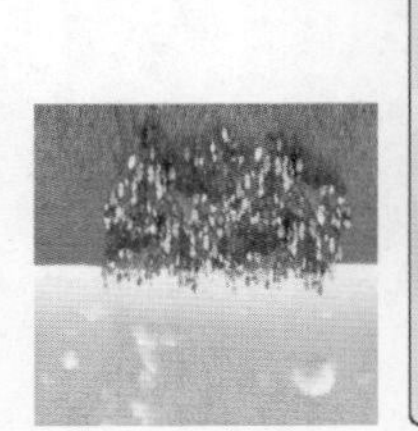
图7-139

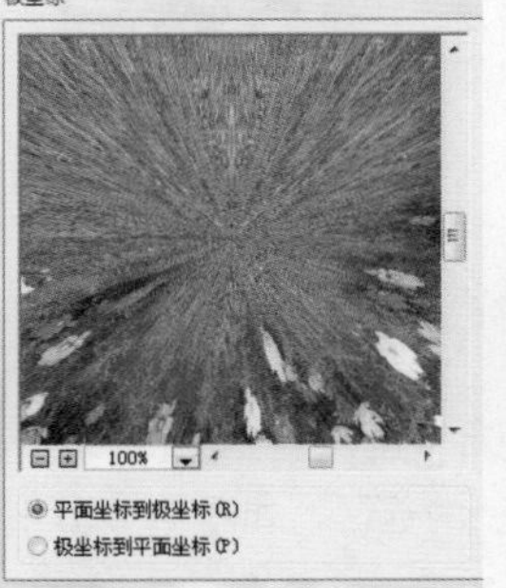

图7-140

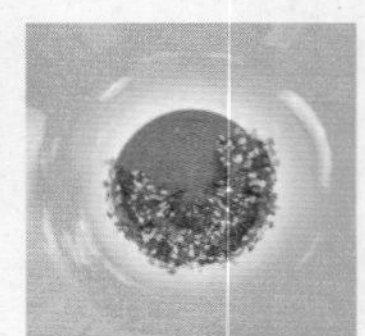
图7-141

04 打开光盘中的素材文件，将极地效果拖入该素材中。按下Ctrl+T快捷键显示定界框，单击鼠标右键，在打开的快捷菜单中选择“水平翻转”命令，再将图像放大并调整角度，如图7-142所示，按下回车键确认。新建一个图层，设置混合模式为“柔光”，用柔角画笔在球形边缘绘制黄色，形成发光效果，如图7-143所示。

05 新建一个图层，在画面上方涂抹蓝色，下方涂抹桔黄色，如图7-144所示。在“组1”前面单击，显示该图层组，效果如图7-145、图7-146所示。

图7-142

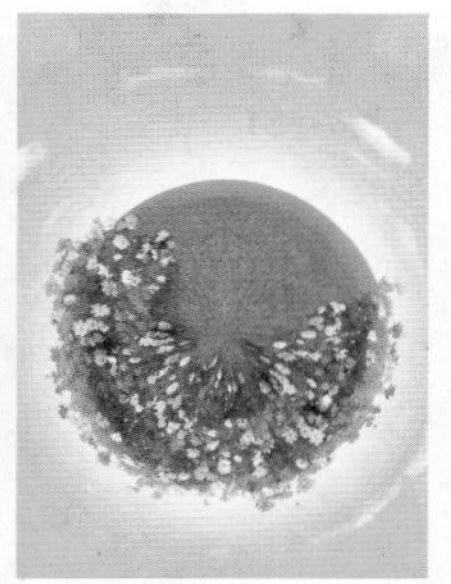
图7-143

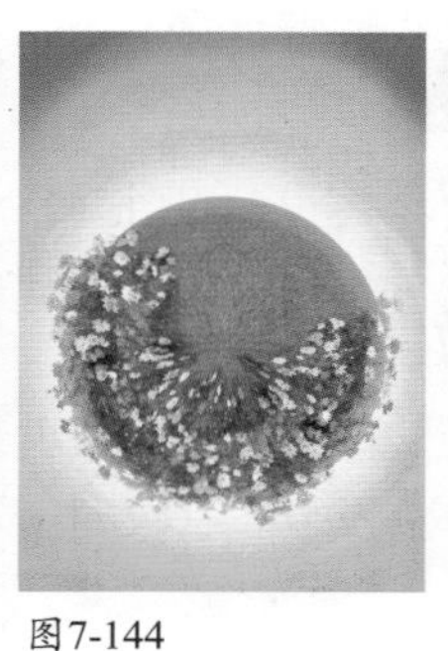
图7-144

图7-145

图7-146

7.8 创意系列之变形金刚

01 按下Ctrl+O快捷键，打开变形金刚素材。打开“路径”面板，单击路径层，如图7-147所示，按下Ctrl+回车键，将路径转换为选区，如图7-148所示。

图7-147

图7-148

02 打开手素材，如图7-149所示。使用移动工具将选中的变形金刚拖入到手文档中，如图7-150所示。

图7-149

图7-150

03 按两下Ctrl+J快捷键复制图层。单击下面两个图层的眼睛图标，将它们隐藏。按下Ctrl+T快捷键显示定界框，将图像旋转，如图7-151、图7-152所示。

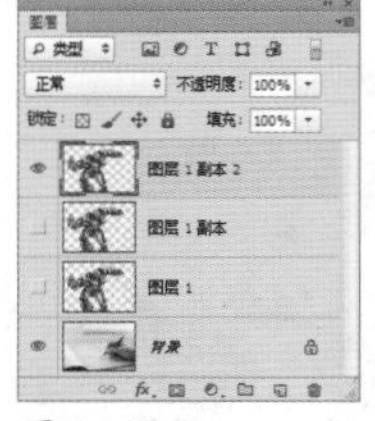
图7-151

图7-152

04 单击“图层”面板底部的按钮，添加蒙版。使用画笔工具在变形金刚腿部涂抹黑色，将其隐藏，如图7-153、图7-154所示。

图7-153

图7-154

05 将该图层隐藏，然后选择并显示中间的图层。按下Ctrl+T快捷键显示定界框，按住Ctrl键拖曳控制点，对图像进行变形处理，按下回车键确认，如图7-155、图7-156所示。

06 按下D键，恢复为默认的前景色和背景色。执行“滤镜>素描>绘图笔”命令，如图7-157所示。将图像处理成为铅笔素描效果，再将图层的混合模式设置为“正片叠底”，效果如图7-158所示。

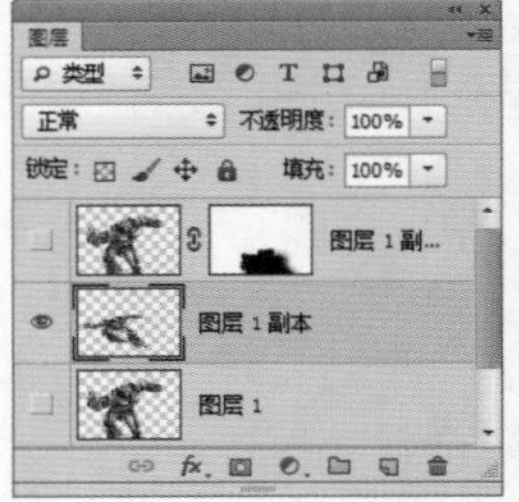

图7-155

图7-156

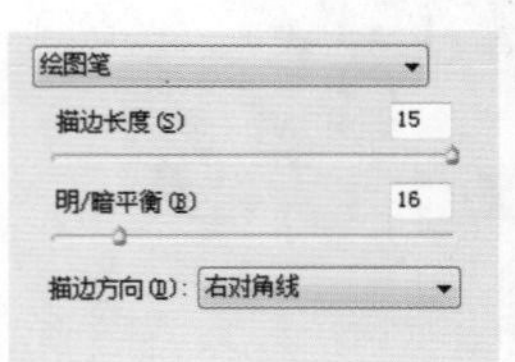

图7-157

图7-158

07 单击“图层”面板底部的 按钮，添加蒙版。用画笔工具 在变形金刚上半身，以及遮挡住手指和铅笔的图像上涂抹黑色，将其隐藏起来，如图7-159所示。单击图层前面的眼睛图标，将该图层隐藏，选择并显示最下面的变形金刚图层。对该图像进行适当扭曲，如图7-160所示。

图7-159

图7-160

08 设置该图层的混合模式为“正片叠底”，不透明度为55%。单击“图层”面板顶部的 按钮锁定透明区域，调整前景色（R39、G29、B20），按下Alt+Delete快捷键填色，如图7-161、图7-162所示。

图7-161

图7-162

09 再单击一下 按钮，解除锁定。执行“滤镜>模糊>高斯模糊”命令，如图7-163所示，让图像的边缘变得柔和，使之成为变形金刚的投影。为该图层添加蒙版，用柔角画笔工具 修改蒙版，将下半边图像隐藏，如图7-164、图7-165所示。

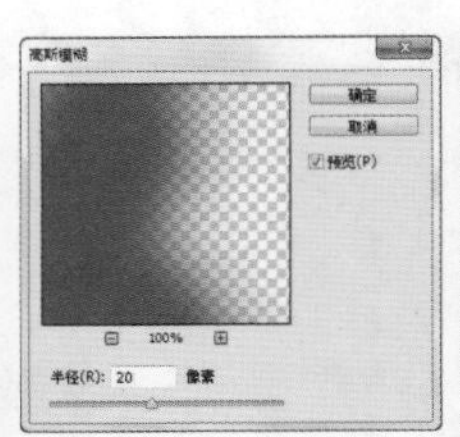

图7-163

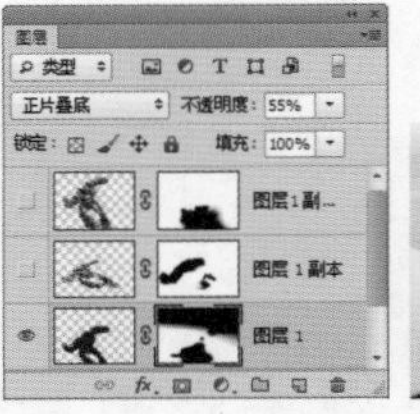

图7-164

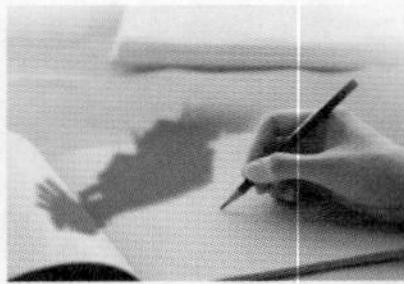

图7-165

10 将上面的两个图层显示出来。单击“调整”面板中的 按钮，创建“曲线”调整图层，拖曳曲线将图像调亮，如图7-166所示。将它移到到面板的最顶层。使用渐变工具 填充黑白线性渐变，对蒙版进行修改，如图7-167、图7-168所示。

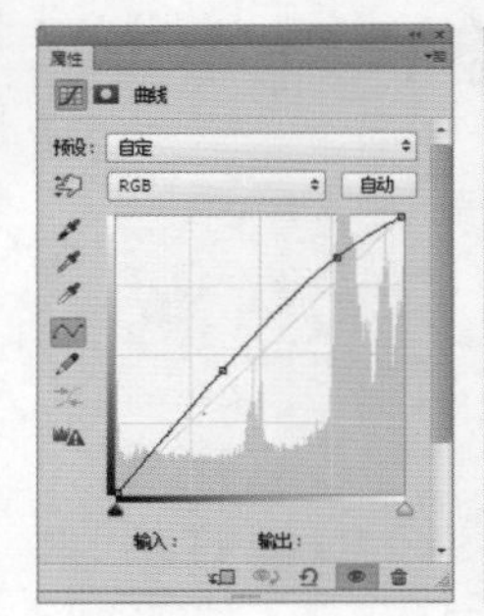

图7-166

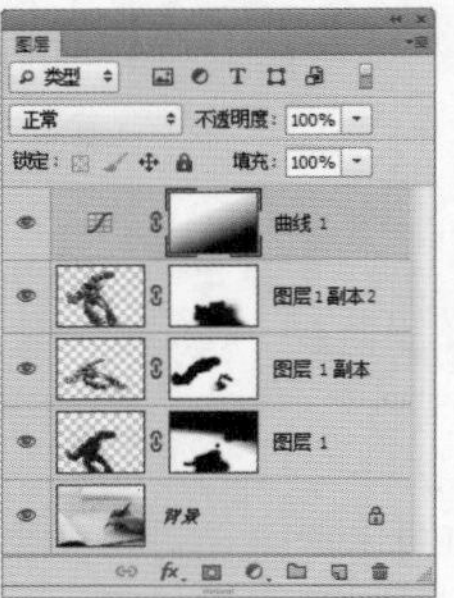

图7-167

图7-168

11 新建一个图层，设置混合模式为“柔光”，不透明度为60%。使用柔角画笔工具 在画面四周涂抹黑色，对边角进行加深处理，如图7-169、图7-170所示。

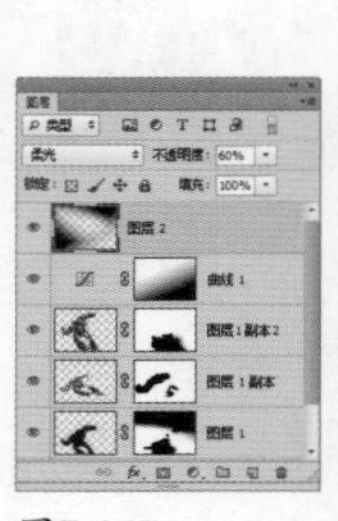

图7-169

图7-170

7.9 特效字系列之金属字

01 打开光盘中的素材文件。使用横排文字工具 T 在画面中输入文字，在工具选项栏中设置字体及大小，如图7-171所示。按下Ctrl+T快捷键显示定界框，在工具选项栏中设置旋转角度为-8度，如图7-172所示。

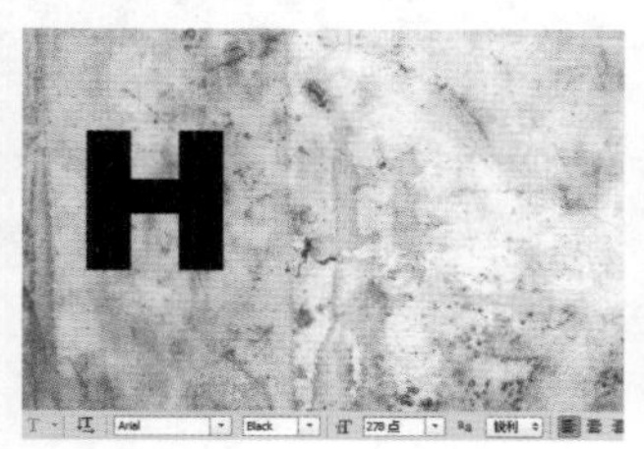
图7-171

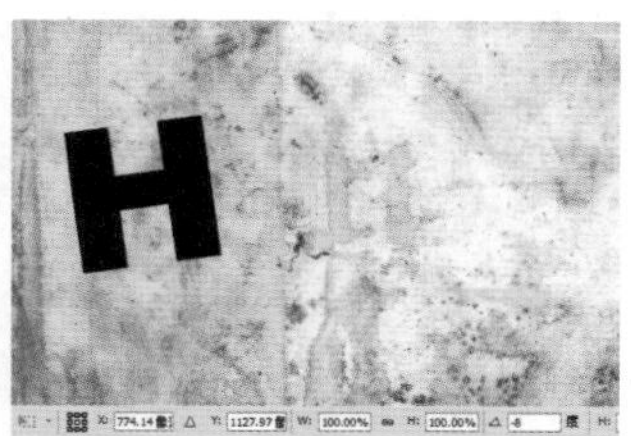
图7-172

02 双击该图层，打开“图层样式”对话框，在左侧列表中分别选择“内发光”“渐变叠加”“投影”选项并设置参数，如图7-173~图7-176所示。

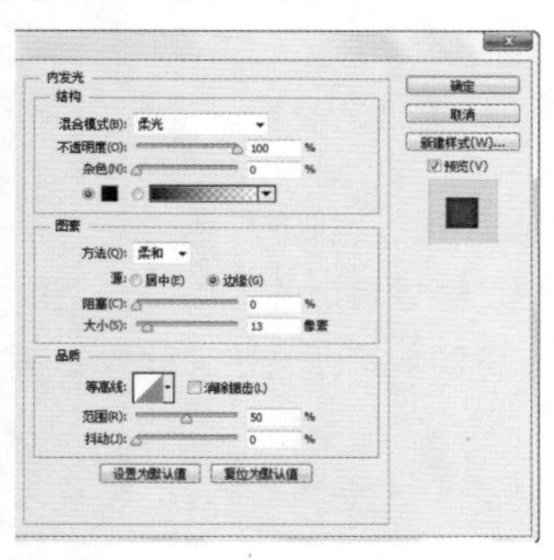
图7-173

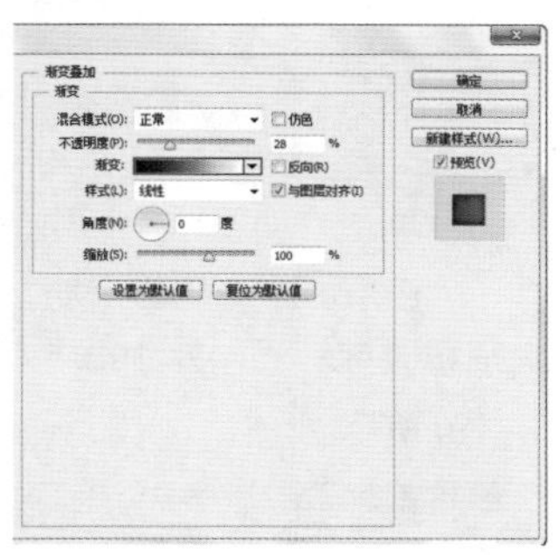
图7-174

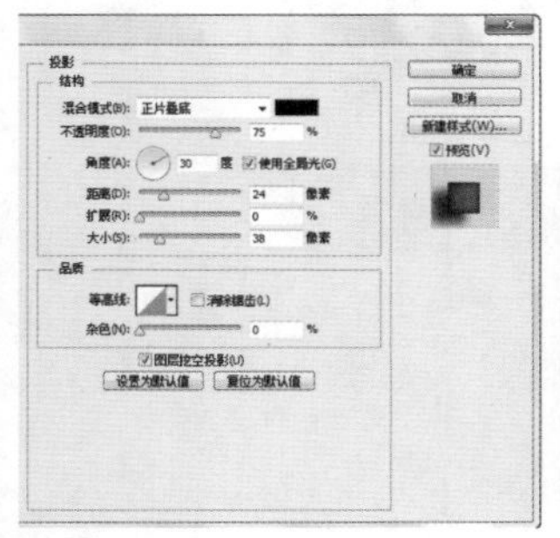
图7-175

图7-176

03 选择“斜面和浮雕”“等高线”选项，使文字呈现立体效果，并具有一定的光泽感，如图7-177~图7-179所示。

04 打开一个纹理素材，如图7-180所示。使用移动工具 将素材拖到文字文档中，按下Alt+Ctrl+G快捷键创建剪贴蒙版，将纹理图像的显示范围限定在文字区域内，如图7-181、图7-182所示。

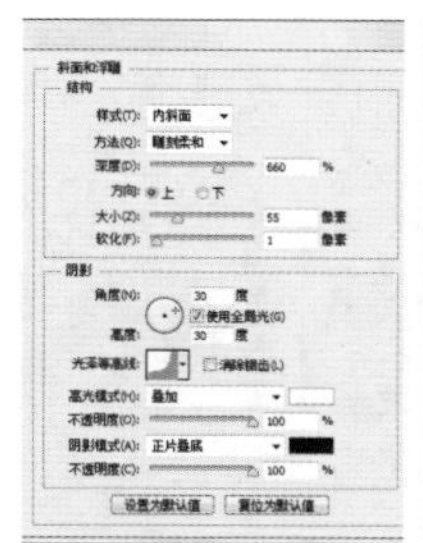
图7-177

图7-178

图7-179

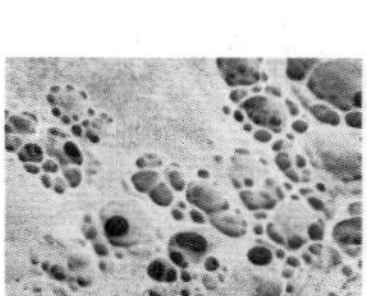
图7-180

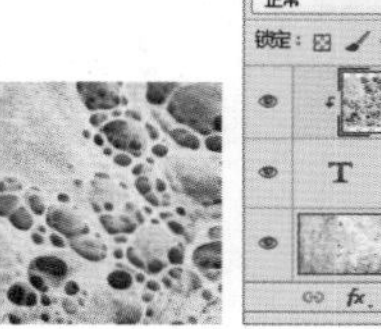
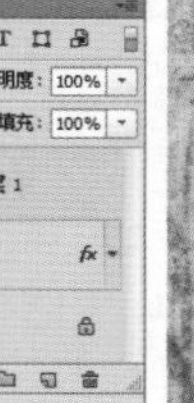
图7-181

图7-182

05 双击“图层1”，打开“图层样式”对话框，按住Alt键拖动“本图层”选项中的白色滑块，将滑块分开，拖动时观察渐变条上方的数值到202时，放开鼠标，如图7-183所示。此时纹理素材中色阶高于202的亮调图像会被隐藏起来，只留下深色图像，使金属字呈现斑驳的质感，如图7-184所示。

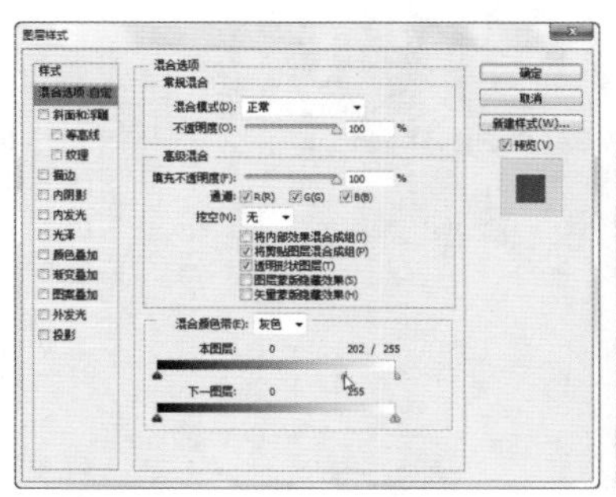
图7-183

图7-184

06 按住Ctrl键单击文本图层，将这两个图层选取，如图7-185所示。按住Alt键向下拖动进行复制，再双击文本图层缩览图，如图7-186所示。将复制后的字母“H”修改为“O”，按住Ctrl键移动其位置，如图7-187所示。用同样的方法制作出字母“W”，适当旋转角度，如图7-188所示。

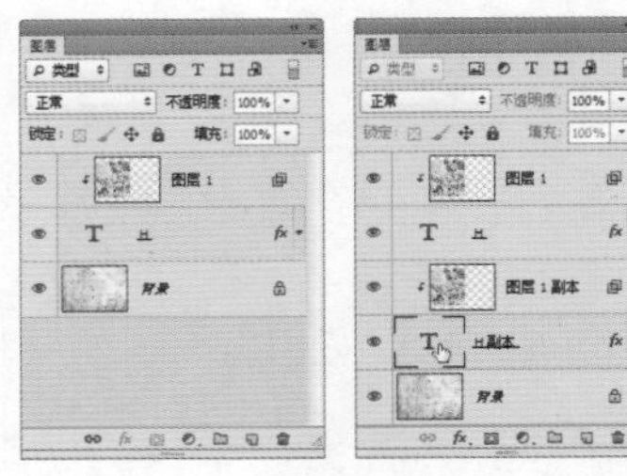

图7-185　　图7-186

图7-187

图7-188

07 使用横排文字工具 T 输入文字，如图7-189所示。按住Alt键，将文字“H”图层的效果图标 fx 拖动到当前文字图层上，为当前图层添加效果，如图7-190、图7-191所示。

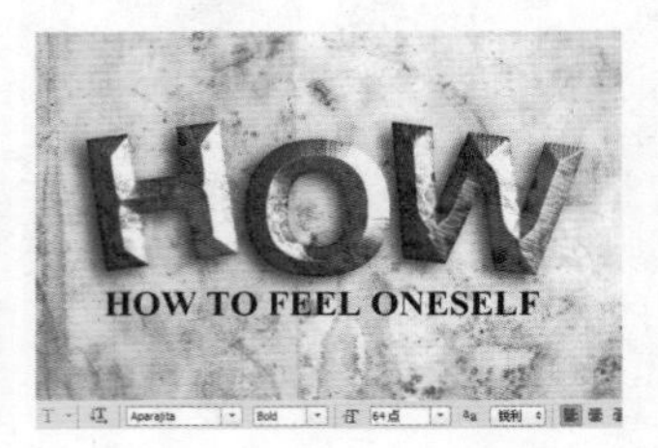

图7-189

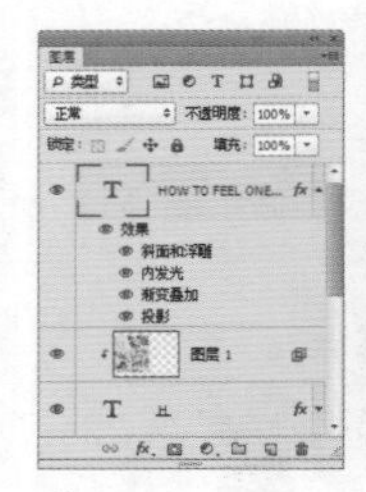

图7-190

图7-191

08 执行“图层>图层样式>缩放效果”命令，对效果进行缩放，使其与文字大小相匹配，如图7-192、图7-193所示。

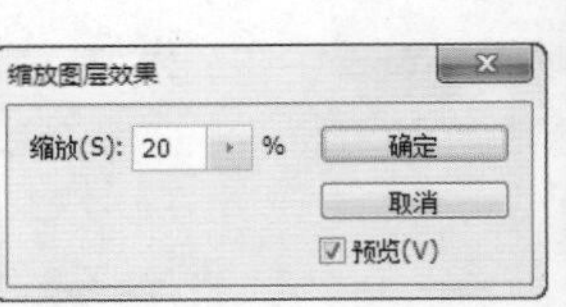

图7-192

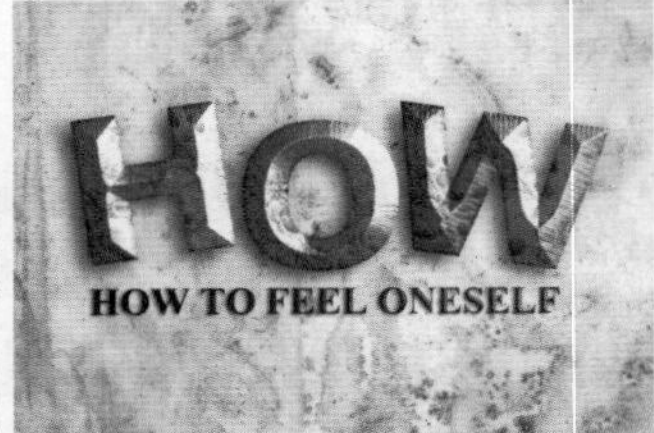

图7-193

09 按住Alt键，将“图层1”拖动到当前文字层的上方，复制出一个纹理图层，按下Alt+Ctrl+G快捷键，创建剪贴蒙版，为当前文字也应用纹理贴图，如图7-194、图7-195所示。

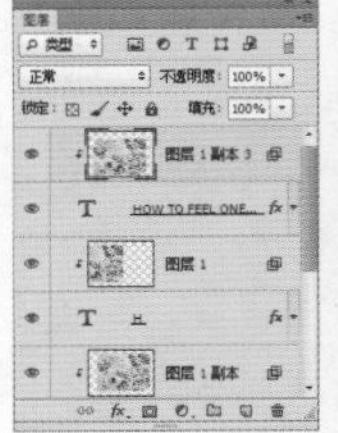

图7-194

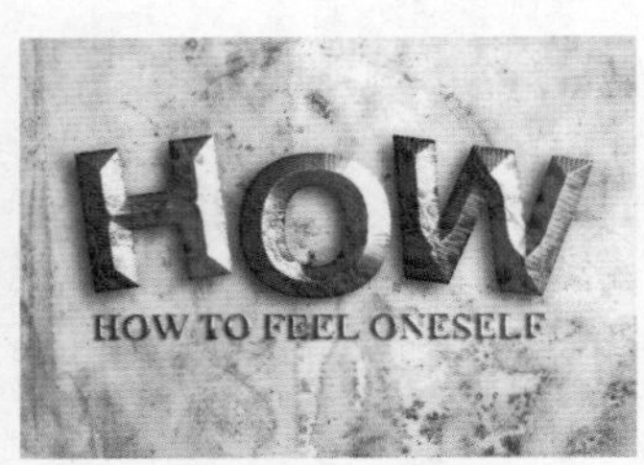

图7-195

10 单击“调整”面板中的 按钮，创建“色阶”调整图层，拖动阴影滑块，增加图像色调的对比度，使金属质感更强，如图7-196所示。再输入其他文字，效果如图7-197所示。

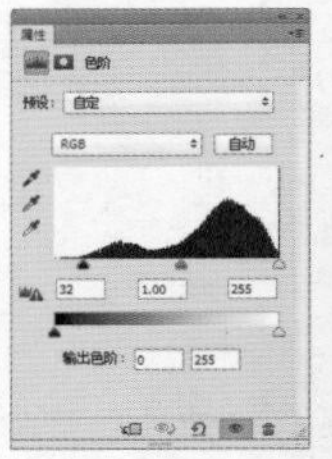

图7-196

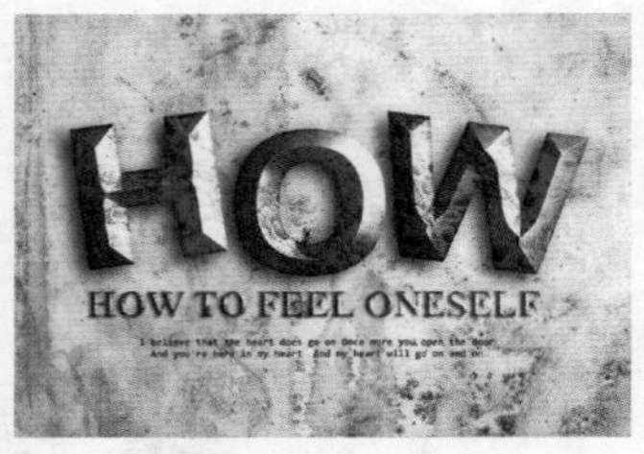

图7-197

7.10 特效字系列之圆点字

01 按下Ctrl+N快捷键，打开“新建”对话框，创建一个10厘米×6厘米、350像素/英寸大小的文件。

02 单击“通道”面板底部的 按钮，新建一个Alpha通道，如图7-198所示，按下Ctrl+I快捷键，将通道反相为白色，如图7-199所示。

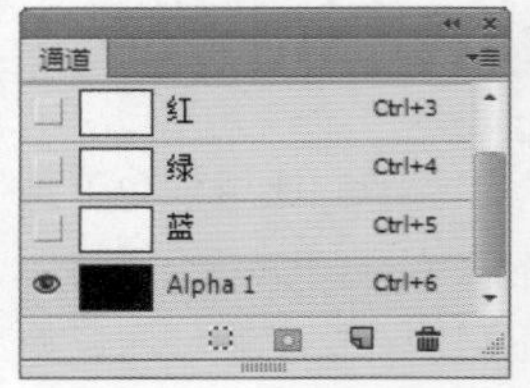

图7-198　　图7-199

03 选择横排文字工具T，打开“字符”面板，设置字体、大小及颜色（R153、G153、B153），如图7-200所示，在画面中单击并输入文字。选择工具箱中其他工具可以结束文字的输入，文字会转换为选区，如图7-201所示。

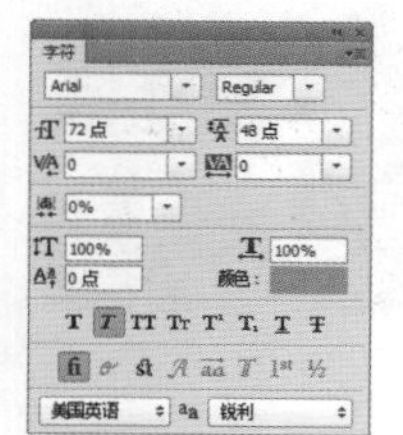

News

图7-200 图7-201

04 按下Ctrl+D快捷键取消选择。执行“滤镜>像素化>彩色半调”命令，设置参数，如图7-202所示，使文字变为圆点，如图7-203所示。

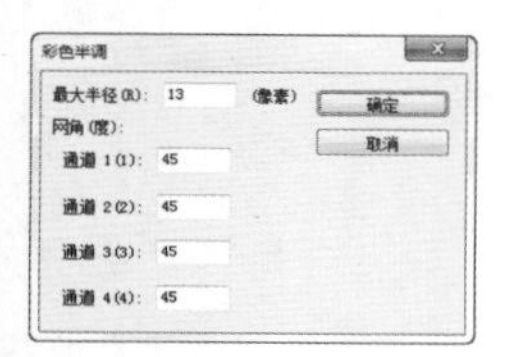

News

图7-202 图7-203

05 单击“通道”面板底部的按钮，载入通道中的选区，如图7-204所示，按下Shift+Ctrl+I快捷键反选，选中文字，如图7-205所示。

News

图7-204 图7-205

06 单击“图层”面板底部的按钮，新建一个图层。将前景色设置为绿色（R89、G250、B0），按下Alt+Delete快捷键，在选区内填充前景色，按下Ctrl+D快捷键取消选择。打开一个素材，如图7-206所示。使用移动工具将文字拖入该文档，如图7-207所示。

图7-206 图7-207

07 按下Ctrl+J快捷键复制文字图层，按下Alt+[快捷键，将“图层1”设置为当前图层。执行“滤镜>模糊>动感模糊”命令，设置参数，如图7-208所示，效果如图7-209所示。

图7-208 图7-209

08 按下Ctrl+J快捷键复制当前图层，如图7-210所示。按下Ctrl+T快捷键显示定界框，单击鼠标右键打开下拉菜单，选择“垂直翻转”命令，如图7-211所示。

图7-210 图7-211

09 将图像翻转过来以后，移动到画面下方作为文字的倒影，按下回车键确认，如图7-212所示。单击“图层”面板底部的按钮，创建蒙版。

10 按下D键，将前景色和背景色恢复为默认的黑白色。选择渐变工具，选择黑白渐变样式，如图7-213所示，按住Shift键在画面底部填充线性渐变，如图7-214所示。最后可以再添加一些小字，效果如图7-215所示。

图7-212 图7-213

图7-214 图7-215

7.11 特效字系列之面包片字

01 打开光盘中的素材，如图9-216所示。这是一个分层文件，文字已转换成图像，如图9-217所示。

图9-216

图9-217

02 双击“面包干”图层，添加“内发光”和“颜色叠加”效果，使文字呈现出面包的橙黄色，如图9-218～图9-220所示。

03 在“面包干”图层上单击鼠标右键，在打开的菜单中选择“栅格化图层样式”命令，图层样式会转换到图像中，如图9-221所示。

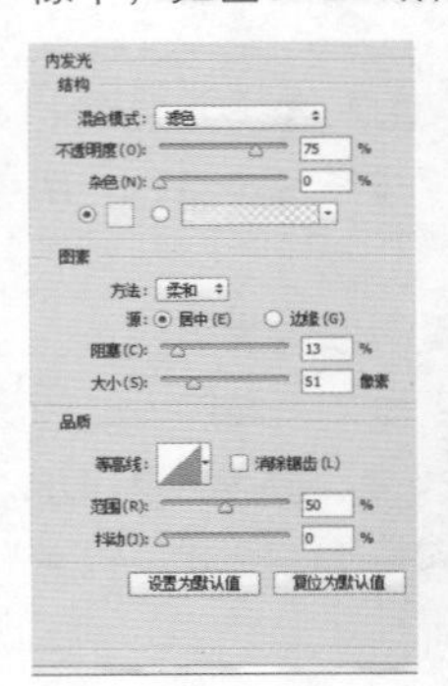

图9-218

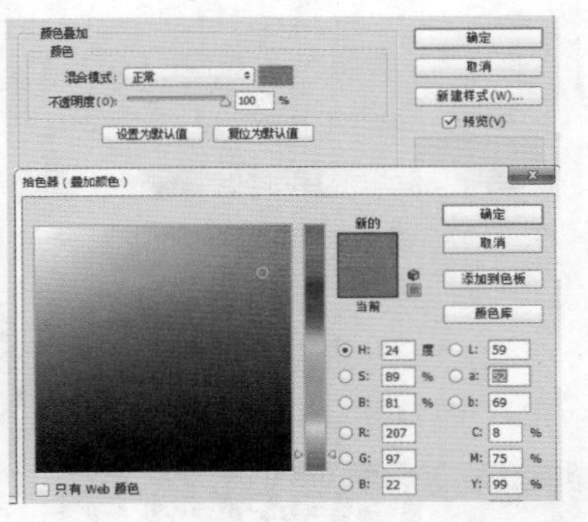

图9-219

图9-220

图9-221

04 单击“通道”面板中的“创建新通道”按钮，新建Alpha 1通道，如图9-222所示。执行“滤镜>渲染>云彩”命令，效果如图9-223所示。执行“滤镜>渲染>分层云彩”命令，使纹理更清晰，如图9-224所示。

05 按下Ctrl+L快捷键，打开“色阶”对话框，向左侧拖动白色滑块，使灰色变为白色，如图9-225、图9-226所示。

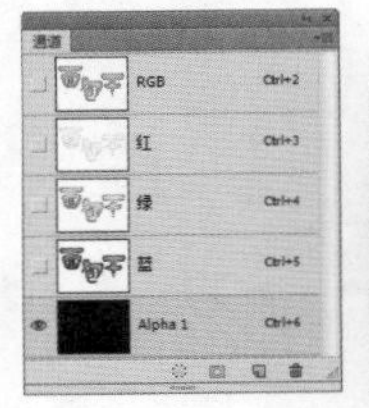

图9-222

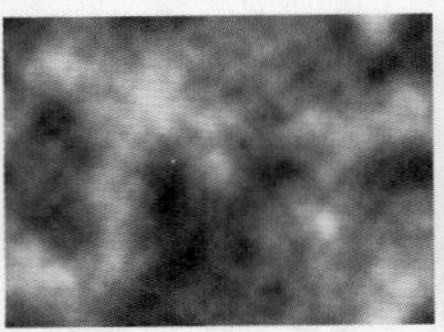

图9-223

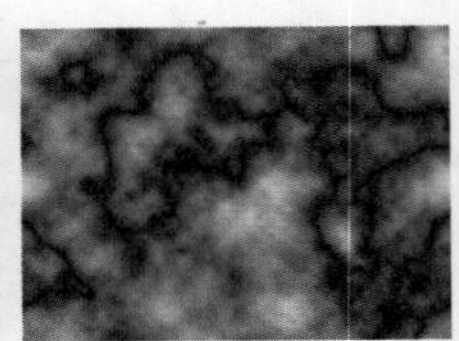

图9-224

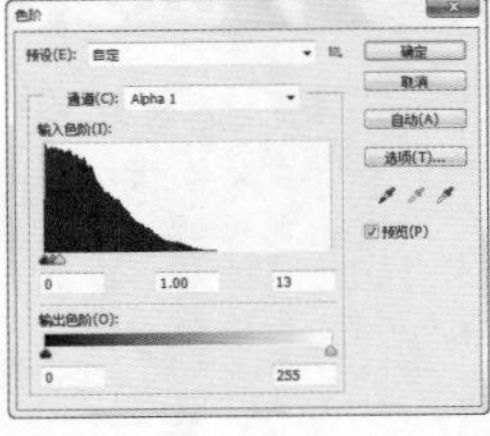

图9-225

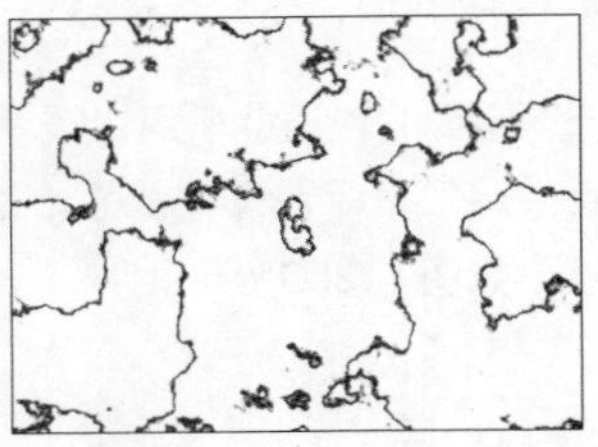

图9-226

06 执行“滤镜>扭曲>海洋波纹”命令，打开“滤镜库”，设置参数，如图9-227所示，使图像看起来像是在水下面。单击对话框底部的按钮，新建一个效果图层。单击按钮，显示滤镜名称及缩览图，选择“扩散亮光”滤镜，在图像中添加白色杂色，并从图像中心向外渐隐亮光，使图像产生一种光芒漫射的效果，如图9-228所示。

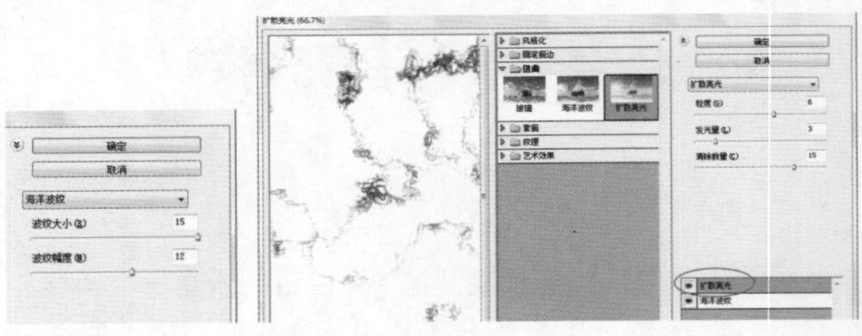

图9-227　图9-228

07 执行“滤镜>杂色>添加杂色”命令，在画面中添加颗粒，如图9-229、图9-230所示。按下Ctrl+I快捷键反相，如图9-231所示。

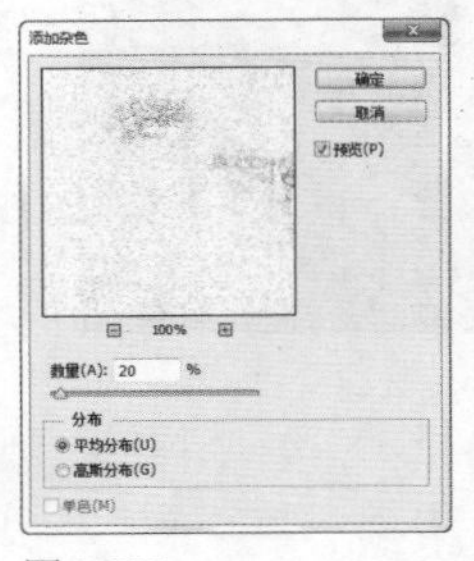

图9-229

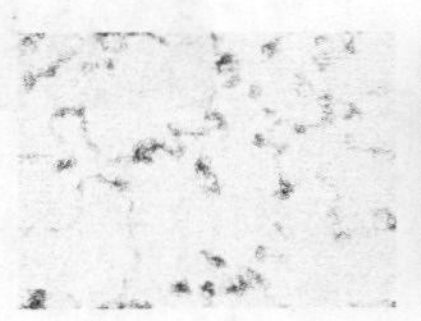

图9-230

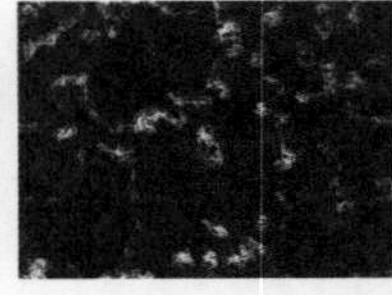

图9-231

08 按下Ctrl+2快捷键，返回彩色图像编辑状态，当前编辑的是“面包干”文字所在的图层。执行“滤镜>渲染>光照效果”命令，默认的光照类型为“点光”，它是一束椭圆形的光柱，拖动中央的圆圈可以移动光源位置，拖动手柄可以旋转光照，将光照方向定位在右下角，在“纹理通道”下拉列表中选择Alpha 1通道，如图9-232所示，将Alpha 1通道中的图像映射到文字，这样就可以生成干裂粗糙的表面，如图9-233所示。

图9-232 图9-233

09 双击“面包干”图层，分别添加“斜面和浮雕”“投影”效果，表现出面包的厚度，如图9-234～图9-236所示。

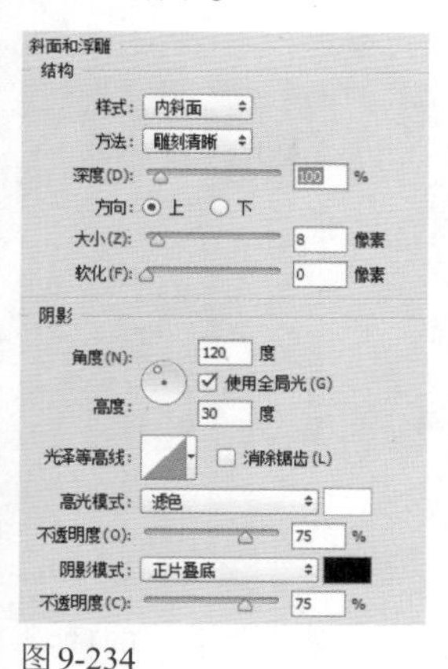

图9-234

投影
结构
混合模式：正片叠底
不透明度(O)：56 %
角度(A)：120 度 使用全局光(G)
距离(D)：11 像素
扩展(R)：0 %
大小(S)：10 像素
品质
等高线： 消除锯齿(L)
杂色(N)：0 %
图层挖空投影(U)
设置为默认值 复位为默认值

图9-235

图9-236

10 按住Ctrl键，单击该图层的缩览图，载入文字的选区，如图9-237所示。单击“调整”面板中的按钮，创建“色阶”调整图层，将图像调亮，并适当增加对比度，如图9-238、图9-239所示。同时，“图层”面板中会基于选区生成一个色阶调整图层，原来的选区范围会变为调整图层蒙版中的白色区域，如图9-240所示。

11 单击“调整”面板中的按钮，创建“色相/饱和度”调整图层，适当地增加饱和度，使“面包干”颜色鲜亮，如图9-241、图9-242所示。

图9-237

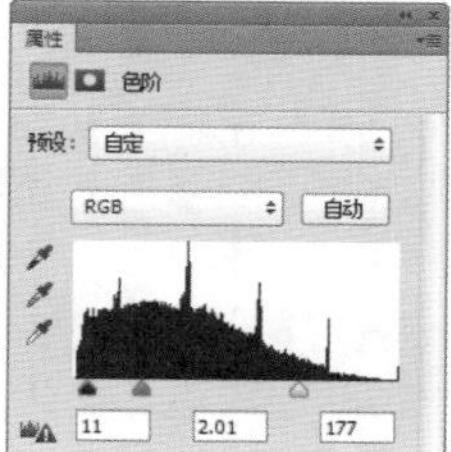

图9-238

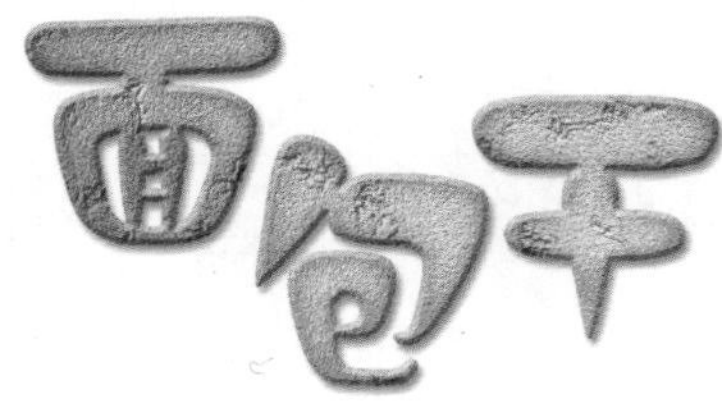

图9-239

图9-240

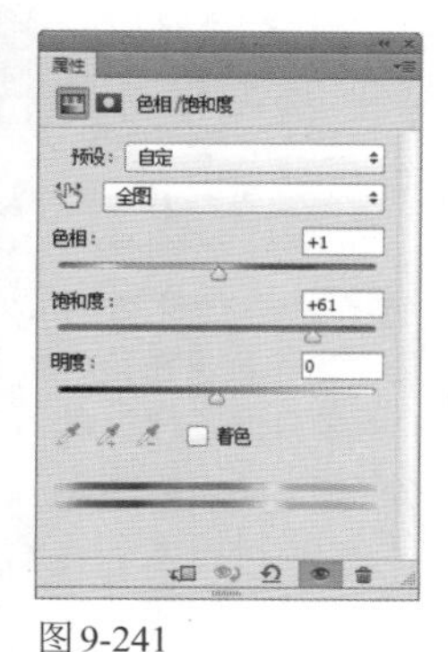

图9-241

图9-242

第8章

文字达人秘技 矢量工具与文字

计算机图形图像分为两大类，一类是位图图像，它包括数码照片、扫描仪扫描的图片、网上的图片素材等；另一类是矢量图形，即由图形软件通过数学的向量方式进行计算得到的图形。位图可以表现色彩的变化和颜色的细微过渡，产生逼真的效果，矢量图形则可以任意缩放和旋转而不会出现锯齿。Photoshop的矢量工具分为3类。第一类是钢笔工具，主要用来绘图和抠图；第二类是各种形状工具，如矩形工具、椭圆工具和自定形状工具等，它们用来绘制相应的矢量图形；第三类是文字工具，用来创建和编辑文字。

扫描二维码，关注李老师的微博、微信。

8.1 绘图模式

矢量图是由数学定义的矢量形状组成的，它是一种由锚点和路径构成的图形。

8.1.1 绘图模式概览

在Photoshop中，钢笔工具、矩形工具、圆角矩形工具、椭圆工具、多边形工具、直线工具和自定形状工具等都是矢量工具，它们可以创建不同类型的对象，包括形状图层、工作路径和填充像素。选择其中的一个矢量工具后，需要先在工具选项栏中单击相应的按钮，指定一种绘制模式，然后才能绘图。

8.1.2 形状

形状选项

在工具选项栏中选择“形状”选项后，可以在单独的形状图层中创建形状。形状图层由填充区域和形状两部分组成，填充区域定义了形状的颜色、图案和图层的不透明度，形状则是一个矢量图形，它也同时出现在“路径”面板中，如图8-1所示。

图8-1

对形状进行填充

选择“形状”选项后，可以在“填充”选项下拉列表及“描边”选项组中单击一个按钮，然后选择用纯色、渐变和图案对形状进行填充和描边，如图8-2所示。

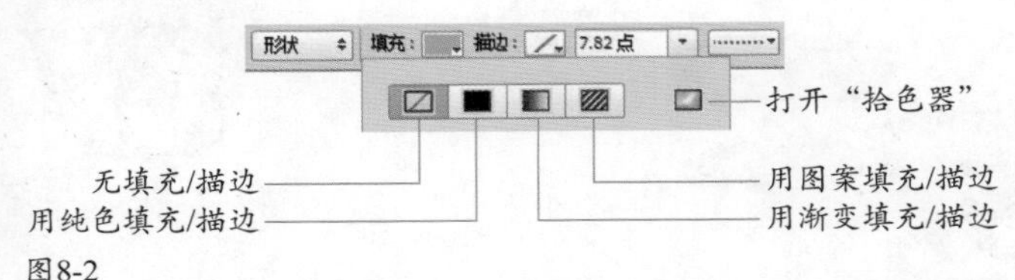

图8-2

图8-3~图8-5所示为采用不同内容对形状进行填充的效果。如果要自定义填充颜色，可以单击按钮，打开“拾色器”进行调整。

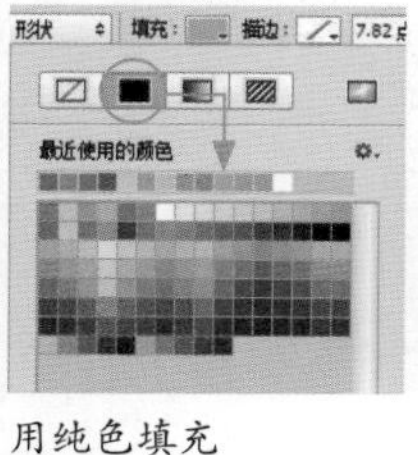

用纯色填充
图8-3

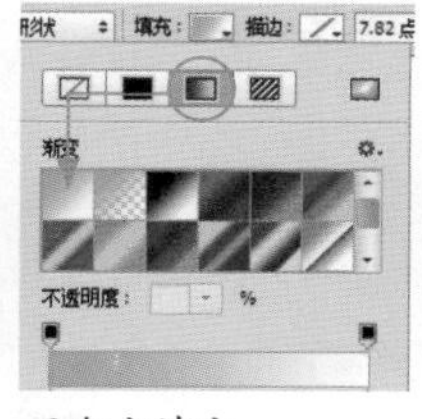

用渐变填充
图8-4

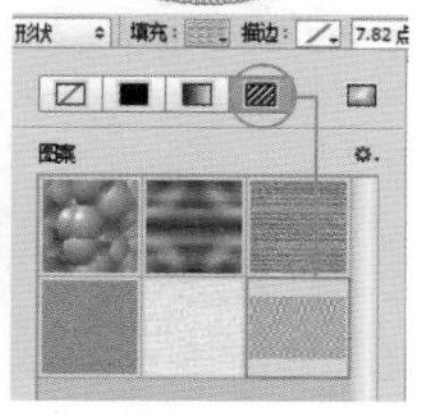

用图案填充
图8-5

对形状进行描边

在“描边”选项组中，可以用纯色、渐变和图案为形状进行描边，如图8-6~图8-8所示。

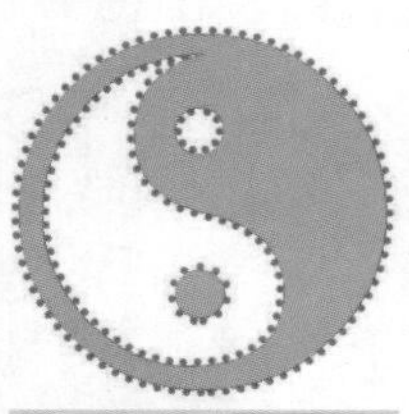
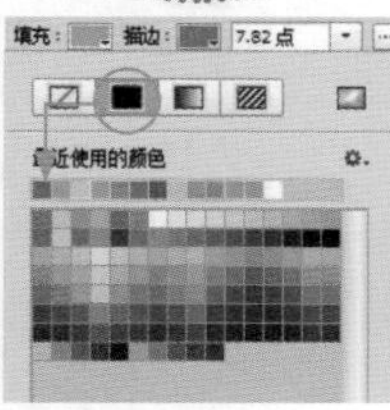

用纯色描边
图8-6

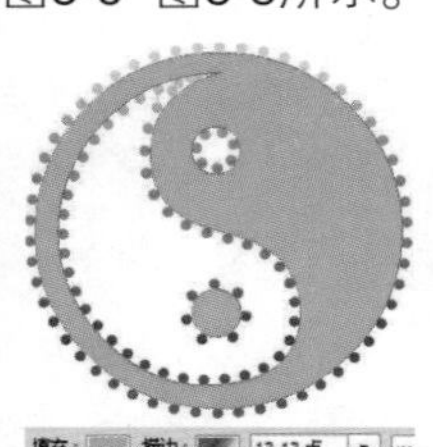
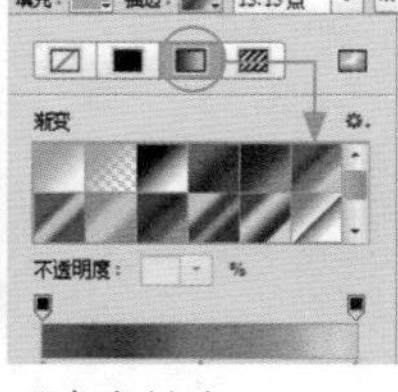

用渐变描边
图8-7

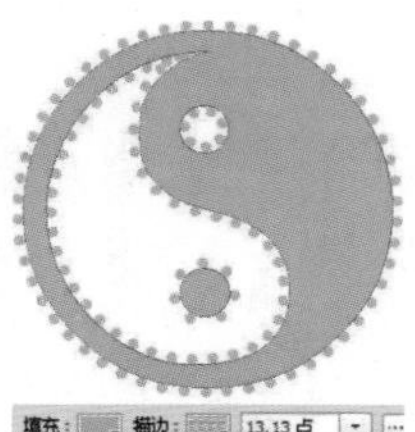
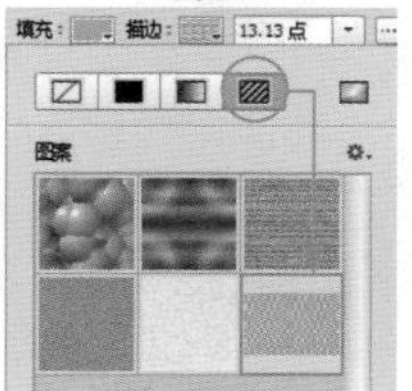

用图案描边
图8-8

设置描边选项

单击工具选项栏中的▾按钮，打开下拉菜单，拖曳滑块可以调整描边宽度，如图8-9、图8-10所示。单击工具选项栏中图8-11所示的按钮，可以打开一个下拉面板，在该面板中可以设置描边选项。

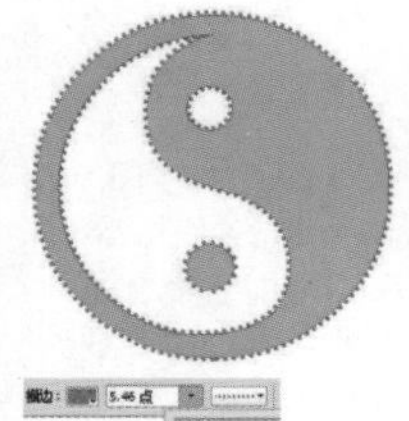

图8-9

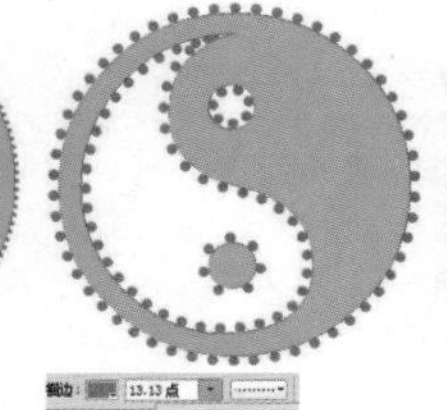

图8-10

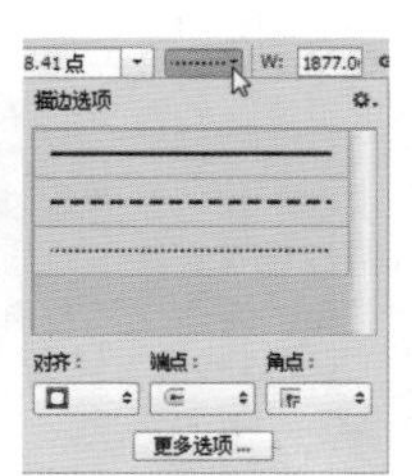

图8-11

8.1.3 路径

路径选项

在工具选项栏中选择“路径”选项后，可以创建工作路径，它也同时出现在“路径”面板中，如图8-12所示。路径可以转换为选区或创建矢量蒙版，也可以填充和描边，从而得到光栅化的图像。

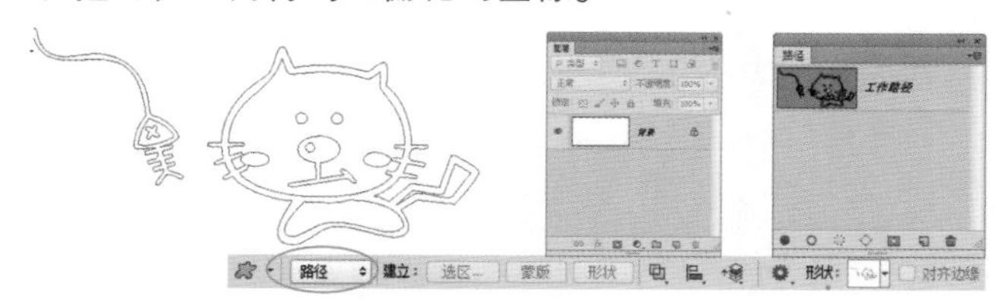

图8-12

相关链接

在工具选项栏中选择“路径”选项并绘制路径后，可以单击“选区”“蒙版”或“形状”按钮，将路径转换为选区、矢量蒙版或形状图层。关于选区的编辑方法，请参阅第54页；关于图层蒙版，请参阅第82页。

认识路径

路径是可以转换为选区或使用颜色填充和描边的轮廓，它包括有起点和终点的开放式路径，如图8-13所示，及没有起点和终点的闭合式路径两种，如图8-14所示。此外，路径也可以由多个相互独立的路径组件组成，这些路径组件被称为子路径。例如，图8-15所示的路径中包含3个子路径。

图8-13

图8-14

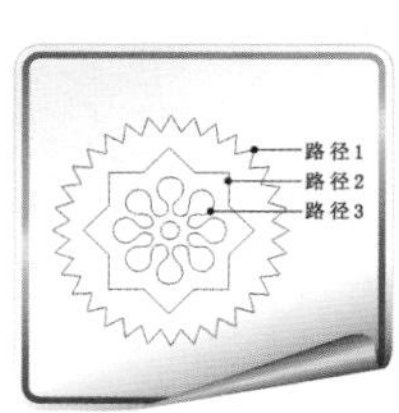

图8-15

认识锚点

一条完整的路径由两段或更多的直线路径段或曲线路径段组成，如图8-16所示，它们通过锚点连接。

锚点分为两种，一种是平滑点，另外一种是角点。平滑点连接可以形成平滑的曲线，如图8-17所示；角点连接形成直线或转角曲线，如图8-18、图8-19所示。

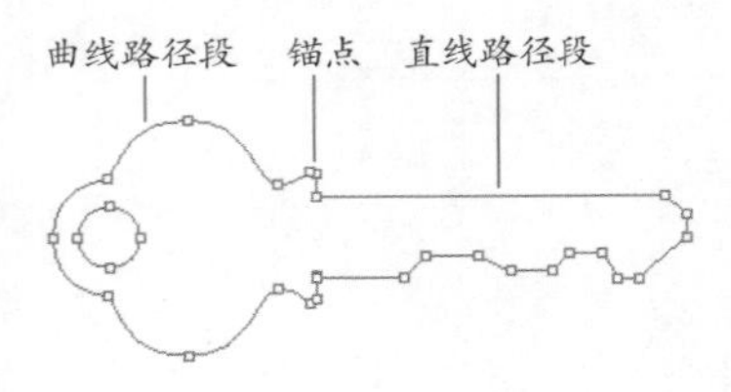

图8-16

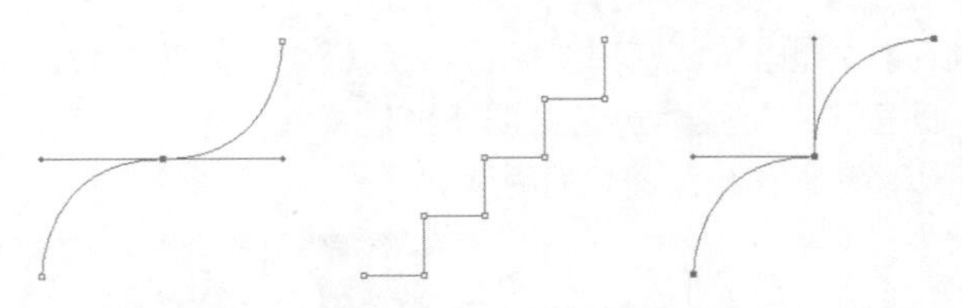

平滑点连接的曲线　角点连接的直线　角点连接的转角曲线

图8-17　图8-18　图8-19

曲线路径段上的锚点带有方向线，方向线的端点是方向点，拖动方向点可以改变方向线的方向，从而改变曲线的形状，如图8-20、图8-21所示。

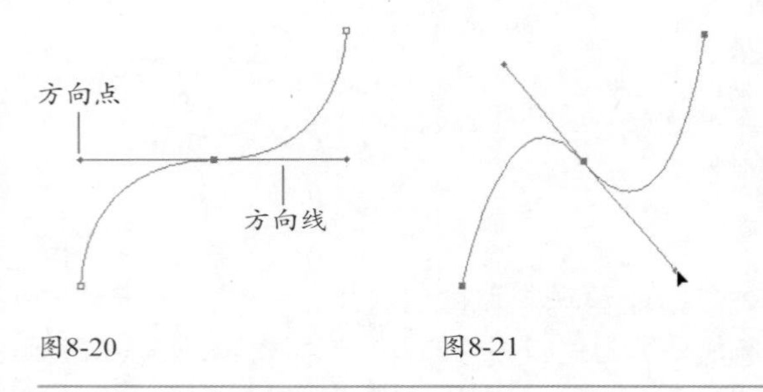

图8-20　图8-21

8.1.4 像素

在工具选项栏中选择"像素"选项后，可以在当前图层上绘制栅格化的图形（图形的填充颜色为前景色）。由于不能创建矢量图形，因此，"路径"面板中也不会有路径，如图8-22所示。需要注意的是，该选项不能用于钢笔工具。

图8-22

8.1.5 "路径"面板

"路径"面板中显示了每条存储的路径，当前工作路径和当前矢量蒙版的名称和缩览图，如图8-23所示。使用该面板可以保存和管理路径。

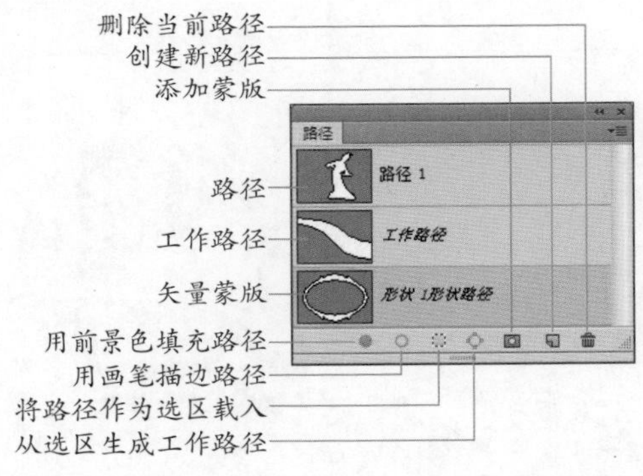

图8-23

- 路径/工作路径/矢量蒙版：显示了当前文档中包含的路径、临时路径和矢量蒙版。
- 用前景色填充路径：用前景色填充路径区域。
- 用画笔描边路径：用画笔工具对路径进行描边。
- 将路径作为选区载入：将当前选择的路径转换为选区。
- 从选区生成工作路径：从当前的选区中生成工作路径。
- 添加蒙版：从当前路径创建蒙版。
- 创建新路径：单击该按钮，可以新建一个路径层，如图8-24所示。将一个路径层拖曳到该按钮上，则可以复制该路径层。
- 删除当前路径：单击一个路径层后，单击该按钮，可以将其删除。此外，用路径选择工具单击文档窗口中的路径，再按下Delete键，也可以将其删除。
- 选择/取消选择路径层：单击"路径"面板中的路径层，即可选择该路径，如图8-25所示。在面板的空白处单击，可以取消选择路径，如图8-26所示，同时也会隐藏文档窗口中的路径。

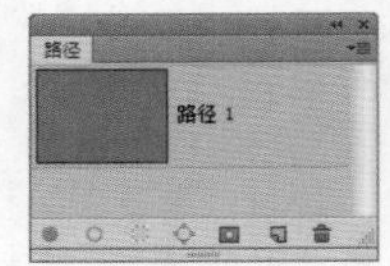

图8-24　图8-25　图8-26

技术看板：位图与矢量图的区别

位图图像在技术上称为栅格图像，它是由像素（Pixel）组成的，在Photoshop中处理图像时，编辑的就是像素。位图的特点是可以表现色彩的变化和颜色的细微过渡，产生逼真的效果，并且很容易在不同的软件之间交换使用。但在保存时，需要记录每一个像素的位置和颜色值，因此，位图占用的存储空间也比较大。另外，由于受到分辨率的制约，位图包含固定数量的像素，在对其缩放或旋转时，会使清晰的图像变得模糊。

矢量图是图形软件通过数学的向量方式计算得到的图形，它与分辨率没有直接关系，因此，可以任意缩放和旋转，而不会影响图形的清晰度和光滑性。矢量图的这一特点非常适合制作图标、Logo等需要经常缩放或者按照不同打印尺寸输出的文件内容。

关于分辨率与像素的关系，请参阅第109页。

8.2 使用形状工具绘图

Photoshop中的形状工具包括矩形工具、圆角矩形工具、椭圆工具、多边形工具、直线工具和自定形状工具，它们可以绘制出标准的几何矢量图形，也可以绘制用户自定义的图形。

8.2.1 矩形工具

矩形工具用来绘制矩形和正方形。选择该工具后，单击并拖动鼠标可以创建矩形；按住Shift键拖动，则可以创建正方形；按住Alt键拖动，会以单击点为中心向外创建矩形；按住Shift+Alt键会以单击点为中心向外创建正方形。

单击工具选项栏中的按钮，打开下拉面板，如图8-27所示，在面板中可以设置矩形工具的选项。

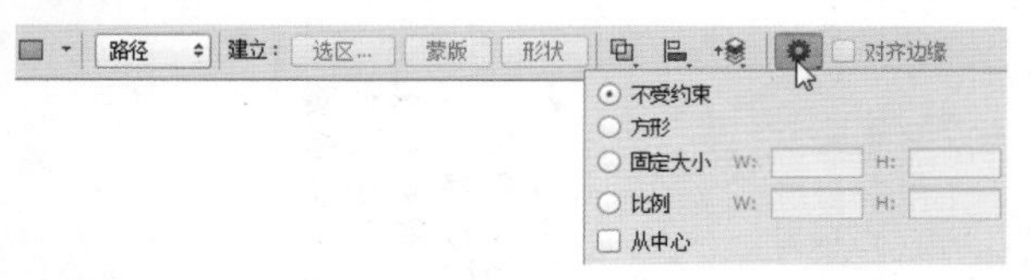

图8-27

- 不受约束：可以创建任意大小的矩形和正方形。
- 方形：只能创建正方形。
- 固定大小：勾选该项，并在它右侧的文本框中输入数值（W为宽度，H为高度），此后单击鼠标时，只创建预设大小的矩形。图8-28所示为创建的W5厘米、H10厘米的矩形。
- 比例：勾选该项后，在它右侧的文本框中输入数值（W为宽度比例，H为高度比例），此后在画面中拖动鼠标创建矩形时，无论多大的矩形，其宽度和高度都保持预设的比例，如图8-29所示（W为1、H为2）。

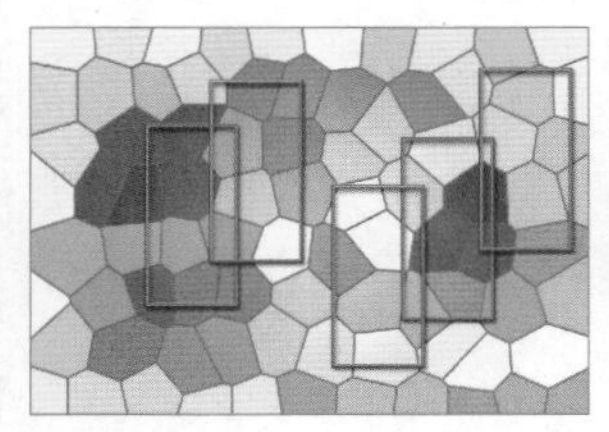

图8-28

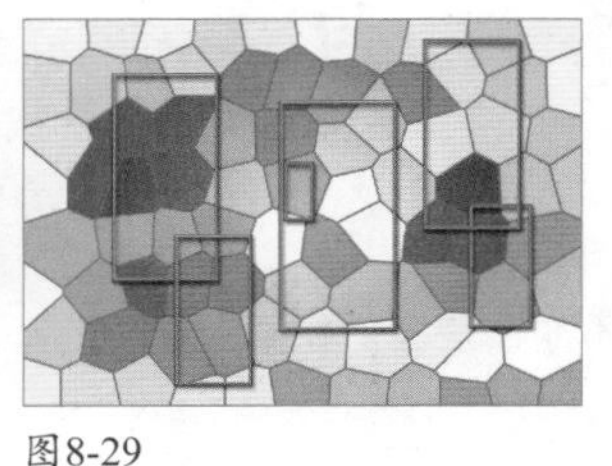

图8-29

- 从中心：以任何方式创建矩形时，鼠标在画面中的单击点即为矩形的中心，拖动鼠标时，矩形将由中心向外扩展。

8.2.2 圆角矩形工具

圆角矩形工具用来创建圆角矩形。它的使用方法及选项与矩形工具基本相同，只是多了一个“半径”选项。如图8-30所示。“半径”用来设置圆角半径，该值越高，圆角范围越广。图8-31、图8-32所示是分别设置该值为10像素和50像素创建的圆角矩形。

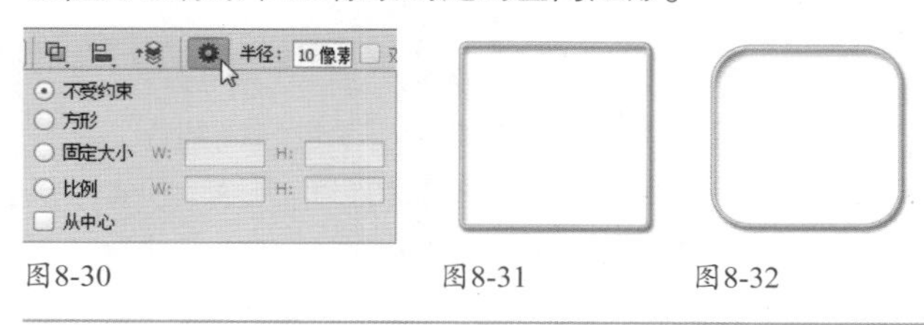

图8-30　图8-31　图8-32

8.2.3 椭圆工具

椭圆工具用来创建椭圆形和圆形，如图8-33~图8-35所示。选择该工具后，单击并拖动鼠标可以创建椭圆形，按住Shift键拖动可以创建圆形。椭圆工具的选项及创建方法与矩形工具基本相同，可以创建不受约束的椭圆和圆形，也可以创建固定大小和固定比例的图形。

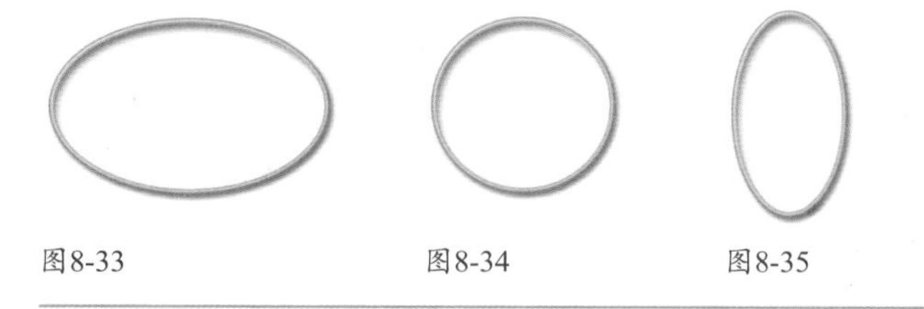

图8-33　图8-34　图8-35

8.2.4 多边形工具

多边形工具用来创建多边形和星形。选择该工具后，首先要在工具选项栏中设置多边形或星形的边数，范围是3～100。单击工具选项栏中的按钮，打开下拉面板，在面板中可以设置多边形的选项。

- 半径：设置多边形或星形的半径长度，此后单击并拖动鼠标时，将创建指定半径值的多边形或星形。
- 平滑拐角：创建具有平滑拐角的多边形和星形，如图8-36所示，图8-37为未勾选该项创建的多边形和星形。

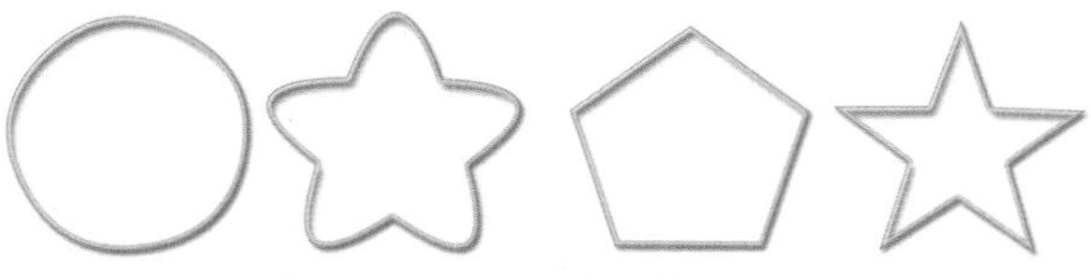

图8-36　图8-37

- 星形：勾选该项可以创建星形。在“缩进边依据”选项中可以设置星形边缘向中心缩进的数量，该值越高，缩进量越大，如图8-38、图8-39所示。勾选“平滑缩进”选项，可以使星形的边平滑地向中心缩进，如图8-40所示。

图8-38

图8-39

图8-40

8.2.5 直线工具

直线工具 用来创建直线和带有箭头的线段。选择该工具后，单击并拖动鼠标可以创建直线或线段，按住Shift键可以创建水平、垂直或以45°角为增量的直线。其工具选项栏中包含了设置直线粗细的选项，此外，下拉面板中还包含了设置箭头的选项，如图8-41所示。

- 起点/终点：勾选“起点”选项后，可以在直线的起点添加箭头，如图8-42所示；勾选“终点”选项，可在直线的终点添加箭头，如图8-43所示；两项都勾选，则起点和终点都会添加箭头，如图8-44所示。

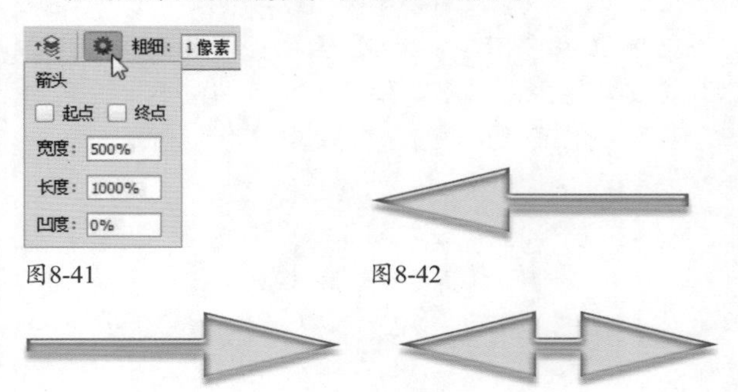

图8-41　　图8-42

图8-43　　图8-44

- 宽度：用来设置箭头宽度与直线宽度的百分比，范围为10%～1000%。图8-45、图8-46所示是分别设置不同宽度百分比所创建的带有箭头的直线。

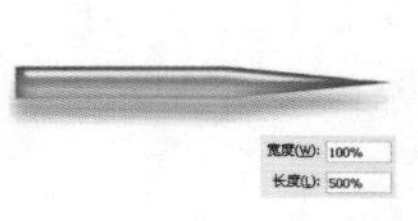
图8-45

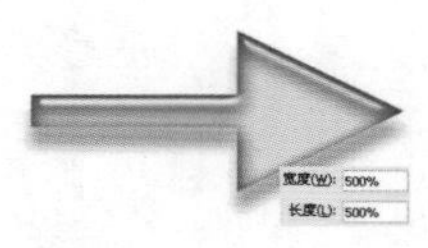
图8-46

- 长度：用来设置箭头长度与直线宽度的百分比，范围为10%～5000%。图8-47、图8-48所示是分别使用不同长度百分比创建的带有箭头的直线。

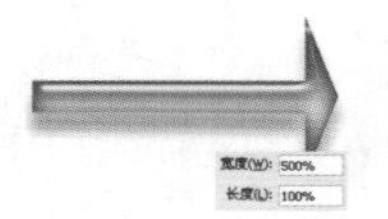
图8-47

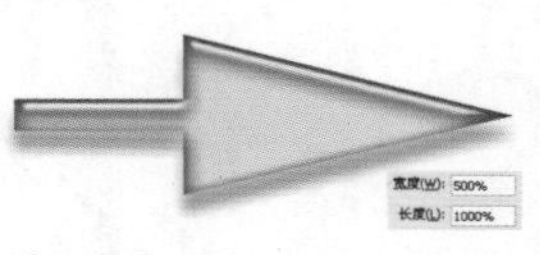
图8-48

- 凹度：用来设置箭头的凹陷程度，范围为-50%～50%。该值为0%时，箭头尾部平齐，如图8-49所示；该值大于0%时，向内凹陷，如图8-50所示；小于0%时，向外凸出，如图8-51所示。

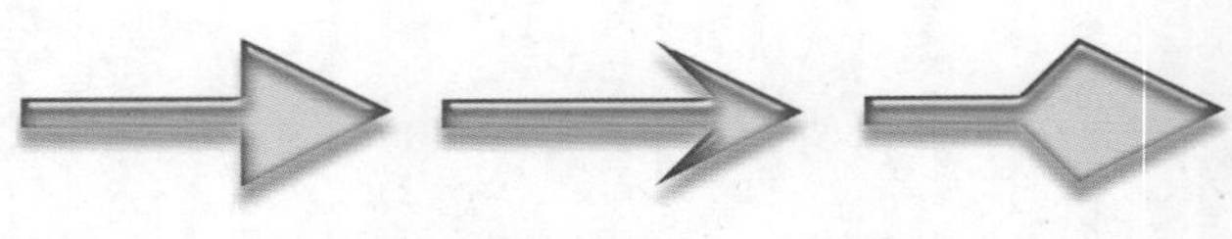
图8-49　　图8-50　　图8-51

8.2.6 实战：自定形状工具

■类别：软件功能 ■光盘提供：☑素材 ☑实例效果 ☑视频录像

01 打开光盘中的素材，如图8-52所示。选择自定形状工具 。在工具选项栏中单击“形状”选项右侧的 按钮，打开下拉面板，单击面板右上角的 按钮，打开面板菜单，菜单底部是Photoshop提供的自定义形状，包括箭头、标识、指示牌等。选择“全部”命令，载入全部形状，此时会弹出一个提示对话框，单击“确定”按钮，载入的形状会替换面板中原有的形状；单击“追加”按钮，则可在原有形状的基础上添加载入的形状。选择心形图形，如图8-53所示。

图8-52

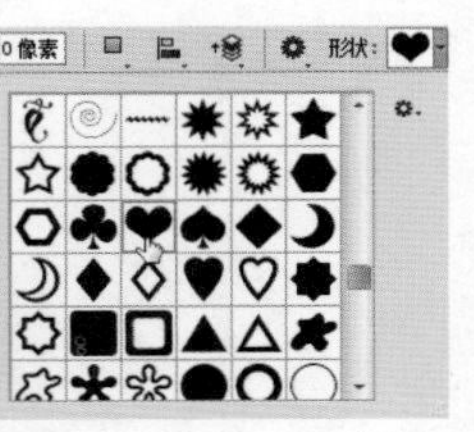
图8-53

02 按住Shift键（锁定图形的比例）拖动鼠标，绘制图形，如图8-54、图8-55所示。

图8-54

图8-55

03 打开“样式”面板菜单，选择“Web样式”命令，载入该样式库，单击一个样式，如图8-56所示，为心形添加该效果，如图8-57所示。

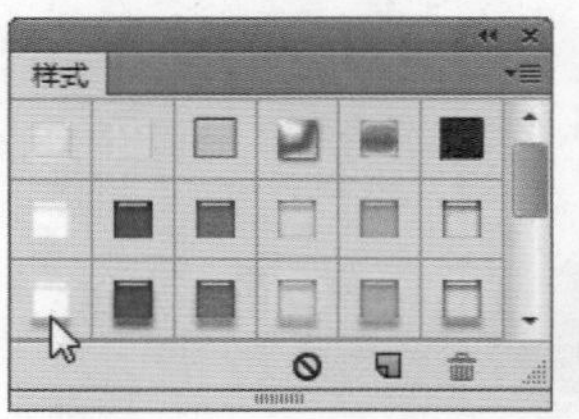

图8-56

图8-57

04 按下Ctrl+J快捷键复制形状图层，如图8-58所示。按下Ctrl+T快捷键显示定界框，按住Shift+Alt组合键，拖动控制点将图形等比缩小，如图8-59所示。

图8-58

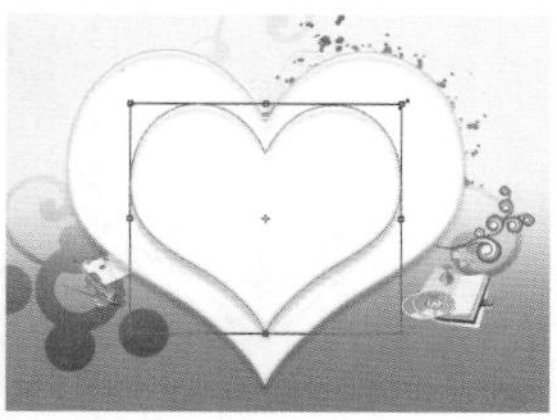
图8-59

05 按下回车键确认操作。单击一个预设的样式，如图8-60所示，即可用该效果替换原有的效果，如图8-61所示。

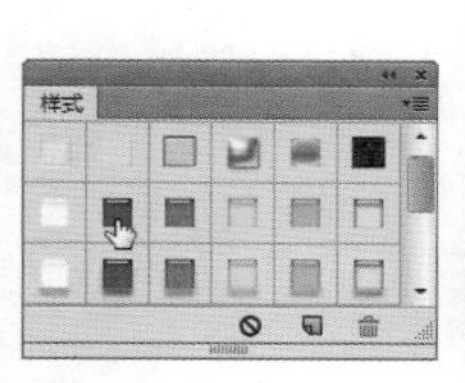
图8-60

图8-61

06 按住Ctrl键单击缩览图，如图8-62所示，载入心形选区，如图8-63所示，执行“选择>修改>收缩”命令，收缩选区，如图8-64、图8-65所示。

图8-62

图8-63

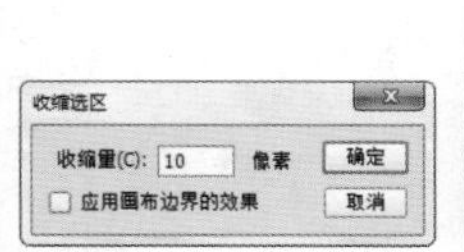
图8-64

图8-65

07 选择椭圆选框工具，单击工具选项中的按钮，创建一个选区，如图8-66所示，放开鼠标后可进行选区运算，如图8-67所示。

08 新建一个图层，如图8-68所示。将前景色设置为白色。选择渐变工具，在工具选项栏中选择“前景-透明”渐变，如图8-69所示，按住Shift键在选区内拖动鼠标，填充渐变，如图8-70、图8-71所示。

提示

我们使用钢笔工具或其他矢量工具创建矢量图形后，可以执行“编辑>定义自定形状”命令，将其保存。需要使用时，打开工具选项栏中的形状下拉面板就可以找到它。

图8-66

图8-67

图8-68

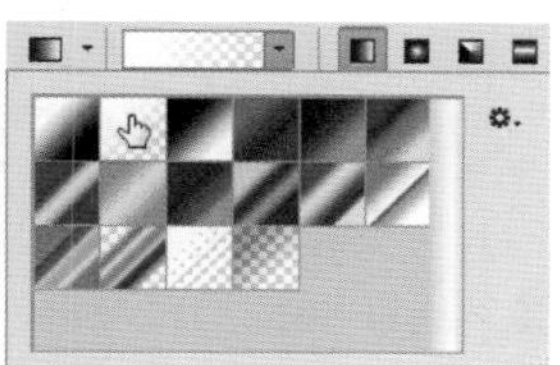
图8-69

图8-70

图8-71

8.2.7 实战：载入外部形状库

■类别：软件功能 ■光盘提供：☑素材 ☑视频录像

01 选择自定形状工具，在工具选项栏中单击“形状”选项右侧的按钮，打开形状下拉面板，单击面板右上角的按钮，打开面板菜单。

02 选择“载入形状”命令，如图8-72所示，在打开的对话框中选择光盘中“形状库”里的一个文件，如图8-73所示，单击“载入”按钮，即可将其载入Photoshop中，如图8-74所示。

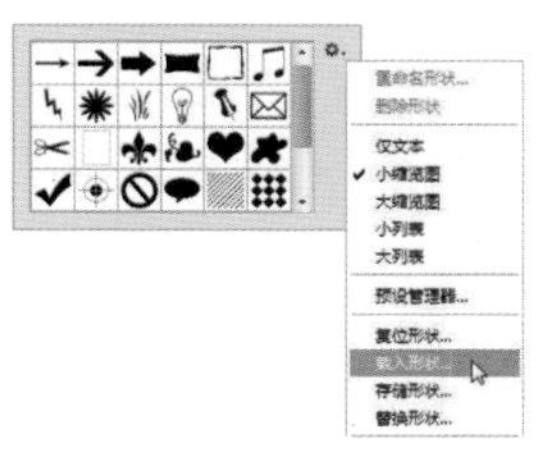
图8-72

图8-73

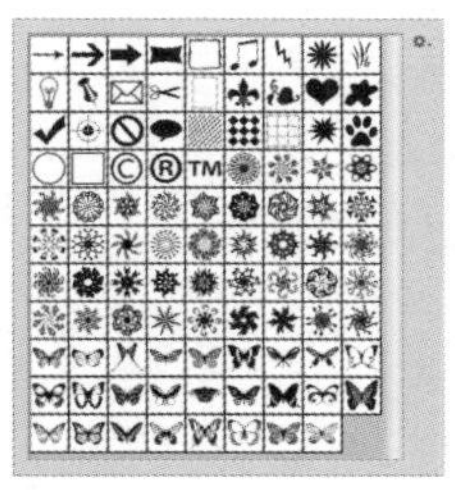
图8-74

提示

执行面板菜单中的“复位形状”命令，在弹出的对话框中单击“确定”按钮，可以将面板恢复为默认的形状。

8.3 使用钢笔工具绘图

钢笔工具是Photoshop中最为强大的绘图工具，它主要有两种用途：一是绘制矢量图形，二是用于选取对象。在作为选取工具使用时，钢笔工具描绘的轮廓光滑、准确，将路径转换为选区就可以准确地选择对象。

8.3.1 实战：绘制直线

■类别：软件功能 ■光盘提供：☑视频录像

01 按下Ctrl+N快捷键，新建一个文档。选择钢笔工具，在工具选项栏中选择“路径”选项，如图8-75所示。将光标移至画面中（光标变为状），单击即可创建一个锚点，如图8-76所示。放开鼠标按键，将光标移至下一处位置单击，创建第二个锚点，两个锚点会连接成一条由角点定义的直线路径。在其他区域单击可以继续绘制直线路径，如图8-77所示。如果要绘制水平、垂直或以45°角为增量的直线，可以按住Shift键操作。

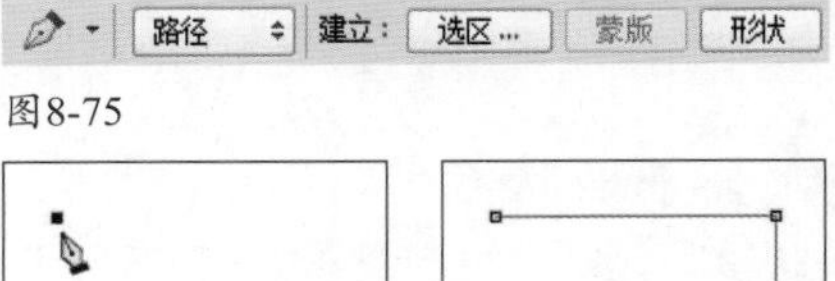

图8-75

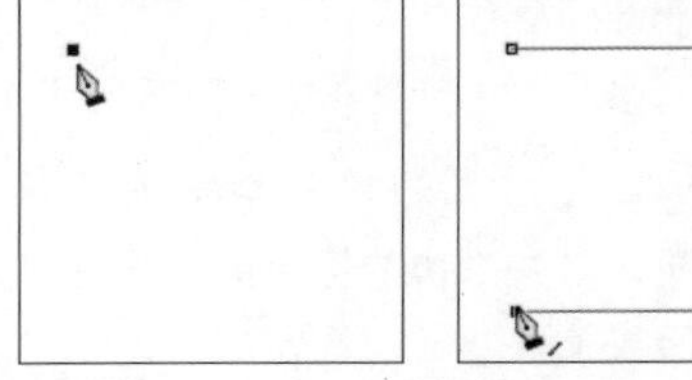

图8-76 图8-77

02 如果要闭合路径，可以将光标放在路径的起点，当光标变为状时，如图8-78所示，单击即可闭合路径，如图8-79所示。

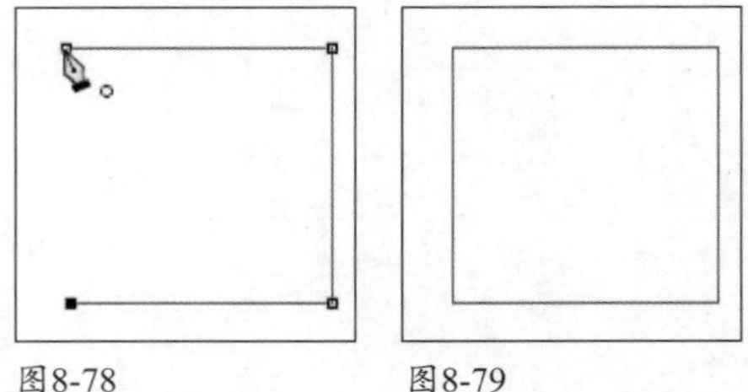

图8-78 图8-79

03 如果要结束一段开放式路径的绘制，可以按住Ctrl键（转换为直接选择工具）在画面的空白处单击，单击其他工具或按下Esc键，也可以结束路径的绘制。

8.3.2 实战：绘制曲线

■类别：软件功能 ■光盘提供：☑视频录像

01 选择钢笔工具，在工具选项栏中选择“路径”选项，在画面中单击并向上拖动鼠标创建一个平滑点，如图8-80所示。

02 将光标移动至下一处位置上，如图8-81所示，单击并向下拖动鼠标，创建第二个平滑点，如图8-82所示。在拖动的过程中可以调整方向线的长度和方向，进而影响由下一个锚点生成的路径的走向，因此，要绘制好曲线路径，需要控制好方向线。

03 继续创建平滑点即可生成一段光滑、流畅的曲线，如图8-83所示。

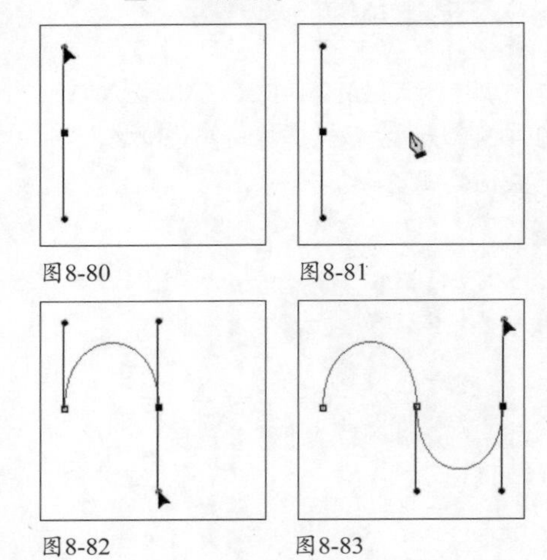

图8-80 图8-81 图8-82 图8-83

技术看板：贝塞尔曲线

用钢笔绘制的曲线叫作贝塞尔曲线。它是由法国计算机图形学大师Pierre E.Bézier在20世纪70年代早期开发的一种锚点调节方式，其原理是在锚点上加上两个控制柄，不论调整哪一个控制柄，另外一个始终与它保持成一条直线并与曲线相切。贝塞尔曲线具有精确和易于修改的特点，被广泛地应用于计算机图形领域，如Illustrator、CorelDRAW、FreeHand、Flash和3ds Max等软件都包含绘制贝塞尔曲线的工具。

8.3.3 实战：绘制转角曲线

■类别：软件功能 ■光盘提供：☑视频录像

01 按下Ctrl+N快捷键打开“新建”对话框，创建一个大小为788像素×788像素、分辨率为100像素/英寸的文件。执行“视图>显示>网格”命令，显示网格，通过网格辅助绘图很容易创建对称图形。当前的网格颜色为黑色，不利于观察路径，可执行“编辑>首选项>参考线、网格和切片”命令，将网格颜色改为灰色，如图8-84所示。

图8-84

02 选择钢笔工具，选择“路径”选项。在网格点上单击并向画面右上方拖动鼠标，创建一个平滑点，如图8-85所示；将光标移至下一个锚点处，单击并向下拖动鼠标创建曲线，如图8-86所示；将光标移至下一个锚点处，单击但不要拖动鼠标，创建一个角点，如图8-87所示，这样就完成了右侧心形的绘制。

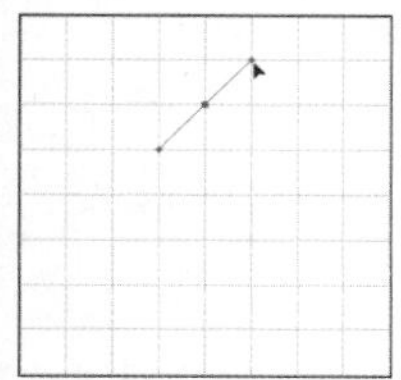

图8-85

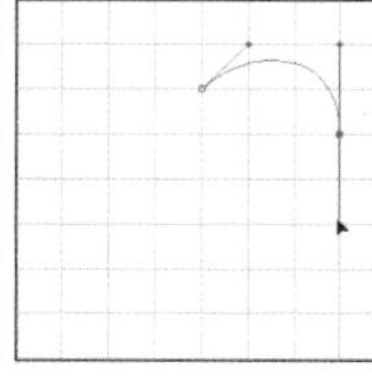

图8-86

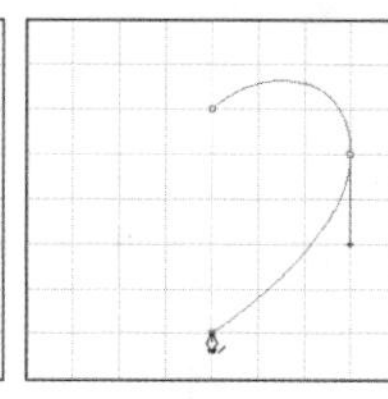

图8-87

03 在图8-88所示的网格点上单击并向上拖动鼠标，创建曲线；将光标移至路径的起点上，单击鼠标闭合路径，如图8-89所示。

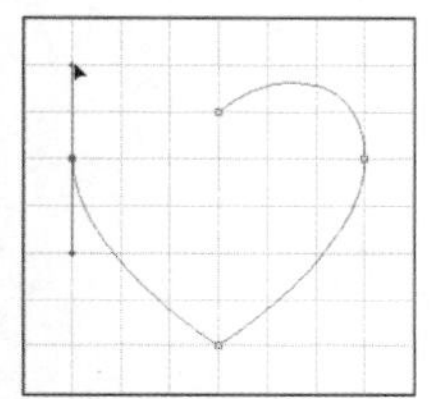

图8-88

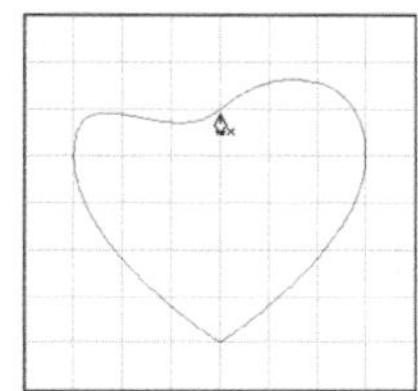

图8-89

04 按住Ctrl键切换为直接选择工具，在路径的起始处单击显示锚点，如图8-90所示；此时当前锚点上会出现两条方向线，将光标移至左下角的方向线上，按住Alt键切换为转换点工具，如图8-91所示；单击并向上拖动该方向线，使之与右侧的方向线对称，如图8-92所示。按下Ctrl+’快捷键隐藏网格，完成绘制，如图8-93所示。

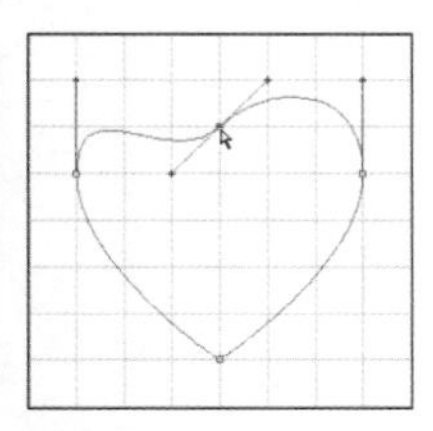

图8-90

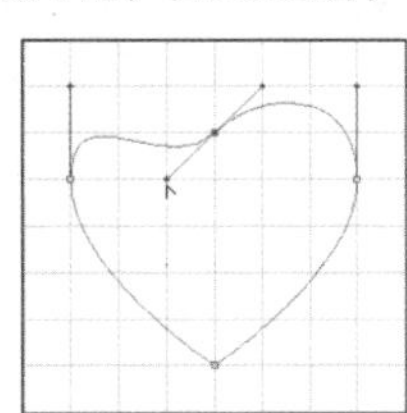

图8-91

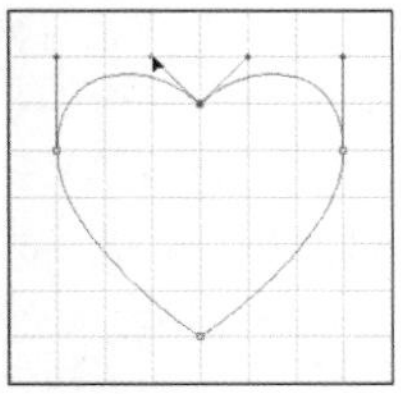

图8-92

图8-93

8.3.4 实战：自由钢笔工具和磁性钢笔工具

■类别：抠图 ■光盘提供：☑素材 ☑实例效果 ☑视频录像

自由钢笔工具用来绘制比较随意的图形，它的使用方法与套索工具非常相似。选择该工具后，在画面中单击并拖动鼠标即可绘制路径，Photoshop会自动为路径添加锚点。磁性钢笔工具与磁性套索工具非常相似，在使用时，只需在对象边缘单击，然后放开鼠标按键并沿边缘移动，Photoshop会紧贴对象的轮廓生成路径。

01 打开光盘中的素材，如图8-94所示。选择自由钢笔工具，在工具选项栏中勾选“磁性的”选项，如图8-95所示，转换为磁性钢笔工具。将光标放在苹果边缘，单击鼠标定义锚点的位置，放开鼠标按键并沿苹果边缘移动，可以自动生成路径，如图8-96所示。

02 将光标移动到起始点的锚点处，单击鼠标封闭路径，如图8-97所示。

图8-94

☑磁性的 □对齐边缘

图8-95

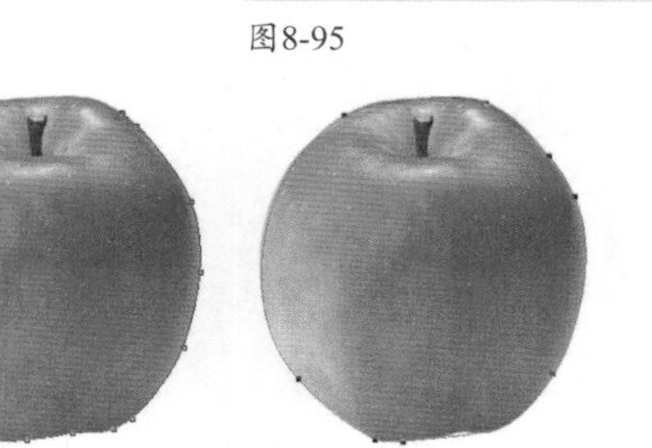

图8-96 图8-97

03 按下Ctrl+回车键，可以将路径转换为选区，从而选取苹果，如图8-98所示。按下Ctrl+J快捷键，将选中的苹果复制到一个新的图层中，如图8-99所示。此时便完成了苹果的抠图操作。

图8-98

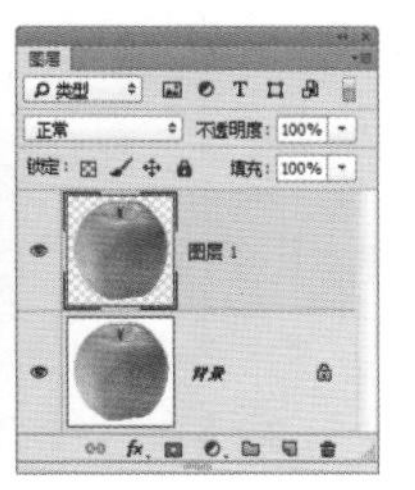

图8-99

8.4 编辑路径

使用钢笔工具和各种矢量工具绘图后，可以对锚点和路径进行编辑。

8.4.1 实战：使用路径选择工具

■类别：软件功能 ■光盘提供：☑素材 ☑视频录像

使用路径选择工具可以选择和移动路径。

01 打开光盘中的素材。打开“路径”面板，单击路径层，将其选择，如图8-100所示，此时文档窗口中会显示路径，如图8-101所示。

图8-100

图8-101

02 使用路径选择工具单击路径，即可选择路径，如图8-102所示。如果要添加选择子路径，可以按住Shift键逐一单击需要选择的对象，如图8-103所示。也可以单击并拖动出一个选框，将需要选择的对象框选。如果要取消选择，可在画面中的空白处单击鼠标。

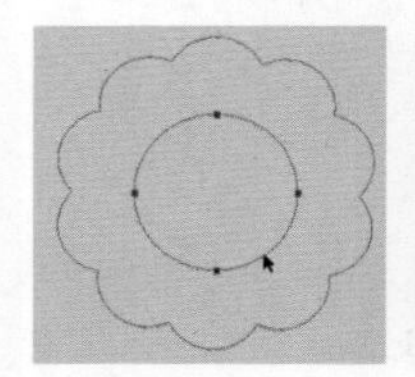
图8-102

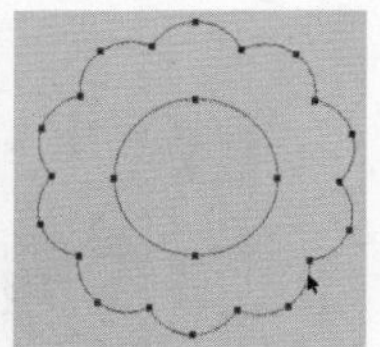
图8-103

03 单击并拖动一个路径，可将其移动，如图8-104所示。选择路径后，按下Delete键，可将其删除，如图8-105所示。

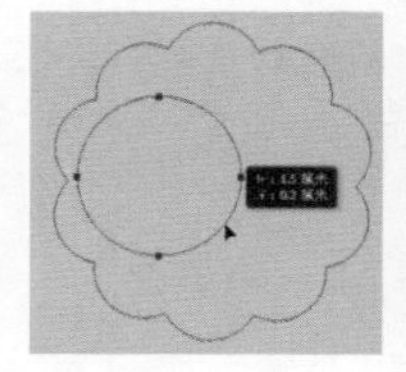
图8-104

图8-105

8.4.2 实战：使用直接选择工具

■类别：软件功能 ■光盘提供：☑素材 ☑视频录像

使用直接选择工具可以选择和移动锚点和路径段，也可以调整方向点，从而改变路径的形状。

01 打开光盘中的素材。单击路径层，如图8-106所示，在文档窗口中显示路径，如图8-107所示。

图8-106

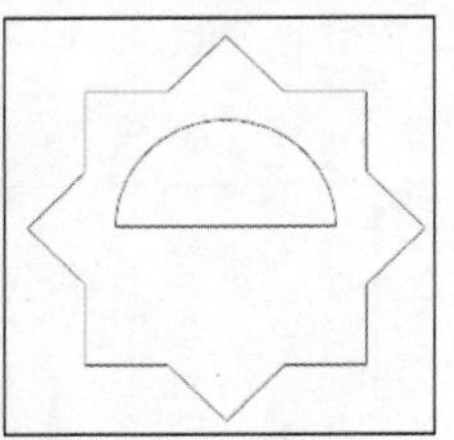
图8-107

02 使用直接选择工具单击一个锚点，即可选择该锚点，选中的锚点为实心方块，未选中的锚点为空心方块，如图8-108所示。单击一个路径段，则可以选择该路径段，如图8-109所示。

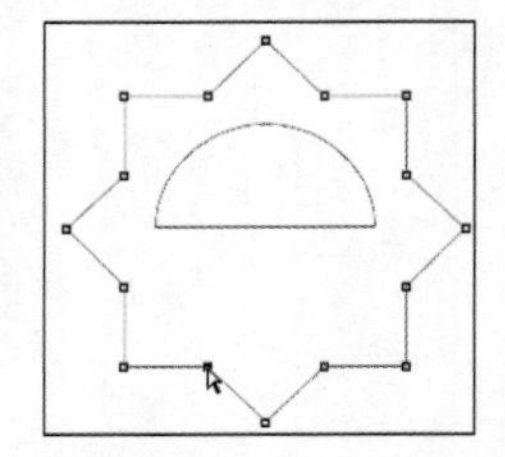
图8-108

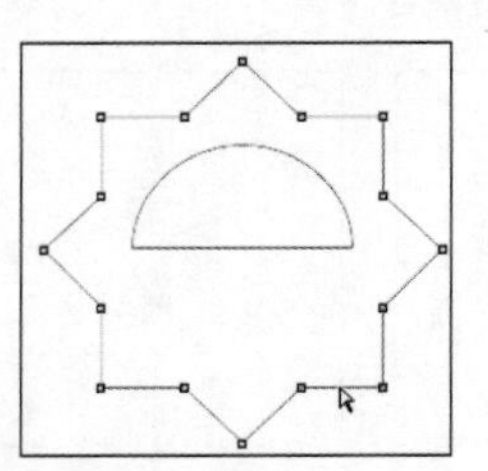
图8-109

03 单击锚点、路径段和路径后，按住鼠标按键并拖动，即可将其移动，如图8-110、图8-111所示。如果选择了锚点，光标从锚点上移开，这时又想移动锚点，则应将光标重新定位在锚点上，单击并拖动鼠标才能将其移动，否则，只能在画面中拖动出一个矩形框，此时可以框选锚点或者路径段，但不能移动锚点。

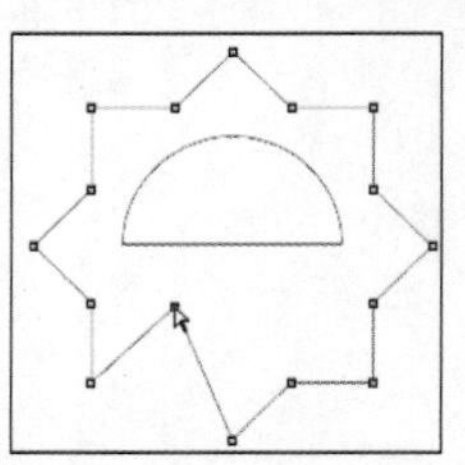
图8-110

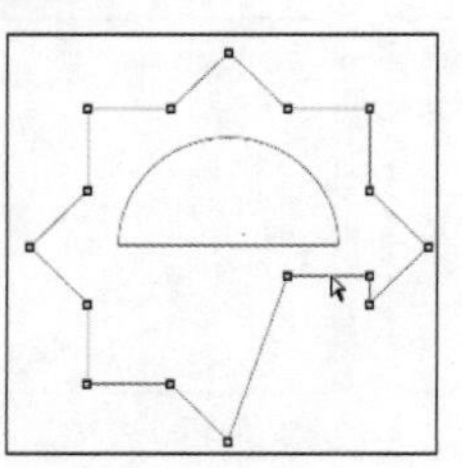
图8-111

04 在半圆图形上单击鼠标，显示锚点和方向线。使用直接选择工具拖曳平滑点上的方向线，方向线始终保持为一条直线状态，锚点两侧的路径段都会发生改变，如图8-112所示；拖曳角点上的方向点，则只调整与所在方向线同侧的曲线路径段，如图8-113所示。

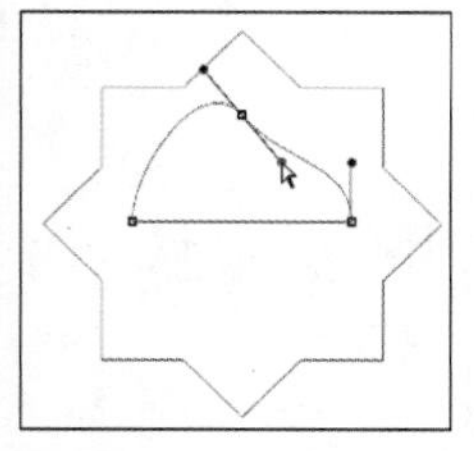
图8-112

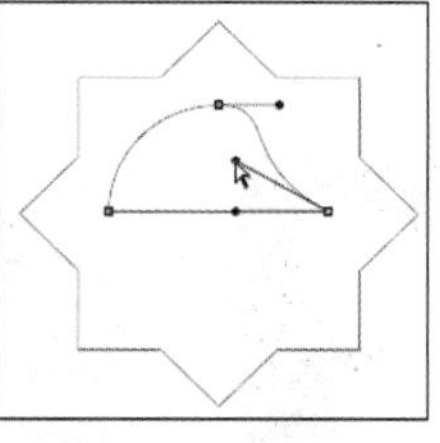
图8-113

8.4.3 实战：使用转换点工具

■类别：软件功能 ■光盘提供：☑视频录像

01 使用上一个实例的素材进行操作。选择转换点工具 ，单击路径，显示锚点和方向线、方向点。使用转换点工具 拖动平滑点上的方向线，可以单独调整一侧的方向线，而不会影响到另外一侧的方向线和同侧的路径段，如图8–114所示；拖动角点上的方向线时，也只调整与方向线同侧的曲线路径段，如图8–115所示。

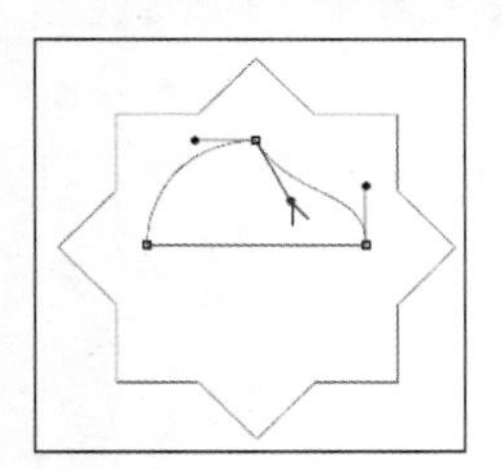
图8-114

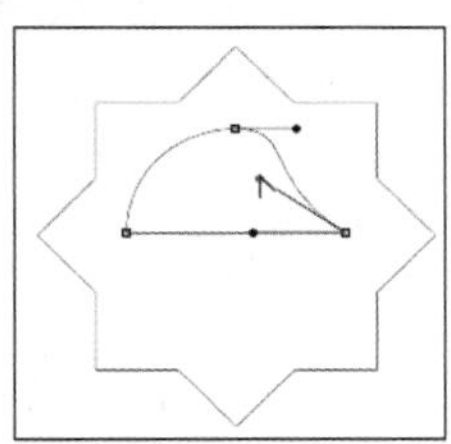
图8-115

02 使用转换点工具 ，在角点上单击并拖动鼠标，可将其转换为平滑点，如图8–116所示。在平滑点上单击鼠标，则可以将其转换为角点，如图8–117所示。

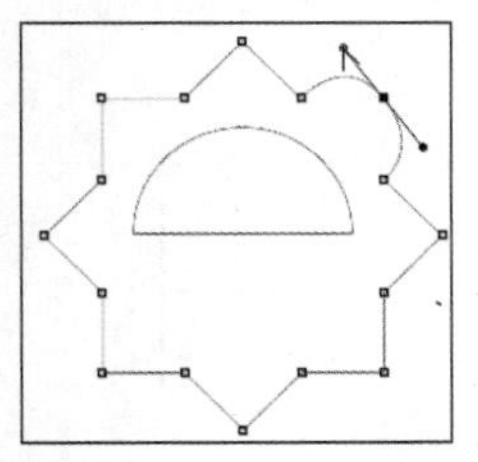
图8-116

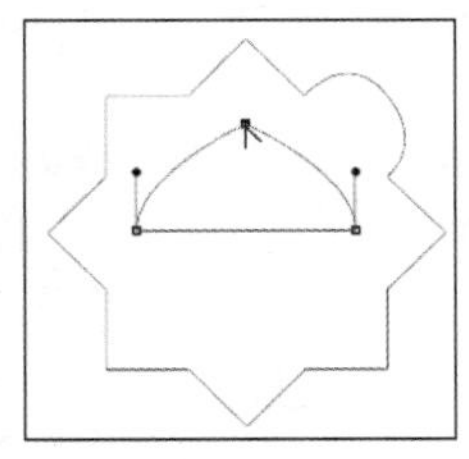
图8-117

8.4.4 实战：使用添加锚点和删除锚点工具

■类别：软件功能 ■光盘提供：☑素材 ☑视频录像

01 打开光盘中的素材。单击路径层，在文档窗口中显示路径。使用直接选择工具 单击路径段，显示全部锚点，如图8–118所示。

02 选择添加锚点工具 ，将光标放在路径上，如图8–119所示，光标会变为 状，单击即可添加一个角点，如图8–120所示。如果要添加平滑点，可以单击并拖动鼠标，如图8–121所示。

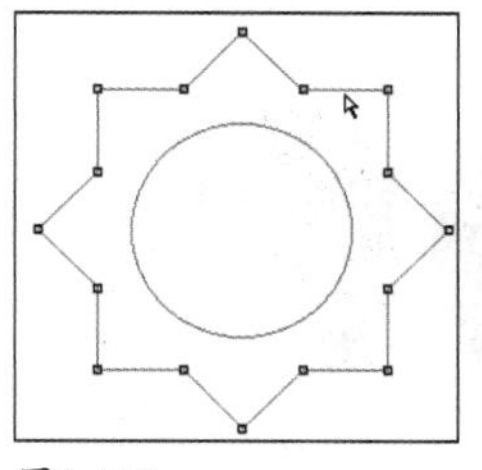
图8-118

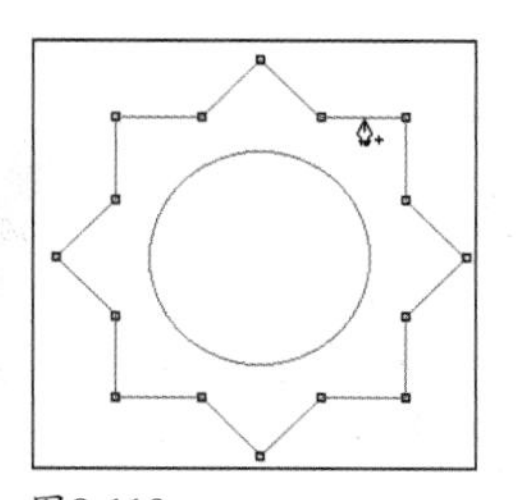
图8-119

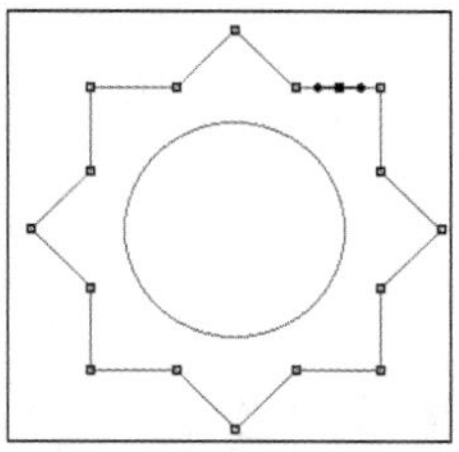

图8-120

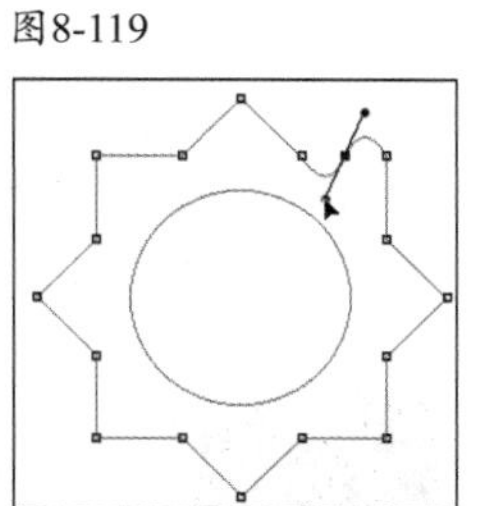
图8-121

03 选择删除锚点工具 ，将光标放在锚点上，如图8–122所示，光标会变为 状，单击即可删除该锚点，如图8–123所示。

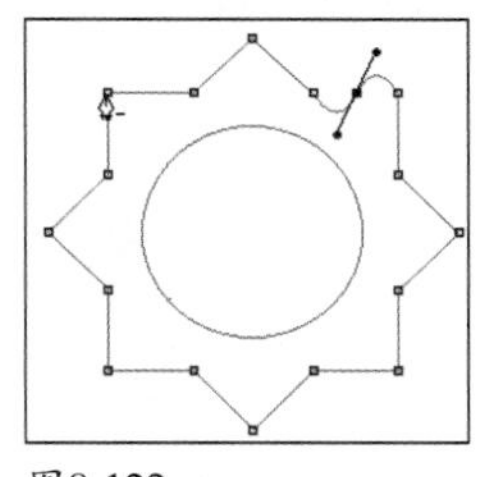
图8-122

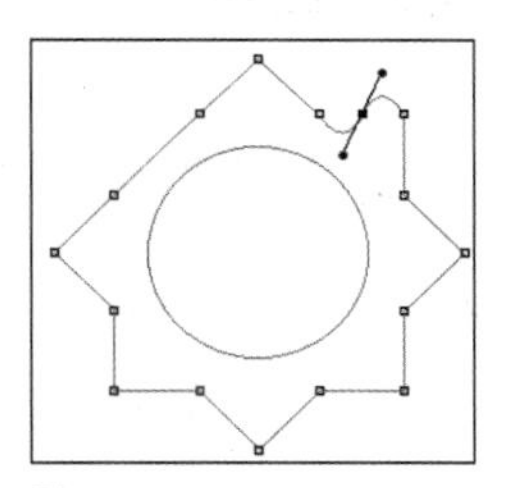
图8-123

8.4.5 实战：路径运算

■类别：软件功能 ■光盘提供：☑视频录像

使用钢笔或形状工具创建多个子路径时，可以在工具选项栏单击相应的按钮，如图8-124所示，以确定子路径的重叠区域会产生怎样的交叉结果（即进行路径运算）。此外，创建路径后，也可以使用路径选择工具 选择多个子路径，然后通过单击工具选项栏中的按钮进行路径运算，如图8-125所示。

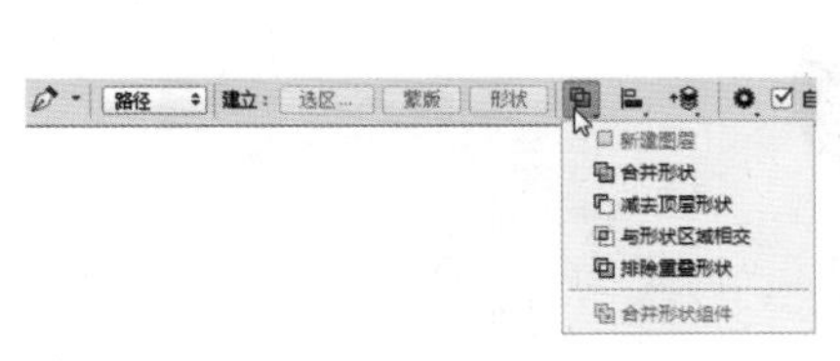

图8-124

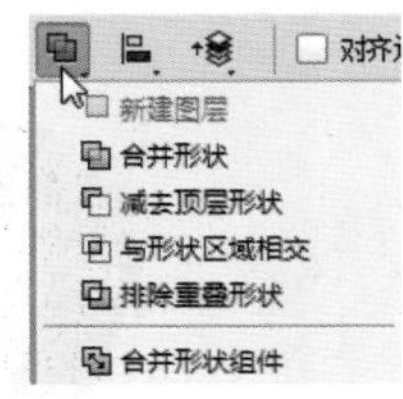

图8-125

01 按下Ctrl+N快捷键，打开“新建”对话框，创建一个文档。选择自定形状工具 ，在工具选项栏中选择“形状”选项，打开形状下拉面板，选择蝴蝶图形，如图8–126所示。在画面中绘制该图形，如图8–127所示。

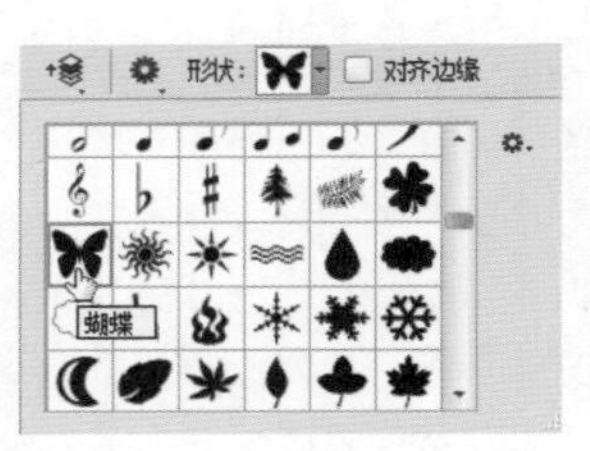

图8-126

图8-127

02 在形状下拉面板中选择方形图形。单击工具选项栏中的合并形状按钮，再绘制该图形，新图形会添加到现有的图形中，如图8–128所示。

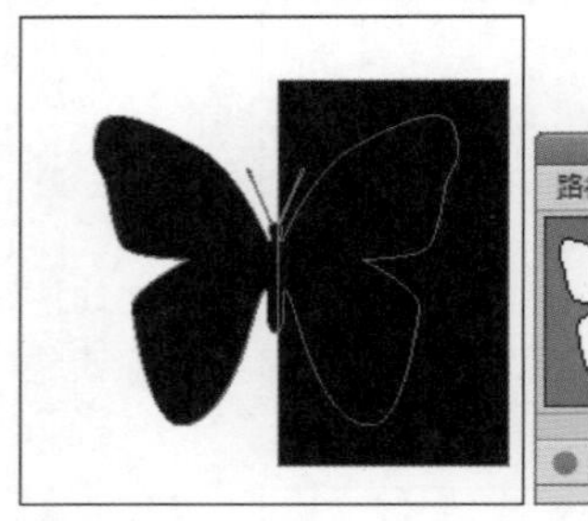

图8-128

03 按下Ctrl+Z快捷键撤销操作。在工具选项栏中单击减去顶层形状按钮，再绘制矩形，可从现有的图形中减去新绘制的图形，如图8–129所示。

图8-129

04 按下Ctrl+Z快捷键撤销操作。在工具选项栏中单击与形状区域相交按钮，再绘制矩形，得到的图形为新图形与现有图形相交的区域，如图8–130所示。

图8-130

05 按下Ctrl+Z快捷键撤销操作。在工具选项栏中单击排除重叠形状按钮，再绘制矩形，得到的图形为合并路径中排除重叠的区域，如图8–131所示。

图8-131

8.4.6 对齐与分布路径

使用路径选择工具选择多个子路径，单击工具选项栏中的按钮，打开下拉菜单，选择一个对齐与分布选项，即可对所选路径进行对齐与分布操作，如图8-132所示。图8-133为单击不同按钮的对齐与分布效果。需要注意的是，进行路径分布操作时，需要至少选择3个路径组件。此外，选择“对齐到画布”选项，可以相对于画布来对齐或分布对象。例如，单击左边按钮，可以将路径对齐到画布的左侧边界上。

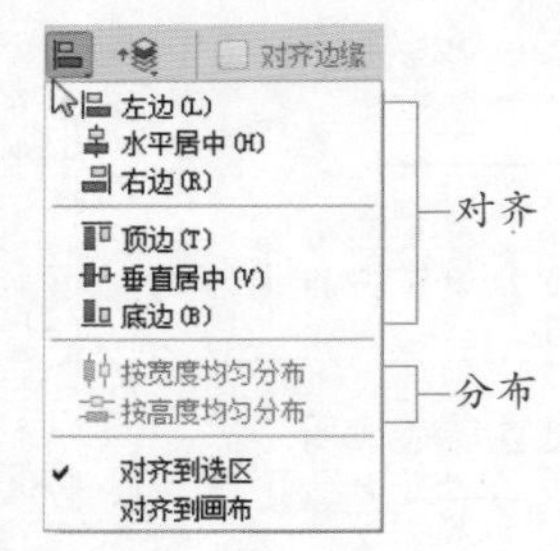

图8-132

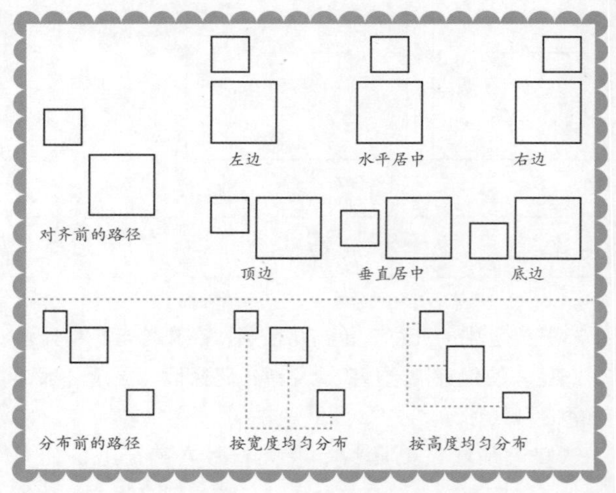

图8-133

8.5 创建文字

Photoshop提供了4种文字工具，其中，横排文字工具 T 和直排文字工具 IT 用来创建点文字、段落文字和路径文字，横排文字蒙版工具 T 和直排文字蒙版工具 IT 用来创建文字状选区。

8.5.1 文字工具选项栏

在使用文字工具输入文字之前，需要在工具选项栏（也可以在“字符”面板）中设置字符的属性，包括字体、大小、对齐、文字颜色等。图8-134为横排文字工具的选项栏。

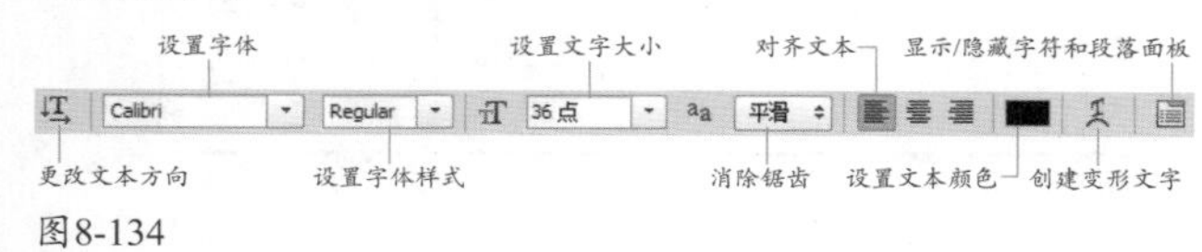

图8-134

- 更改文本方向 IT：如果当前文字为横排文字，单击该按钮可将其转换为直排文字；如果是直排文字，单击该按钮则可将其转换为横排文字。也可以使用“文字 > 文本排列方向”命令进行切换。
- 设置字体：可以选择一种字体。
- 设置字体样式：字体样式是单个英文字体的变体，包括Regular（规则的）、Italic（斜体）、Bold（粗体）和Bold Italic（粗斜体）等，如图8-135、图8-136所示。

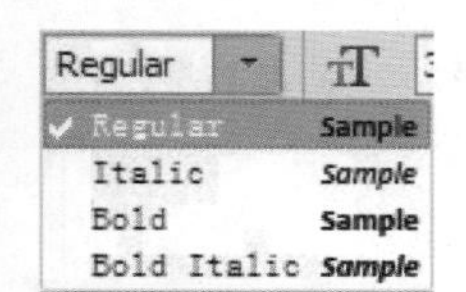

图8-135

ps ps ps ps

规则的 斜体 粗体 粗斜体

图8-136

- 设置文字大小：可以设置文字的大小，也可直接输入数值，并按下回车键来进行调整。
- 消除锯齿：Photoshop中的文字是使用PostScript信息从数学上定义的直线或曲线来表示的，文字的边缘会产生硬边和锯齿。为文字选择一种消除锯齿的方法后，Photoshop会填充文字边缘的像素，使其混合到背景中，用户便看不到锯齿了。在该选项和“文字 > 消除锯齿”下拉菜单中都可以选择消除锯齿的方法。
- 对齐文本：可以依据输入文字时鼠标单击点的位置来对齐文本，包括左对齐文本、居中对齐文本和右对齐文本，效果如图8-137～图8-140所示。

在画面中心单击

图8-137

左对齐文本

图8-138

居中对齐文本

图8-139

右对齐文本

图8-140

- 设置文本颜色：单击颜色块，可以打开“拾色器”设置文字的颜色。
- 创建变形文字：单击该按钮，可以打开“变形文字”对话框，为文本添加变形样式，从而创建变形文字。
- 显示/隐藏字符和段落面板：单击该按钮，可以显示或隐藏“字符”和“段落”面板。

8.5.2 实战：创建点文字

■类别：文字 ■光盘提供：☑素材 ☑实例效果 ☑视频录像

点文字是一个水平或垂直的文本行。在处理标题等字数较少的文字时，可以通过点文字来完成。

01 选择横排文字工具 T，在工具选项栏中设置字体、大小和颜色，如图8-141所示。

图8-141

02 打开光盘中的素材。将光标放在画面中，如图8-142所示，单击鼠标设置插入点，画面中会出现一个闪烁的“I”形光标，如图8-143所示。此时可输入文字，如图8-144所示。将光标放在字符外，单击并拖动鼠标，将文字移动到画面中央，如图8-145所示。

图8-142

图8-143

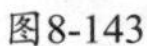

图8-144

图8-145

03 单击工具选项栏中的✔按钮结束文字的输入操作，如图8-146所示，“图层”面板中会生成一个文字图层，如图8-147所示。如果要放弃输入，可以按下工具选项栏中的⊘按钮或Esc键。单击其他工具、按下数字键盘中的回车键、按下Ctrl+回车键也可以结束文字的输入操作。此外，输入点文字时，如果要换行，可以按下回车键。

图8-146

图8-147

04 下面来编辑文字。使用横排文字工具 T 在文字上单击并拖动鼠标，选择部分文字，如图8-148所示；在工具选项栏中修改所选文字的颜色（也可以修改字体和大小），如图8-149所示。

图8-148

图8-149

05 重新输入文字，可以修改所选文字，如图8-150所示；按下Delete键则删除所选文字，如图8-151所示。单击工具选项栏中的✔按钮，结束文字的编辑。

图8-150

图8-151

06 再来添加文字。将光标放在文字行上，光标变为“I”状时，如图8-152所示，单击鼠标，设置文字插入点，此时输入文字，便可添加文字，如图8-153所示。

图8-152

图8-153

8.5.3 实战：创建段落文字

■类别：文字 ■光盘提供：☑素材 ☑实例效果 ☑视频录像

段落文字是指在定界框内输入的文字，它具有自动换行、可以调整文字区域大小等优势。在需要处理文字量较大的文本（如宣传手册）时，可以使用段落文字来完成。

01 打开光盘中的素材，如图8-154所示。选择横排文字工具 T，在“字符”面板中设置字体、字号和颜色，如图8-155所示。

图8-154

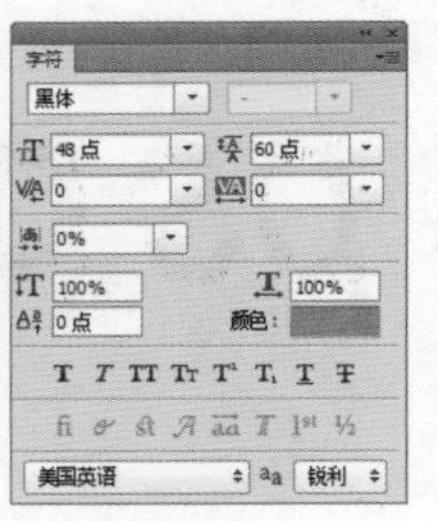

图8-155

02 在画面中单击并向右下角拖出一个定界框，如图8-156所示，放开鼠标时，会出现闪烁的“I”形光标，此时可输入文字，当文字到达文本框边界时，会自动换行，如图8-157所示。

提示

按住 Alt 键单击并拖动鼠标，会弹出“段落文字大小”对话框，在对话框中输入“宽度”和“高度”值，可以定义文字区域的大小。

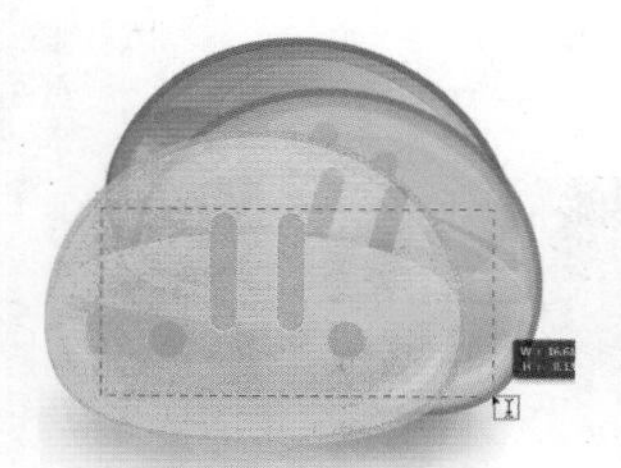

图8-156

图8-157

03 单击工具选项栏中的 ✔ 按钮，即可创建段落文字，如图8-158所示。创建段落文字后，可以根据需要调整定界框的大小，还可以旋转、缩放和斜切文字。使用横排文字工具 T 在文字中单击，设置插入点，同时显示文字的定界框，如图8-159所示。

图8-158

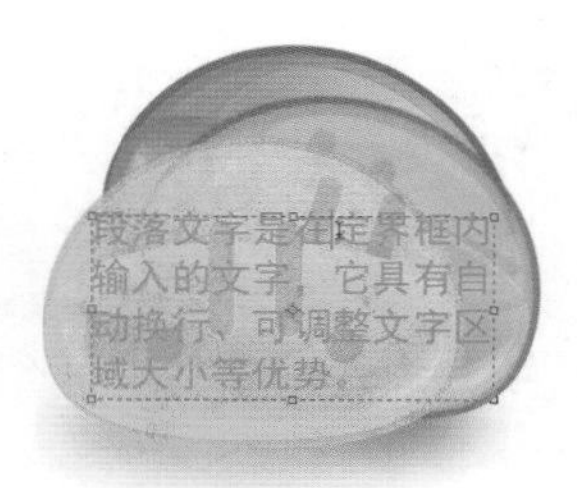

图8-159

04 拖动控制点调整定界框的大小，文字会在调整后的定界框内重新排列，如图8-160所示。如果定界框内不能显示全部文字时，它右下角的控制点会变为 ⊞ 状，如图8-161所示。

图8-160

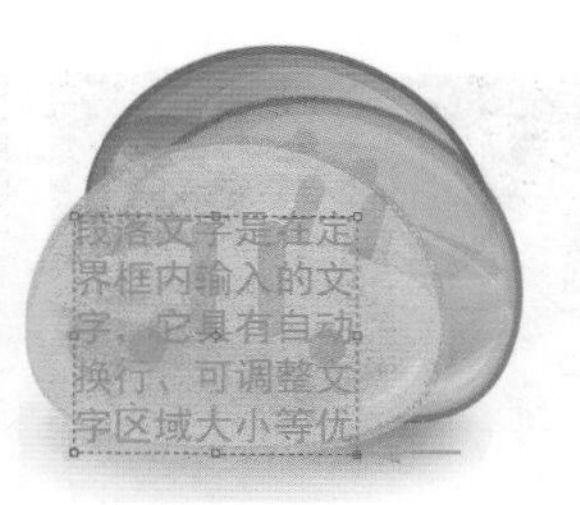

图8-161

05 按住Ctrl键拖曳控制点，可以等比例缩放文字，如图8-162所示。在定界框外拖动鼠标可以旋转文字，如图8-163所示。

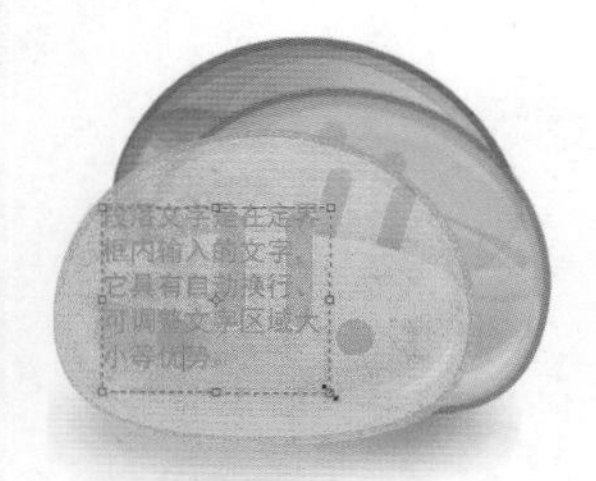

图8-162

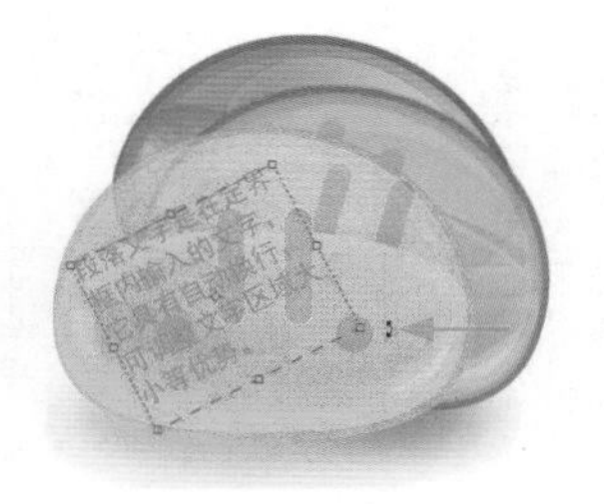

图8-163

提示

在"图层"面板中选择点文本所在的图层，执行"文字>转换为段落文本"命令，可将其转换为段落文本；如果是段落文本，可以执行"文字>转换为点文本"命令，将其转换为点文本。此外，使用"文字>文本排列方向>横排/直排"命令，可以让水平文字和垂直文字互相转换。

8.5.4 实战：创建路径文字

■类别：特效字 ■光盘提供：☑素材 ☑实例效果 ☑视频录像

路径文字是指在路径上创建的文字，文字会沿着路径排列，当改变路径的形状时，文字的排列方式也会随之改变。

01 打开光盘中的素材。单击"路径"面板中的心形路径层，如图8-164、图8-165所示。

图8-164

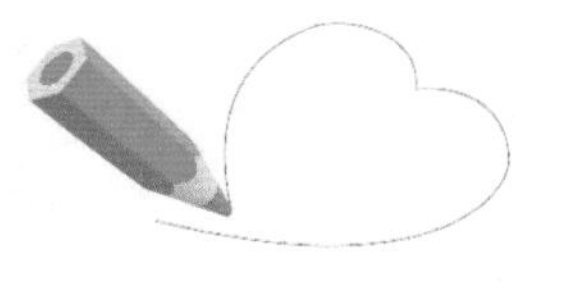

图8-165

02 选择横排文字工具 T，设置字体、大小和颜色，如图8-166所示。

图8-166

提示

在文字工具选项栏中选择字体时，可以看到各种字体的预览效果。Photoshop允许用户自由调整预览字体大小，方法是打开"文字>字体预览大小"菜单，选择一个选项即可。

03 将光标移动到路径上方，当光标变为 ⟟ 状时，如图8-167所示，单击鼠标，设置文字插入点，画面中会出现"I"形光标，此时输入文字，即可沿着路径排列，如图8-168所示。按下Ctrl+回车键结束操作，在"路径"面板的空白处单击隐藏路径，如图8-169、图8-170所示。

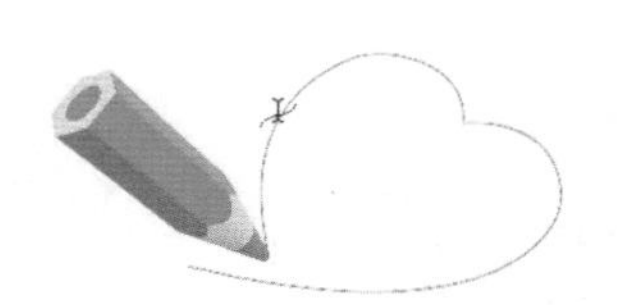

图8-167

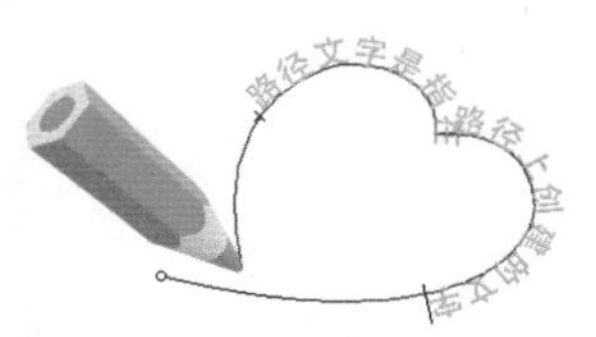

图8-168

图8-169

图8-170

04 下面来编辑路径文字。在“图层”面板中单击文字图层，如图8-171所示，画面中会显示路径，如图8-172所示。

图8-171

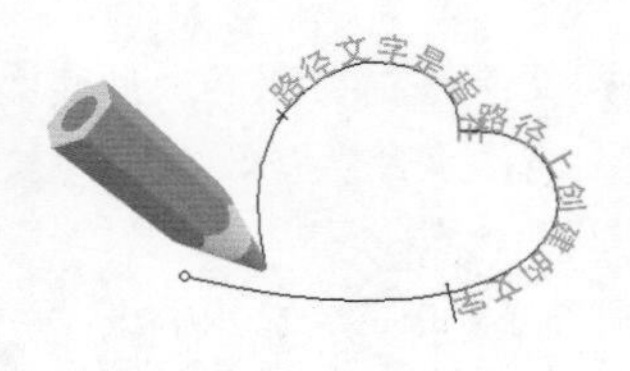

图8-172

05 选择直接选择工具 或路径选择工具 ，将光标定位到文字上，光标会变为 状，如图8-173所示，单击并沿路径拖动鼠标，可以移动文字，如图8-174所示。单击并向路径的另一侧拖动文字，可以翻转文字，如图8-175所示。

06 使用直接选择工具 ，在路径上单击，显示锚点，移动锚点或者调整方向线修改路径的形状，文字会沿修改后的路径重新排列，如图8-176所示。

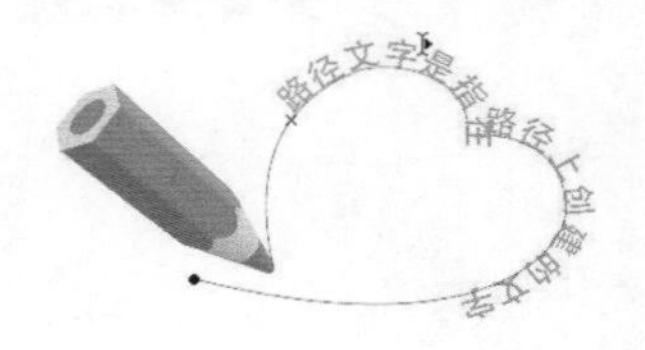

图8-173

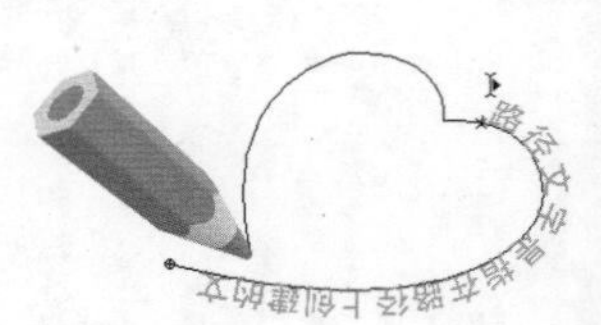

图8-174

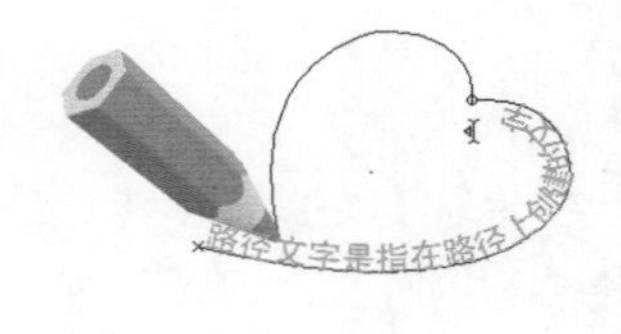

图8-175

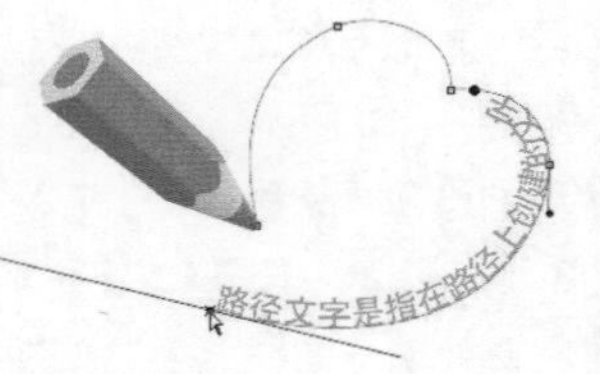

图8-176

8.5.5 实战：创建变形文字

■类别：特效字 ■光盘提供：☑素材 ☑实例效果 ☑视频录像

Photoshop提供了15种预设的“变形样式”，可以让文字发生扇形、拱形、波浪形等形状的扭曲。选择一种样式后，还可以控制变形程度。

01 打开光盘中的素材，如图8-177所示。选择文字图层，如图8-178所示。

图8-177

图8-178

02 执行“文字>文字变形”命令，打开“变形文字”对话框，在“样式”下拉列表中选择“旗帜”选项，并调整变形参数，如图8-179所示。创建变形文字后，文字层的缩览图中会出现一条弧线，如图8-180所示，文字效果如图8-181所示。

03 按下Ctrl+T快捷键显示定界框，将光标放在定界框外，单击并拖动鼠标，将文字旋转；再将光标放在定界框内，拖动鼠标，将文字向咖啡杯方向移动，如图8-182所示。按下回车键确认。

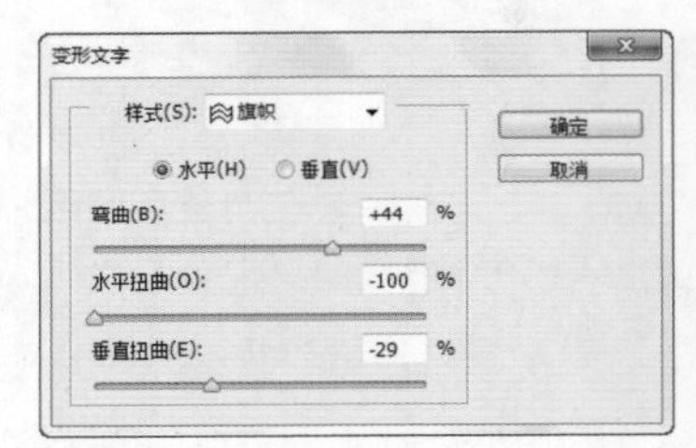

图8-179

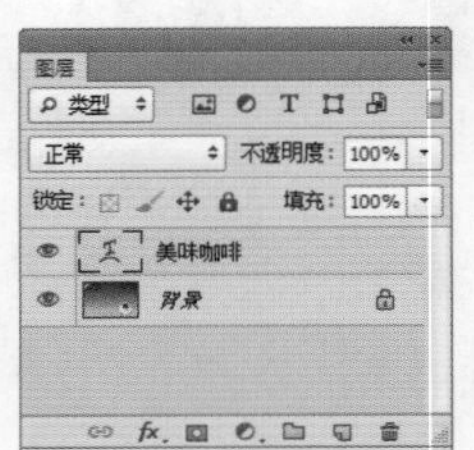

图8-180

图8-181

图8-182

04 双击文字图层，打开“图层样式”对话框，添加“外发光”效果，如图8-183所示。设置该图层的填充不透明度为0%，如图8-184所示，将文字隐藏，只显示添加的效果。

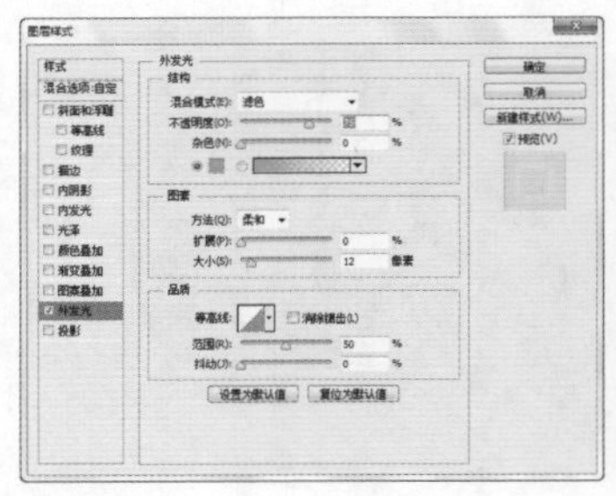

图8-183

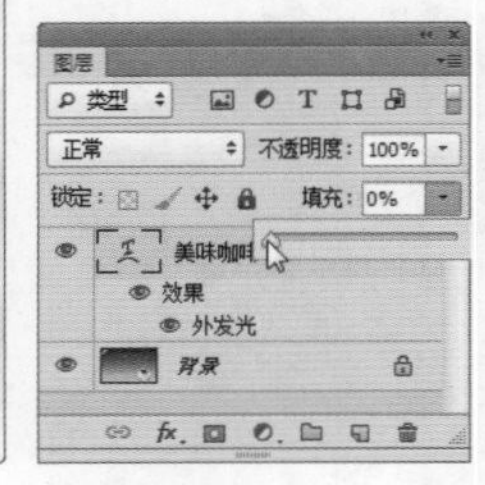

图8-184

05 按两次Ctrl+J快捷键，复制出两个文字图层，如图8-185所示。选择最下方的文字层，如图8-186所示。

图8-185

图8-186

06 执行“文字>栅格化文字图层”命令，将文字栅格化，使其变为图像，如图8-187所示。执行“滤镜>模糊>动感模糊”命令，对文字进行模糊处理，如图8-188、图8-189所示。

图8-187

图8-188

图8-189

“变形文字对话框”选项/编辑变形文字	
样式	在该选项的下拉列表中可以选择15种变形样式
水平/垂直	选择“水平”选项，文本向水平方向扭曲；选择“垂直”选项，文本向垂直方向扭曲
弯曲	用来设置文本的弯曲程度
水平扭曲/垂直扭曲	可以让文本产生透视扭曲效果
重置变形	选择一个文字工具，单击工具选项栏中的“创建文字变形”按钮，或执行“文字>文字变形”命令，可以打开“变形文字”对话框修改变形参数，也可在“样式”下拉列表中选择另外一种样式
取消变形	在“变形文字”对话框的“样式”下拉列表中选择“无”选项，可以将文字恢复为变形前的状态

8.6 编辑文字

Photoshop 中的文字是由以数学方式定义的形状组成的，属于矢量对象，在栅格化（即转换为图像）以前，会保留基于矢量的文字轮廓。因此，可以任意缩放文字，或调整文字大小而不会出现锯齿，也可以随时修改文字的内容、字体、段落等属性。

8.6.1 “字符”面板

“字符”面板用来格式化字符，即设置字符的各种属性，如字体、大小、颜色等。该面板提供了比文字工具选项栏更多的选项，如图8-190所示。在默认情况下，设置字符属性时会影响所选文字图层中的所有文字，如果要修改部分文字，可以先用文字工具将其选择，再进行编辑。

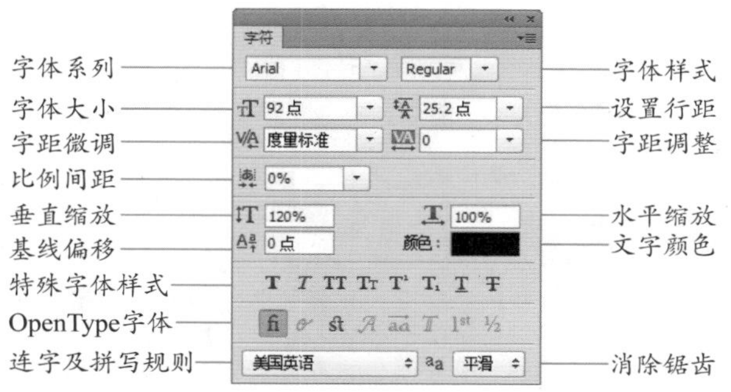

图8-190

- 字体系列：在该选项的下拉列表中可以选择一种字体。字体名称右侧是字体的预览效果。Photoshop允许用户自由调整预览字体的大小，方法是打开“文字>字体预览大小”菜单，选择其中的一个命令即可。
- 字体样式：字体样式是单个字体的变体，包括Regular（规则的）、Italic（斜体）、Bold（粗体）和Bold Italic（粗斜体）等。

- 字体大小：可以设置文字的大小，也可直接输入数值，并按下回车键来进行调整。默认的文字度量单位是点。如果要修改文字的度量单位，可以打开“首选项”对话框，在“单位与标尺”选项中调整。
- 设置行距：行距是指文本中各个文字行之间的垂直间距。同一段落的行与行之间可以设置不同的行距，但文字行中的最大行距决定了该行的行距。图8-191所示是行距为72点的文本（文字大小为72点）；图8-192所示是行距调整为100点的文本。

图8-191　图8-192

- 字距微调：可调整两个字符之间的间距。操作时需在要调整的两个字符之间单击，设置插入点，如图8-193所示，再调整数值。图8-194所示为增加该值后的文本。

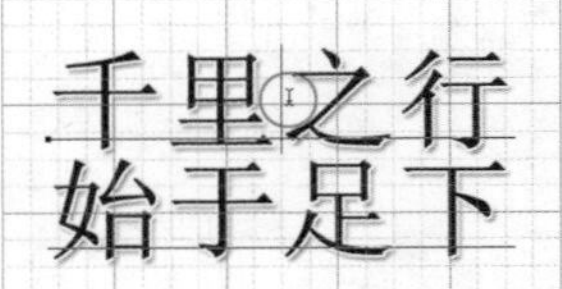

图8-193

图8-194

- 字距调整：选择部分字符时，可以调整所选字符的字间距，如图8-195所示；未选择字符时，可调整所有字符的字间距，如图8-196所示。

图8-195　图8-196

- 比例间距：用来设置所选字符的比例间距。
- 水平缩放/垂直缩放：“水平缩放”用于调整字符的宽度，“垂直缩放”用于调整字符的高度。这两个百分比相同时，可进行等比缩放。
- 基线偏移：当使用文字工具在图像中单击设置文字插入点时，会出现一个闪烁的“I”形光标，光标中的小线条标记的便是文字的基线（文字所依托的假想线条）。在默认情况下，绝大部分文字位于基线之上，小写的g、p、q位于基线之下。通过该选项可以调整字符的基线，使字符上升或下降，以满足一些特殊文本的需要，如图8-197所示。

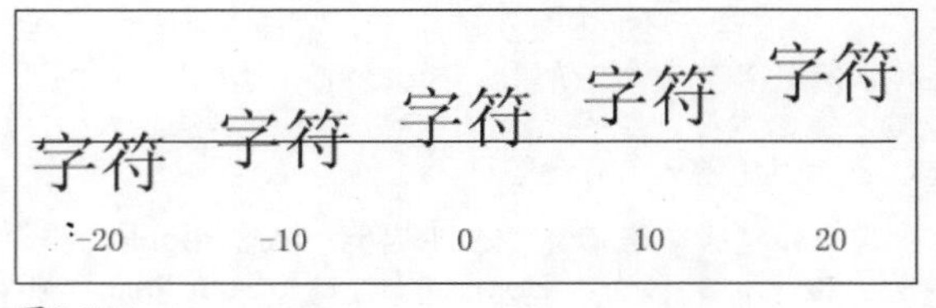

图8-197

- 文字颜色：单击颜色块，可以打开“拾色器”设置文字的颜色。
- 特殊字体样式：“字符”面板下面的一排“T”状按钮用来创建仿粗体、斜体等文字样式，以及为字符添加下划线或删除线，如图8-198所示（括号内的a为各种效果的示意图）。

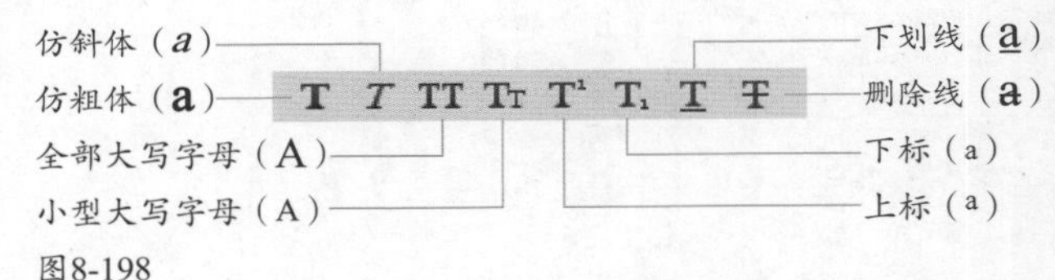

图8-198

- OpenType字体：OpenType字体是Windows和Mac操作系统都支持的字体文件。因此，使用这种字体以后，在这两个操作平台间交换文件时，不会出现字体替换或其他导致文本重新排列的问题。OpenType字体还包含当前PostScript和TrueType字体不具备的功能，如花饰字和自由连字等，如图8-199所示。在“文字>OpenType”下拉菜单中也可以进行相关设置。有关OpenType字体的详细信息，可以访问www.adobe.com/go/opentype_cn。

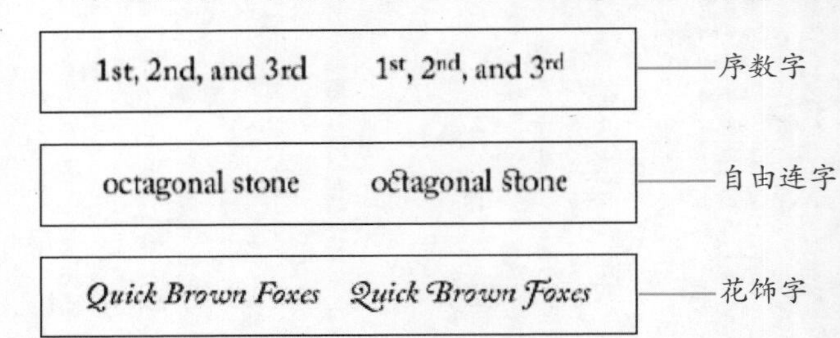

左侧为常规字体，右侧为OpenType字体

图8-199

- 连字及拼写规则：可以对所选字符进行连字符和拼写规则的语言设置。Photoshop使用语言词典检查连字符连接。
- 消除锯齿：可以设置消除锯齿的方式。

技术看板：文字编辑技巧

●调整文字大小：选取文字后，按住Shift+Ctrl键，并连续按下>键，能够以2点为增量将文字调大；按下Shift+Ctrl+<键，则以2点为增量将文字调小。

●调整字间距：选取文字以后，按住Alt键，并连续按下→键，可以增加字间距；按下Alt+←键，则减小字间距。

●调整行间距：选取多行文字以后，按住Alt键，并连续按下↑键，可以增加行间距；按下Alt+↓键，则减小行间距。

●切换字体：在“字体系列”选项中单击，然后滚动鼠标中间的滚轮，可以快速切换字体。

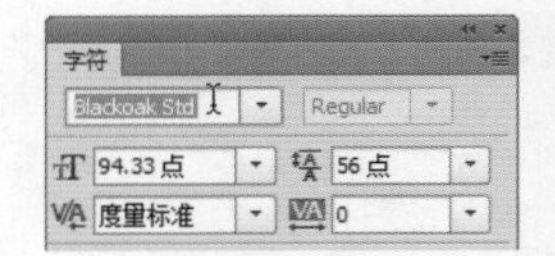

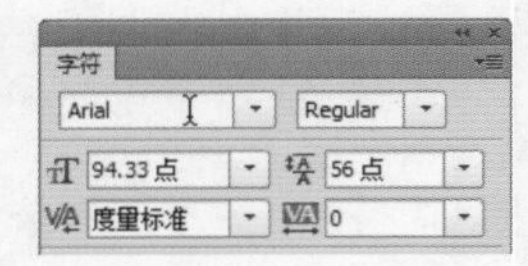

8.6.2 “段落”面板

“段落”面板用来格式化段落，即设置文本的段落属性，如段落的对齐、缩进和文字行的间距等，如图8-200所示。

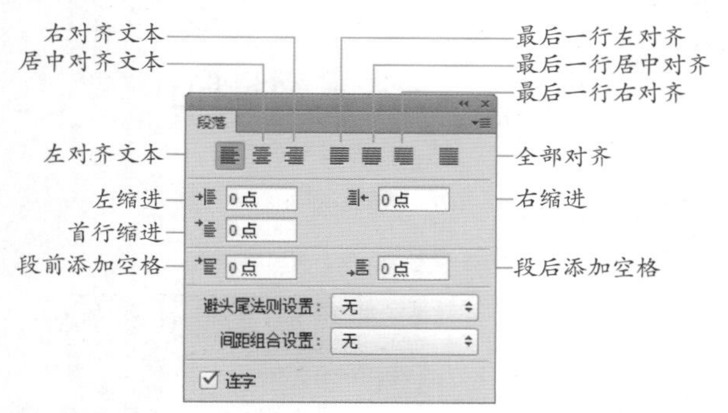

图8-200

- 左对齐文本：文字左对齐，段落右端参差不齐，如图8-201所示。
- 居中对齐文本：文字居中对齐，段落两端参差不齐，如图8-202所示。
- 右对齐文本：文字右对齐，段落左端参差不齐，如图8-203所示。

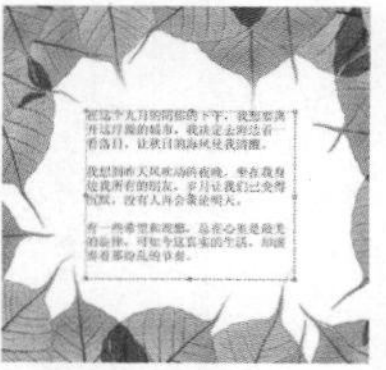
图8-201

图8-202

图8-203

- 最后一行左对齐：最后一行左对齐，其他行左右两端强制对齐，如图8-204所示。
- 最后一行居中对齐：最后一行居中对齐，其他行左右两端强制对齐，如图8-205所示。
- 最后一行右对齐：最后一行右对齐，其他行左右两端强制对齐。
- 全部对齐：在字符间添加额外的间距，使文本左右两端强制对齐，如图8-206所示。

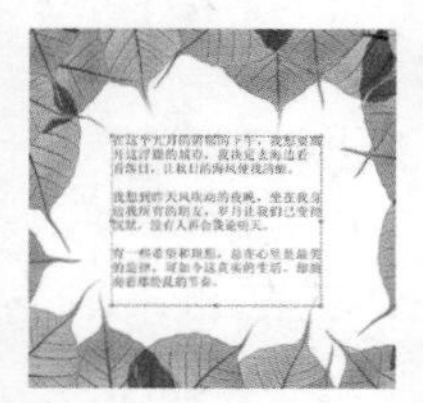
图8-204

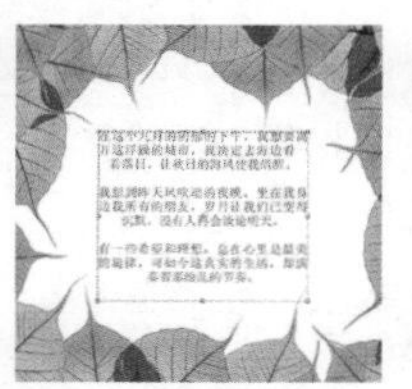
图8-205

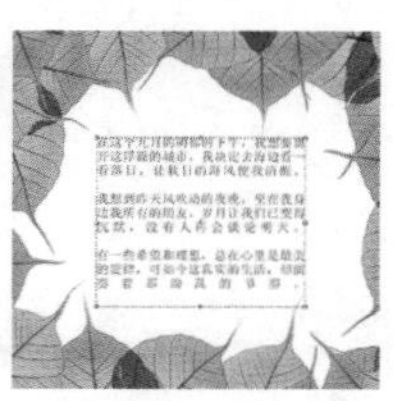
图8-206

- 左缩进：横排文字从段落的左边缩进，直排文字从段落的顶端缩进，如图8-207所示。
- 右缩进：横排文字从段落的右边缩进，直排文字则从段落的底部缩进，如图8-208所示。
- 首行缩进：可缩进段落中的首行文字。对于横排文字，首行缩进与左缩进有关，如图8-209所示；对于直排文字，首行缩进与顶端缩进有关。如果将该值设置为负值，则可以创建首行悬挂缩进效果。

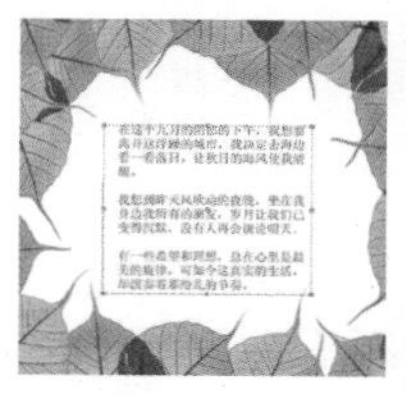
图8-207

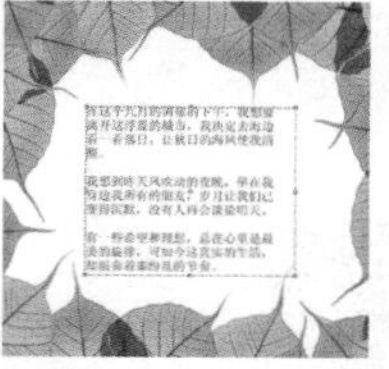
图8-208

图8-209

- 段前添加空格/段后添加空格：可以控制所选段落的间距，图8-210所示为选择的段落。图8-211所示为设置段前添加空格为30点的效果；图8-212所示为设置段后添加空格为30点的效果。

图8-210

图8-211

图8-212

- 连字：在将文本强制对齐时，为了对齐的需要，会将某一行末端的单词断开至下一行，勾选该选项后，可以在断开的单词间显示连字标记。

技术看板：段落属性设置技巧

段落是末尾带有回车符的任何范围的文字，对于点文本来说，每行便是一个单独的段落；对于段落文本来说，由于定界框大小的不同，一段可能有多行。“字符”面板只能处理被选择的字符，而“段落”面板则不论是否选择了字符，都可以处理整个段落。

如果要设置单个段落的格式，可以用文字工具在该段落中单击，设置文字插入点并显示定界框；如果要设置多个段落的格式，先要选择这些段落；如果要设置全部段落的格式，则可在“图层”面板中选择该文本图层。

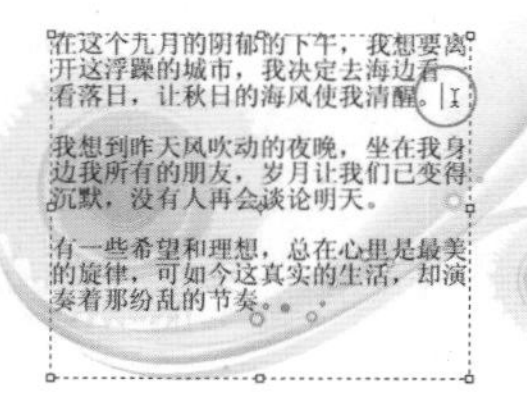

在段落中设置文字插入点

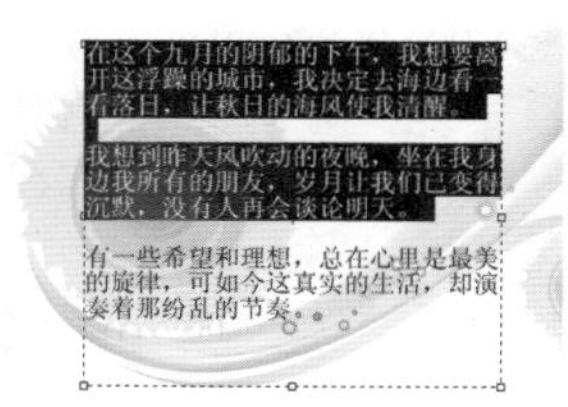

选择要处理的段落

8.6.3 实战：“字符样式”面板

■类别：文字 ■光盘提供：☑素材 ☑实例效果 ☑视频录像

“字符样式”面板可以保存文字样式，即诸多字符属性的集合，如字体、大小和颜色等，并快速应用于其他文字、线条或文本，从而极大地节省创作时间。

01 打开光盘中的素材，如图8-213所示。打开“字符样式”面板。单击创建新的字符样式按钮 ，新建一个空白字符样式。

02 双击字符样式，如图8-214所示，打开“字符样式选项”对话框。

图8-213

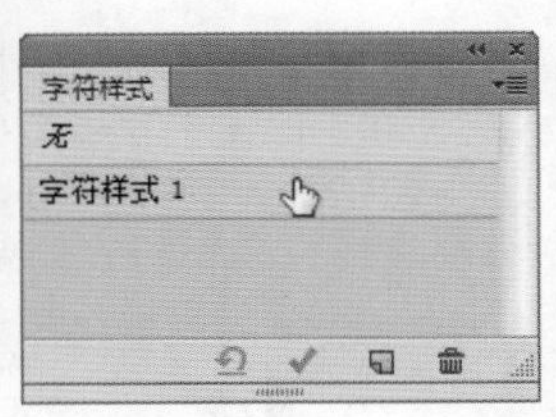

图8-214

03 选择一种字体，然后设置文字大小为160点，并勾选“下划线”“仿粗体”和“仿斜体”选项，如图8-215所示。

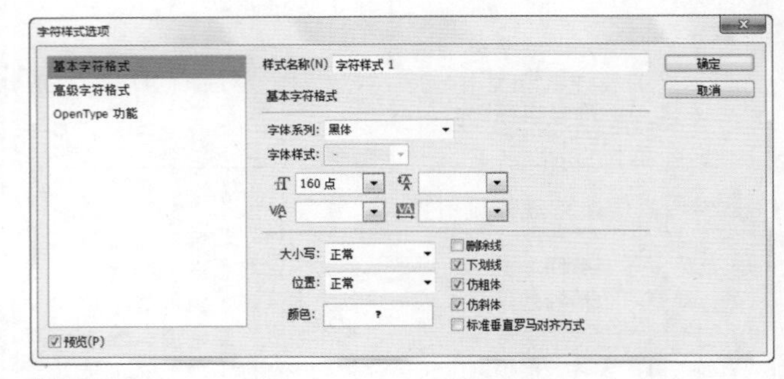

图8-215

04 单击“颜色”选项右侧的颜色块，打开“拾色器”为文字设置颜色，如图8-216所示。单击“确定”按钮，关闭“字符样式选项”对话框。

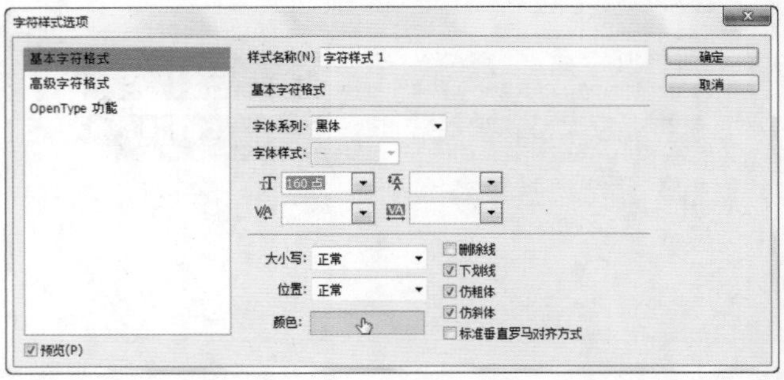

图8-216

05 单击“字符样式”面板中的“无”选项，恢复为默认的字符样式，如图8-217所示，使用横排文字工具 T 在画面中输入文字，如图8-218所示。

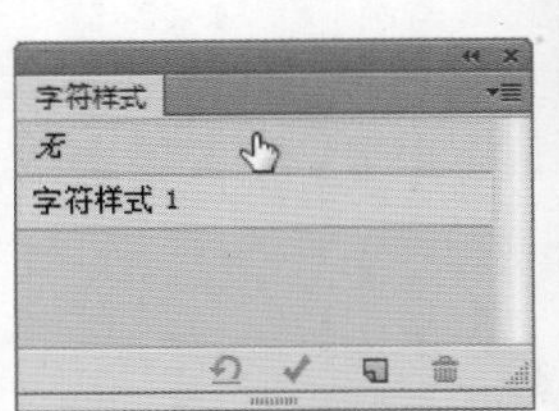

图8-217

图8-218

06 单击“字符样式”面板中创建的字符样式，为文字应用该样式，如图8-219、图8-220所示。

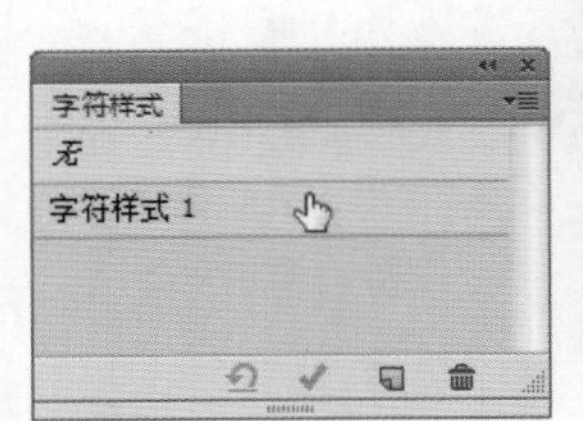

图8-219

图8-220

提示

如果要为现有的文字应用字符样式，需要先在“图层”面板中选择文字所在的图层，然后再单击“字符样式”面板中的相应样式。

8.6.4 “段落样式”面板

“段落样式”面板可以保存字符和段落格式设置属性，并应用于一个或多个段落，如图8-221所示。

在默认情况下，每个新文档中都包含一种“基本段落”样式。可以编辑该样式，但不能重命名或删除它。段落样式的创建和使用方法与字符样式基本相同。单击“段落样式”面板中的创建新的段落样式按钮 ，创建空白样式，然后双击该样式，如图8-222所示，可以打开“段落样式选项”面板设置段落属性，如图8-223所示。具体选项可参考“段落”面板。

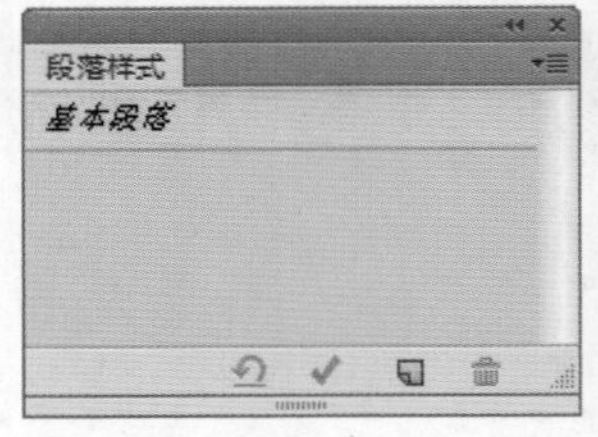

图8-221

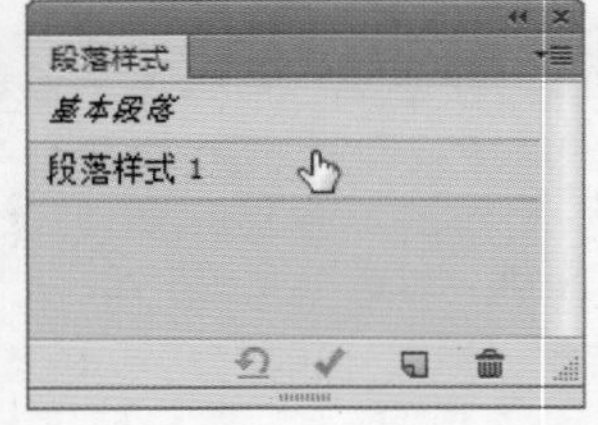

图8-222

图8-223

8.6.5 拼写检查

如果要检查当前文本中的英文单词拼写是否有误，可以执行“编辑>拼写检查”命令，打开“拼写检查”对话框，检查到错误时，Photoshop会提供修改建议，如图8-224、图8-225所示。

图8-224　图8-225

8.6.6 查找和替换文本

执行“编辑>查找和替换文本”命令，可以查找当前文本中需要修改的文字、单词、标点或字符，并将其替换为指定的内容。

图8-226所示为“查找和替换文本”对话框。在“查找内容”选项内输入要替换的内容，在“更改为”选项内输入用来替换的内容，然后单击“查找下一个”按钮，Photoshop会搜索并突出显示查找到的内容。如果要替换内容，可以单击“更改”按钮；如果要替换所有符合要求的内容，可单击“更改全部”按钮。需要注意的是，已经栅格化的文字不能进行查找和替换操作。

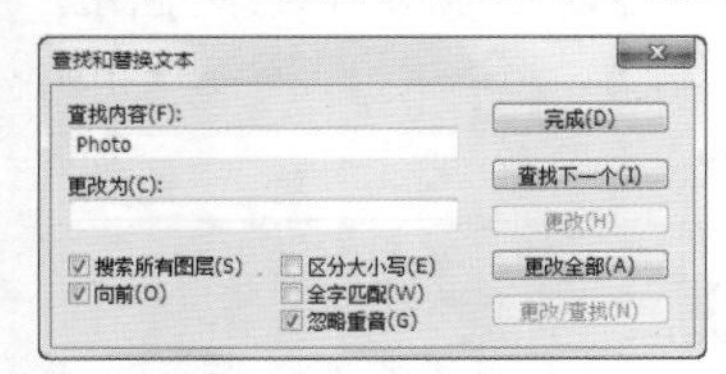

图8-226

8.6.7 更新文字、替换欠缺字体

在导入在旧版的Photoshop中创建的文字时，执行“文字>更新所有文字图层”命令，可以将其转换为矢量类型。

打开文件时，如果该文档中的文字使用了系统中没有的字体，会弹出一条警告信息，指明缺少哪些字体，出现这种情况，可以执行“文字>替换所有欠缺字体”命令，使用系统中安装的字体替换文档中欠缺的字体。

8.6.8 基于文字创建路径和形状

选择一个文字图层，如图8-227所示，执行“文字>创建工作路径”命令，可以基于文字生成工作路径，原文字图层保持不变，如图8-228所示（为了观察路径，隐藏了文字图层）。生成的工作路径可以应用填充和描边，或者通过调整锚点得到变形文字。

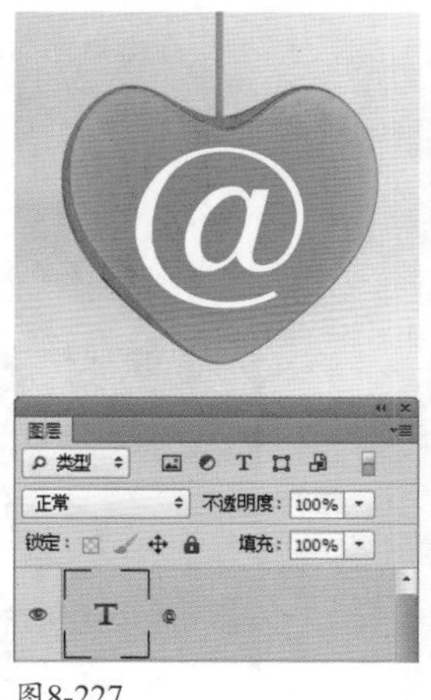

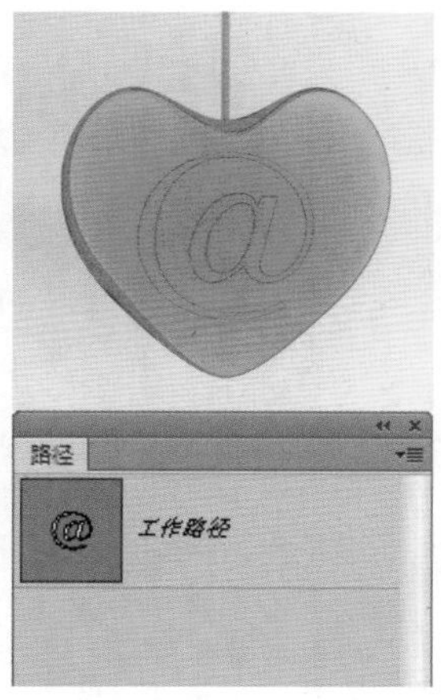

图8-227　图8-228

如果执行“文字>转换为形状”命令，则可以将文字转换为矢量形状图层，此时原文字图层不会保留，如图8-229、图8-230所示。

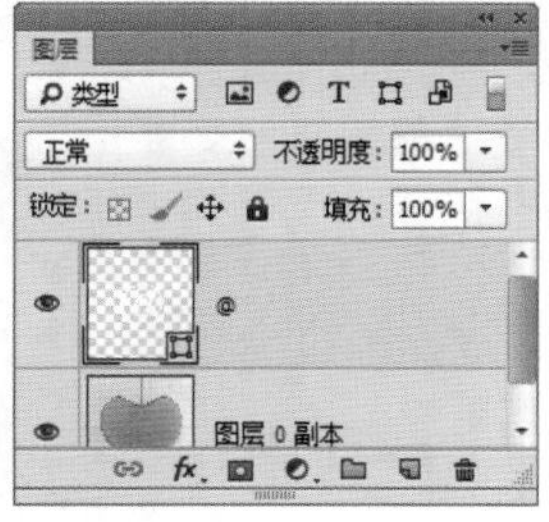

图8-229　图8-230

8.6.9 栅格化文字

在“图层”面板中选择文字图层，执行“文字>栅格化文字图层”命令，或“图层>栅格化>文字”命令，可以将文字图层栅格化，使文字变为图像。栅格化后的图像可以用画笔工具和滤镜等进行编辑，但不能再修改文字内容和属性。

3D虚拟现实技术

现在的 Photoshop已经不再是传统意义上的平面软件了，因为它可以制作出简单的3D模型，还能像其他3D软件那样调整模型的角度、透视，在3D空间添加光源和投影，用户甚至还能将3D对象导出到其他程序中使用。Photoshop可以打开和编辑U3D、3DS、OBJ、KMZ和DAE等格式的3D文件。这些3D文件可以来自于不同的3D程序，包括Adobe Acrobat 3D Version 8、3ds Max、Alias、Maya 及 GoogleEarth 等。也就是说，现在常用的3D程序创建的文件，只要是前面介绍的格式，都可以用 Photoshop 编辑了。

扫描二维码，关注李老师的微博、微信。

9.1 3D界面和基本工具

在Photoshop的3D界面中，用户可以轻松创建3D模型，如立方体、球面、圆柱和3D明信片等，也可以非常灵活地修改场景和对象方向，拖曳阴影重新调整光源位置，编辑地面反射、阴影和其他效果，甚至还可以将3D对象自动对齐至图像中的消失点上。

9.1.1 3D操作界面

在Photoshop中打开、创建和编辑3D文件时，会自动切换到3D界面中，如图9-1所示。Photoshop可以保留对象的纹理、渲染和光照信息，并将3D模型放在3D 图层上，在其下面的条目中显示对象的纹理。

图9-1

3D文件包含网格、材质和光源等组件。其中，网格相当于3D模型的骨骼，如图9-2所示；材质相当于3D模型的皮肤，如图9-3所示；光源相当于太阳或白炽灯，可以使3D场景亮起来，让3D模型可见，如图9-4所示。网格提供了3D模型的底层结构。一个网格可具有一种或多种相关的材质，它们控制整个网格的外观或局部网格的外观。材质映射到网格上，可以模拟各种纹理和质感，例如颜色、图案、反光度或崎岖度等。

图9-2

图9-3

图9-4

9.1.2 实战：使用3D对象工具

■类别：3D ■光盘提供：☑素材 ☑视频录像

在Photoshop中打开3D文件后，选择移动工具，在它的工具选项栏中包含一组3D工具，如图9-5所示，使用这些工具可以修改3D模型的位置、大小，还可以修改3D场景视图，调整光源位置。

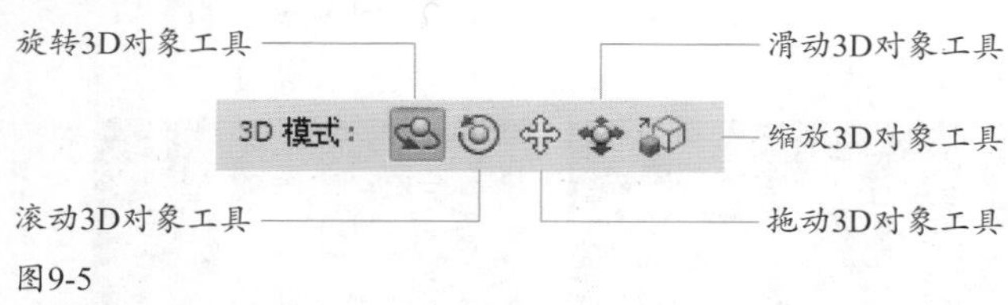

图9-5

01 按下Ctrl+O快捷键，打开光盘中的3D文件，如图9-6、图9-7所示。

图9-6 图9-7

02 选择移动工具，在工具选项栏中选择旋转3D对象工具，此时模型周围会出现一个范围框，它表示模型处于选取状态。上下拖动鼠标，可以使模型围绕其x轴旋转，如图9-8所示；两侧拖动，则可以围绕其y轴旋转，如图9-9所示。

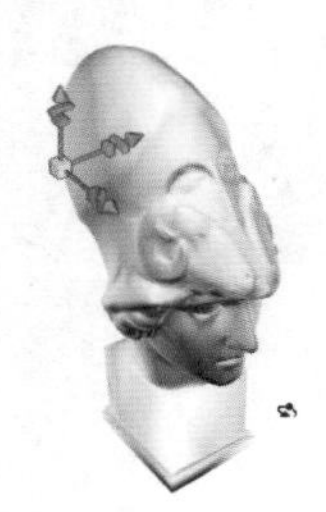

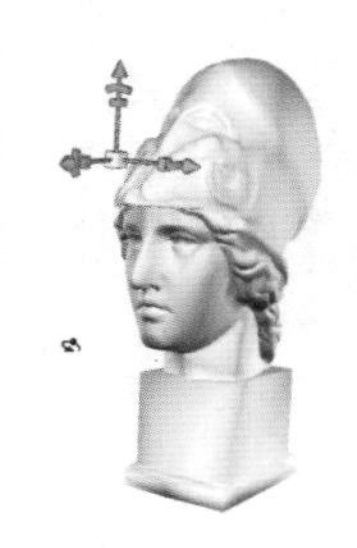

图9-8 图9-9

03 使用滚动3D对象工具在两侧拖动，可以使模型围绕其z轴旋转，如图9-10所示。使用拖动3D对象工具在两侧拖动，可以沿水平方向移动模型；上下拖动，可以沿垂直方向移动模型。

04 使用滑动3D对象工具在两侧拖动，可以沿水平方向移动模型，如图9-11所示；上下拖动，可以将模型移近或移远，如图9-12所示。使用缩放3D对象工具上下拖动可放大或缩小模型，如图9-13所示。

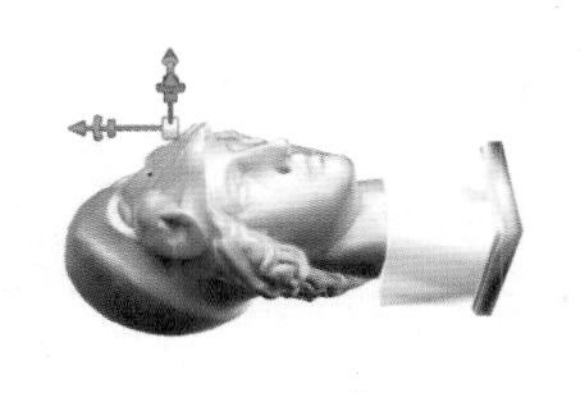

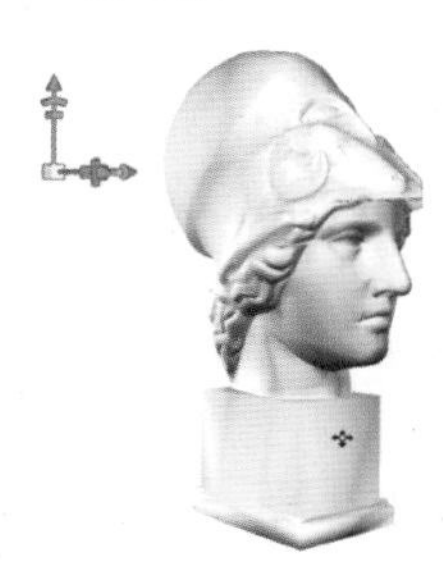

图9-10 图9-11

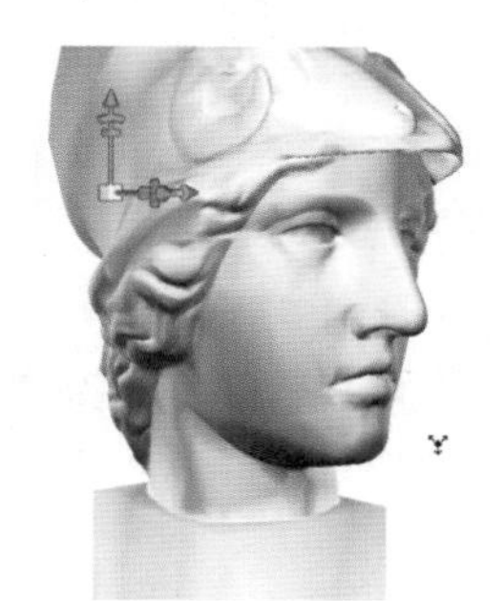

图9-12 图9-13

9.1.3 实战：使用3D相机工具

■类别：3D ■光盘提供：☑素材 ☑视频录像

使用3D相机工具可以移动相机视图，同时保持3D对象的位置不变。

01 按下Ctrl+O快捷键，打开光盘中的3D文件，如图9-14、图9-15所示。

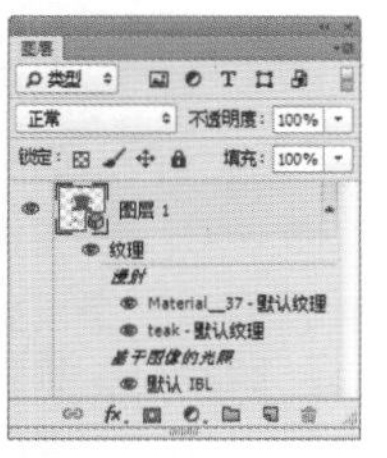

图9-14 图9-15

02 选择移动工具，在工具选项栏中选择旋转3D对象工具，在模型以外的区域单击鼠标，这样不会选择模型，此时单击并拖动鼠标，可以将相机沿x或y方向环绕移动，如图9-16、图9-17所示。

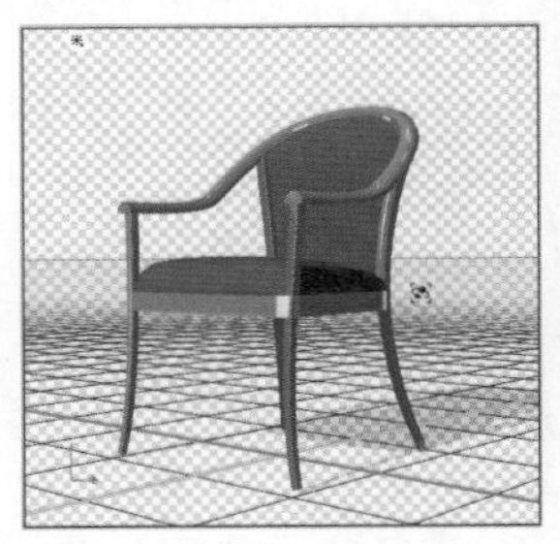
图9-16

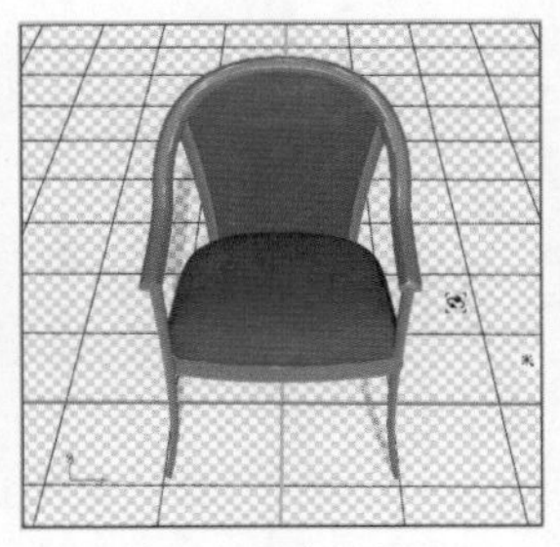
图9-17

03 使用滚动3D对象工具 拖动可以滚动相机，如图9-18所示。使用拖动3D对象工具 拖动可以将相机沿x或y方向平移，如图9-19所示。

图9-18

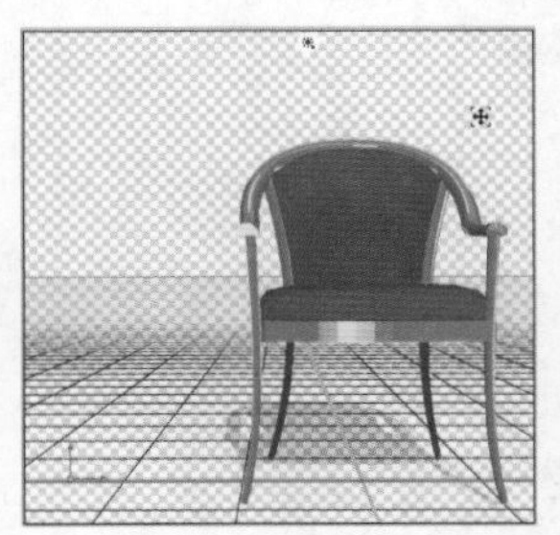
图9-19

04 使用滑动3D对象工具 拖动可以平移相机，并保持地面高度，如图9-20所示。使用缩放3D对象工具 拖动可以更改3D相机的视角，如图9-21所示。

图9-20

图9-21

9.1.4 实战：通过3D轴调整3D项目

■类别：3D ■光盘提供：☑素材 ☑视频录像

01 按下Ctrl+O快捷键，打开光盘中的3D文件。使用移动工具 单击3D对象，文档窗口中会出现3D轴，如图9-22所示，它显示了3D空间中模型（或相机、光源和网格）在当前X、Y和Z轴的方向，如图9-23所示。

02 将光标放在3D轴的控件上，使其高亮显示。如果要沿X/Y/Z轴移动项目，可以将光标放在任意轴的锥尖上，向相应的方向拖曳，如图9-24所示。

图9-22

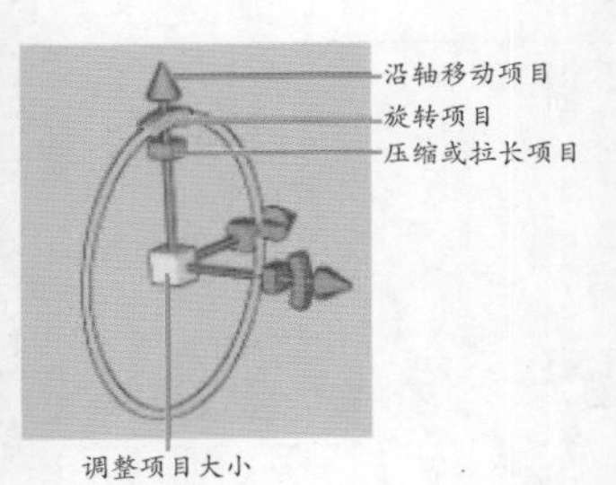

图9-23

03 如果要旋转项目，可以将光标放在轴尖内弯曲的旋转线段上，此时会出现旋转平面的黄色圆环，围绕 3D 轴中心沿顺时针或逆时针方向拖曳圆环即可旋转模型，如图9-25所示。要进行幅度更大的旋转，可以将鼠标向远离3D轴的方向移动。

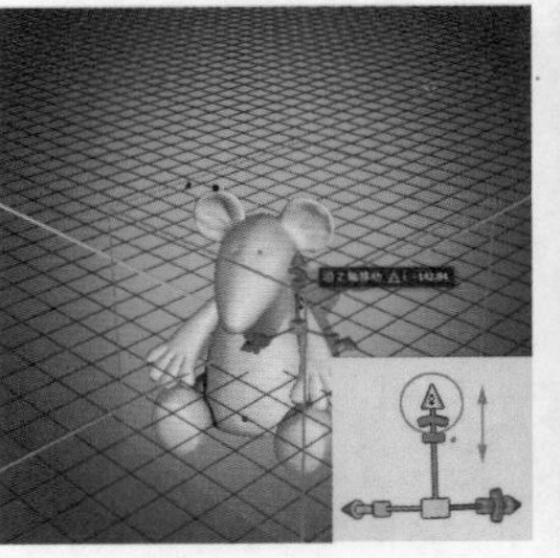
图9-24

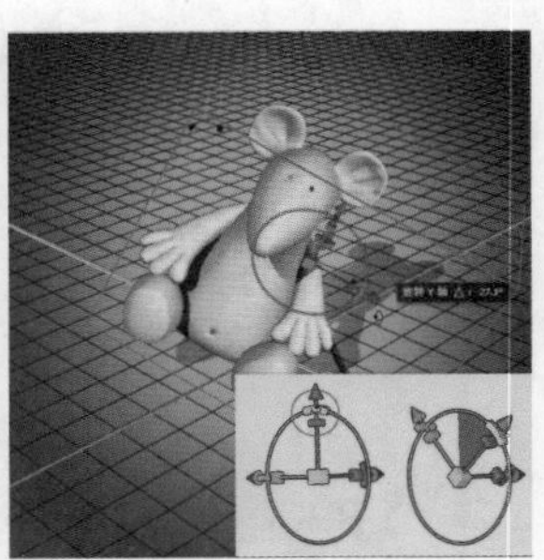
图9-25

04 如果要调整项目大小（等比缩放），可以向上或向下拖曳 3D 轴中的中心立方体，如图9-26所示。

05 如果要沿轴压缩或拉长项目（不等比缩放），可以将某个彩色的变形立方体向中心立方体拖曳，或向远离中心立方体的位置拖曳，如图9-27所示。

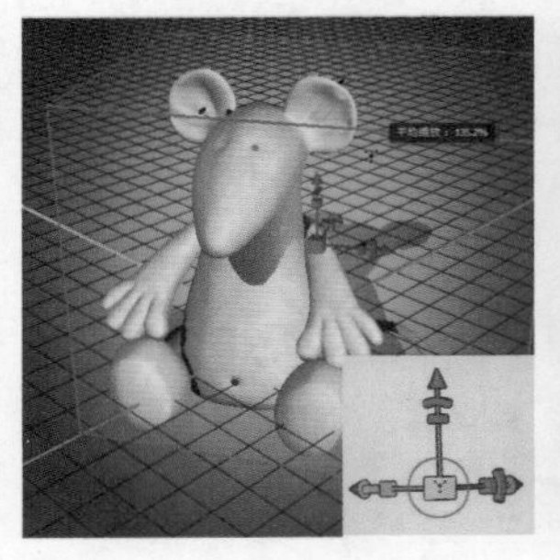
图9-26

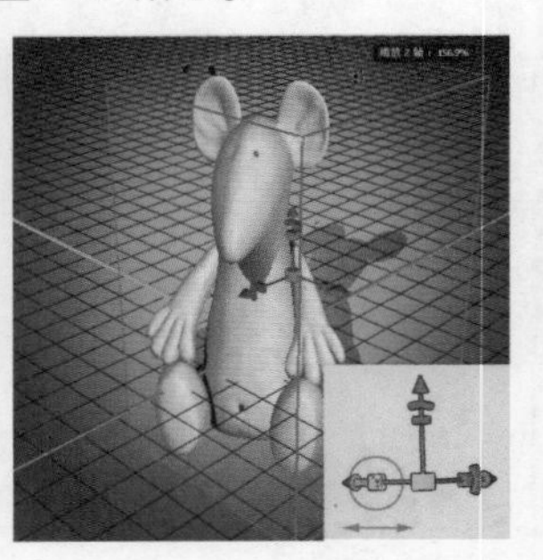
图9-27

提示

3D轴控件会随当前编辑模式（对象、相机、网格或光源）的变化而变化，因此，3D轴除了可以调整模型外，还能用来调整相机、网格和光源。

9.2 3D面板

在“图层”面板中选择3D图层后，“3D”面板中会显示与之关联的3D组件。面板顶部包含场景、网格、材质和光源按钮，使用这些按钮，可以筛选出现在面板中的组件。例如，单击场景按钮，可以显示所有组件，单击材质按钮，则只显示3D对象所使用的材质。

9.2.1 3D场景

3D场景设置可设置渲染模式、选择要在其上绘制的纹理或创建横截面。打开一个3D模型，如图9-28所示，单击“3D”面板中的场景按钮，可以显示场景中的所有条目，如图9-29所示。

图9-28

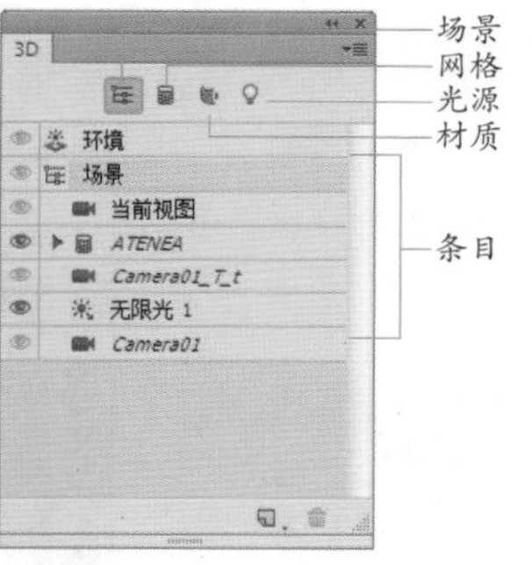

图9-29

9.2.2 3D网格

如果单击“3D”面板顶部的网格按钮，面板中就只显示网格组件，此时可以在“属性”面板中设置网格属性。

9.2.3 3D材质

单击“3D”面板顶部的材质按钮，然后单击“属性”面板中的材质球右侧的按钮，打开下拉面板，在该面板中可以选择一种预设的材质，如图9-30所示，图9-31所示为材质效果图。

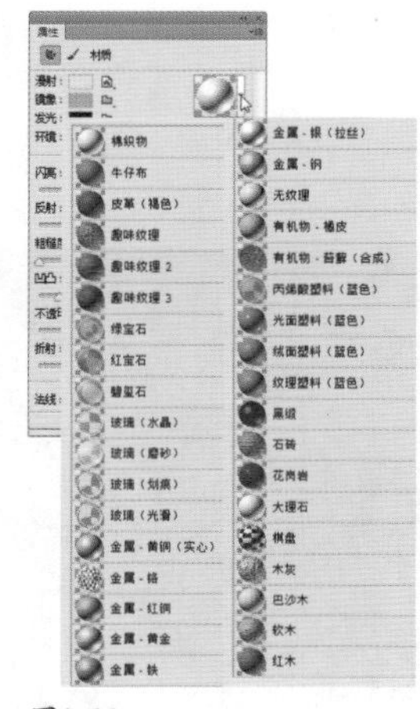

图9-30

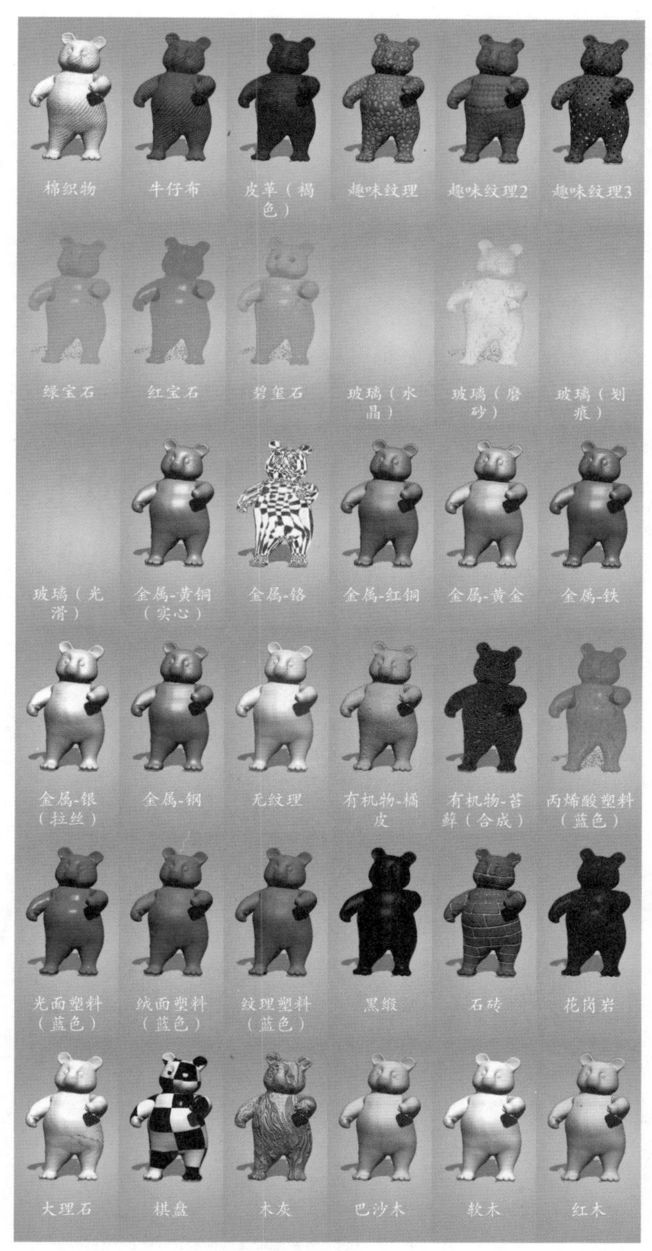

图9-31

9.2.4 3D 光源

3D 光源可以从不同角度照亮模型，从而添加逼真的深度和阴影。单击“3D”面板顶部的光源按钮，面板中会列出场景中所包含的全部光源，如图9-32所示。Photoshop提供了点光、聚光灯和无限光，在“属性”面板中可以调整光源参数，如图9-33所示。

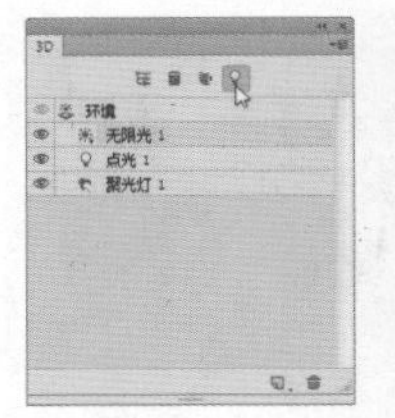

图9-32

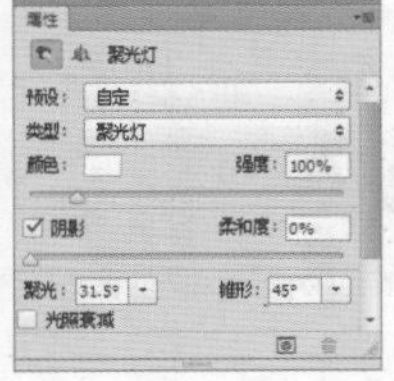

图9-33

调整点光

点光在3D场景中显示为小球状。它就像灯泡一样，可以向各个方向照射，如图9-34所示。使用拖动3D对象工具和滑动3D对象工具可以调整点光的位置，如图9-35所示。

图9-34

图9-35

勾选“光照衰减”选项后，可以让点光产生衰减效果，如图9-36、图9-37所示。“内径”和“外径”选项决定衰减锥形，以及光源强度随对象距离的增加而减弱的速度。对象接近“内径”限制时，光照强度最大；对象接近“外径”限制时，光照强度为零；处于中间距离时，光照从最大强度线性衰减为零。

图9-36

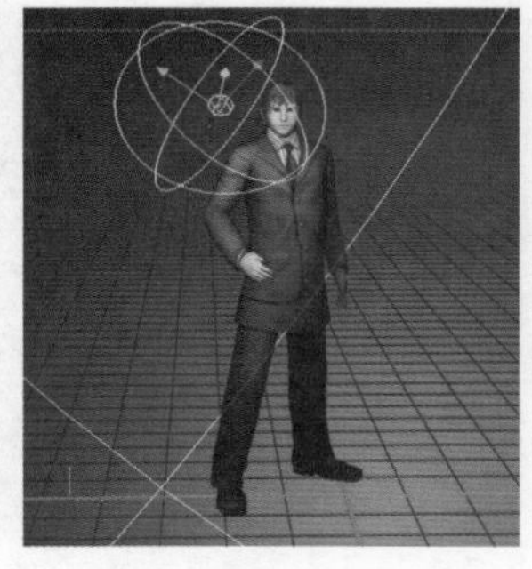

图9-37

调整聚光灯

聚光灯在3D场景中显示为锥形，它能照射出可调整的锥形光线，如图9-38所示。使用拖动3D对象工具和滑动3D对象工具可以调整聚光灯的位置，如图9-39所示。

图9-38

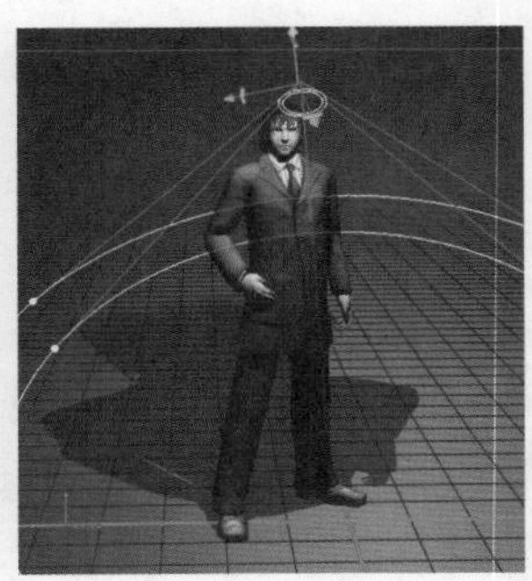

图9-39

聚光灯不仅可以设置衰减，还可以通过设置“聚光”属性来调整光源明亮中心的宽度，设置“锥形”属性来调整光源的发散范围，如图9-40、图9-41所示。

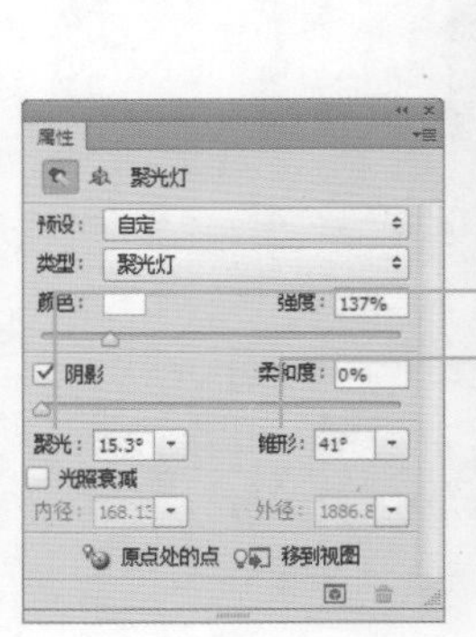

图9-40

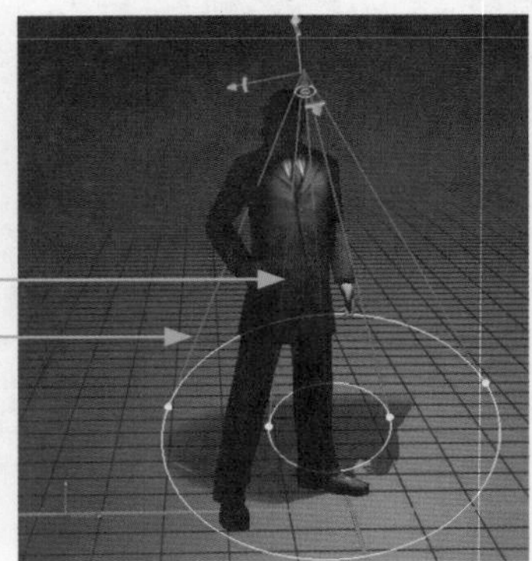

图9-41

调整无限光

无限光在3D场景中显示为半球状。它像太阳光，可以从一个方向平面照射，如图9-42所示。使用拖动3D对象工具和滑动3D对象工具可以调整无限光的位置，如图9-43所示。

图9-42

图9-43

9.3 从2D图像创建3D对象

Photoshop可基于2D 对象，如图层、文字、路径等生成各种基本的 3D 对象。

9.3.1 实战：从文字中创建3D对象

■类别：3D/特效字 ■光盘提供：☑素材 ☑实例效果 ☑视频录像

01 打开光盘中的素材，如图9-44所示。使用横排文字工具 T 输入文字，如图9-45、图9-46所示。

图9-44

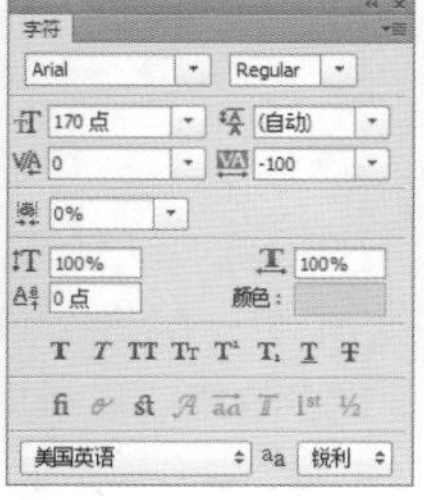

图9-45

图9-46

02 执行“文字>创建3D文字”命令，弹出一个提示信息，单击“是”按钮，在“属性”面板中设置参数，如图9-47所示，文字效果如图9-48所示。

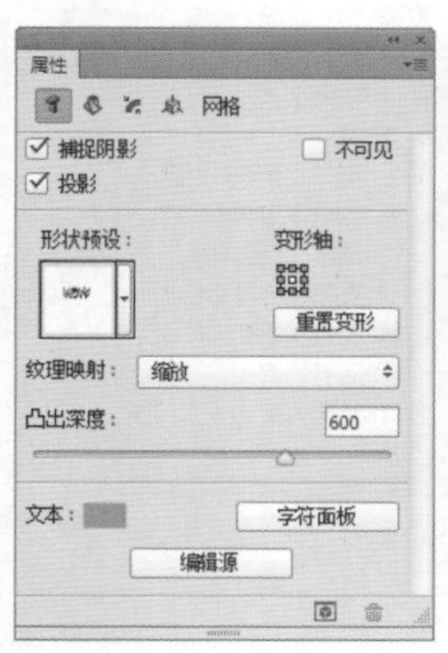

图9-47

图9-48

03 使用旋转3D对象工具 旋转文字，调整角度和位置，如图9-49所示。单击“3D”面板底部的 按钮，打开下拉菜单，选择“新建点光”命令，如图9-50所示，创建一个点光。

图9-49

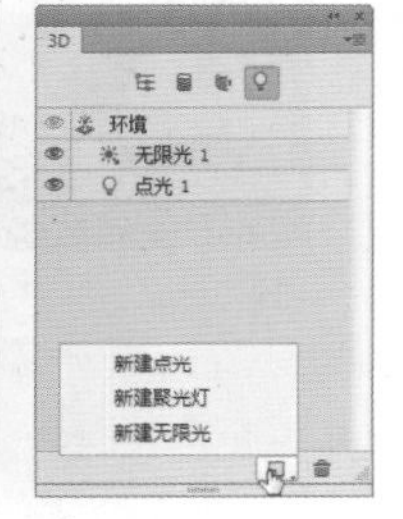

图9-50

04 在“属性”面板中设置灯光参数，如图9-51所示。将新建的灯光移动到画面左侧，如图9-52所示。

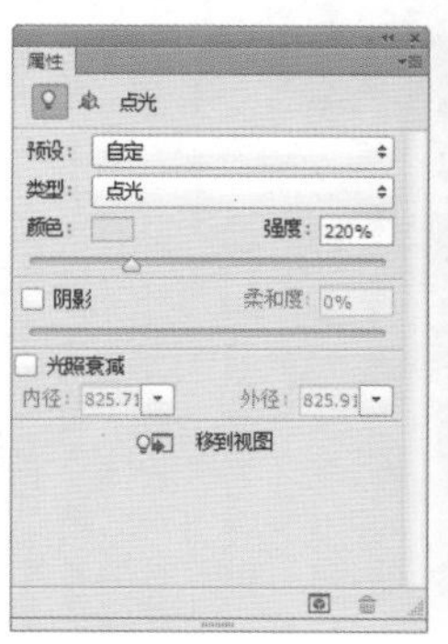

图9-51

图9-52

9.3.2 实战：从选区中创建3D对象

■类别：3D ■光盘提供：☑素材 ☑实例效果 ☑视频录像

01 打开光盘中的素材。使用快速选择工具 选中卡通怪物，如图9-53所示。执行“选择>新建3D模型”命令，或“3D>从当前选区新建3D模型”命令，即可从选中的图像中生成3D对象，如图9-54所示。

图9-53

图9-54

02 单击“3D”面板顶部的网格按钮 ，在“属性”面板中选择一种凸出样式，并设置“凸出深度”为200%，如图9-55、图9-56所示。

03 使用旋转3D对象工具 旋转对象，如图9-57所示。单击“调整”面板中的 按钮，创建“曲线”调整图层，调整曲线，增强色调的对比度，如图9-58、图9-59所示。

04 采用同样的方法制作卡通怪物背面的立体效果，如图9-60所示。

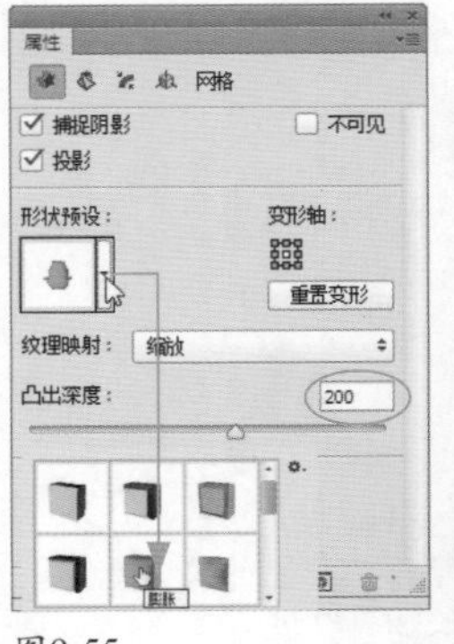

图9-55

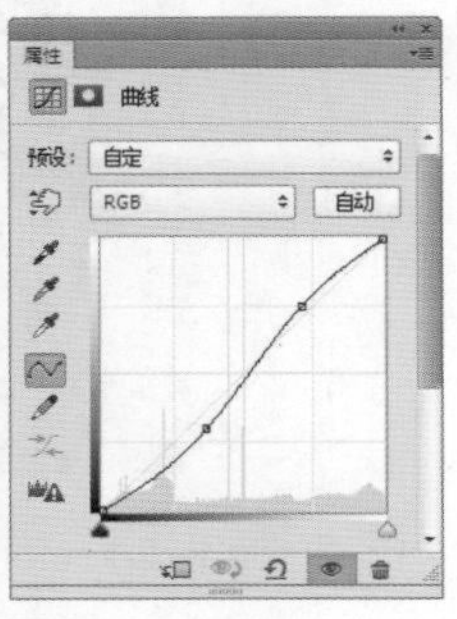

图9-56

图9-57

图9-58

图9-59

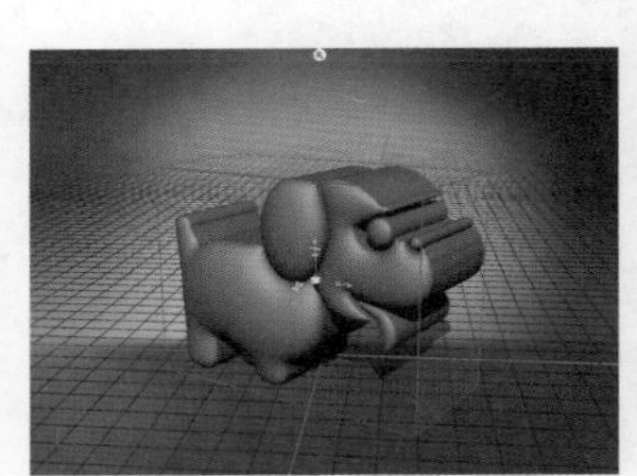

图9-60

9.3.3 实战：从路径中创建3D对象

■类别：3D ■光盘提供：☑素材 ☑实例效果 ☑视频录像

01 打开光盘中的素材。单击“路径”面板中的“路径1”，在画面中显示该路径，如图9-61所示。

02 单击“图层”面板底部的 按钮，新建一个图层。执行“3D>从所选路径新建3D模型”命令，基于路径生成3D对象，如图9-62所示。

图9-61

图9-62

03 双击“3D”面板中的“图层1”，如图9-63所示，将3D模型选中，在“属性”面板中选择“膨胀”样式，如图9-64所示。

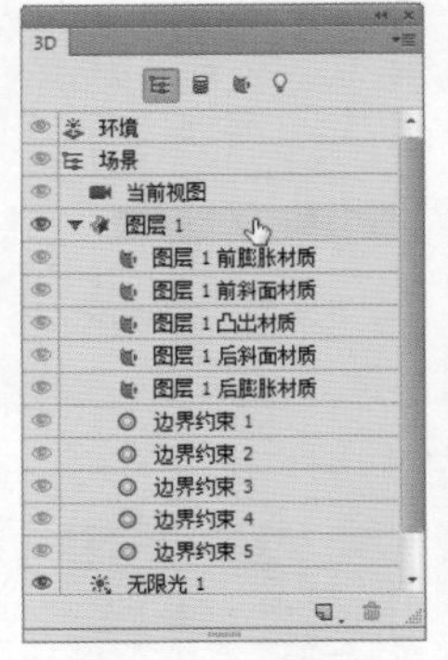

图9-63

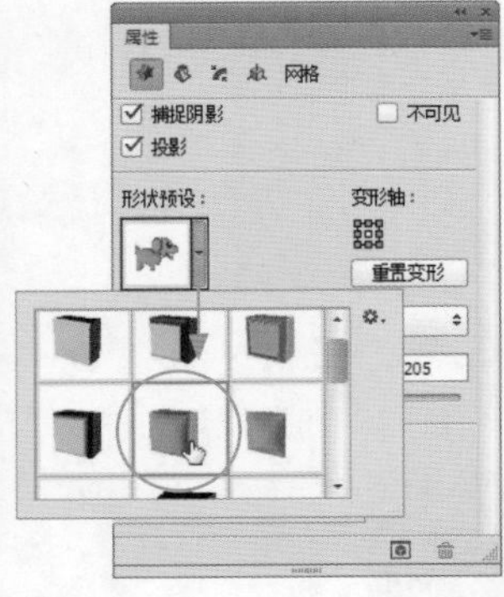

图9-64

04 用旋转3D对象工具 调整对象的角度，如图9-65所示。在“3D”面板中单击图9-66所示的材质，将其选中，在“属性”面板中选择“棉织物”材质，单击“漫射”选项右侧的颜色块，打开“拾色器”调整颜色为深黄色，效果如图9-67、图9-68所示。

图9-65

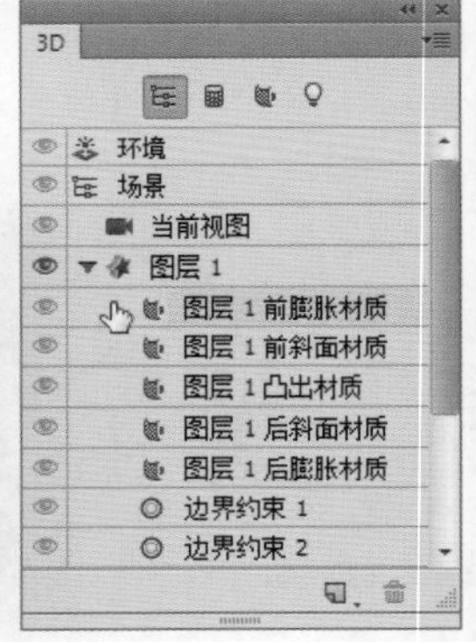

图9-66

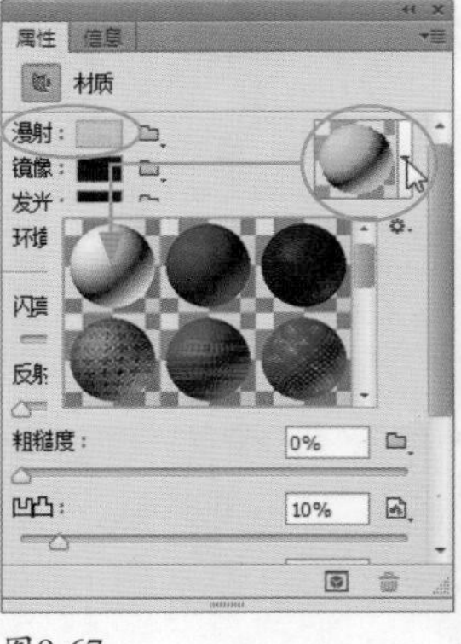

图9-67

图9-68

05 单击图9-69所示的材质，在“属性”面板中选择“棉织物”材质，并将颜色设置为浅黄色，效果如图9-70所示。

图9-69

图9-70

提示

选择3D对象所在的图层，执行“3D>从3D图层生成工作路径”命令，可基于当前3D对象生成工作路径。

9.3.4 实战：从图层中创建3D对象

■类别：3D ■光盘提供：☑素材 ☑实例效果 ☑视频录像

01 打开光盘中的素材，如图9-71所示。单击“图层1”，将其选择。执行“3D>从图层新建网格>网格预设>球体”命令，创建3D球体，如图9-72所示。同时，2D图层也会转换为3D图层。

图9-71

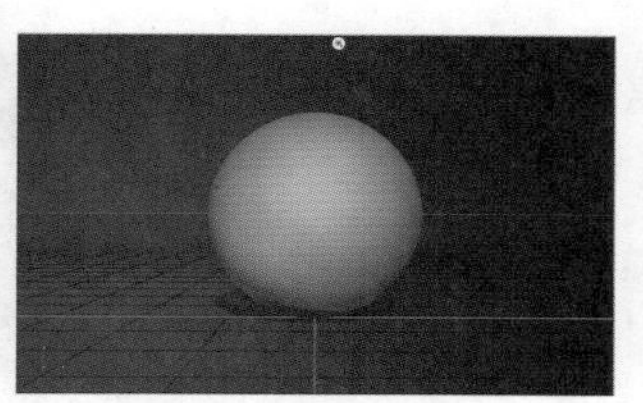
图9-72

02 选择移动工具，在窗口内单击并拖曳鼠标旋转相机（不要单击模型），如图9-73所示。单击“3D”面板中的无限光，将其选中，如图9-74所示，在“属性”面板中设置阴影的“柔和度”为50%，如图9-75所示，让球体投影的边缘产生柔和的过渡效果，如图9-76所示。

图9-73

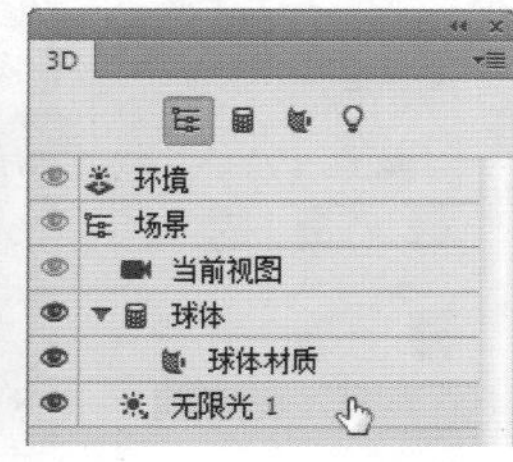

图9-74

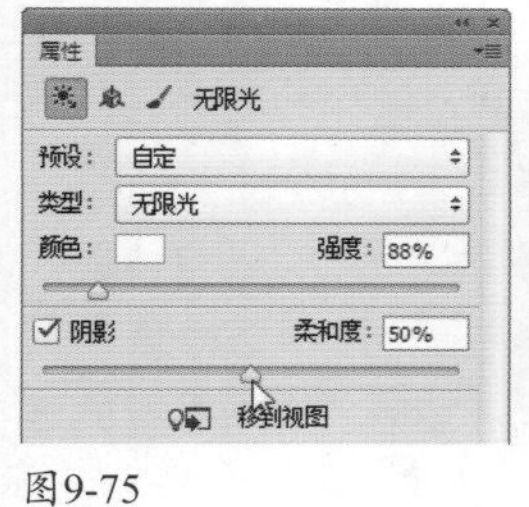

图9-75

图9-76

提示

使用“3D>从图层新建网格>网格预设”下拉菜单中的命令，还可以生成立方体、酒瓶、易拉罐、圆环、圆柱、锥形和金字塔等3D对象。

9.3.5 实战：创建和深度映射的3D网格

■类别：3D ■光盘提供：☑素材 ☑实例效果 ☑视频录像

Photoshop可以将灰度图像转换为深度映射，即基于图像的明度值转换出深度不一的表面。较亮的值生成表面上凸起的区域，较暗的值生成凹下的区域，进而生成3D模型。

01 打开光盘中的素材，如图9-77所示。执行“3D>从图层新建网格>深度映射到>平面”命令，即可基于该图像生成3D冰川。

02 选择移动工具，在窗口内单击并拖曳鼠标旋转相机，如图9-78所示。

图9-77

图9-78

技术看板：创建3D体积

在Photoshop中执行“文件>打开”命令，可以打开医学上的DICOM图像（.dc3、.dcm、.dic 或无扩展名），Photoshop会读取文件中所有的帧，并将其转换为图层。选择一个图层，执行“3D>从图层新建网格>体积”命令，可以创建 DICOM 帧的 3D 体积。使用 Photoshop 的 3D 位置工具，可以从任意角度查看 3D 体积，或更改渲染设置以更直观地查看数据。

9.3.6 实战：添加约束

■类别：3D ■光盘提供：☑素材 ☑实例效果 ☑视频录像

在Photoshop中创建3D模型后，可以通过内部约束来提高特定区域中的网格分辨率，精确地改变膨胀，或在表面打孔。

01 打开光盘中的素材，如图9-79所示。在“图层”面板中单击“图层1”，执行“3D>从所选图层新建3D模型”命令，生成3D模型，如图9-80所示。

02 单击3D模型，在“属性”面板中选择一种形状，如图9-81、图9-82所示。

图9-79

图9-80

图9-81

图9-82

03 选择椭圆工具，在工具选项栏中选择“路径”选项，创建圆形路径，如图9-83所示。执行“3D>从此来源添加约束>路径”命令，为模型添加约束，约束曲线会沿着在3D对象中指定的路径远离要扩展的对象进行扩展（或靠近要收缩的对象进行收缩），如图9-84所示。

图9-83

图9-84

04 用来约束的路径也可以创建打孔效果。操作方法是，使用移动工具在路径处单击，如图9-85所示，然后在“属性”面板中选择“空心”选项即可，如图9-86所示。

图9-85

图9-86

9.3.7 实战：复制3D对象

■类别：3D ■光盘提供：☑实例效果 ☑视频录像

01 创建一个35厘米×35厘米、72像素/英寸的文档。将背景填充为深蓝色。使用横排文字工具 T 输入文字，如图9-87、图9-88所示。

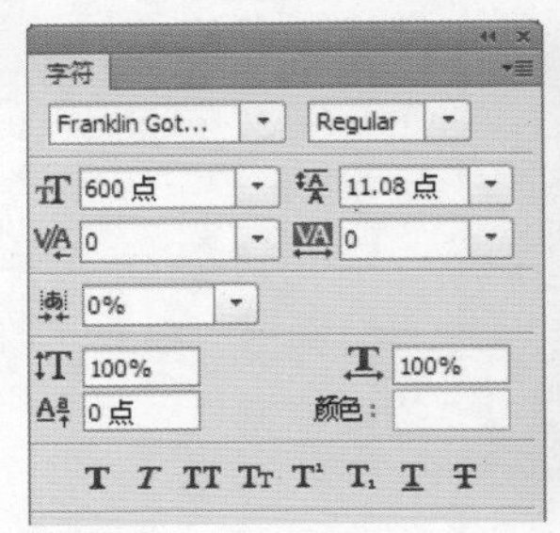

图9-87

图9-88

02 双击文字所在的图层，打开“图层样式”对话框，添加“描边”效果，如图9-89、图9-90所示。

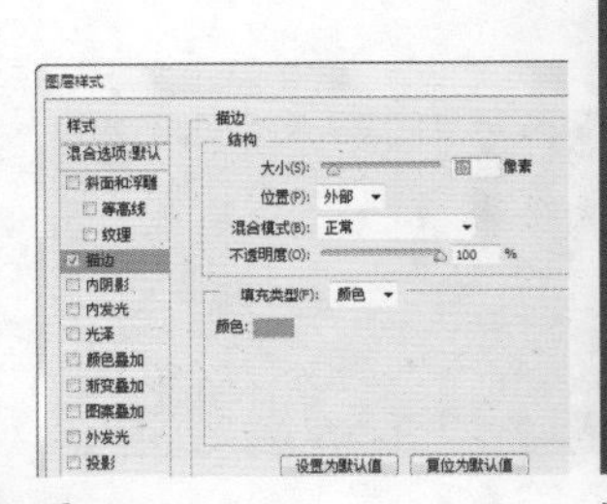

图9-89

图9-90

03 执行“图层>栅格化>图层样式”命令，将文字栅格化。执行“3D>从所选图层新建3D模型”命令，生成立体字。单击模型，在“属性”面板中选择凸出样式，设置“凸出深度”为350，如图9-91、图9-92所示。

图9-91

图9-92

04 在“3D”面板的文字模型上单击鼠标右键，打开下拉菜单，选择“复制对象”命令，如图9-93所示，复制出一个模型，如图9-94所示。将光标放在3D轴上，当出现“绕X轴旋转”提示信息后，拖曳鼠标将模型向上翻转，如图9-95所示。在空白处单击鼠标，取消模型的选择。单击并拖动鼠标，调整相机角度，如图9-96所示。

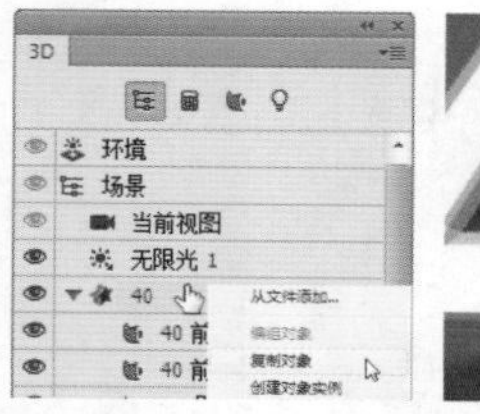

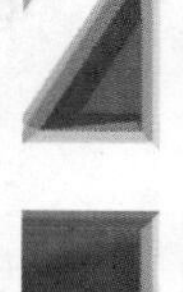
图9-93

图9-94

图9-95

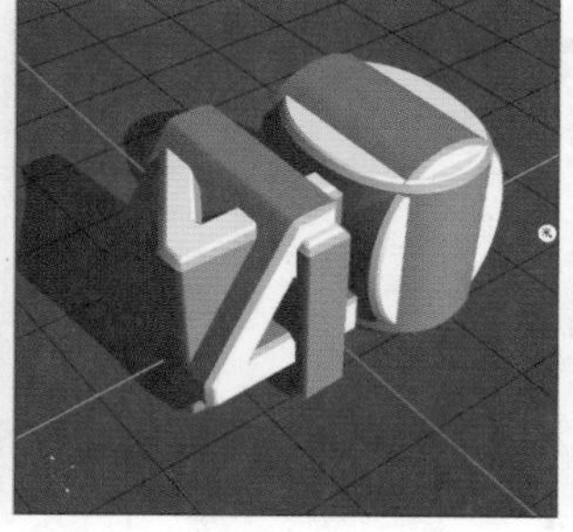
图9-96

05 单击复制出的模型，调整它的高度位置和纵深位置，如图9-97所示。单击光源，在“属性”面板中设置阴影的“柔和度”为30%，让阴影的边缘变淡，如图9-98所示。

图9-97

图9-98

9.3.8 实战：拆分3D对象

■类别：3D ■光盘提供：☑素材 ☑实例效果 ☑视频录像

在默认情况下，使用“3D”菜单中的 命令从图层、路径和选区中创建的3D对象将作为一个整体的模型，如果需要编辑其中的某个单独的对象，可以将其拆分开。

01 打开光盘中的素材，如图9-99所示。这是从文字中生成的3D对象。用旋转3D对象工具 旋转对象，如图9-100所示，可以看到，所有文字是一个整体。

图9-99

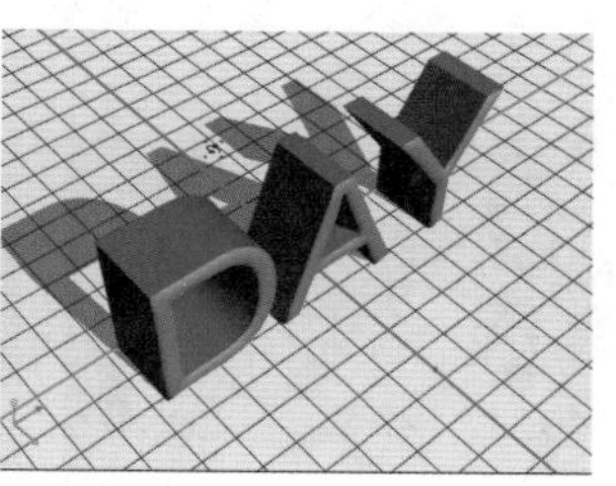
图9-100

02 执行“3D>拆分凸出”命令，将文字拆分开。此时可以选择任意一个文字进行单独调整，如图9-101、图9-102所示。

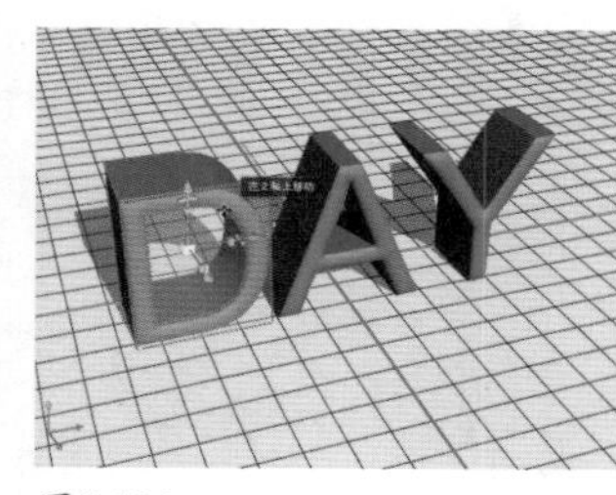
图9-101

图9-102

9.4 编辑3D对象的材质

在Photoshop中打开3D文件时，材质会作为 2D 文件与 3D 模型一起导入，其条目嵌套于 3D 图层下方，并按照散射、凹凸和光泽度等类型编组。使用绘画工具和调整工具可以编辑材质，也可以创建新的材质。

9.4.1 实战：使用3D材质吸管工具

■类别：3D ■光盘提供：☑素材 ☑实例效果 ☑视频录像

使用3D材质吸管工具 在3D对象上单击，对材质进行取样后，可以通过“属性”面板修改材质。

01 按下Ctrl+O快捷键，打开光盘中的素材，如图9-103所示。选择3D模型所在的图层，如图9-104所示。选择移动工具 ，然后在工具选项栏中选择旋转3D对象工具 ，在窗口中单击并拖动鼠标调整模型的观察角度，如图9-105所示。

02 选择3D材质吸管工具 ，将光标放在模型上，单击鼠标，对材质进行取样，如图9-106所示。

03 “属性”面板中会显示所选材质。单击“漫射”选项右侧的 按钮，打开下拉列表，选择“载入纹理”

材质，如图9-107所示，在弹出的对话框中选择光盘中的贴图素材，如图9-108所示。

图9-103

图9-104

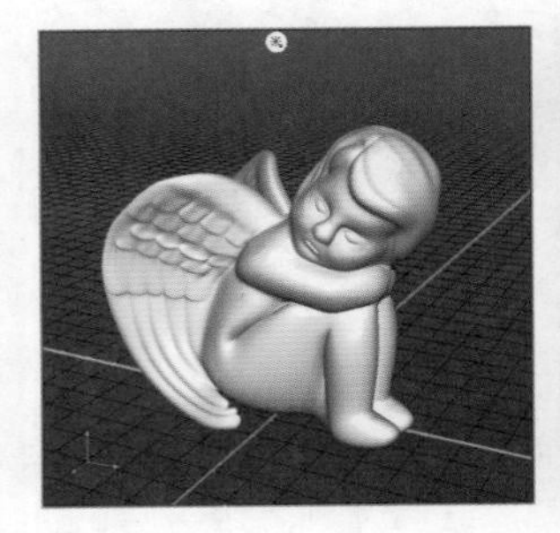

图9-105

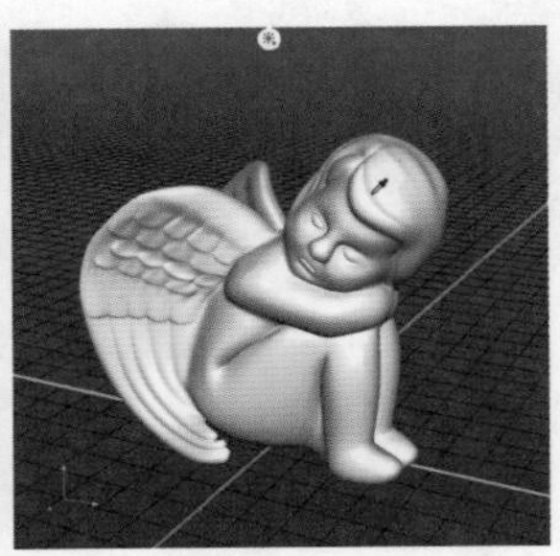

图9-106

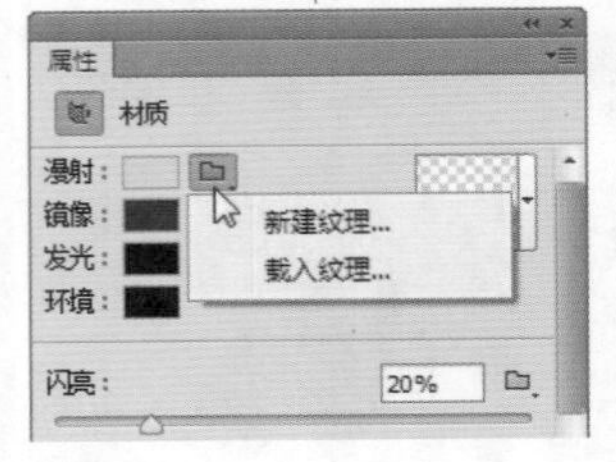

图9-107

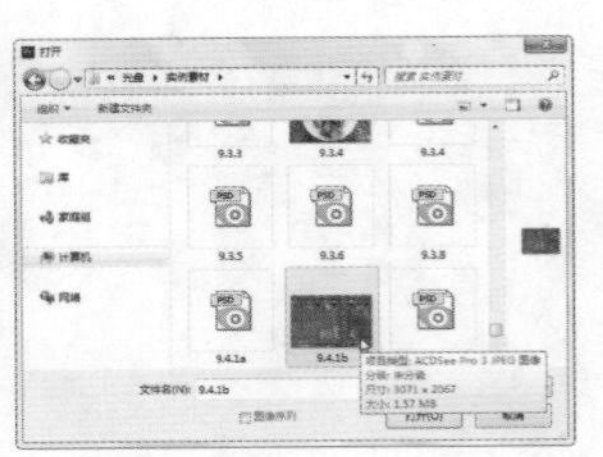

图9-108

04 单击“打开”按钮，将所选图像素材贴在模型表面，小天使雕塑便会呈现出真实的金属质感，如图9-109所示。

图9-109

9.4.2 实战：使用3D材质拖放工具

■类别：3D ■光盘提供：☑素材 ☑实例效果 ☑视频录像

使用3D材质拖放工具单击3D对象，可以将当前选择的材质应用于对象。

01 按下Ctrl+O快捷键，打开光盘中的3D模型文件，如图9-110所示。在“图层”面板中单击3D模型所在的图层，如图9-111所示。

图9-110

图9-111

02 选择3D材质拖放工具，在工具选项栏中打开材质下拉列表，选择石砖材质，如图9-112所示。

03 将光标放在小熊模型上，单击鼠标，即可将所选材质应用到模型中，如图9-113所示。

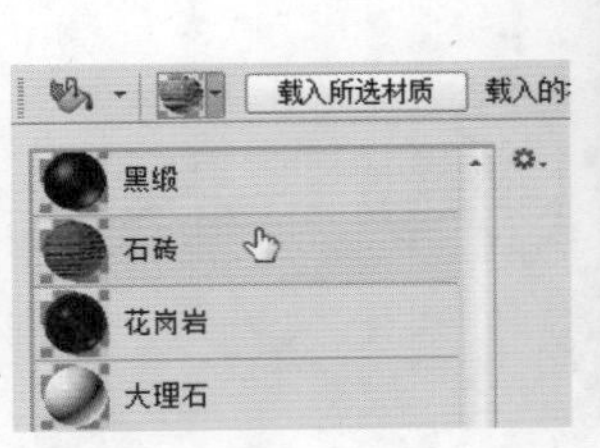

图9-112

图9-113

9.4.3 实战：调整材质的位置

■类别：3D ■光盘提供：☑素材 ☑实例效果 ☑视频录像

01 打开光盘中的素材，如图9-114所示。单击“图层1”，执行“3D>从图层新建网格>网格预设>汽水”命令，生成3D对象。选择移动工具，在窗口内单击并拖曳鼠标旋转相机，如图9-115所示。

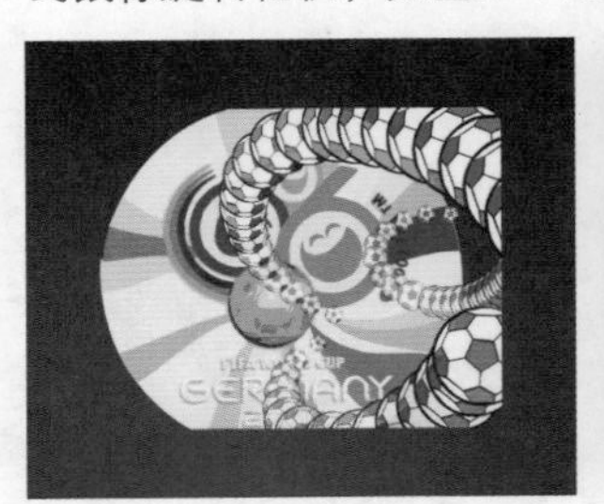

图9-114

图9-115

02 单击“3D”面板中的“标签”材质，如图9-116所示，在“属性”面板中单击“漫射”选项右侧的按钮，打开下拉菜单，选择“编辑UV属性”命令，如图

9-117所示，在弹出的“纹理属性”对话框中设置参数，调整材质的位置，如图9-118、图9-119所示。

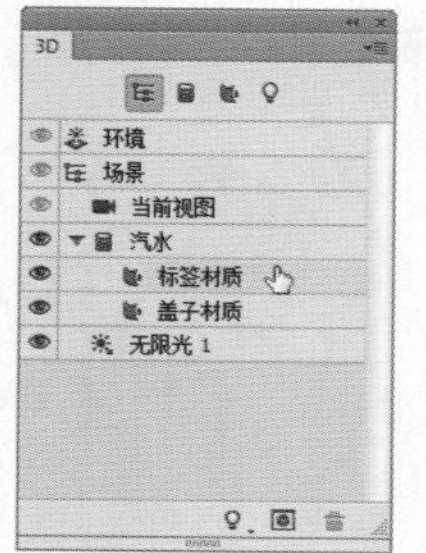

图9-116

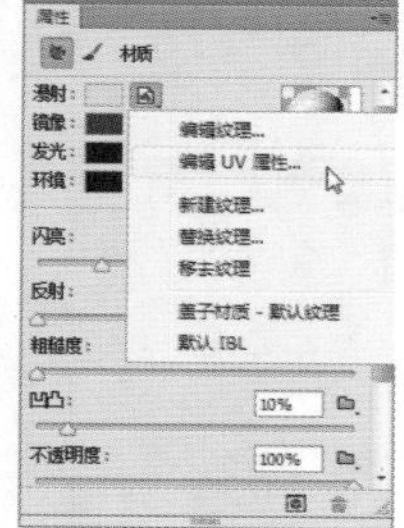
图9-117

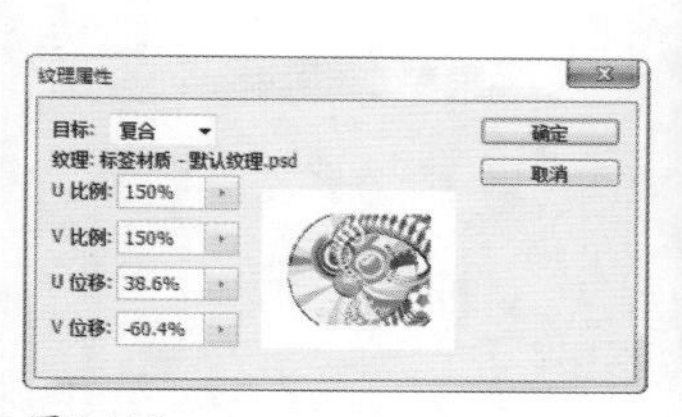

图9-118

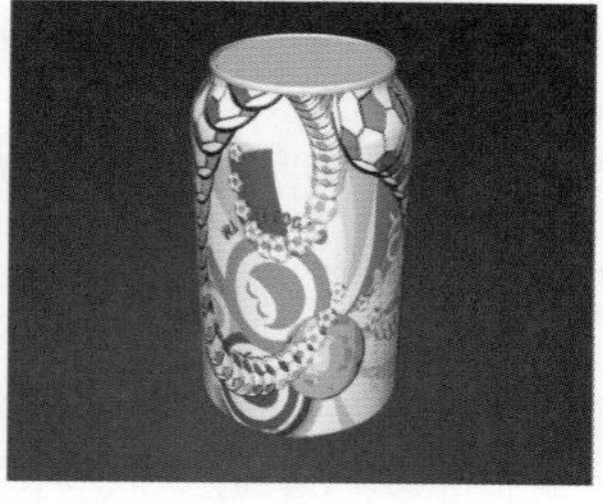
图9-119

03 单击“3D”面板中的“无限光”选项，如图9-120所示，在“属性”面板中设置“柔和度”为40%，如图9-121所示。使用移动工具拖曳灯光，调整位置，如图9-122所示。

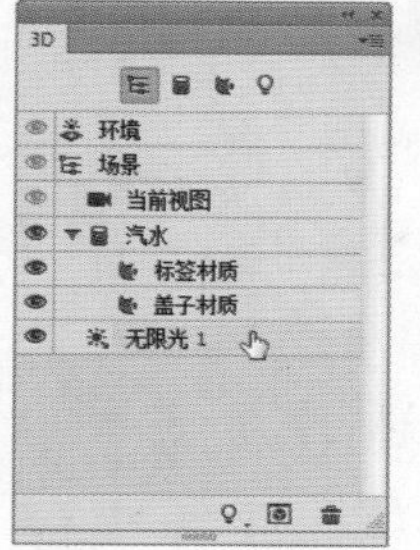

图9-120

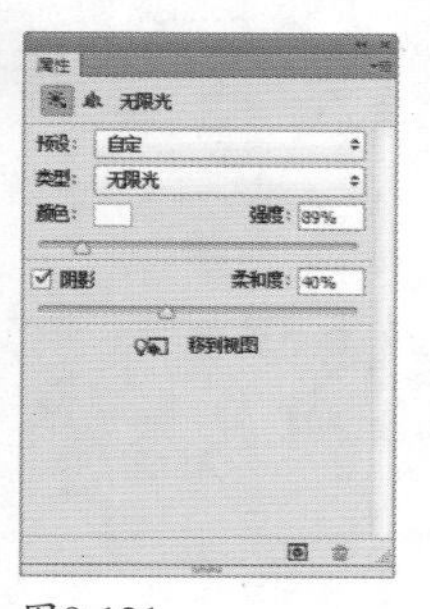

图9-121

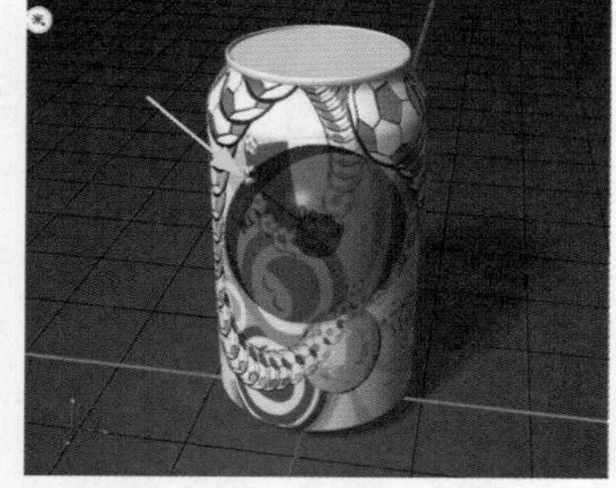
图9-122

04 单击“调整”面板中的按钮，创建“曲线”调整图层，在曲线上单击鼠标，添加控制点并进行拖曳，将曲线调整为图9-123所示的形状，增强金属质感。单击面板底部的按钮，创建剪贴蒙版，使曲线调整以对3D模型有效，不会影响背景图像，效果如图9-124所示。

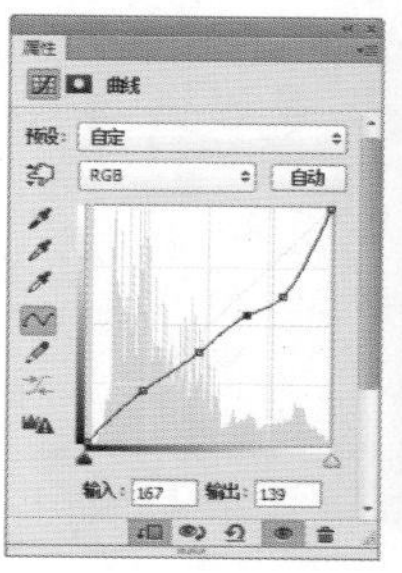
图9-123

图9-124

相关链接

剪贴蒙版可以控制图像的显示范围，以调整图层的有效范围。关于剪贴蒙版的更多内容，请参阅第80页。

> **提示**
>
> 如果3D模型的材质没有正确映射到网格，就会产生扭曲，如出现多余的接缝、图案拉伸或挤压等情况。执行“3D>生成UV”命令，可以将材质重新映射到模型，从而校正扭曲。

9.4.4 实战：在3D模型上绘画

■类别：3D ■光盘提供：☑素材 ☑实例效果 ☑视频录像

01 打开光盘中的3D素材，如图9-125所示。打开“3D>在目标纹理上绘画”下拉菜单，选择一种映射类型，如图9-126所示。通常情况下，绘画应用于漫射纹理映射。

图9-125

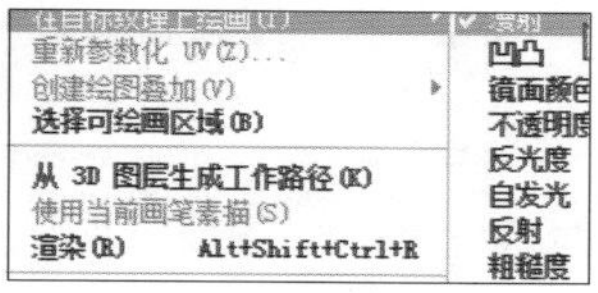

重新参数化 UV(Z)...
创建绘图叠加(V)
选择可绘画区域(B)
从 3D 图层生成工作路径(K)
使用当前画笔素描(S)
渲染(R) Alt+Shift+Ctrl+R
凹凸
不透明度
反光度
自发光
反射
粗糙度

图9-126

02 选择画笔工具，在画笔下拉面板中选择枫叶图形，如图9-127所示，将前景色设置为橙色，在模型上涂抹即可进行绘画，如图9-128所示。

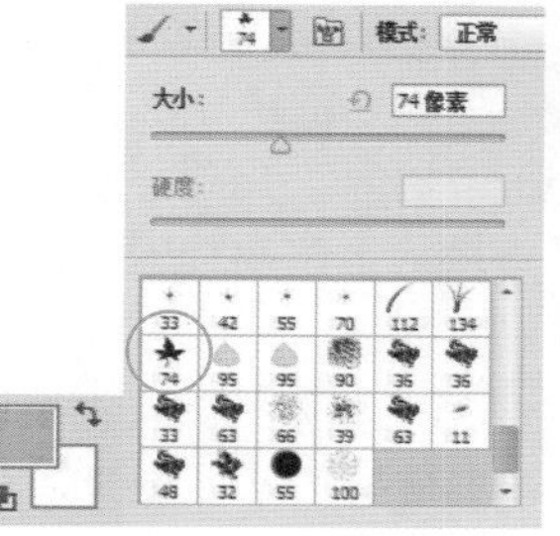

图9-127

图9-128

技术看板：3D模型绘画技巧

●选择绘画区域：执行“3D>选择可绘画区域”命令，可以选择模型上可以绘画的最佳区域。

●隐藏非绘画部分：使用任意选择工具在 3D 模型上创建选区，限定要绘画的区域，使用“3D>显示/隐藏多边形”菜单中的命令，可以将其他部分隐藏。

●设置绘画衰减角度：在模型上绘画时，绘画衰减角度可以控制表面在偏离正面视图弯曲时的油彩使用量。使用“3D>绘画衰减”命令可以设置绘画衰减角度。

9.4.5 创建并使用重复的纹理拼贴

打开一个图像，执行“3D>从图层新建拼贴绘画”命令，可以创建包含9个完全相同的拼贴图案，如图9-129所示。图9-130为将该图案应用于3D模型上的效果。

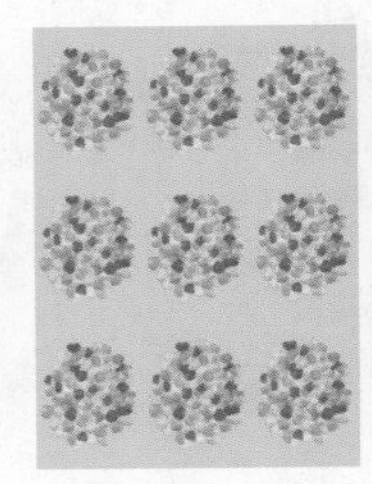

图9-129

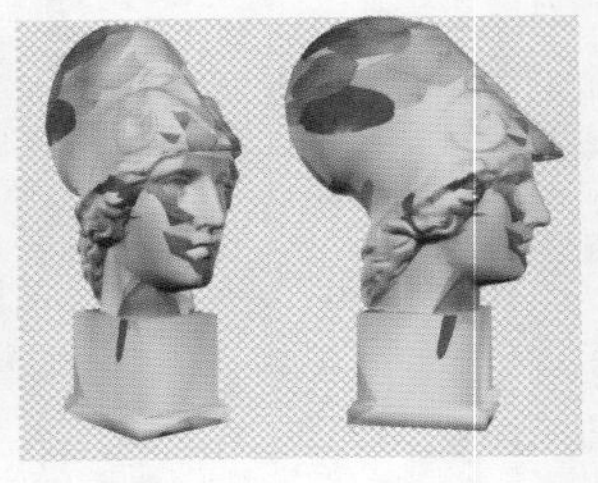

图9-130

9.5 渲染、存储和打印3D文件

完成 3D 文件的编辑后，可以执行“3D>渲染”命令，对模型进行渲染，以创建用于 Web、打印或动画的最高品质输出效果。也可以在“图层”面板中选择3D图层，将其栅格化，与2D图层合并，将3D图层导出或打印3D对象。

9.5.1 渲染3D模型

单击“3D”面板顶部的场景按钮，并选择“场景”条目，如图9-131所示，在“属性”面板的“预设”下拉列表中可以选择一个渲染选项，如图9-132所示。

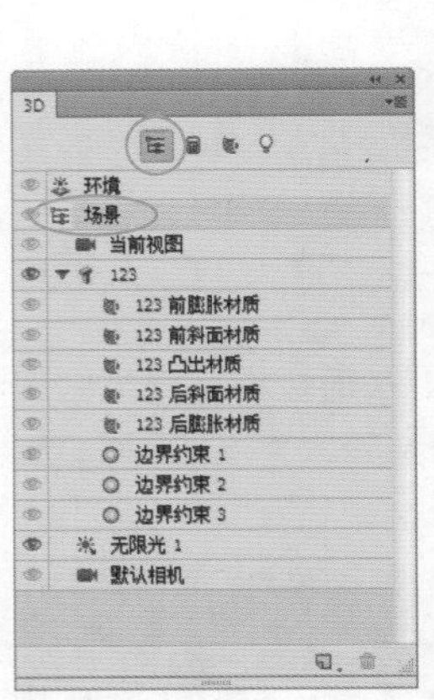

图9-131

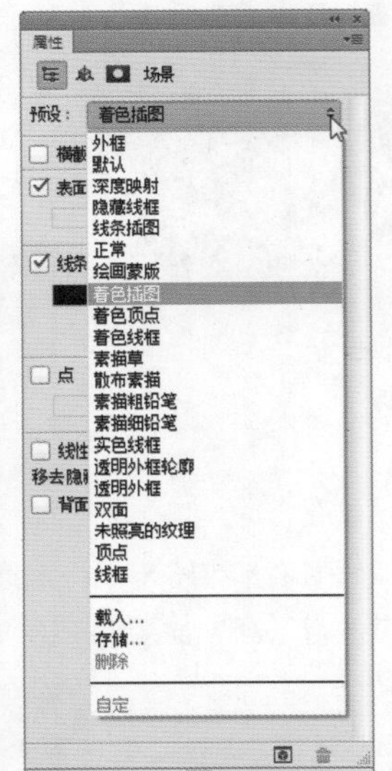

图9-132

“默认”是Photoshop预设的标准渲染模式，即显示模型的可见表面；“线框”和“顶点”类会显示底层结构；“实色线框”类可以合并实色和线框渲染；要以反映其最外侧尺寸的简单框来查看模型，可以选择“外框”类预设。图9-133为各种选项的渲染效果。

图9-133

9.5.2 存储3D文件

编辑3D文件后，如果要保留文件中的3D内容，包括位置、光源、渲染模式和横截面，可以使用“文件>存储”命令存储文件，并选择PSD、PDF或TIFF作为保存格式。

9.5.3 合并3D图层

如果要将两个或多个3D图层合并，可以将它们选择，如图9-134所示，然后执行“3D>合并3D图层”命令，如图9-135所示。合并后，可以单独处理每一个模型，也可同时在所有模型上使用位置工具和相机工具。

图9-134

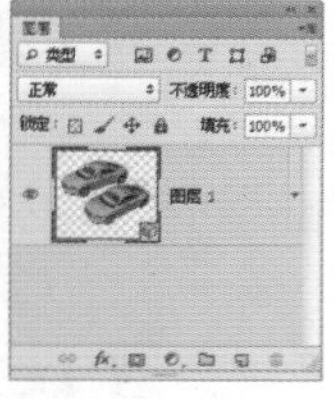

图9-135

如果要将3D图层合并到一个2D文档的图层中，可以打开2D文档，执行“3D>从文件新建3D图层”命令，在打开的对话框中选择3D文件，并将其打开，即可将3D文件置入到2D文件中。如果同时打开了一个2D文件和一个3D文件，则可直接将一个图层拖入另一个文件。

9.5.4 栅格化3D图层

在“图层”面板中选择3D图层后，执行“图层>栅格化>3D”命令，可以将3D图层转换为普通的2D图层。

9.5.5 导出3D图层

在“图层”面板中选择要导出的3D图层，如图9-136所示，执行“3D>导出3D图层”命令，打开“存储为”对话框，在“格式”下拉列表中可以选择将文件导出为Collada DAE、Flash 3D、Wavefront/OBJ、U3D和Google Earth 4 KMZ格式，如图9-137所示。

图9-136

图9-137

9.5.6 在Sketchfab上共享3D图层

执行“3D>在 Sketchfab 上共享 3D 图层”命令，可以使用 Sketchfab 来共享 3D 图层。Sketchfab 是一项 Web 服务，用于发布和显示交互式 3D 模型。

> **提示**
>
> 执行“3D>获取更多内容”命令，可以链接到Adobe网站浏览与3D有关的内容、下载3D插件。

9.5.7 打印3D对象

Photoshop CC支持3D打印技术，如果用户配置了3D打印机，可以通过Photoshop CC来进行3D打印。

在 Photoshop 中打开3D模型，如图9-138所示，执行“3D>3D打印设置”命令，“属性”面板中会显示相应的选项，如图9-139所示。

图9-138

图9-139

选择本地打印机或使用在线 3D 打印服务，例如Shapeways.com。设置选项之后，执行“3D>3D打印”命令，Photoshop即会统一并准备3D场景以便用于打印流程。单击对话框中的“打印”按钮，即可进行3D打印。Photoshop会自动在模型下方和周围生成临时支撑，以确保模型不会在打印期间倒塌。

如果选择使用 Shapeways.com 配置文件进行打印，Photoshop 会提示实际打印成本可能与显示的估计价格不同。并且，如果模型使用的是Shapeways的材料，无论是彩色砂岩还是铜，都可通过Photoshop看到3D打印模型的预览效果。

如果要取消正在进行的 3D 打印，可以执行“3D>取消3D打印”命令。

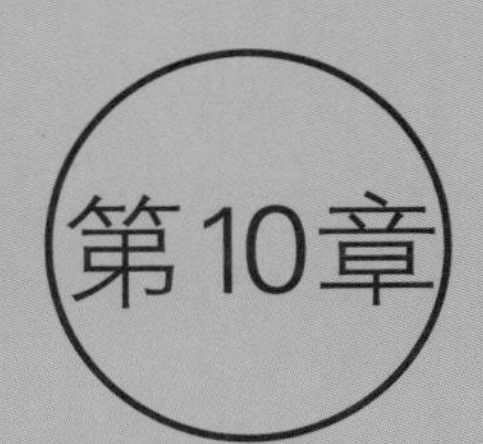

动漫先锋 视频、Web与动画

在Photoshop中，可以使用任意工具在视频上进行编辑和绘制。例如，可以添加滤镜、蒙版、变换、图层样式和混合模式。Photoshop可以编辑视频文件的各个帧。进行编辑之后，既可将其作为 QuickTime 影片进行渲染；也可以将文档存储为 PSD格式，以便在Premiere Pro、After Effects等应用程序中播放。Photoshop还包含网页编辑和动画制作功能，巧妙地利用变形、图层样式等功能，可以制作出漂亮的GIF动画。

扫描二维码，关注李老师的微博、微信。

10.1 视频功能概述

在 Photoshop中，可以打开3GP、3G2、AVI、DV、FLV、F4V、MPEG-1、MPEG-4、QuickTime MOV和WAV等格式的视频文件。

10.1.1 视频组

在Photoshop中打开视频文件时，如图10-1所示，会自动创建一个视频组，组中包含视频图层（视频图层带有▦状图标），如图10-2所示。视频组中可以包含其他类型的图层，如文本、图像和形状图层等。图10-3所示为复制视频中的图像后的效果。编辑视频文件后，可以将其作为 QuickTime影片进行渲染，也可将文档存储为 PSD格式，以便在Premiere Pro、After Effects等应用程序中播放。

图10-1

图10-2

图10-3

10.1.2 "时间轴"面板

执行"窗口>时间轴"命令，打开"时间轴"面板，如图10-4所示。面板中显示了视频的持续时间，使用面板底部的工具可以浏览各个帧，放大或缩小时间显示，删除关键帧和预览视频。

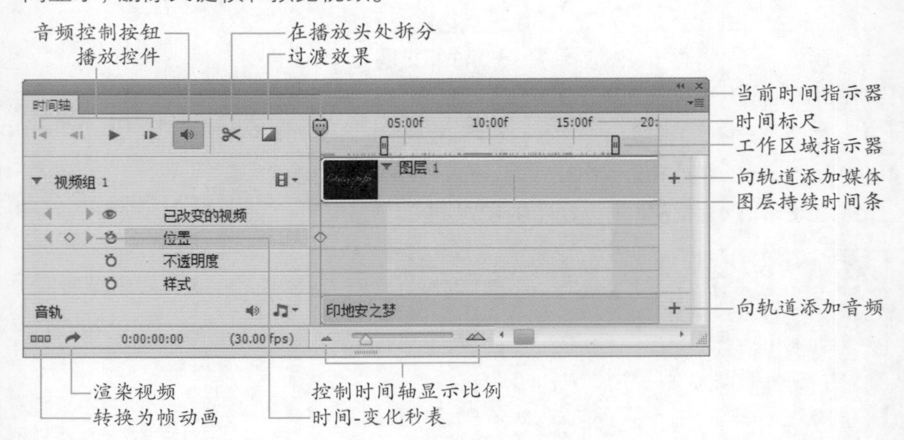

图10-4

"时间轴"面板选项/含义	
播放控件	提供了用于控制视频播放的按钮，包括转到第一帧、转到上一帧、播放和转到下一帧
音频控制按钮	单击该按钮，可以关闭或启用音频播放
在播放头处拆分	单击该按钮，可在当前时间指示器所在位置拆分视频或音频
过渡效果	单击该按钮打开下拉菜单，选择菜单中的命令，即可为视频添加过渡效果，从而创建专业的淡化和交叉淡化效果
当前时间指示器	拖曳当前时间指示器可导航帧或更改当前时间或帧
时间标尺	根据文档的持续时间和帧速率，水平测量视频持续时间
工作区域指示器	如果要预览或导出部分视频，可拖曳位于顶部轨道两端的标签进行定位
图层持续时间条	指定图层在视频的时间位置。要将图层移动到其他的时间位置，可拖曳该条
向轨道添加媒体/音频	单击轨道右侧的按钮，可以打开一个对话框，将视频或音频添加到轨道中
关键帧导航器	单击轨道标签两侧的箭头按钮，可以将当前时间指示器从当前位置移动到上一个或下一个关键帧。单击中间的按钮，可添加或删除当前时间的关键帧
时间-变化秒表	启用或停用图层属性的关键帧设置
转换为帧动画	单击该按钮，可以将"时间轴"面板切换为帧动画模式
渲染视频	单击该按钮，可以打开"渲染视频"对话框
控制时间轴显示比例	单击按钮可以缩小时间轴，单击按钮可以放大时间轴，拖曳滑块可自由调整
视频组	可以编辑和调整视频。例如，单击按钮可以打开一个下拉菜单，菜单中包含"添加媒体""新建视频组"等命令；在视频剪辑上单击鼠标右键，可以调出"持续时间"及"速度"滑块
音轨	可以编辑和调整音频。例如，单击按钮，可以让音轨静音或取消静音；在音轨上单击鼠标右键打开下拉菜单，可调节音量或对音频进行淡入淡出设置；单击音符按钮，打开下拉菜单，可以选择"新建音轨"或"删除音频剪辑"等命令

10.2 创建和编辑视频

在Photoshop中打开视频文件后，可以使用"时间轴"面板为视频添加效果，如过渡、特效等，也可以使用任意工具在视频上进行编辑和绘制、应用滤镜、蒙版、变换、图层样式和混合模式。

10.2.1 创建视频图层

打开一个文件，如图10-5所示，执行"图层>视频图层>新建空白视频图层"命令，可以创建一个空白的视频图层，如图10-6所示。

图10-5

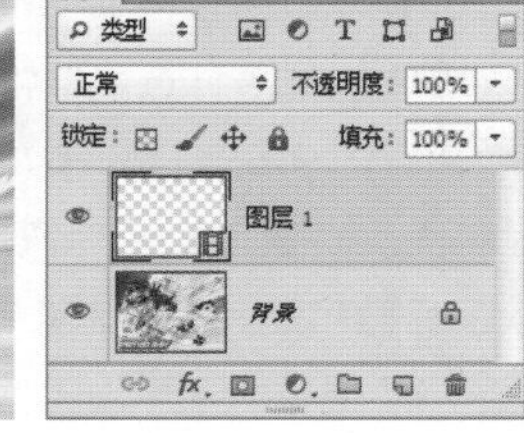

图10-6

创建空白视频图层后，可以在“时间轴”面板中将其选择，然后将当前时间指示器拖曳到所需帧处，执行“图层>视频图层>插入空白帧”命令，可以在当前时间处插入空白视频帧；执行“图层>视频图层>删除帧”命令，则会删除当前时间处的视频帧；执行“图层>视频图层>复制帧”命令，可以添加一个处于当前时间的视频帧的副本。

10.2.2 打开和导入视频图层

执行“文件>打开”命令，在打开的对话框中选择一个视频文件，单击“打开”按钮，即可在Photoshop中将其打开。

新建或打开一个图像文件后，可以执行“图层>视频图层>从文件新建视频图层”命令，将视频导入到当前文档中。

10.2.3 实战：从视频中获取静帧图像

■类别：视频 ■光盘提供：☑素材 ☑视频录像

01 执行“文件>导入>视频帧到图层”命令，弹出“打开”对话框，选择光盘中的视频文件。

02 单击“载入”按钮，打开“将视频导入图层”对话框，选择“仅限所选范围”选项，然后拖曳时间滑块，定义导入的帧的范围，如图10-7所示。如果要导入所有帧，可以选择“从开始到结束”选项。

03 单击“确定”按钮，即可将指定范围内的视频帧导入图层中，如图10-8所示。

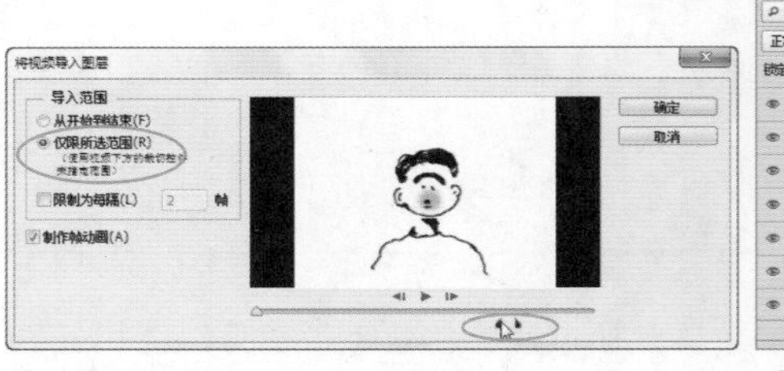

图10-7 图10-8

10.2.4 实战：为视频添加滤镜特效

■类别：视频 ■光盘提供：☑素材 ☑实例效果 ☑视频录像

01 按下Ctrl+O快捷键，打开光盘中的视频文件，如图10-9所示。执行“滤镜>转换为智能滤镜”命令，将视频图层转换为智能对象。在“图层”面板中可以看到，视频图标已变为智能对象图标，如图10-10所示。

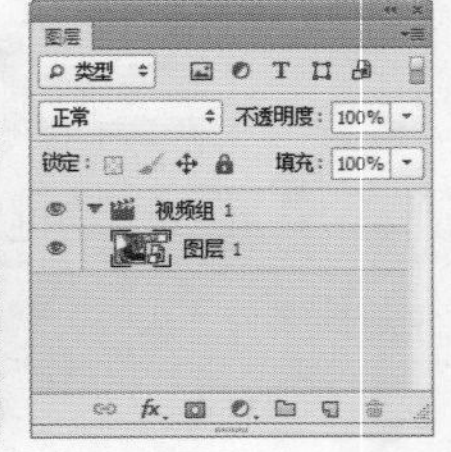

图10-9 图10-10

02 下面来使用滤镜将视频处理为素描效果。单击前景色图标，打开“拾色器”，将前景色设置为红色，如图10-11所示。执行“滤镜>素描>绘图笔”命令，打开“滤镜库”，调整参数，如图10-12所示，按下回车键关闭对话框，如图10-13、图10-14所示。

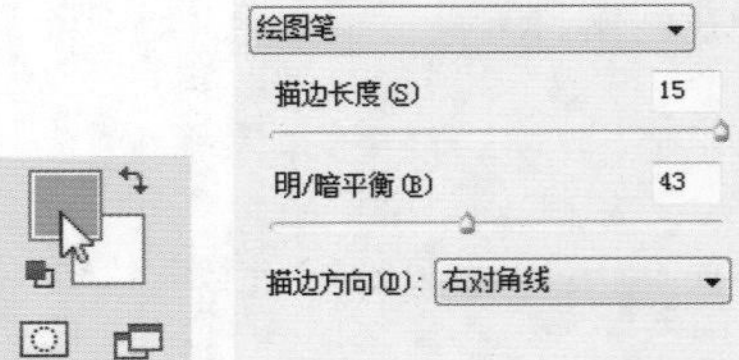

图10-11 图10-12 图10-13

图10-14

03 单击“时间轴”面板中的按钮，打开下拉菜单，选择“彩色渐隐”选项，单击右侧的颜色块，打开“拾色器”，设置颜色为洋红色，如图10-15所示。将该过渡效果拖曳到视频上，如图10-16所示。

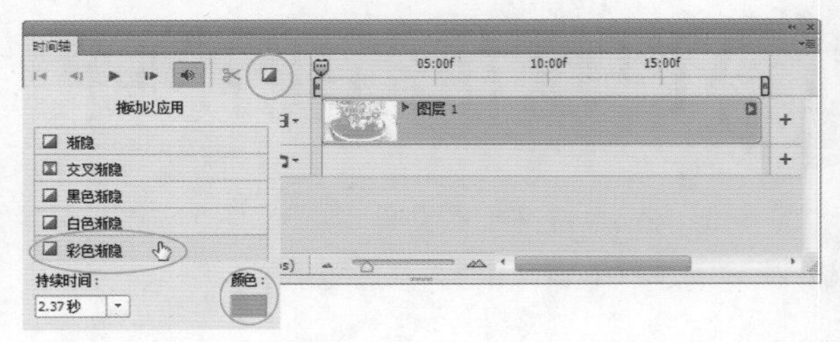

图10-15

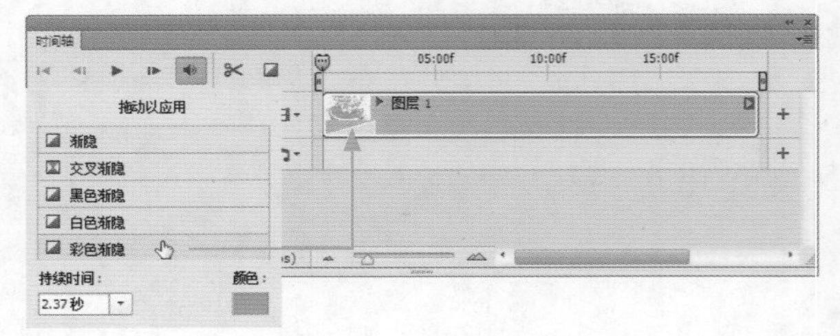

图10-16

04 将光标放在滑块上，如图10-17所示，拖曳滑块调整渐隐效果的时间长度，如图10-18所示。

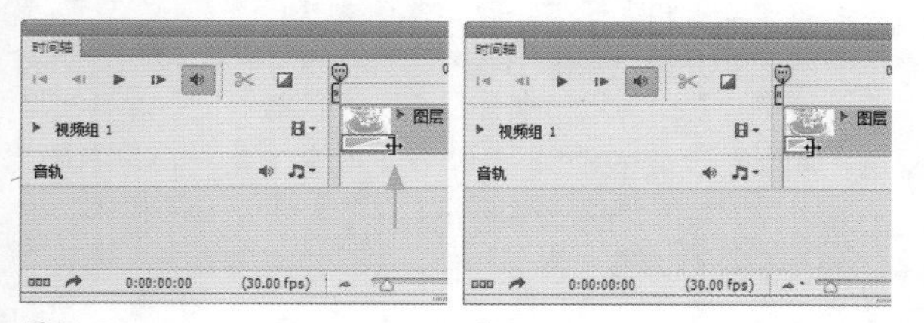

图10-17　图10-18

05 单击当前时间指示器按钮，如图10-19所示，将它拖曳到图10-20所示的位置。

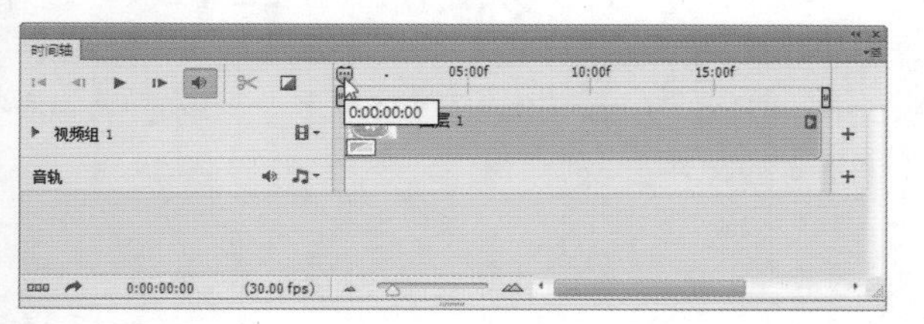

图10-19

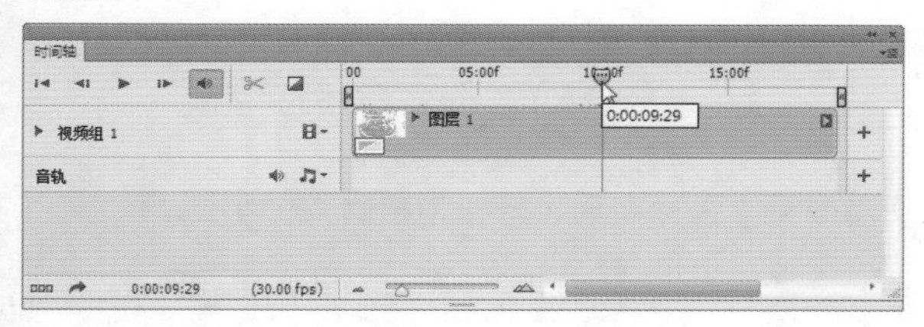

图10-20

06 单击“图层1”，将其选择，如图10-21所示，再单击“时间轴”面板中的按钮，将视频拆分开，如图10-22、图10-23所示。

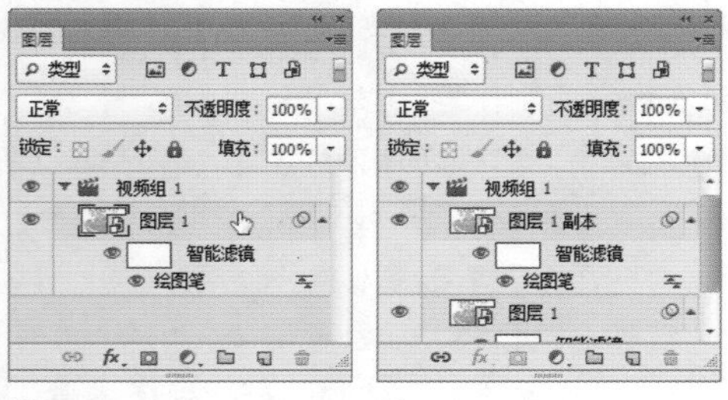

图10-21　图10-22

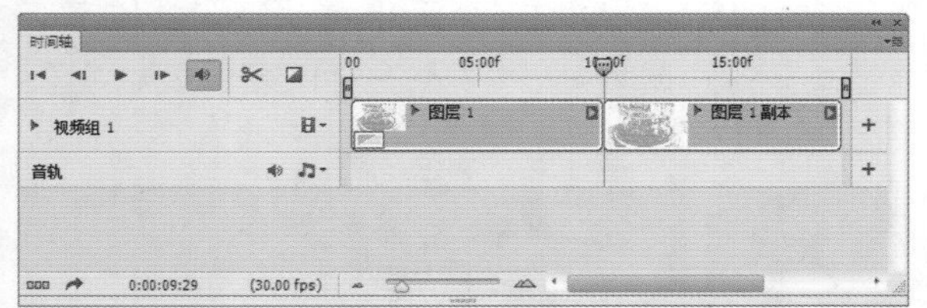

图10-23

07 将“图层1副本”的智能滤镜拖曳到按钮上删除，如图10-24~图10-26所示。

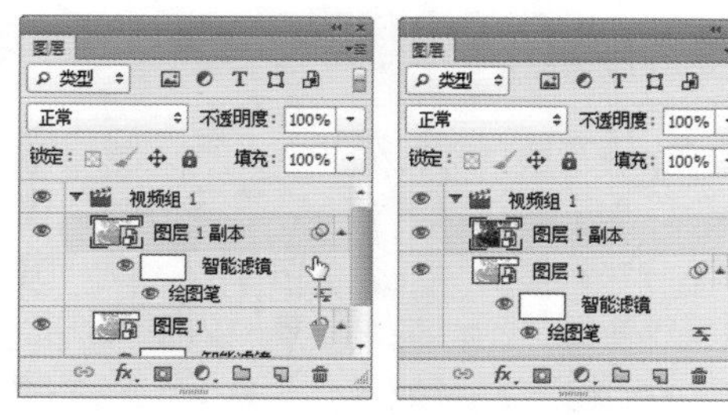

图10-24　图10-25

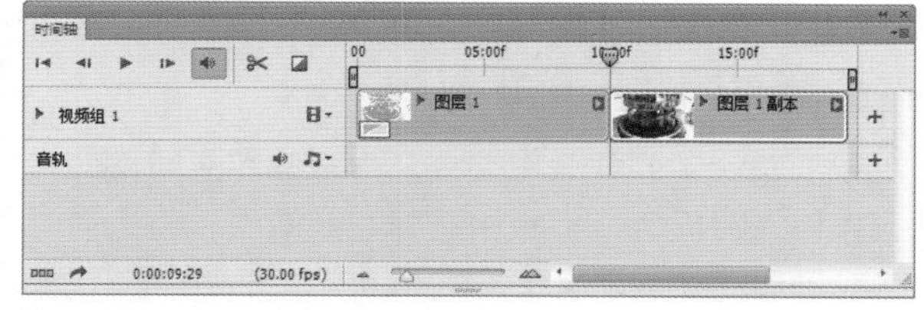

图10-26

08 单击“时间轴”面板中的按钮，将“彩色渐隐”分别拖曳到前段视频的末尾和下一段视频的开始处，并调整长度，如图10-27、图10-28所示。

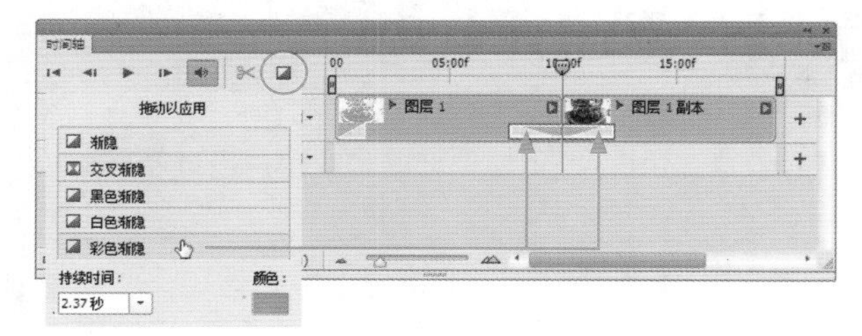

图10-27

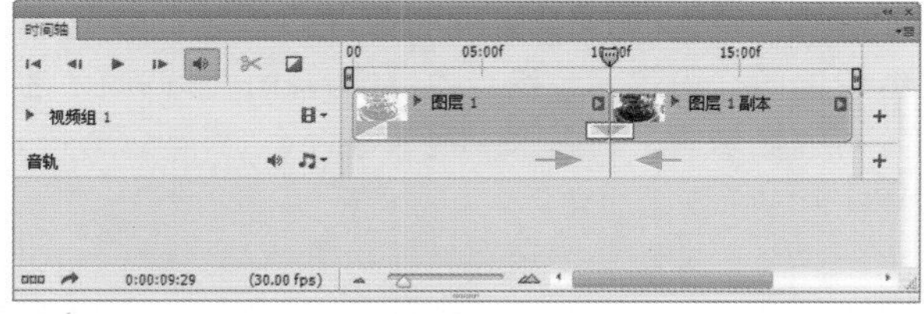

图10-28

09 按下空格键播放视频，可以看到，一个原本很普通的视频短片，用Photoshop的滤镜简单处理之后，逐渐变成了充满美感的艺术作品，而在播放到中间时，它又会渐渐恢复为正常效果。

10.2.5 解释视频素材

如果使用了包含 Alpha 通道的视频，可以在“时间轴”面板或“图层”面板中选择视频图层，执行“图层>视频图层>解释素材”命令，指定Photoshop 如何解释视频中的 Alpha 通道和帧速率，以便获得所需结果。

10.2.6 替换视频图层中的素材

如果由于某种原因导致视频图层和源文件之间的链接断开，“图层”面板中的视频图层上会显示出一个警告图标。出现这种情况时，可以在“时间轴”或“图层”面板中选择要重新链接到源文件或替换内容的视频图层，执行“图层>视频图层>替换素材”命令，并选择视频文件，然后重新建立链接。

10.2.7 在视频图层中恢复帧

如果要放弃对帧视频图层或空白视频图层所做的修改，可以在“时间轴”面板中选择视频图层，将当前时间指示器移动到特定的视频帧上，再执行“图层>视频图层>恢复帧”命令，以恢复特定的帧。此外，执行“图层>视频图层>恢复所有帧”命令，可以恢复所有帧。

10.2.8 隐藏和显示已改变的视频

如果要隐藏已改变的视频图层，可以执行“图层>视频图层>隐藏已改变的视频”命令。

10.2.9 渲染视频

对视频进行编辑以后，可以执行“文件>导出>渲染视频”命令，将视频导出为QuickTime 影片。如果尚未渲染视频，则最好将文件存储为PSD格式，因为它能够保留用户所做的修改，而且Adobe数字视频程序（Premiere Pro、After Effects）和许多电影编辑程序都支持该格式的文件。

10.3 Web图形

Photoshop中的Web工具可以帮助用户设计和优化单个Web 图形或整个页面布局，轻松创建网页的组件。

10.3.1 Web 安全色

颜色是网页设计的重要内容，然而，我们在计算机屏幕上看到的颜色却不一定都能够在其他系统上的 Web 浏览器中以同样的效果显示。为了使Web图形的颜色能够在所有的显示器上看起来一模一样，在制作网页时，就需要使用Web安全颜色。

在“颜色”面板或“拾色器”中调整颜色时，如果出现警告图标，如图10-29所示，可以单击该图标，将当前颜色替换为与其最为接近的 Web 安全颜色，如图10-30所示。此外，在“颜色”面板或“拾色器”中设置颜色时，也可以选择相应的选项，以便始终在 Web 安全颜色模式下工作，如图10-31、图10-32所示。

图10-29

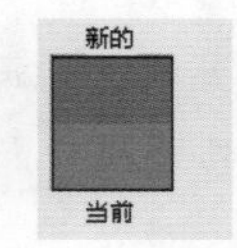

图10-30

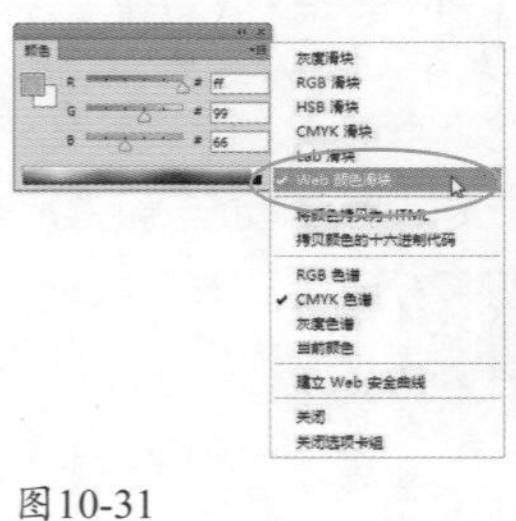
图10-31

图10-32

10.3.2 实战：使用切片工具创建切片

■类别：网页 ■光盘提供：☑素材 ☑视频录像

在制作网页时，通常要使用切片对页面进行分割。通过优化切片可以对分割的图像进行压缩，以便减少图像的下载时间。另外，还可以为切片制作动画，链接到URL地址，或者使用它们制作翻转按钮。

01 打开光盘中的素材。选择切片工具，在工具选项栏的“样式”下拉列表中选择“正常”选项。

02 在要创建切片的区域上单击并拖出一个矩形框（可同时按住空格键移动定界框），如图10-33所示，放开鼠标即可创建一个用户切片，它以外的部分会生成自动切片，如图10-34所示。如果按住Shift键拖动，则可以创建正方形切片；按住Alt键拖动，可以从中心向外创建切片。

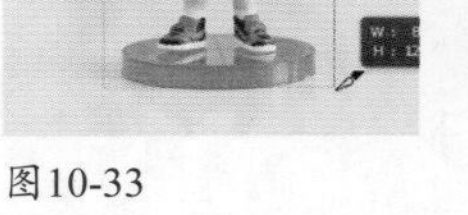
图10-33

图10-34

技术看板：切片的种类

在Photoshop中，使用切片工具创建的切片称作用户切片，通过图层创建的切片称作基于图层的切片。创建新的用户切片或基于图层的切片时，会生成附加的自动切片来占据图像的其余区域，自动切片可填充图像中用户切片或基于图层的切片未定义的空间。每次添加或编辑用户切片，或基于图层的切片时，都会重新生成自动切片。用户切片和基于图层的切片由实线定义，而自动切片则由虚线定义。

10.3.3 实战：基于参考线创建切片

■类别：网页 ■光盘提供：☑素材 ☑视频录像

01 打开光盘中的素材，如图10-35所示。按下Ctrl+R快捷键显示标尺，如图10-36所示。

图10-35

图10-36

02 分别从水平标尺和垂直标尺上拖出参考线，定义切片的范围，如图10-37所示。

03 选择切片工具，单击工具选项栏中的“基于参考线的切片”按钮，即可基于参考线的划分方式创建切片，如图10-38所示。

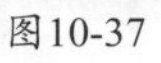

图10-37

图10-38

10.3.4 实战：基于图层创建切片

■类别：网页 ■光盘提供：☑素材 ☑视频录像

01 按下Ctrl+O快捷键，打开光盘中的素材文件，如图10-39、图10-40所示。

图10-39

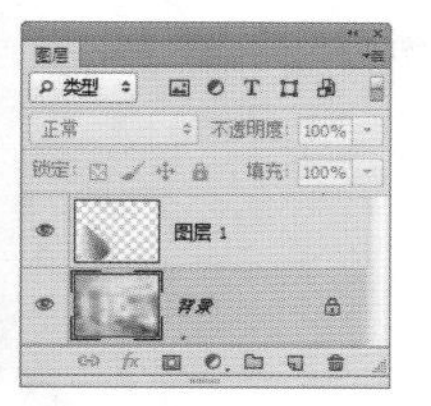

图10-40

02 选择“图层1”，如图10-41所示，执行“图层>新建基于图层的切片”命令，基于图层创建切片，切片会包含该图层中的所有像素，如图10-42所示。

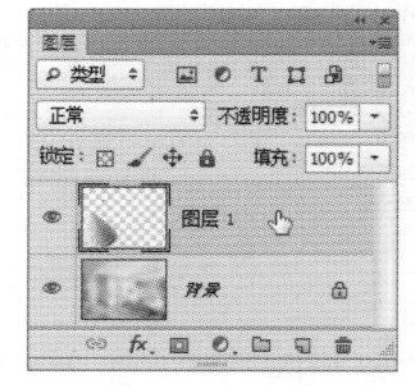

图10-41

图10-42

03 移动图层时，切片区域会随之自动调整，如图10-43所示。此外，编辑图层内容，例如进行缩放时也是如此，如图10-44所示。

图10-43

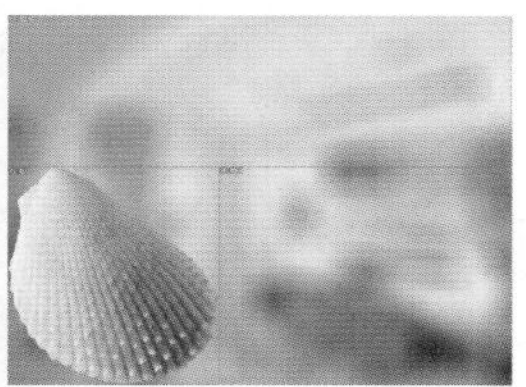

图10-44

10.3.5 实战：选择、移动与调整切片

■类别：网页 ■光盘提供：☑素材 ☑视频录像

创建切片以后，可以移动切片或组合多个切片，也可以复制切片、删除切片，或者为切片设置输出选项、指定输出内容、为图像指定URL链接信息等。

01 打开光盘中的素材。使用切片选择工具单击一个切片，将其选择，如图10-45所示。按住Shift键单击其他切片，可同时选择多个切片。

02 选择切片后，拖动切片定界框上的控制点可以调整切片大小，如图10-46所示。

03 拖曳切片可以移动切片，如图10-47所示；按住 Shift 键可将移动限制在垂直、水平或 45° 对角线的方向上；按住Alt键拖曳鼠标，可以复制切片，如图10-48所示。

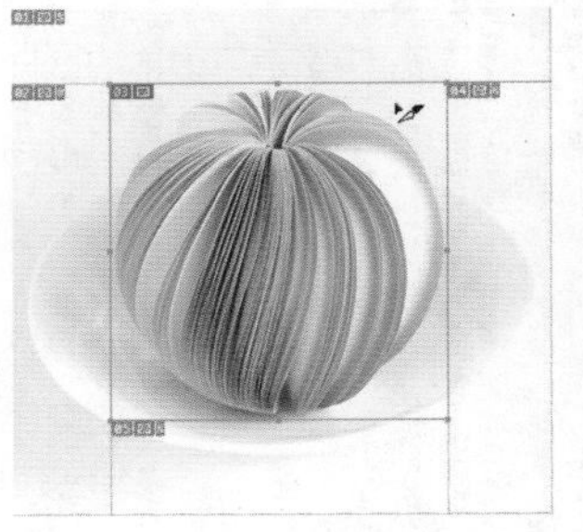

图10-45

图10-46

图10-47

图10-48

提示

选择一个或多个切片，按下Delete 键可将其删除。如果要删除所有用户切片和基于图层的切片，可以执行“视图>清除切片”命令。如果要锁定切片的位置，可以执行“视图>锁定切片”命令。

10.3.6 优化图像

执行“文件>存储为 Web 所用格式”命令，打开“存储为 Web 所用格式”对话框，如图10-49所示，在该对话框中可以对图像进行优化和输出。

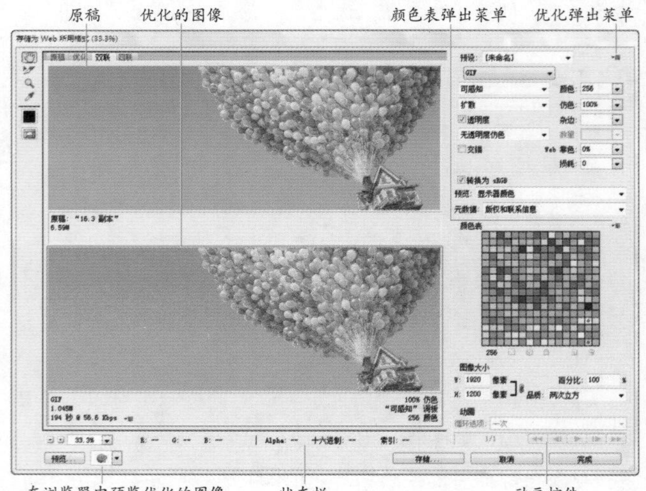

图10-49

“存储为 Web 所用格式”命令选项/含义	
显示选项	单击“原稿”标签，窗口中会显示没有优化的图像；单击“优化”标签，窗口中会显示应用了当前优化设置的图像；单击“双联”标签，可并排显示图像的两个版本，即优化前和优化后的图像；单击“四联”标签，可并排显示图像的4个版本，原稿外的其他3个图像可以进行不同的优化，每个图像下面都提供了优化信息，如优化格式、文件大小、图像估计下载时间等，通过对比可以找出最佳的优化方案
缩放工具/抓手工具/缩放文本框	使用缩放工具单击可以放大图像的显示比例，按住Alt键单击则缩小显示比例，也可以在缩放文本框中输入显示百分比。使用抓手工具可以移动画面
切片选择工具	当图像包含多个切片时，可以使用该工具选择窗口中的切片，以便对其进行优化
吸管工具/吸管颜色	使用吸管工具在图像中单击，可以拾取单击点的颜色，并显示在吸管颜色图标中
切换切片可视性	单击该按钮，可以显示或隐藏切片的定界框
优化弹出菜单	包含“存储设置”“链接切片”和“编辑输出设置”等命令
颜色表弹出菜单	包含与颜色表有关的命令，可新建颜色、删除颜色，及对颜色进行排序等
转换为sRGB	如果使用sRGB以外的嵌入颜色配置文件来优化图像，应勾选该项，将图像的颜色转换为sRGB，然后再存储图像以便在Web上使用。这样可确保在优化图像中看到的颜色与其他Web浏览器中的颜色看起来相同
预览	可以预览图像以不同的灰度系数值显示在系统中的效果，并对图像做出灰度系数调整以进行补偿。计算机显示器的灰度系数值会影响图像在Web浏览器中显示的明暗程度
元数据	可以选择要与优化的文件一起存储的元数据
颜色表	将图像优化为GIF、PNG-8和WBMP格式时，可以在“颜色表”中对图像颜色进行优化设置
图像大小	可以调整图像的宽度（W）和高度（H），也可以通过百分比值进行缩放
状态栏	显示光标所在位置图像的颜色值等信息
在浏览器中预览优化的图像	单击按钮，可以在系统上默认的Web浏览器中预览优化后的图像

10.3.7 选择优化格式

在“存储为 Web所用格式”对话框中选择需要优化的切片以后，可以在文件格式下拉列表中选择一种文件格式并设置优化选项，对所选切片进行优化，如图10-50所示。

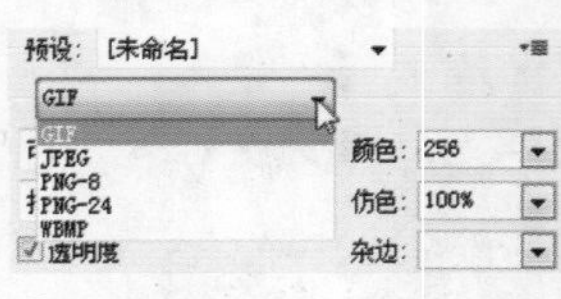

图10-50

10.4 动画

动画是在一段时间内显示的一系列图像或帧，当每一帧较前一帧都有轻微的变化时，连续、快速地显示这些帧，就会产生运动或其他变化的视觉效果。

10.4.1 帧模式时间轴面板

打开“时间轴”面板，如图10-51所示。如果面板为时间轴模式，可单击按钮，切换为帧模式。“时间轴”面板会显示动画中的每个帧的缩览图，使用面板底部的工具可浏览各个帧，设置循环选项，添加和删除帧，以及预览动画。

图10-51

10.4.2 实战：制作GIF动画

■类别：动画 ■光盘提供：☑素材 ☑实例效果 ☑视频录像

01 按下Ctrl+O快捷键，打开光盘中的素材文件，如图10-52、图10-53所示。

图10-52　图10-53

02 打开“时间轴”面板，在“帧延迟”时间下拉列表中选择0.2秒，将循环次数设置为“永远”。单击复制所选帧按钮，添加一个动画帧，如图10-54所示。按下Ctrl+J快捷键，复制“图层1”，然后隐藏原图层，如图10-55所示。

03 按下Ctrl+T快捷键显示定界框，按住Shift+Alt键拖曳中间的控制点，将蝴蝶向中间压扁，如图10-56所示；再按住Ctrl键，拖曳左上角和右下角的控制点，调整蝴蝶的透视，如图10-57所示。按下回车键确认。

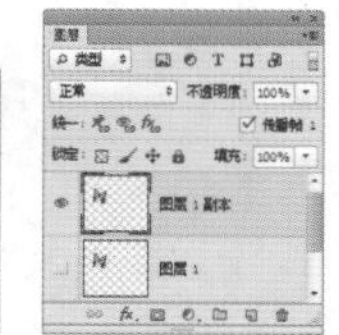

图10-54　图10-55

图10-56　图10-57

04 单击播放动画按钮 ▶ 播放动画，画面中的蝴蝶会不停地扇动翅膀，如图10-58、图10-59所示。再次单击该按钮可停止播放，也可以按下空格键切换。

图10-58　图10-59

05 执行“文件>存储为Web所用格式”命令，选择GIF格式，如图10-60所示，单击“存储”按钮将文件保存，之后就可以将该动画文件上传到网上，或作为QQ表情与朋友共同分享。如果以后想要对动画进行修改，可以执行“文件>存储为”命令，将动画保存为PSD格式。

预设：[未命名]
GIF
可选择　颜色：256
扩散　仿色：100%
☑透明度　杂边：
无透明度仿色　数量：
☐交错　Web 靠色：0%
损耗：0

图10-60

第11章 任务自动化 动作与数据驱动图形

动作、批处理、数据驱动图形和脚本等都是Photoshop中的自动化功能，它们可以减少用户的工作量，让图像处理变得轻松、简单和高效。这其中，批处理对于网站美工和需要处理大量照片的影楼工作人员非常有用，普通用户也能受益。例如，如果想要将一批照片都处理成LOMO效果，就可以用动作先将一张照片的处理过程录制下来，再通过批处理自动处理其他照片。

扫描二维码，关注李老师的微博、微信。

11.1 动作

动作是用于处理单个文件或一批文件的一系列命令。在Photoshop中，可以通过动作将图像的处理过程记录下来，以后对其他图像进行相同的处理时，执行该动作，便可以自动完成操作任务。

11.1.1 “动作”面板

“动作”面板用于创建、播放、修改和删除动作，如图**11-1**所示。

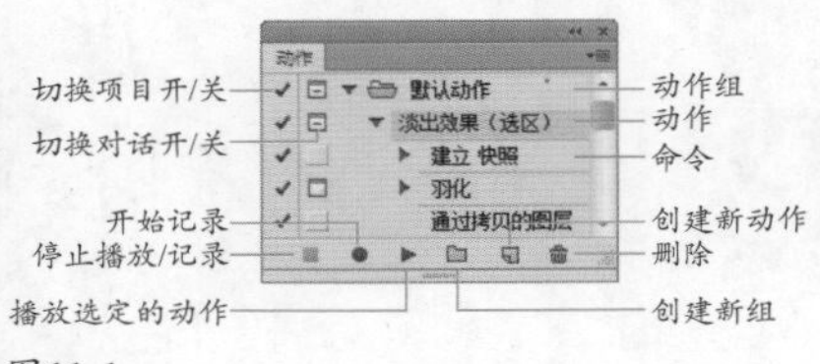

图11-1

“动作”面板选项/含义	
切换项目开/关	如果动作组、动作和命令前显示有该图标，表示这个动作组、动作和命令可以执行；如果动作组或动作前没有该图标，表示该动作组或动作不能被执行；如果某一命令前没有该图标，则表示该命令不能被执行
切换对话开/关	如果命令前显示该图标，表示动作执行到该命令时会暂停，并打开相应的对话框，此时可修改命令的参数，单击“确定”按钮，可继续执行后面的动作；如果动作组和动作前出现该图标，则表示该动作中有部分命令设置了暂停
动作组/动作/命令	动作组是一系列动作的集合，动作是一系列操作命令的集合。单击命令前的按钮可以展开命令列表，显示命令的具体参数
停止播放/记录	用来停止播放动作和停止记录动作
开始记录	单击该按钮，可以录制动作
播放选定的动作	选择一个动作后，单击该按钮，可以播放该动作
创建新组	可以创建一个新的动作组，以保存新建的动作
创建新动作	单击该按钮，可以创建一个新的动作
删除	选择动作组、动作和命令后，单击该按钮，可将其删除

11.1.2 实战：录制照片处理动作

■类别：照片处理 ■光盘提供：☑素材 ☑实例效果 ☑视频录像

下面来录制一个将照片处理为反冲效果的动作，该动作可用于处理其他照片。

01 打开光盘中的素材，如图11-2所示。打开“动作”面板，单击创建新组按钮，打开“新建组”对话框，输入动作组的名称，如图11-3所示，单击“确定”按钮，新建一个动作组，如图11-4所示。

图11-2

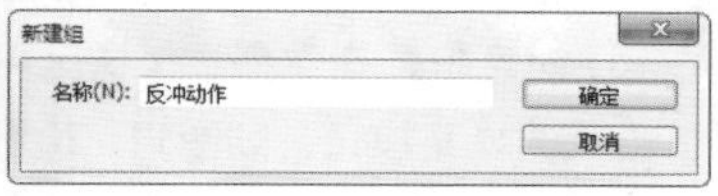

图11-3

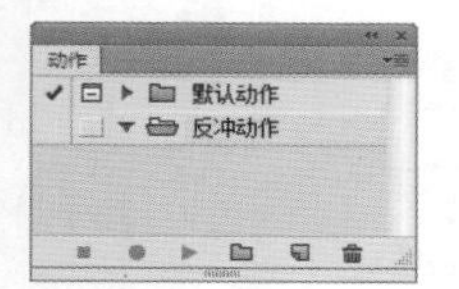

图11-4

02 单击创建新动作按钮，打开“新建动作”对话框，如图11–5所示，单击“记录”按钮，开始录制动作，此时，面板中的开始记录按钮会变为红色。

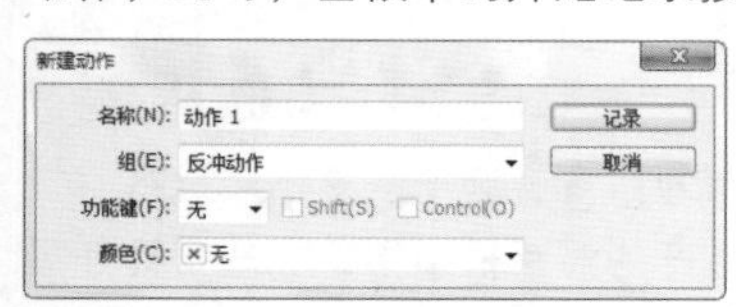

图11-5

03 按下Ctrl+M快捷键，打开“曲线”对话框，在“预设”下拉列表中选择“反冲（RGB）”选项，如图11–6所示，单击“确定”按钮关闭对话框。再次按下Ctrl+M快捷键，打开“曲线”对话框，选择“强对比度（RGB）”选项，如图11–7所示。单击“确定”按钮关闭对话框，这两步操作会记录为动作，照片效果如图11–8所示。

04 按下Shift+Ctrl+S快捷键，将文件另存，然后关闭。单击“动作”面板中的按钮，完成动作的录制，如图11–9所示。

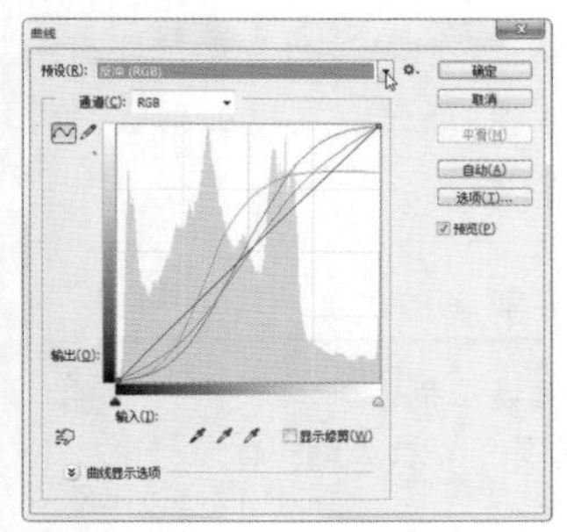

图11-6

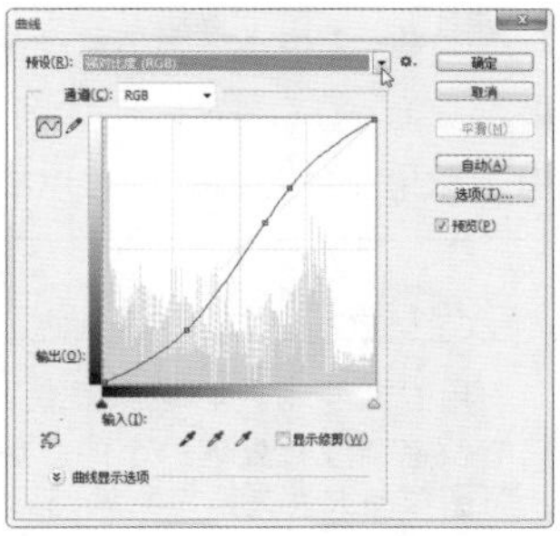

图11-7

图11-8

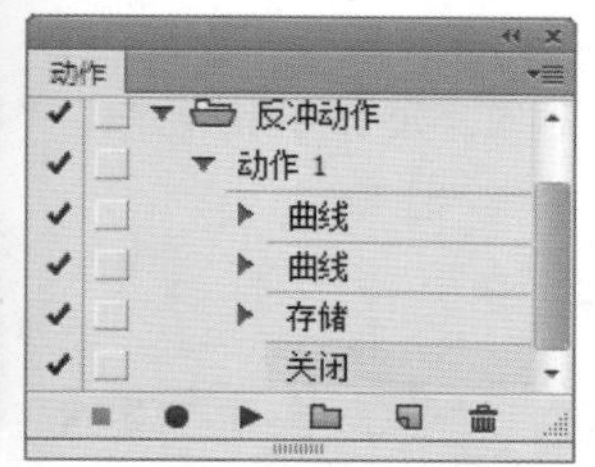

图11-9

11.1.3 实战：用动作编辑照片

■类别：照片处理 ■光盘提供：☑素材 ☑实例效果 ☑视频录像

01 打开光盘中的素材，如图11–10所示。选择“动作1”，如图11–11所示。

图11-10

图11-11

02 单击“存储”和“关闭”步骤前面的图标，不执行这两个命令，如图11–12所示，单击按钮，播放该动作，经过动作处理的图像效果如图11–13所示。

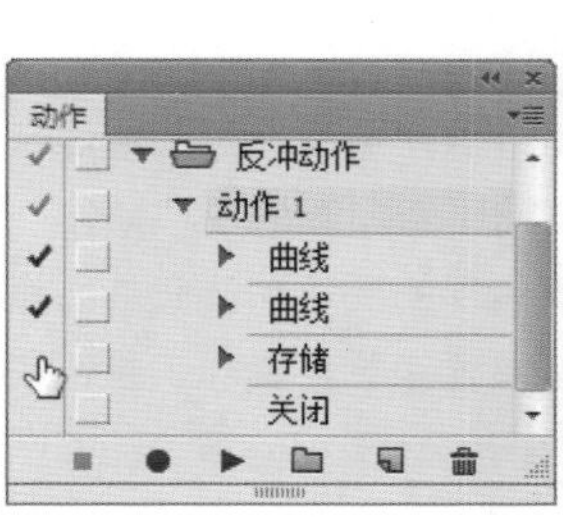

图11-12

图11-13

11.1.4 实战：用载入的动作制作拼贴照片

■类别：照片处理 ■光盘提供：☑素材 ☑实例效果 ☑视频录像

01 按下Ctrl+O快捷键，打开光盘中的照片素材，如图11-14所示。

02 打开“动作”面板，单击面板右上角的 按钮，在打开的菜单中选择“载入动作”命令，选择光盘中的拼贴动作，如图11-15所示，单击“载入”按钮，将它载入到“动作”面板中。

图11-14

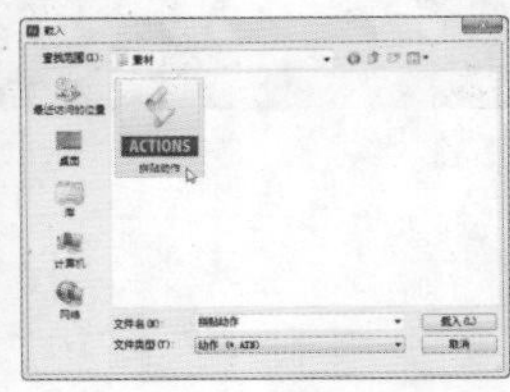

图11-15

03 选择“拼贴”动作，如图11-16所示。单击播放选定的动作按钮 ，用该动作处理照片，处理过程需要一定的时间。图11-17所示为处理后创建的拼贴效果。

图11-16

图11-17

11.1.5 实战：批处理

■类别：照片处理 ■光盘提供：☑素材 ☑实例效果 ☑视频录像

批处理是指将动作应用于目标文件，它可以帮助用户完成大量的、重复性的操作，节省时间，提高工作效率，并实现图像处理的自动化。例如，如果要对一大批照片或图像文件进行相同的处理，如调整照片的大小和分辨率，或进行锐化、模糊等，就可以先将其中一张照片的处理过程录制为动作，再通过批处理将该动作应用于其他照片。

01 在进行批处理前，首先应该将需要批处理的文件保存到一个文件夹中，如图11-18所示，然后在“动作”面板中录制好动作。我们使用前面录制的反冲动作来进行操作，在单击“存储”和“关闭”步骤前面单击鼠标，显示切换项目开/关图标 ，如图11-19所示。

图11-18

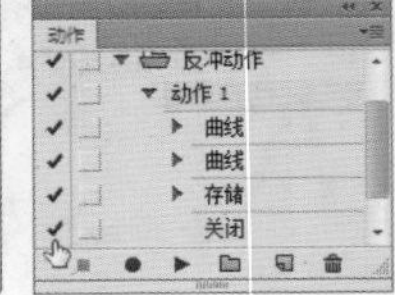

图11-19

02 执行“文件>自动>批处理”命令，打开“批处理”对话框，在“播放”选区中选择要播放的动作，然后单击“选择”按钮，如图11-20所示，打开“浏览文件夹”对话框，选择照片所在的文件夹，如图11-21所示。

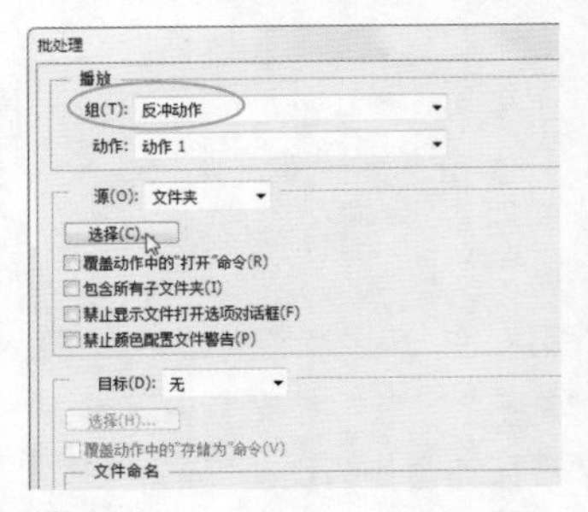

图11-20

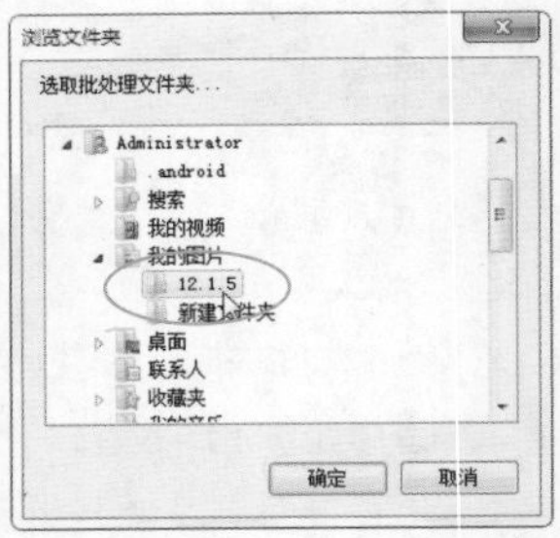

图11-21

03 在“目标”下拉列表中选择“文件夹”选项，勾选“覆盖动作中的存储为命令”选项，单击“选择”按钮，如图11-22所示，在打开的对话框中指定完成批处理后文件的保存位置，如图11-23所示，然后关闭对话框。

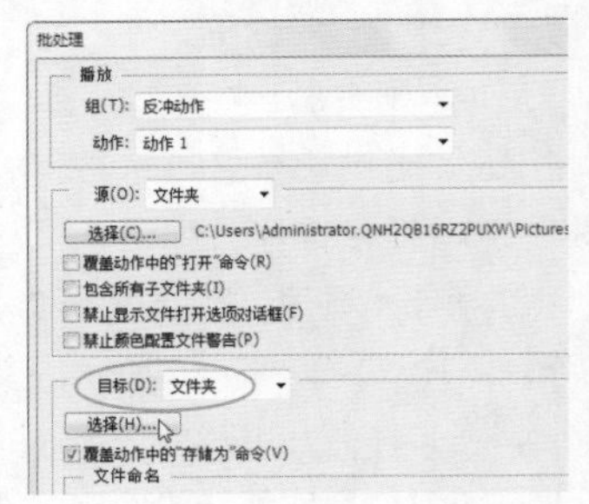

图11-22

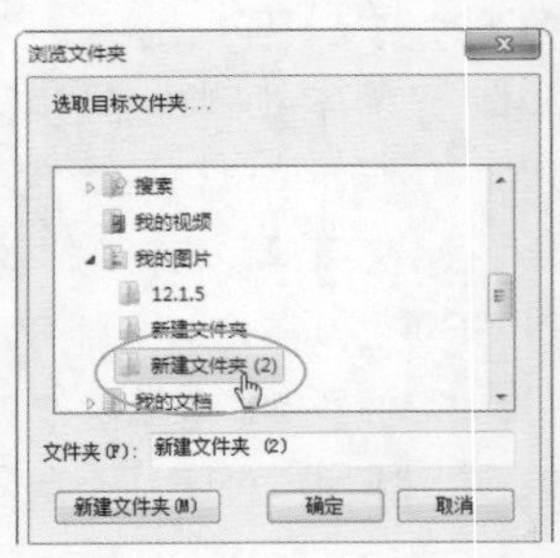

图11-23

04 接下来便可以进行批处理操作了，单击“确定”按钮，Photoshop会使用所选动作将文件夹中的所有图像都处理为反冲效果，如图11-24所示。在批处理的过程中，如果要中止操作，可以按下Esc键。

技术看板：创建快捷批处理程序

使用“文件>自动>创建快捷批处理”命令，可以创建一个能够快速完成批处理的小的应用程序。该程序的图标为 状，将图像或文件夹拖曳到该图标上，便可以直接对图像进行批处理，从而大大简化了批处理操作的过程。

图11-24

“批处理”对话框主要选项/含义	
源	在“源”下拉列表中可以指定要处理的文件。选择“文件夹”选项，并单击下面的“选择”按钮，可在打开的对话框中选择一个文件夹，批处理该文件夹中的所有文件；选择“导入”选项，可以处理来自数码相机、扫描仪或PDF 文档的图像；选择“打开的文件”选项，可以处理当前所有打开的文件；选择“Bridge”选项，可以处理 Adobe Bridge 中选定的文件
覆盖动作中的“打开”命令	在批处理时忽略动作中记录的“打开”命令
包含所有子文件夹	将批处理应用到所选文件夹中包含的子文件夹
禁止显示文件打开选项对话框	批处理时不会打开文件选项对话框
禁止颜色配置文件警告	关闭颜色方案信息的显示
目标	在“目标”下拉列表中可以选择完成批处理后文件的保存位置。选择“无”选项，表示不保存文件，文件仍为打开状态；选择“存储并关闭”选项，可以将文件保存在原文件夹中，并覆盖原始文件。选择“文件夹”选项，并单击选项下面的“选择”按钮，可以指定用于保存文件的文件夹
覆盖动作中的“存储为”命令	如果动作中包含“存储为”命令，则勾选该项后，在批处理时，动作中的“存储为”命令将引用批处理的文件，而不是动作中指定的文件名和位置
文件命名	将“目的”选项设置为“文件夹”后，可以在该选项组的6个选项中设置文件的命名规范，指定文件的兼容性，包括Windows、Mac OS和Unix

11.1.6 实战：修改动作的名称和参数

■类别：软件功能 ■光盘提供：☑视频录像

01 新建一个空白文档。如果要修改动作组或动作的名称，可以在它的名称上双击，如图11-25所示，然后在显示的文本框中输入新的名称，如图11-26所示。

02 如果要修改命令的参数，可以双击命令，如图11-27所示，然后在打开的该命令对话框中修改参数，如图11-28所示。

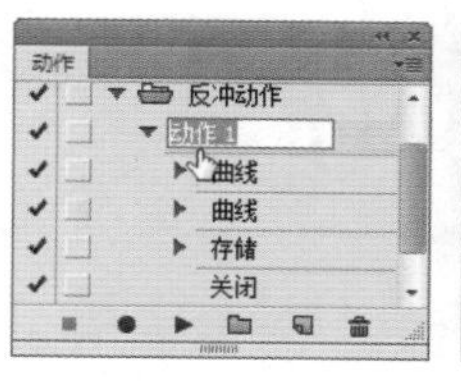

图11-25

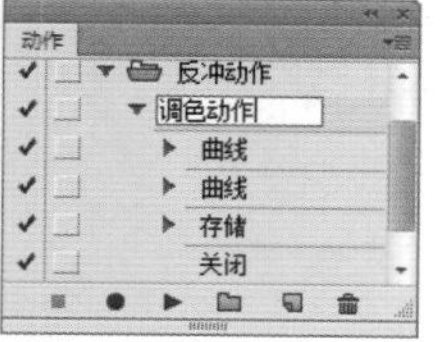

图11-26

图11-27

图11-28

11.1.7 实战：在动作中插入停止

■类别：软件功能 ■光盘提供：☑视频录像

插入停止是指让动作播放到某一步时自动停止，这样就可以手动执行无法录制为动作的任务，如使用绘画工具进行绘制等。

01 选择“动作”面板中的“曲线”命令，如图11-29所示，下面在它后面插入停止。

02 打开“动作”面板菜单，选择“插入停止”命令，打开“记录停止”对话框，输入提示信息，并勾选“允许继续”选项，如图11-30所示。单击“确定”按钮关闭对话框，可将停止插入到动作中，如图11-31所示。

03 播放动作时，执行完“曲线”命令后，动作就会停止，并弹出我们在“记录停止”对话框中输入的提示信息，如图11-32所示。单击“停止”按钮停止播放，就可以使用绘画工具等编辑图像，编辑完成后，可单击播放选定的动作按钮▶，继续播放后面的命令；如果单击对话框中的“继续”按钮，则不会停止，而是继续播放后面的动作。

图11-29

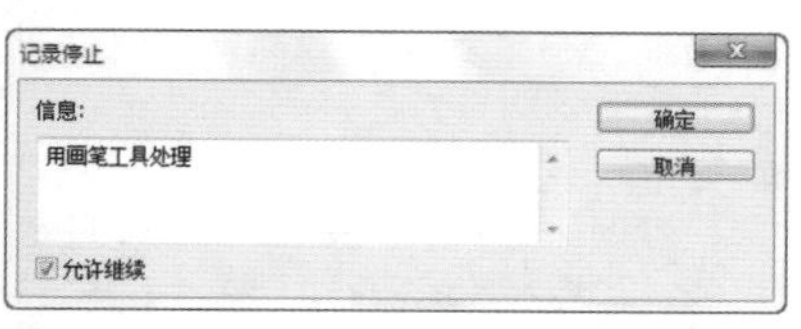

图11-30

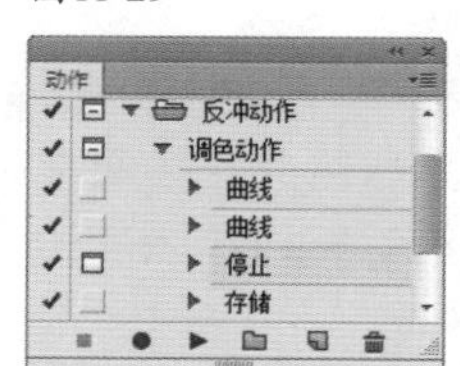

图11-31

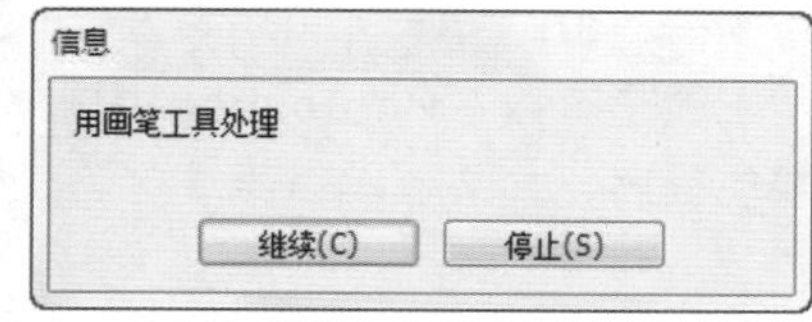

图11-32

11.2 数据驱动图形

利用数据驱动图形，可以快速准确地生成图像的多个版本以用于印刷项目或 Web 项目。例如，以模板设计为基础，使用不同的文本和图像可以制作100种不同的Web横幅。

11.2.1 变量

使用“图像>变量>定义”命令可以定义变量。变量用来定义模板中的哪些元素将发生变化，它包括3种类型：可见性变量、像素替换变量和文本替换变量。可见性变量用来显示或隐藏图层中的图像内容；像素替换变量可以使用其他图像文件中的像素替换图层中的像素；文本替换变量可以替换文字图层中的文本字符串，在操作时首先要在“图层”选项中选择文本图层。

11.2.2 数据组

数据组是变量及其相关数据的集合。执行“图像>变量>数据组”命令，可以打开“变量”对话框设置数据组选项，如图11-33所示。

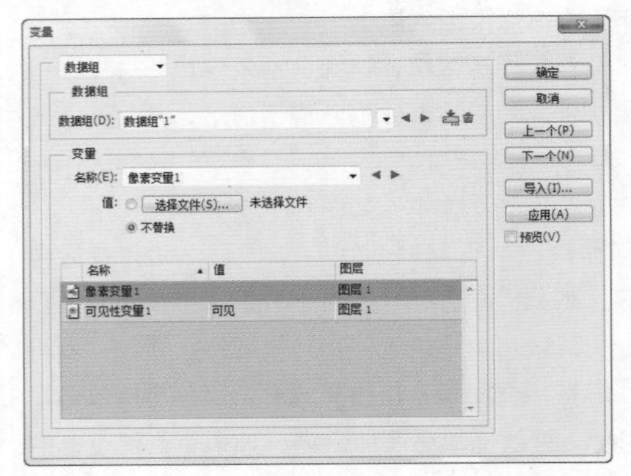

图11-33

- 数据组：单击按钮可以创建数据组。如果创建了多个数据组，可单击◀ ▶按钮切换数据组。选择一个数据组后，单击按钮可将其删除。
- 变量：可以编辑变量数据。对于“可见性”变量，选择“可见”选项，可以显示图层的内容，选择“不可见”选项，则隐藏图层内容；对于“像素替换”变量，单击选择文件，然后选择替换图像文件，如果在应用数据组前选择“不替换”选项，将使图层保持当前状态；对于“文本替换”变量T，可在“值”文本框中输入一个文本字符串。

除了可以在Photoshop中创建数据组外，如果在其他程序，如文本编辑器或电子表格程序（Microsoft Excel）中创建了数据组，可以执行“文件>导入>变量数据组”命令，将其导入Photoshop中。

定义变量及一个或多个数据组后，可以执行“文件>导出>数据组作为文件”命令，按批处理模式使用数据组值将图像输出为 PSD 文件。

11.2.3 实战：创建多版本图像

■类别：软件功能 ■光盘提供：☑素材 ☑实例效果 ☑视频录像

使用模板和数据组来创建图形时，首先要创建用作模板的基本图形，并将图像中需要更改的部分分离为一个个单独的图层；然后在图形中定义变量，通过变量指定在图像中更改的部分；接下来创建或导入数据组，用数据组替换模板中相应的图像部分；最后将图形与数据一起导出来生成图形（PSD文件）。下面就通过数据驱动图形来创建多个版本的图像。

01 按下Ctrl+O快捷键，打开光盘中的素材文件，如图11-34、图11-35所示。

图11-34

图11-35

02 执行“图像>变量>定义”命令，打开“变量”对话框，在“图层”下拉列表中选择“图层0”，然后勾选“像素替换”复选项，“名称”“方法”和“限制”都使用默认的设置，如图11-36所示。在对话框左上角的下拉列表中选择“数据组”选项，切换到“数据组”选项设置面板。单击基于当前数据组创建新数据组按钮，创建新的数据组，当前的设置内容为“像素变量1”，如图11-37所示。

03 单击“选择文件”按钮，在打开的对话框中选择光盘中的素材，如图11-38所示，单击“打开”按钮，返回到“变量”对话框，如图11-39所示，关闭对话框。

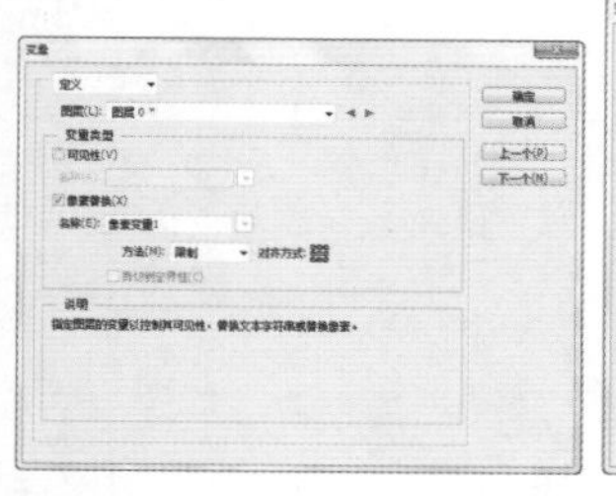
图11-36

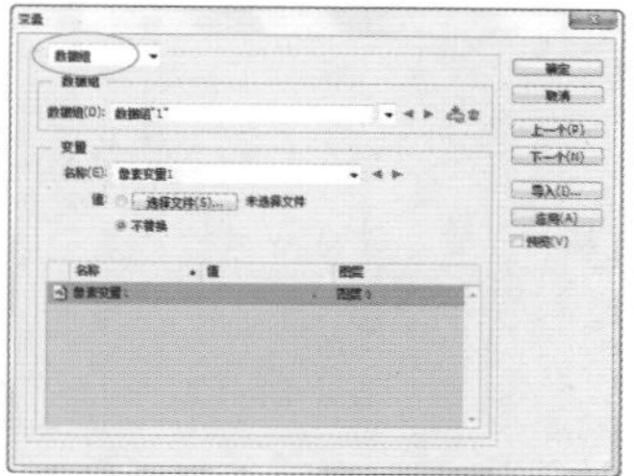
图11-37

图11-38

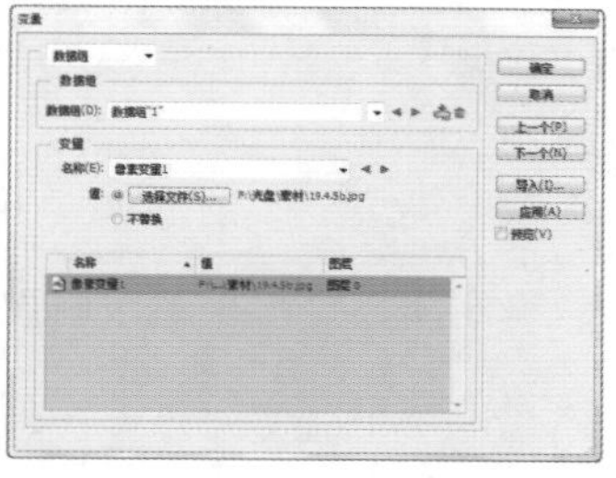
图11-39

04 执行“图像>应用数据组”命令，打开“应用数据组”对话框，如图11-40所示。选择“预览”选项，可以看到，文档中背景（“图层0”）图像被替换为我们指定的另一个背景，如图11-41所示。最后可以单击“应用”按钮关闭对话框。

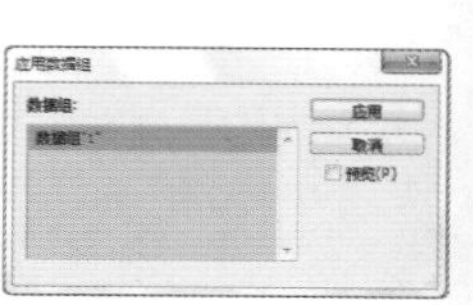
图11-40

图11-41

11.3 脚本

Photoshop 通过脚本支持外部自动化。在 Windows 中，可以使用支持 COM 自动化的脚本语言（如 VB Script）控制多个应用程序，例如 Adobe Photoshop、Adobe Illustrator 和 Microsoft Office。

与动作相比，脚本提供了更多的可能性，它可以执行逻辑判断，重命名文档等操作，同时脚本文件更便于携带并重用。“文件>脚本”下拉菜单中包含各种脚本命令，如图11-42所示。

脚本(R)
文件简介(F)... Alt+Shift+Ctrl+I
打印(P)... Ctrl+P
打印一份(Y) Alt+Shift+Ctrl+P
退出(X) Ctrl+Q

图像处理器...
删除所有空图层
拼合所有蒙版
拼合所有图层效果
将图层复合导出到 PDF...
图层复合导出到 WPG...
图层复合导出到文件...
将图层导出到文件...
脚本事件管理器...
将文件载入堆栈...
统计...
载入多个 DICOM 文件...
浏览(B)...

图11-42

脚本命令/含义
执行“文件>脚本>图像处理器”命令，可以使用图像处理器转换和处理多个文件。图像处理器与“批处理”命令不同，不必先创建动作，就可以使用它来处理文件
执行“文件>脚本>删除所有空图层”命令，可以删除不需要的空图层，减小图像文件的大小
执行“文件>脚本>将图层复合导出到文件”命令，可以将图层复合导出到单独的文件中
执行“文件>脚本>将图层导出到文件”命令，可以使用多种格式（包括 PSD、BMP、JPEG、PDF、Targa 和 TIFF）将图层作为单个文件导出和存储
执行“文件>脚本>脚本事件管理器”命令，可以将脚本和动作设置为自动运行，用事件（如在 Photoshop 中打开、存储或导出文件）来触发 Photoshop 动作或脚本
执行“文件>脚本>将文件载入堆栈”命令，可以使用脚本将多个图像载入到图层中
执行“文件>脚本>统计”命令，可以使用统计脚本自动创建和渲染图形堆栈
如果要运行存储在其他位置的脚本，可执行“文件>脚本>浏览”命令，然后浏览到该脚本

第12章

系统设置

系统预设与打印

在Photoshop中，进行色彩管理，可以让Photoshop中的色彩与其他设备一致。调整系统预设，则能够让Photoshop更加适合我们工作。例如，当计算机内存不够时，可通过设置暂存盘来增加虚拟内存。在打印功能方面，一个最大的亮点是，当前的Photoshop CC支持现在风靡世界的3D打印技术。如果用户配置了3D打印机，在 Photoshop 中打开3D模型，执行“3D>3D打印设置”命令，“属性”面板中会显示相关的设置选项，用户可以选择打印到本地3D打印机，还可以选择使用在线3D打印服务，如Shapeways.com。

扫描二维码，关注李老师的微博、微信。

12.1 色彩管理

Photoshop的色彩空间可能与其他环境的色彩空间不一致，这会造成使用Photoshop调整图像的色彩以后，用ACDSee等图片浏览器观看，或将图像上传到网络上时，色彩会出现差别。进行色彩管理可以避免出现这种情况。

12.1.1 色彩管理系统

照相机、扫描仪、显示器、打印机及印刷设备等都使用特定的色彩空间，每种色彩空间可以生成一定范围的颜色（即色域），由于色彩空间的不同，在不同设备之间传递文档时，颜色在外观上会发生改变，如图12-1所示。为了解决这个问题，就需要有一个可以在设备之间准确解释和转换颜色的系统，使不同的设备所表现的颜色尽可能一致。

Photoshop提供了这种色彩管理系统，它借助于ICC颜色配置文件来转换颜色（ICC配置文件是一个用于描述设备怎样产生色彩的小文件），可以在每台设备上产生一致的颜色。要生成这种预定义的颜色管理选项，可以执行“编辑>颜色设置”命令，打开“颜色设置”对话框，如图12-2所示，在“工作空间”选项组的“RGB”下拉列表中选择色彩空间。

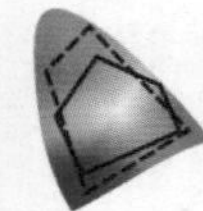

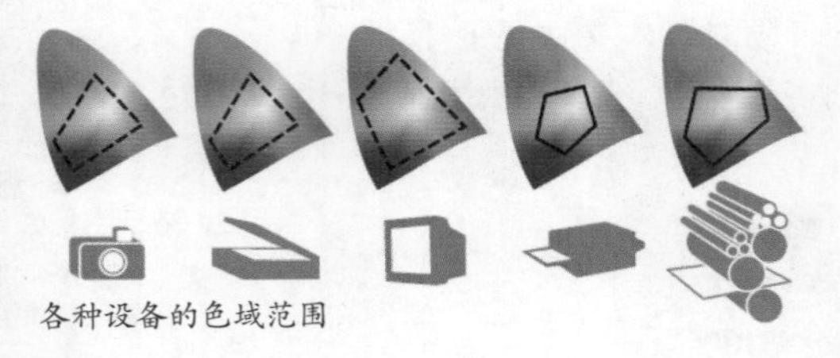

图12-1

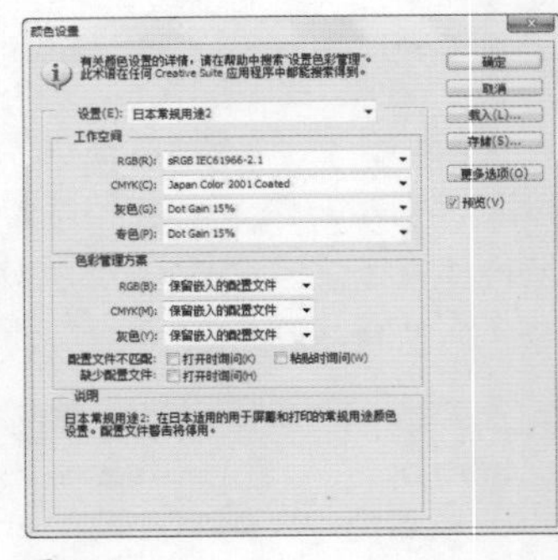

图12-2

12.1.2 色彩配置文件

打开一个图像文件，单击窗口底部状态栏中的三角按钮，在打开的菜单中选择“文档配置文件”命令，状态栏中就会显示该图像所使用的配置文件。如果出现“未标记的RGB”字样，则意味着该图像没有正确显示，如图12-3所示，这表示Photoshop不知道如何按照原设备的意图来显示颜色。遇到这种情况时，可以执行“编辑>指定配置文件”命令，在打开的对话框中选择一个配置文件，如图12-4所示，以便使图像显示为最佳效果。

数码照片、Web图像适合使用 sRGB，用于打印的文档适合使用 Adobe RGB。此外，使用“编辑>转换为配置文件”命令，可以将以某种色彩空间保存的图像调整为另外一种色彩空间。

图12-3

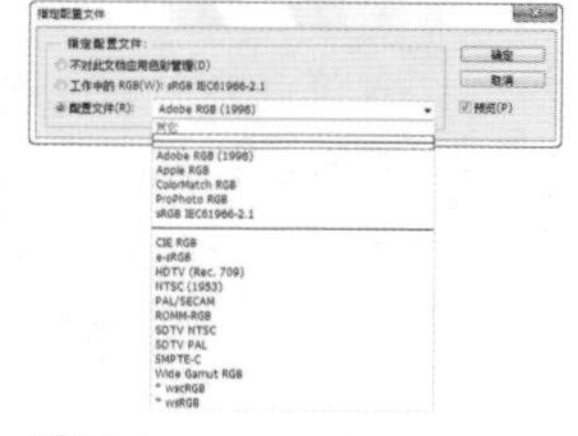

图12-4

12.1.3 色域

色域是一种设备能够产生的色彩范围。在现实世界中，自然界可见光谱的颜色组成了最大的色域空间，它包含了人眼能见到的所有颜色。CIELab国际照明协会根据人眼视觉特性，把光线波长转换为亮度和色相，创建了一套描述色域的色彩数据，如图12-5所示。可以看到，Lab模式的色彩范围最广，其次是RGB模式（屏幕模式），色彩范围较小的是CMYK模式（印刷模式）。

12.1.4 溢色

显示器的色域（RGB模式）要比打印机（CMYK模式）的色域广，这就导致我们在显示器上看到或用Photoshop调出的颜色有可能打印不出来。那些不能被打印机准确输出的颜色称为“溢色”。

使用“拾色器”或“颜色”面板设置颜色时，如果出现溢色，会显示警告信息，如图12-6、图12-7所示。在它下面有一个小颜色块，这是Photoshop提供的与当前颜色最为接近的可打印颜色，单击该颜色块，就可以用它来替换溢色，如图12-8所示。

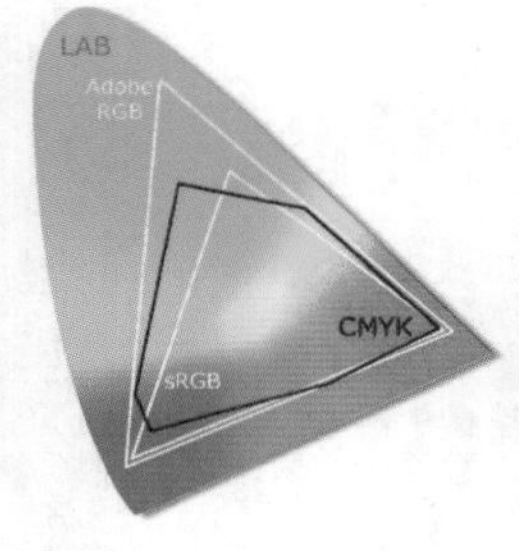

图12-5

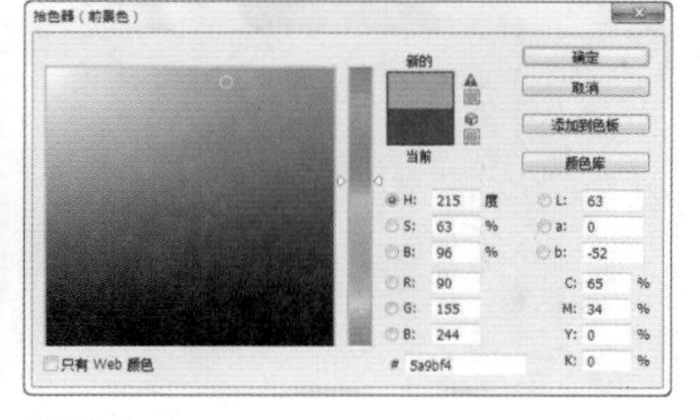

图12-6

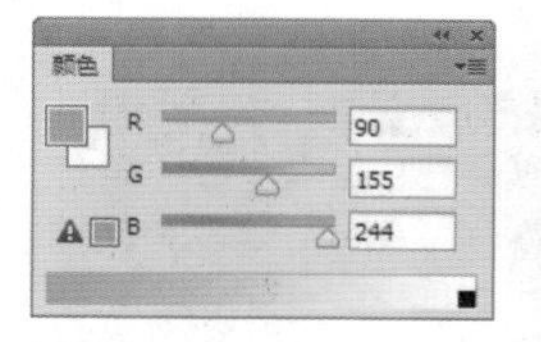

图12-7

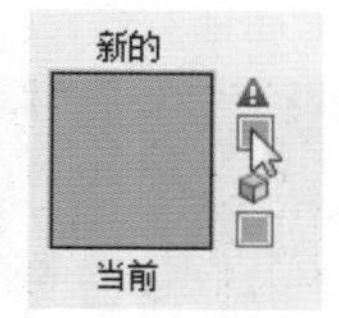

图12-8

使用“图像>调整”菜单中的命令，或者通过调整图层增加色彩的饱和度时，如果想要在操作过程中了解是否出现溢色，可以先用颜色取样器工具在图像中建立取样点；然后在“信息”面板的吸管图标上单击鼠标右键，并选择CMYK颜色，如图12-9所示；调整图像时，如果取样点的颜色超出了CMYK 色域，CMYK 值旁边便会出现惊叹号，如图12-10所示。

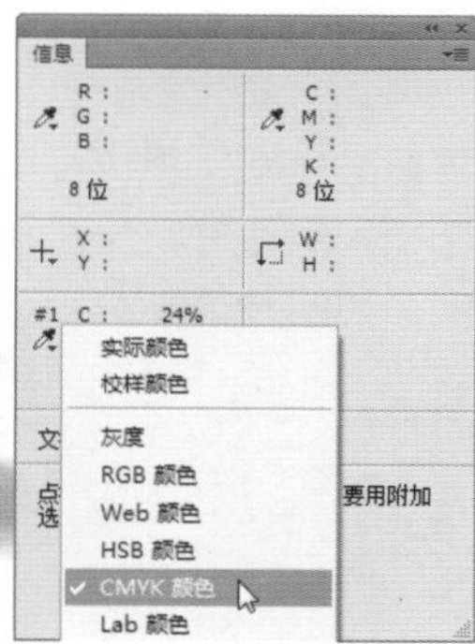

图12-9

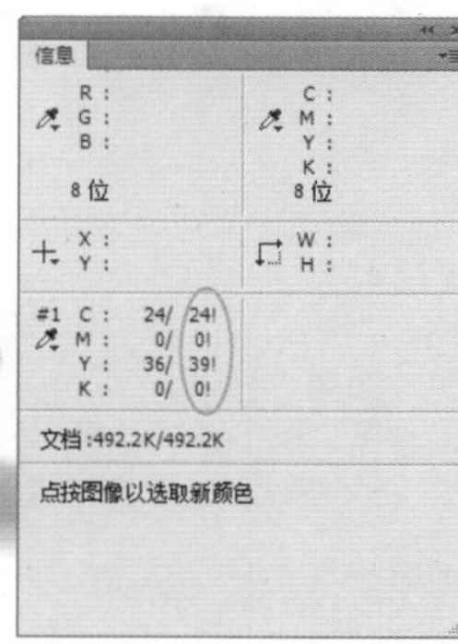

图12-10

相关链接

关于“拾色器”和“颜色”面板，请参阅第88页和第90页。颜色取样器工具的使用方法，请参阅第160页。“信息”面板的使用方法，请参阅第160页。

12.1.5 色域警告

打开一个文件，如图**12-11**所示。如果想要了解哪些区域出现了溢色，可以执行“视图>色域警告”命令，画面中被灰色覆盖的便是溢色区域，如图**12-12**所示。再次执行该命令，可以关闭色域警告。

图12-11

图12-12

12.1.6 在屏幕上模拟印刷

在创建用于商业印刷机上输出的图像，如小册子、海报和杂志封面等时，可以在计算机屏幕上查看这些图像将来印刷后的效果会是怎样的。打开一个文件，执行“视图>校样设置>工作中的**CMYK**”命令，再执行“视图>校样颜色”命令，启动电子校样，**Photoshop**就会模拟图像在商用印刷机上的效果。

“校样颜色”只是提供了一个**CMYK**模式预览，以便用户查看转换后**RGB**颜色信息的丢失情况，而并没有真正将图像转换为**CMYK**模式。如果要关闭电子校样，可以再次执行“校样颜色”命令。

12.2 设置Photoshop首选项

“编辑>首选项”下拉菜单中包含用于设置光标显示方式、参考线与网格的颜色、透明度、暂存盘和增效工具等项目的命令，用户可以根据自己的使用习惯来修改Photoshop的首选项。选择其中的任意一个命令时，都会打开“首选项”对话框，如图12–13所示。左侧列表中是各个首选项的名称，单击一个名称，对话框中就会显示相关的设置选项，如图12–14、图12–15所示。

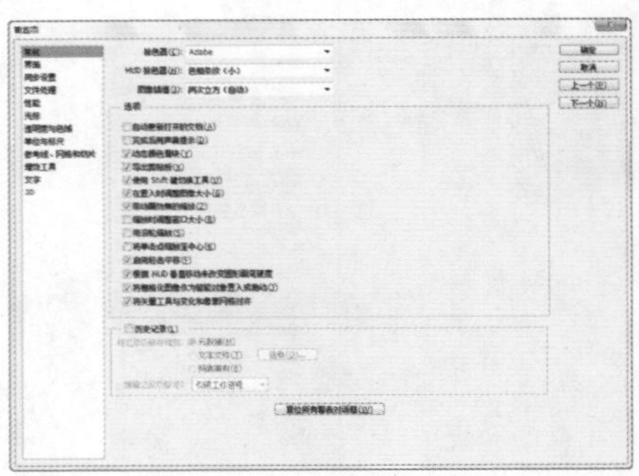

图12-13

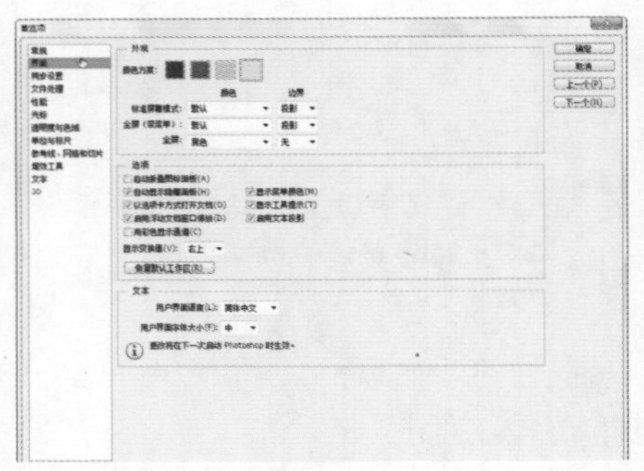

图12-14

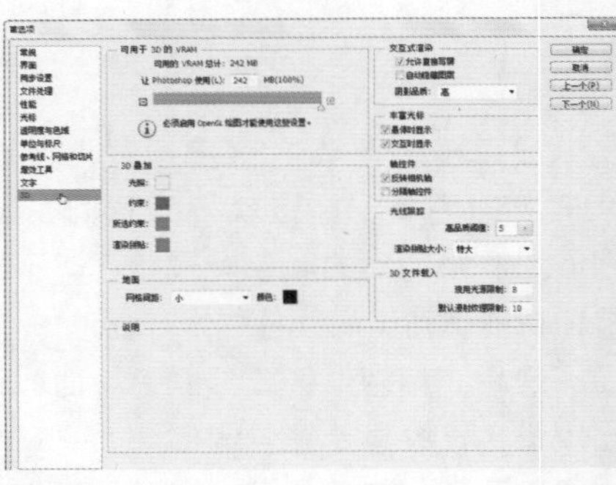

图12-15

12.2.1 常规

“常规”首选项包含**Photoshop**常用设置相关的项目，详细内容见下表。

“常规”首选项/含义	
拾色器	可以选择使用Adobe拾色器，或Windows拾色器
HUD拾色器	可以选择HUD拾色器的外观样式，即是显示色相条纹还是显示色相轮。HUD拾色器的使用方法是，选择绘画工具（如画笔工具），按住Alt+Shift组合键在画面中单击鼠标右键，即可显示HUD拾色器
图像插值	改变图像的大小时（这一过程称为重新取样），Photoshop会遵循一定的图像插值方法来增加或删除像素。选择该选项中的“邻近”，表示以一种低精度的方法生成像素，速度快，但容易产生锯齿；选择“两次线性”，表示以一种通过平均周围像素颜色值的方法来生成像素，可生成中等品质的图像；选择“两次立方”，表示以一种将周围像素值分析作为依据的方法生成像素，速度较慢，但精度高
自动更新打开的文档	如果当前打开的文件被其他程序修改并保存，文件会在Photoshop中自动更新

"常规"首选项/含义	
完成后用声音提示	完成操作时，程序会发出提示音
动态颜色滑块	设置在移动"颜色"面板中的滑块时，颜色是否随着滑块的移动而实时改变
导出剪贴板	在退出Photoshop时，复制到剪贴板中的内容仍然保留，可以被其他程序使用
使用Shift键切换工具	选择该选项时，在同一组工具间切换需要按下工具快捷键+Shift键；取消勾选时，只需按下工具快捷键，便可以切换
在置入时调整图像大小	置入图像时，图像会基于当前文件的大小而自动调整其大小
带动画效果的缩放	使用缩放工具缩放图像时，会产生平滑的缩放效果
缩放时调整窗口大小	使用键盘快捷键缩放图像时，自动调整窗口的大小
用滚轮缩放	可以通过鼠标的滚轮缩放窗口
将单击点缩放至中心	使用缩放工具时，可以将单击点的图像缩放到画面的中心
启用轻击平移	使用抓手工具移动画面时，放开鼠标按键，图像也会滑动
根据HUD垂直移动来改变圆形画笔硬度	使用绘画类工具（如画笔工具）时，按住Ctrl+Alt组合键单击鼠标右键，并左右拖动鼠标，可以调整画笔直径；上下拖动鼠标，可以调整画笔硬度。操作时可观察画面中的画笔大小预览图和上下文菜单中的参数信息
将栅格化图像作为智能对象置入或拖动	将一个图像置入现有的文档（"文件>置入"命令），或者将一个图像拖入现有的文档时，该图像会自动创建为智能对象
将矢量工具与变化和像素网格对齐	使用矢量工具进行变换操作时，将会自动与像素网格对齐
历史记录	可以让Photoshop 跟踪文件中的所有编辑步骤（历史记录），并将其存储。选择"元数据"选项，历史记录存储为嵌入在文件中的元数据；选择"文本文件"选项，历史记录存储为文本文件；选择"两者兼有"选项，历史记录存储为元数据，并保存在文本文件中。在"编辑记录项目"选项中可以指定历史记录信息的详细程度
复位所有警告对话框	重新显示提示或警告信息

12.2.2 界面

"界面"首选项包含与Photoshop操作界面设置相关的项目，详细内容见下表。

"界面"首选项/含义	
颜色方案	单击各个颜色块，可以调整操作界面的色调
标准屏幕模式/全屏（带菜单）/全屏	可设置在这3种屏幕模式下，屏幕的颜色和边界效果
自动折叠图标面板	对于图标状面板，不使用它时，面板会重新折叠为图标状
自动显示隐藏面板	可以暂时显示隐藏的面板
以选项卡方式打开文档	打开文档时，全屏显示一个图像，其他图像最小化到选项卡中
启用浮动文档窗口停放	选择该项后，可以拖曳标题栏，将文档窗口停放到程序窗口中
用彩色显示通道	默认情况下，RGB、CMYK 和 Lab 图像的各个通道以灰度显示，勾选该项，可以用相应的颜色显示颜色通道
显示菜单颜色	使菜单中的某些命令显示为彩色
显示工具提示	将光标放在工具上时，会显示当前工具的名称和快捷键等提示信息
显示变换值	默认状态下，进行移动、扭曲等变换和变形操作时，会出现上下文菜单显示变换值。在该选项中可以设置上下文菜单的具体位置
恢复默认工作区	单击该按钮，可以将工作区恢复为Photoshop默认状态
"文本"选项组	可设置用户界面的语言和文字大小。修改后需要重新运行Photoshop才能生效

12.2.3 同步设置

使用多台计算机工作时，在它们之间管理和同步首选项可能很费时，并且容易出错。"同步设置"功能可通过 Creative Cloud 同步首选项和设置，使相关设置在两台计算机之间保持同步变得异常轻松。同步操作通过用户的 Adobe Creative Cloud 账户进行。设置将被上传到 Creative Cloud 账户，然后会被下载和应用到其他计算机。"同步设置"首选项包含与之相关的项目，详细内容见下表。

"同步设置"首选项/含义	
Adobe ID	显示用户的Adobe ID和上一次同步设置时间
同步设置	可以选择要同步的首选项
发生冲突时	可以选择在发生冲突的情况下采取何种操作

12.2.4 文件处理

"文件处理"首选项包含与Photoshop文件处理相关的项目，详细内容见下表。

"文件处理"首选项/含义	
图像预览	设置存储图像时是否保存图像的缩览图
文件扩展名	文件扩展名为"大写"或是"小写"
存储至原始文件夹	将文件保存在原始文件夹中
后台存储	在后台存储时允许工作继续进行
自动存储恢复信息时间间隔	以此时间间隔自动存储文档的副本，以便Photoshop非正常关闭时自动恢复文件，原始文件不受影响
Camera Raw首选项	单击该按钮，可在打开的对话框中设置Camera Raw的首选项
对支持的原始数据文件优先使用Adobe Camera Raw	打开支持原始数据的文件时，优先使用Adobe Camera Raw处理
使用Adobe Camera Raw将文档从32位转换到16/8位	允许Camera Raw将32 位/通道（HDR高动态范围）转换为16位或8位图像
忽略EXIF配置文件标记	保存文件时，忽略关于图像色彩空间的EXIF配置文件标记
忽略旋转元数据	停用基于文件元数据的图像自动旋转
存储分层的TIFF文件之前进行询问	保存分层的文件时，如果存储为TIFF格式，会弹出询问对话框
最大兼容PSD和PSB文件	可以设置存储PSD和PSB文件时，是否提高文件的兼容性。选择"总是"选项，可以在文件中存储一个带图层图像的复合版本，其他应用程序便能够读取该文件；选择"询问"选项，存储时会弹出询问是否最大程度提高兼容性的对话框；选择"总不"选项，在不提高兼容性的情况下存储文档
启用Adobe Drive	可以连接到Adobe Version服务器。它是一种资源管理系统，在该服务器上，设计人员可以合作处理公共文件集，轻松跟踪和处理多个版本的文件
近期文件列表包含	设置"文件>最近打开文件"下拉菜单中能够保存的文件数量

12.2.5 性能

"性能"首选项包含与内存、暂存盘、历史记录等设置相关的项目，详细内容见下表。

"性能"首选项/含义	
内存使用情况	显示了计算机内存的使用情况，可拖曳滑块或在"让Photoshop使用"选项内输入数值，调整分配给Photoshop的内存量。修改后，需要重新运行Photoshop才能生效
暂存盘	如果系统没有足够的内存来执行某个操作， Photoshop 将使用一种专有的虚拟内存技术（也称为暂存盘）。暂存盘是任何具有空闲内存的驱动器或驱动器分区。默认情况下，Photoshop 将安装了操作系统的硬盘驱动器用作主暂存盘。在该选项中，可以将暂存盘修改到其他驱动器上。另外，包含暂存盘的驱动器应定期进行碎片整理
历史记录与高速缓存	用来设置"历史记录"面板中可以保留的历史记录的最大数量，以及图像数据的高速缓存级别。高速缓存可以提高屏幕重绘和直方图显示速度
图形处理器设置	显示了计算机的显卡型号。勾选该项后，可以启用某些功能，如旋转视图工具、像素网格、取样环、自适应广角滤镜等。此外，使用液化滤镜和3D等功能时，也会加快处理速度

12.2.6 光标

"光标"首选项包含光标设置相关的项目，详细内容见下表。

"光标"首选项/含义	
绘画光标	用于设置使用绘画工具时，光标在画面中的显示状态，以及光标中心是否显示十字线
其他光标	设置使用其他工具时，光标在画面中的显示状态
画笔预览	定义用于画笔预览的颜色（参见"根据HUD垂直移动来改变圆形画笔硬度"选项）

12.2.7 透明度与色域

"透明度与色域"首选项包含背景的透明状态，以及色域警告等方面的项目，详细内容见下表。

"透明度与色域"首选项/含义	
透明区域设置	当图像中的背景为透明区域时，会显示为棋盘格状，在"网格大小"选项中可以设置棋盘格的大小；在"网格颜色"选项中可以设置棋盘格的颜色
色域警告	如果图像中的色彩过于鲜艳，则有可能超出CMYK色域范围，成为溢色。执行"视图>色域警告"命令，溢色会显示为灰色。在"色域警告"选项中可以修改溢色的颜色，也可以调整溢色的不透明度。

12.2.8 单位与标尺

"单位与标尺"首选项包含标尺单位、文字单位，以及如何定义像素点数等项目，详细内容见下表。

"单位与标尺"首选项/含义	
单位	可以设置标尺和文字的单位
列尺寸	如果要将图像导入到排版程序（如InDesign），并用于打印和装订时，可以在该选项设置"宽度"和"装订线"的尺寸，用列来指定图像的宽度，使图像正好占据特定数量的列
新文档预设分辨率	用来设置新建文档时预设的打印分辨率和屏幕分辨率
点/派卡大小	设置如何定义每英寸的点数。选择"PostScript（72点/英寸）"选项，设置一个兼容的单位大小，以便打印到PostScript 设备；选择"传统（72.27点/英寸）"选项，则使用 72.27 点/英寸（打印中传统使用的点数）

12.2.9 参考线、网格和切片

"参考线、网格和切片"首选项包含参考线、网格和切片设置相关的项目，详细内容见下表。

"参考线、网格和切片"首选项/含义	
参考线	用来设置参考线的颜色和样式，包括直线和虚线两种样式
智能参考线	用来设置智能参考线的颜色
网格	可以设置网格的颜色和样式。对于"网格线间隔"，可以输入网格间距的值。在"子网格"选项中输入一个值，则可基于该值重新细分网格
切片	用来设置切片边界框的颜色。勾选"显示切片编号"选项，可以显示切片的编号

12.2.10 增效工具

"增效工具"首选项包含与图像资源生成功能、滤镜和扩展面板相关的项目，详细内容见下表。

"增效工具"首选项/含义	
启用生成器	勾选该项后，可以启用图像资源生成功能。取消勾选，则禁用图像资源生成功能，此时"文件>生成"命令不可用
启用远程连接/服务名称/密码	允许Photoshop建立远程连接
显示滤镜库的所有组和名称	勾选该项后，"滤镜库"中的滤镜会同时出现在"滤镜"菜单的各个滤镜组中
允许扩展连接到Internet	表示允许Photoshop扩展面板连接到Internet获取新内容，以及更新程序
载入扩展面板	启动Photoshop时载入已安装的扩展面板

12.2.11 文字

“文字”首选项包含与文字、文本引擎相关的项目，详细内容见下表。

“文字”首选项/含义	
使用智能引号	智能引号也称为印刷引号，它会与字体的曲线混淆。勾选该项后，输入文本时可使用弯曲的引号替代直引号
启用丢失字形保护	选择该项后，如果文档使用了系统上未安装的字体，在打开此类文档时便会出现一条警告信息，告诉用户缺少哪些字体，用户可以使用可用的匹配字体替换缺少的字体
以英文显示字体名称	勾选该项后，在“字符”面板和文字工具选项栏的字体下拉列表中，亚洲字体名称以英文显示；取消勾选则以中文显示
选取文本引擎选项	如果要在 Photoshop 界面中显示东亚文字选项，可在该选项组中选取“东亚”选项，然后重新启动 Photoshop，再执行“文字>语言选项>东亚语言功能”命令。如果要启用印度语系支持，则可在该选项中选择“中东和南亚”，此后“段落”面板菜单中会启用两个额外书写器：单行书写器与多行书写器

12.2.12 3D

“3D”首选项包含与3D功能相关的项目，详细内容见下表。

“3D”首选项/含义	
可用于3D的VRAM	显示了Photoshop 3D Forge（3D引擎）可以使用的显存量（VRAM）。拖曳滑块可以调整分配给Photoshop的显存。较大的VRAM有助于进行快速的3D交互，尤其是处理高分辨率的网格和纹理时。但这会导致与其他启用GPU的应用程序争夺资源
3D叠加	单击各个颜色块，可以指定各种参考线的颜色，以便在进行3D操作时高亮显示可用的3D组件。在“视图>显示”下拉菜单中，可以选择显示或者隐藏这些额外内容
地面	用来设置进行3D操作时地面的外观，包括网格间距和网格颜色。执行“视图>显示>3D地面”命令，可以显示或隐藏地面。此外，移动3D对象后，执行“3D>将对象移动到地面”命令，可以使其紧贴3D地面。
交互式渲染	指定进行3D对象交互（鼠标事件）时Photoshop渲染选项的首选项。勾选“允许直接写屏”选项，可利用计算机上的GPU图形卡直接在屏幕绘制像素，从而加快3D交互。此外，它还使3D交互能够利用3D管道内建的颜色管理功能。但如果用户的图形卡不够强大，或者将“绘图模式”（“首选项>性能>图形处理器设置”）设置为基本，则可能会在交互过程中遇到较大的颜色变化。关闭该选项可解决此问题，但这也会导致交互变慢。勾选“自动隐藏图层”选项，可以自动隐藏除当前正在与之交互的3D图层以外的所有图层，从而提供最快的交互速度。在“阴影品质”选项中，可以指定最适合当前计算机的阴影品质，Photoshop现在提供更好的 OpenGL 阴影
丰富光标	可以实时显示与光标和对象相关的信息。勾选“悬停时显示”选项后，当悬停在3D对象上方时，可以呈现带有相关信息的光标；选择“交互时显示”选项后，与3D对象的鼠标交互，可以呈现带有相关信息的光标
轴控件	可以指定轴交互和显示模式。勾选“反转相机轴”选项后，可翻转相机和视图的轴坐标系；勾选“分隔轴控件”选项后，可以将合并的轴分隔为单独的轴工具：移动轴、旋转轴和缩放轴。如果取消该选项的勾选，则会反转到合并的轴
光线跟踪	用于定义光线跟踪渲染（通过“3D>渲染”菜单激活）的图像品质阈值。如果使用较小的值，则在某些区域（柔和阴影、景深模糊）中的图像品质降低时，将立即停止光线跟踪。渲染时始终可以通过单击鼠标或按键盘上的键手动停止光线跟踪
3D文件载入	用于指定3D文件载入时的行为。“现用光源限制”用来设置现用光源的初始限制。如果即将载入的3D文件中的光源数量超过该限制，则某些光源一开始会被关闭。但可以单击“场景”视图中光源对象旁边的眼睛图标，在3D面板中打开这些光源。“默认漫射纹理限制”用来设置漫射纹理不存在时，Photoshop将在材质上自动生成的漫射纹理的最大数量。如果3D文件具有的材质超过该数量，则Photoshop不会自动生成纹理

12.3 打印

执行“文件>打印”命令，打开图12-16所示的对话框。在对话框中可以预览打印作业并选择打印机、打印份数、文档方向、输出选项和色彩管理选项。如果要使用当前的打印选项打印一份文件，可以使用“文件>打印一份”命令进行来操作，该命令无对话框。

色彩管理

在“Photoshop打印设置”对话框右侧的色彩管理选项组中，可以设置色彩管理选项，以获得尽可能好的打印效果，如图12-17所示。

图12-16

图12-17

- 颜色处理：用来确定是否使用色彩管理。如果选择“Photoshop 管理颜色”选项，则对话框左下角的3个选项可用。勾选其中的“匹配打印颜色”选项，可以在预览区域中查看图像颜色的实际打印效果；勾选“色域警告”选项，可以用高亮显示溢色；勾选“显示纸张白”选项，可以将预览图像中的白色设置为打印机配置文件中的纸张颜色。
- 打印机配置文件：可以选择适用于打印机和将要使用的纸张类型的配置文件。
- 正常打印/印刷校样：选择“正常打印”，可进行普通打印；选择“印刷校样”，可打印印刷校样，即模拟文档在印刷机上的输出效果。
- 渲染方法：指定 Photoshop 如何将颜色转换为打印机颜色空间。
- 黑场补偿：通过模拟输出设备的全部动态范围来保留图像中的阴影细节。

图像位置和大小

“位置和大小”选项组用来设置图像在画面中的位置，如图12-18所示。

- 位置：勾选“居中”选项，可以将图像定位于可打印区域的中心；取消勾选，则可在“顶”和“左”选项中输入数值定位图像，从而只打印部分图像。
- 缩放后的打印尺寸：如果勾选“缩放以适合介质”选项，可自动缩放图像至适合纸张的可打印区域；取消勾选，则可以在“缩放”选项中输入图像的缩放比例，或者在“高度”和“宽度”选项中设置图像的尺寸。
- 打印选定区域：勾选该项，可以启用对话框中的裁剪控制功能，调整定界框可以移动或缩放图像，如图12-19所示。

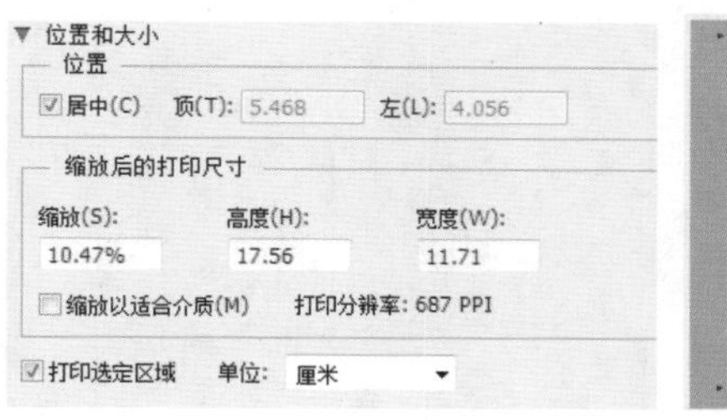

图12-18

图12-19

打印标记

如果要将图像直接从 Photoshop 中进行商业印刷，可以在“打印标记”选项组中指定在页面中显示哪些标记，如图12-20、图12-21所示。

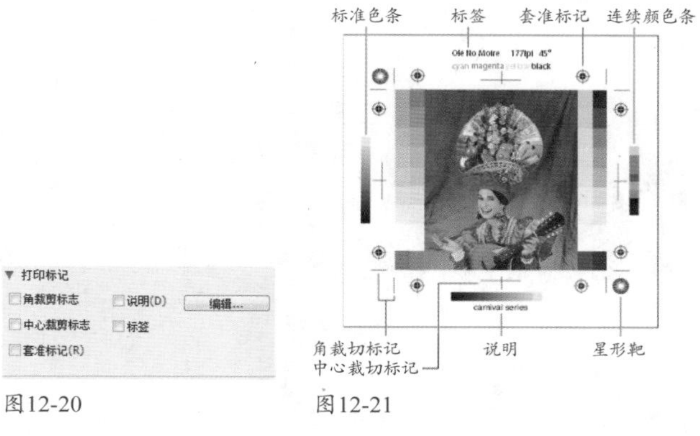

图12-20　图12-21

函数

“函数”选项组中包含“背景”“边界”“出血”等按钮，如图12-22所示，单击一个按钮，即可打开相应的选项设置对话框。

图12-22

- 背景：用来设置图像区域外的背景色。
- 边界：用于在图像边缘打印出黑色边框。
- 出血：用于将裁剪标志移动到图像中，以便裁切图像时不会丢失重要内容。
- 药膜朝下：可以水平翻转图像。
- 负片：可以反转图像颜色。

> **提示**
>
> 在叠印套色版时，如果套印不准、相邻的纯色之间没有对齐，便会出现小的缝隙。出现这种情况，可以使用“图像>陷印”命令来进行纠正。

第13章

时尚风潮 综合实例

Photoshop不仅功能多，而且功能间的横向联系十分紧密、交集也非常多。举例来说，画笔能绘画，通道能调色，但将画笔用于编辑通道，就能够抠图。由此可见，只用各个工具单打独斗，是玩不转Photoshop的。要想成为高手，就得多做实例，只有通过实践，才能真正将Photoshop的各种工具融会贯通，让Photoshop为我所用。本章提供的实例，为大家呈现了Photoshop视觉盛宴。这些实例既突出了多种功能协作的特点，也是对Photoshop发出的“总动员令”。我们要把控“全局”，灵活驾驭各种工具和命令，向Photoshop最高山峰发起冲锋！

扫描二维码，关注李老师的微博、微信。

E-mail:ai_book@126.com

复制并旋转图像，让狗狗后腿摆出瑜伽姿势，用图层蒙版处理图像的衔接处。

13.1 创意系列之瑜伽大咖

素材：光盘>素材文件夹 视频位置：光盘>视频文件夹

实例门类：创意设计 难度：★★★☆☆

01 打开光盘中的素材，如图13-1所示。单击“图层”面板底部的 按钮，添加蒙版。使用柔角画笔工具 在狗狗身上涂抹黑色，如图13-2所示。

图13-1

图13-2

02 按住Alt键向下拖曳“小狗”图层，进行复制。单击蒙版缩览图，按下Ctrl+Delete快捷键填充白色，如图13-3所示。按下Ctrl+T快捷键，显示定界框，拖曳控制点旋转图像，如图13-4所示。按下回车键确认。使用柔角画笔工具 在后面的狗狗身上涂抹黑色，只保留一条腿，如图13-5所示。

图13-3

图13-4

图13-5

03 按住Alt键向下拖曳“小狗副本”图层，进行复制。选择移动工具 ，向左下方拖曳图像，如图13-6所示。单击图层蒙版，用柔角画笔工具 将多余的图像涂抹掉，如图13-7所示。

图13-6

图13-7

E-mail:ai_book@126.com

13.2 动漫系列之西游记角色设计

使用3D命令将平面的二维图像制作成立体效果。

素材：光盘>素材文件夹　视频位置：光盘>视频文件夹
实例门类：3D　难度：★★☆☆☆

01 打开光盘中的素材，如图13-8所示。执行“3D>从所选图层新建3D模型”命令，生成3D对象，如图13-9所示。

图13-8

图13-9

02 单击“3D”面板顶部的网格按钮，显示网格组件。在“属性”面板中选择一种凸出样式，并设置“凸出深度”为100%，如图13-10、图13-11所示。

图13-10

图13-11

03 采用同样的方法，可以制作出西游记中其他3D形象，如图13-12~图13-14所示。

图13-12

图13-13

图13-14

E-mail:ai_book@126.com

在汽车上制作水花飞溅特效。操作时，除为车身添加一层纹理效果外，水花部分主要使用素材进行图像合成。

13.3 特效系列之炫酷水汽车

素材：光盘>素材文件夹　视频位置：光盘>视频文件夹
实例门类：特效　难度：★★★★☆

01 打开光盘中的素材文件，如图13-15、图13-16所示。汽车已经完成抠图，位于一个单独的图层中。

图13-15

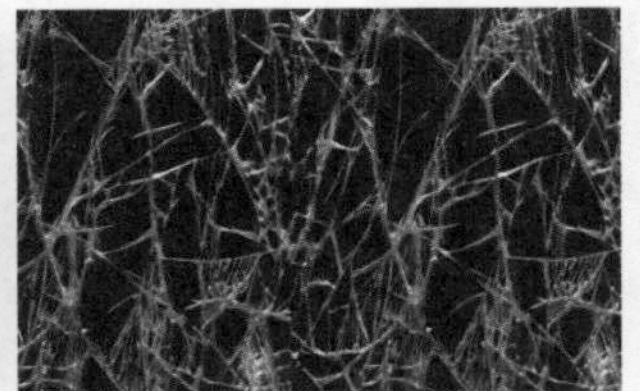

图13-16

02 将碎玻璃素材拖入汽车文档中。按下Alt+Ctrl+G快捷键，将它与汽车图像创建为一个剪贴蒙版，从而将汽车以外的碎玻璃隐藏，如图13-17、图13-18所示。

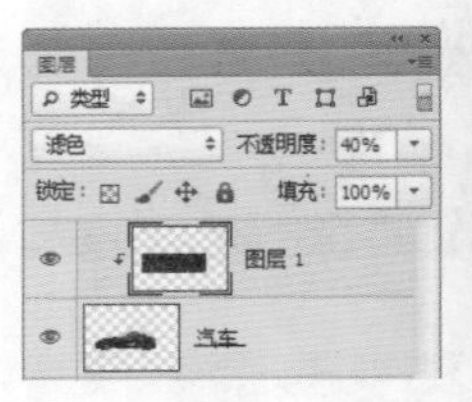

图13-17

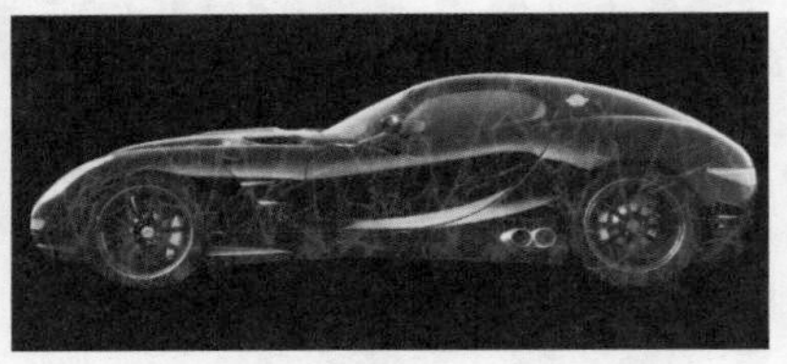

图13-18

03 单击添加图层蒙版按钮，为汽车图层添加一个蒙版。使用画笔工具（柔角）在轮胎上涂抹，将这部分图像隐藏。调整画笔工具的不透明度为60%，在车身涂抹，使这部分纹理变浅，如图13-19、图13-20所示。

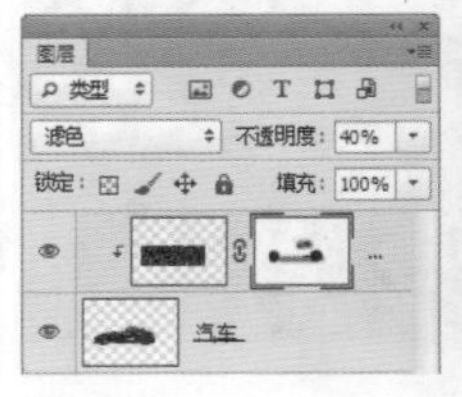

图13-19

图13-20

04 打开光盘中的素材文件，该文件中的水珠是分层的，如图13-21所示。单击“水素材1”图层，使用移动工具将其拖入汽车文档中，如图13-22所示。

05 设置图层的不透明度为92%。单击按钮，为“水素材1”图层添加一个蒙版，如图13-23所示。用画笔工具在水的边缘涂抹，使其与汽车相融合，如图13-24所示。

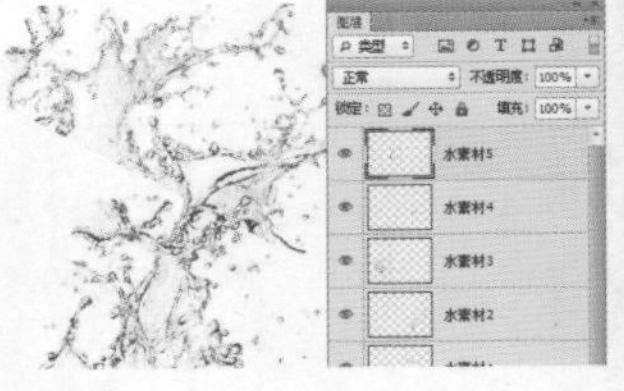

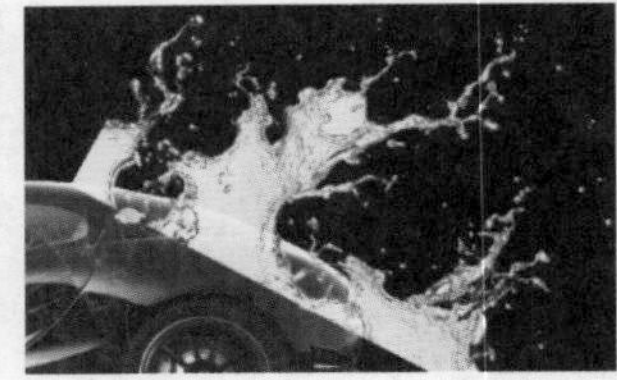

图13-21　图13-22

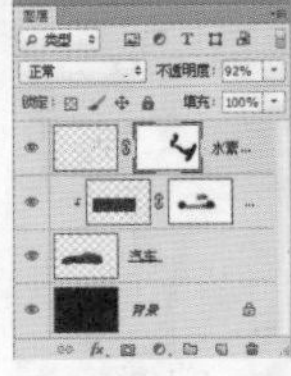

图13-23

图13-24

06 为了表现水的透明特性，还需要进一步处理图像的融合效果。双击该图层，打开“图层样式”对话框，按住Alt键拖动“本图层”的白色滑块，将滑块分开并向左拖曳，隐藏图像中的白色，如图13-25、图13-26所示。

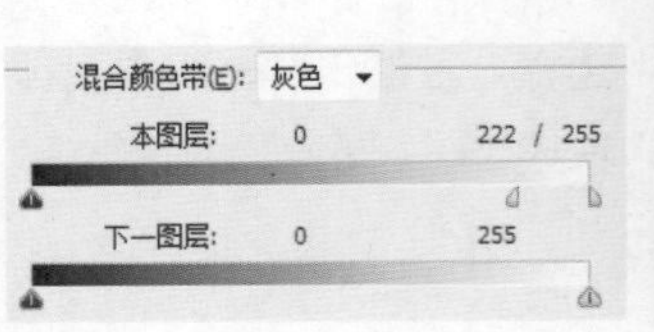

图13-25

图13-26

07 按下Ctrl+F6快捷键，切换到水素材文件，选择“水素材2”图层，拖入汽车文档中。创建蒙版，并使用画笔工具涂抹，隐藏图像的边缘，只保留水花飞溅的部分，如图13-27、图13-28所示。

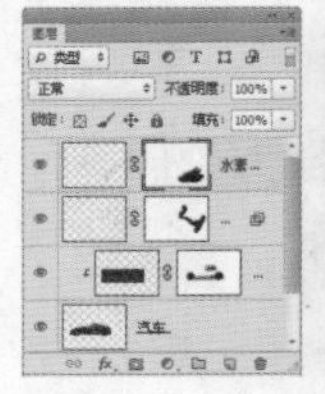

图13-27

图13-28

08 双击该图层，在打开的对话框中按住Alt键，调整“本图层”的白色滑块，如图13-29、图13-30所示。

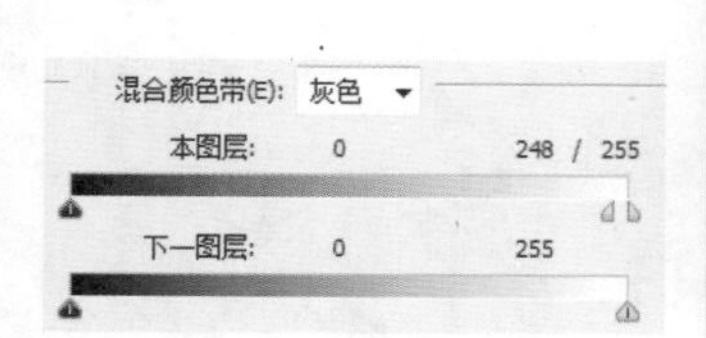

图13-29

图13-30

09 将“水素材3”拖入文档中，如图13-31所示，用同样的方法添加蒙版，并调整混合颜色带，使水花能自然地附着在车身表面，如图13-32所示。

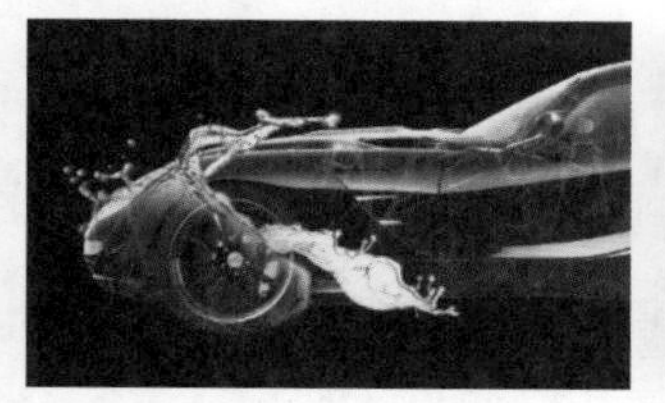

图13-31

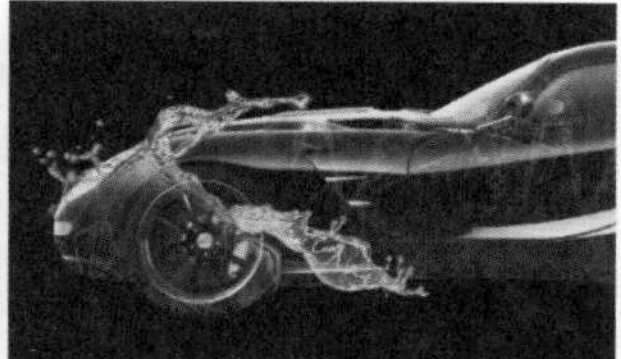

图13-32

10 复制水素材图层，装饰在汽车周围，使原本静态的图像呈现出一种运动的态势，好像随时都会冲出画面，如图13-33所示。

图13-33

11 按住Shift键单击“汽车”图层，将除“背景”以外的图层全部选取，如图13-34所示；按下Alt+Ctrl+E快捷键盖印所选图层，如图13-35所示；双击图层名称，重新命名为“倒影”，执行“编辑>变换>垂直翻转”命令，翻转图像。按下Shift+Ctrl+[快捷键，将其移至底层。创建蒙版，然后将图像底边隐藏，如图13-36、图13-37所示。

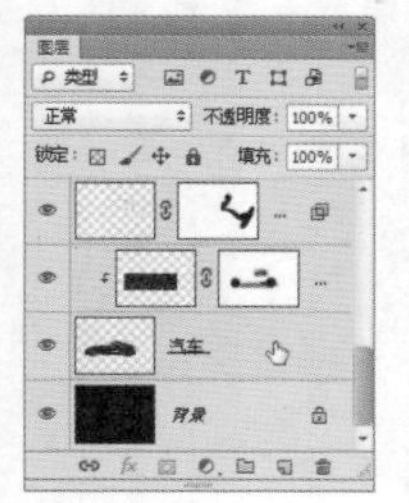

图13-34

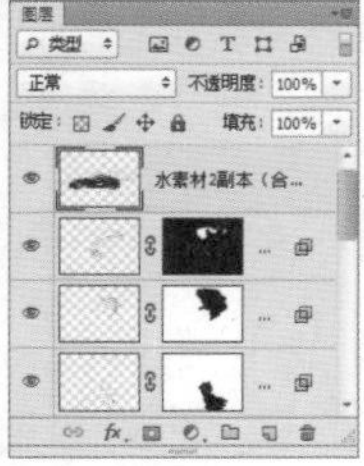

图13-35

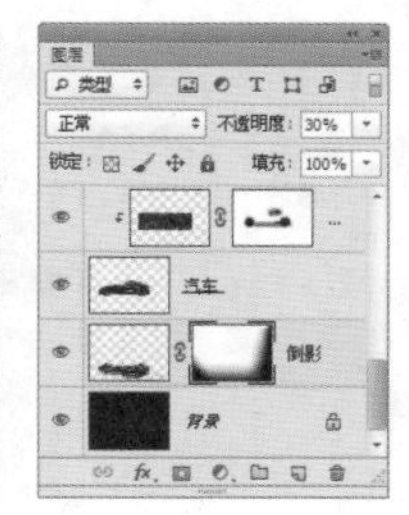

图13-36

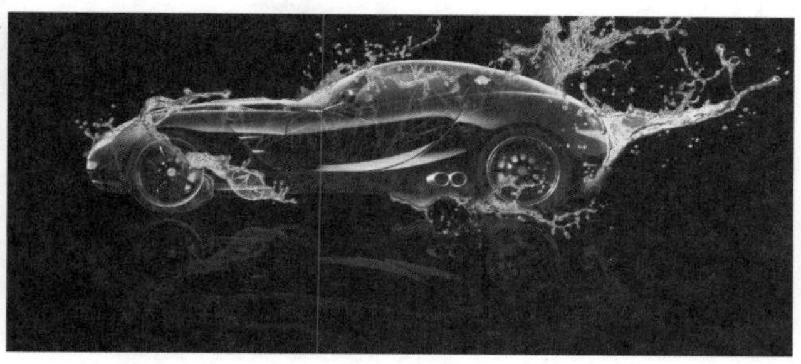

图13-37

12 单击“调整”面板中的按钮，创建“色相/饱和度”调整图层，选中“着色”选项，为图像重新着色，如图13-38、图13-39所示。

图13-38

图13-39

13 单击“调整”面板中的按钮，创建“曲线”调整图层，适当地增加色调的对比度，如图13-40、图13-41所示。

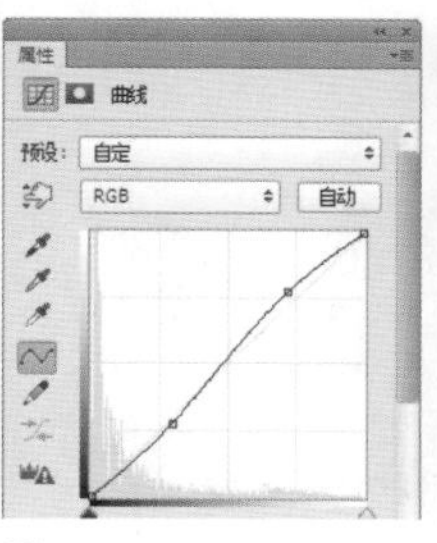

图13-40

图13-41

14 打开光盘中的素材文件，将水珠及城市建筑素材拖入文档中，效果如图13-42所示。

图13-42

E-mail:ai_book@126.com

13.4 特效系列之纸雕艺术字

载入文字的选区，分别进行扩展和平滑处理，再通过图层样式表现纸张的厚度与层叠效果。

素材：光盘>素材文件夹　视频位置：光盘>视频文件夹
实例门类：特效字　难度：★★★★☆

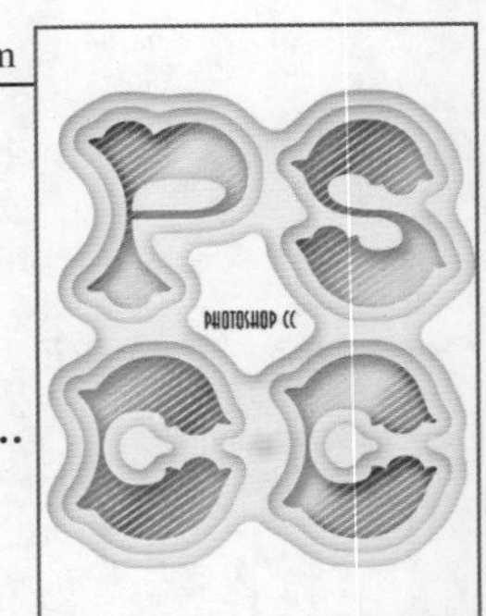

01 打开光盘中的素材文件，如图13-43所示。新建一个图层，按下Ctrl+Delete快捷键，填充背景色（白色），如图13-44所示。

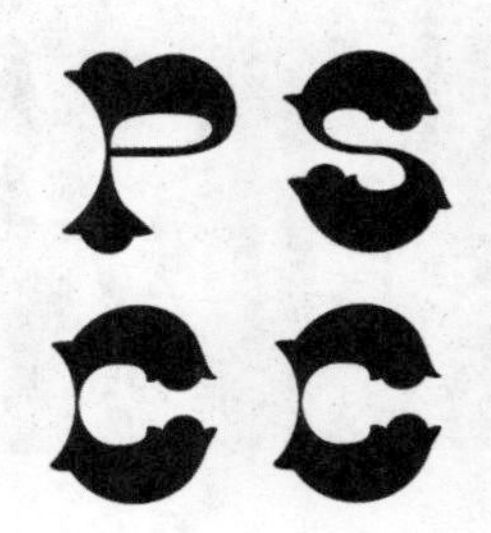

图13-43

图13-44

02 按住Ctrl键，单击文字图层缩览图，如图13-45所示，载入文字的选区，如图13-46所示。

图13-45

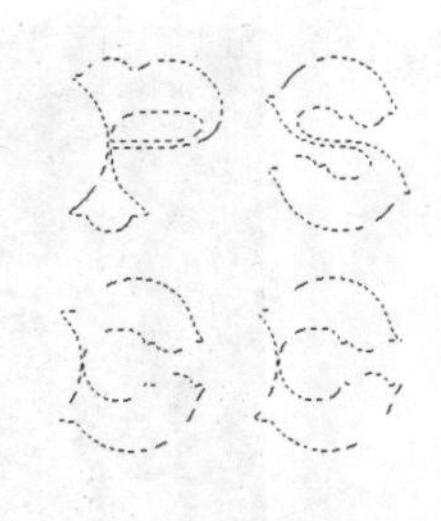

图13-46

03 执行“选择>修改>扩展”命令，对选区进行扩展，如图13-47、图13-48所示。

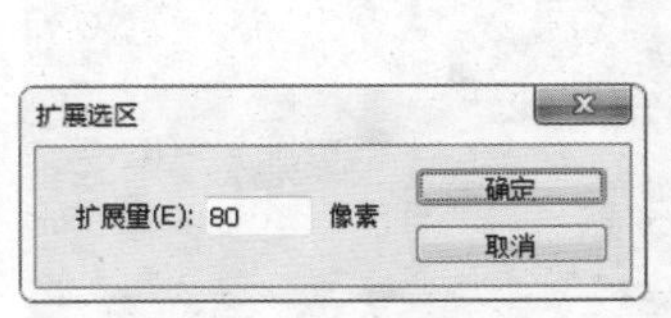

图13-47

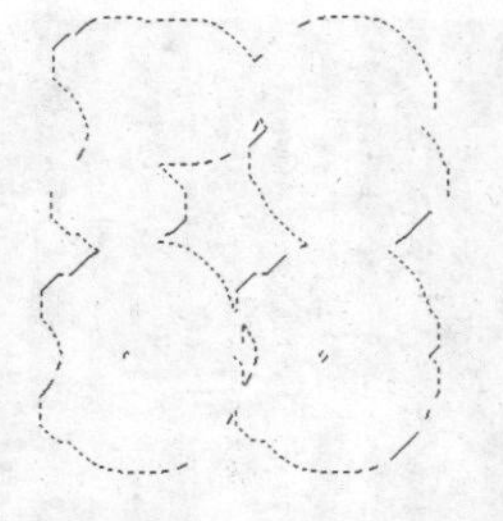

图13-48

04 执行“选择>修改>平滑”命令，对选区进行平滑处理，如图13-49、图13-50所示。

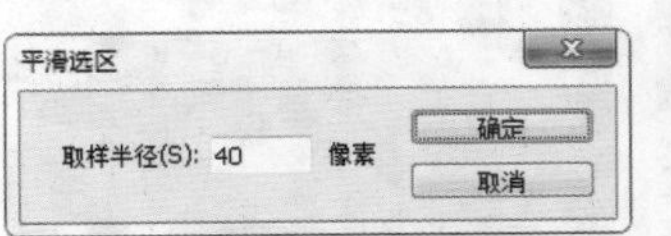

图13-49

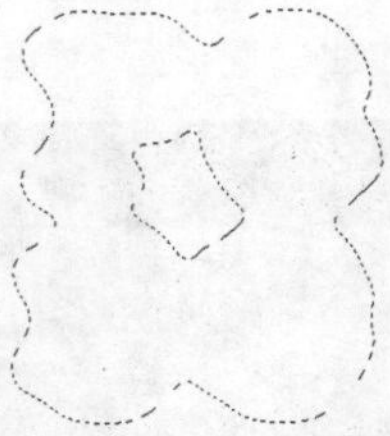

图13-50

05 单击“图层”面板底部的 按钮，基于选区创建蒙版，如图13-51所示。双击“图层1”，打开“图层样式”对话框，在左侧列表分别选择“颜色叠加”“斜面和浮雕”“内阴影”效果，设置参数，如图13-52~图13-54所示，效果如图13-55所示。

06 用同样的方法，再制作一层纸雕效果。新建一个图层，填充白色。按住Ctrl键单击文字图层缩览图，如图13-56所示，载入文字的选区。

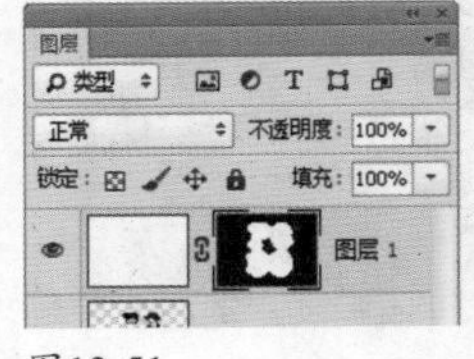

图13-51

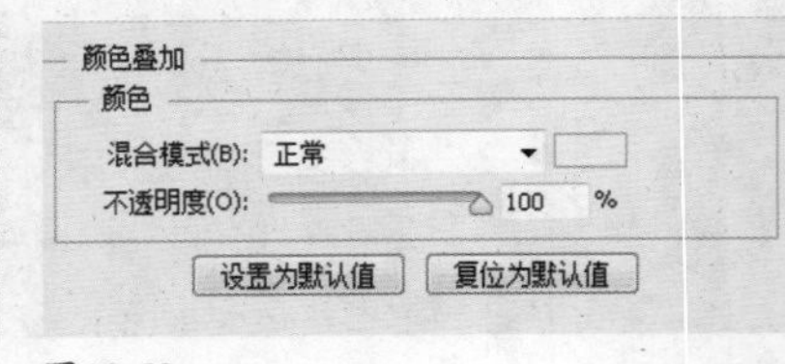

图13-52

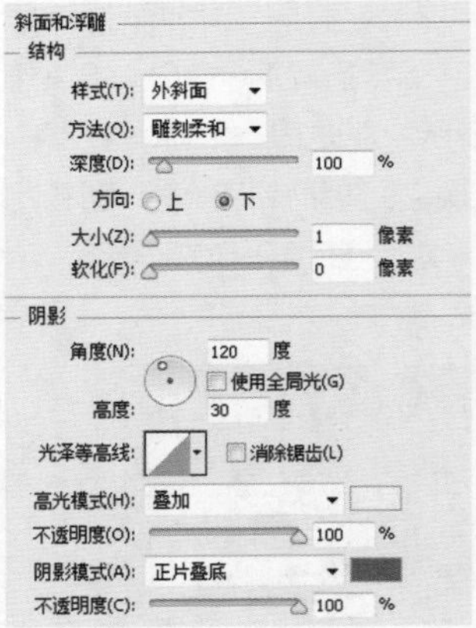

图13-53

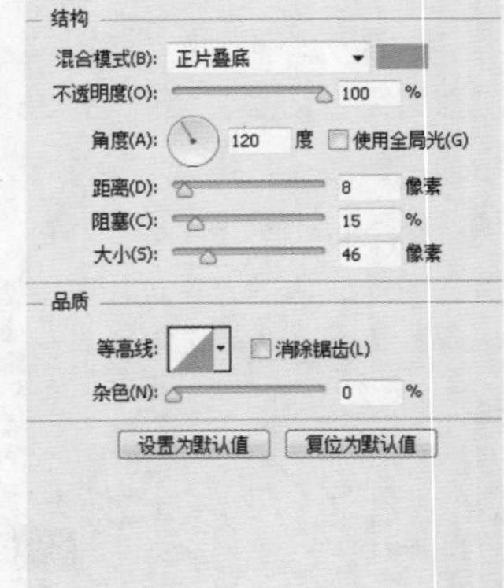

图13-54

图13-55

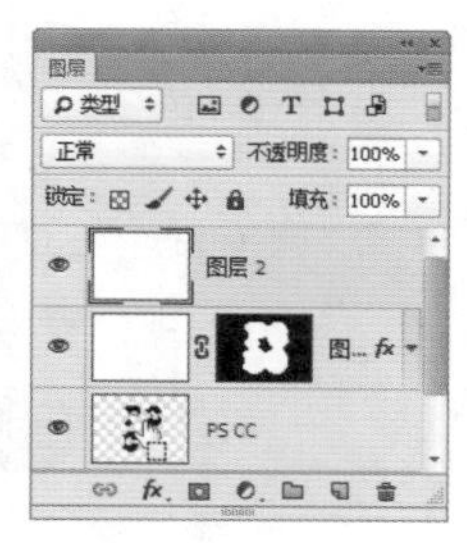

图13-56

07 用“扩展”命令扩展选区，设置参数为40像素，如图13-57所示；用“平滑”命令对选区进行平滑处理，设置参数为20像素，如图13-58所示。

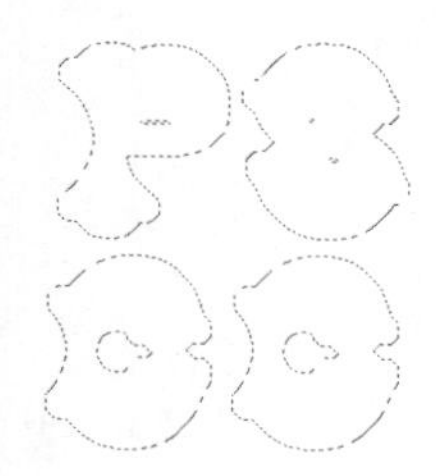
图13-57

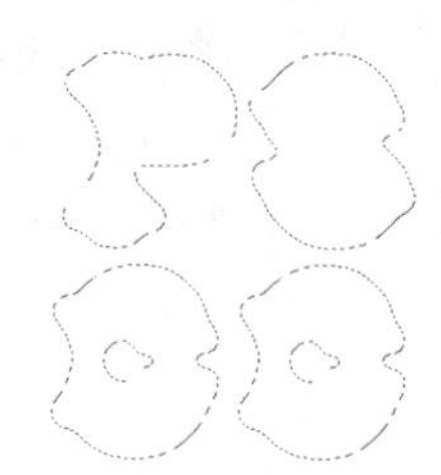
图13-58

08 单击按钮，基于选区创建蒙版，如图13-59、图13-60所示。

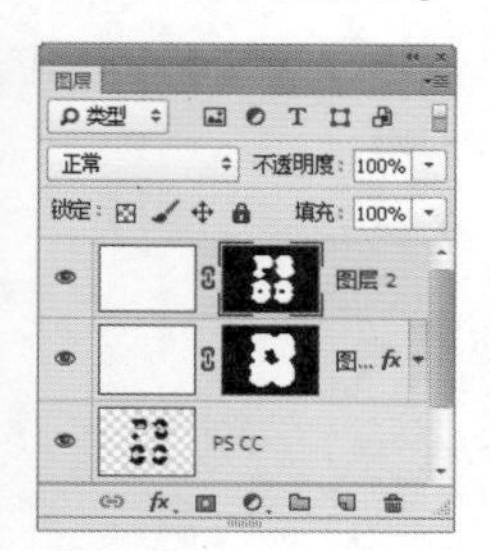

图13-59

图13-60

09 按住Alt键，将“图层1”的效果图标fx拖曳到“图层2”，为“图层2”复制相同的效果，如图13-61所示。由于选区的扩展量和平滑量都为原来的一半，文字形成了一个有规律的层叠效果，如图13-62所示。

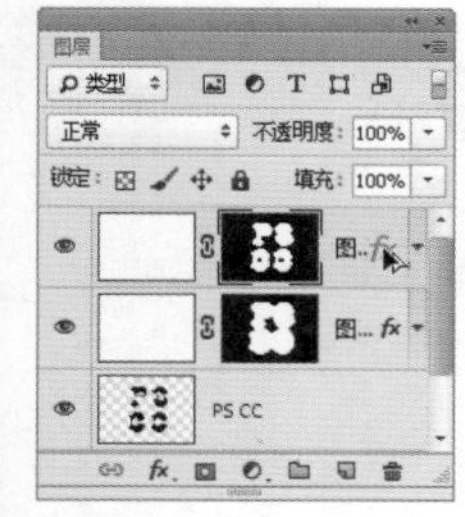

图13-61

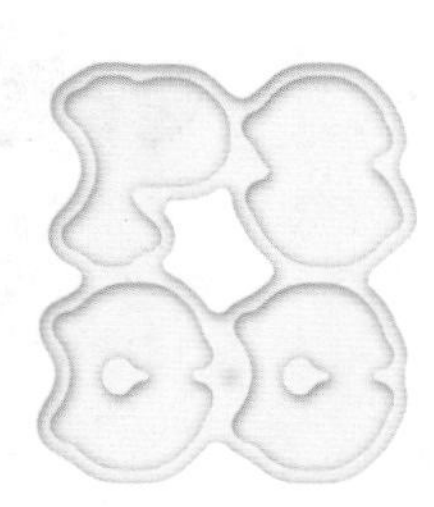
图13-62

10 将文字图层拖至面板最顶层。按住Alt键，将“图层1”的效果图标fx拖曳到当前文字图层上进行复制，形成一个新的层叠效果，如图13-63、图13-64所示。

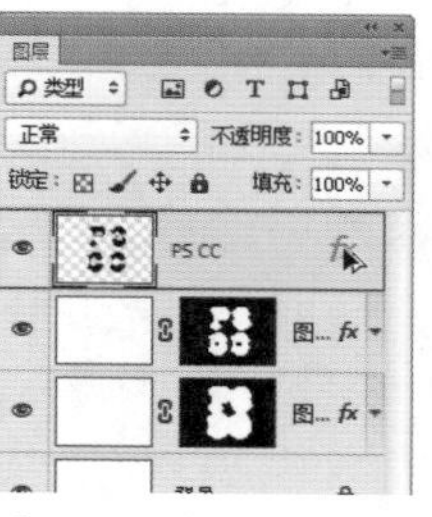

图13-63

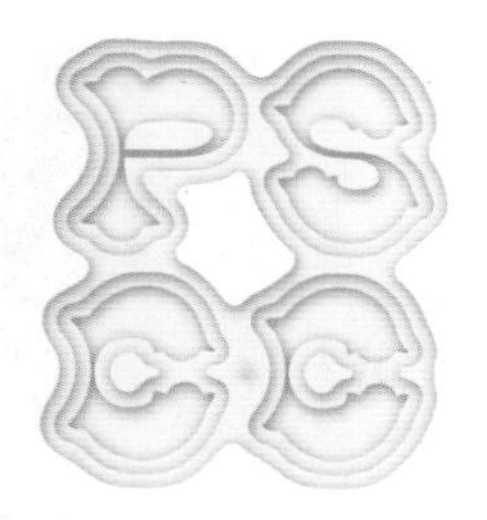
图13-64

11 选择渐变工具，单击对称渐变按钮，单击工具选项栏中的按钮，打开“渐变编辑器”并调整渐变颜色，如图13-65所示。新建一个图层，在画面中心位置向右下角拖动鼠标填充对称渐变，如图13-66所示。

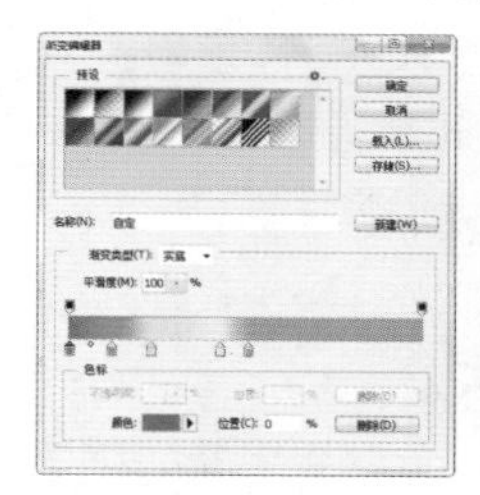
图13-65

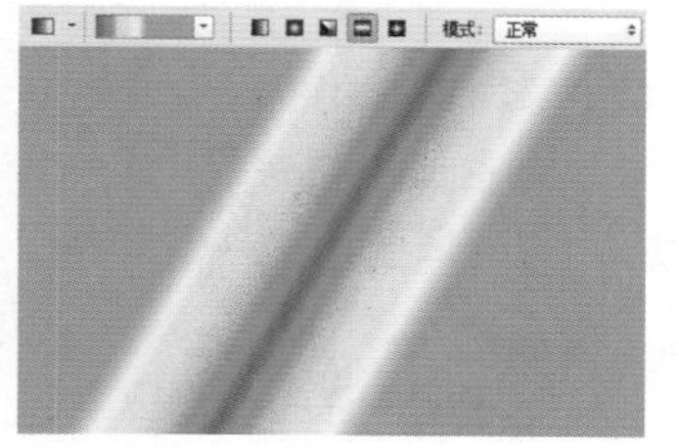

图13-66

12 按下Alt+Ctrl+G快捷键，创建剪贴蒙版，如图13-67所示，将文字以外的颜色隐藏。单击文字图层的按钮，展开图层效果，在“颜色叠加”层前面单击，隐藏该效果，使渐变颜色能够显示在文字上，如图13-68、图13-69所示。

13 打开光盘中的素材文件，将条纹素材拖入文档中，按下Alt+Ctrl+G快捷键，创建到剪贴蒙版组内，再将素材文字装饰在画面的中心位置，如图13-70所示。

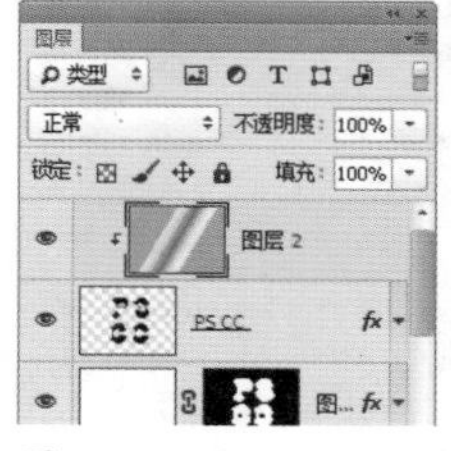

图13-67

图13-68

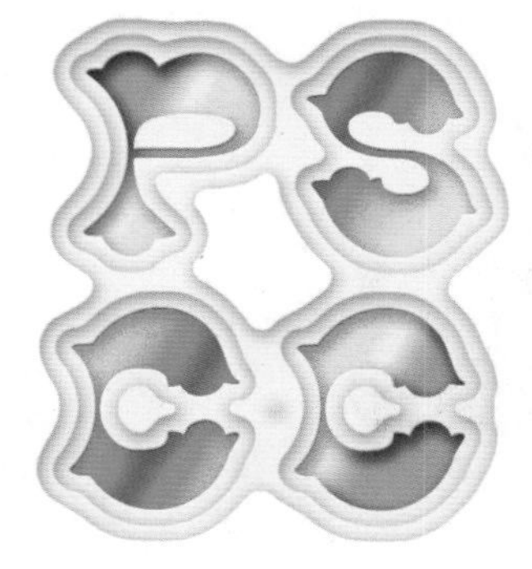
图13-69

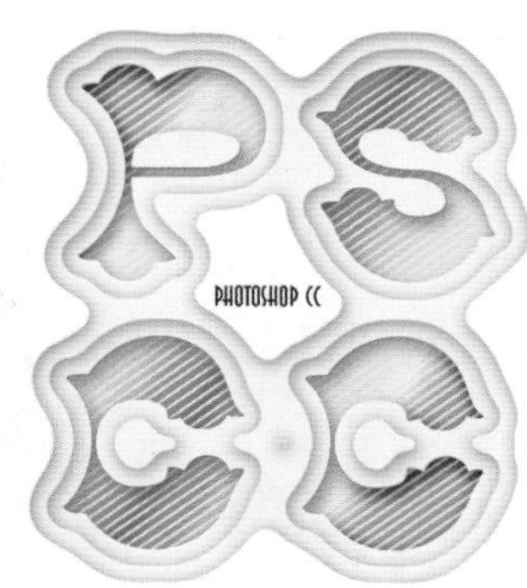

图13-70

E-mail:ai_book@126.com

将简单的图形通过添加“斜面和浮雕”“等高线”“投影”“颜色叠加”等图层样式，制作出巧克力酱和果酱效果。

13.5 特效系列之果酱字

素材：光盘>素材文件夹　视频位置：光盘>视频文件夹

实例门类：特效字　难度：★★★☆☆

01 打开光盘中的素材，如图13-71所示。这是在面包片上用眼镜、心形和胡子组成的一个卡通形象。下面通过添加图层样式赋予图形以食物的外观及质感。先为“胡子”添加效果，双击该图层，如图13-72所示。

图13-71

图13-72

02 在打开的“图层样式”对话框中选择“斜面和浮雕”选项，使图形立体化。单击“光泽等高线”后面的按钮，打开“等高线编辑器”对话框，在等高线上单击并拖动控制点，如图13-73所示。再分别添加“投影”和“等高线”效果，如图13-74~图13-76所示。

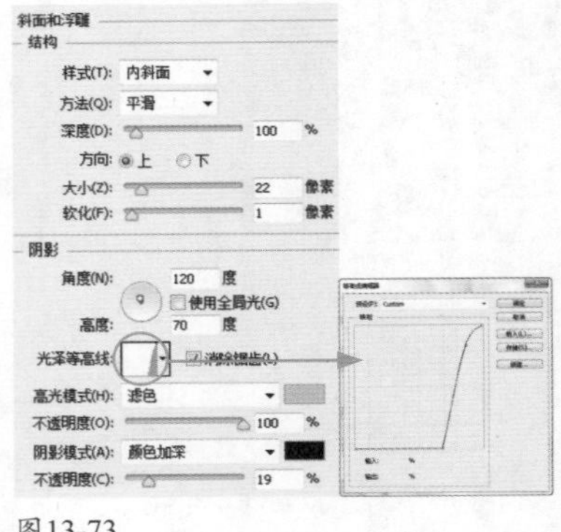

图13-73

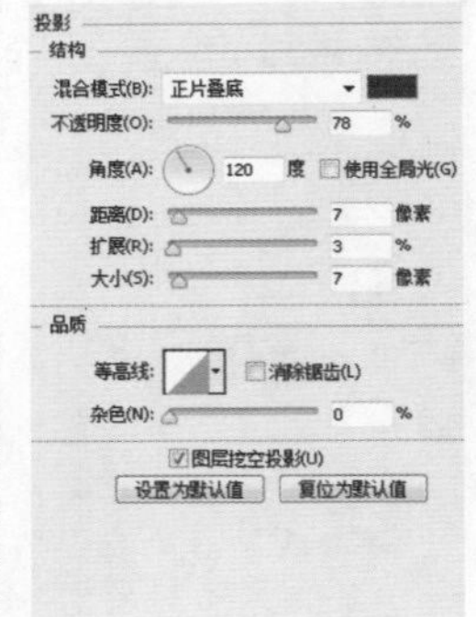

图13-74

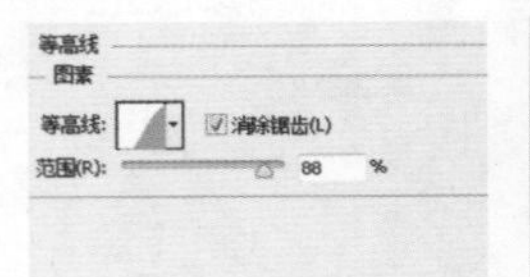

图13-75

图13-76

03 按住Alt键，将“胡子”图层的效果图标fx拖曳到“心形”图层，为该图层复制相同的效果，如图13-77、图13-78所示。

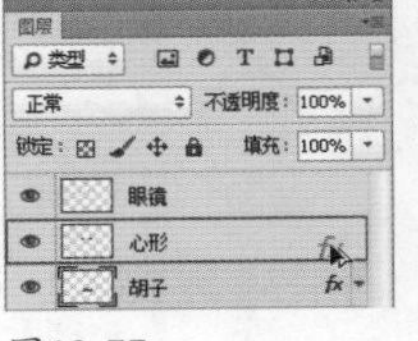

图13-77

图13-78

04 双击“心形”图层，打开“图层样式”对话框，分别选择“斜面和浮雕”“投影”选项，将参数调小，如图13-79、图13-80所示。选择“颜色叠加”选项，设置颜色为红色，将心形制作成果酱效果，如图13-81、图13-82所示。

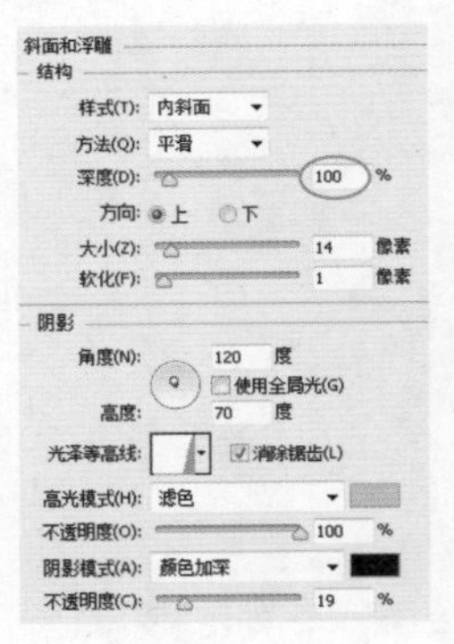

图13-79

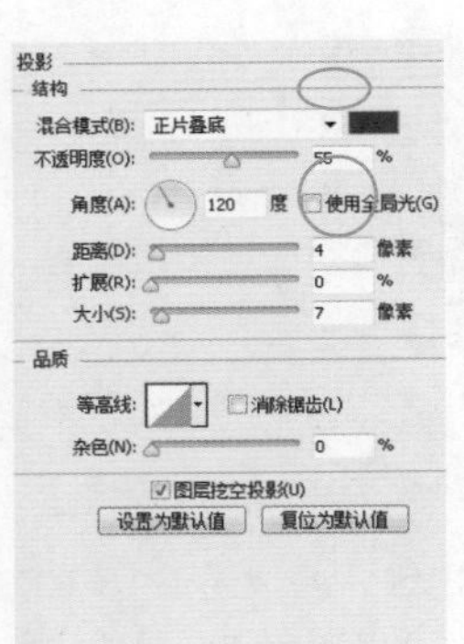

图13-80

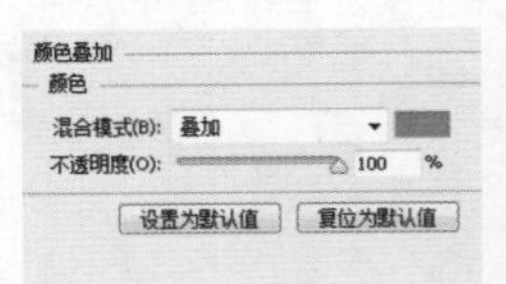

图13-81

图13-82

05 用同样的方法将“心形”图层的效果复制到“眼镜”图层，如图13-83、图13-84所示。

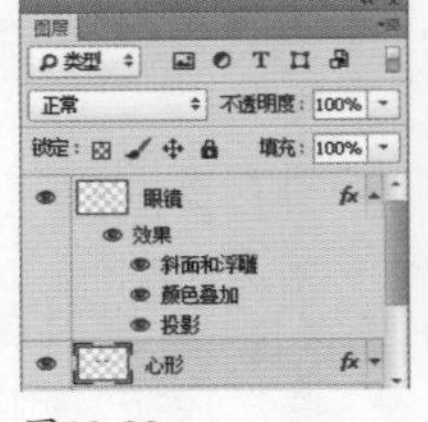

图13-83

图13-84

E-mail:ai_book@126.com

对外观为倒梯形的文字组合进行变形处理，使其更符合饮料杯的外观。通过添加图层样式，使文字具有丰富的色彩，并呈现立体效果。

13.6 特效系列之饮料杯特效字

素材：光盘>素材文件夹　视频位置：光盘>视频文件夹
实例门类：特效字　难度：★★★☆☆

01 打开光盘中的素材文件，如图13-85、图13-86所示。文字为Photoshop智能对象。需要编辑文字时，可以双击缩览图右下角的图标，在Illustrator中打开原文件，通过矢量软件编辑图形的优势，对字形进行调整，存储以后，Photoshop中的对象会自动更新。

图13-85

图13-86

02 使用移动工具将文字拖入饮料杯文档中，执行"图层>栅格化>智能对象"命令，将智能对象转换为普通图层，如图13-87所示。执行"编辑>变换>变形"命令，在文字上显示变形网格，如图13-88所示。

图13-87

图13-88

03 将光标放在第一行文字上，按住鼠标向上拖动，如图13-89所示；将最后一行文字向下拖动，使文字边缘与饮料杯相契合，如图13-90所示；再将中间的文字向边缘拖动，使得中间的文字略有膨胀感，而两边文字则经过挤压变瘦，如图13-91所示，按下回车键确认，如图13-92所示。

04 双击该图层，打开"图层样式"对话框，选择"斜面和浮雕"选项，为文字添加立体效果。单击"光泽等高线"后面的按钮，打开"等高线编辑器"对话框，在等高线上单击并拖动控制点，改变等高线的形状，如图13-93所示。再分别添加"等高线"和"渐变叠加"效果，如图13-94~图13-96所示。

图13-89

图13-90

图13-91

图13-92

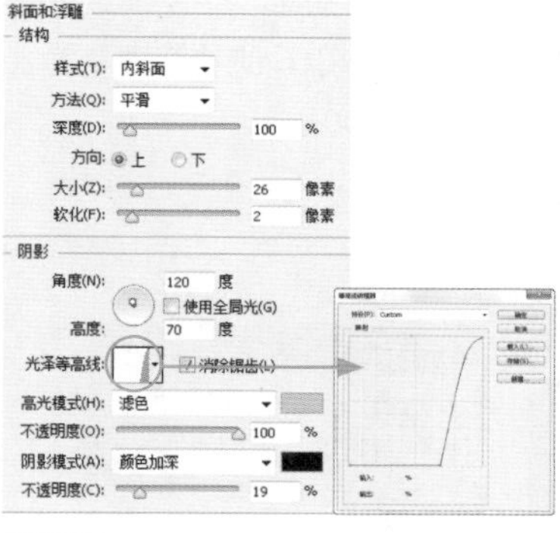

图13-93

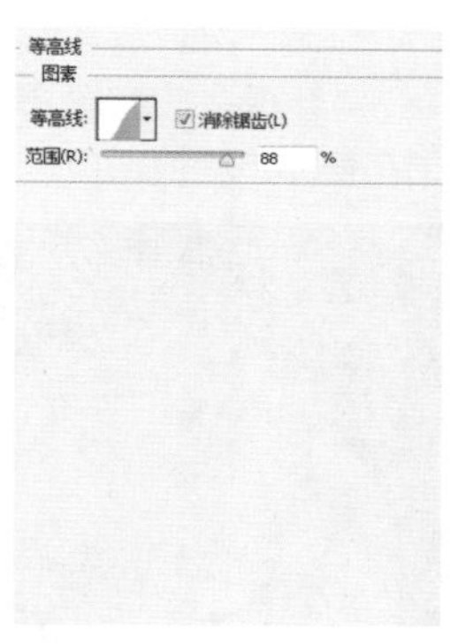

图13-94

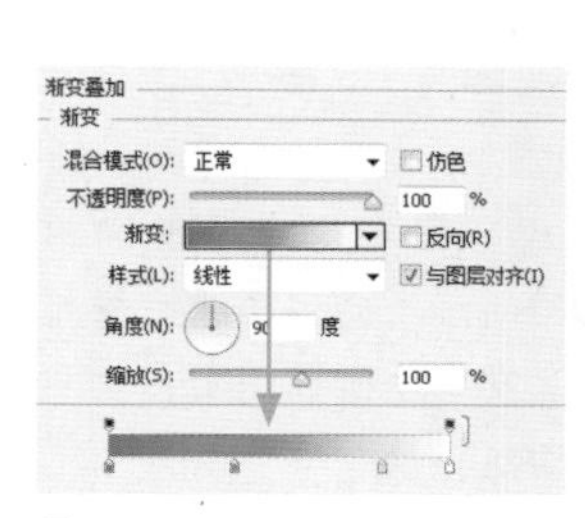

图13-95

图13-96

E-mail:ai_book@126.com

13.7 特效系列之圆环面孔

首先将人像素材处理成马赛克状，然后创建与马赛克块大小相同的圆环，再将其定义为图案，最后通过图层样式将圆环图案叠加在每一个马赛克块上。

素材：光盘>素材文件夹　视频位置：光盘>视频文件夹
实例门类：特效　难度：★★★☆☆

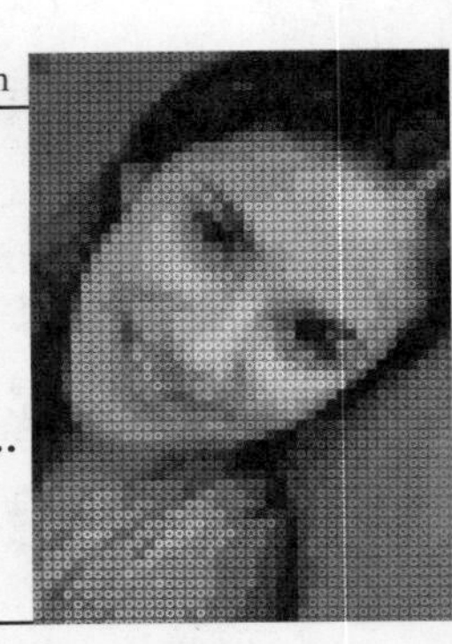

01 打开光盘中的素材，如图13-97所示。单击“图层”面板底部的 按钮，新建一个图层。将前景色设置为洋红色，用画笔工具（柔角）在人物以外的区域涂抹，如图13-98所示。

图13-97

图13-98

02 将图层的混合模式设置为“正片叠底”，从而改变背景颜色，如图13-99所示。按下Ctrl+E快捷键，将当前图层与下面的图层合并，如图13-100所示。

图13-99

图13-100

03 执行“滤镜>像素化>马赛克”命令，设置参数为60，如图13-101、图13-102所示。通过该滤镜将人像处理为马赛克状方块，后面还要定义一个圆环图案，在图像中填充该图案后，每个马赛克方块都会对应一个圆环。

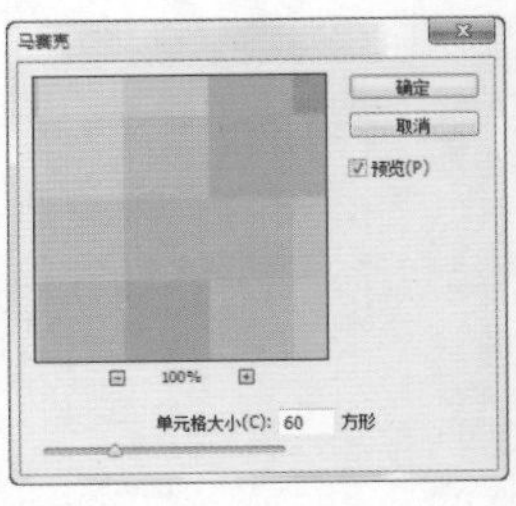

图13-101

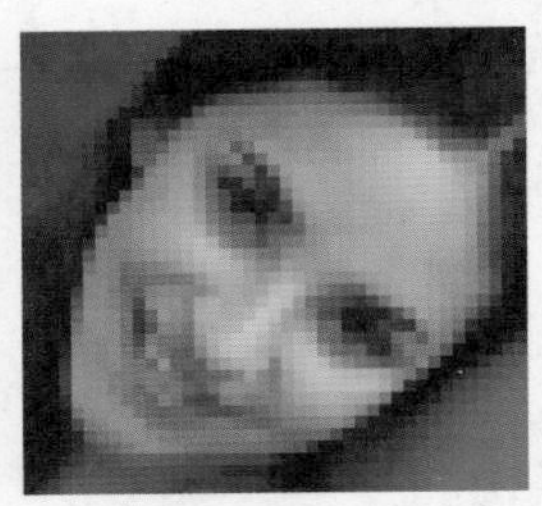
图13-102

04 单击“图层”面板底部的 按钮，在打开的菜单中选择创建“色相/饱和度”调整图层，设置参数如图13-103所示，效果如图13-104所示。

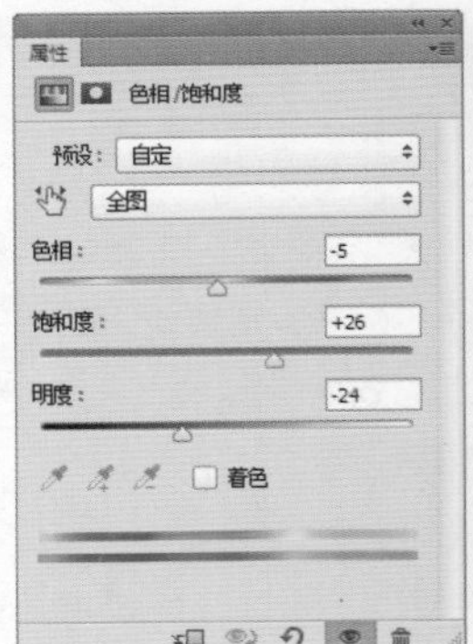

图13-103

图13-104

05 按下Ctrl+N快捷键，打开“新建”对话框，在“背景内容”下拉列表中选择“透明”选项，并设置参数，如图13-105所示，创建一个透明背景的文件。由于创建的文档太小，还得按下Ctrl+0快捷键放大窗口，以方便操作，如图13-106所示。

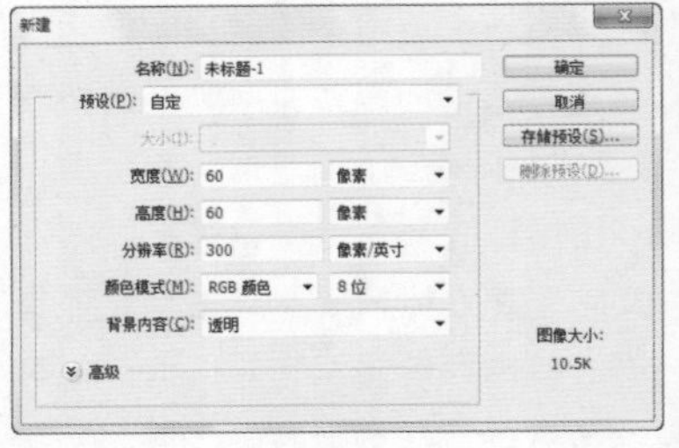

图13-105

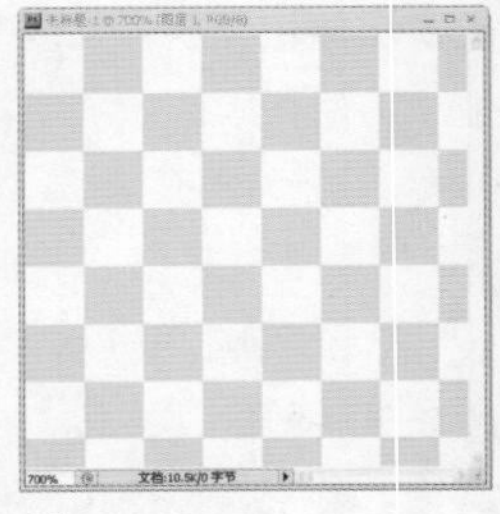
图13-106

06 选择椭圆工具，在工具选项栏中选择“形状”选项，将前景色设置为白色，按住Shift键绘制一个圆形，在绘制时可以同时按住空格键移动图形位置，如图13-107所示。按下Ctrl+C快捷键复制，按下Ctrl+V快捷键粘贴，再按下Ctrl+T快捷键显示定界框，按住Shift+Alt组合键拖动控制点，以圆心为中心向内缩小图形，如图13-108所示。按下回车键确认。

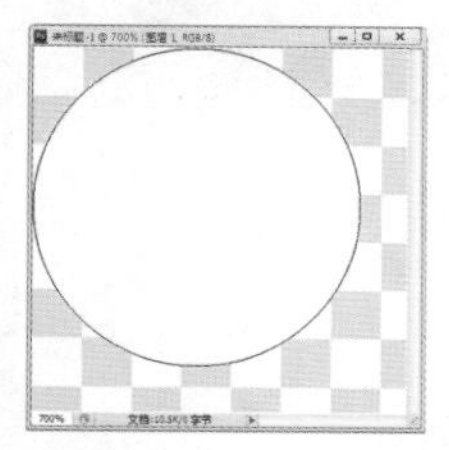
图13-107

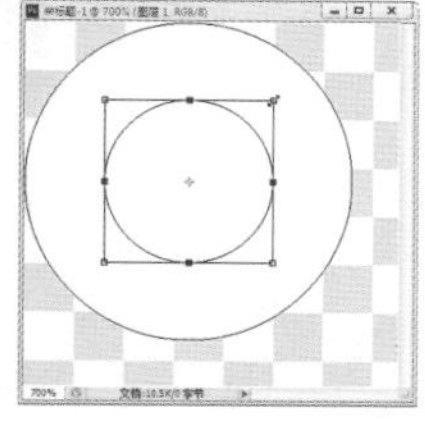
图13-108

07 用路径选择工具单击并拖出一个选框，选中两个圆形，如图13-109所示，单击工具选项栏中的按钮，在下拉列表中选择排除重叠形状，通过路径运算在两个圆形中间生成孔洞，如图13-110所示。

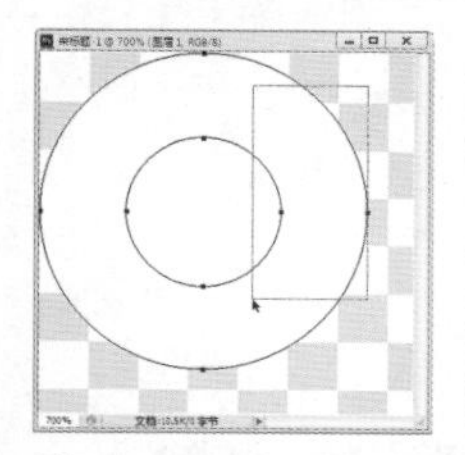
图13-109

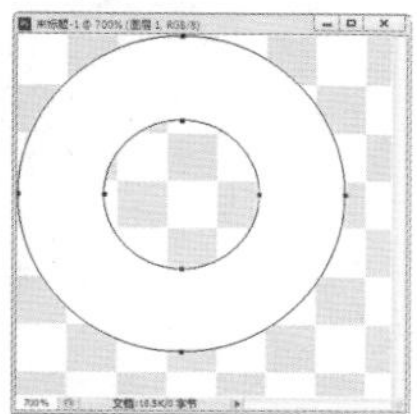
图13-110

08 单击“图层”面板底部的fx按钮，选择“投影”命令，打开“图层样式”对话框，添加“投影”效果，如图13-111、图13-112所示。

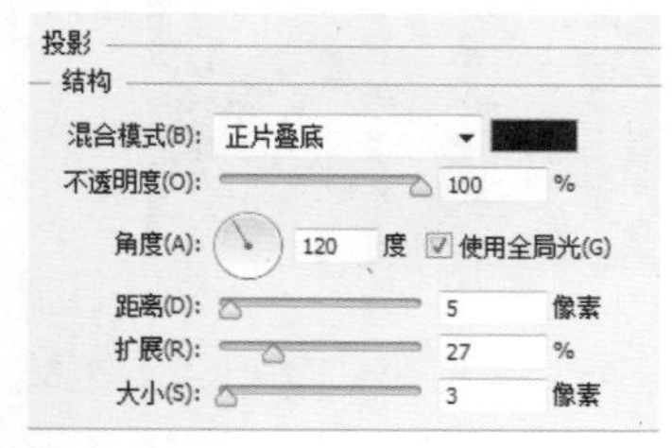

图13-111

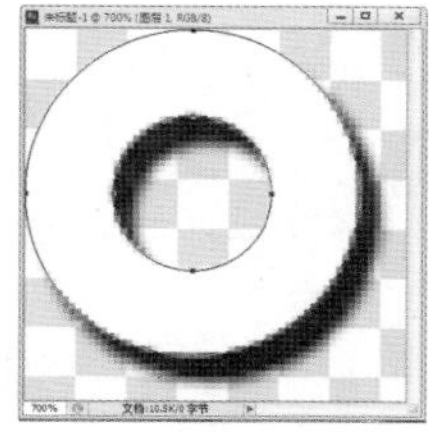
图13-112

09 执行“编辑>定义图案”命令，打开“图案名称”对话框，如图13-113所示，单击“确定”按钮，将圆环图像定义为图案，然后关闭该文档。

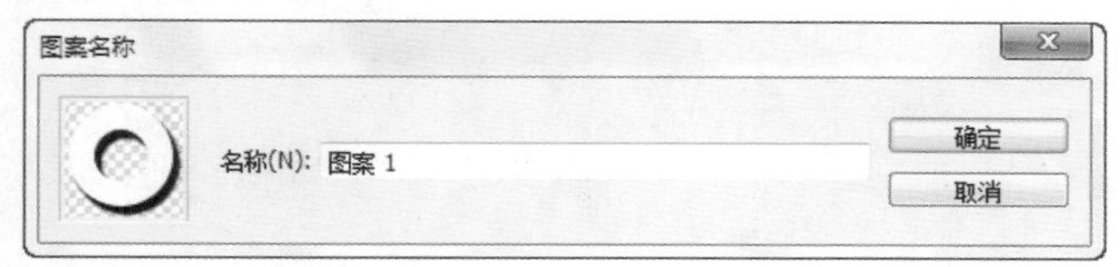

图13-113

10 切换到人物文档中。在调整图层的上面新建一个图层，填充白色，将该图层的填充不透明度设置为0%，如图13-114所示。双击该图层，打开“图层样式”对话框，在“图案”选项中选择前面定义的圆环图案，将“混合模式”设置为“叠加”，使图形叠加到人物图像上，如图13-115、图13-116所示。

11 选择“背景”图层，单击“图层”面板底部的按钮，打开下拉菜单，选择创建一个“色调分离”调整图层，如图13-117、图13-118所示，图13-119所示为最终效果。如果放大窗口观察就可以看到，整个图像都是由一个个小圆环组成的，每一个马赛克方块都在一个圆环中。

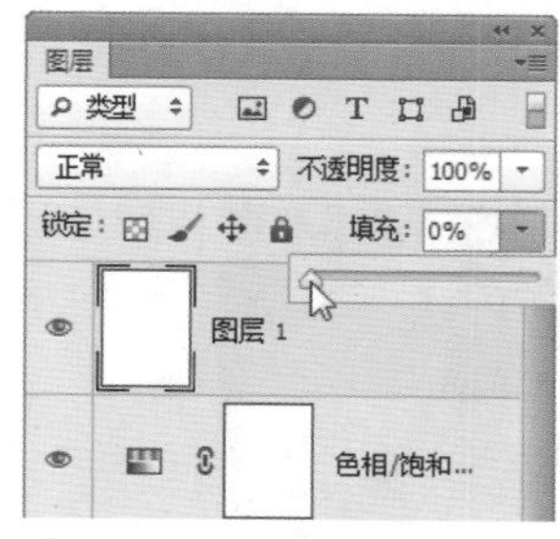

图13-114

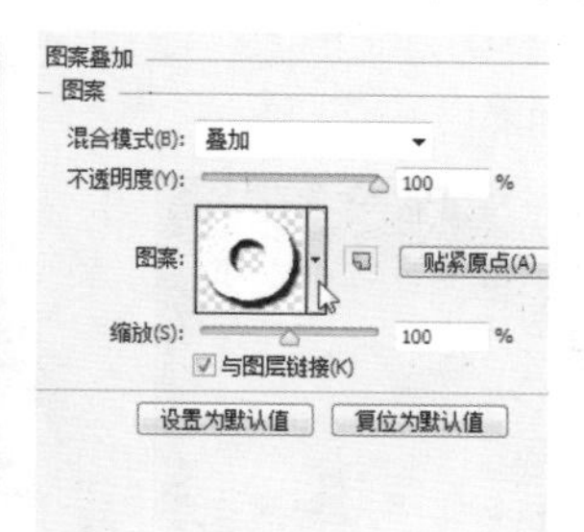

图13-115

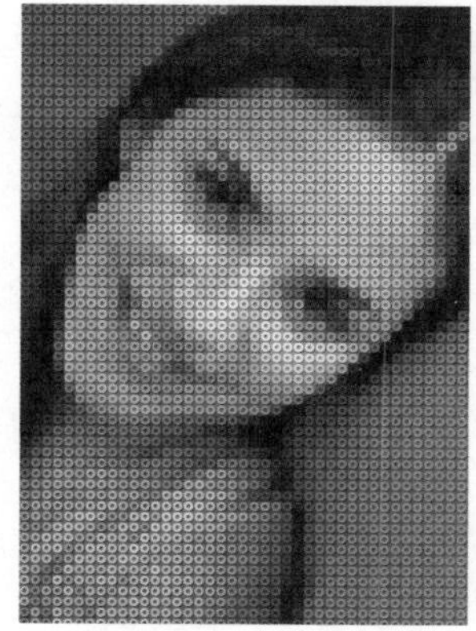
图13-116

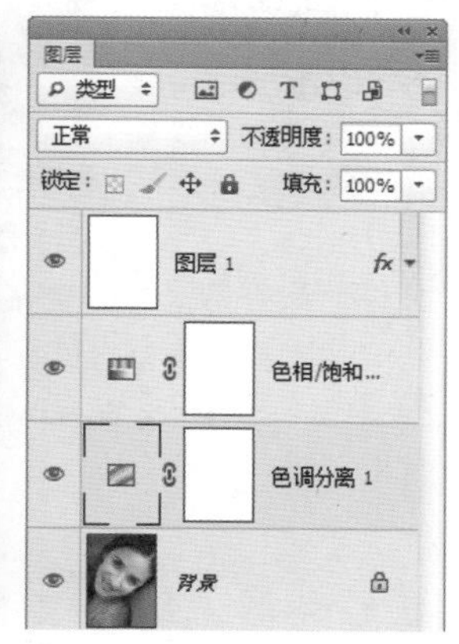

图13-117

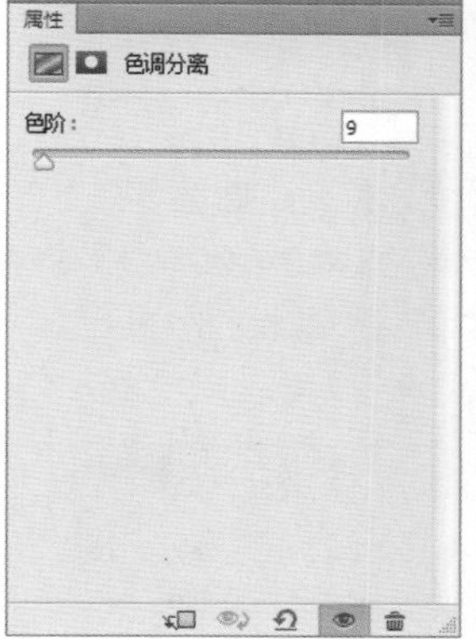

图13-118

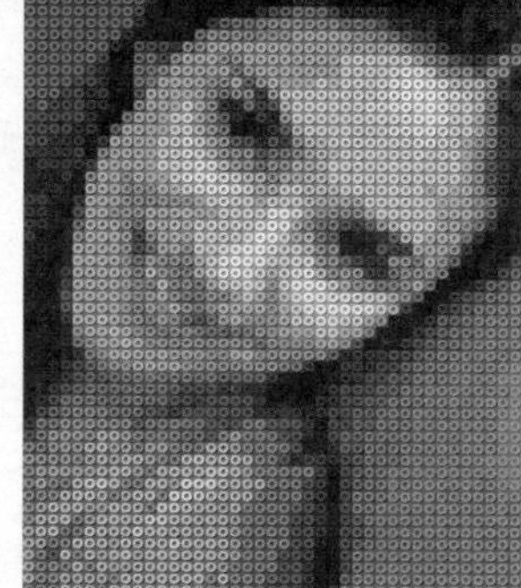
图13-119

E-mail:ai_book@126.com

使用“填充”命令时，我们既可以用Photoshop预设的图案，也可以将图像定义为图案来进行填充，在创作方面有极大的自由度。下面就来看一看，自定义图案会带来怎样的奇妙效果吧。

13.8 特效系列之图案面孔

素材：光盘>素材文件夹　视频位置：光盘>视频文件夹
实例门类：特效　难度：★★☆☆☆

01 打开光盘中的素材文件（上一个实例的素材），如图13-120所示。执行“图像>复制”命令，复制出一个相同的文档，如图13-121所示。下面来用这个图像创建自定义的图案。

图13-120

图13-121

02 先修改文件的尺寸。执行“图像>图像大小”命令，打开“图像大小”对话框。选中“重新采样”选项，再将“宽度”设置为0.4厘米，单击“确定”按钮，将文件尺寸调小，如图13-122、图13-123所示。

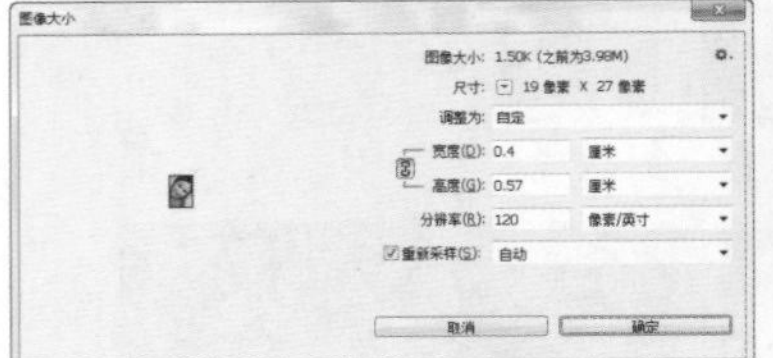

图13-122

图13-123

03 执行“编辑>定义图案”命令，打开“图案名称”对话框，输入图案的名称，如图13-124所示。按下回车键关闭对话框，将人物图像定义为一个基本的图案单元。将该文件关闭，不必保存。

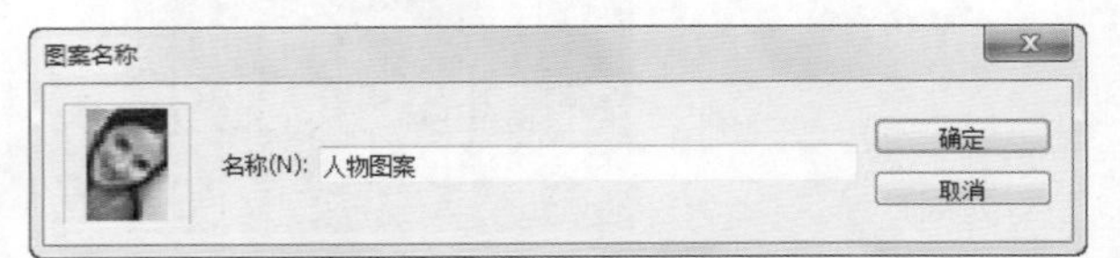

图13-124

04 现在又回到了原始文档中，下面可以填充图案了。单击“图层”面板底部的按钮，创建一个图层。执行“编辑>填充”命令，打开“填充”对话框。在“使用”下拉列表中选择“图案”选项，然后单击按钮，打开下拉面板，选择前面创建的图案，如图13-125、图13-126所示。

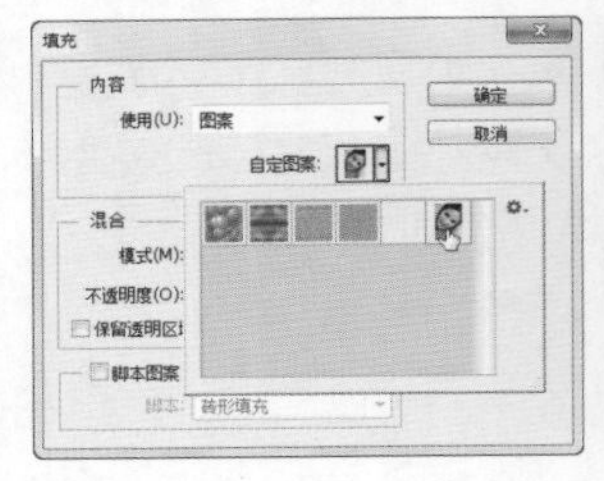

图13-125

图13-126

05 将图案层的混合模式设置为“强光”，让下面的人像显现出来，如图13-127、图13-128所示。

图13-127

图13-128

06 现在图像还不是特别清晰，需要调一下对比度。选择“背景”图层，单击“调整”面板中的亮度/对比度按钮，创建调整图层，如图13-129、图13-130所示。

图13-129

图13-130

E-mail:ai_book@126.com

13.9 特效系列之文字面孔

使用通道存储选区，制作文本后，再将通道作为选区载入，在此基础上创建反相蒙版，对文字进行遮盖。

素材：光盘>素材文件夹　视频位置：光盘>视频文件夹
实例门类：特效　难度：★★★☆☆

01 打开光盘中的素材（前面的素材），如图13-131所示。按下Ctrl+J快捷键复制“背景”图层，按下Shift+Ctrl+U快捷键去色，如图13-132、图13-133所示。

图13-131

图13-132

图13-133

02 按下Alt+Ctrl+3快捷键，载入红通道中的选区，如图13-134所示。单击“通道”面板底部的 按钮，将选区保存到Alpha通道中，如图13-135所示。按下Ctrl+D快捷键，取消选择。单击“图层”面板底部的 按钮，新建一个图层，填充白色，如图13-136所示。

图13-134

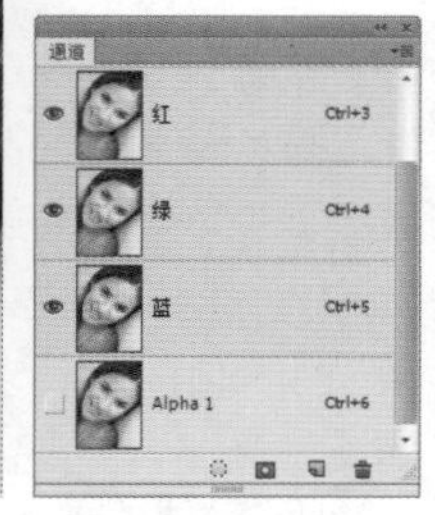
图13-135

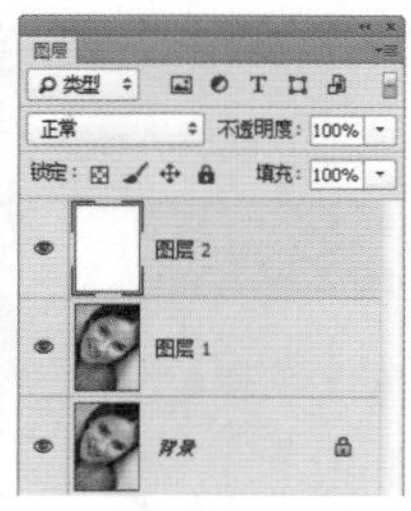
图13-136

03 选择横排文字工具 T，在工具选项栏中设置字体及大小。拖动鼠标创建一个与画面大小相同的文本框，输入英文。可以在输入一段英文后，按下Ctrl+A快捷键全选，按下Ctrl+C快捷键复制，然后在文本末尾处单击，按下Ctrl+V快捷键粘贴，直至文字充满画面，如图13-137所示。

04 按下Alt+Ctrl+6快捷键，载入Alpha 1通道中的选区，按住Alt键单击“图层”面板底部的 按钮，基于选区创建一个反相的蒙版，如图13-138、图13-139所示。

图13-137

图13-138

图13-139

提示

如果每行文字后面都出现参差不齐的现象，可以单击“段落”面板中的最后一行左对齐按钮，使每一行两端强制对齐。

05 单击“图层”面板底部的 fx 按钮，选择“投影”命令，为文字添加投影效果，如图13-140、图13-141所示。

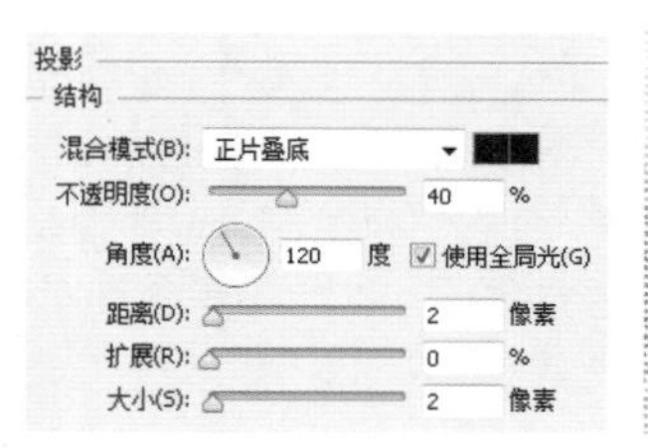
图13-140

图13-141

06 将“背景”图层拖动到 按钮上进行复制，再将复制后的图层拖至顶层，设置混合模式为“颜色”，为字符画着色，如图13-142所示。单击“调整”面板中的 按钮，创建“亮度/对比度”调整图层，降低亮度，提高对比度，使字符画更加清晰，如图13-143、图13-144所示。

图13-142

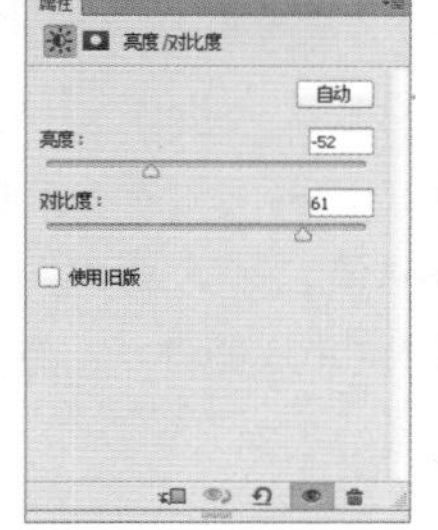
图13-143

图13-144

E-mail:ai_book@126.com

13.10 特效系列之漫威英雄

使用圆角矩形、矩形、椭圆等工具创建形状，通过添加锚点、移动和转换锚点改变路径的外观；使用图形相减的方法得到所需形状，共同组合成超人的形象。通过添加投影效果拉开图形间的距离，产生空间感。

视频位置：光盘>视频文件夹
实例门类：特效/动漫　难度：★★★★☆

01 按下Ctrl+N快捷键，打开“新建”对话框，创建一个297毫米×210毫米、200像素/英寸的文档。

02 选择圆角矩形工具，在工具选项栏中选择“形状”选项，打开形状下拉面板，单击按钮，如图13-145所示，打开“拾色器”，设置填充颜色为皮肤色（R255、G205、B159）；在画面中单击，打开“创建圆角矩形”对话框，设置参数，如图13-146所示，单击“确定”按钮，创建一个圆角矩形，如图13-147所示。

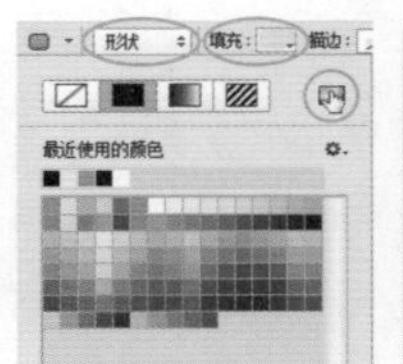

图13-145

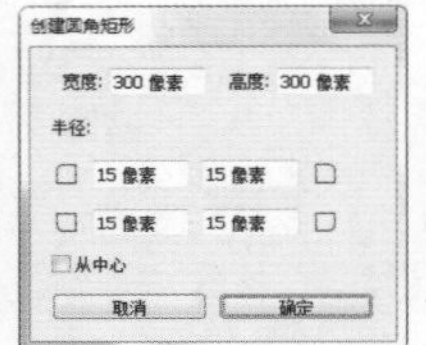

图13-146

图13-147

03 创建形状后，在“图层”面板中自动生成一个形状图层，如图13-148所示。双击该图层，打开“图层样式”对话框，在左侧列表中选择“投影”效果，设置参数如图13-149所示，效果如图13-150所示。

图13-148

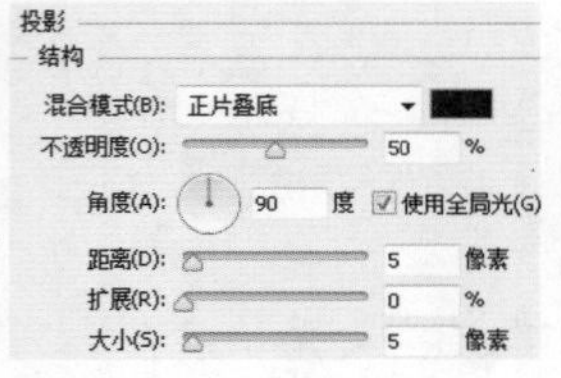

图13-149

图13-150

04 选择矩形工具（形状），创建一个黑色矩形。选择添加锚点工具，将光标放在矩形的路径上，如图13-151所示，单击鼠标添加锚点，如图13-152所示，在路径右侧再添加一个锚点，如图13-153所示；使用直接选择工具，按住Shift键的同时单击左侧的锚点，如图13-154所示，将其一同选取，按下键盘上的↓键，将这两个锚点向下移动，从而改变路径的外观，如图13-155所示；选择转换锚点工具，分别将光标放在这两个锚点上单击，将平滑点转换为角点，如图13-156所示。

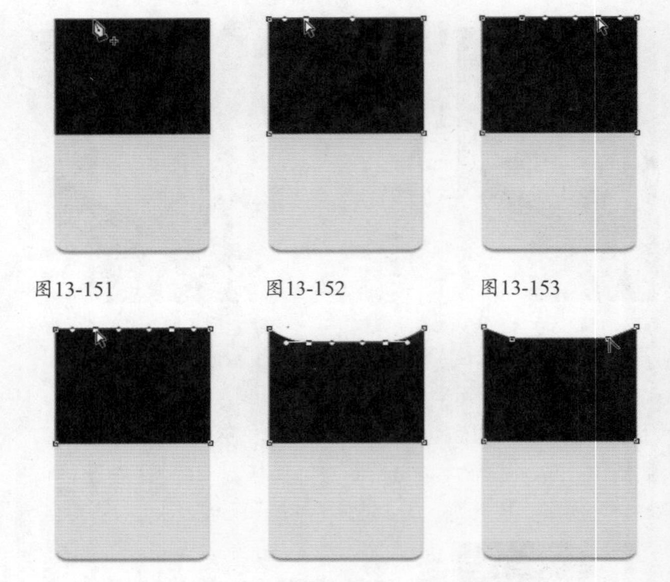
图13-151　图13-152　图13-153
图13-154　图13-155　图13-156

05 按住Alt键，将“圆角矩形1”的效果图标 fx 拖曳到“矩形1”图层上，为该图层复制相同的效果，如图13-157、图13-158所示。选择钢笔工具，在工具选项栏中选择“形状”选项，绘制眼睛，如图13-159所示。

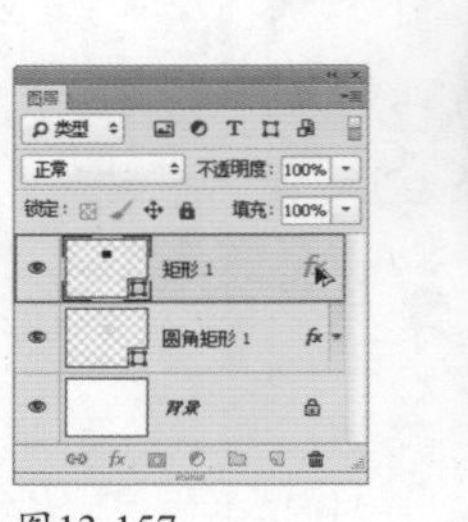

图13-157

图13-158

图13-159

06 复制效果到该图层。使用路径选择工具，按住Alt键的同时向右侧拖动该图形，进行复制，如图13-160所示；执行“编辑>变换路径>水平翻转”命令，将路径图形水平翻转，如图13-161所示。使用椭圆工具，按住Shift键创建圆形，作为眼珠，如图13-162所示。

图13-160　　图13-161　　图13-162

07 创建一个矩形，使用直接选择工具，选取并移动图形下方的锚点，形成一个梯形，如图13-163所示。双击该图层，打开“图层样式”对话框，添加“投影”效果，如图13-164、图13-165所示。

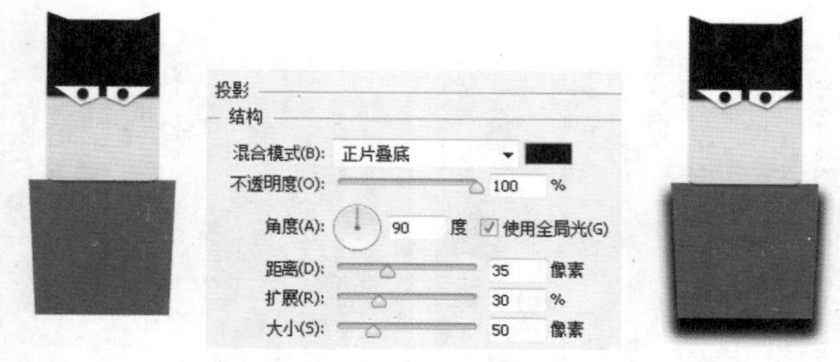

图13-163　　图13-164　　图13-165

08 再创建一个圆角矩形，设置它的半径为80像素，如图13-166所示。选择矩形工具，在工具选项栏中选择“减去顶层形状”选项，如图13-167所示，在圆角矩形右侧与之重叠的位置创建一个矩形，它只负责减去圆角矩形的右半边，使其成为直线，如图13-168所示。

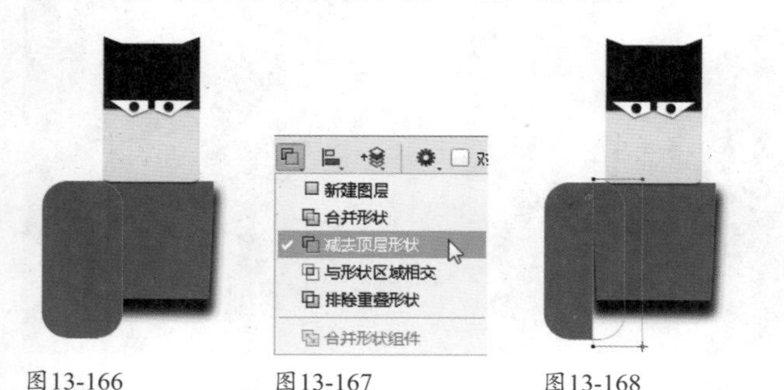

图13-166　　图13-167　　图13-168

09 在该图形的下方创建一个矩形，如图13-169所示。选择工具选项栏中的“合并形状组件”选项，如图13-170所示，弹出一个提示框，单击“是”按钮，合并形状，此时会自动删除多余的路径，如图13-171所示。

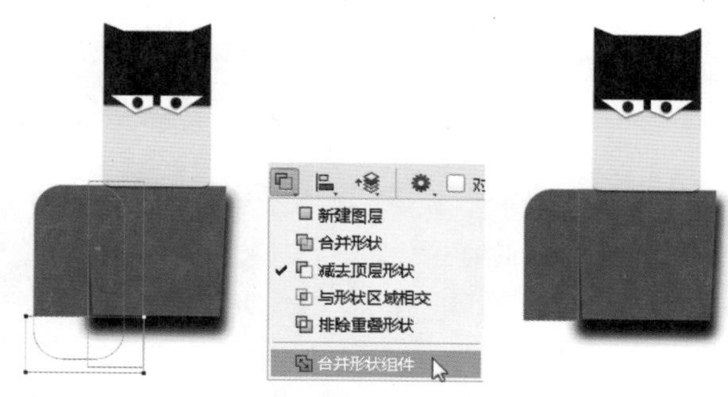

图13-169　　图13-170　　图13-171

10 使用路径选择工具单击手臂图形，将其选取，按住Alt键的同时向右拖动，进行复制，执行“编辑>变换路径>水平翻转”命令，将图形水平翻转，如图13-172所示。按下Ctrl+[快捷键，将该图层移动到身体图层下方，如图13-173、图13-174所示。

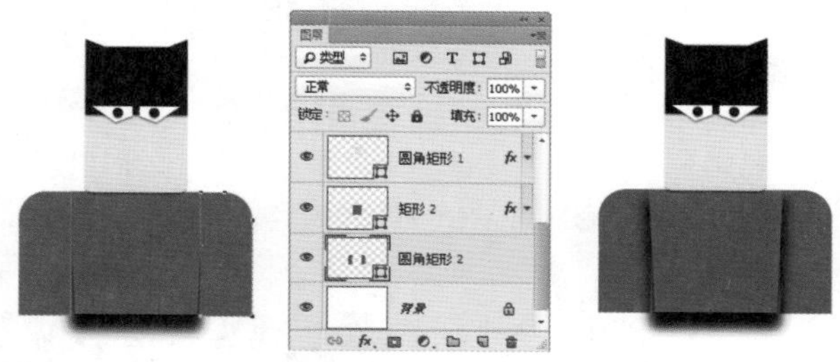

图13-172　　图13-173　　图13-174

11 采用同样的方法制作出超人身体的其他组成部分，如图13-175所示。选择自定形状工具，在工具选项栏中单击“形状”选项右侧的按钮，打开形状下拉面板，单击面板右上角的按钮，打开面板菜单，选择“符号”命令，加载该形状库，如图13-176所示，用面板中的符号装饰上衣及腰带，如图13-177所示。

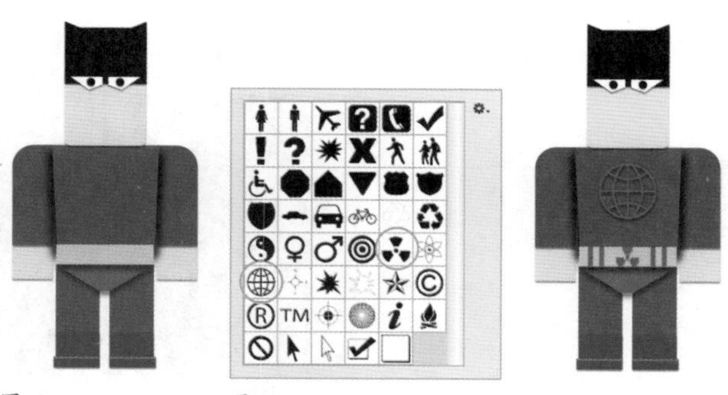

图13-175　　图13-176　　图13-177

> **提示**
> 超人制作完成后，在"图层"面板中选择最顶层的图层，然后按住Shift键单击最底层的图层（位于"背景"图层上方），选取这些图层，按下Ctrl+G快捷键编组，以便于管理图层。

12 选择渐变工具，然后单击工具选项栏中的按钮，打开"渐变编辑器"，调整渐变颜色，如图13-178所示。选择"背景"图层，按住Shift键的同时从上至下拖动鼠标，创建渐变，如图13-179所示。

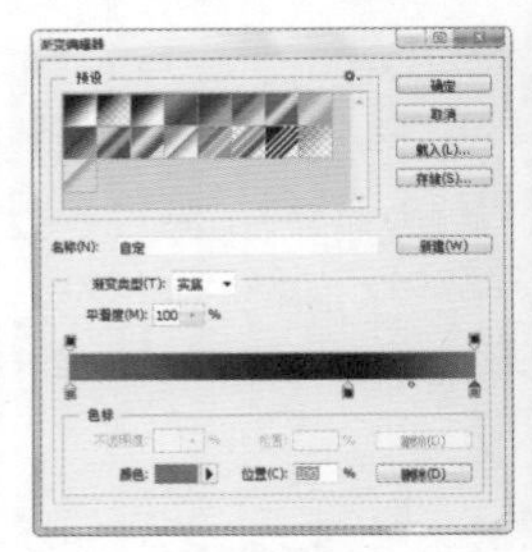

图13-178

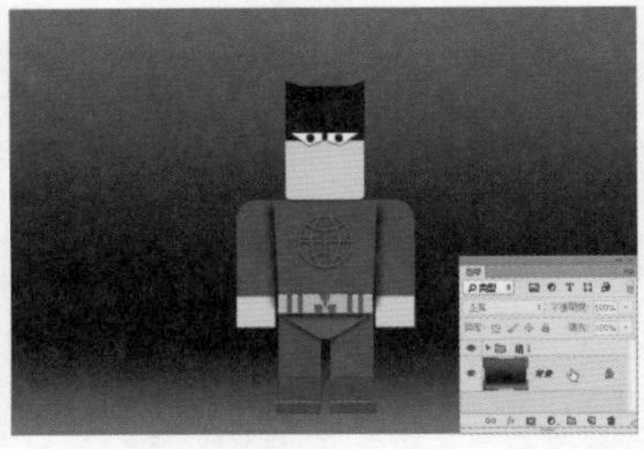

图13-179

13 选择多边形套索工具，设置羽化参数为30像素，创建一个选区，如图13-180所示。在选区内填充深蓝色，使其作为投影，按下Ctrl+D快捷键，取消选择，如图13-181所示。

图13-180

图13-181

14 创建一个深红色的圆形，添加"投影"效果，如图13-182、图13-183所示。

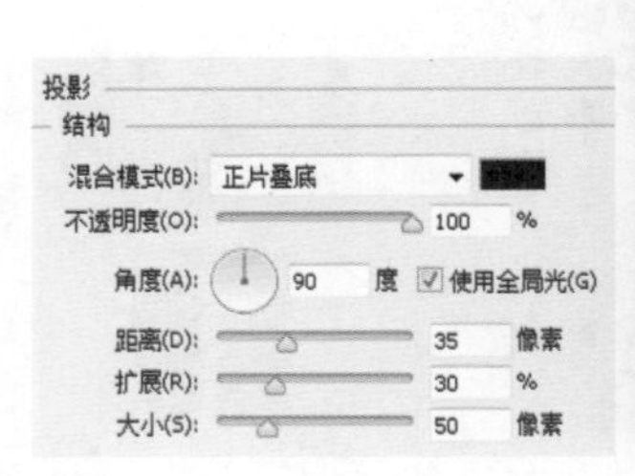

图13-182

图13-183

15 选择自定形状工具，创建一个与圆形相同大小的符号，添加"投影"效果，如图13-184、图13-185所示。

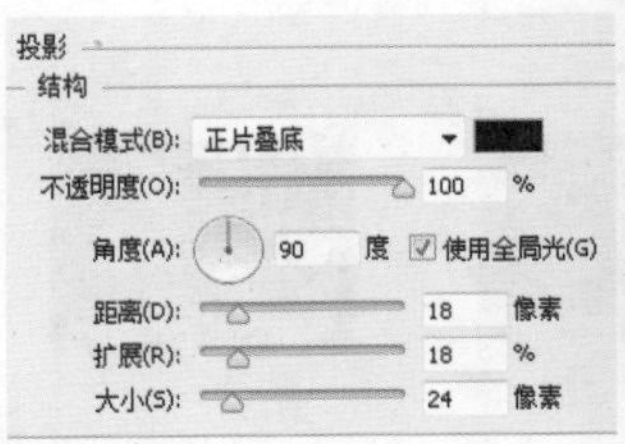

图13-184

图13-185

16 选择椭圆选框工具，创建一个圆形选区，如图13-186所示，将前景色设置为黑色。选择渐变工具，单击径向渐变按钮，在渐变下拉面板中选择"前景色到透明渐变"，如图13-187所示，新建一个图层，从圆形选区底部向中心拖动鼠标创建渐变，拉开超人与背景之间的距离，按下Ctrl+D快捷键，取消选择，如图13-188所示。

图13-186

图13-187

图13-188

E-mail:ai_book@126.com

13.11 特效系列之海浪被子

把海浪想象成一个被子，盖在海星的身上。在制作时使用了“旋转扭曲”滤镜，并通过变形网格来进一步扭曲图像。

素材：光盘>素材文件夹 视频位置：光盘>视频文件夹

实例门类：特效 难度：★★★☆☆

01 打开光盘中的素材文件，如图13-189所示，这是一个分层文件，海星位于单独的图层中。在“海星”图层下方新建一个图层，填充土黄色（R208、G178、B130），如图13-190、图13-191所示。

图13-189

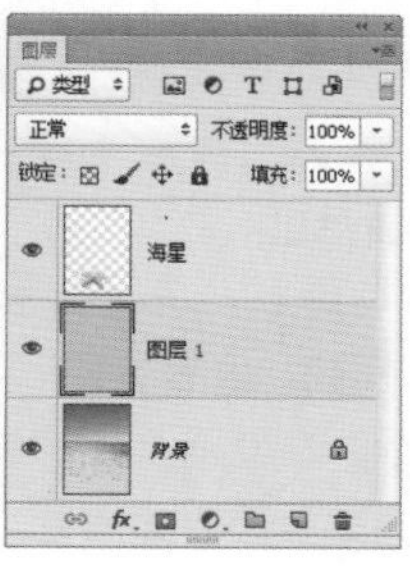

图13-190

图13-191

02 执行“滤镜>杂色>添加杂色”命令，制作沙滩效果，如图13-192、图13-193所示。在“图层”面板中选择“背景”图层，按下Ctrl+J快捷键复制，按下Ctrl+]快捷键，将其移至顶层，如图13-194所示。

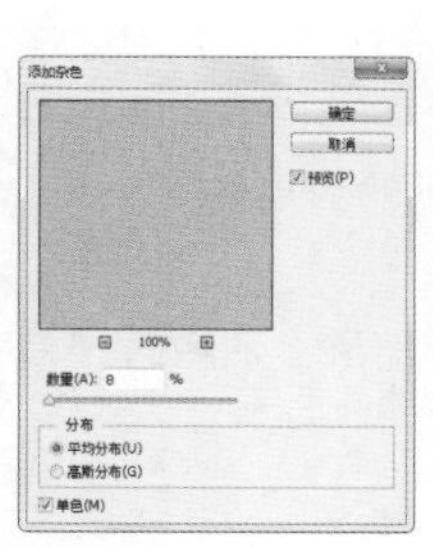

图13-192

图13-193

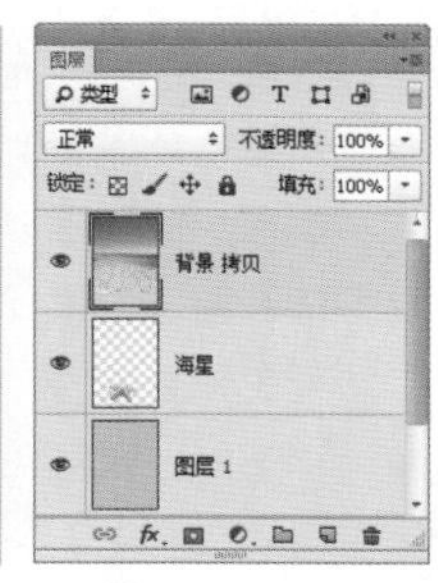

图13-194

03 使用快速选择工具选取沙滩，如图13-195所示，按下Delete键删除选区内的图像，按下Ctrl+D快捷键，取消选择，如图13-196所示。选择矩形选框工具，创建一个选区，如图13-197所示。

图13-195

图13-196

图13-197

04 执行“编辑>变换>变形”命令，在选区上显示变形网格，如图13-198所示。向上拖动海星处的网格，形成一个向上弯曲的弧形，如图13-199所示，按下回车键确认，如图13-200所示。按下Ctrl+D快捷键取消选择。

05 按住Ctrl键单击“图层”面板底部的按钮，在当前图层下方新建一个图层。选择画笔工具，在工具选项栏中选择一个柔角圆形笔尖，设置不透明度为30%，绘制海浪的投影。最后，在画面上方输入文字，效果如图13-201所示。

图13-198

图13-199

图13-200

图13-201

E-mail:ai_book@126.com

先绘制出立方体的模型，在此基础上通过剪切蒙版、图层蒙版限定图像的显示范围，将海底世界、鱼、珊瑚、沙子等素材合成到立方体中，制作出一个时间凝固的海模型。

13.12 特效系列之海底水立方

素材：光盘>素材文件夹　视频位置：光盘>视频文件夹

实例门类：特效　难度：★★★★☆

01 按下Ctrl+N快捷键，打开“新建”对话框，创建一个297毫米×210毫米、150像素/英寸的文档。

02 选择矩形工具，在工具选项栏中选择“形状”选项，创建一个灰色矩形，同时，在“图层”面板中会新增一个形状图层，如图13-202、图13-203所示。

图13-202

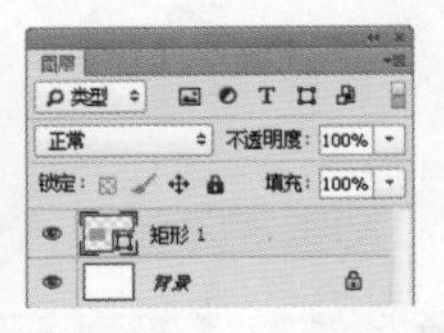

图13-203

03 执行“编辑>变换路径>斜切”命令，将光标放在定界框的右侧，按住鼠标向下拖动，如图13-204所示，按下回车键确认。再绘制一个矩形，如图13-205所示，用同样的方法进行斜切变换，如图13-206所示。用钢笔工具绘制立方体的顶面，如图13-207所示。

图13-204　图13-205

图13-206　图13-207

04 执行“图层>删格化>所有图层”命令，将形状图层转换为普通图层。按住Shift键单击“矩形1”图层，选取这3个图层，如图13-208所示；按下Alt+Ctrl+E快捷键盖印图层，如图13-209所示；按下Shift+Ctrl+[快捷键将其移至底层，为图层重新命名。再次选取这4个图层，单击“图层”面板中的按钮，锁定透明像素，如图13-210所示。

图13-208

图13-209

图13-210

05 选择“立方体”图层，将前景色设置为深蓝色，按下Alt+Delete快捷键，为图形填充深蓝色，如图13-211所示。分别选取顶面、左侧面、右侧面图层，用画笔工具（柔角）绘制出明暗效果，如图13-212所示。

图13-211

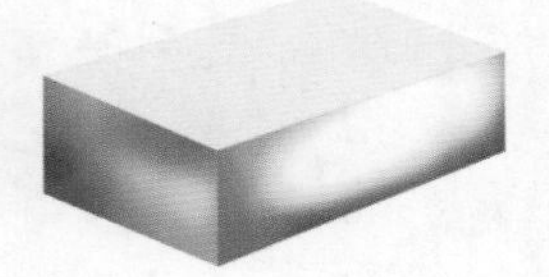

图13-212

06 在“图层”面板中设置“顶面”的混合模式为“柔光”；其他两个面的混合模式为“正片叠底”，将“右侧面”的不透明度设置为86%，使明暗效果能够作用于立方体表面，效果如图13-213所示。

07 在“立方体”图层上方新建一个图层，命名为“沙子”，如图13-214所示。

图13-213

图13-214

08 设置前景色为深棕色（R16、G12、B7），背景色为棕黄色（R120、G99、B57），按下Ctrl+Delete快捷键，为图层填充背景色。执行“滤镜>杂色>添加杂色”命令，为图像添加杂色（颜色为前景色），如图13-215、图13-216所示。

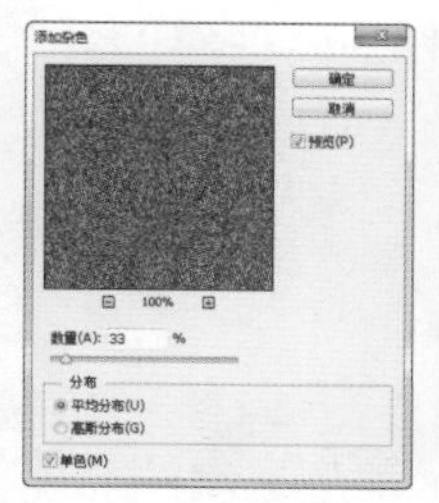

图13-215 图13-216

09 按下Alt+Ctrl+G快捷键，创建剪贴蒙版，将立方体以外的沙子图像隐藏，如图13-217、图13-218所示。

图13-217 图13-218

10 选择套索工具，创建一个选区，如图13-219所示，单击添加图层蒙版按钮，基于选区创建蒙版，将选区以外的图像隐藏，如图13-220所示。

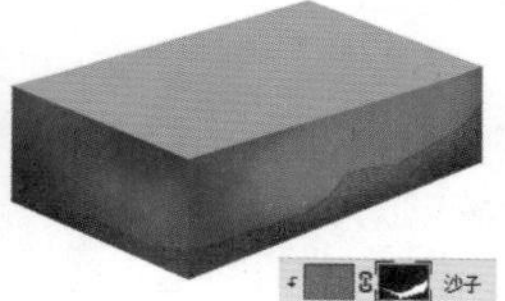

图13-219 图13-220

11 在靠近立方体底部的沙子上再创建一个选区，如图13-221所示，单击“调整”面板中的按钮，创建“色阶”调整图层，将图像调暗，如图13-222、图13-223所示。

12 打开光盘中的素材文件，如图13-224所示。选择“海底2”图层，使用移动工具将其拖入立方体文档中，放在“沙子”图层下方，如图13-225所示。按下Ctrl+T快捷键显示定界框，将光标放在定界框外，拖动鼠标旋转图像，如图13-226所示，按下回车键确认。

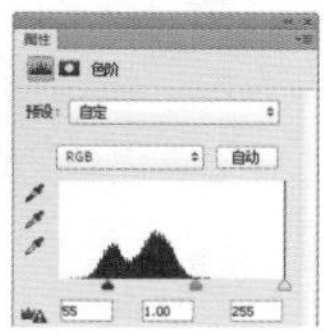

图13-221 图13-222

图13-223 图13-224

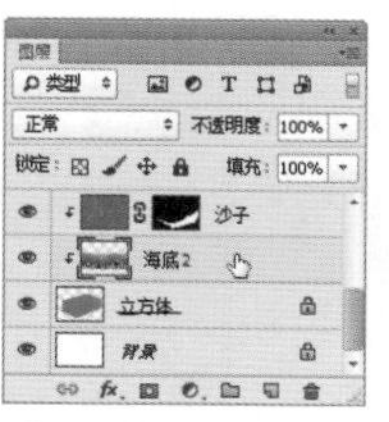
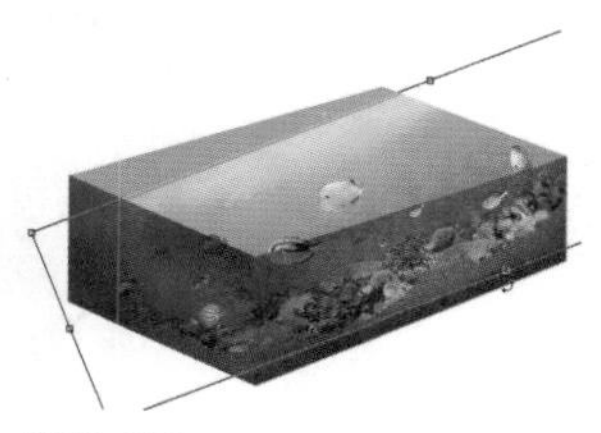

图13-225 图13-226

13 单击按钮创建蒙版，用画笔工具（柔角）在图像的边缘涂抹黑色，使图像能够融合到立方体的场景中，如图13-227、图13-228所示。

图13-227 图13-228

14 再切换到素材文档中，选择“海底1”图层，将其拖入到立方体文档中，通过蒙版将多余的图像隐藏，如图13-229、图13-230所示。

图13-229 图13-230

15 将鱼和珊瑚等素材放在立方体的左侧，如图13-231所示。

16 新建“图层1”，按住Ctrl键，单击“顶面”图层缩览图，如图13-232所示，载入立方体顶面的选区。将前景色设置为白色。选择渐变工具，在渐变下拉面板中选择“前景色到透明渐变”，如图13-233所示，在立方体离视线最远的边角处填充渐变，如图13-234所示。

图13-231 图13-232

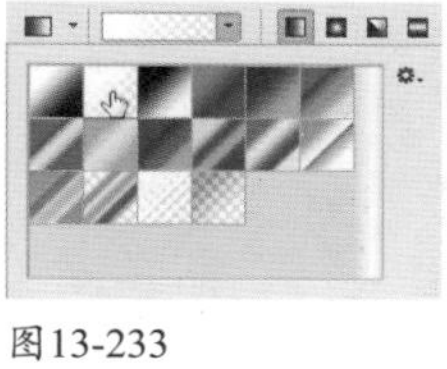

图13-233 图13-234

17 载入左侧面的选区，在选区范围内左上角位置填充渐变，如图13-235所示。载入右侧面的选区，将前景色设置为黑色，将渐变工具的不透明度设置为30%，在选区范围内左侧位置填充渐变，如图13-236所示，按下Ctrl+D快捷键取消选择。

图13-235

图13-236

18 单击“调整”面板中的☀按钮，创建“亮度/对比度”调整图层，调整参数，使图像的色调变亮，如图13-237、图13-238所示。

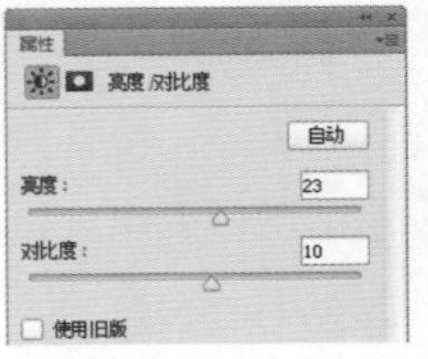
图13-237

图13-238

19 选择组成立方体的3个图层，如图13-239所示，按下Alt+Ctrl+E快捷键盖印操作，如图13-240所示。按下Shift+Ctrl+] 快捷键移至顶层，如图13-241所示。

图13-239

图13-240

图13-241

20 执行“滤镜>滤镜库”命令，单击“扭曲”滤镜组前的▶按钮，展开滤镜组，选择“玻璃”滤镜，设置参数，使图像产生玻璃状纹理，如图13-242所示。单击“确定”按钮，关闭对话框。

图13-242

21 设置该图层的混合模式为“柔光”，如图13-243、图13-244所示。

图13-243

图13-244

22 在“背景”图层上方新建一个图层，如图13-245所示。选择多边形套索工具，设置羽化参数为50像素，在立方体底部创建一个选区，如图13-246所示。

图13-245

图13-246

23 在选区内填充深灰色。按下Ctrl+D快捷键取消选择。设置该图层的不透明度为88%，如图13-247、图13-248所示。

图13-247

图13-248

24 将多边形套索工具的羽化参数设置为10像素，在更加靠近立方体底边的位置创建选区，填充黑色，如图13-249所示，按下Ctrl+D快捷键取消选择。用橡皮擦工具（柔角）擦除边角，使投影有明暗变化，更加自然，如图13-250所示。

图13-249

图13-250

E-mail:ai_book@126.com

先调整图像的色彩和对比度，再用渐变工具重新为图像着色，通过蒙版将油漆素材与小号图像合成到一起。

13.13 平面设计系列之音乐节主题海报

素材：光盘>素材文件夹 视频位置：光盘>视频文件夹
实例门类：平面设计 难度：★★★☆☆

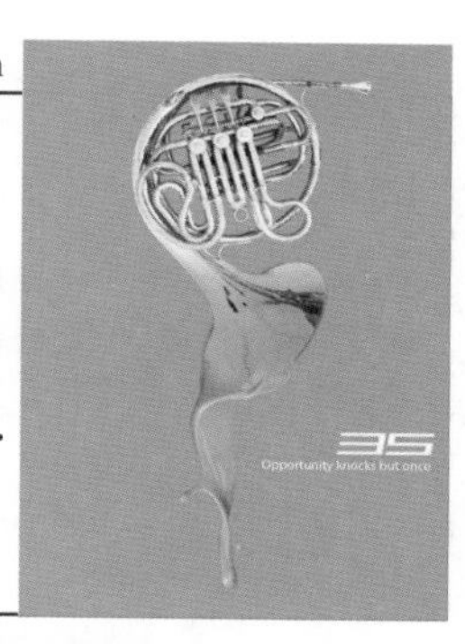

01 打开光盘中的素材文件。选择“小号”图层，如图13-251、图13-252所示。

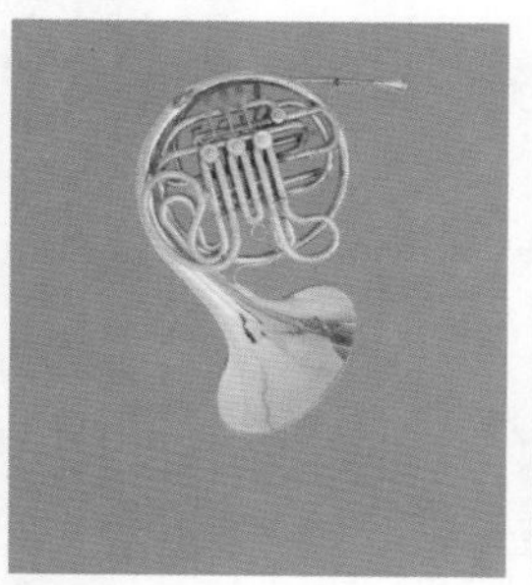

图13-251

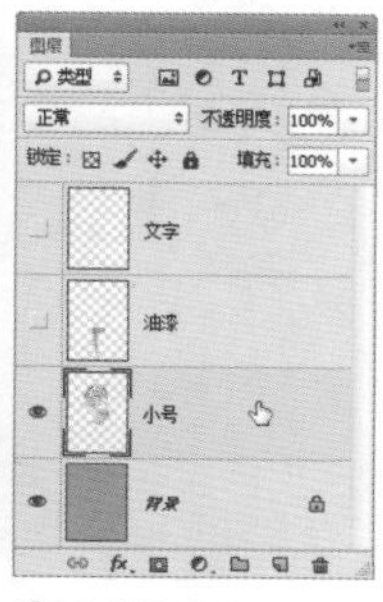

图13-252

02 按下Ctrl+U快捷键，打开“色相/饱和度”对话框，设置饱和度参数为-100，使图像变为黑白效果，如图13-253、图13-254所示。

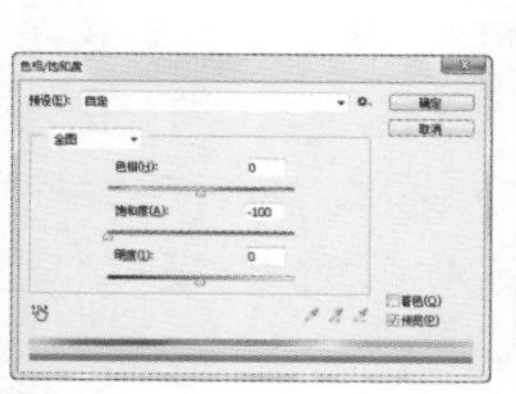

图13-253

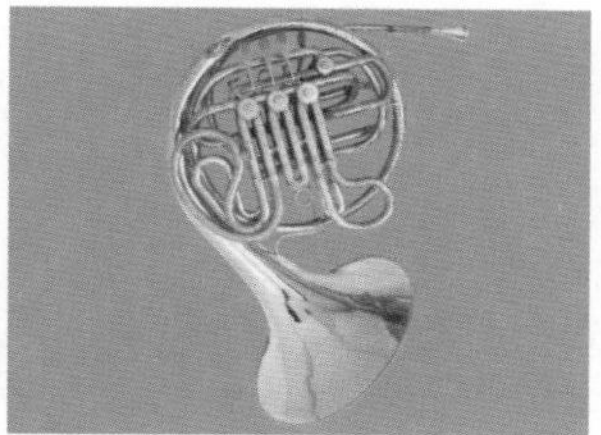

图13-254

03 按下Ctrl+M快捷键，打开“曲线”对话框，调整曲线以增加图像的对比度，如图13-255、图13-256所示。

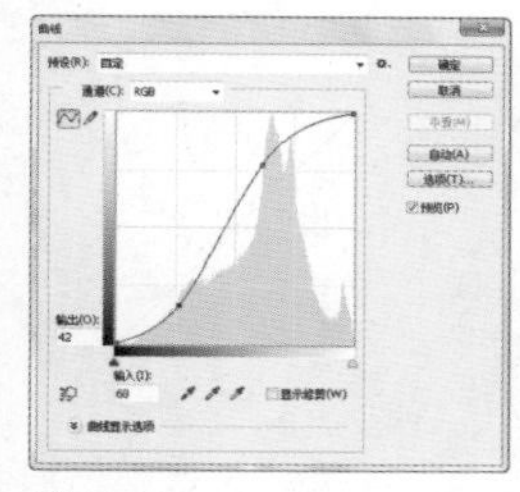

图13-255

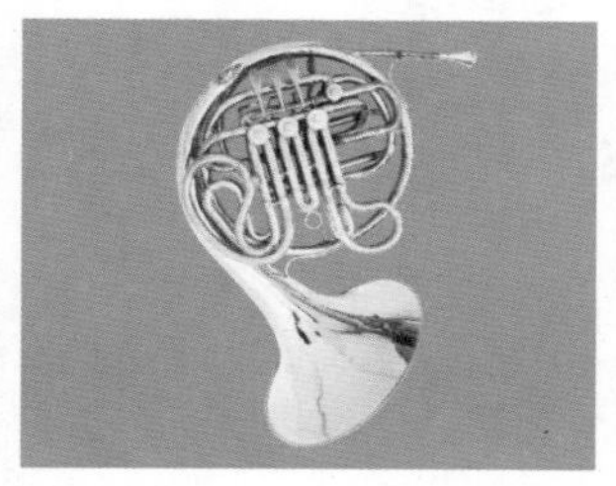

图13-256

04 新建一个图层，设置混合模式为“正片叠底”，按下Alt+Ctrl+G快捷键创建剪贴蒙版。将前景色设置为绿色（R138、G235、B0），选择渐变工具，在渐变下拉面板中选择“前景色到透明渐变”，在画面中从下至上拖动鼠标填充渐变，如图13-257、图13-258所示。

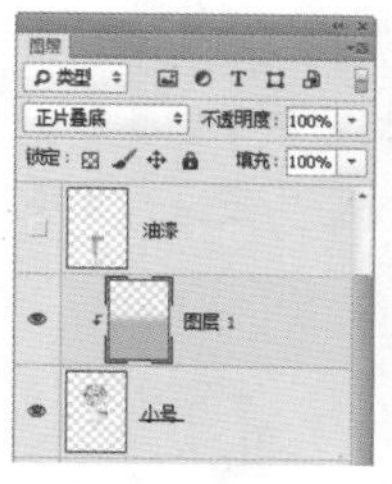

图13-257

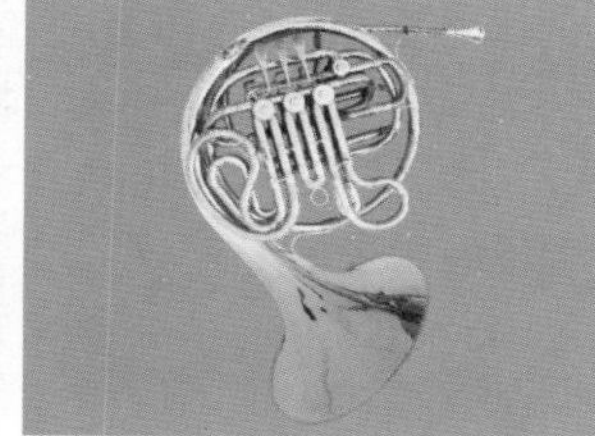

图13-258

05 显示“油漆”图层，如图13-259所示。单击按钮创建蒙版，用画笔工具（柔角）在图像的边缘涂抹，将边缘隐藏，如图13-260所示。

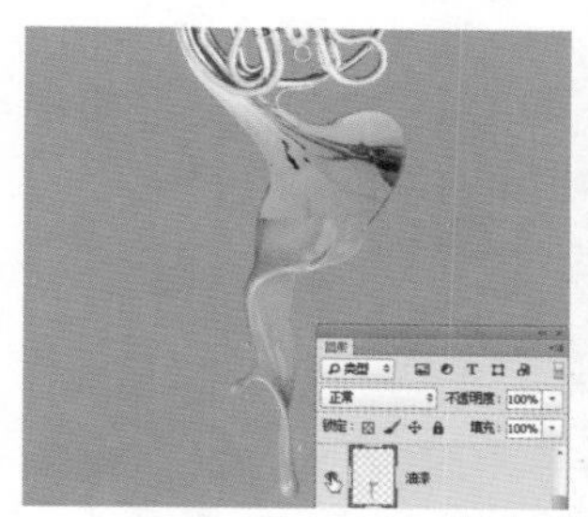

图13-259

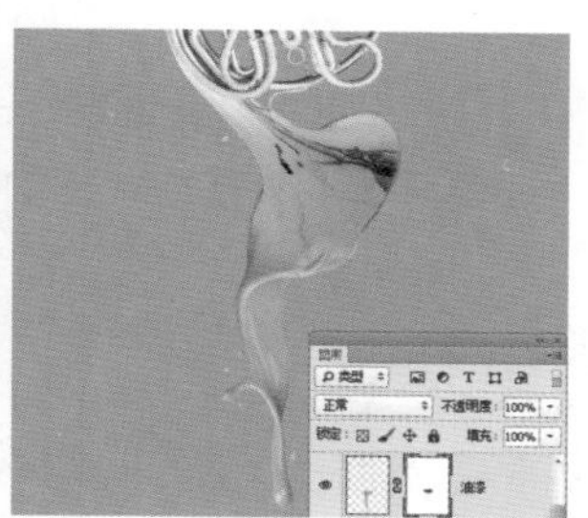

图13-260

06 最后，显示“文字”图层，完成海报的制作，如图13-261、图13-262所示。

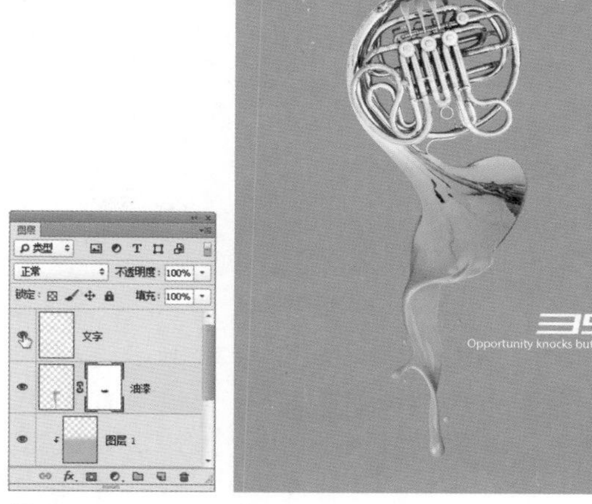

图13-261 图13-262

E-mail:ai_book@126.com

13.14 平面设计系列之旅游主题平面广告

使用“渐变映射”“渐隐”命令调整图像的颜色，用“查找边缘”滤镜制作轮廓效果。

素材：光盘>素材文件夹　视频位置：光盘>视频文件夹
实例门类：平面设计　难度：★★★★☆

01 打开光盘中的素材。选择魔棒工具（容差为32），按住Shift键在背景上单击，将背景全部选取，如图13-263所示；按下Shift+Ctrl+I快捷键进行反选，将拖鞋选中，如图13-264所示。

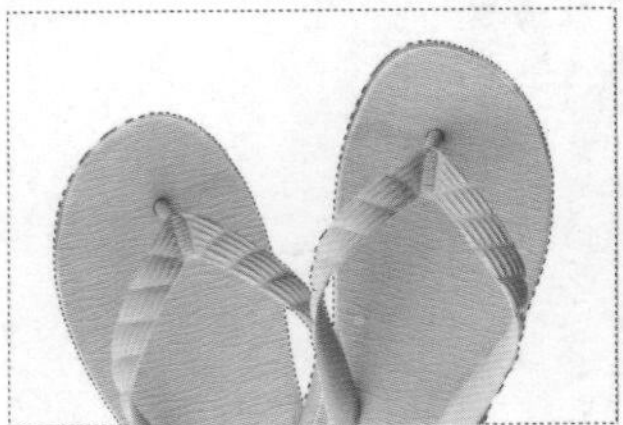
图13-263

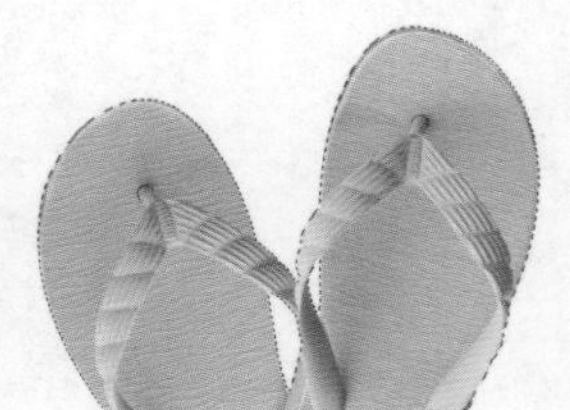
图13-264

02 打开光盘中的背景素材，如图13-265所示，使用移动工具将拖鞋拖入文档中，如图13-266所示。

图13-265

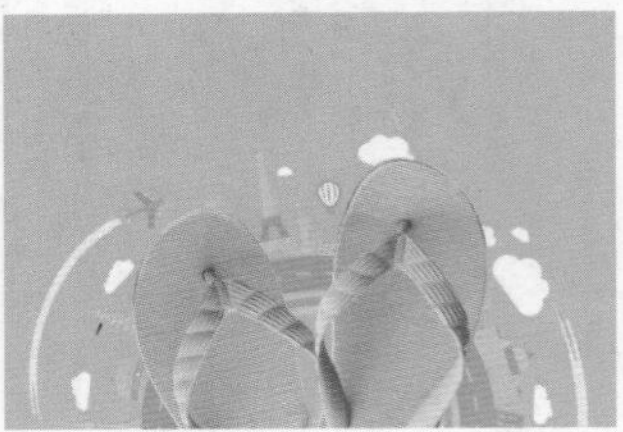
图13-266

03 双击该图层，打开“图层样式”对话框，在左侧列表中选择“投影”效果，设置参数，如图13-267所示，效果如图13-268所示。

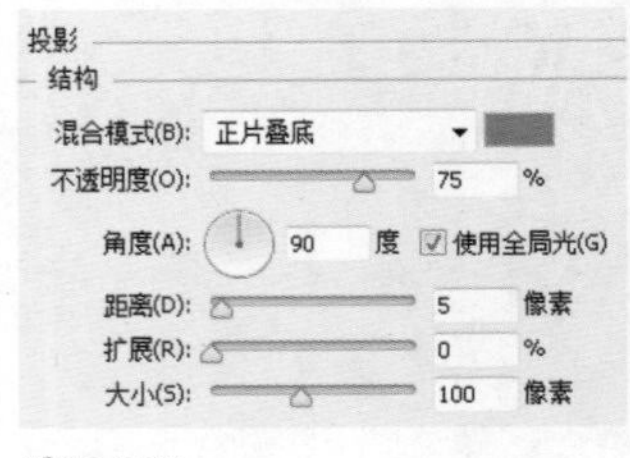

图13-267

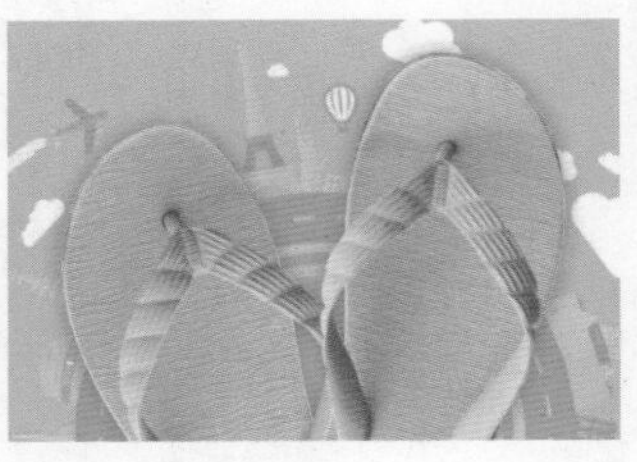
图13-268

04 打开光盘中的图案素材，如图13-269所示，拖入文档中，按下Alt+Ctrl+G快捷键，将它与拖鞋图像创建为一个剪贴蒙版，隐藏拖鞋之外的图像，如图13-270、图13-271所示。拖动“图层2”到面板底部的按钮上，复制该图层，如图13-272所示。

图13-269

图13-270

图13-271

图13-272

05 单击“图层2拷贝”前面的眼睛图标，隐藏该图层。选择“图层2”，如图13-273所示，执行“图像>调整>渐变映射”命令，打开“渐变映射”对话框，单击渐变颜色条，如图13-274所示，打开“渐变编辑器”，调整渐变颜色，如图13-275、图13-276所示。

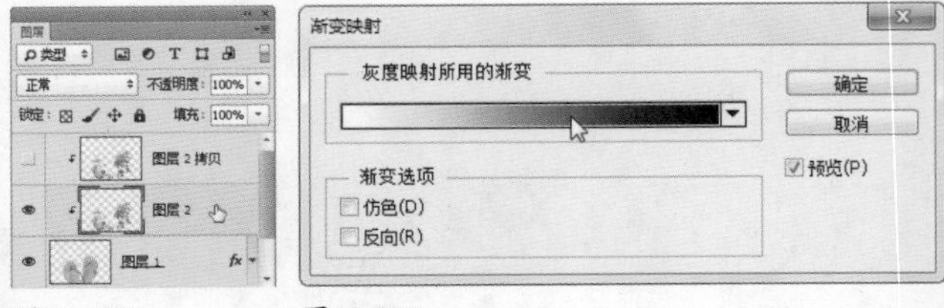

图13-273　图13-274

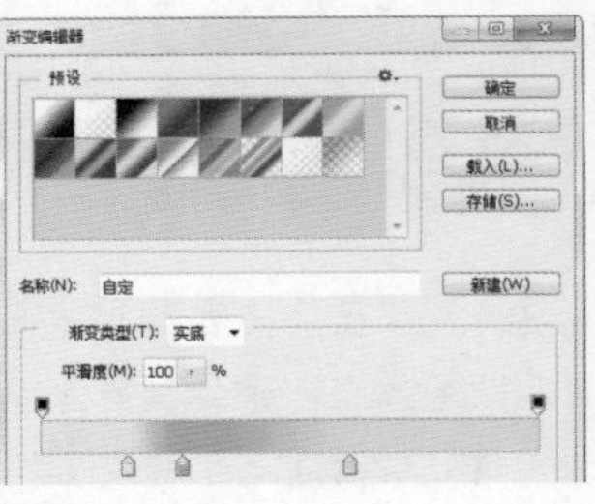

图13-275

图13-276

06 执行“编辑>渐隐渐变映射”命令，修改模式为“浅色”，如图13-277、图13-278所示。如果修改不透明度值，则可以减弱“渐隐渐变映射”效果的强度。

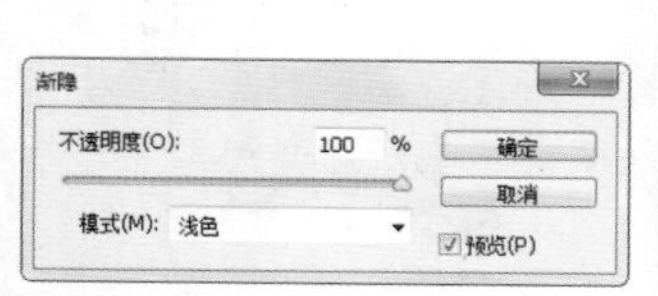
图13-277

图13-278

07 显示并选择“图层2拷贝”，如图13-279所示。执行“滤镜>风格化>查找边缘”命令，生成一个清晰的轮廓，如图13-280所示。

图13-279

图13-280

08 设置混合模式为“正片叠底”，如图13-281所示。使用移动工具，将轮廓略向下移动，如图13-282所示。

图13-281

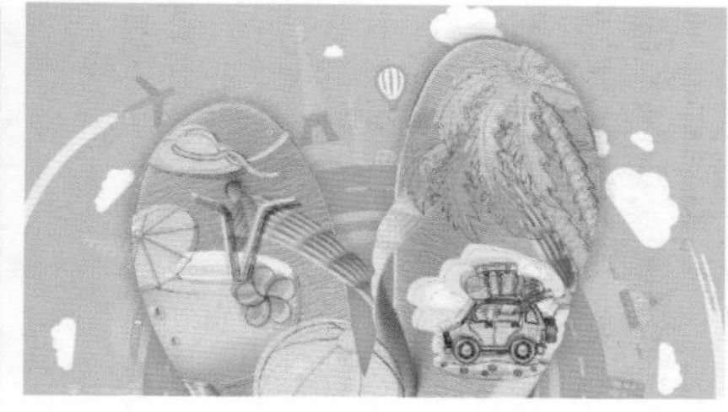
图13-282

09 选择“图层1”，按住Alt键单击“图层1”前面的眼睛图标，隐藏其他图层，在画面中只显示“图层1”，如图13-283所示。使用快速选择工具，选取拖鞋带，如图13-284所示。

图13-283

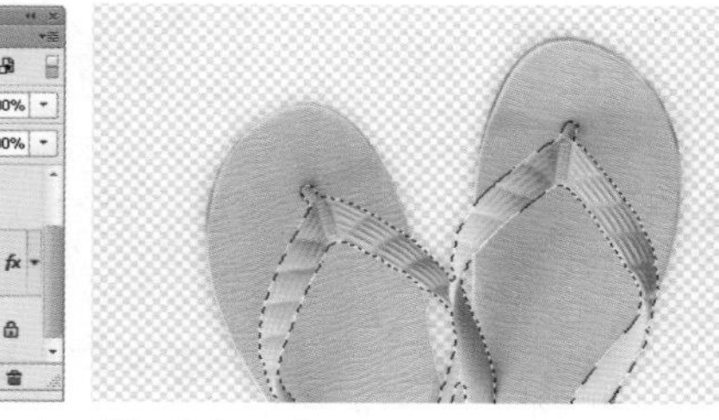
图13-284

10 按住Alt键，在“图层1”前面单击，显示所有图层，如图13-285所示。按下Ctrl+C快捷键进行复制，按下Shift+Ctrl+V快捷键进行原位粘贴，将选区内的图像粘贴到一个新的图层中，如图13-286所示，连续按两次Ctrl+]快捷键，将该图层向上移动，如图13-287所示。

图13-285

图13-286

图13-287

11 按下Ctrl+U快捷键，打开“色相/饱和度”对话框，增加色彩的饱和度，如图13-288、图13-289所示。

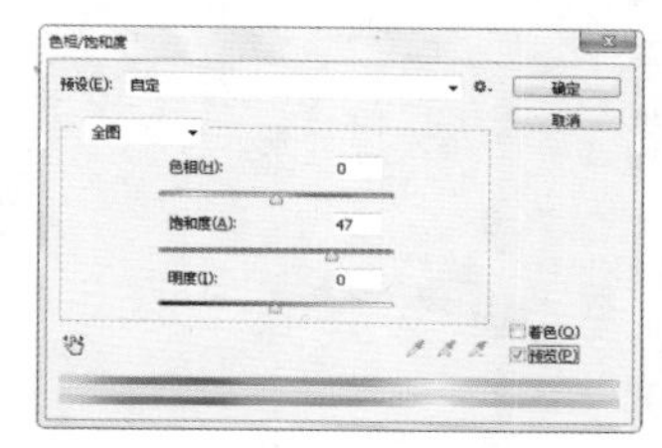
图13-288

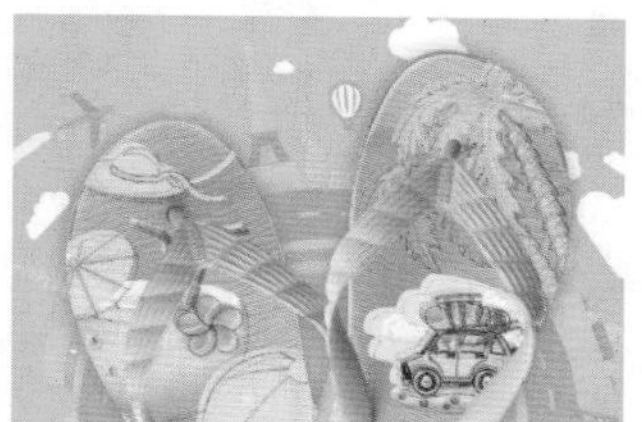
图13-289

12 按住Alt键，将“图层1”的效果图标fx拖曳到“图层3”上，复制效果到“图层3”，如图13-290所示，使鞋带带有投影。打开光盘中的文字素材，如图13-291所示，将文字拖入画面中，如图13-292所示。

图13-290

图13-291

图13-292

E-mail:ai_book@126.com

在通道中制作塑料包装效果，载入选区后应用到图层中，制作出牛奶质感的文字。

13.15 平面设计系列之牛奶公司网页

素材：光盘>素材文件夹　视频位置：光盘>视频文件夹
实例门类：网页　难度：★★★★☆

01 按下Ctrl+O快捷键，打开光盘中的素材文件，如图13-293、图13-294所示。

图13-293

图13-294

02 打开"通道"面板，单击Alpha 1通道，如图13-295所示，显示该通道中的图像，如图13-296所示。

图13-295

图13-296

03 将Alpha 1通道拖曳到"通道"面板底部的 按钮上进行复制。按下Ctrl+K快捷键，打开"首选项"对话框，单击左侧的"增效工具"选项，然后选中"显示滤镜库的所有组和名称"选项，这样可以使所有滤镜都出现在"滤镜"菜单中。执行"滤镜>艺术效果>塑料包装"命令，设置参数，如图13-297所示，效果如图13-298所示。

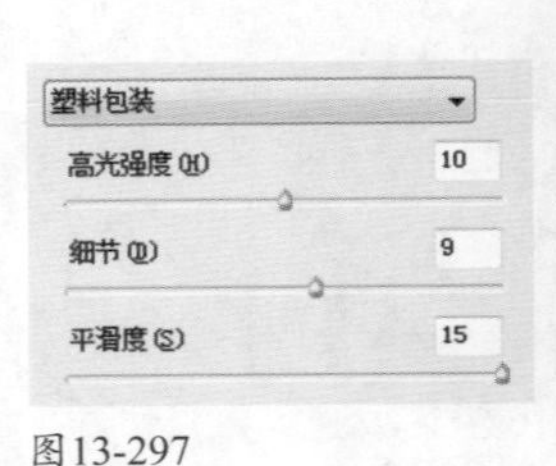

图13-297

图13-298

04 按住Ctrl键，单击Alpha1副本通道，载入该通道中的选区，如图13-299所示。按下Ctrl+2快捷键，返回RGB复合通道，显示彩色图像，如图13-300所示。

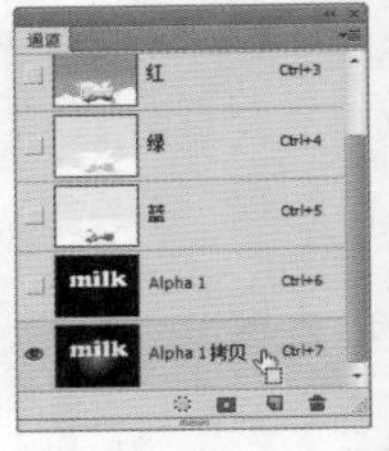

图13-299

图13-300

05 单击"图层"面板底部的 按钮，新建一个图层，在选区内填充白色，如图13-301、图13-302所示。按下Ctrl+D快捷键，取消选择。

图13-301

图13-302

06 按住Ctrl键，单击Alpha1通道，载入该通道中的选区，如图13-303所示，执行"选择>修改>扩展"命令，扩展选区，如图13-304所示。

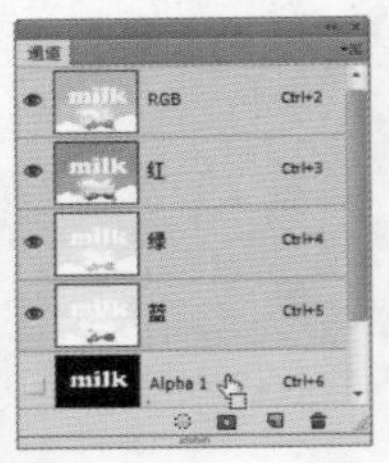

图13-303

图13-304

07 单击"图层"面板底部的 按钮，基于选区创建蒙版，如图13-305、图13-306所示。

图13-305 图13-306

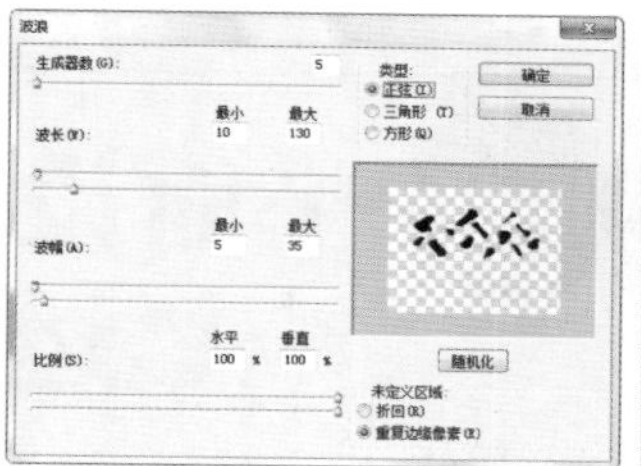

图13-311

图13-312

08 双击文字图层，打开“图层样式”对话框，在左侧列表中选择“投影”和“斜面和浮雕”选项，添加这两种效果，如图13-307~图13-309所示。

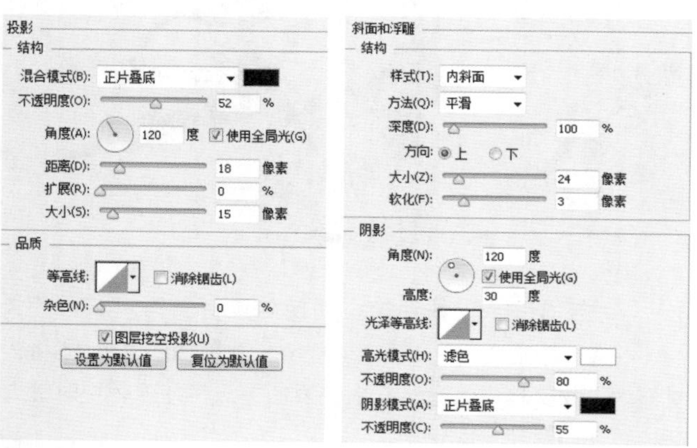

图13-307 图13-308

图13-309

09 单击“图层”面板底部的 按钮，新建一个图层。将前景色设置为黑色，选择椭圆工具 ，在工具选项栏选择“像素”选项，按住Shift键，在画面中绘制几个圆形，如图13-310所示。

图13-310

10 执行“滤镜>扭曲>波浪”命令，对圆点进行扭曲，如图13-311、图13-312所示。

11 按下Ctrl+Alt+G快捷键，创建剪贴蒙版，将花纹的显示范围限定在下面的文字区域内，如图13-313、图13-314所示。

图13-313

图13-314

12 选择横排文字工具 T ，打开“字符”面板，选择字体并设置字号，文字颜色为粉色，在画面中输入文字，如图13-315、图13-316所示。

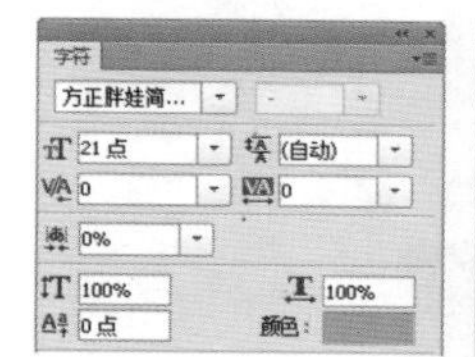

图13-315

图13-316

13 新建一个图层，使用椭圆工具 （像素）在文字下方绘制白色圆形。在“组1”图层组前面单击，显示所有素材，效果如图13-317所示。

图13-317

E-mail:ai_book@126.com

通过变换图像、调整颜色、添加蒙版等方法将人物、风景与城市图像合成在一个画面中，制作出一幅有视觉冲击力的超现实主义作品。

13.16 平面设计系列之运动鞋广告

素材：光盘>素材文件夹　视频位置：光盘>视频文件夹
实例门类：平面设计　难度：★★★★☆

01 打开光盘中的两个素材文件，人物素材位于单独的图层中，如图13-318所示。用来合成的背景图像包括城市、大地与天空3个部分，如图13-319所示。

图13-318

图13-319

02 选择移动工具，将城市素材拖入人物文档中，按下Ctrl+[快捷键，将其移至人物下方，如图13-320所示。按下Ctrl+T快捷键，显示定界框，将光标放在定界框外，拖动鼠标以将图像朝顺时针方向旋转，如图13-321所示，按下回车键确认。

图13-320　图13-321

03 单击 按钮创建蒙版，使用画笔工具（柔角）在图像的边缘涂抹，将边缘隐藏，如图13-322、图13-323所示。

图13-322　图13-323

04 按下Ctrl+F6快捷键，切换到素材文档。单击“大地”图层，如图13-324所示，使用移动工具将素材拖入人物文档中，通过自由变换的方法将图像朝逆时针方向旋转，如图13-325所示。

图13-324　图13-325

05 为该图层添加蒙版，用渐变工具填充“黑色到白色”的线性渐变，以隐藏蓝天部分，如图13-326、图13-327所示。

图13-326　图13-327

06 将天空素材拖入文档中，放在“城市”图层下方，如图13-328所示，朝逆时针方向旋转，如图13-329所示。

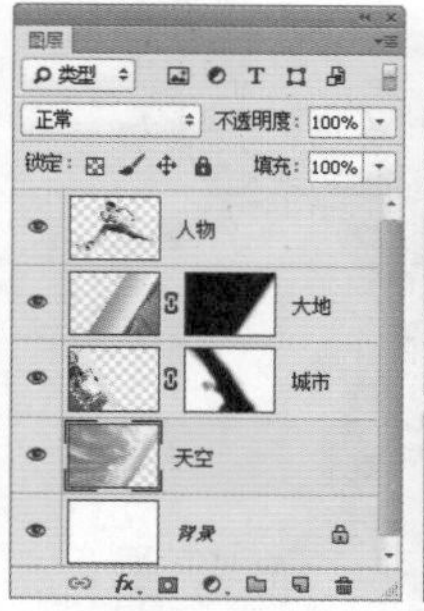

图13-328

图13-329

07 在“人物”图层下方新建一个图层，使用多边形套索工具创建鞋子投影选区，如图13-330所示，填充深棕色，如图13-331所示。按下Ctrl+D快捷键，取消选择。用橡皮擦工具（柔角，不透明度20%）擦出深浅变化，如图13-332所示。用同样的方法制作另一只鞋子的投影，如图13-333所示。

图13-330

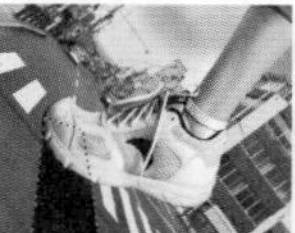

图13-331

图13-332

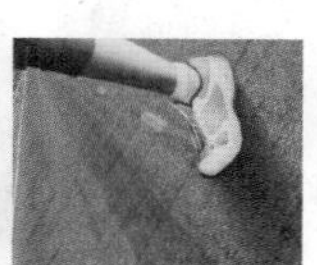

图13-333

08 单击“调整”面板中的按钮，创建“可选颜色”调整图层，分别对图像中的白色和中性色进行调整。按下Alt+Ctrl+G快捷键，创建剪贴蒙版，使调整图层只对人物产生影响，如图13-334~图13-337所示。

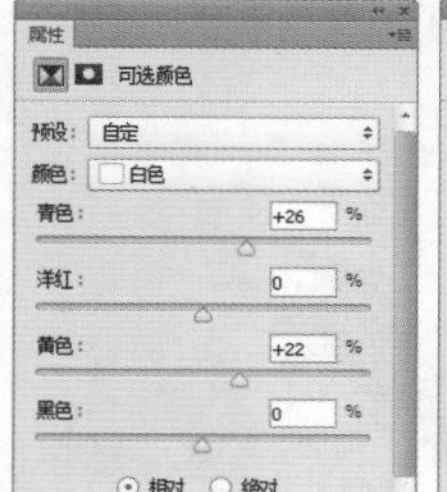

图13-334

图13-335

图13-336

图13-337

09 将前景色设置为白色。选择渐变工具，单击径向渐变按钮，在渐变下拉面板中选择“前景色到透明渐变”，如图13-338所示。新建一个图层，在画面左上方创建径向渐变，营造光效，如图13-339所示。

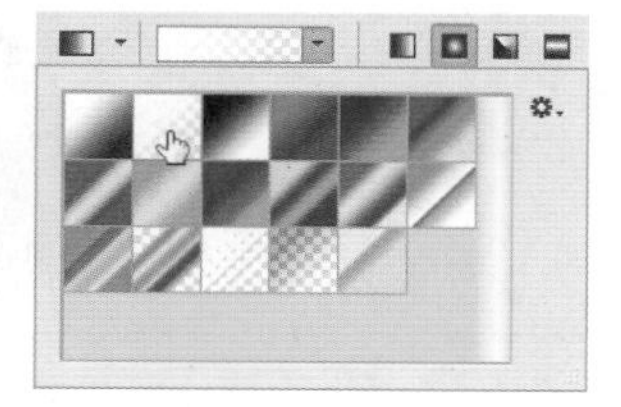

图13-338

图13-339

10 单击“调整”面板中的按钮，创建“色彩平衡”调整图层，对全图的色彩进行调整，使画面的合成效果更加统一，如图13-340~图13-342所示。最后，在人物手臂、地平线等位置添加光效，如图13-343所示。

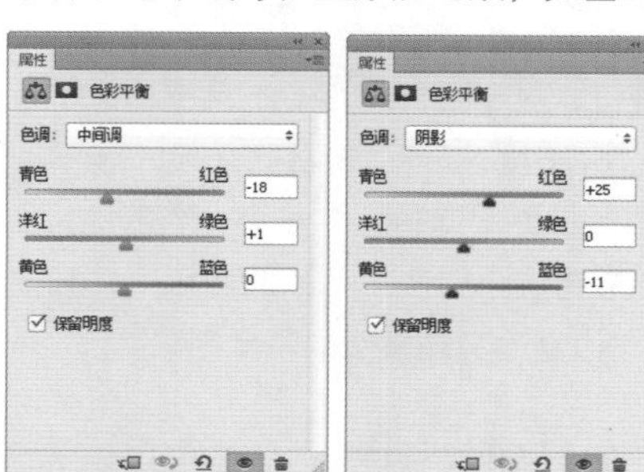

图13-340　图13-341

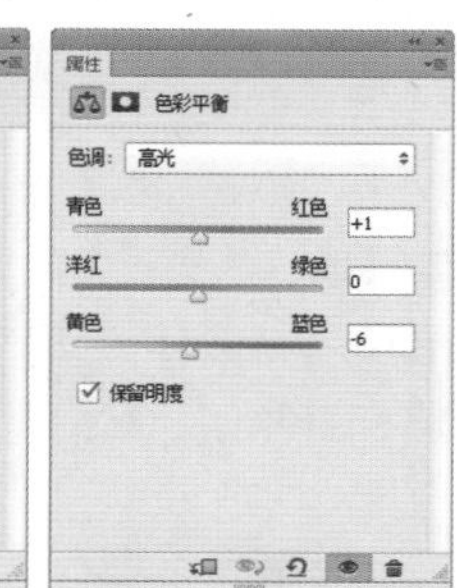

图13-342

图13-343

E-mail:ai_book@126.com

13.17 平面设计系列之制作街舞海报

用剪贴蒙版限制图像的显示范围，再通过移动图像位置、调整角度、对图像进行局部放大，从而实现对图像的二次拼接。

素材：光盘>素材文件夹 视频位置：光盘>视频文件夹

实例门类：平面设计 难度：★★★★☆

01 按下Ctrl+O快捷键，打开光盘中的素材文件，如图13-344、图13-345所示。

图13-344

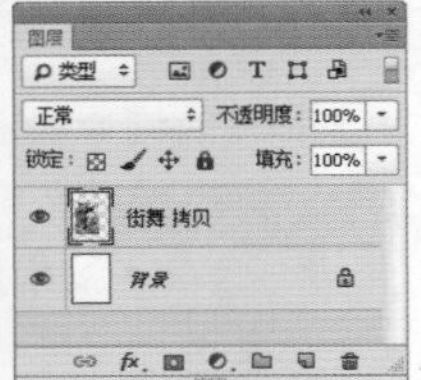
图13-345

02 按下Ctrl+T快捷键，显示定界框，在工具选项栏中设置旋转角度为-16.16度，如图13-346所示，按下回车键确认，使图像朝逆时针方向旋转。打开另一个素材，如图13-347所示，这16个色块分别位于单独的图层中，如图13-348所示，它们将作为制作剪贴蒙版的基底图层。

图13-346 图13-347 图13-348

03 将街舞图像拖到文档中，如图13-349所示，调整到“图层1”上方。按下Alt+Ctrl+G快捷键，创建剪贴蒙版，如图13-350所示。按下Ctrl+J快捷键复制该图层，生成“街舞拷贝2”图层，将该图层拖到“图层2”上方，如图13-351所示。

图13-349

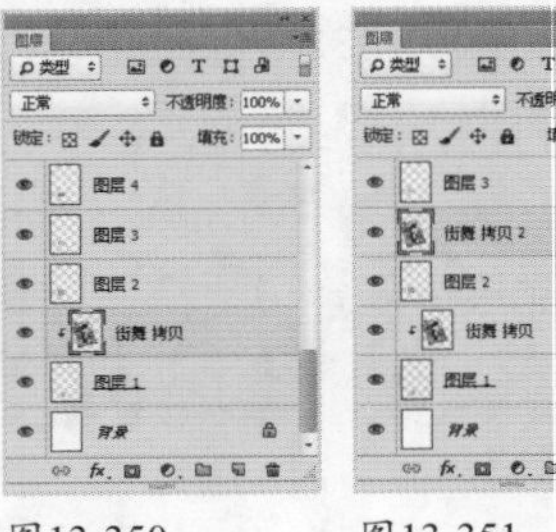
图13-350 图13-351

04 按下Alt+Ctrl+G快捷键创建剪贴蒙版，将其剪切到“图层2”中，如图13-352所示。采用上面的方法，分别将16个图层（除“背景”图层）都与相应的色块创建为剪贴蒙版，如图13-353、图13-354所示。

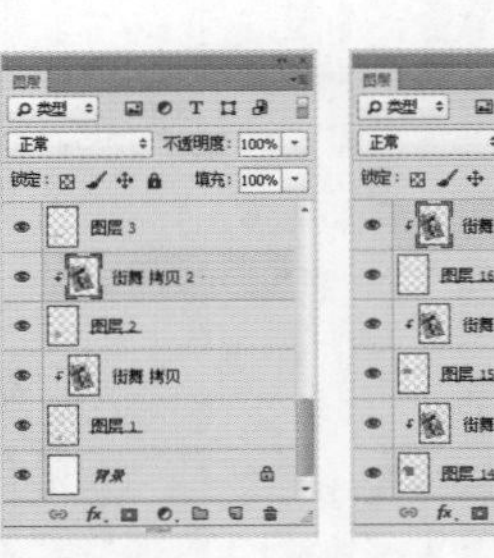
图13-352

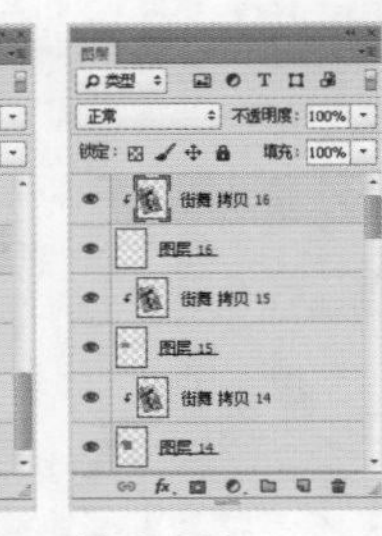
图13-353

图13-354

05 选择移动工具，在工具选项栏中选中“自动选择”复选框，并选择“图层”选项。将光标放在画面中，先单击图像，然后拖动鼠标调整图像的位置，使图像之间产生错位，如图13-355所示。在调整手部时，可以将图像放大至140%（适当旋转），使画面产生较强的视觉冲击力，如图13-356所示。

图13-355

图13-356

06 将光标放在图13-357所示的位置，单击鼠标选取图像，按下Ctrl+U快捷键，打开“色相/饱和度”对话框，调整色相，改变图像颜色，如图13-358、图13-359所示。

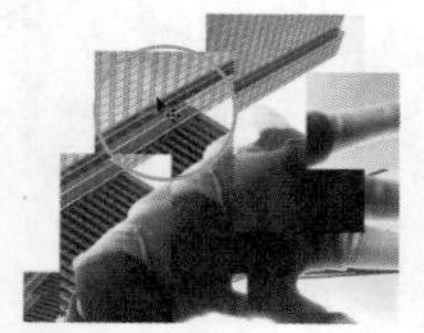

图13-357

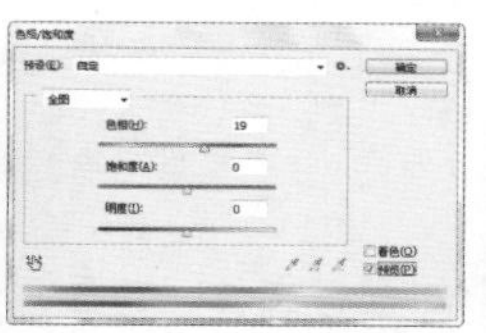

图13-358

图13-359

07 在图13-360所示的位置单击，选取图像，按下Ctrl+B快捷键，打开“色彩平衡”对话框，设置参数如图13-361所示，使图像呈现泛黄的暖色调，如图13-362所示。

图13-360

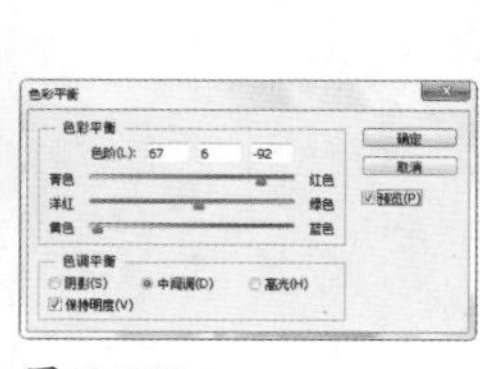

图13-361

图13-362

08 在图13-363所示的图像上单击，打开“色彩平衡”对话框设置参数，如图13-364、图13-365所示。

图13-363

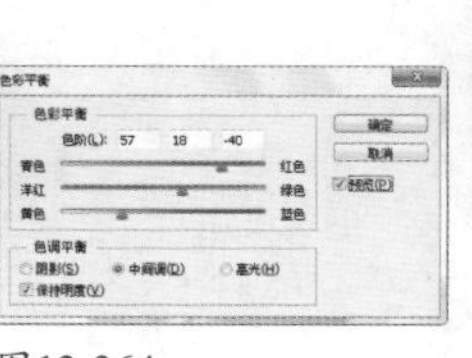

图13-364

图13-365

09 选择横排文字工具 T ，打开“字符”面板，设置字体、字号、字距及文字颜色（灰色）。在画面中输入文字，如图13-366所示。单击工具选项栏中的✔按钮，结束文字的输入操作。

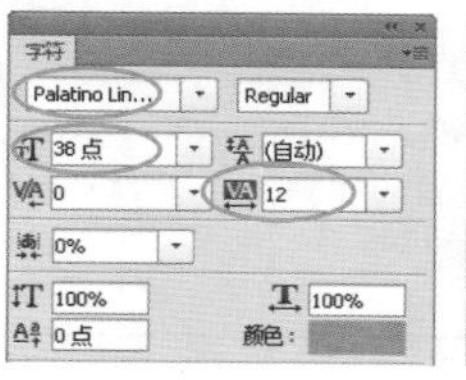

图13-366

10 输入其他文字，并在“字符”面板中调整参数，如图13-367、图13-368所示。

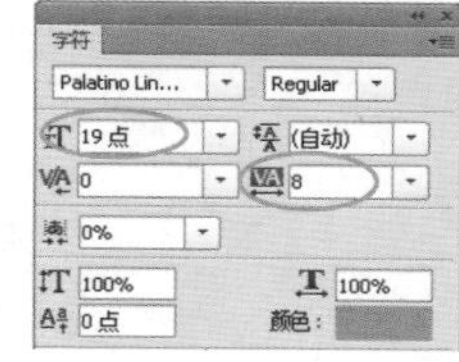

图13-367

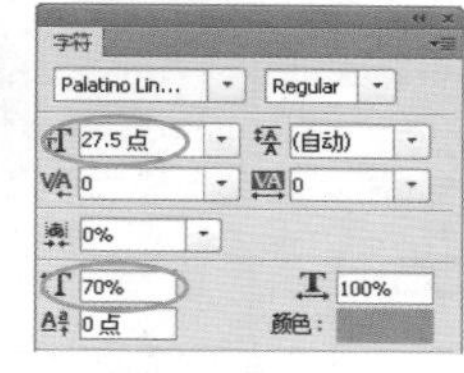

图13-368

11 在“图层”面板中，按住Shift键，同时单击这3个文字图层，将它们选取，执行“编辑>变换>旋转90度（逆时针）”命令，旋转文字。最后，在画面上方输入其他文字，参数设置如图13-369所示，效果如图13-370所示。

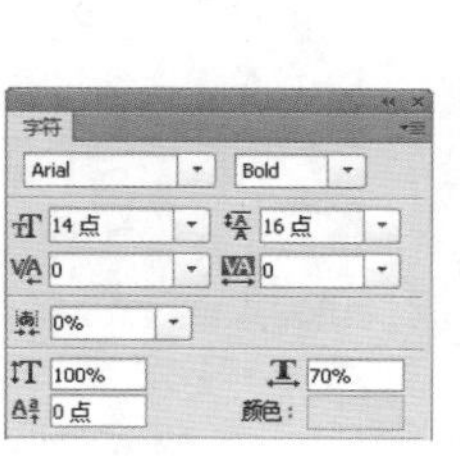

图13-369

图13-370

E-mail:ai_book@126.com

13.18 UI设计系列之制作网页图标

用“半调图案”滤镜制作背景的底纹效果，使用图层样式、不透明度来表现图标的质感。

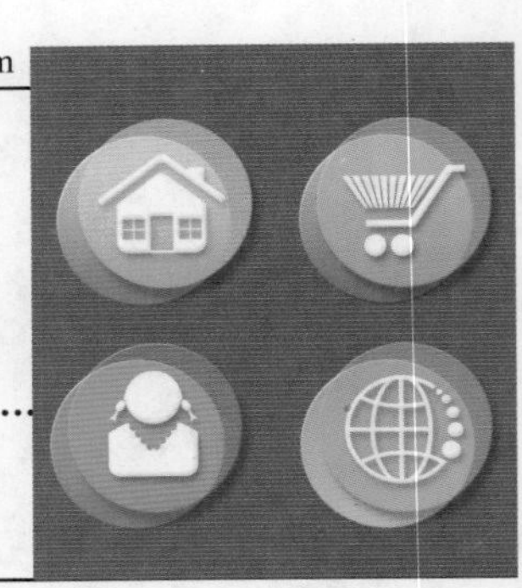

素材：光盘>素材文件夹　视频位置：光盘>视频文件夹
实例门类：UI　难度：★★★☆☆

01 按下Ctrl+N快捷键，打开“新建”对话框，创建一个1024像素×768像素、72像素/英寸的文档。

02 设置前景色为蓝灰色（R60、G82、B110），背景色为浅灰色（R138、G151、B168），按下Ctrl+Delete快捷键，填充背景色。执行“滤镜>滤镜库”命令，单击“素描”滤镜组前的▶按钮，展开滤镜组，选择“半调图案”滤镜，制作条纹效果，如图13-371所示。

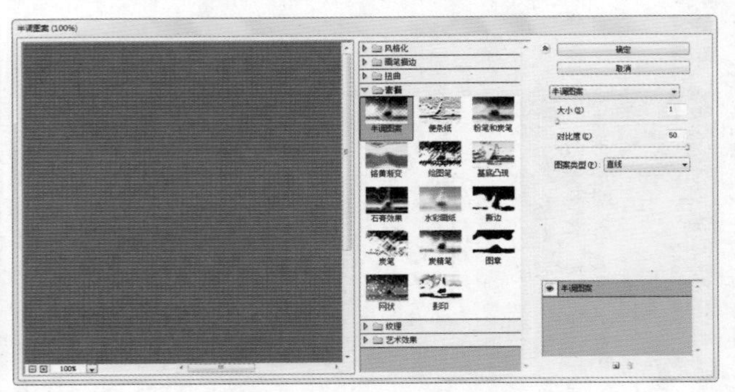

图13-371

03 使用椭圆选框工具，按住Shift键，同时拖动鼠标创建一个圆形选区。新建一个图层，选择渐变工具，在选区内填充线性渐变，如图13-372所示。按下Ctrl+D快捷键，取消选择。双击该图层，打开“图层样式”对话框，在左侧列表中选择“斜面和浮雕”选项，制作出立体效果，如图13-373、图13-374所示。

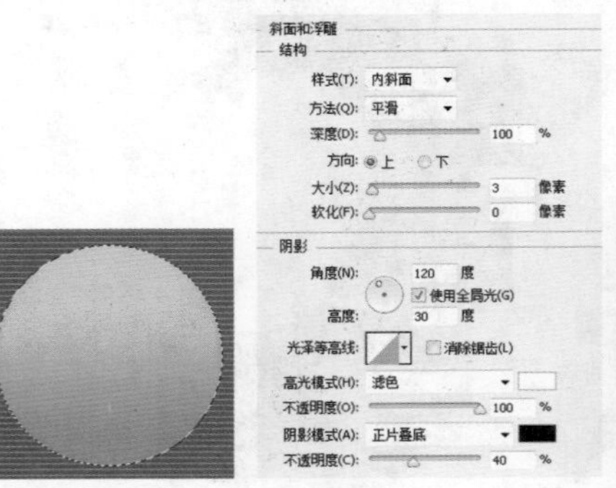

图13-372　图13-373

图13-374

04 按下Ctrl+J快捷键，复制图层，选择移动工具，将圆形向右上方移动。双击该图层，打开“图层样式”对话框，在左侧列表中选择“投影”选项，设置参数如图13-375所示，为图标添加投影效果。单击“图层”面板中的按钮，锁定透明像素，将前景色设置为黄色，按下Alt+Delete快捷键，将图形填充为黄色。设置图层的不透明度为50%，如图13-376所示，使图标呈现透明效果，如图13-377所示。

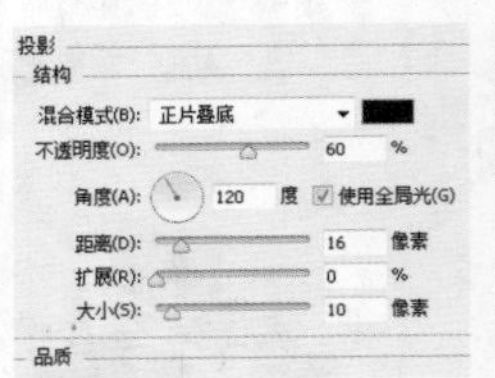

图13-375

图13-376

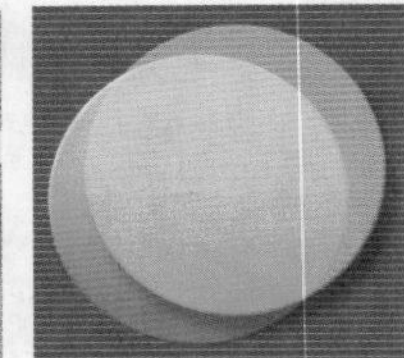

图13-377

05 打开光盘中的素材文件，将图形拖入文档中，如图13-378所示。双击当前图层，打开“图层样式”对话框，添加“斜面和浮雕”（参数与之前相同）、“内发光”和“投影”效果，如图13-379、图13-380所示。用同样的方法制作出其他图标，图形的填充颜色要有所变化，效果如图13-381所示。

图13-378

图13-379

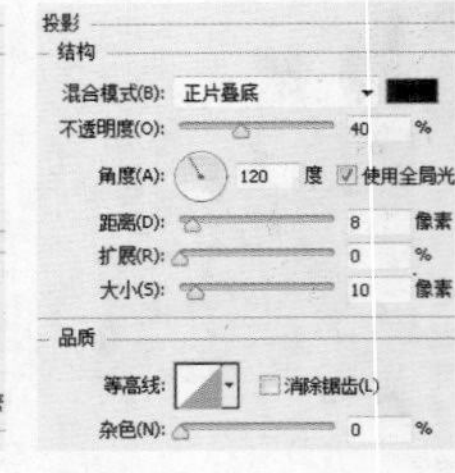

图13-380

图13-381

E-mail:ai_book@126.com

13.19 UI设计系列之头像图标

使用形状工具绘制各种形状，通过添加图层样式，制作出具有立体感的、可爱的卡通头像图标。

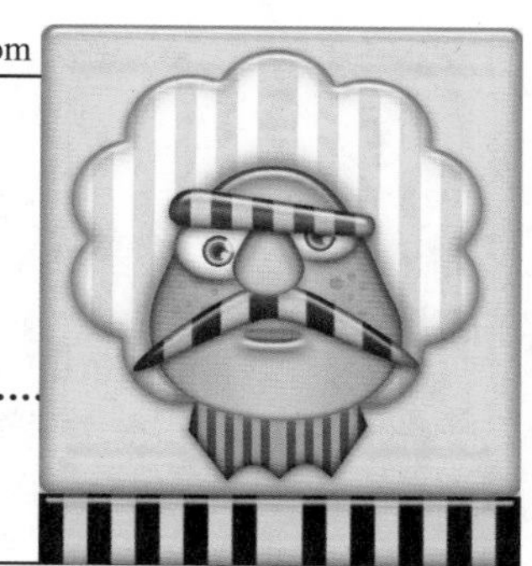

视频位置：光盘>视频文件夹

实例门类：UI　难度：★★★★★

01 按下Ctrl+N快捷键，打开“新建”对话框，创建一个210毫米×297毫米、200像素/英寸的文档。

02 将前景色设置为白色。选择椭圆工具，在工具选项栏中选择“形状”选项，创建一个长度约3.5厘米的椭圆形，如图13-382所示。

03 双击该图层，打开“图层样式”对话框，分别选择“投影”和“内阴影”效果，将投影的颜色设置为深棕色，将内阴影的颜色设置为深红色，并其他参数，如图13-383、图13-384所示。

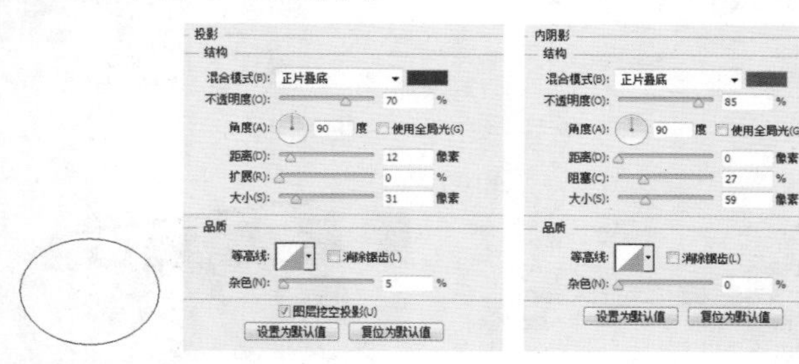

图13-382　图13-383　图13-384

04 添加“内发光”“斜面和浮雕”和“等高线”效果，参数如图13-385~图13-387所示，制作出一个立体的图形，如图13-388所示。

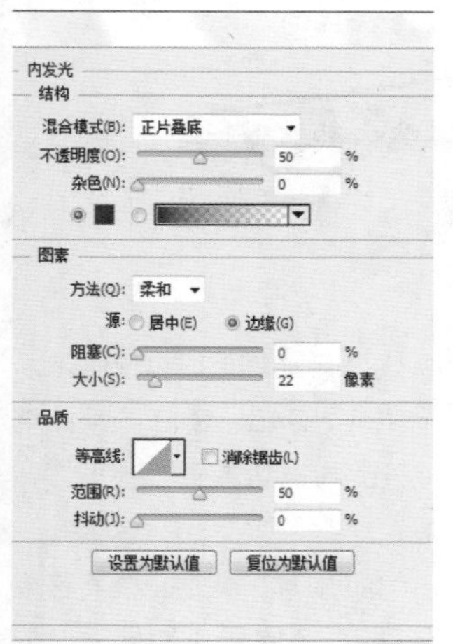

图13-385

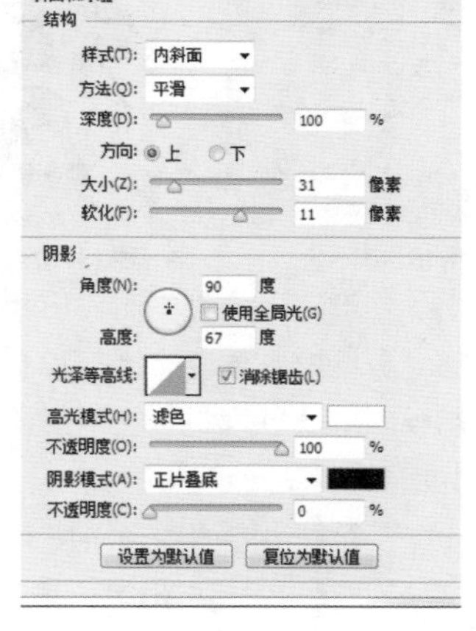

图13-386

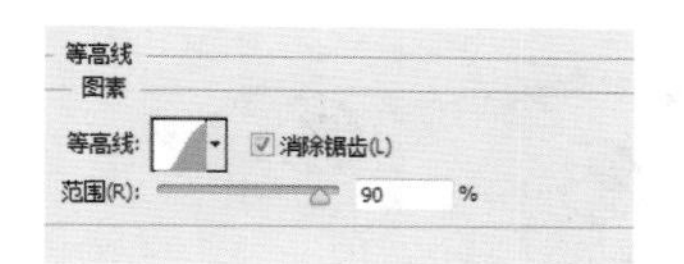

图13-387

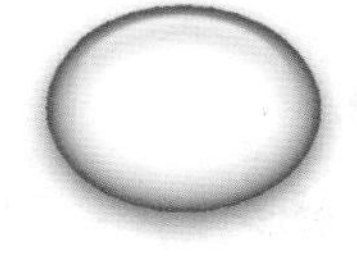

图13-388

05 选择工具选项栏中的合并形状选项，再画一个小一点的椭圆，这样它会与大椭圆位于同一个图层中，如图13-389、图13-390所示。

图13-389

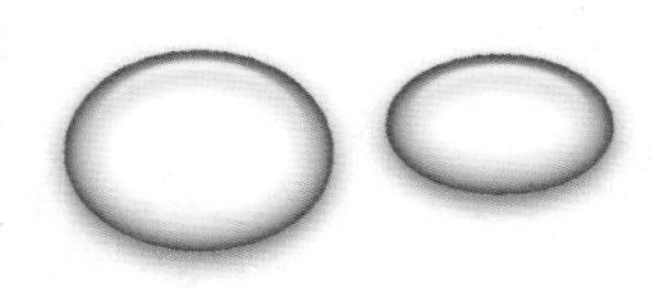

图13-390

06 单击“图层”面板底部的按钮，新建一个图层。使用椭圆选框工具，按住Shift键，创建一个圆形。选择渐变工具，单击径向渐变按钮，再单击按钮，打开“渐变编辑器”，调整渐变颜色，如图13-391所示。在圆形选区内填充渐变，如图13-392所示。

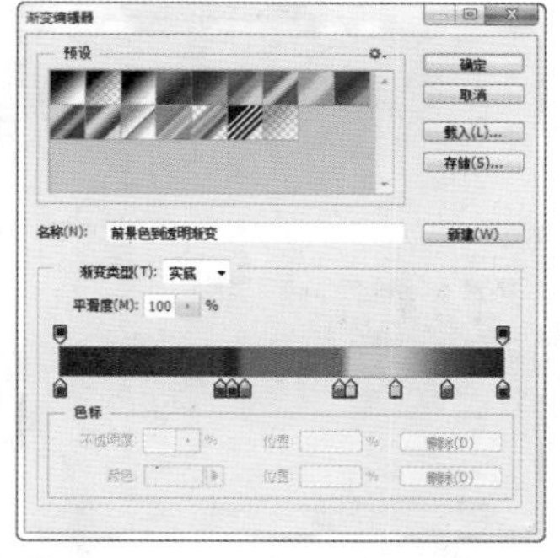

图13-391

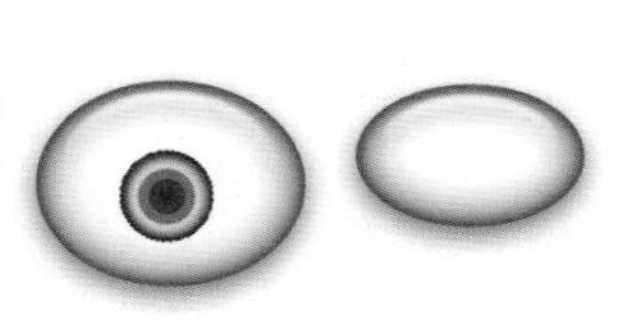

图13-392

07 依然保留选区的存在。选择画笔工具，设置大小为尖角55像素，不透明度为80%，在选区内为眼珠点上高光，如图13-393所示。选择移动工具，按住Alt键，将眼珠图形拖到另一只眼睛上，进行复制，按下Ctrl+D快捷键取消选择，如图13-394所示。

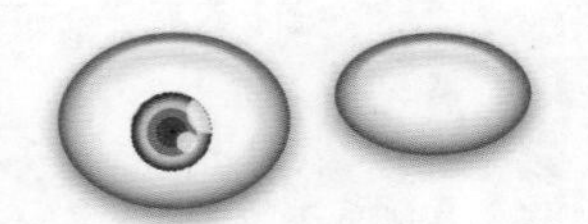

图13-393

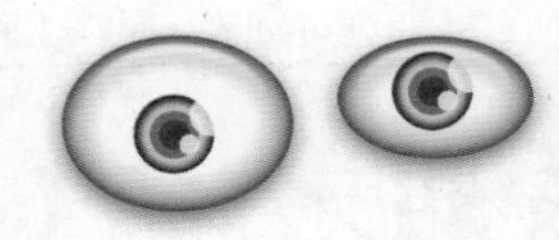

图13-394

08 选择自定形状工具，在形状下拉面板中加载“自然”形状库，选择“雨滴”形状，如图13-395所示，在眼睛中间画出水滴状图形，作为卡通人的鼻子，如图13-396所示。

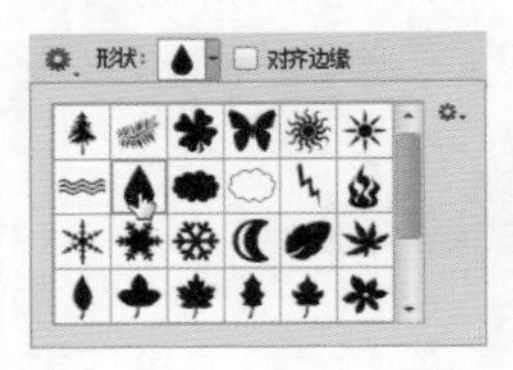

图13-395

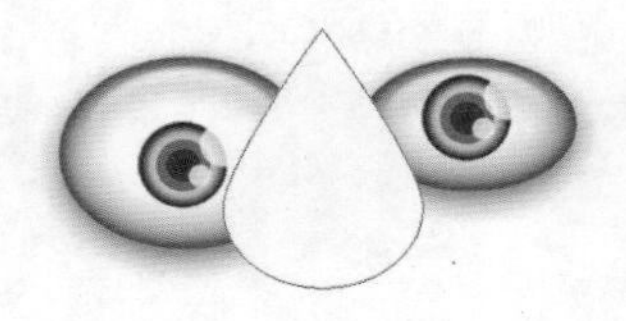

图13-396

09 按住Alt键，将“形状1”图层后面的fx图标拖曳到“形状2”，为它复制该图层样式，如图13-397、图13-398所示。

图13-397

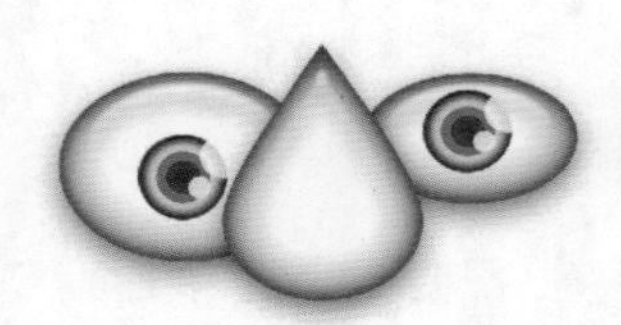

图13-398

10 双击该图层，打开“图层样式”对话框，选择“外发光”效果，将发光颜色设置为红色，如图13-399所示。选择“渐变叠加”效果，单击渐变按钮，打开“渐变编辑器”对话框，设置渐变颜色如图13-400、图13-401所示，使鼻子呈现渐变颜色过渡效果，如图13-402所示。

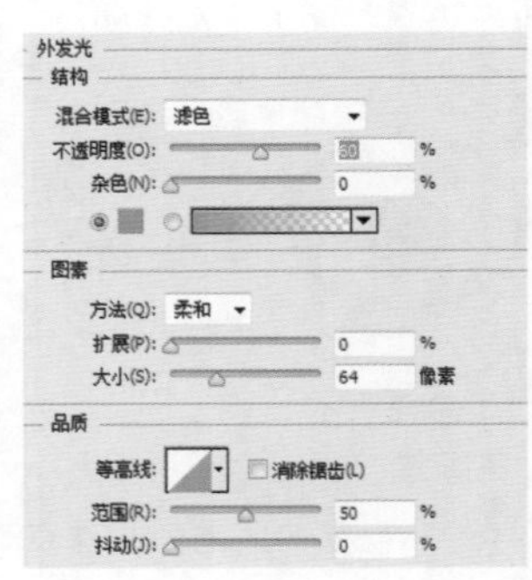

图13-399

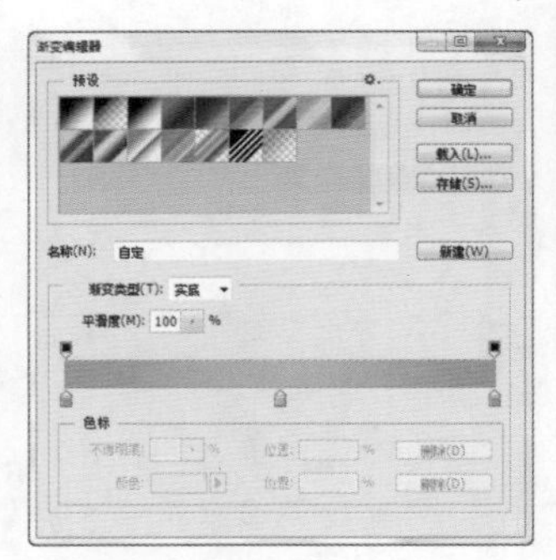

图13-400

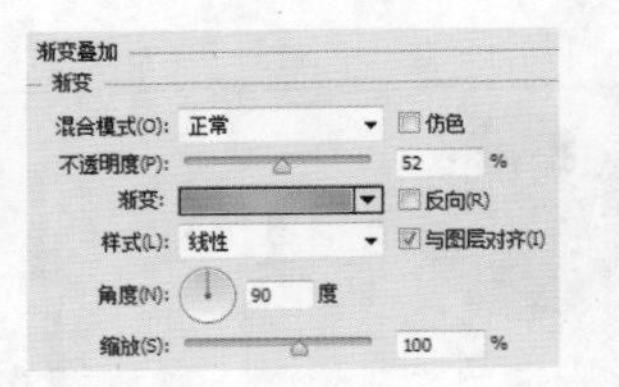

图13-401

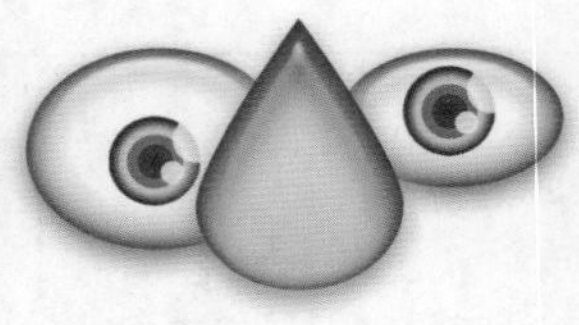

图13-402

11 使用钢笔工具绘制眼眉，将“形状2”的图层样式复制给眼眉图层。将前景色设置为深棕色（R106、G57、B6），按下Alt+Delete快捷键，填充前景色，如图13-403所示。

12 将前景色设置为黄色。双击眼眉图层，在打开的对话框中选择“光泽”效果，发光颜色设置为红色，如图13-404所示。选择“渐变叠加”效果，在“渐变”面板中选择“透明条纹渐变”，由于前景色设置为黄色，所以这个条纹也会呈现黄色，如图13-405、图13-406所示。

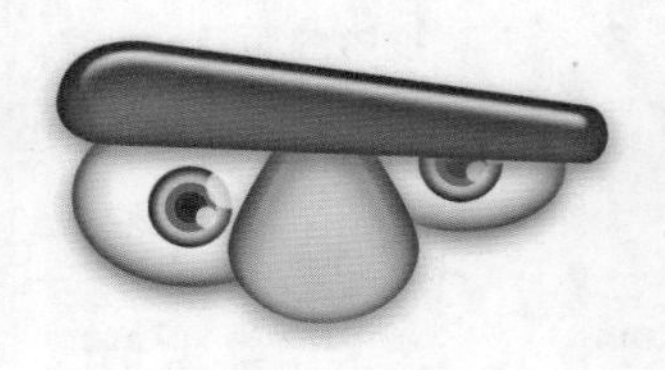

图13-403

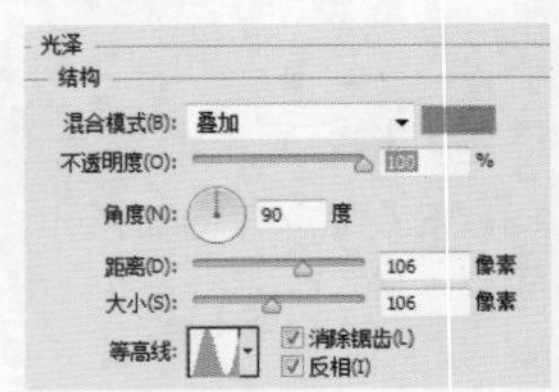

图13-404

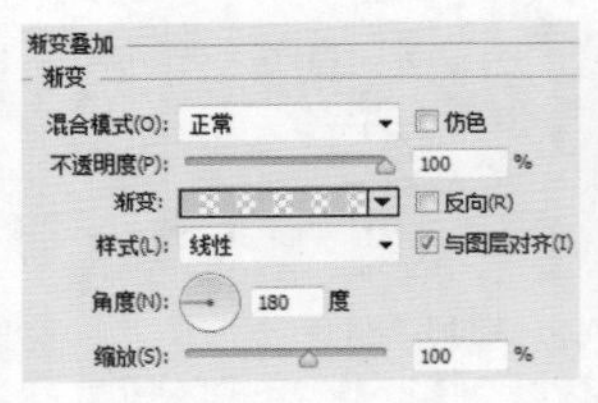

图13-405

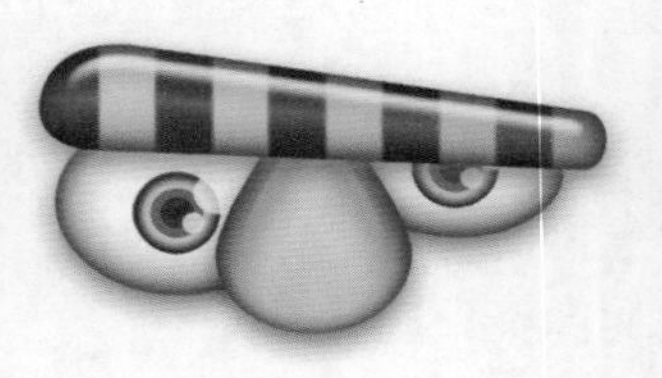

图13-406

13 单击外发光前面的眼睛图标，将该效果隐藏，如图13-407、图13-408所示。

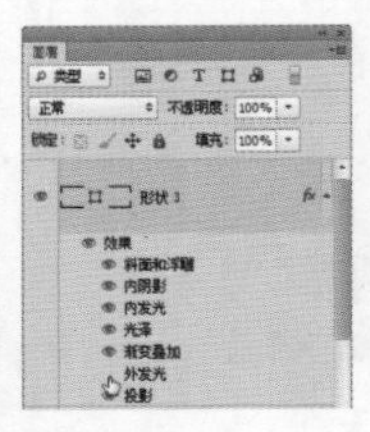

图13-407

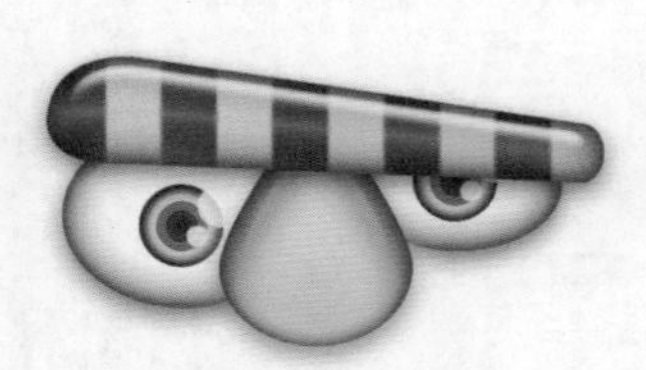

图13-408

14 用同样的方法制作出胡须效果，如图13-409所示。将前景色设置为深棕色（R54、G46、B43），按下Alt+Delete快捷键填充图形，将该图层拖到鼻子图层下方，如图13-410所示。

15 绘制出脸的图形，按下Shift+Ctrl+[快捷键将其移至底层。按住Alt键，将“形状2”（鼻子）图层后面的fx图标拖曳到脸图层，如图13-411、图13-412所示。

图13-409

图13-410

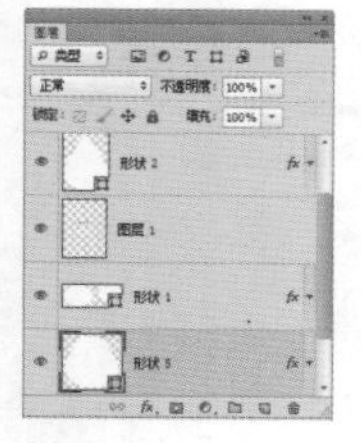

图13-411

图13-412

16 选择椭圆工具，在工具选项栏中选择选项，如图13-413所示。画出一个椭圆形，作为卡通人的嘴，这个图形会与脸部图形相减，生成凹陷状效果，如图13-414、图13-415所示。

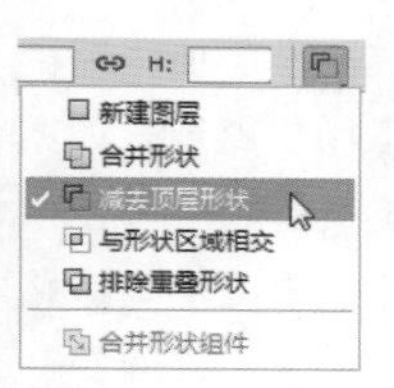

图13-413

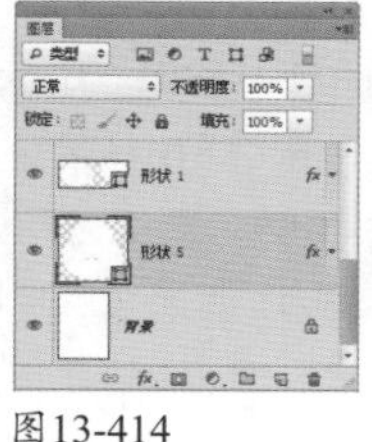

图13-414

图13-415

17 绘制出衣领图形，将前景色设置为深棕色（R87、G60、B100），按下Alt+Delete快捷键填充图形，将该图层拖到脸部图层下方。调整“渐变叠加”样式，将渐变样式设置为“对称的”，如图13-416、图13-417所示。

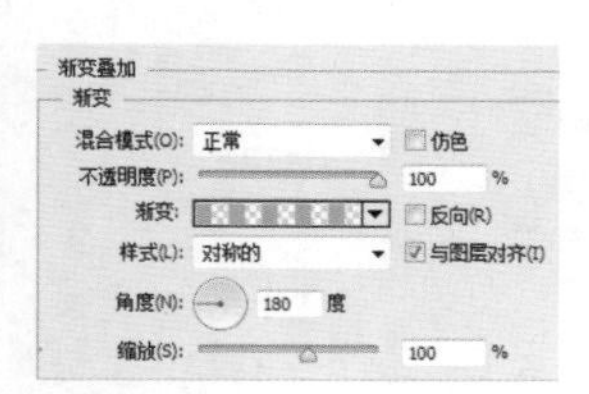

图13-416

图13-417

18 在形状下拉面板中加载“形状”库，选择“花1”，创建一个形状，填充黄色，如图13-418、图13-419所示。

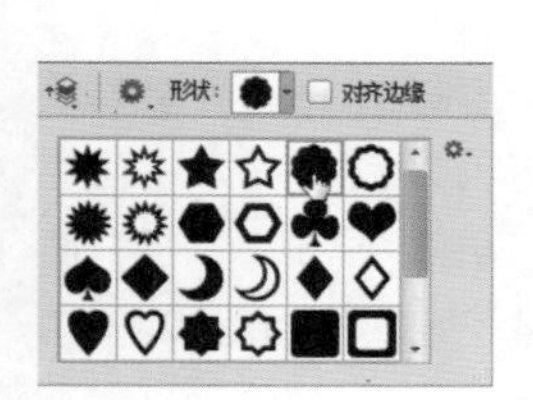

图13-418

图13-419

19 按住Ctrl键，单击“形状5”（脸部）图层，载入脸部选区，如图13-420所示。按住Alt键，单击面板底部的按钮，基于选区创建一个反相的蒙版，如图13-421所示，使脸部图形呈现嵌入效果。

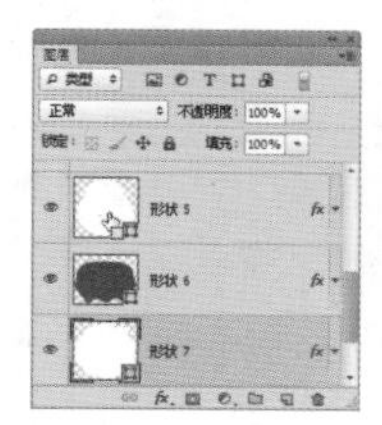

图13-420

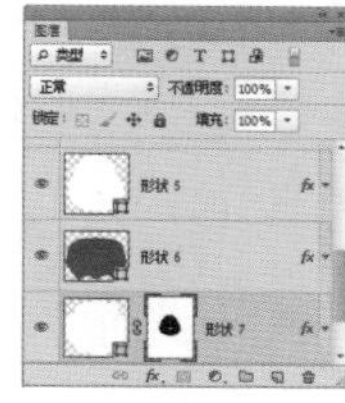

图13-421

20 选择圆角矩形工具，设置半径为50像素，按住Shift键，绘制一个圆角矩形，隐藏“渐变叠加”效果，如图13-422、图13-423所示。将前景色设置为黑色，在圆角矩形的下面绘制一个矩形，如图13-424所示。

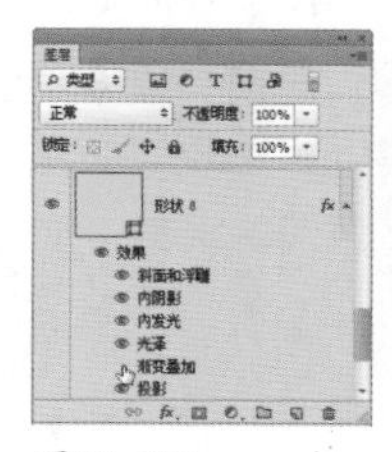

图13-422

图13-423

图13-424

21 在面部图层上方新建一个图层，如图13-425所示。选择椭圆工具，在工具选项栏中选择“像素”选项，在卡通人的脸上画一些粉红色的圆点，如图13-426所示。

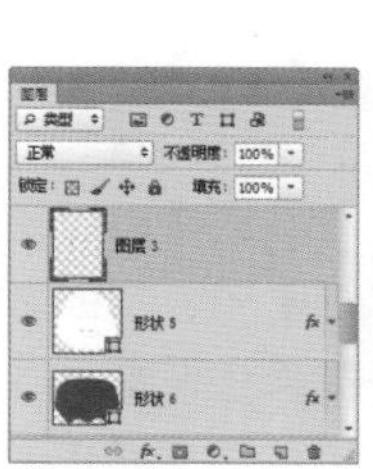

图13-425

图13-426

E-mail:ai_book@126.com

通过画笔工具、钢笔工具绘制动漫人物。将路径转换为选区，对路径进行描边、填充等操作。

13.20 动漫系列之美少女角色设计

视频位置：光盘>视频文件夹
实例门类：动漫　难度：★★★★★

01 打开光盘中的素材文件，单击“皮肤”路径层，在画面中显示路径，如图13-427、图13-428所示。

图13-427

图13-428

02 新建一个图层，命名为“皮肤”，如图13-429所示。将前景色设置为皮肤色（R246、G200、B185），单击“路径”面板底部的 按钮，用前景色填充路径，如图13-430所示。按下Ctrl+回车键，将路径转换为选区。选择画笔工具（柔角），绘制出面部的结构，如图13-431所示。

图13-429

图13-430

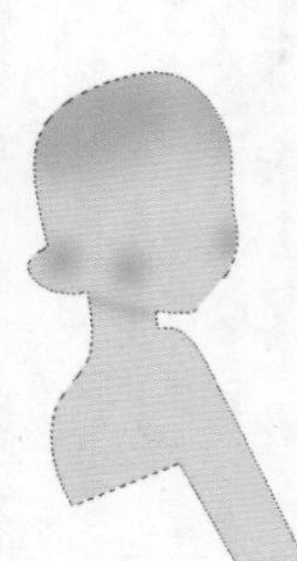

图13-431

提示

设置前景色时，可以先使用吸管工具在皮肤上单击，拾取皮肤色，然后单击工具箱中的前景色块，打开“拾色器”将颜色调暗。按下 [键（缩小）或] 键（放大）可调整画笔大小。

03 单击“路径”面板中的衣服路径，将其选择，如图13-432所示，在“图层”面板中新建一个名称为“衣服”的图层，如图13-433所示。将前景色设置为白色，单击“路径”面板底部的 按钮，用前景色填充路径，如图13-434所示。

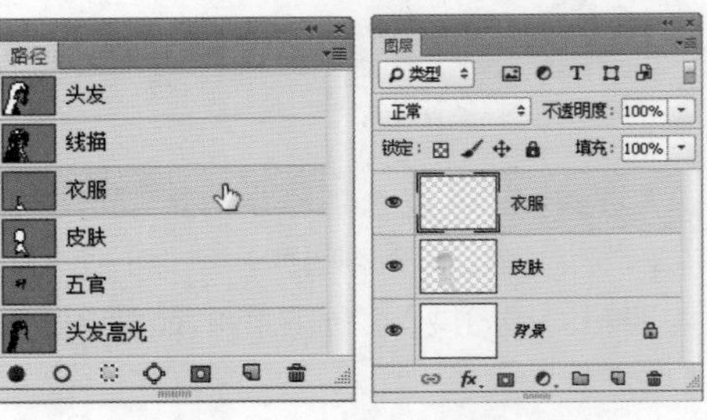

图13-432

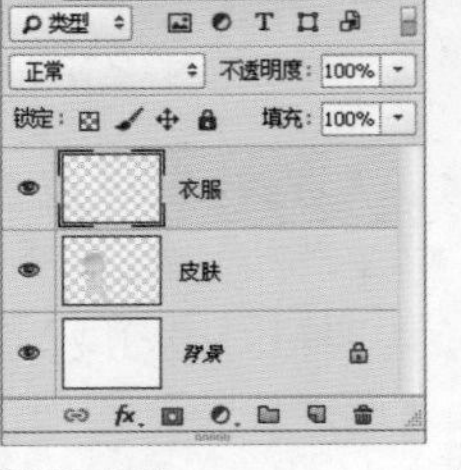

图13-433

图13-434

04 单击“五官”路径层，如图13-435所示。使用路径选择工具，同时按住Shift键选取眼眉路径，如图13-436所示。新建一个图层，选择画笔工具（柔角5像素），单击“路径 ”面板底部的 按钮，用画笔描边路径，如图13-437所示。

图13-435

图13-436

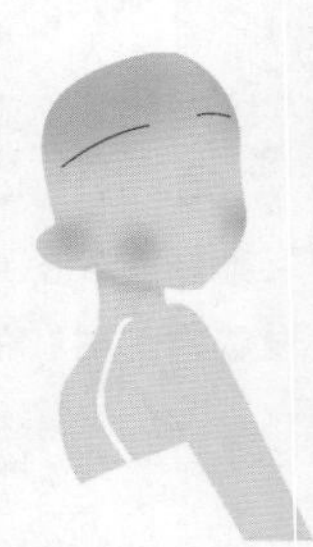

图13-437

提示

在“路径”面板空白处（路径层下方）单击，可以隐藏路径。单击“路径”面板中的路径层，可以在画面中显示路径，使用路径选择工具选取需要编辑的路径，单击“路径”面板底部的按钮，可以对其进行填充、描边或转换选区等操作。要修改路径，则需要使用直接选择工具，通过移动锚点来改变路径的形状。

05 使用路径选择工具，同时按住Shift键选取眼睛路径，如图13-438所示。将前景色设置为浅蓝色（R225、G244、B255），新建一个图层，单击“路径”面板底部的 按钮，用前景色填充路径区域，如图13-439所示。

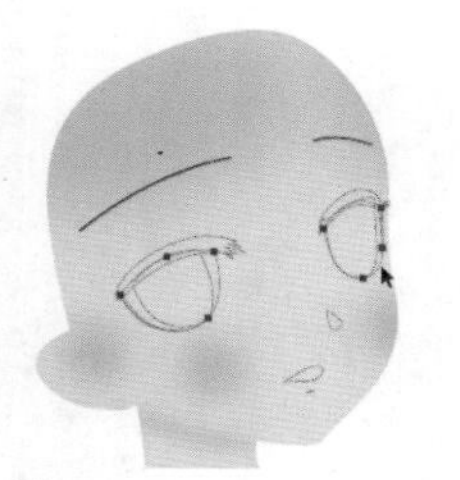
图13-438

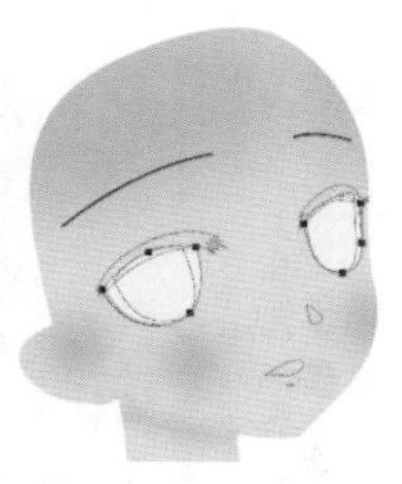
图13-439

06 单击按钮，锁定该图层的透明区域，如图13-440所示。用画笔工具（柔角）在眼睛上方涂抹深蓝色，如图13-441所示。

图13-440

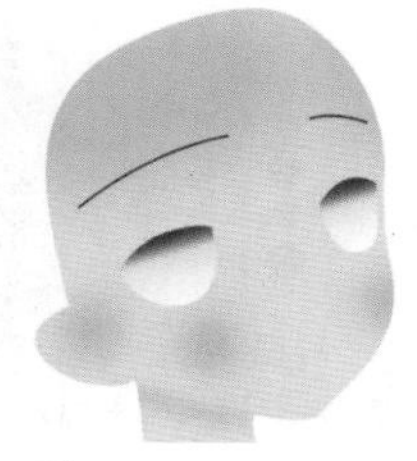
图13-441

07 单击“五官”路径层，显示五官路径。使用路径选择工具，同时按住Shift键选取眼珠、眼线及睫毛等路径，如图13-442所示。新建一个图层，将路径填充黑色，如图13-443所示。在“路径”面板的空白处单击，取消路径的显示。

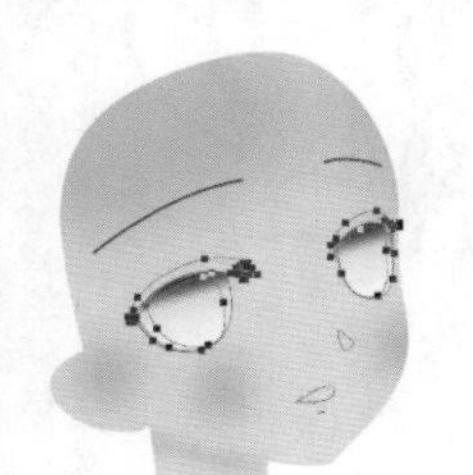
图13-442

图13-443

08 新建一个图层。使用椭圆选框工具，同时按住Shift键创建一个选区。选择渐变工具，单击径向渐变按钮，单击按钮，打开“渐变编辑器”调整渐变颜色，如图13-444所示。在选区内填充径向渐变，如图13-445所示。

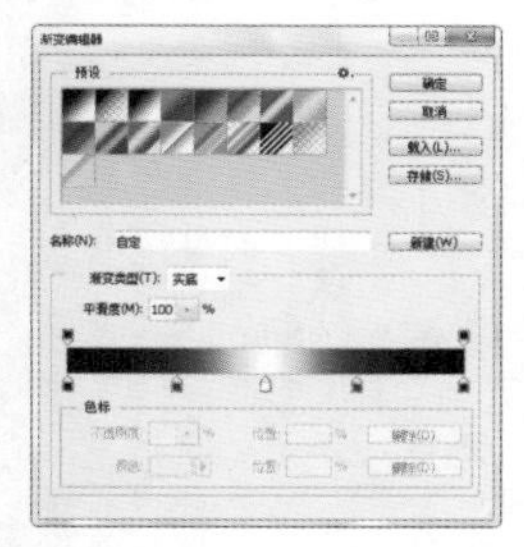
图13-444

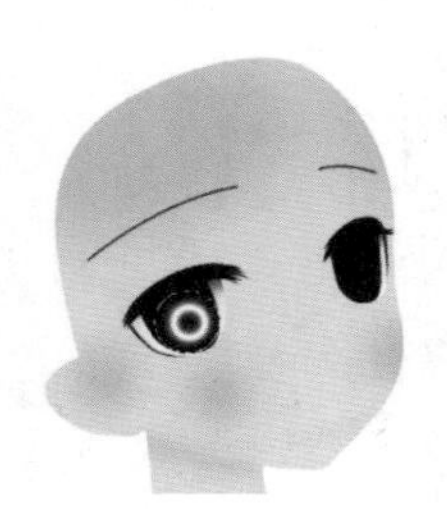
图13-445

09 按下Ctrl+T快捷键，显示定界框，调整图像的大小及角度，如图13-446所示，按下回车键确认。选择移动工具，将光标放在选区内，按住Alt键向右拖动鼠标，将圆形复制到另一只眼睛上，用同样的方法调整大小，按下Ctrl+D快捷键以取消选择，如图13-447所示。用橡皮擦工具（柔角）擦除图形的上半部分，如图13-448所示。

图13-446　　图13-447　　图13-448

10 将前景色设置为黄色。选择画笔工具（柔角80像素），在眼珠上单击，制作闪亮的反光效果，如图13-449所示。设置画笔工具的不透明度为30%，在眼珠的右上方绘制反光，如图13-450所示。按下] 键，将画笔的直径调小，设置不透明度为100%，在反光中心位置绘制白点，如图13-451所示。

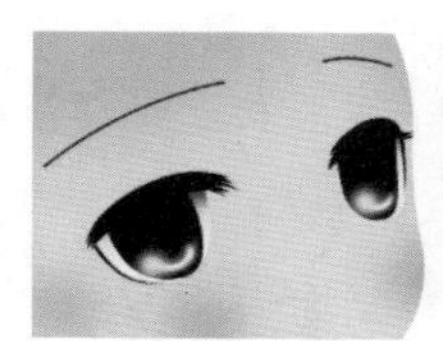
图13-449

图13-450

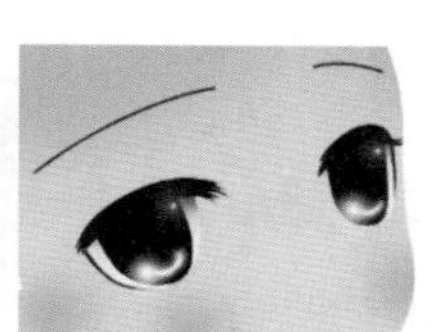
图13-451

11 选择“五官”路径层，使用路径选择工具，同时按住Shift键选取鼻子和嘴的路径，如图13-452所示，填充深粉色，绘制出鼻子的高光，如图13-453所示。

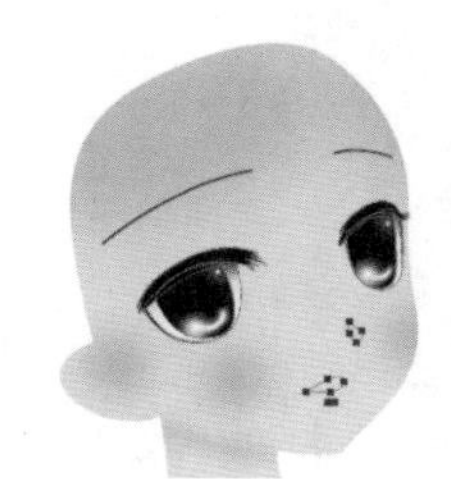
图13-452

图13-453

12 选择“头发”路径层。使用路径选择工具选取图13-454所示的路径，位于脸部后面的头发可稍后再制作。将前景色设置为深红色（R150、G45、B71），新建一个图层，单击“路径”面板底部的按钮，用前景色填充路径，如图13-455所示。

13 选择“头发高光”路径层，如图13-456所示，按下Ctrl+回车键，将路径转换为选区，如图13-457所示。按下Shift+F6快捷键，打开“羽化选区”对话框，设置羽化半径为5像素，在选区内填充白色，按下Ctrl+D快捷键以取消选择，如图13-458所示。

图13-454　图13-455　图13-456

图13-457　图13-458

14 设置该图层的混合模式为“柔光”，不透明度为70%，如图13-459、图13-460所示。用橡皮擦工具（柔角）擦除图形的边缘，如图13-461所示。

图13-459

图13-460

图13-461

15 选择“线描”路径，如图13-462所示。选择画笔工具，在画笔下拉面板中选择“硬边圆压力大小”画笔，设置笔尖大小为3像素，如图13-463所示。按住Alt键，同时单击“路径”面板底部的按钮，打开“描边路径”对话框，在“工具”下拉列表中选择“画笔”选项，勾选“模拟压力”选项，如图13-464所示。单击“确定”按钮，用画笔描边路径，表现发丝效果，如图13-465所示。

16 选择“硬边圆”画笔，设置笔尖大小为1像素，如图13-466所示，设置不透明度为50%，再次用画笔描边路径。发丝路径经过两次描边以后，线条会有轻重、明暗的变化，更接近于手绘效果，如图13-467所示。

图13-462　图13-463

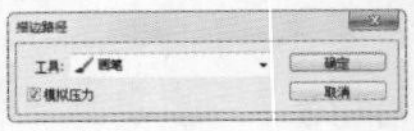

图13-464

图13-465

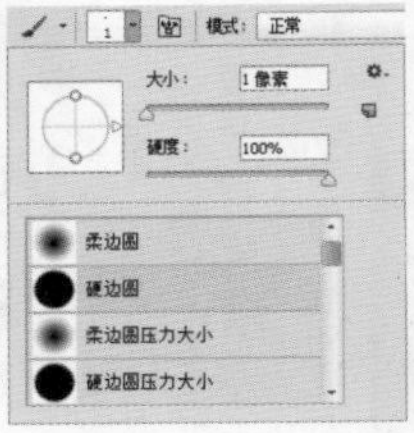

图13-466

图13-467

17 分别在新建的图层中绘制出后面和前面飞扬起的头发，如图13-468、图13-469所示。

图13-468

图13-469

18 打开光盘中的素材文件，将背景拖到文档中美少女下方，光晕素材放在上方，如图13-470所示。

图13-470

E-mail:ai_book@126.com

用“半调图案”和“最大值”滤镜制作网点，用蒙版遮盖住多余的区域。

13.21 动漫系列之漫画网点的制作方法

视频位置：光盘>视频文件夹
实例门类：动漫 难度：★★★☆☆

01 在前一个实例的效果文件上操作。制作网点需先将图像转换为黑白效果。单击“调整”面板中的 按钮，创建“黑白”调整图层，将图像转换为黑白效果，如图13-471、图13-472所示。

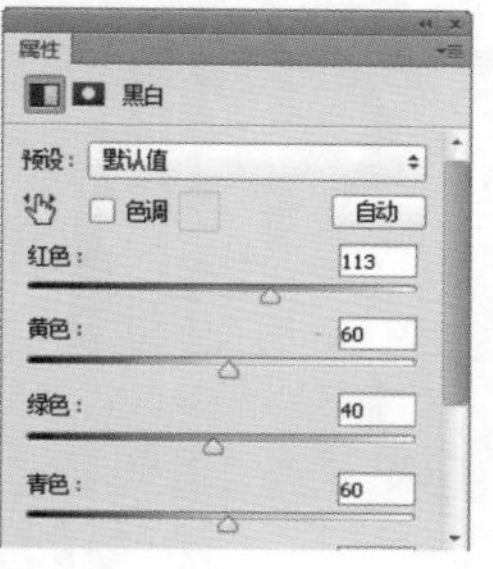

图13-471

图13-472

02 新建一个图层，填充白色。执行“滤镜>滤镜库”命令，单击“素描”滤镜组前的 按钮，展开滤镜组，选择“半调图案”滤镜，设置参数，如图13-473所示。单击“确定”按钮关闭对话框。

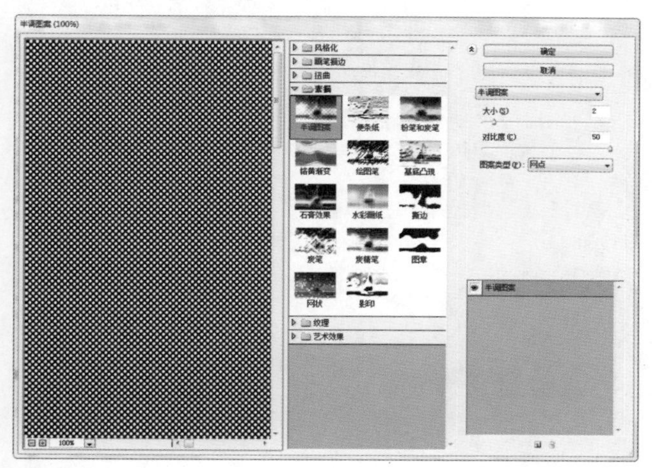

图13-473

03 执行“滤镜>其它>最大值”命令，扩展画面中的白色区域，如图13-474所示。

04 单击“通道”面板底部的 按钮，将通道作为选区载入，按下Delete键以删除选区内的图像，即白色的区域，按下Ctrl+D快捷键，取消选择，如图13-475所示。

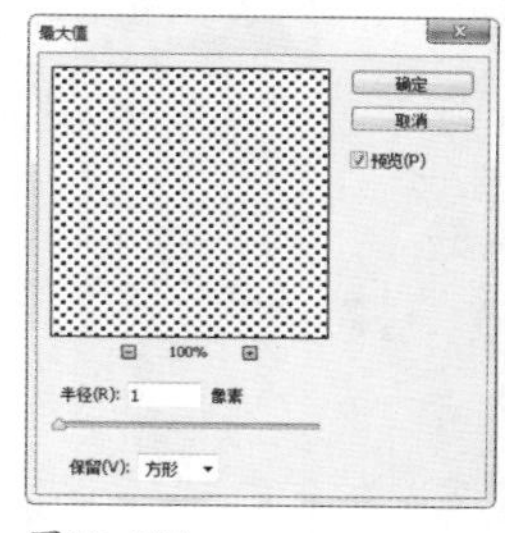

图13-474

图13-475

05 按住Ctrl+Shift键，逐一单击“图层”面板中头发图层的缩览图，将头发的选区全部载入，单击 按钮，基于选区创建蒙版，将头发以外的网点隐藏，效果如图13-476、图13-477所示。

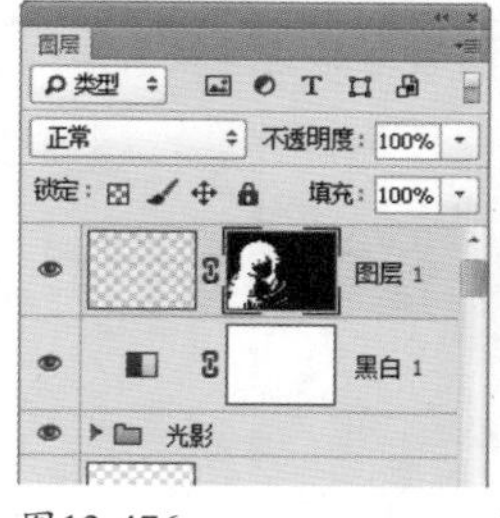

图13-476

图13-477

06 我们还需要在鼻子、嘴和衣服的阴影处表现出网点，来刻画人物的明暗细节。使用多边形套索工具 ，创建选区，填充白色（蒙版中的白色区域为显示的范围），如图13-478所示。

图13-478

E-mail:ai_book@126.com

先用"曲线"调整瓶子的色调，再将雪景合成到瓶子中。合成时分别使用了剪贴蒙版和图层蒙版。剪贴蒙版可以快速地限定雪景的显示范围，而图层蒙版则可以更好地刻画和表现细节。

13.22 创意系列之瓶子里的风景

素材：光盘>素材文件夹　视频位置：光盘>视频文件夹
实例门类：创意设计　难度：★★★☆☆

01 打开光盘中的素材，如图13-479、图13-480所示，下面以这张图片为基础，通过创建剪贴蒙版、添加图层蒙版，将一幅风景图像合成到瓶子中。

图13-479　图13-480

02 先来调整一下瓶子的颜色。单击"调整"面板中的按钮，创建"曲线"调整图层，调整RGB曲线，增加图像的对比度，如图13-481所示；选择"蓝"通道，将曲线向上调整，增强画面中的蓝色，如图13-482所示。按下Alt+Ctrl+G快捷键，将调整图层创建为剪贴蒙版，如图13-483、图13-484所示。

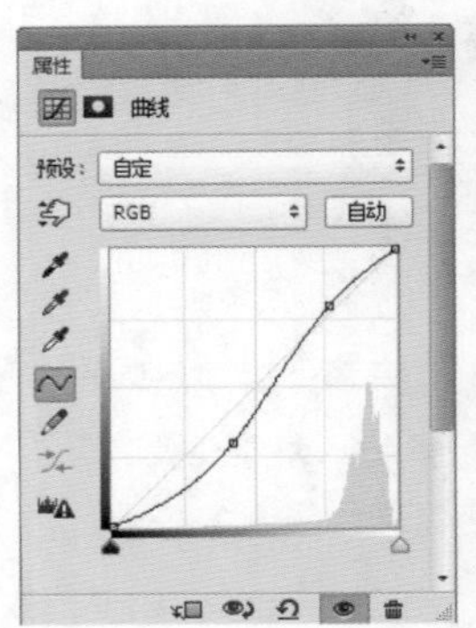

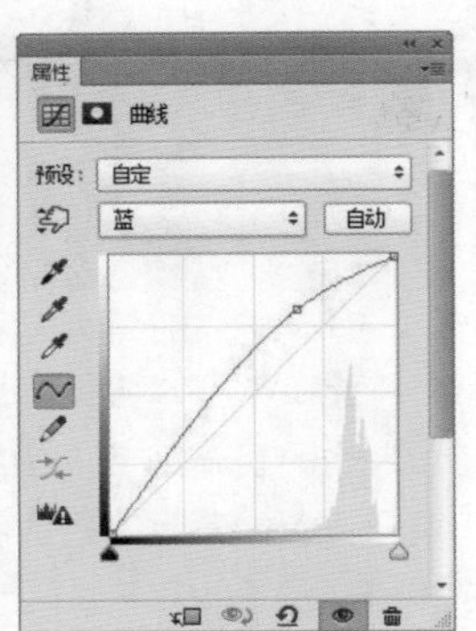

图13-481　图13-482

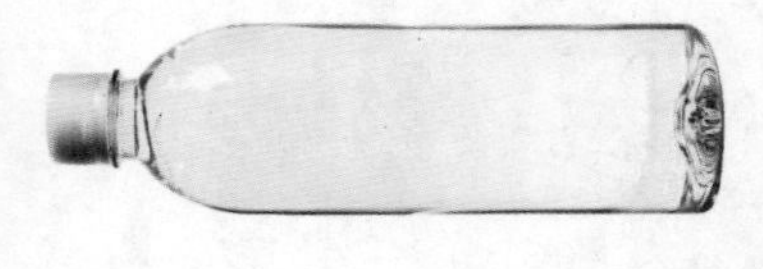

图13-483　图13-484

03 选择渐变工具，打开"渐变编辑器"，调整渐变颜色，如图13-485所示。选择"背景"图层，按住Shift键的同时，由上至下拖动鼠标填充渐变，如图13-486所示。

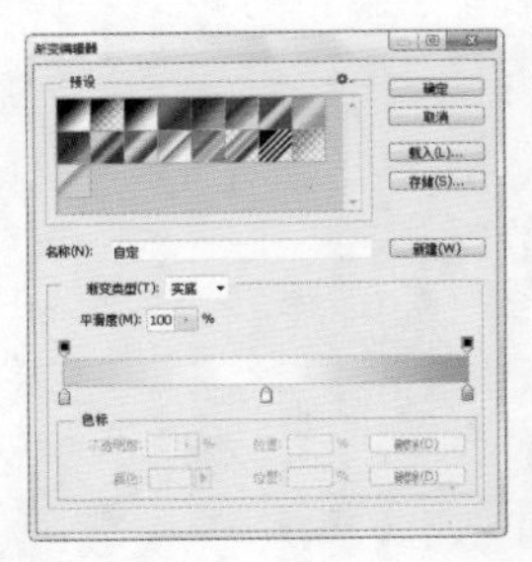

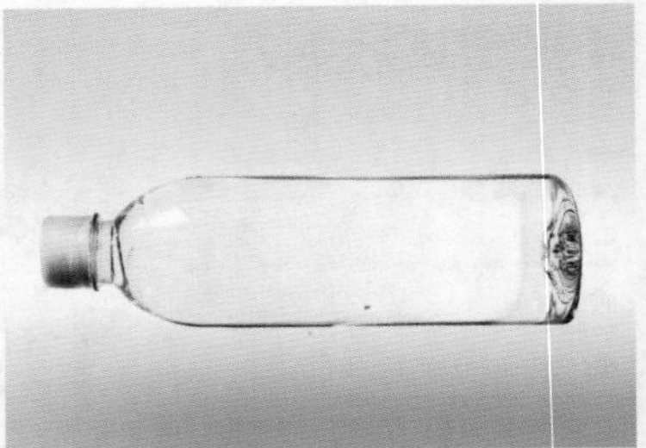

图13-485　图13-486

04 打开光盘中的雪景素材，将它拖入瓶子文档中，如图13-487所示。按下Alt+Ctrl+G快捷键，将雪景与瓶子创建为一个剪贴蒙版组，隐藏瓶子以外的雪景图像，如图13-488、图13-489所示。

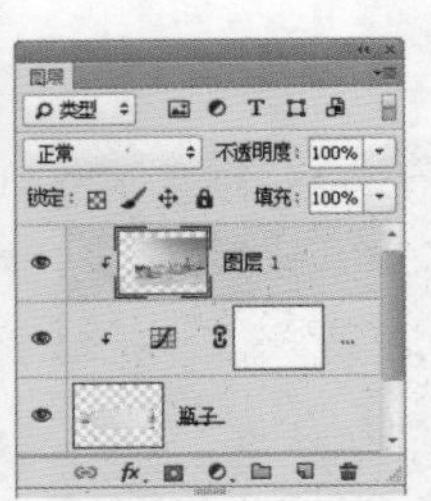

图13-487　图13-488

图13-489

05 单击添加图层蒙版按钮，为雪景图层添加一个蒙版。使用渐变工具（黑色到透明渐变）在瓶子的四周填充渐变，将这些图像隐藏，使风景与瓶子的融合效果更加自然，如图13-490、图13-491所示。

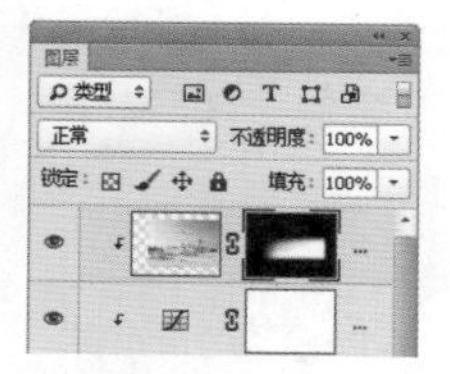

图13-490

图13-491

06 按住Shift键，单击“瓶子”图层，可以选择图13-492所示的3个图层，按下Alt+Ctrl+E快捷键，将图像盖印到一个新的图层中，如图13-493所示。按下Shift+Ctrl+[快捷键，将图层移至底层，如图13-494所示。

图13-492

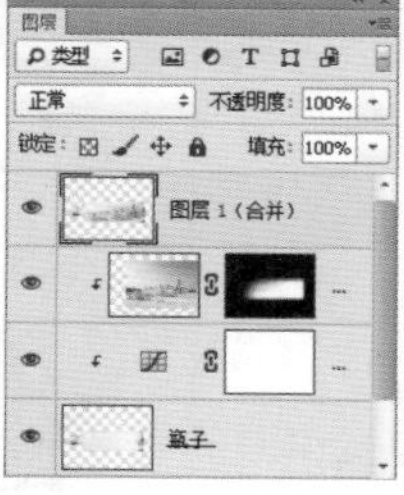

图13-493

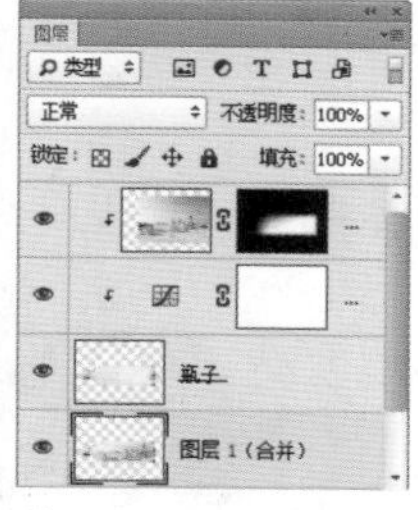

图13-494

07 按下Ctrl+T快捷键，显示定界框，单击鼠标右键打开快捷菜单，选择“垂直翻转”命令，将图像翻转。将光标放在定界框内，移动图像到瓶子下面，作为倒影，调整图像的高度，如图13-495所示。按下回车键确认。

图13-495

08 执行“滤镜>模糊>高斯模糊”命令，进行模糊处理，如图13-496、图13-497所示。

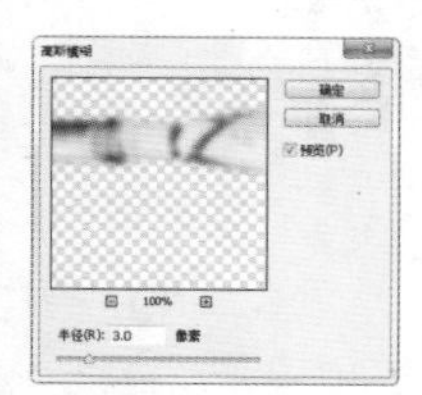

图13-496

图13-497

09 设置该图层的混合模式为“正片叠底”，如图13-498所示。用画笔工具（柔角，不透明度为50%）在瓶子的底边和瓶底处涂抹深灰色，如图13-499所示。

10 新建一个图层，设置混合模式为“正片叠底”，不透明度为65%。按下Alt+Ctrl+G快捷键，将其添加到剪贴蒙版组中。将前景色设置为蓝色，使用渐变工具（前景色到透明渐变）分别在瓶子的上、下两边填充线性渐变，如图13-500、图13-501所示。

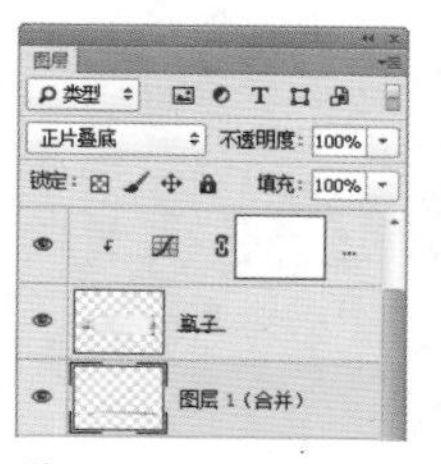

图13-498

图13-499

图13-500

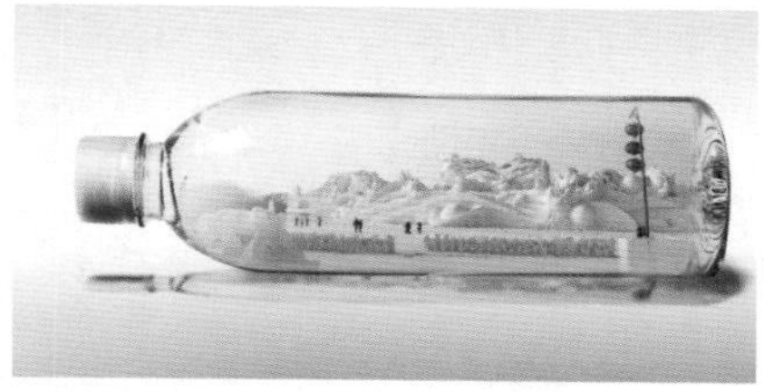

图13-501

11 新建一个图层，设置混合模式为“叠加”。使用画笔工具（柔角）在瓶子上涂抹一些紫色和黄色，丰富一下色彩，如图13-502、图13-503所示。

图13-502

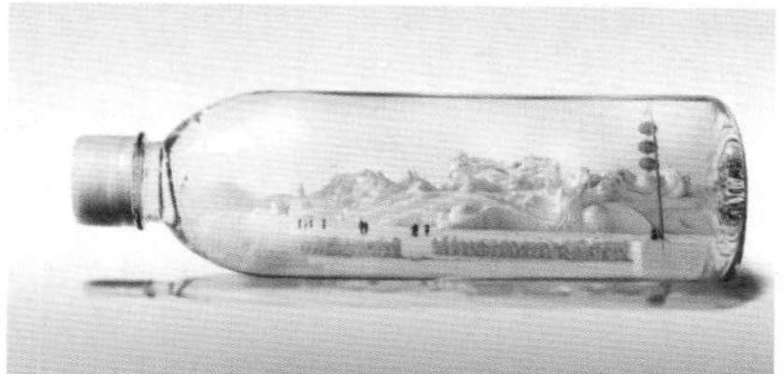

图13-503

12 打开光盘中的光影素材文件，将它拖入画面中。单击“调整”面板中的按钮，创建“色彩平衡”调整图层，分别对“中间调”和“阴影”进行调整，使画面的色调更加协调，如图13-504~图13-506所示。

图13-504

图13-505

图13-506

13.23 创意系列之纸牌女王

使用绘图工具绘制各种形状，应用图层样式制作出具有浮雕感的纸牌形像。

素材：光盘>素材文件夹　视频位置：光盘>视频文件夹

实例门类：创意设计　难度：★★★★★

01 打开光盘中的素材文件，如图13-507、图13-508所示。先在此基础上为人物设计一款衣服。

图13-507

图13-508

02 选择钢笔工具，在工具选项栏中选择“形状”选项，设置填充颜色为橙色，绘制衣服，如图13-509所示。双击该图层，在打开的“图层样式”对话框中选择“投影”效果，如图13-510、图13-511所示。

图13-509

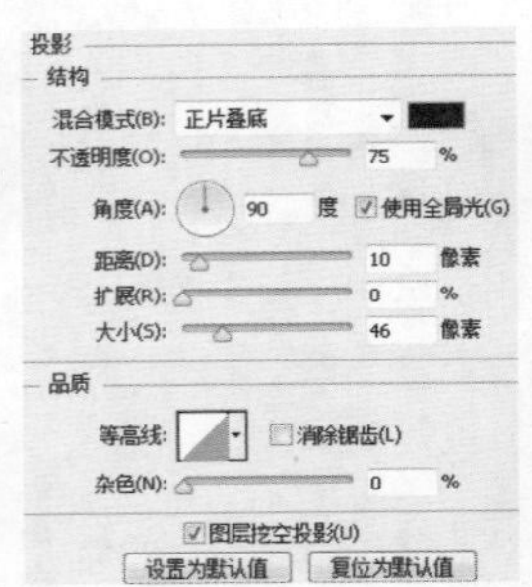

图13-510

图13-511

03 绘制衣领，如图13-512所示。按住Alt键，将“形状1”图层的效果图标 fx 拖曳到“形状2”图层上，复制图层样式，如图13-513、图13-514所示。

图13-512

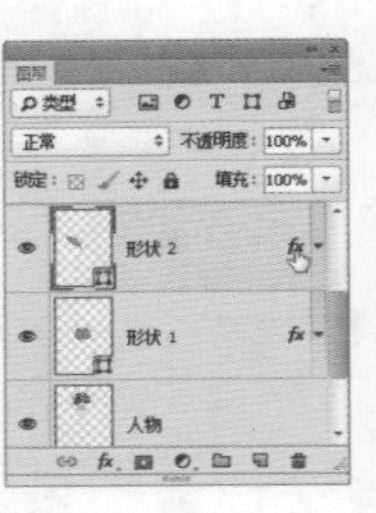

图13-513

图13-514

04 使用路径选择工具单击衣领图形，将其选取，按住Alt键，同时向右拖动进行复制，如图13-515所示；执行“编辑>变换路径>水平翻转”命令，将路径图形水平翻转，如图13-516所示。

图13-515　图13-516

05 按下Ctrl+J快捷键，复制图层，如图13-517所示。按下Ctrl+T快捷键，显示定界框，拖动定界框将形状缩小，如图13-518所示。使用直接选择工具选取领口的锚点，调整位置，使它与白色蕾丝贴合。

图13-517

图13-518

06 绘制服装的其他部分，按下Ctrl+]（Ctrl+[）快捷键可以调整图层的前后位置，如图13-519~图13-522所示。

图13-519　图13-520

图13-521　图13-522

07 绘制裙子。在“图案”图层前面单击，显示该图层，如图13-523、图13-524所示。

图13-523　图13-524

08 按住Ctrl键的同时，单击“形状1”图层的缩览图，如图13-525所示，载入形状的选区；按住Ctrl+Shift键的同时，单击“形状3”的缩览图，添加选区，如图13-526所示。再采用同样的方法将裙子也添加到选区内，如图13-527所示。

图13-525　图13-526　图13-527

09 单击“图层”面板底部的 按钮，基于选区创建蒙版，将衣服以外的图案隐藏，如图13-528所示。连续按下Ctrl+[快捷键，将该图层调整到衣领的下方，如图13-529所示。

图13-528　图13-529

10 在“图层2拷贝”上方新建一个图层，按下Alt+Ctrl+G快捷键，创建剪贴蒙版，如图13-530所示。选择画笔工具 （柔角200像素，不透明度30%），在衣领上涂抹黄色（R250、G166、B67），使图像具有明暗变化，如图13-531所示。

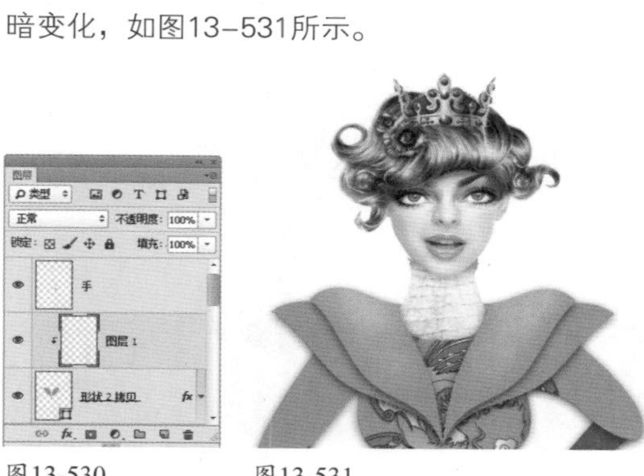

图13-530　图13-531

11 在“图层2”上方新建一个图层，按下Alt+Ctrl+G快捷键，创建剪贴蒙版，如图13-532所示。将前景色设置为棕红色（R135、G14、B4），绘制衣领的暗部，如图13-533所示。

图13-532　图13-533

12 用同样的方法表现衣服其他部位的明暗。现在图案部分过于平面化，可以根据衣服的结构，使用橡皮擦工具（不透明度为30%）进行擦除，如图13-534所示。

13 在“背景”图层前面单击，如图13-535所示，隐藏该图层，按下Alt+Shift+Ctrl+E快捷键，用盖印图层的方法将组成人物的所有图形合并到一个新的图层中，如图13-536所示。

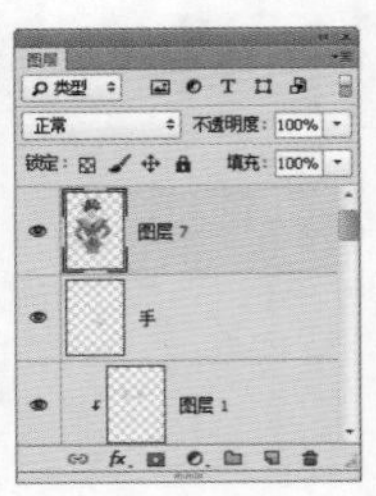

图13-534　图13-535　图13-536

14 打开光盘中的素材，将人物拖入素材文档中，如图13-537所示。按住Ctrl键同时单击按钮，在当前图层下方新建一个图层，如图13-538所示。按住Ctrl键，同时单击“图层7”的缩览图，如图13-539所示，载入人物的选区，填充深棕色，按下Ctrl+D快捷键，取消选择。

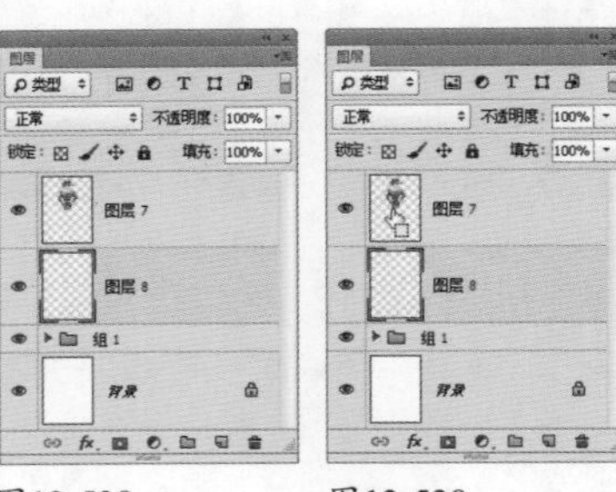

图13-537　图13-538　图13-539

15 执行“滤镜>模糊>高斯模糊”命令，对图像进行模糊处理，制作出人物的投影效果，如图13-540、图13-541所示。

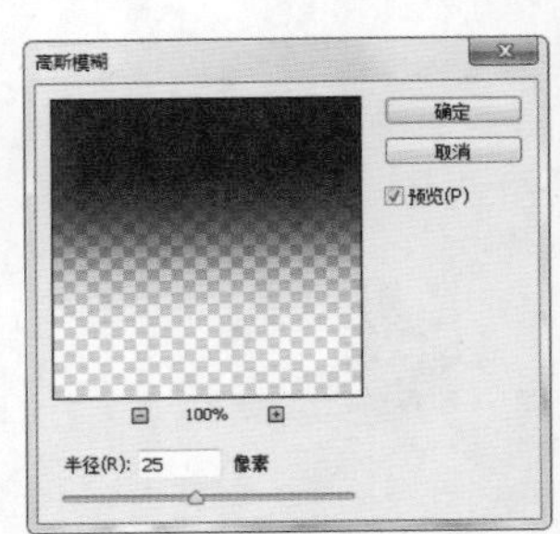

图13-540　图13-541

16 用同样的方法制作一个蓝色衣着的人物，进行垂直翻转，放在扑克牌下方，如图13-542所示。

图13-542

E-mail:ai_book@126.com

将图像去色以后，进行重新着色，形成戏剧化的白色油彩效果。通过“图层样式”表现厚度。

13.24 创意系列之戏剧化妆容

素材：光盘>素材文件夹 视频位置：光盘>视频文件夹

实例门类：创意设计 难度：★★★☆☆

01 打开光盘中的素材文件，按住Ctrl键，单击“路径1”的缩览图，如图13-543所示，载入路径中的选区，如图13-544所示。

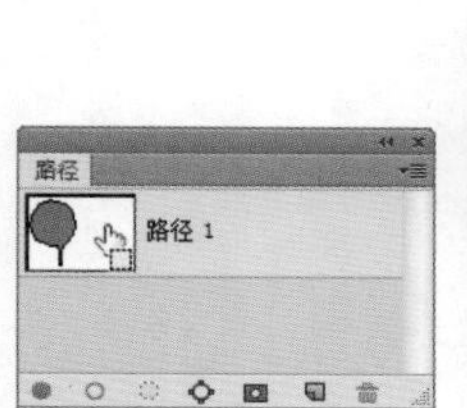

图13-543

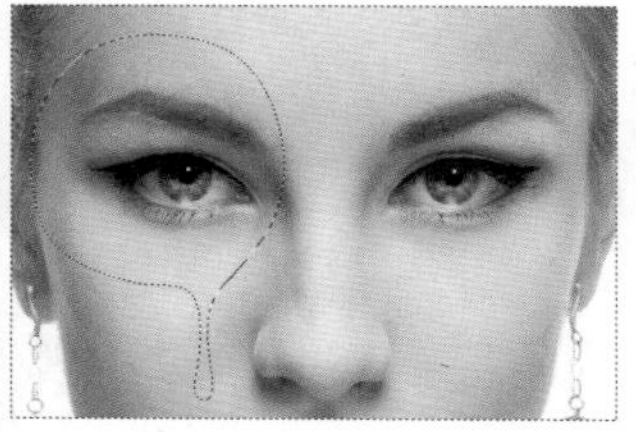

图13-544

02 单击“调整”面板中的按钮，基于选区创建“色相/饱和度”调整图层，设置饱和度参数为-100，将选区内的图像去色，同时，选区会自动转换为调整图层的蒙版，如图13-545、图13-546所示。

图13-545

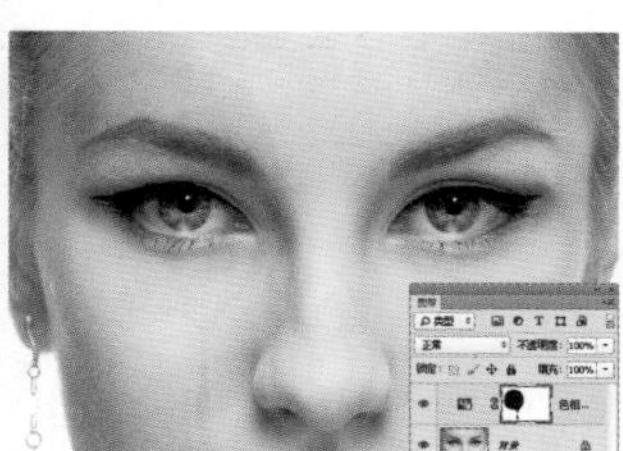

图13-546

03 再次载入路径中的选区，单击“调整”面板中的按钮，创建“色阶”调整图层，将人物肤色调亮，如图13-547、图13-548所示。

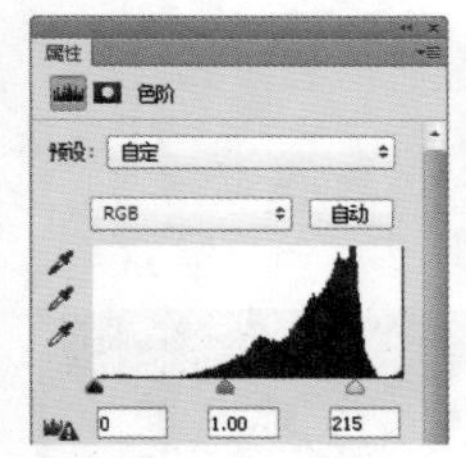

图13-547

图13-548

04 载入路径中的选区，这一次单击“调整”面板中的按钮，再创建一个“色相/饱和度”调整图层，勾选“着色”选项，设置饱和度参数为8，如图13-549、图13-550所示。

图13-549

图13-550

05 新建一个图层，如图13-551所示。载入“路径1”中的选区，按下Shift+Ctrl+I快捷键反选，填充白色，如图13-552所示。按下Ctrl+D快捷键，取消选择。

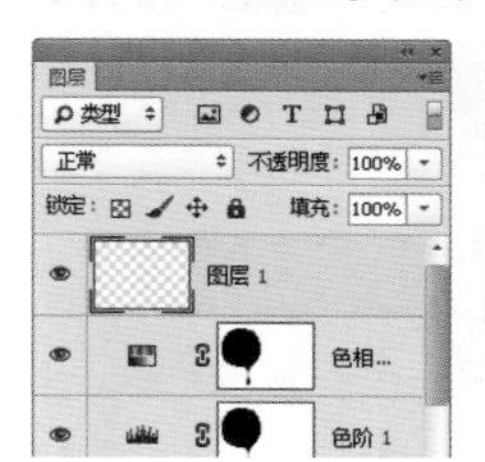

图13-551

图13-552

06 双击该图层，打开“图层样式”对话框，分别添加“描边”和“内阴影”效果，如图13-553、图13-554所示。将该图层的填充不透明度设置为0%，如图13-555所示，此时画面中仅显示添加的图层样式，而不会显示白色填充，如图13-556所示。

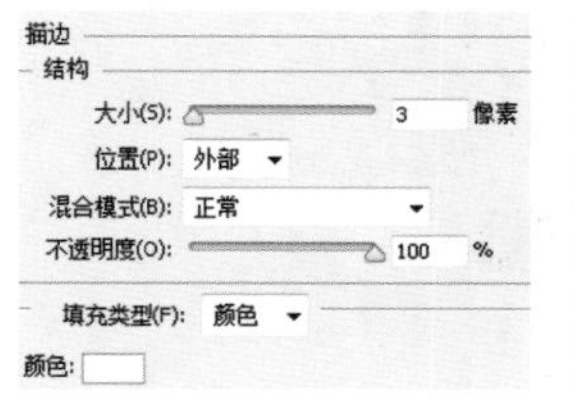

图13-553

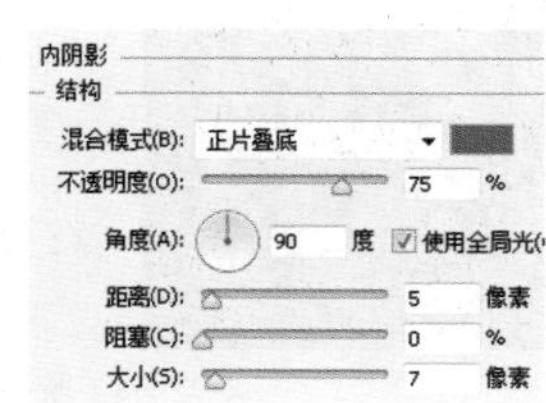

图13-554

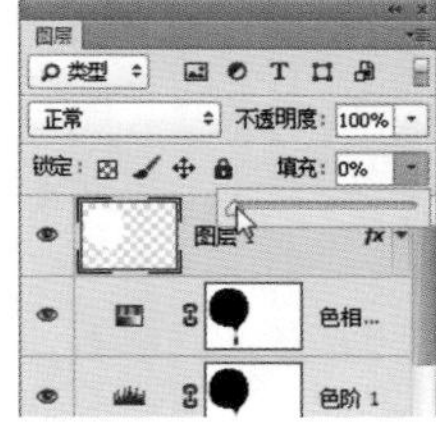

图13-555

图13-556

E-mail:ai_book@126.com

13.25 特效系列之炫彩激光字

在这个实例中，将使用自定义的图案给智能对象添加图层样式，通过不同的图案叠加出绚烂的效果。

素材：光盘>素材文件夹　视频位置：光盘>视频文件夹
实例门类：特效字　难度：★★★☆☆

01 打开两个素材，如图13-557、图13-558所示。将第一个素材设置为当前操作的文档。执行“编辑>定义图案”命令，打开“图案名称”对话框，设置图案名称为“图案1”，如图13-559所示，单击“确定”按钮关闭对话框。采用同样的方法将另一个文件定义为图案。

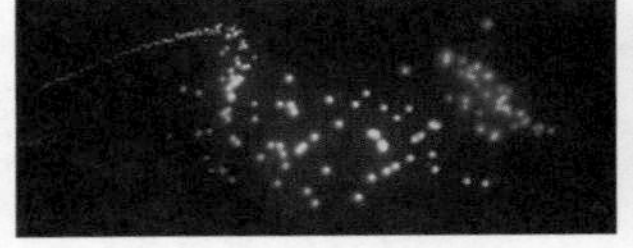

图13-557

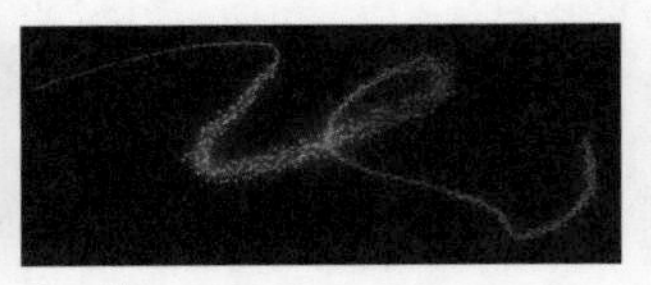

图13-558

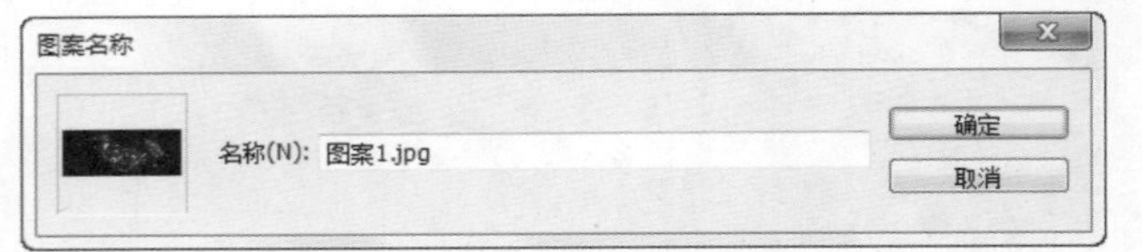

图13-559

02 打开一个素材，如图13-560、图13-561所示。其中的文字为矢量智能对象。如果双击“图层”面板中的图标，则可以在Illustrator软件中打开智能对象原文件，对图形进行编辑后，按下Ctrl+S快捷键保存，Photoshop中的文字对象会同步更新。

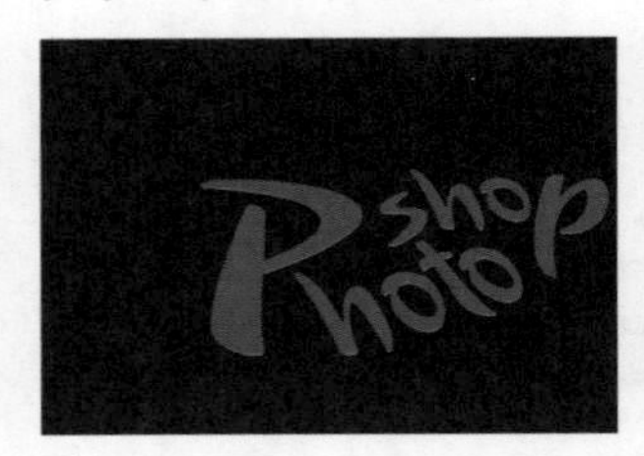

图13-560

图13-561

03 双击文字所在的图层，打开“图层样式”对话框，添加“投影”效果，如图13-562所示。选择“图案叠加”效果，在“图案”下拉面板中选择自定义的“图案1”，设置缩放参数为300%，如图13-563所示，效果如图13-564所示。

04 不要关闭“图层样式”对话框，将光标放在文字上，此时会自动变为移动工具，在文字上单击并拖动鼠标，调整图案的位置，如图13-565所示。调整完毕后关闭对话框。

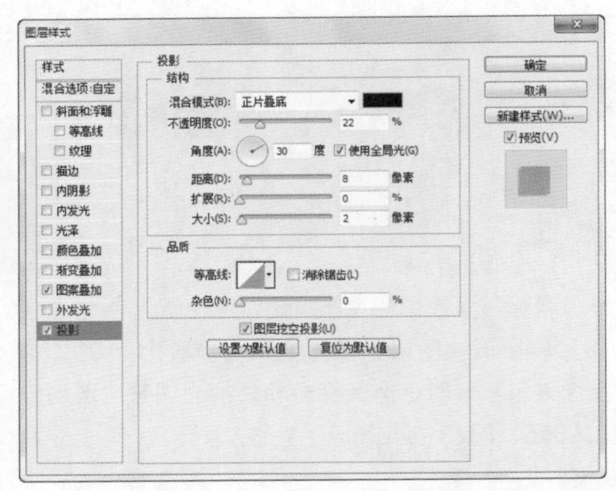

图13-562

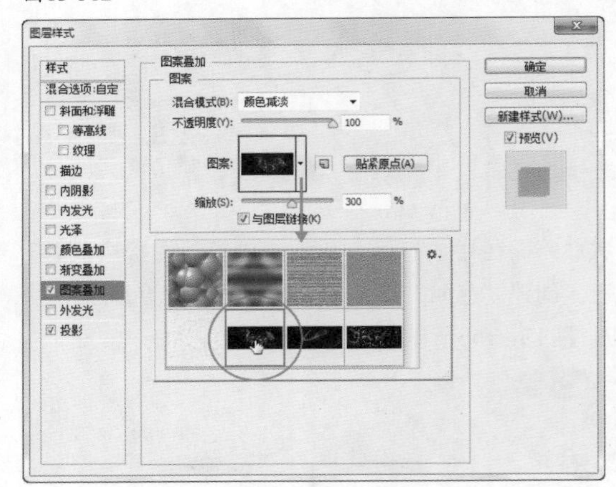

图13-563

图13-564

图13-565

05 按下Ctrl+J快捷键复制当前图层，如图13-566所示。选择移动工具，按下键盘中的↑键10次，使两个文字层之间产生一定距离，如图13-567所示。

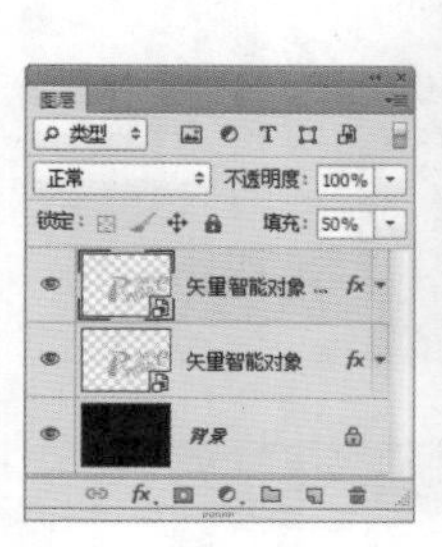

图13-566　图13-567

06 双击该图层后面的fx图标，打开“图层样式”对话框，选择“图案叠加”效果，在“图案”下拉面板中选择“图案2”，修改缩放参数为313%，如图13-568所示，效果如图13-569所示。同样，在不关闭对话框的情况下，调整图案的位置，如图13-570所示。

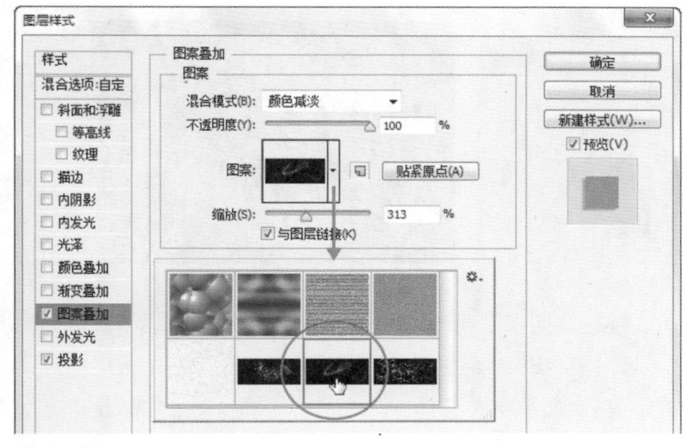

图13-568

图13-569

图13-570

07 按下Ctrl+J快捷键，复制当前图层，提升文字的亮度，如图13-571、图13-572所示。

图13-571　图13-572

08 单击“调整”面板中的按钮，创建“色相/饱和度”调整图层，提高色彩的饱和度，使光效更加炫目，如图13-573、图13-574所示。

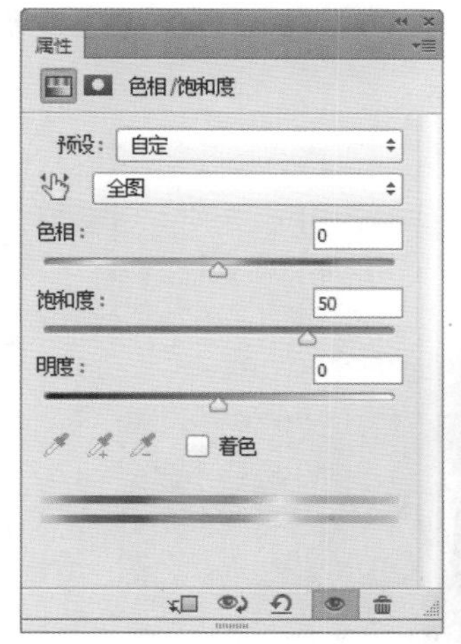

图13-573　图13-574

09 最后在画面中输入其他文字，注意版面的布局，如图13-575所示。

图13-575

E-mail:ai_book@126.com

13.26 特效系列之梦幻光效

制作矢量图形并添加图层样式，产生光感特效。通过复制、变换图形与编辑图层样式，改变图形的外观及发光颜色。

素材：光盘>素材文件夹　视频位置：光盘>视频文件夹
实例门类：平特效　难度：★★★★☆

01 按下Ctrl+O快捷键，打开光盘中的素材文件，如图13-576所示。

图13-576

02 单击“图层”面板底部的 按钮，新建一个图层。选择渐变工具，单击径向渐变按钮，打开渐变下拉面板，选择“透明彩虹渐变”，如图13-577所示。在画面右上方拖动鼠标创建渐变，如图13-578所示。

图13-577　图13-578

03 按下Ctrl+U快捷键，打开“色相/饱和度”对话框，拖曳色相滑块改变图像颜色，如图13-579、图13-580所示。

图13-579　图13-580

04 设置该图层的混合模式为“柔光”，不透明度为64%，如图13-581、图13-582所示。

05 单击“图层”面板底部的 按钮，新建一个图层组。在图层组的名称上双击，命名为“粉红色”，如图13-583所示。选择钢笔工具，在工具选项栏中选择“形状”选项，绘制一个路径形状，如图13-584所示。

图13-581　图13-582

图13-583　图13-584

06 在“图层”面板中设置该图层的填充值为0%，如图13-585所示。双击该图层，打开“图层样式”对话框，在左侧列表中选择“内发光”效果，设置参数，如图13-586所示，效果如图13-587所示。

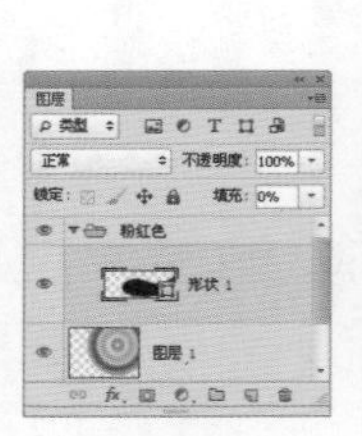

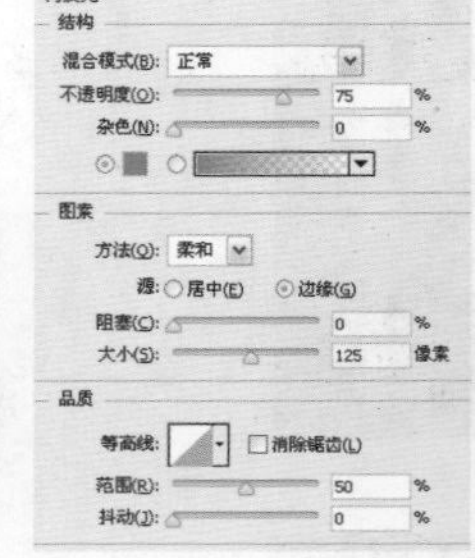

图13-585　图13-586　图13-587

07 使用椭圆工具，按住Shift键绘制一个小一点的圆形，按住Alt键，将“形状1”图层后面的效果图标 fx 拖曳到“形状2”图层上，为该图层复制相同的效果。双击“内发光”效果，如图13-588所示。修改大小参数为70像素，如图13-589所示，减小发光范围，效果如图13-590所示。

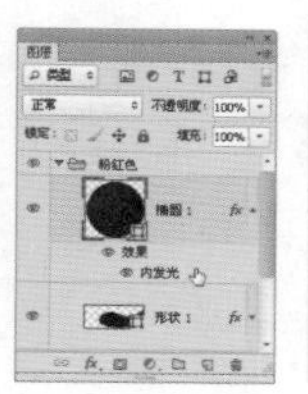

图13-588

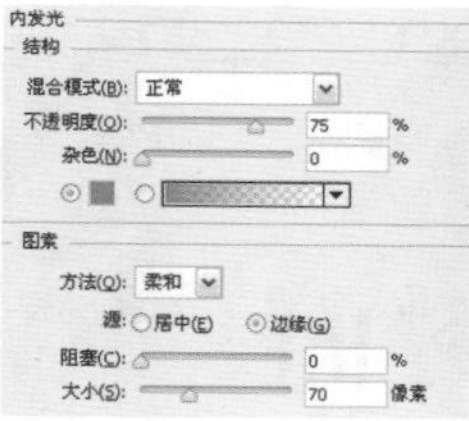

图13-589

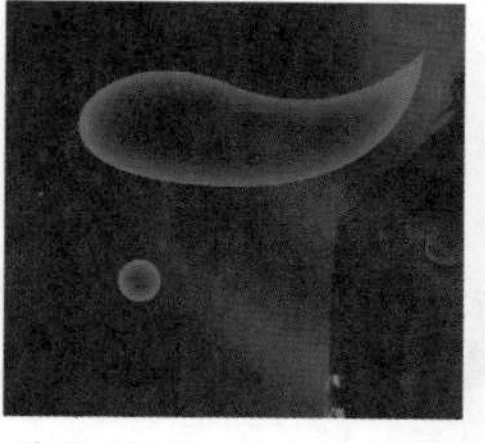

图13-590

08 选择“形状1”图层，按下Ctrl+J快捷键复制该图层，按下Ctrl+T快捷键显示定界框，单击鼠标右键，在打开的快捷菜单中选择“垂直翻转”命令，将图形翻转，再缩小并调整角度，如图13-591所示。用这种方法再制作出两个图形，如图13-592所示。

图13-591

图13-592

09 接下来要通过复制、变换的方法制作出更多的图形，图形的颜色要通过修改“图层样式”中的内发光颜色来改变。新建一个名称为“黄色”的图层组。将前面制作好的图形复制一个，拖入该组中，如图13-593所示。将图形放大并水平翻转。双击图层后面的效果图标 fx，打开“图层样式”对话框，选择“内发光”效果，单击“颜色”按钮打开“拾色器”，将发光颜色设置为黄色，如图13-594~图13-596所示。

图13-593

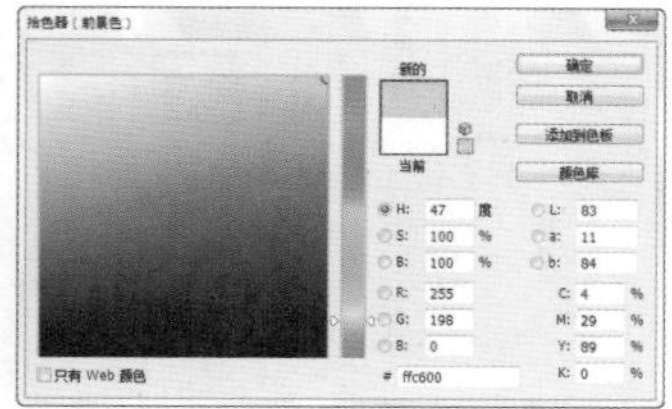

图13-594

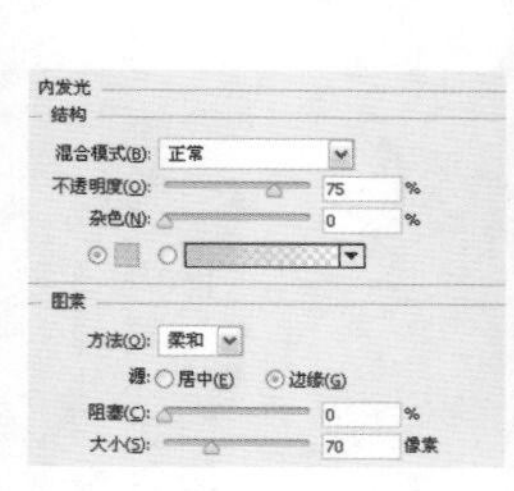

图13-595

图13-596

10 复制黄色图形，调整大小及角度，组成图13-597所示的效果。用同样的方法制作出蓝色、绿色、深蓝色和红色的图形，如图13-598所示。

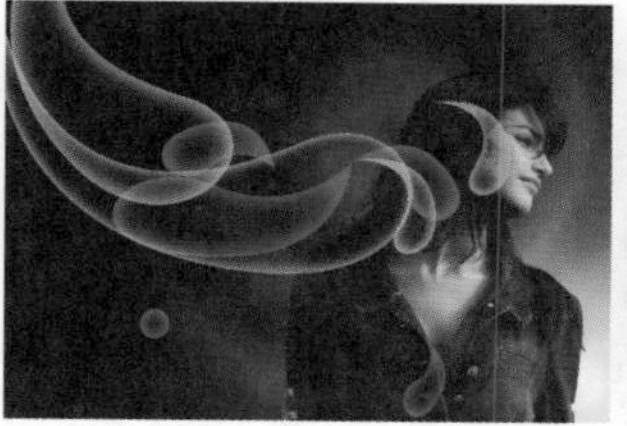

图13-597

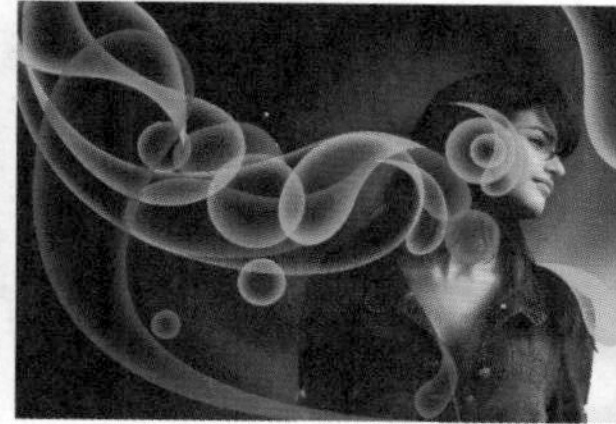

图13-598

11 将前景色设置为白色。选择渐变工具，单击径向渐变按钮，在渐变下拉面板中选择“前景色到透明渐变”，如图13-599所示。新建一个图层，在发光图形上面创建径向渐变，如图13-600所示。

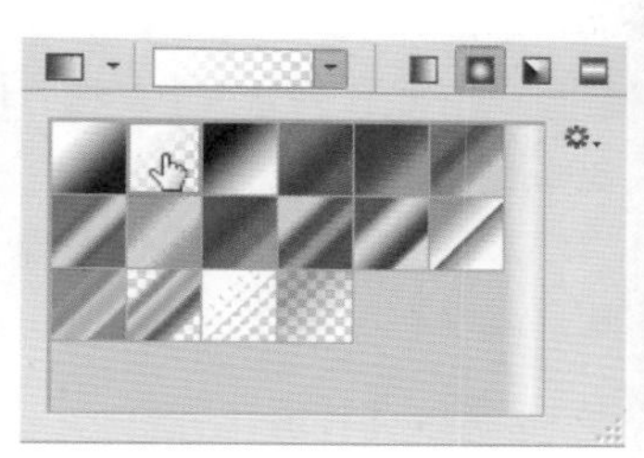

图13-599

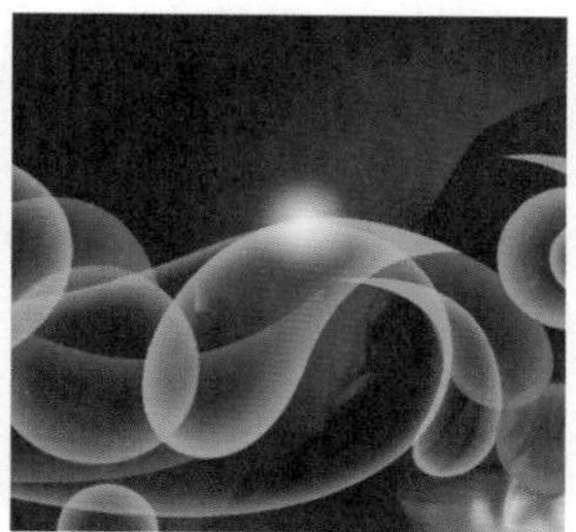

图13-600

12 设置混合模式为“叠加”，在画面中添加更多的渐变，形成闪亮发光的特效，如图13-601、图13-602所示。

图13-601

图13-602

13 打开一个素材，如图13-603所示，使用移动工具将星星拖入当前文档中，在画面中输入文字，完成后的效果如图13-604所示。

图13-603

图13-604

E-mail:ai_book@126.com

将普通的人物素材通过调色、手绘细节、合成新元素等，打造成一个全新的形象。调色使用了“色相/饱和度”“通道混合器”命令，产生了极大的色彩反差。图像合成使用了混合模式、混合颜色带、剪贴蒙版等方法。手绘部分则使用钢笔和画笔工具。

13.27 平面设计系列之时尚杂志封面

素材：光盘>素材文件夹　视频位置：光盘>视频文件夹
实例门类：平面设计　难度：★★★★★

01 打开光盘中的素材。使用快速选择工具，在背景上拖动鼠标，将背景选取，臂弯处的背景在选取时可以按住Shift键。发丝部分可以一同选取，因为我们会对人物形象进行重新设计，如图13-605所示。按住Alt键，同时单击“图层”面板底部的按钮，基于选区创建一个反相的蒙版，将背景隐藏，如图13-606、图13-607所示。

02 选取脖子两侧的头发，填充黑色（蒙版中的黑色为透明区域），如图13-608所示。

图13-605

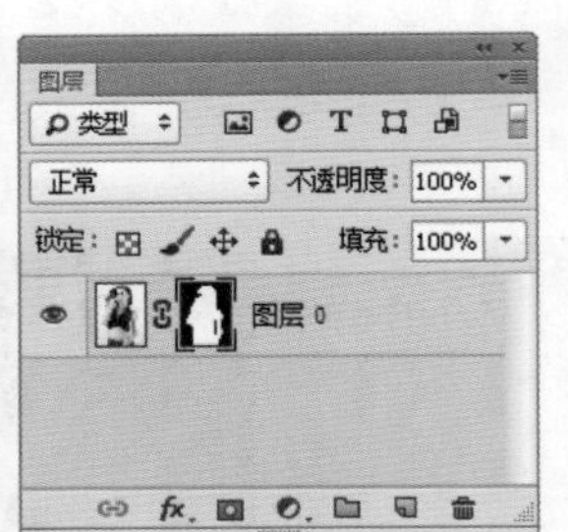

图13-606

图13-607

图13-608

03 单独选取上衣部分，按下Ctrl+U快捷键，打开“色相/饱和度”对话框，勾选“着色”选项并设置参数，改变上衣的颜色，如图13-609、图13-610所示。

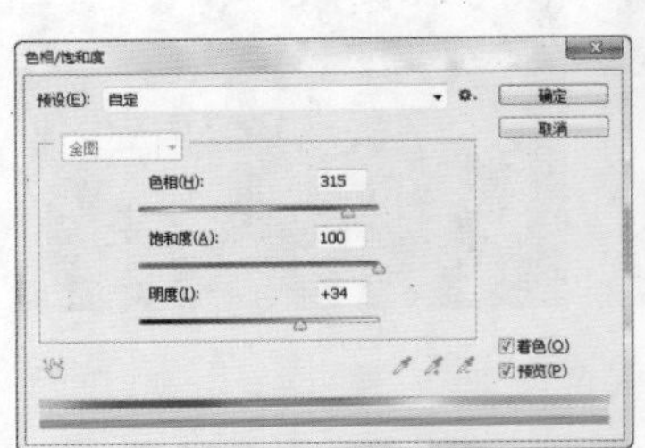

图13-609

图13-610

04 执行“图像>调整>通道混合器”命令，分别调整红、绿和蓝通道的参数，使上衣变为藕粉色，如图13-611~图13-614所示。按下Ctrl+D快捷键，取消选择。

图13-611

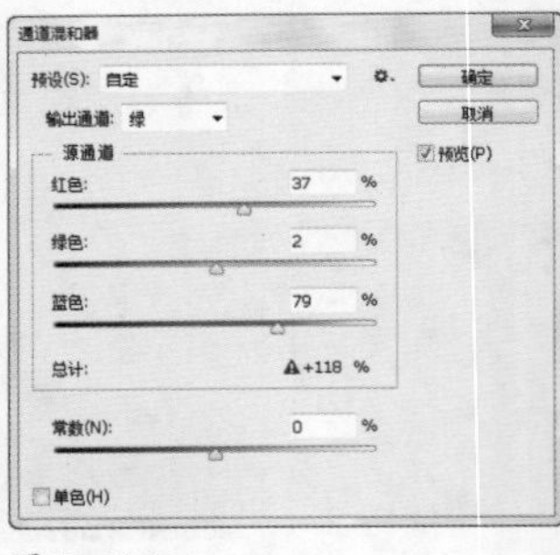

图13-612

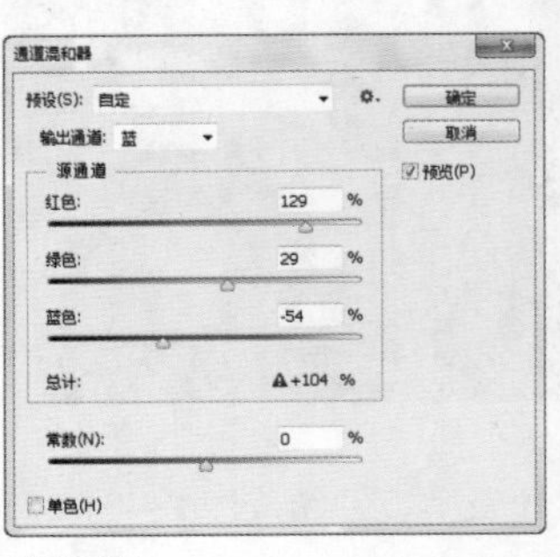

图13-613

图13-614

05 打开光盘中的素材，将人物拖入素材文档中，如图13-615所示。选择钢笔工具，单击工具选项栏中的按钮，在打开的下拉列表中选择“形状”选项，按照眼镜的框架绘制一个图形，填充白色，如图13-616所示。

图13-615

图13-616

06 设置该形状图层的混合模式为“柔光”，效果如图13-617、图13-618所示。

图13-617

图13-618

07 再绘制一个图形，如图13-619所示，设置混合模式为“线性减淡（添加）”，如图13-620、图13-621所示。

图13-619

图13-620

图13-621

08 分别绘制黑色的眼线、眼眉、白色的镜框和红色的嘴唇。除白色镜框外，均设置不同的混合模式，使其与人物的五官相融合，如图13-622~图13-624所示。

提示

钢笔工具选项栏中有3个选项：形状、路径、像素，这个实例中我们选择了“形状”的方式来表现，这是因为形状在后期修改时很方便，只需要调整路径锚点就可以了。

图13-622 图13-623 图13-624

09 使用光盘中的头饰素材给人物做一个全新的造型，如图13-625所示。使用移动工具，将花纹图案拖入文档中，如图13-626所示。

图13-625

图13-626

10 将遮挡住人物上衣的图层先隐藏起来（单击图层前的面的图标即可），用快速选择工具选取上衣，如图13-627所示。将隐藏的图层都显示出来，单击按钮创建蒙版，将衣服以外的图案隐藏，设置“图案”图层的混合模式为“正片叠底”，如图13-628、图13-629所示。

图13-627

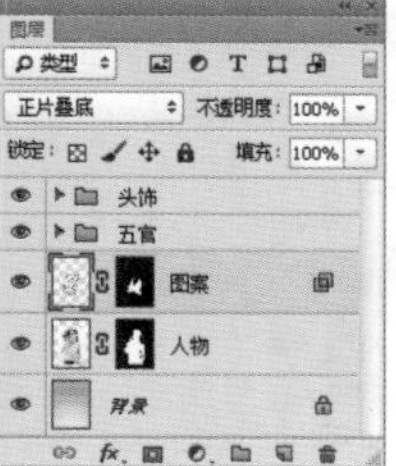

图13-628

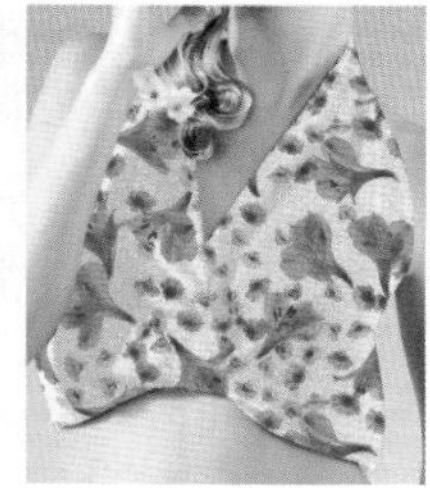

图13-629

11 双击“图案”图层，打开“图层样式”对话框，按住Alt键的同时，拖动“本图层”的白色滑块，将它分开调整，使图案中比该滑块亮的像素隐藏；再用同样的方法拖动“下一图层”的白色滑块，使上衣的白色像素能够穿透图案图层，显示在画面中，图案就自然融合到衣服上了，如图13-630、图13-631所示。

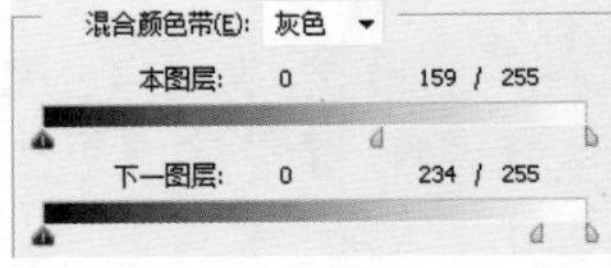

图13-630

图13-631

12 使用钢笔工具绘制裙子，注意不要遮挡手部，如图13-632所示。将条纹素材拖入文档中，如图13-633所示。

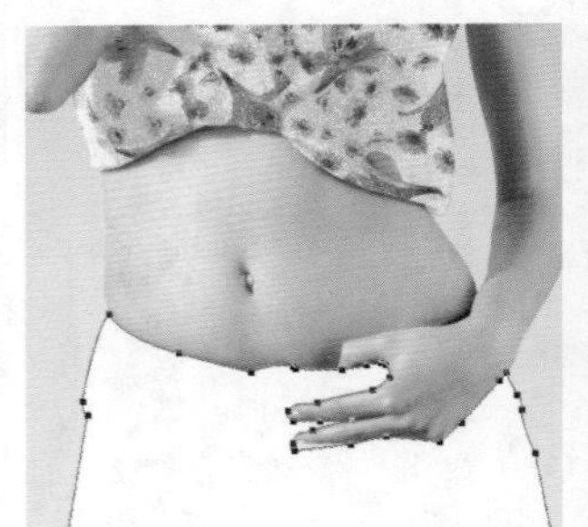

图13-632

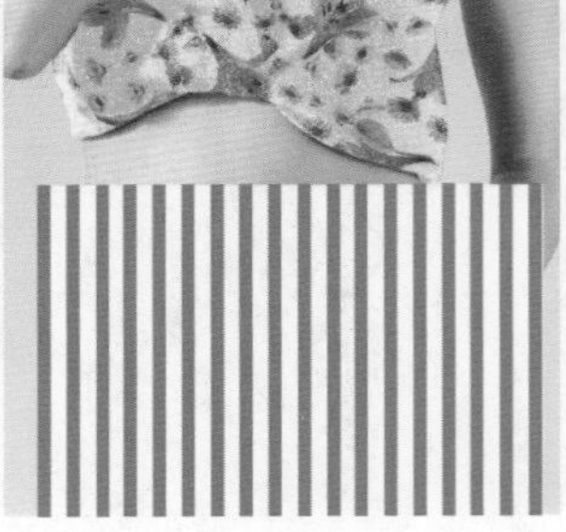

图13-633

13 执行“滤镜>液化”命令，打开“液化”对话框，选择向前变形工具，在图像上拖动鼠标，对条纹进行变形处理，如图13-634所示。按下Alt+Ctrl+G快捷键，创建剪贴蒙版，将裙子以外的图像隐藏，如图13-635、图13-636所示。

图13-634

图13-635

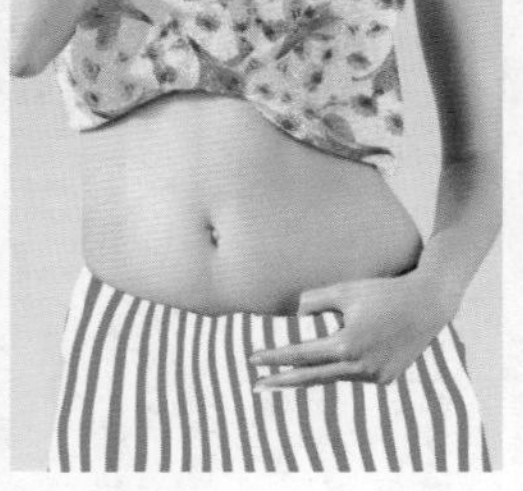

图13-636

14 新建一个图层，设置混合模式为“正片叠底”，按下Alt+Ctrl+G快捷键，将该图层也加入到剪贴蒙版组中，如图13-637所示。选择画笔工具，在裙子的暗部涂抹灰色，刻画出裙子的细节，如图13-638所示。新建一个图层，绘制腰带，如图13-639所示。

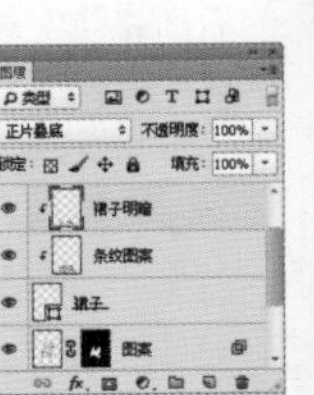

图13-637

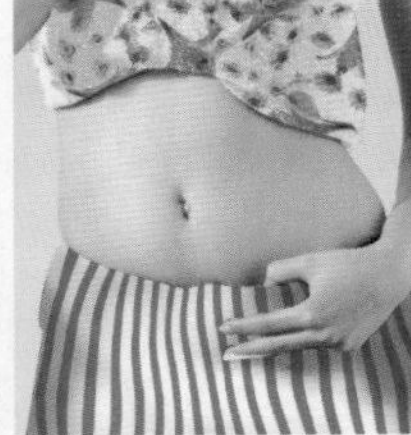

图13-638

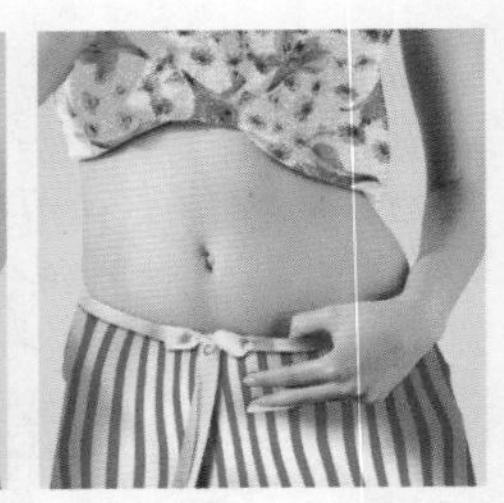

图13-639

15 将珍珠和蝴蝶结素材装饰在衣服上，如图13-640所示。单击“调整”面板中的按钮，创建“色彩平衡”调整图层，调整中间调的参数，使画面色调偏暖，如图13-641、图13-642所示。

图13-640

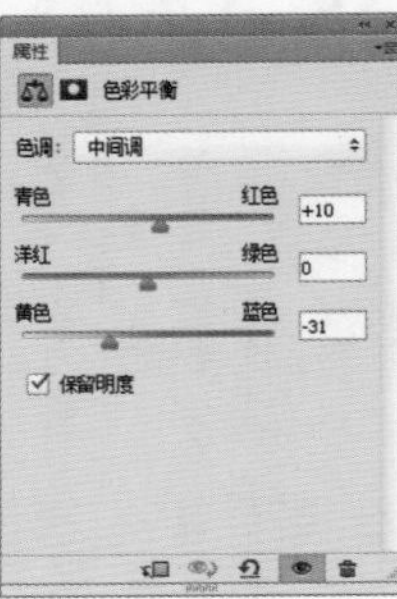

图13-641

图13-642

16 单击“路径”面板底部的按钮，新建一个路径层。选择钢笔工具，单击工具选项栏中的按钮，在打开的下拉列表中选择“路径”选项，按照右手的轮廓绘制一个路径，如图13-643所示。按下Ctrl+回车键，将路径转换为选区，如图13-644所示。

图13-643

图13-644

17 选择“人物”图层，如图13-645所示，按下Ctrl+J快捷键，将选区内的图像复制到新的图层中，重新命名为“右手”，如图13-646所示。按下Shift+Ctrl+] 快捷键，将该图层移至顶层，如图13-647所示。

图13-645

图13-646

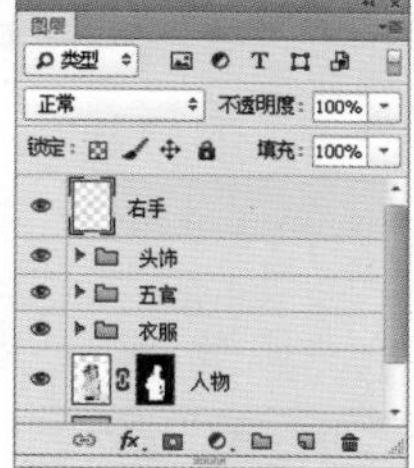

图13-647

18 按下Ctrl+U快捷键，打开“色相/饱和度”对话框，调整颜色，降低饱和度，如图13-648、图13-649所示。

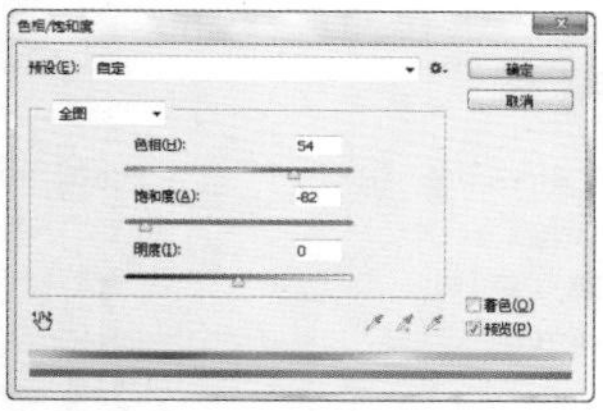

图13-648

图13-649

19 按下Ctrl+M快捷键，打开“曲线”对话框，将曲线向上调整，使图像变亮，更接近牛奶的颜色，如图13-650、图13-651所示。

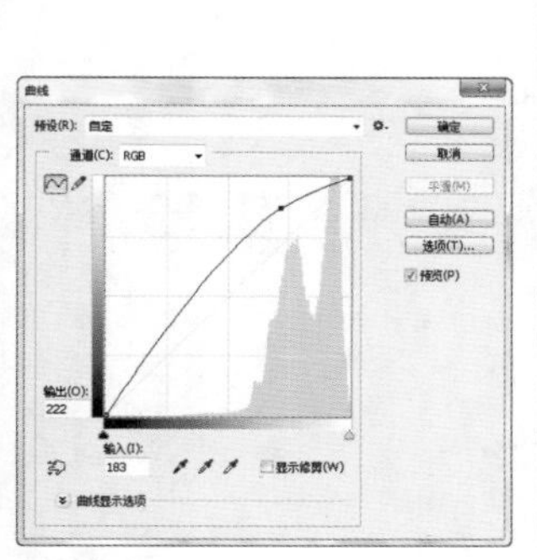

图13-650

图13-651

20 选择画笔工具，根据手臂的明暗刻画细节。将牛奶素材装饰在手臂两侧，如图13-652所示。用同样方法处理左手，如图13-653所示。

图13-652

图13-653

21 最后，将素材装饰在背景中，使画面更加丰富，如图13-654所示。

图13-654

索引

说明：Photoshop面板索引请参见第2页；工具索引请参见第4页；各个菜单中的命令索引请参见下表，其中“滤镜”菜单命令请参见光盘中的《Photoshop内置滤镜使用手册》电子书。

"图层"菜单命令

"文字"菜单命令

"选择"菜单命令

"滤镜"菜单命令

"滤镜"菜单命令

上表为书中用到的滤镜，更多滤镜请参见光盘中的《Photoshop内置滤镜使用手册》电子书。

"窗口"菜单命令

"帮助"菜单命令

“视图”菜单命令	
命令及快捷键	所在页
校样设置	234
校样颜色（Ctrl+Y）	136/234
色域警告（Shift+Ctrl+Y）	143/234
放大（Ctrl++）	20
缩小（Ctrl+-）	20
按屏幕大小缩放（Ctrl+0）	20
100%（Ctrl+1）/200%	20
打印尺寸	20
屏幕模式>标准屏幕模式	17
屏幕模式>带有菜单栏的全屏模式	17
屏幕模式>全屏模式	17
显示额外内容（Ctrl+H）	24
显示>选区边缘	54
显示>网格（Ctrl+'）	24/190
显示>智能参考线	24
显示>3D地面	238
显示>网格	24
标尺（Ctrl+R）	21

“视图”菜单命令	
命令及快捷键	所在页
对齐（Shift+Ctrl+;）	24
对齐到	24
锁定参考线（Alt+Ctrl+;）	23
清除参考线	23
新建参考线	23
锁定切片	224
清除切片	224

“3D”菜单命令	
命令及快捷键	所在页
从文件新建3D 图层	217
合并 3D 图层	217
导出3D图层	217
在Sketchfab上共享3D图层	217
获取更多内容	217
从所选图层新建 3D 模型	34/212
从所选路径新建 3D 模型	210

“3D”菜单命令	
命令及快捷键	所在页
从当前选区新建 3D 模型	209
从图层新建网格>网格预设	211/214
从图层新建网格>深度映射到	211
从图层新建网格>体积	211
将对象移到地面	238
从图层新建拼贴绘画	216
生成UV	215
绘画衰减	216
在目标纹理上绘画	215
选择可绘画区域	216
拆分凸出	213
从此来源添加约束	212
显示/隐藏多边形	216
从 3D 图层生成工作路径	211
渲染	216
3D打印设置	217
3D打印	217
取消3D打印	217